港阳牌食品添加剂香料
GANGYANG FOOD ADDITIVES AND FLAVORS

广东名牌
Guangdong Famous Brand

国
Inte

U0210276

本公司是中外合资企业，设备先进，引进国外同行业先进技术，专业生产及经营各类食品添加剂香料及原辅料，本公司注册商标"港阳"及"江牌"。一九九〇荣获首届中国酒文化博览会名优产品奖，一九九四年荣获世界国际贸易博览会金奖，二〇〇一年荣获广东省食品行业名牌产品，二〇〇二年被评为中国食品添加剂百强企业，二〇〇四年荣获高新技术企业，详见官网www.gyxh.com.cn。产品一千多种，畅销国内外，详见工厂官方店铺https://yjgyxh.1688.com。

● 鸡肉
GY08-14	三黄鸡香精
GY3233-0600	白切鸡香精
GY3004	浓缩纯鸡粉
GY3233-0001	鸡肉香精
GY3231-0003A	耐高温鸡粉

● 牛肉
GY100112-88	烤肉香精
GY150909-01	牛味精油
GY3220	牛肉粉精
GY121028-01	耐高温牛粉

● 肉精油、肉香剂
GY3246-06	肉精油
GY3395-22	红烧肉香精
GY3242-72	肉味浓香宝
GY3227-70	透骨香膏

● 海鲜、水产
GY4500-11	烤鱼粉精
GY4553-00	海鲜香精
GY4515-21A	田螺粉精

● 增香、增脆
GY3406	增脆剂
GY8059	加浓乙基麦芽酚
GY8053	增香剂

● 烧腊盐焗、卤水
GY3400A	烧腊香味素
GY03-17	盐焗增香素
GY209022	卤肉光亮保水剂
GY3401-20	卤味浓香宝
GY93401-62	酱味卤王
GY3234-0027	盐焗鸡膏

● 猪肉
GY3221	猪肉香精
GY3225	猪肉粉精

● 羊肉、鸭肉
GY3103	羊肉粉精
GY3105	鸭肉粉精

● 米面制品、奶类增香
GY8203	米面制品增筋剂
GY8000	鲜奶精
GY8113	香兰素精

● 鲜味剂、调味品
GY2302	味特鲜
GY2304	鲜味蛋白
GY200726-01	鲜味素
GY2415	醋类增香剂
GY2333	酱油增香剂
GY2356	酱油香精
GY200723-02A	烧烤香油
GY03-33	凉拌菜增香剂

● 餐饮、浓汤
GY03-13	火锅增香膏
GY03-14	火锅鲜香王
GY3700-01	浓汤宝
GY3700-32	汤味皇

● 防霉、保鲜
GY8960	油脂抗氧化剂
GY8963	高效防霉剂

● 添加剂及酒用香料
GY8203	增筋剂
GY3406-00	腌渍品增脆剂
GY1078	酒用香料系列

专注于耐温香精的团队

质量获ISO9001国际认证

中外合资 **阳江市港阳香化企业有限公司** 中国广东

Sino-Foreign Joint Venture Yangjiang Gangyang Flavour-chemistry Co.,Ltd Guangdong China.

地址：阳江市吉祥西路3号　电话Tel：(0662)3213296　3232833　3231721　传真FAX:3232833　邮编：529500
http:www.gyxh.com.cn　E-mail:gyxh168@126.com
经销单位：全国各食品添加剂、香精香料商店均有经销

Natural Food Colors
From Plant Kingdom (Yunnan.china)

食用天然色素
来自植物王国（中国·云南）

云南通海杨氏天然产物有限公司是中国规模较大的高品质食用天然色素专业生产商，产品畅销全球。公司成立于 1996 年（至今已有 24 年的历史），占地面积 21600 多平方米，主要生产销售纯天然食用色素：萝卜红（通海萝卜红）、紫甘薯色素及紫甘薯全粉、甜菜红、甘蓝红、红花黄、栀子提取物（栀子黄、栀子蓝、栀子绿、栀子紫、栀子红、栀子苷）等。我公司真诚寻求与国内外客户缔结成长期的商业合作伙伴、共谋发展。

云南通海杨氏天然产物有限公司

地址：中国云南省玉溪市通海县杨广镇

电话：0877-3663828/3661837　　传真：0877-3661837

邮编：652704

Http://www.ystrcw.com　　E-mail:ynyxyang@ystrcw.com

新编食品添加剂应用手册

孙 平　主编
张 颖　张津凤　姚秀玲　副主编

XINBIAN SHIPIN TIANJIAJI YINGYONG SHOUCE

化学工业出版社
·北京·

本手册以食品安全标准、相关法规以及食品添加剂物种性能和使用要求为编写基础，根据食品添加剂的应用分类，将国标中的 23 类食品添加剂（包括营养强化剂）归为防腐保鲜、调色护色、结构改良、调味增香、营养强化、辅助加工及其他 6 章。重点介绍了有关食品添加剂的物种类别、理化性质、制备来源、毒理学依据、质量标准、应用、生产厂家等细则内容，手册内容有助于读者快速了解食品添加剂相关物种的性能特点与经营信息。

　　本手册可供相关单位在生产管理、卫生防疫、质量监督过程中使用，同时可供高等院校精细化工、食品等相关专业师生参考。

图书在版编目（CIP）数据

　　新编食品添加剂应用手册/孙平主编 . —北京：化学工业出版社，2016.8（2023.1重印）
　　ISBN 978-7-122-27429-8

　　Ⅰ.①新…　Ⅱ.①孙…　Ⅲ.①食品添加剂-手册
Ⅳ.①TS202.3-62

　　中国版本图书馆 CIP 数据核字（2016）第 143267 号

责任编辑：张　艳　刘　军　　　　　　　　装帧设计：王晓宇
责任校对：王素芹

出版发行：化学工业出版社（北京市东城区青年湖南街 13 号　邮政编码 100011）
印　　装：北京虎彩文化传播有限公司
710mm×1000mm　1/16　印张 35½　字数 780 千字　2023 年 1 月北京第 1 版第 7 次印刷

购书咨询：010-64518888　　　　　　　　售后服务：010-64518899
网　　址：http://www.cip.com.cn
凡购买本书，如有缺损质量问题，本社销售中心负责调换。

定　价：168.00 元
京化广临字 2016——13 号

本书编写人员名单

主　　编　　孙　平

副 主 编　　张　颖　　张津凤　　姚秀玲

编写人员　（按姓名汉语拼音排序）

　　　　　　郝长虹　　黄明泉　　刘清岱　　刘　锐　　孙　平

　　　　　　姚培正　　姚秀玲　　张津凤　　张　颖

编写顾问　　刘志皋　　张泽生　　吕晓玲　　赵　江

前言

食品添加剂是人类在长期的食物加工与利用的进程中，逐渐学会使用的辅助加工材料。从食品添加剂的发现和利用历史来看，添加剂的使用如同人类学会用火、用电一样，既是社会进步的象征，也是对人类发展的贡献。从古至今，人们无不注重对食物资源进行充分利用。尽管人类社会不断在进步，科技水平不断在提高，但整个地球的食物资源在不断地受到人口增长的挑战。而不同食物资源的产区、不同产季与不同地域人群的产需矛盾也在日益激化。因此，对产区、产季过剩的食物进行保藏和加工处理应是减少腐败损失、提高资源利用率的必要措施。食品工业、食物的加工产业恰是由此发展起来的。然而，食物加工后能不能保留住原有的风味？食品通过加工能否提高产品的质量？加工食品可否具有更长的保质期限？诸如类似问题，唯食品添加剂的运用能够给出圆满的解答。事实上，食品添加剂业已成为食品加工中不可缺少的原材料。规范使用食品添加剂能满足食品安全与品质的各项要求。如今，食品添加剂不仅是食品制造业中的重要配料，也是现代食品工业中的核心技术内容。随着对食品添加剂生产、管理和运用规范化程度的提高，食品添加剂在食品工业中的应用范围会更加广泛。

食品添加剂的运用不仅有利于食物加工、保鲜和储藏以及保持和强化营养素，而且在改善食品品质和美味、增加花色种类方面也起到积极、有效的作用。由此而形成的食品添加剂制造业成为与食品工业并驾齐驱、发展最快、效益最突出、最具有活力的新型产业链群。

虽然食品添加剂在食品加工中具有不可替代的使用优势和积极作用，但从物质属性分析，食品添加剂并不属于食物的自然成分，而是为实现某些加工或技术目的而添加使用的非食物材料。因此，作为非食材配料若在加工食品中添加使用，必须有严格的限用法规与监管要求（包括物种使用剂量等），否则就会造成新的质量问题和安全隐患。对食品添加剂物种的毒理评估决定了其在食品中的使用范围与允许剂量，也是相关法规严格限制和监管的重要内容。除此之外，食品添加剂的使用效果还取决于合理的技术操作。这些技能无不依赖对相关食品添加剂知识的理解和掌握。由此可见，如何安全、有效地运用食品添加剂，使添加食品既安全、添加效果又突出，才是正确使用食品添加剂的核心内容，这包含了规范使用与技术操作两个不可欠缺的层面。学好和掌握食品添加剂方面的理论知识，就可根据食物加工需要，合理选择相应的食品添加剂物种，并依物种功能特性进行规范操作恰当使用，以发挥食品添加剂的最佳使用效果。

食品添加剂不同于一般化学试剂，应归属食用材料的管理范围。但由于许多食品添加剂物种并非单纯来自于食物或其固有成分，而是通过化学合成而得的加工制品。因此，为确保食品添加剂的安全使用，对不同食品添加剂物种的安全性评估是非常必要的。对缺乏毒理学评估、毒性不确定的任何物种材料，任何国家和政府都不会授权作为食品添加剂使用。通过动物试验鉴别毒性级别，评估安全性是毒理学评价的基本内容，也是确定不同食品添加剂物种使用限量的重要依据。

另外，针对不同的加工食品，要清楚所选用的食品添加剂物种及其适用范围。同类食品添加剂的不同物种也并非可以在所有食品中任意使用。即便在相宜的食品中，食品添加剂的使用剂量也须有严格和明确的限制要求。总之，对食品添加剂的是非判断与选用，需依其功能特性、食用安全性和政府法规允准为基本原则。同样，新研发的食品添加剂物种的上市、从国外引入的食品添加剂物种以及现有物种需扩增的使用范围等要求变更，也需得到国家相关管理部门的核准审批公示后，方可依相关要求执行和使用。类似这种对食品添加剂的规范要求与管理举措也是各个国家和政府组织为食品添加剂的安全使用，制定强制法规的核心内容。

随着科学社会的发展以及相关法规的建立与完善、与之相关科普知识的宣传和引导，越来越多的消费者能逐渐掌握一些食品添加剂方面的知识。摆脱认识误区后的消费者，就不会再将所有滥用的材料误归为食品添加剂；认同加强技术监督与法规管理并非封杀食品添加剂，而是促其规范发展。食品添加剂的有效使用不仅需要遵循各项相关的法规，而且还应有必要的专业指导和技术操作。使用食品添加剂的效果无不依赖于对不同物种功能特性的了解程度以及运用技术的能力和水平。掌握和运用有关食品添加剂的专业知识，就能因地制宜和有的放矢，做到更加科学、更加规范、更加有效地使用食品添加剂。

本手册内容基本按照食品添加剂和营养强化剂等方面的标准以及相关法规的要求进行组织编写。读者可通过查阅本手册来了解各类食品添加剂物种，认识食品添加剂，同时得到一定的专业启示和技术引导。由于相关标准涉及食品添加剂、营养强化剂、食品用香料及胶基材料物种、性能、使用等方面内容较多而不便于读者做系统查阅，故此，本手册在编写过程中将原食品添加剂的类别按其应用特点简化合并进行分章介绍（包括：防腐保鲜类、调色护色类、结构改良类、调味增香类、营养强化类、辅助加工及其他类），再在各章中按食品添加剂相应的类别和物种逐一说明。在对具体物种介绍中，说明其中英文名称、化学结构式、理化性质、制备方法、毒理学依据与质量标准以及应用范围和限量要求。从每种食品添加剂的基本特性特征到化学结构，从简单毒理学到实际应用范围的不同内容，帮助读者从各个方面来认识、了解有关食品添加剂物种的资料细则。另外，针对食品添加剂具体物种刻意列出一些相关的生产厂家和经营公司，以利于读者在选择和试用具体食品添加剂物种时联系和购买。

本书编写组对手册的编写与修改做了明确分工。其中孙平负责前言和统编工作；张津凤负责抗结剂、膨松剂、水分保持剂、营养强化剂、附录等内容的收集和编写；姚秀玲负责面粉处理剂、乳化剂、稳定和凝固剂、增稠剂、胶基材料、消泡剂等内容；张颖负责着色剂、护色剂、漂白剂、被膜剂、其他类等内容；姚培正负责防腐剂、抗氧化剂、增味剂、酸度调节剂、甜味剂等内容；北京工商大学黄明泉负责食品用香料香精等内容；刘青岱负责酶制剂、相关法规内容；刘锐、郝长虹、王卓参加了部分内容的收集与统稿工作。涉及专业技术及法规方面内容则由天津科技大学刘志皋等专家教授负责审核。

本手册主要编写人员长期从事食品科学等相关专业方面的教学与科研工作，在内容选择、采集、编写及修改方面均有一定的阅历基础和知识积累。与此同时，在整个编写过程中，也得到了许多同行的专家和专业教师的热心指导和细致入微的帮助。对此，全体编写人员表示衷心致谢。由于编写人员水平所限，在手册的编写中不免有不妥之处，恳望读者予以批评赐教。

孙　平

2016 年 10 月

编写说明

伴随着食品工业现代化的蓬勃发展，食品添加剂和配料的生产、使用和管理也逐渐形成了系统化、规范化、标准化、国际化的新型行业。近年来，为强化对食品添加剂应用的监督与管理，国家相关部委陆续出台和制订了一系列的食品添加剂生产、使用和管理的法规和标准，以建立和完善食品添加剂相关规范和监管体系，为促进现代化食品工业的发展提供稳定基础和有力保障。随着食品添加剂与配料工业的发展，食品添加剂品种也在不断增加和扩大（我国已批准使用的食品添加剂品种已达 2600 余种）。为便于读者对食品添加剂的认识和了解以及对不同品种性能和使用要求的查阅，结合相关法规、标准的扩增与更新变动内容，在原《食品添加剂应用手册》基础上编写了本书。

《新编食品添加剂应用手册》核心内容基本依据国家涉及食品添加剂相关的《中华人民共和国食品安全法》（2015）、及系列食品安全国家标准，包括《食品添加剂使用标准》（GB 2760—2014）、《食品营养强化剂使用标准》（GB 14880—2012）、《复配食品添加剂通则》（GB 26687—2011）《食品用香料通则》（GB 29938—2013）、《食品添加剂 胶基及其配料》（GB 29987—2014）等规范内容及对相应物种的限制要求进行收集整理和编写。为使读者能够快速查找和辨析添加剂物种，在手册编写过程中选择按食品添加剂分类分章的排序介绍。将一些在应用方面具有相似之处、但又不属同类的食品添加剂物种统归为一章介绍，如将用途及性能相近的乳化剂、增稠剂、抗结剂、稳定凝固剂等类别均合并为结构改良类一章。如此可在手册中，使全部食品添加剂物种缩分为防腐保鲜类、调色护色类、结构改良类、调味增香类、营养强化类、辅助加工及其他类 6 个重点章节。各章再按国标中类别分设小节，每小节中逐物种介绍其理化性质、质量标准、毒理参数、应用范围以及限量要求等细则。对某些同类食品添加剂涉及较多的同系物种，手册中仅选择其中应用突出的典型介绍，其他则作为食品添加剂物种范围列入附录中。对多功能的同一添加剂物种，则以第一功能类（参考国标中列出顺序）在相应章节中介绍，而在其他功能章节中仅作其物种的提示而已。

本手册对具体食品添加剂物种的介绍栏目是按以下内容分步说明的。

1. 功能类别　介绍相应物种对应的食品添加剂类别。

2. 中英文名称　除列出每一食品添加剂物种的中英文名称外，另外补充某些专业名称或商品名称。添加剂的英文类别名称与章名或章中各分类名一同列出。

3. 分类代码　根据国内的一般使用或查询情况，国家标准中的分类代码应用最多，其次是国际编码系统的代码，其他使用较少。因此仅列出这两种系统的编码，并且按国标（GB 2760—2014、GB 14880—2012 等）中的分类代码标出。其他一般不再列出，只有缺少此两项时，方补充其他系统的编码（以便读者进一步查询）。

4. 化学结构　为了便于读者对不同食品添加剂物种化学特性的了解，深层次地认识其理化性质、化学反应及其相关的反应机理，对所有物质的化学结构式尽量补充齐全，使其具有一定的完整性和参考价值。通过对物质化学结构的认识和分析，在应用方面也有助于掌握，通过控制操作要点来提高添加效果的技能技巧；在对其分析检测方面也有利于据此调整分离步骤和选择测试手段。

5. 理化性质　对于各类食品添加剂中不同物种理化指标的采集，主要源于相应产品的质量标准、食品加工手册、化工试剂丛书等工具书籍。重点介绍一些典型的理化性质或对添加使用有影响的特性，如提高某添加剂物种的分散程度或溶解性，改善对添加使用效果的稳定性等。而对于该添加剂制剂的来源，仅列出生产所需要的主要原料以及相应的制备方法。

6. 毒理依据　毒理学参数是评估食品添加剂安全使用的重要依据。本栏中介绍的相关内容注重其出处的可靠性与一致性。对不统一、或有争议、或暂无结论、或未有明确结果的研究试验及结果不予登录。

7. 质量标准　为在选用具体食品添加剂物种之前做了解和认识相关产品质量要求之需，而列出作为食品添加剂产品的技术指标与参数标准。对有国家标准的品种，列出相应标准中的主要内容和要求。对缺少此项的物种，则补充世界卫生组织颁布的相关标准和规定或者某些国家的质量标准和要求内容，以及某些地方标准、企业标准做一定的参考选用。

8. 应用　这是正确使用食品添加剂具体物种的规范要求及核心内容。根据食品安全国家标准（GB 2760—2014、GB 14880—2012 等）依次列出食品添加剂物种的基本功能类别，并明确其相应的使用范围与限量要求。对国外已使用但尚未列入国家标准中的添加剂物种，则需要通过有关部门的审核批准后实施应用。

9. 参考　为帮助读者在具体应用过程中的操作和使用，列举一些相关的应用实例做对照测试。对国外已使用但尚未列入国标中的物种或应用范围，增加或补充一些选用实例，以做测试研究或申报参考。

10. 供应厂商　为实际使用方便、利于对食品添加剂产品的市场情况进行了解，本手册特意增加一些与食品添加剂产品相关的供应厂商以及联系信息，如厂商名称、公司电话（邮政编码），以便于读者和使用者能及时进行联系和查找。

11. 本手册的附录中分别列出了按国标明确的"可在各类食品中按生产需要适量使用的添加剂"及"按生产需要适量使用的添加剂所例外的食品类"内容、食品添加剂新品种管理办法、食品添加剂标识通则。以备读者做进一步的查询和检索之用。

12. 本手册的参考文献中列出了国内外以及世界卫生组织与食品添加剂相关的网址以及最新版本的涉及毒理试验与评估方面的食品安全国家标准，以引导和提示相关读者对此方面的关注和查询。

缩略语

ADI（acceptable daily intake estimation）每日容许摄入量（mg/kg）

BHA（butylated hydroxyanisole）丁基羟基茴香醚

BHT（butylated hydroxytoluene）二丁基羟基甲苯

bw（body weight）按体重计

CAC（Codex Alimentarius Commission）联合国食品法规委员会

CAS（Chemical Abstracts Service number）美国化学文摘服务社编号

CCFA（Codex Committee on Food Additives）联合国食品添加剂法规委员会

CCFAC（Codex Committee on Food Additives and Contaminants）联合国食品添加剂和污染物法规委员会

CFR（Code of Federal Regulation）美国联邦管理法规

CFU（colony forming unit）菌落形成单位

C. I.（colour index）染料索引

CNS（Chinese Number System）食品添加剂中国编码系统

CRN（Council for Responsible Nutrition）安全营养理事会

DLTP（dilauryl thiodipropionate）硫代二丙酸二月桂酯

EC（Enzyme Commission of IUB）国际生物化学联合会酶委员会；酶编号系统

EEC（European Economic Community）欧洲经济共同体

EFA（essential fatty acid）必需脂肪酸

FAO/WHO（Food and Agriculture Organization/World Health Organization）世界粮农组织/世界卫生组织

FDA（Food and Drug Administration）食品药品管理局（美）

FEMA（Flavor Extract Manufacturer's Association）香料企业协会；香料编号系统

FCC（Food Chemical Codex）食用化学品法典

GB 中华人民共和国国家标准

GC 气相色谱仪（分析方法）

GMP（good manufacturing practice）可按正常生产需要使用

GRAS（generally recognized as safe）一般公认为安全的

CGSFA（Codex General Standard for Food Additives）国际法典食品添加剂通用标准

HAP（hydrolyzed animal protein） 动物蛋白质水解物

HLB 值（value of hydrophility and lipophility balance） 亲水、亲油平衡值

HVP（hydrolyzed vegetable protein） 植物蛋白质水解物

INQ（index of nutritional quality） 营养质量指数

INS（International Numbering System） 食品添加剂国际编码系统

JAS（Japanese Agricultural Standard） 日本农业标准

JECFA（Joint Expert Committee on Food Additives） 食品添加剂专家委员会（FAO/WHO）

LD_{50}（50% lethal dose） 致死中量（mg/kg）

LOAEL（lowest-observed adverse effect level） 最低毒副反应水平

MNL（maximum no-effect level） 最大无作用量（mg/kg）

MTDI（maximum tolerable daily intake） 每日最大耐受摄入量

NOAEL（no-observed-adverse-effect-level） 最大未观察到有害作用剂量（mg/kg，bw）

NOEL（no-observable-effect level） 无作用量

PG（propyl gallate） 没食子酸丙酯

PMTDI（provisional maximum tolerable daily intake） 每日暂定最大耐受摄入量

TBHQ（tert-butyl hydroquinone） 叔丁基对苯二酚

USDA（United States Department of Agriculture） 美国农业部

USP（United States Pharmacopoeia） 美国药典

目录

第1章 防腐保鲜类

防腐保鲜类添加剂是针对加工食品或新鲜食物的储藏和保鲜而使用的物质。此类食品添加剂的使用有助于稳定食品的质量和延长食品的货架期限，同时也有助于提高食品资源的利用率。广义的食品防腐应该包括防腐、保鲜以及抗氧化等方面的内容。与此相关的食品添加剂主要涉及防腐剂与抗氧化剂。

1.1 防腐剂 preservatives

食品加工中使用的防腐剂是为防止食品腐败变质、延长食品储存期的物质。食品防腐剂的使用目的主要在于对食品中某些残留细菌或微生物的繁殖起到抑制或延缓的作用。而防腐剂不能作为杀菌和灭菌的杀菌剂来使用。因此，在实际操作过程中，防腐剂的使用往往需要结合一定的杀菌处理和密封或隔绝等措施，来实现防腐或保鲜的目的。为了充分发挥防腐剂的作用和达到较好的防腐或保鲜效果，应了解和掌握一定的专业知识和技术要点，如选择的防腐剂物种是否适宜加工食品的添加使用；相应食品形态是否对添加剂结构或形式以及防腐效果有影响；体系酸碱度是否利于防腐剂的溶解分散和防腐效果等。只有针对各种因素和条件，恰当选择相宜的食品防腐剂物种，才能做到既不影响食品的质量又可达到最好的防腐效果。

防腐剂的类型包括有机酸及其盐类、酯类、胺类、醛类、生物类物种。其中有机酸及其盐类的防腐剂使用较多。主要物种如下。

2,4-二氯苯氧乙酸 2,4-dichlorophenoxy acetic acid

$C_8H_6O_3Cl_2$，221.04

别名 2,4-滴、2,4-D

分类代码 CNS 17.027

理化性质 白色、无臭略带苯酚气味固体。熔点138℃，沸点160℃。易溶于乙醇、乙醚、丙酮、苯等有机溶剂，微溶于水（0.54g/100 mL，20℃）。水溶液呈酸性，受紫外线照射分解。本品以2,4-二氯苯酚、一氯乙酸、氢氧化钠为原料，通过化学方法合成。

毒理学依据

① LD_{50}：大鼠急性经口 370 mg/kg（bw）。

② ADI：0.3 mg/kg（bw）（JMPR，1980）。

③ GRAS：FDA-21CFR 172.140。

应用 防腐剂

我国《食品添加剂使用标准》（GB 2760—2014）规定：2,4-二氯苯氧乙酸作为食品防腐剂可用于经表面处理的新鲜水果及新鲜蔬菜，最大使用量为0.01g/kg（最大残留量≤2.0 mg/kg）。主要用于果蔬外部浸泡或涂层保鲜处理。不宜直接在食品加工产品中添加使用。

① 本品用于柑橘等水果采后储藏保鲜，对保持柑橘果蒂绿色和蒂腐病的防治有重要作用，并可延缓果实在储藏中的衰老。

② 用于水果保鲜，多与 TBZ（特克多）、多菌灵、仲丁胺等防腐剂配合使用，使用量为 200～300mg/kg。使用方法为可用 2,4-二氯苯氧乙酸溶液点蒂或与上述防腐剂配合浸果。典型的浸果药液配方：2,4-二氯苯氧乙酸 200mg/kg、多菌灵 1000mg/kg、NaHCO₃ 2000mg/kg；或 2,4-二氯苯氧乙酸 200mg/kg、TBZ 500mg/kg。浸泡后，2,4-二氯苯氧乙酸在柑橘中的残留量均低于 JECFA 2mg/kg 的规定。

生产厂商

① 浙江杭州金源化工

② 上海浩然生物技术有限公司

③ 盐城汇龙化工有限公司

④ 北京华迈科生物技术有限责任公司

苯甲酸 benzoic acid

$C_7H_6O_2$，122.12

别名 安息香酸

分类代码 CNS 17.001；INS 210

理化性质 白色，具有光泽的鳞片状或针状结晶，无臭或略带安息香或苯甲醛的气味。性质稳定，但有吸湿性，熔点 122.13℃，沸点 249.2℃，相对密度 d_4^{20} 为 1.2659，酸性离解常数 $pK_a 6.46×10^{-5}$（25℃），约 100℃开始升华，在酸性条件下可随水蒸气挥发。1g 苯甲酸可溶于 275mL H_2O（25℃）、20mL 沸水、3mL 乙醇、5mL 氯仿、3mL 乙醚，溶于固定油和挥发油，少量溶于己烷。具有广泛抑菌效果，仅对产酸菌作用较差。最适 pH 值为 2.5～4.0，实际使用时常控制 pH 值在 4.5～5.0 的范围中。

本品以甲苯为原料，通过化学方法合成。

毒理学依据

① LD_{50}：大鼠急性经口 1700mg/kg（bw）。

② ADI：0～5mg/kg（bw）（总量以苯甲酸计）（FAO/WHO，1994）。

③ GRAS：FDA-21CFR184.1021。

质量标准

质量标准 GB 1901—2005

项 目		指 标
含量(以干基计)/%	≥	99.5
熔点/℃		121～123
易氧化物		通过试验(至少每月检验一次)
易炭化物		通过试验(至少六个月检验一次)
氯化物(以 Cl 计)/(mg/kg)	≤	14
灼烧残渣/(mg/kg)	≤	50
重金属(以 Pb 计)/(mg/kg)	≤	10
砷(以 As 计)/(mg/kg)	≤	2
干燥失重/%	≤	0.5
邻苯二甲酸/(mg/kg)	≤	通过试验

应用 防腐剂

GB 2760—2014 中规定：苯甲酸作为食品防腐剂可用于碳酸饮料及特殊用途的饮料，最大用量为 0.2g/kg；配制酒中最大用量为 0.4g/kg；在蜜饯凉果中最大用量为 0.5g/kg；复合调味料中最大用量为 0.6g/kg；果酒、糖果（胶基糖果以外的）中，最大用量为 0.8g/kg；风味冰、冰棍类、果酱（罐头除外）、调味糖浆、醋、酱油、酱及酱制品、腌渍的蔬菜、半固体复合调味料、液体复合调味料（不包括 12.03、12.04）、果蔬汁（肉）及蛋白饮料、茶、咖啡、植物（类）饮料，其最大用量为 1.0g/kg；胶基糖果中最大用量为 1.5g/kg；浓缩果蔬汁（浆）（仅限食品工业用）中最大用量为 2.0g/kg。

苯甲酸作为一种常用的防腐剂使用，其难溶于水，因此在水相体系中，大多直接使用苯甲酸钠或其钾盐。若在水介体系中使用苯甲酸，宜用碳酸钠水溶液将其溶解后添加；或用少量95%的乙醇溶解后使用。苯甲酸化学稳定性好，适宜各种加工生产。但对于使用条件，宜应在水系中控制介质酸度、配合后杀菌等处理措施，使达到最佳的添加效果。苯甲酸的分子态抑菌活力强于其离子态，其最适宜的抑菌酸度为 pH2.5～4.0。在一般食品加工中控制酸度在 pH 值≤4 时，抑菌的浓度可达到 0.05%～0.1%。因此苯甲酸常用于保藏高酸性水果、浆果、果汁、果酱、饮料糖浆及其他酸性食品。苯甲酸也常与对羟基苯甲酸酯类物质一起使用而产生增效的结果。如在酱油、清凉饮料中的应用。在与其他防腐剂结合使用时，可进行杀菌后处理，以达到协同防腐的作用。

生产厂商

① 天津东大化工集团

② 山东腾龙化工有限责任公司

③ 武汉有机实业股份有限公司

④ 山东省枣庄南方化工有限公司

苯甲酸钠 sodium benzoate

$C_7H_5O_2Na$，144.11

分类代码 CNS 17.002；INS 211

其他添加形式 苯甲酸钾、苯甲酸钙（使用同苯甲酸钠）

理化性质 白色颗粒，无臭或微带安息香气味。性质比较稳定，在空气中久放易吸潮。比苯甲酸更易溶于水（50g/100mL），略溶于乙醇（1.3g/100mL）。抑菌效果不如苯甲酸。

本品以苯甲酸及氢氧化钠或碳酸钠为原料，通过化学方法合成。

毒理学依据

① LD$_{50}$：大鼠急经口 6300mg/kg（bw），小鼠急性经口 5100mg/kg（bw）。

② ADI：0～5mg/kg（bw）（总量以苯甲酸计）（FAO/WHO，1994）。

③ GRAS：FDA-21CFR 181.23，181.1733。

质量标准

质量标准 GB 1902—2005

项　目		指　标
含量（以干基计）/%		99.0~100.5
酸碱度		通过试验
溶状		通过试验
硫酸盐（以 SO_4 计）/(mg/kg)	≤	1000
氯化物（以 Cl 计）/(mg/kg)	≤	300
重金属（以 Pb 计）/(mg/kg)	≤	10
砷（以 As 计）/(mg/kg)	≤	2
干燥失重/%	≤	1.5
易氧化物		通过试验（至少每月检验一次）
邻苯二甲酸盐		通过试验（至少每月检验一次）

应用　防腐剂

苯甲酸钠的使用（以苯甲酸计）可参照 GB 2760—2014 中苯甲酸的使用规定。

苯甲酸钠作为防腐剂使用与苯甲酸相同。但由于苯甲酸钠的水溶性远大于苯甲酸，所以在食品加工中更有实用性。不仅在水介体系中可直接溶解使用，而且在许多其他类食品中也比较容易溶解或分散使用。由于苯甲酸形式的抑菌活力强于苯甲酸钠，因此系统当添加苯甲酸钠后，宜应适当调整体系酸度，使其发挥最大的抑菌防腐作用。具体使用也可参考苯甲酸的使用要求。基本同于苯甲酸。但由于苯甲酸钠水溶性好，可在水介环境直接使用。值得注意的是，不要与酸性物质同时溶解使用，否则会出现絮状沉淀。最好与糖一同溶解。与酸性物质分开溶解后，再加入混合。对酸度较大的体系，不可直接添加。最好配成浓液置后加入。

生产厂商

① 南京市溧水县观山精细化工有限公司

② 山东省滕州中正化工有限公司

③ 天津市新鹏化工有限公司

④ 湖南尔康制药有限公司

丙酸 propionic acid

$$\underset{\text{H}_3\text{C}-\text{C}-\text{C}-\text{OH}}{\overset{\text{O}}{\overset{\parallel}{}}}$$

$$C_3H_6O_2，74.08$$

分类代码　CNS 17.000；INS 280

理化性质　无色油状液体。略有辛辣油味。沸点 141℃，熔点 −22℃，相对密度 d^{20} 为 0.99。可与水、乙醇等有机溶剂混溶。

本品以乙醇、一氧化碳为原料，通过化学方法合成。

毒理学依据

① LD_{50}：大鼠急性经口 5600mg/kg（bw）。

② ADI：无须规定（FAO/WHO，1994）。

③ GRAS：FDA-21CFR 184.1081。

质量标准

质量标准 GB 10615—1989

项　目		指　标
含量/%	≥	99.0
馏程/℃		138.5～142.5
不挥发残渣/%	≤	0.01
水分/%	≤	0.15
色度(铂-钴)	≤	25 号
重金属(以 Pb 计)/%	≤	0.001
砷(以 As 计)/%	≤	0.0003
相对密度 d_{20}^{20}		0.993

应用　防腐剂

GB 2760—2014 中规定：丙酸使用标准与丙酸钠相同。

FAO/WHO（1984）规定：可用于加工干酪，3.0g/kg；EEC 和日本均允许用在面包、糕点及其他乳品加工制品中 2.5g/kg。食品添加剂通用法典标准规定：其用于乳清干酪中最大用量为 3000mg/kg；其他使用参考丙酸钠。

生产厂商

① 四川省申联生物科技有限公司

② 台州海胜化工

③ 山东省淄博名聚化工有限公司

④ 南京宝泰化工有限公司

丙酸钙 calcium propionate

$$\left[H_3C-\overset{H_2}{C}-\overset{\overset{\displaystyle O}{\|}}{C}-O^- \right]_2 Ca^{2+} \cdot n H_2O$$

$C_6 H_{10} O_4 Ca \cdot n H_2O$（$n=0$，1），

204.24（一水物），186.23（无水物）

分类代码　CNS 17.005；INS 282

理化性质　白色结晶性粉末，400℃以上（分解），无臭或具有轻微的异臭。可制成一水物或无水物。为单斜板状结晶，可溶于水（1g/100mL），微溶于甲醇、乙醇，不溶于苯及丙酮。10%水溶液 pH 值等于 7.4。

本品以丙酸、氧化钙或氢氧化钙为原料，通过化学方法合成。

毒理学依据

① LD$_{50}$：小鼠急性经口 3340mg/kg（bw）。

② ADI：无须规定（FAO/WHO，1994）。

③ GRAS：FDA-21CFR 181.23，184.1221。

质量标准

质量标准 GB 25548—2010

项　目		指　标
含量（以干基计）/%	≥	99.0
水不溶物/%	≤	0.3
水分/%	≤	9.5
游离酸（以丙酸计）/%	≤	0.1
游离碱（以 NaOH 计）/%	≤	通过试验
氟化物/（mg/kg）	≤	30
重金属（以 Pb 计）/（mg/kg）	≤	10
砷（以 As 计）/（mg/kg）	≤	3
铁（以 Fe 计）/（mg/kg）	≤	50
干燥失重/%	≤	9.5

应用　防腐剂

GB 2760—2014 中规定：（以丙酸计）丙酸钙使用标准与丙酸钠相同。

食品添加剂通用法典标准规定：其用于乳清干酪中最大用量为 3000mg/kg。在面制品加工中，丙酸钙是比丙酸钠使用更多的酸性防腐剂，在一定酸性范围内（pH≤5），对霉菌的抑制最好，而 pH＞6 时抑菌的作用明显下降。注意不宜与蓬松剂同时使用，会形成钙盐，减少二氧化碳的产生量。丙酸一般在和面时使用，其用量可在规定范围内，根据季节、储存时间进行适当的用量调整。以使添加效果达到最好。

生产厂商

① 山东省滕州中正化工有限公司

② 山东省同泰维润化工有限公司

③ 青岛大伟生物工程有限公司

④ 上海新宝精细化工厂

丙酸钠 sodium propionate

$$H_3C-\underset{H_2}{C}-\overset{O}{\overset{\|}{C}}-ONa$$

$C_3H_5O_2Na$，96.06

分类代码　CNS 17.006；INS 281

理化性质　白色结晶性粉末，略有丙酸臭味。在空气中易吸潮，400℃以上分解。易溶于水和乙醇（1g 丙酸钠可溶于 1mL 水或 2.4mL 乙醇）。丙酸钠水溶液（10g/100mL）pH＝8～10。

本品以丙酸、碳酸钠或氢氧化钠为原料，通过化学方法合成。

毒理学依据

① LD$_{50}$：大鼠急性经口 6300mg/kg（bw），小鼠急性经口 5100mg/kg（bw）。

② ADI：无须规定（FAO/WHO，1994）。

③ GRAS：FDA-21CFR 181.23，184.1784。

质量标准

质量标准 GB 25549—2010

项　目		指　标
含量(以干基计)/%		99.0～100.5
干燥失重/%	≤	1.0
铁(以 Fe 计)/(mg/kg)	≤	30
碱度(以 Na₂CO₃ 计)		通过试验
重金属(以 Pb 计)/(mg/kg)	≤	4
砷(以 As 计)/(mg/kg)	≤	3

应用　防腐剂

GB 2760—2014 中规定:(以丙酸计)丙酸钠作为食品防腐剂可用于生湿面制品(如面条、饺子皮、馄饨皮、烧皮)中最大用量为 0.25g/kg;原粮中最大用量为 1.8g/kg;豆类制品、面包、糕点、醋、酱油中,最大用量为 2.5g/kg;其他(杨梅罐头加工工艺用)中最大用量为 50.0g/kg。

丙酸钠多用于甜食、糕点和面包等食品中。食品添加剂通用法典标准规定:其用于乳清干酪中最大用量为 3000mg/kg。一般对霉菌的繁殖有抑制作用。但是过量使用会对面包中酵母的活力有一定影响。因此在用量上宜应小心。用于杨梅罐头加工时,一般使用 3%～5%丙酸钠溶液浸泡杨梅,浸泡后需要洗净才能用于加工杨梅罐头。丙酸钠对人体几乎无毒性。

生产厂商

① 山东省滕州中正化工有限公司

② 山东省同泰维润化工有限公司

③ 青岛大伟生物工程有限公司

④ 上海新宝精细化工厂

单辛酸甘油酯 mono-caprylin glycerate

$$
\begin{array}{ccc}
H_2C\!-\!O\!-\!COC_7H_{15} & & H_2C\!-\!OH \\
| & & | \\
HC\!-\!OH & \text{或} & HC\!-\!O\!-\!COC_7H_{15} \\
| & & | \\
H_2C\!-\!OH & & H_2C\!-\!OH
\end{array}
$$

$C_{11}H_{22}O_4$, 218.30

别名　单甘油酯

分类代码　CNS 17.031

理化性质　常温下本品为浅黄色黏稠液或乳白色塑性固体,无嗅、略带苦味。不溶于水,可与热水振摇后形成乳浊液。溶于乙醇、乙酸乙酯、氯仿及其他氯化烃或苯。

本品以辛酸、甘油为原料,通过化学方法合成。

毒理学依据

① LD₅₀:大鼠急性经口 15g/kg(bw)。

② ADI:无须规定(单、双甘油酯,FAO/WHO,1994)。

③ 积蓄性毒性实验:积蓄系数(K)大于 5,属弱积蓄性物质。

④ 致突变性试验:微核试验、睾丸染色体畸变试验、Ames 试验,均未见致突变性。

质量标准

质量标准黑龙江轻工业研究所标准		参考
项　目		指　标
含量/%	≥	90
游离酸(以辛酸计)/%	≤	2.5
游离甘油/%	≤	5.0
砷(以 As 计)/%	≤	0.0001
重金属(以 Pb 计)/%	≤	0.0005

应用　防腐剂

GB 2760—2014 规定：单辛酸甘油酯作为食品防腐剂可用于生湿面制品（如面条、饺子皮、馄饨皮、烧皮）、糕点、焙烤食品馅料及表面用挂浆（仅限豆馅），其最大使用量为 1.0g/kg；用于肉灌肠类最大使用量为 0.5g/kg。

本品在使用过程中易发生水解而产生刺激性气味，一般控制使用量为 1～2g/kg。单辛酸甘油酯可与甘氨酸、有机酸、EDTA、聚磷酸盐混合使用，具有协同防腐效果。

生产厂商

① 河南省郑州奥尼斯特食品有限公司

② 郑州大河食品科技有限公司

③ 河南正通化工有限公司

④ 广州嘉德乐生化科技有限公司

对羟基苯甲酸丙酯 propyl -*p*-hydroxybenzoate

$C_{10}H_{12}O_3$，180.20

**别名　**尼泊金丙酯

**分类代码　**CNS 17.008；INS 216

同类酯及其性质

性质	对羟基苯甲酸甲酯	对羟基苯甲酸乙酯	对羟基苯甲酸丙酯	对羟基苯甲酸异丙酯	对羟基苯甲酸丁酯	对羟基苯甲酸异丁酯	对羟基苯甲酸庚酯
小鼠急性经口 LD_{50}(bw)/(g/kg)	8	5	6.7	7.17	13.2	8.39	
为苯酚抑菌的倍数	3	8	17		32		
熔程/℃	125～128	115～118	95～98	84～86	69～72	75～77	48～51
溶解度(酒精)/(g/100mL)	40	70	95		210		
溶解度(水,25℃)/(g/100mL)	0.25	0.17	0.05	0.088	0.02	0.035	0.1379
溶解度(水,80℃)/(g/100mL)		0.86	0.30		0.15		
pK_a	8.17	8.22	8.35		8.37		8.27

**理化性质　**无色细小结晶状粉末，几乎无臭，稍有涩味。熔点 95～98℃。不溶于水（0.05g/100mL，25℃），可溶于乙醇（95g/100mL）和乙醚。

本品以对羟基苯甲酸、丙醇为原料，通过化学方法合成。

毒理学依据

① LD_{50}：小鼠急性经口 6.7g/kg（bw）。

② ADI：0～10mg/kg（bw）（以对羟基苯甲酸甲酯、乙酯、丙酯总量计，FAO/WHO，1994）。

质量标准

质量标准 GB 8851—2005

项　目		指　标
含量/%		99.0～100.5
熔点范围/℃		95～98
硫酸盐（以 SO₄ 计）/%	≤	0.024
游离酸（以对羟基苯甲酸计）/%	≤	0.55
干燥失重/%	≤	0.5
灼烧残渣/%	≤	0.05
重金属（以 Pb 计）/%	≤	0.001
砷（以 As 计）/%	≤	0.0001

应用　防腐剂

GB 2760—2014 中规定：（以对羟基苯甲酸计）对羟基苯甲酸丙酯使用标准与对羟基苯甲酸乙酯相同。

由于对羟基苯甲酸酯类的水溶性较低，使用时通常先将它们溶于氢氧化钠、乙酸或乙醇溶液后再添加。不同酯链的对羟基苯甲酸酯类在防腐性能方面差距并不大。但随着酯链增长，脂溶性提高，水溶性会更低。

生产厂商

① 天津市亿龙化工

② 浙江圣效化学品有限公司

③ 苏州市东联化工有限责任公司

④ 南京乔丰化工有限公司

对羟基苯甲酸乙酯 ethyl-p-hydroxybenzoate

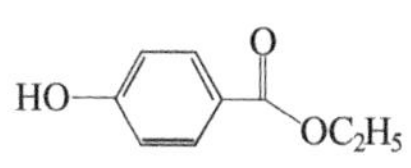

$C_9H_{10}O_3$　166.18

别名　尼泊金乙酯

分类代码　CNS 17.007；INS 214

理化性质　无色细小结晶或结晶状粉末，几乎无臭，稍有涩味，对光和热稳定，无吸湿性，熔点 115～118℃。不溶于水（0.001g/100mL），可溶于丙二醇和花生油。

本品以对羟基苯甲酸、乙醇为原料，通过化学方法合成。

毒理学依据

① LD_{50}：小鼠急性经口 5g/kg（bw）。

② ADI：0～10mg/kg（bw）（以对羟基苯甲酸甲酯、乙酯、丙酯总量计，FAO/WHO，1994）。

质量标准

质量标准 GB 1886.31—2015

项　目		指　标
对羟基苯甲酸乙酯($C_9H_{10}O_3$)含量(以干基计)/%		99.0～100.5
熔点/℃		115～118
游离酸(以对羟基苯甲酸计)/%	≤	0.55
硫酸盐(以 SO_4 计)/%	≤	0.024
干燥减量/%	≤	0.50
灼烧残渣/%	≤	0.05
砷(As)/(mg/kg)	≤	1.0
重金属(以 Pb 计)/(mg/kg)	≤	10.0

应用　防腐剂

GB 2760—2014 规定:(以对羟基苯甲酸计) 对羟基苯甲酸乙酯作为食品加工使用的防腐剂可用于经表面处理的鲜水果及新鲜蔬菜的保鲜,其最大使用量为 0.012g/kg;碳酸饮料、热凝固蛋制品 (如蛋黄酪、松花蛋肠),最大使用量为 0.20g/kg;果蔬汁 (肉) 饮料、果酱 (罐头除外)、食醋、酱油、酱及酱制品、风味饮料 (仅限果味饮料),最大使用量为 0.25g/kg;焙烤食品馅料及表面用挂浆 (仅限糕点馅) 中,最大使用量为 0.5g/kg。

对羟基苯甲酸酯类的毒性较苯甲酸低。其抗菌效果与 pH 无关。但此类物质水溶性较低。对羟基苯甲酸酯类物质随着酯链增长,脂溶性提高,其毒性降低,防腐性能增高。对羟基苯甲酸酯类物质抑菌防腐性能要比苯甲酸及山梨酸强,而且在 pH＝4～8 的范围都有很好的效果。由于添加对羟基苯甲酸酯类物质的食品,有时在高温或高酸度条件下产生不愉快气味,因此要求在一般食品中的添加量不超过 0.5g/kg。在水相体系中使用时,由于其溶解度较小,可用适量的乙醇或加入碳酸钠溶液帮助溶解。但是不要使用强碱,以免使其分解而使其抗菌活力下降。

生产厂商

① 河南省郑州市二七红兴化工有限公司

② 浙江省圣效化学品有限公司

③ 北京双恒化工有限公司

④ 天津东大化工集团

二氧化碳 carbon dioxide

CO_2，44.10

别名　碳酸气

分类代码　CNS 17.014；INS 290

理化性质　在常温、常压下为无色、无臭气体,在 0℃和 0.1MPa 下,1L 重约 1.98g。在 0.59MPa 下凝成液体,快速蒸发时部分形成固体 (干冰),略有酸味。无助燃性和可燃性。商品通常为液体二氧化碳,也可压缩、冷却成白色固体 (干冰)。气体二氧化碳的相对密度为 0.914 (0℃,34.75MPa),固体二氧化碳的相对密度为 1.56 (−79℃)。可升华,升华温度为 −78.48℃ (101.325kPa)。1 体积二氧化碳溶于约 1 体积水形成碳酸,25℃时二氧化碳饱和水溶液 pH 值等于 4.5。

本品由乙醇或氨气为原料,通过生物发酵或化学方法合成。

毒理学依据

① ADI:无须规定 (WHO/PAO,1994)。

② GRAS：FDA-21CFR 184.1240。

质量标准

质量标准 GB 10621—2006

项　目		指　标
二氧化碳的体积分数/10^{-2}	≥	99.9
水分的体积分数/10^{-6}	≤	20
一氧化氮的体积分数/10^{-6}	≤	2.5
二氧化氮的体积分数/10^{-6}	≤	2.5
二氧化硫的体积分数/10^{-6}	≤	1.0
总硫的体积分数（除二氧化硫外，以硫计）/10^{-6}	≤	0.1
碳氢化合物总的体积分数（以甲烷计）/10^{-6}	≤	50（其中非甲烷烃不超过20）
苯的体积分数/10^{-6}	≤	0.02
甲醇的体积分数/10^{-6}	≤	10
乙醇的体积分数/10^{-6}	≤	10
乙醛的体积分数/10^{-6}	≤	0.2
其他含氧有机物的体积分数/10^{-6}	≤	1.0
聚乙烯的体积分数/10^{-6}	≤	0.3
油脂的质量分数/10^{-6}	≤	5
蒸发残渣的质量分数/10^{-6}	≤	10
氧气的体积分数/10^{-6}	≤	30
一氧化碳的体积分数/10^{-6}	≤	10
氨的体积分数/10^{-6}	≤	2.5
磷化氢的体积分数/10^{-6}	≤	0.3
氰化氢的体积分数/10^{-6}	≤	0.5

注：其他含氧有机物包括二甲醚、环氧乙烷、丙酮、正丙醇、异丙醇、正丁醇、异丁醇、乙酸乙酯、乙酸异戊酯。

应用　防腐剂

GB 2760—2014 规定：二氧化碳作为食品防腐剂可用于除胶基糖果外的其他糖果、配制酒、饮料类、其他（充气型）发酵酒类食品中，可按生产需要适量使用。

二氧化碳对多脂食品、乳制品、快餐食品、花生和其他对氧敏感的干制品的抗氧化作用和在储藏环境中对水果、蔬菜及谷物呼吸作用的影响，均比其抗菌的作用重要得多。在果汁、软饮料、葡萄酒中主要起防腐作用，此外，它在软饮料中还起清凉作用、阻碍微生物生长、杀死嗜氧微生物、突出香气以及赋以饮料舒适的口感。

生产厂商

① 天津联博化工股份有限公司

② 重庆同辉气体有限公司

③ 上海林德二氧化碳有限公司

④ 天津挂月集团有限公司

桂醛 cinnamaldehyde

〇—CH=CH—CHO

C_9H_8O，132.16

别名　肉桂醛 cinnamic aldehyde、苯丙烯醛 cinnamal、RQA

分类代码　CNS 17.012；FEMA 2286

理化性质　具有强烈的肉桂油气味，淡黄色油状液体。相对密度 1.0497。沸点 248℃，熔点 −8℃。微溶于水（0.143g/100mL），溶于乙醇、乙醚、氯仿、油脂。在空气中易被氧化成肉桂酸。

本品以苯甲醛、乙醛为原料，通过化学方法合成。

毒理学依据

① LD_{50}：大鼠急性经口 2220mg/kg（bw）。

② ADI：可接受（作为食品香料）（JECFA，2000）。

③ GRAS：FDA-21CFR 182.60。

质量标准

质量标准

项　目	指　标		
	GB 28346—2012	FCC(7)	日本食品添加物公定书（第八版）
含量(C_9H_8O)/% ≥	98.0	99.0	98.0
折射率(n_D^{20})	1.619～1.625	1.619～1.623	1.619～1.625
相对密度 d_{25}^{25}	1.046～1.053	1.046～1.050	1.051～1.056
酸值　　　　　≤	10.0(以 KOH 计)(mg/g)	10	5.0
氯化物		合格	—
醇中溶解度		1mL 溶于 5mL 60% (体积分数)乙醇	1mL 溶于 7mL 60% (体积分数)乙醇

应用　防腐剂

GB 2760—2014 规定：肉桂醛作为食品防腐剂可按生产需要适量使用于经表面处理的鲜水果（残留量≤0.3mg/kg）。

作为防腐剂，对黄曲霉、黑曲霉、交链孢霉、白地霉、酵母菌等有强烈抑菌作用。也可配成乳液浸果保鲜，或将乳液涂在包果纸或直接熏蒸进行保鲜。肉桂醛还在香精调配中作为食用香料的成分使用，参考如下：水果保鲜用包果纸 0.012～0.017mg/kg（储藏后其残留量：果皮≤0.6mg/kg，果肉≤0.3mg/kg）；软饮料 9.0mg/kg；冷饮 7.7mg/kg；调味品 0.02mg/kg；糖果 700mg/kg；焙烤食品 180mg/kg；胶姆糖 490mg/kg。

生产厂商

① 南昌市兴赣科技实业有限公司

② 武汉远城科技发展有限公司

③ 广西广宁化工有限公司

④ 应城市武瀚有机材料有限公司

联苯醚 diphenyl oxide

$C_{12}H_{10}O$，170.21

别名　二苯醚

分类代码　CNS17.022

理化性质　本品为无色结晶体或液体，类似天竺葵气味，熔点 27℃，沸点 259℃。不溶于水、无机酸、碱液，溶于乙醇、乙醚等，相对密度（水＝1）1.07～1.08；相对密度（空气＝1）1.0，稳定，主要用途为用作传热介质，并用作香皂等的香料。

本品由酚与芳基卤化物在铜或铜盐催化下偶联为二芳醚后转化而制得。

毒理学依据

LD_{50}：大鼠急性经口 5.66g/kg（bw）。

应用　防腐剂

GB 2760—2014 规定：联苯醚作为作为食品防腐剂可用于经表面处理的鲜水果（仅限柑橘类），最大使用限量为 3.0g/kg（残留量≤12mg/kg）。

生产厂商

① 江苏中能化学有限公司

② 苏州市凯美化工有限公司

纳他霉素 natamycin(pimaricin)

$C_{33}H_{47}NO_{13}$, 665.73

别名：游霉素、匹马菌素、匹马利星

分类代码　CNS17.000；INS 235

理化性质　乳白色粉末，熔点 280℃（分解）。不溶于水，微溶于甲醇，溶于稀盐酸、稀碱液、冰乙酸及二甲基甲酰胺。pH 值低于 3 或高于 9 时，其溶解度可有所提高。对空气中氧、紫外线极为敏感，所以在使用或存放时宜应注意避光与密封。

本品以纳他尔链霉菌为原料，通过生物发酵制备而得。

毒理学依据

① LD_{50}：大鼠急性经口 2730mg/kg（bw）（雄性）；小鼠急性经口 1500mg/kg（bw）。

② ADI：0～0.3mg/kg（bw）（FAO/WHO，1994）。

质量标准

质量标准 GB 25532—2010

项　目		指　标
含量(以干基计)/%	≥	95.0
干燥失重(60℃，<5mmHgP_2O_5 上)	≤	8.0
pH(10mg/mL 水溶液作电位测定)		5.0～7.5
比旋光度$[\alpha]_D^{20}$(100mg/10mL 冰醋酸溶液)/(°)		＋250～＋295
铅(以 Pb 计)/(mg/kg)	≤	2
灼烧残渣/%	≤	0.5

应用　防腐剂

GB 2760—2014 规定：纳他霉素作为食品防腐剂可用于发酵酒中，使用限量为 0.01g/L；用于沙拉酱、蛋黄酱中最大使用量为 0.02g/kg（残留量≤10mg/kg）；干酪和再制干酪及其类似品，最大使用限量为 0.30g/kg（表面使用，残留量≤10mg/kg），用于酱卤肉制品类、熏、烧、烤、油炸肉类、西式火腿（熏烤、烟熏、蒸煮火腿）类、肉灌肠类、发酵肉制品类、果蔬汁（浆）、糕点类，最大使用限量为 0.30g/kg（表面使用、混悬液喷雾或浸泡，残留量≤10mg/kg）。

纳他霉素用于加工器皿表面处理，使用限量为 10mg/kg；本品对大部分霉菌、酵母菌和真菌均有高度抑制能力，但对病毒或其他类细菌的抑制效果却不显著。本品在干燥状态比较稳定。在 pH 值为 5~7 时，其活性最强；在 pH 值为 3~5，其活性可降低 8%~10%。pH 值在低于 3 或高于 9 时，抑菌活性可降低 30%。在温度超过 50℃时，抑菌活性也会明显下降。另外对于光照、与氧化剂或金属器具接触都会使其抑菌活性下降。

生产厂商

① 浙江银象生物工程有限公司

② 兰州伟日生物工程有限公司

③ 河南郑州奇泓生物科技有限公司

④ 上海乐香生物科技有限公司

乳酸链球菌素 nisin

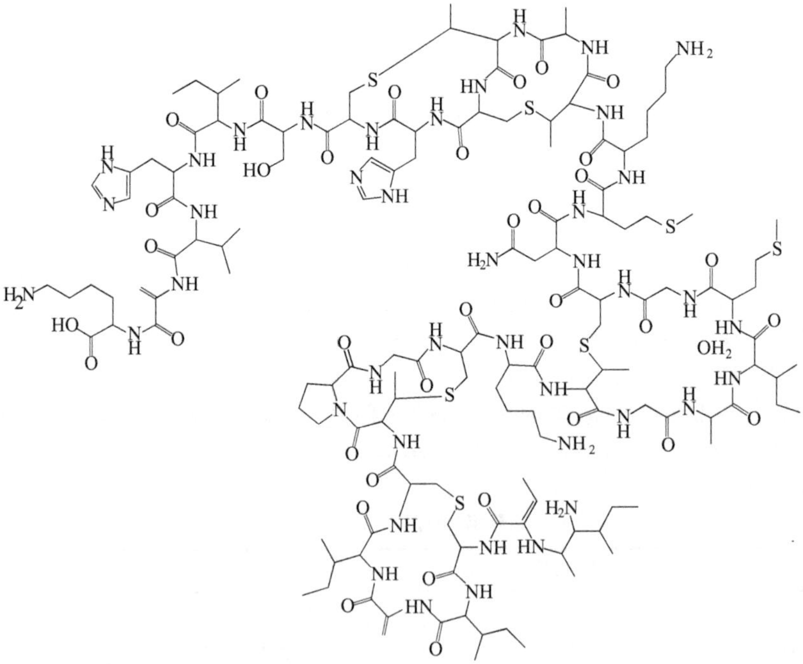

$$C_{143}H_{230}O_{37}N_{42}S_7, \quad 3354.07$$

别名　乳酸链球菌肽

分类代码　CNS 17.019；INS 234

理化性质　乳酸链球菌素是由含羊毛硫氨酸及 β-甲基羊毛硫氨酸的 34 个氨基酸组成的多肽。肽链中含有 5 个硫醚键形成的分子内环。本品是乳酸链球菌素和氯化钠、脱脂乳固体的混合物，其活力可由氯化钠和脱脂乳调节，且不低于 900 IU/mg。在食用后容易被消化道中蛋白酶分解为氨基酸，因此其食用安全性较高。

本品为白色易流动粉末，略带咸味。在酸性条件下稳定，在 pH 值小于 2.0 时，可经 116℃灭菌而不失活。pH 值等于 6.8 时，灭菌后丧失 90% 的活力。在水中的溶解度随 pH 值升高而下降，pH 值等于 2.5 时，溶解度为 12g/100mL，如在 0.02mol/L 盐酸中，在水中溶解度达到 11.8g/100mL；pH 值等于 5.0 时，溶解度为 4g/100mL；pH 值等于 7 或偏碱性时，在水中溶解度明显下降。

本品以乳酸链球菌为原料，通过生物发酵制备。

毒理学依据

① LD$_{50}$：小鼠急性经口 9.26g/kg（bw）（雄性）；小鼠急性经口 6.81g/kg（bw）（雌性）；大鼠急性经口 14.7g/kg（bw）（雄性）；大鼠急性经口 6.81g/kg（bw）（雌性）。

② ADI：0～33000IU/kg（bw）（FAO/WHO，1994）。

质量标准

质量标准

项　　目		指　　标	
		QB 2394—2007	JECFA(2009)
含量/(IU/mg)	≥	900	900
氯化钠/%	≥	50.0	50.0
铅(以 Pb 计)/(mg/kg)	≤	1	1
干燥失重/%	≤	3.0	3.0
沙门氏菌			未检出

应用　防腐剂

GB 2760—2014 规定：乳酸链球菌素作为食品防腐剂可用于醋中，最大使用量为 0.15g/kg；用于的饮料类（14.01 包装饮用水类除外）、杂粮罐头、食用菌和藻类罐头、酱及酱制品、复合调味料，最大使用量为 0.2g/kg；其他杂粮制品（仅限杂粮灌肠制品）、方便米面制品（仅限方便湿面制品及米面灌肠制品）、蛋制品（改变其物理性状）中，最大使用量为 0.25g/kg；用于乳及乳制品（01.01.01、01.01.02、13.0 涉及品种除外）、预制肉制品、熟肉制品、熟制水产品（可直接食用），最大使用量为 0.5g/kg。

其他使用如：对酪、消毒牛奶和风味牛奶等产品添加量为 1～10mg/kg；菠萝、樱桃、苹果、桃子、青豆以及番茄酱等罐头制品，用量为 2～2.5mg/kg；布丁、炒面、通心粉、玉米油、菜汤、肉汤等熟食品，用量为 1～5mg/kg；另外还用于牛舌、火腿、鱼子酱、肉类、鱼类加工制品的防腐及啤酒发酵液、葡萄酒制作中抑制不需要的乳酸菌方面。乳酸链球菌素属生物类防腐剂，浓度在 500IU/mL 的乳酸链球菌素可以杀死绝大多数的革兰氏阳性细菌。一般情况下，不能杀灭细菌孢子。适宜酸度为 pH 值在 2.5～5.5 范围。主要为多肽物质成分，食用后可被体内蛋白酶消化分解成氨基酸，无微生物毒性或致病作用，因此其安全性较高。使用时应先用适量的 0.02mol/L 的盐酸溶液（或柠檬酸、醋酸溶液均可）溶解后，再添加到食品中。如将乳酸链球菌素配制成 0.15～0.2g/L 的溶液，倒入肉制品一起加工；或将溶液喷涂在肉制品表面再进行包装；将新鲜肉类放入溶液中浸泡 30s，也能达到延长保鲜期的作用；还可与山梨酸或亚硝酸盐结合使用具有更好的效果。另外乳酸链球菌素在酸介中具有较高的热稳定性，可以在酸性饮料或乳品的高温杀菌前加入；但是在近中性条件不宜加热时间过长，否则其活性会大大下降。

生产厂商

① 兰州伟日生物工程有限公司
② 浙江银象生物工程有限公司
③ 黑龙江齐齐哈尔安泰生物工程股份有限公司
④ 郑州德瑞生物科技

山梨酸 sorbic acid

$$C_6H_8O_2，112.13$$

别名 花椒酸、己二烯-2,4-酸

分类代码 CNS 17.003；INS 200

理化性质 无色针状结晶或白色粉末，无臭或稍有刺激性臭味，难溶于水，易溶于乙醇，60℃升华，在空气中易被氧化而颜色变暗。饱和水溶液 pH 值约为 3.6。防腐能力较强，对光、热相对稳定。

本品以丙二酸、巴豆醛为原料，通过化学方法合成。

毒理学依据

① LD_{50}：大鼠急性经口 7360mg/kg（bw）。

② ADI：0～25mg/kg（bw）（山梨酸及其盐总量，以山梨酸计，FAO/WHO，1994）。

③ GRAS：FDA-21CFR 181.23，182.3089。

质量标准

质量标准 GB 1905—2000

项　目		指　标
含量(以无水物计)/%	≥	98.5
熔点范围/℃		132～135
硫酸盐(以 SO_4 计)/(mg/kg)	≤	1000
灼烧残渣/%	≤	0.2
重金属(以 Pb 计)/(mg/kg)	≤	10
砷(以 As 计)/(mg/kg)	≤	2
水分/%	≤	0.5

应用 防腐剂、抗氧化剂、稳定剂

GB 2760—2014 中规定：山梨酸作为食品防腐剂可用在熟肉制品、预制水产品（半成品）中，最大用量为 0.075g/kg；葡萄酒中最大用量为 0.2g/kg；配制酒中最大用量为 0.4g/kg；果酒中最大用量为 0.6g/kg；配制酒（仅限青稞干酒）中最大用量为 0.6g/L；用于风味冰、冰棍类、经表面处理的鲜水果、蜜饯凉果、经表面处理的新鲜蔬菜、加工食用菌和藻类、酱及酱制品、（14.01 包装饮用水类除外的）饮料类（固体饮料按冲调倍数增加使用量）、果冻（如用于果冻粉，按冲调倍数增加）、胶原蛋白肠衣中，其最大用量为 0.5g/kg；在干酪和再制干酪及其类似品、氢化植物油、人造黄油（人造奶油）及其类似制品（如黄油和人造黄油混合品）、腌渍的蔬菜、果酱、豆干再制品、新型豆制品（大豆蛋白及膨化食品、大豆素肉等）、面包、糕点、（除胶基糖果外的）其他糖果、焙烤食品馅料及表面用挂浆、风干、烘干、压干等水产品、其他水产品及其他熟制水产品（可直接食用）、调味糖浆、醋、酱油、复合调味料、乳酸菌饮料中，其最大用量为 1.0g/kg；在胶基糖果、其他杂粮制品（仅限杂粮灌肠制品）、方便

米面制品（仅限米面灌肠制品）、蛋制品（改变其物理性状）、肉灌肠类中，最大用量为 1.5g/kg；浓缩果蔬汁（浆）（仅限食品工业用）中，最大用量为 2.0g/kg。

　　山梨酸虽然是酸性防腐剂，体系的酸度对其防腐效果有一定影响。但是山梨酸适宜的 pH 值范围要比苯甲酸宽，但是当 pH 值＞6 时，其防腐效果会有所下降。配制山梨酸溶液时，可先将山梨酸溶解在乙醇中或溶解在碳酸钠溶液中，再加入食品中使用。注意在溶解过程中尽量不要与铁、铜器具接触。适宜 pH 值值为 3.5～6.0，一般使用酸度控制为 pH 值在 4 左右。

生产厂商

① 港新实业国际集团（吉林）山梨酸有限公司

② 上海鑫舜精细化工有限公司

③ 浙江宁波王龙集团有限公司

④ 上海朗瑞精细化学品有限公司

山梨酸钾 potassium sorbate

$$C_6H_7KO_2，150.22$$

别名　2,4-己二烯酸钾

分类代码　CNS 17.004；INS 202

理化性质　无色至浅黄色粉末，略有轻微臭味。在空气中易被氧化而颜色变暗。有吸潮性，易溶于水，59g/100mL（水）；6.7g/100mL（95％乙醇）。1％水溶液 pH＝7～8。防腐能力较强，对光、热相对稳定。最适 pH 值为 3.5～6.0。

其他添加形式山梨酸钠（使用同山梨酸钾）

本品以碳酸钾或氢氧化钾及山梨酸为原料，通过化学方法合成。

毒理学依据

① LD_{50}：大鼠急性经口 4920mg/kg（bw），小鼠静脉注射 1300mg/kg（bw）。

② ADI：0～25mg/kg（bw）（山梨酸及其盐总量，以山梨酸计，FAO/WHO，1994）。

③ GRAS：FDA-21CFR 182.3640。

质量标准

质量标准 GB 1886.39—2015　　（2016-3-22 实施）

项　目		指　标
山梨酸钾(以 $C_6H_7KO_2$ 计)(以干基计)/％		98.0～101.0
干燥减量/％	≤	1.0
氯化物(以 Cl 计)/％	≤	0.018
硫酸盐(以 SO_4 计)/％	≤	0.038
醛(以 HCHO 计)/％	≤	0.1
重金属(以 Pb 计)/(mg/kg)	≤	10.0
砷(以 As 计)/(mg/kg)	≤	3.0
铅(Pb)/(mg/kg)	≤	2.0
澄清度		通过试验
游离碱		通过试验

应用　防腐剂、抗氧化剂、稳定剂

　　山梨酸钾（以山梨酸计）具体使用可参照 GB 2760—2014 山梨酸中规定最大使用量。山梨酸钾虽与山梨酸使用相同，但是却比山梨酸的水溶性好，使用方便，因此被大多采用。

　　食品添加剂通用法典标准的规定：水包油为主的脂肪乳化物，包括混合和/或调味的脂肪乳化物制品、醋、油或盐水渍水果、凝乳（原味）、非熟化干酪、乳基甜点（如布丁、水果或调味酸乳）、果酱、果冻、乳清干酪、柑橘果酱、糖渍水果、水果预制品（包括果浆、果泥、水果顶饰和椰奶、熟制水果、蔬菜（包括蘑菇和食用真菌、块根类、豆类、芦荟）、海藻、果基涂抹物（如印度酸辣酱），不包括 04.1.2.5 类的食品中，最大使用量为 1000mg/kg；干制水果最大使用量为 500mg/kg；熟化干酪、再制干酪、乳清蛋白干酪中最大使用量为 3000mg/kg；饮料增白剂中最大使用量为 200mg/kg；脂肪涂抹物，乳脂涂抹物和混合涂抹物中最大使用量为 2000mg/kg；糕饼的水果馅料中最大使用量为 1200mg/kg。

生产厂商

① 港新实业国际集团（吉林）山梨酸有限公司

② 山东省滕州中正化工有限公司

③ 浙江宁波王龙集团有限公司

④ 石家庄瑞雪制药有限公司

双乙酸钠 sodium diacetate

$$H_3C-\overset{O}{\overset{\|}{C}}-OH \quad H_3C-\overset{O}{\overset{\|}{C}}-ONa$$

$C_4H_7NaO_4$，142.09（无水物）

别名　双乙酸氢钠、二乙酸一钠

分类代码　CNS 17.013；INS 262（ⅱ）

理化性质　双乙酸钠的分子结构为乙酸钠与乙酸的复合物。产品呈白色结晶状固体。带有乙酸的臭味。加热至 150℃ 以上即分解。极易吸潮，易溶于水（100g/100mL）。浓度为 10g/100mL 的溶液 pH＝4.5～5.0。

　　本品以乙酸、碳酸钠为原料，通过化学方法合成。

毒理学依据

① LD_{50}：大鼠急性经口 4960mg/kg（bw）；小鼠急性经口 3310mg/kg（bw）。

② ADI：0～15mg/kg（bw）（FAO/WHO，1994）。

③ GRAS：FDA-21CFR 184.1754。

质量标准

质量标准

项　目		指　标	
		GB 25538—2010	JECFA(2006)
游离乙酸(以干基计)/%		39.0～41.0	39.0～41.0
乙酸钠/%		58.0～60.0	58.0～60.0
铅(Pb)/(mg/kg)	≤	2	2
易氧化物(以甲酸计)/%	≤	0.2	痕量
pH		4.5～5.0	4.5～5.0
水分/%	≤	2.0	2.0
醛类	≤	—	0.2

应用　防腐剂

GB 2760—2014 规定：双乙酸钠作为食品防腐剂可用豆干类、豆干再制品、膨化食品、原粮、熟制水产品（可直接食用），其最大使用量为 1.0g/kg；调味品最大使用量为 2.5g/kg；预制肉制品及熟肉制品最大使用量为 3.0g/kg；糕点、粉圆最大使用量为 4.0g/kg；复合调味料最大使用量为 10.0g/kg。

双乙酸钠的抗菌作用来源于乙酸，乙酸分子与类脂化合物的相溶性较好。乙酸透过细胞壁，可使细胞内蛋白质变性，从而起到抗菌作用。乙酸可以降低产品的 pH 值。当既要保持乙酸的杀菌性能，又要求它的加入而不至于使产品的酸性增强太多时，则不直接使用乙酸而使用双乙酸钠。双乙酸钠在酸介中的抗菌效果要比中性为好（适宜 pH ＝3.5～5.0），因此使用时要注意体系酸度及变化。本品用于谷物防霉时，应注意控制温度和湿度。双乙酸钠与山梨酸合用时，有较好的协同作用。

生产厂商
① 无锡慧恒化工有限公司
② 江苏省连云港市通源化工有限公司
③ 山西太原新立源生物科技有限公司
④ 山西三维集团股份有限公司

脱氢乙酸 dehydroacetic acid

$C_8H_8O_4$，168.14

别名　脱氢醋酸 DHA

分类代码　CNS 17.009（ⅰ）；INS 265

理化性质　无色至白色针状或板状结晶或白色结晶性粉末。无臭，略带酸味。熔点 108～111℃（升华），沸点 269.9℃。易溶于固定碱的水溶液，难溶于水。溶于丙酮和乙醇（2.9g/100mL 乙醇）。脱氢乙酸饱和水溶液 pH 值等于 4。

本品以双乙烯酮为原料，通过化学方法合成。

毒理学依据
① LD_{50}：大鼠急性经口 1000mg/kg（bw）。
② GRAS：FDA-21CFR 172.130。

质量标准

质量标准 GB 29223—2012

项　目		指　标
脱氢乙酸($C_8H_8O_4$)含量(以干基计)/%		98.0～100.5
熔点/℃		109.0～111.0
干燥减量/%	≤	1.0
灼烧残渣/%	≤	0.1
铅(Pb)/(mg/kg)	≤	0.5

应用　防腐剂

GB 2760—2014 规定：脱氢乙酸作为食品防腐剂可用于黄油及浓缩黄油、腌渍食用菌和藻类、发酵豆制品、果蔬汁（浆）中，最大使用量为 0.3g/kg；面包、糕点、焙烤食品馅料及表面用挂浆、预制肉制品、熟肉制品、复合调味料中，最大使用量为 0.5g/kg；腌渍的蔬菜、淀粉制品中最大使用量为 1.0g/kg。

脱氢乙酸主要对酵母和霉菌抑制作用突出，对其他细菌的抑制也有一定的辅助作用。脱氢乙酸的抗菌活力受 pH 值影响并不大，只要当 pH＞9 时，其抗菌活力才明显。脱氢乙酸或其钠盐与过氧化氢水溶液混合使用，抗微生物活性显著增强，可做特殊消毒液使用。我国台湾省和日本规定：允许在人造奶油、奶油和干酪三种食品中添加 0.5g/kg 以下。美国规定：允许用于处理切块或者去皮南瓜中，最高残留限量为 65mg/kg。前苏联规定：可作为杀菌剂用于处理新鲜蔬菜、水果，也可用于浸泡包装材料、酿酒。

生产厂商

① 北京恒业中远化工有限公司

② 四川省成都凯华食品有限公司

③ 青岛大伟生物工程有限公司

④ 黄骅市鹏发化工有限公司

脱氢乙酸钠 sodium dehydroacetate

$$C_8H_7NaO_4 \cdot H_2O,\ 208.15$$

别名 脱氢醋酸钠

分类代码 CNS 17.009（ⅱ）；INS 266

理化性质 白色结晶性固体粉末，无臭或带有轻微气味。易溶于水、丙二醇与甘油（33g/100mL 水）。

本品以脱氢乙酸、碳酸钠为原料，通过化学方法合成。

毒理学依据

① LD_{50}：小鼠急性经口 794mg/kg（bw）。

② Ames 试验：结果阴性。

质量标准

质量标准 GB 25547—2010

项 目		指 标
含量(以干基计)/%		98.0～100.5
水分/%		8.5～10.0
砷(以 As 计)/(mg/kg)	≤	3
铅(Pb)/(mg/kg)	≤	2
游离碱试验		通过试验
氯化物(以 Cl 计)/%	≤	0.011

应用 防腐剂

GB 2760—2014 中规定：（以脱氢乙酸计）脱氢乙酸钠使用标准与脱氢乙酸相同。

脱氢乙酸钠对各种细菌、霉菌、酵母菌等有着广泛的抑制作用。除在肉制品与面制品中使用，还可在干酪加工中使用。实际使用参考：在干酪的制造过程中，通常在向凝乳中添加食盐时，将本品混入盐中，用量为 0.01%～0.05%。可在制品外表喷洒本品溶液，或将其喷涂在包装材料的内面。

生产厂商

① 青岛大伟生物工程有限公司

② 江苏省无锡优利森化工产品有限公司

③ 常熟市南湖化工有限责任公司

④ 江苏省无锡阳山生化有限责任公司

亚硫酸盐（详见第 2 章调色护色类）

亚硝酸盐（详见第 2 章调色护色类）

乙氧基喹 ethoxyquin

$C_{14}H_{19}NO$，217.31

别名　虎皮灵、抗氧喹

分类代码　CNS 17.010；INS 324

理化性质　淡黄色至琥珀色黏稠液体，在光照和空气中长期放置逐渐变为暗棕色液体，但不影响其抗氧化作用，沸点 134～136℃（13.33Pa），折射率 1.569～1.672，相对密度 1.029～1.031，不溶于水，可与乙醇任意混溶。

本品以对氨基苯乙醚、丙酮为原料，通过化学方法合成。

毒理学依据

① LD_{50}：大鼠急性经口 1680～1800mg/kg.（bw）；小鼠急性经口 1470mg/kg（bw）。

② GRAS：FDA-21CFR 172.140。

质量标准

质量标准（参考）

项　目		指　标	
		HG 2924—1988	FCC(7)
乙氧基喹含量($C_{14}H_{19}NO$)/%	≥	95.0	91.0
砷(As)/%	≤	0.0003	—
重金属(以 Pb 计)/%	≤	0.001	—
对氨基苯乙醚/%	≤	1.0	3.0
乙氧基喹相关杂质/%	≤	—	8.0
铅(Pb)/(mg/kg)	≤	—	2
对氨基苯乙醚/%	≤	—	3.0

应用　防腐剂

GB 2760—2014 规定：乙氧基喹作为食品防腐剂可用于经表面处理的鲜水果的保鲜，可按生产需要适量使用（残留量≤1mg/kg）。

生产厂商

① 江苏中丹集团股份有限公司

② 上海长征第二化工厂

③ 寿光市鲁科化工有限责任公司
④ 郑州海川化工有限公司

1.2　抗氧化剂 antioxidants

抗氧化剂是能防止或延缓油脂或食品成分氧化分解、变质，提高食品稳定性的物质。抗氧化剂在使用方面，根据其性质可分为脂溶性抗氧剂与水溶性抗氧剂。前者适宜脂类物质含量较多的食品，以避免其中的脂类物质及营养成分在加工和储藏过程中被氧化、降解或酸败，致使食品变味、变质；水溶性抗氧剂多用于果蔬的加工或储藏，用来消除或减缓因氧化而造成的褐变现象发生。食品中使用的抗氧化剂还可从作用机理方面将其分为还原型抗氧化剂和螯合型抗氧化剂。从制备和原料方面也可分为天然抗氧化剂与合成抗氧化剂。天然抗氧化剂主要来源于植物材料，通过系列提取、分离过程获得；合成抗氧化剂则通过某些化学或生物反应而生产制得。

4-己基间苯二酚 4-hexylresorcinol

$$\text{HO}\overset{\text{OH}}{\underset{(\text{CH}_2)_5\text{CH}_3}{\bigcirc}}$$

$C_{12}H_{18}O_2$，194.28

别名　2,4-二羟基己基苯、己雷琐辛、4HR

分类代码　CNS 04.013；INS 586

理化性质　本品为白色或黄白色针状结晶，有微弱的脂肪臭和强涩味，并对舌头产生麻木感。在空气中或遇光易被氧化而变淡棕色或粉红色。微溶于水，易溶于乙醇、甲醇、甘油、醚、氯仿、苯和植物油中。

本品以乙酸、间苯二酚为原料，通过化学方法合成。

毒理学依据

① LD_{50}：大鼠急性经口 550mg/kg（bw），兔经口大于 750mg/kg（bw），狗经口大于 1000mg/kg（bw）。

② ADI：0.11mg/kg（bw）。

③ GRAS：FDA-21CFR 170.30。

质量标准

质量标准 FCC（7）　　　　　　　　　　　（参考）

项　目		指　标
含量/%		98.0～100.5
间苯二酚和其他酚类		合格
汞/（mg/kg）	≤	3
铅/（mg/kg）	≤	2
镍/（mg/kg）	≤	2

应用　抗氧化剂

GB 2760—2014规定：4-己基间苯二酚作为食品抗氧化剂可用于虾类水产品。可按生产需要适量使用（残留量≤1mg/kg）。

4-己基间苯二酚作为抗氧化剂，主要用于虾、蟹类水产品的加工中，其目的是防止产品在储存过程，由于多酚氧化酶的催化而发生的氧化褐变或色泽变黑的现象出现。使用时可配成一定浓度的浸泡液，将需要处理的虾类置于溶液浸泡。具体应用可将本品倒入一定量的淡水或海水中，搅拌溶解，而后将盛放虾的虾篮浸入，在浸泡过程中适当转动虾篮，使虾充分接触本品溶液约 2min 后取出。浸泡液每日或每浸泡一定次数后应重新配制。例如在美国将一包（200g）虾鲜宝倒入盛有 95L 水的容量为 115L 的缸中，溶解后可浸泡每篮盛 25kg 虾的虾篮 10 次（其使用后残留量≤1mg/kg）。

生产厂商

① 潍坊嘉鸿化工有限公司

② 河南郑州市二七红兴有限公司

③ 上海元吉化工有限公司

④ 南通益同化工有限公司

L-抗坏血酸棕榈酸酯 ascorbyl palmitate

$$CH_3(CH_2)_4COOCH_2-C-\underset{H}{\overset{OH}{|}}$$

（结构式）

$C_{22}H_{38}O_7$，414.54

别名　抗坏血酸-6-棕榈酸盐；软脂酸抗坏血酸酯

分类代码　CNS 04.011；INS 304

理化性质　本品为白色或黄白色粉末，略有柑橘气味，极难溶于水或植物油，易溶于乙醇（1g 溶于约 4.5mL 乙醇）。熔点 107～117℃。

本品由棕榈酸与 L-抗坏血酸经酯化而得。

毒理学依据

① ADI：0～0.00125g/kg（bw）（以抗坏血酸棕榈酸酯或抗坏血酸硬脂酸酯计，FAO/WHO，1994）。

② GRAS：FDA-21CFR 182.3149。

质量标准

质量标准

项　目		指　标	
		GB 16314—1996	JECFA(2006)
含量(以干基计)/%	≥	95.0	95.0
比旋光度[α]$_D^{20}$/(°)		+21～+24	+21～+24
熔点范围/℃		107～117	107～117
灼烧残渣/%	≤	0.1	—
干燥失重/%	≤	2.0	2.0
重金属(以 Pb 计)/%	≤	0.001	—
铅(Pb)/(mg/kg)	≤	—	2.0
砷(以 As 计)/%	≤	0.0003	—
硫酸盐灰分/%	≤	—	0.1

应用 抗氧化剂

GB 2760—2014 规定：L-抗坏血酸棕榈酸酯作为食品抗氧化剂可用于脂肪、油和乳化脂肪制品、基本不含水的脂肪和油、方便米面制品、面包、即食谷物，包括碾压燕麦（片）中，最大使用量为 0.2g/kg；（以脂肪中抗坏血酸计）用于乳粉（包括加糖乳粉）和奶油粉及其调制产品中，最大使用量为 0.2g/kg；（以脂肪中抗坏血酸计）用于婴幼儿配方食品、婴幼儿辅助食品，最大使用量为 0.05g/kg。

本品作为脂溶性抗氧化剂的其他使用参考：如 FAO/WHO（1984）规定：用于配制婴儿食品，10mg/100mL（所有类型配制婴儿食品的即饮制品）；婴儿食品罐头、以谷物为基料的加工儿童食品，200mg/kg；人造奶油及一般食用油脂，0.2g/kg（单用或与抗坏血酸硬脂酸酯合用）。L-抗坏血酸棕榈酸酯虽然可溶于水，但仍作为脂溶性抗氧化剂使用。适宜在动、植物油脂及多类食品中使用。如对稳定豆油、棉籽油、棕榈油、不饱和脂肪及氢化植物油有显著效果。对动物性脂肪的抗氧化作用也较没食子酸丙酯、丁基羟基茴香醚、二丁基羟基甲苯强。并且与没食子酸丙酯、丁基羟基茴香醚、二丁基羟基甲苯混合使用效果也比单独使用要好。

生产厂商

① 上海易蒙斯化工科技有限公司

② 湖北武汉远城科技发展有限公司

③ 浙江瑞邦药业有限公司

④ 南京泰嘉化工有限公司

茶多酚 tea polypenol

儿茶素（60%～80%），其中 R′＝R＝H

儿茶素没食子酸酯（10%），其中

R′＝H　R＝

别名 抗氧灵、维多酚、防哈灵，英文缩写 TP

分类代码 CNS 04.005

理化性质 本品为主要化学成分为 30 余种酚类化合物的总称。主体为儿茶素类，其中儿茶素约占 60%～80%。淡黄至茶褐色略带茶香的水溶液或粉状固体或结晶，具有涩味。溶于热水、甲醇、乙醇、冰醋酸和乙酸乙酯，难溶于苯、氯仿和石油醚。对热、酸较稳定。在 pH 值 4～8 范围内稳定性较好，大于 pH＝8 和光照时，易发生氧化聚合。遇铁变绿黑色络合物。

本品由茶及其副产物为原料，经提取、精制而得。

毒理学依据

① LD_{50}：大鼠急性经口（2496±326）mg/kg（bw）。

② 致突变试验：Ames 试验、骨髓微核试验和骨髓细胞染色体畸变试验表明，1/20 LD_{50} 浓度内均无不良影响，无任何副作用。

质量标准

质量标准 QB 2154—1995　　　　　　　　　　　　（参考）

项　目		指　标	
		粉　状	浸　膏
含量/%	≥	90	20
水分/%	≤	6	40
总灰分/%	≤	0.3	—
咖啡碱/%	≤	4	—
重金属(以 Pb 计)/(mg/kg)	≤	10	10
砷(以 As 计)/(mg/kg)	≤	2	2

应用　抗氧化剂

GB 2760—2014 规定：(以儿茶素计)茶多酚作为食品抗氧化剂可用于复合调味料，(以油脂中儿茶素计)茶多酚可用于植物蛋白饮料中，最大使用量为 0.1g/kg；油炸面制品、方便米面制品、熟制坚果与籽类(仅限油炸坚果与籽类)、即食谷物，包括碾轧燕麦(片)及膨化食品，最大使用量为 0.2g/kg；用于酱卤肉制品、熏、烧、烤肉类、油炸肉类、西式火腿(熏烤、烟熏、蒸煮火腿)类、肉灌肠类、发酵肉制品类、预制水产品(半成品)、熟制水产品(可直接食用)、水产品罐头，最大使用量为 0.3g/kg；基本不含水的脂肪和油、糕点、焙烤食品馅料及表面用挂浆(仅限含油脂馅料)、腌腊肉制品类(如咸肉、腊肉、板鸭、中式火腿、腊肠等)，最大使用量为 0.4g/kg；用于蛋白固体饮料中，最大使用量为 0.8g/kg。

茶多酚属天然抗氧化剂，安全性较高。使用时将其溶于水后，直接添加使用；对油脂、鱼肉类食品可先将茶多酚溶于乙醇后添加。茶多酚的抗氧化性质随温度升高而增强，利于加热食品使用。一般对动物食品的抗氧化效果要强于植物食品。另外茶多酚还具有抑制细菌繁殖的作用，可作为辅助防腐剂使用。

生产厂商

① 江西绿康天然产物有限责任公司

② 芜湖天远科技开发有限责任公司

③ 郑州明欣化工产品有限公司

④ 四川康嘉生物科技有限公司

丁基羟基茴香醚 butylated hydroxyanisole

3-BHA　　　　　　2-BHA

$C_{11}H_{16}O_2$，180.25

别名　叔丁基对羟基茴香醚、丁基大茴醚、BHA

分类代码　CNS 04.001；INS 320

理化性质　本品为白色至浅黄色蜡状固体，有轻微异臭。熔点 48～63℃，沸点 264～270℃(98kPa)。对热稳定，不溶于水，易溶于乙醇(25g/100mL，25℃)、丙二醇和油脂。产品多为两种异构体即 3-BHA 与 2-BHA 的混合物(通常 3-BHA 的抗氧效果要强于 2-BHA)，一般 3-BHA 的含量为 90% 以上。

本品以对羟基茴香醚、叔丁醇为原料，通过化学方法合成。

毒理学依据

① LD$_{50}$：小鼠急性经口 1100mg/kg（bw）（雄性），小鼠急性经口 1300mg/kg（bw）（雌性）；大鼠急性经口 2000mg/kg（bw）；大鼠腹腔注射 200mg/kg（bw）；兔经口 2100mg/kg（bw）。

② ADI：0～0.5mg/kg（FAO/WHO，1994）。

③ GRAS：FDA-21CFR 182.3169，172.110，172.515，172.615，172.340。

质量标准

质量标准

项　目		指　标	
		GB 1886.12—2015 （2016-3-22 实施）	JECFA（2006）
丁基羟基茴香醚（C$_{11}$H$_{16}$O$_2$）含量/%	≥	98.5	98.5（其中 3-BHA 含量 85%）
熔点/℃		48～63	—
硫酸灰分/%	≤	0.05	—
砷(As)/（mg/kg）	≤	2.0	—
铅(Pb)/（mg/kg）	≤	2.0	2
苯酚类杂质/%	≤	—	0.5
灼烧残渣/%	≤	—	0.05

应用　抗氧化剂

GB 2760—2014 规定：（以油脂中的含量计）丁基羟基茴香醚作为食品抗氧化剂可用于脂肪、油和乳化脂肪制品、基本不含水的脂肪和油、熟制坚果与籽类（仅限油炸坚果与籽类）、坚果与籽类罐头、油炸面制品、杂粮粉、即食谷物，包括碾轧燕麦（片）、方便米面制品、饼干、腌腊肉制品类（如咸肉、腊肉、板鸭、中式火腿、腊肠）、风干、烘干、压干等水产品、膨化食品中，最大使用量为 0.2g/kg；胶基糖果最大使用量为 0.4g/kg。

另外如台湾省《食品添加剂使用范围及用量标准》（1986）规定：丁基羟基茴香醚可用于油脂、奶油、干鱼、贝类制品及其干制品，其使用量低于 0.2g/kg；用于冷冻鱼、贝类及冷冻鲸鱼肉的浸渍液，低于 1g/kg；用于口香糖、泡泡糖，低于 0.75g/kg。FAO/WHO（1984）规定：丁基羟基茴香醚用于一般食用油脂，最大使用量为 0.2g/kg。与二丁基羟基甲苯、没食子酸酯类、叔丁基对苯二酚合用时，没食子酸不得超过 100mg/kg，总量为 0.2g/kg；用于人造奶油，单用或与二丁基羟基甲苯、没食子酸酯类混合使用时，没食子酸酯类不得超过 100mg/kg。不得用于直接消毒，也不得用于调制奶及其制品。日本规定：在油脂、奶油中使用低于 0.02%；鱼、贝类冷冻品浸渍液用量低于 0.1%。

丁基羟基茴香醚作为脂溶性抗氧化剂，适宜油脂食品和富脂食品。由于其热稳定性较好，因此可以在油煎或烘烤条件使用。另外丁基羟基茴香醚对动物性脂肪的抗氧化作用较强，而对不饱和植物脂肪的抗氧化作用较差。丁基羟基茴香醚可稳定生牛肉的色素和抑制脂类化合物的氧化。丁基羟基茴香醚与三聚磷酸钠和抗坏血酸结合使用可延缓冷冻猪排腐败变质。丁基羟基茴香醚可稍延长喷雾干燥的全脂奶粉的货架期、提高奶酪的保鲜期。丁基羟基茴香醚能稳定辣椒和辣椒粉的颜色，防止核桃、花生等食物的氧化。将丁基羟基茴香醚加入焙烤用油和盐中，可以保持焙烤食品和咸味花生的香味，延长焙烤食品的货架期。丁基羟基茴香醚可与其他脂溶性抗氧化剂混合使用，其效果更好。如丁基羟基茴香醚和二丁基羟基甲苯配合使用可保护鲤鱼、鸡肉、猪排和冷冻熏猪肉片。丁基羟基茴香醚或二丁基羟基甲苯、没食子酸丙酯和柠檬酸的混合物加入到用于制作糖果的黄油中，可抑制糖果氧化。

生产厂商

① 浙江寿尔福化学有限公司

② 浙江宁波北仑雅旭化工有限公司

③ 北京恒业中远化工有限公司

④ 上海至鑫化工有限公司

二丁基羟基甲苯 butylated hydroxytoluene

$$(H_3C)_3C \quad \overset{OH}{\underset{CH_3}{\bigcirc}} \quad C(CH_3)_3$$

$C_{13}H_{24}O,\ 220.36$

别名　2,6-二叔丁基对甲酚、3,5-二叔丁基-4-羟基甲苯、BHT

分类代码　CNS 04.002；INS 321

理化性质　本品为白色结晶或结晶性粉末，基本无臭，无味，熔点 69.7℃，沸点 265℃，对热相当稳定。接触金属离子，特别是铁离子，不显色，抗氧化效果良好。加热时与水蒸气一起挥发。不溶于水、甘油和丙二醇，而易溶于乙醇（25%）和油脂。

本品以对甲酚、异丁烯为原料，通过化学方法合成。

毒理学依据

① LD_{50}：大鼠急性经口 2.0g/kg（bw）。

② ADI：0～0.3g/kg（FAO/WHO，1995）。

③ GRAS：FDA-21CFR 182.3173。

质量标准

质量标准

项　目		指　标	
		GB 1900—2010	JECFA(2006)
总含量/%	≥	—	99
灼烧残渣/%	≤	0.005	0.005
水分/%	≤	0.05	—
熔点/℃		69.0	69.0～72.0
硫酸盐（以 SO_4 计）/%	≤	0.002	—
游离酚（以对甲酚计）/%	≤	0.02	0.5
重金属（以 Pb 计）/(mg/kg)	≤	5	—
砷（以 As 计）/(mg/kg)	≤	1	—
铅(Pb)/(mg/kg)	≤	—	2
凝固点/℃	≥		69.2

应用　抗氧化剂

GB 2760—2014 规定：二丁基羟基甲苯作为食品抗氧化剂可用于基本不含水的脂肪和油，最大使用量为 0.2g/kg；在胶基糖果中最大使用量为 0.4g/kg。（以油脂中的含量计）二丁基羟基甲苯可用于脂肪、油和乳化脂肪制品、熟制坚果与籽类（仅限油炸坚果与籽类）、坚果与籽类罐头、油炸面制品、干制蔬菜（仅限脱水马铃薯粉）、即食谷物，包括碾轧燕麦（片）、方便米面制品、饼干、腌腊肉制品类（如咸肉、腊肉、板鸭、中式火腿、腊肠）、风干、烘干、压干等水产品、膨化食品中，最大使用量为 0.2g/kg。

与丁基羟基茴香醚相同，二丁基羟基甲苯可用于食用油脂、油炸食品、干鱼制品、饼干、方便面、速煮米、果仁罐头、腌腊肉制品、早餐谷类食品中，二丁基羟基甲苯作为脂溶性抗氧化剂其他使用参考如：在动物油中用量为 0.001%～0.01%；植物油，0.002%～0.02%；焙烤食品，0.01%～0.04%；谷物食品，0.005%～0.02%；脱水豆浆，0.001%；香精油，0.01%～0.1%；食品包装材料，0.02%～0.1%。另外如台湾省《食品添加剂使用范围及用量标准》（1986）规定：二丁基羟基甲苯可用于油脂、奶油、干鱼、贝类制品及其干制品，其使用量低于 0.2g/kg；用于冷冻鲜贝类、冷冻鲸鱼肉的浸渍液，最大使用量为 0.1g/kg；用于口香糖、泡泡糖，低于 0.75g/kg。FAO/WHO（1984）规定：一般食用油脂单用二丁基羟基甲苯或与丁基羟基茴香醚、叔丁基对苯二酚、没食子酸酯类合用时，最大使用量为 0.2g/kg（其中没食子酸酯类不得超过 100mg/kg）；与丁基羟基茴香醚、没食子酸酯类合用总量为 0.2g/kg，但没食子酸酯类不得超过 100mg/kg；不得用于直接消毒，也不得用于调制奶及其制品；用于人造奶油，单用或与丁基羟基茴香醚、没食子酸酯类合用时，最大使用量为 0.1g/kg。日本规定：用于鱼、贝类冷冻品、鲸鱼冷冻品浸渍液（生食冷冻鲸鱼肉除外），最大使用量为 1g/kg；用于油脂、奶油、鱼、贝类干制品与盐制品，干燥类淀粉，最大使用量为 0.2g/kg；口香糖，最大使用量为 0.75g/kg。

二丁基羟基甲苯作为脂溶性抗氧化剂的使用与 BHA 基本相同。能有效地延缓植物油，如起酥油的氧化酸败，改善油煎快餐食品的储藏期。单独使用时其抗氧化能力不如丁基羟基茴香醚。二丁基羟基甲苯可与丁基羟基茴香醚、叔丁基对苯二酚混合使用，其效果超过单独使用。另外可以与增效剂、柠檬酸一同使用，也能提高抗氧化效果。

生产厂商

① 山东省烟台通世化工有限公司

② 连云港宁康化工有限公司

③ 河南郑州天通食品配料有限公司

④ 南京大唐化工有限责任公司

甘草抗氧化物 antioxidant of glycyrrhiza

别名　甘草抗氧灵、绝氧灵

分类代码　CNS 04.008

理化性质　本品为甘草抗氧物，主要化学成分为黄酮类和类黄酮类物质。为棕色或棕褐色粉末，具有甘草特有气味。不溶于水，可溶于乙醇、乙酸乙酯等有机溶剂。

本品以甘草类植物为原料，经有机溶剂提取转化制备。

毒理学依据（内蒙古卫生防疫站，1990）

① LD_{50}：大鼠急性经口大于 10g/kg（bw）。

② 致突变试验：Ames 试验、骨髓微核试验及小鼠精子畸变试验，均无致突变作用。

③ 致畸试验：无致畸作用。

④ NOEL：0.01g/kg。

质量标准

质量标准 GB 1886.89—2015　　　　(2016-3-22 实施)

项　目		指　标
甘草抗氧化物含量/%	≥	63.0
总黄酮/%	≥	27.0
熔程/℃		70～90
干燥失重/%	≤	5.0
砷(As)/(mg/kg)	≤	3.0
重金属(以 Pb 计)/(mg/kg)	≤	10.0
AOM 值(添加量 0.02%)/h	≥	18.0

注：AOM 值是指过氧化物浓度达到 20mmol/kg 的时间。

应用　抗氧化剂

GB 2760—2014 规定：(以甘草酸计) 甘草抗氧物作为食品抗氧化剂可用于油炸面制品、方便米面制品；熟制坚果与籽类 (仅限油炸坚果与籽类)；酱卤肉制品、熏、烧、烤肉类、油炸肉类、西式火腿 (熏烤、烟熏、蒸煮火腿) 类、肉灌肠类、发酵肉制品类、腌制水产品；基本不含水的脂肪和油、饼干、膨化食品；腌腊肉制品类 (如咸肉，腊肉、板鸭、中式火腿、腊肠等) 中，最大使用量为 0.2g/kg。

甘草抗氧物特点是可抑制油脂的光氧化作用。甘草抗氧物的耐热性好。可有效地抑制高温炸油中羧基价的升高，能从低温到高温 (250℃) 范围内发挥其强抗氧化作用。将动、植物油脂预热到 80℃，按使用量加入甘草抗氧物，边搅边加温至全部溶解。即成含甘草抗氧物油脂，可用于炸制食品和加工食品。日本规定：允许甘草抗氧物加入油脂中，包括各种炸制食品用的油脂及黄油、人造奶油等；含油脂食品：火腿、汉堡包、咸牛肉、罐头等；加工食品：方便面、油酥饼、点心、巧克力、饼干等。

生产厂商

① 郑州升达食品添加剂有限公司

② 四川省成都凯华食品责任有限公司

③ 西安大丰收生物科技有限公司

④ 河南弘鑫化工产品有限公司

抗坏血酸 ascorbic acid

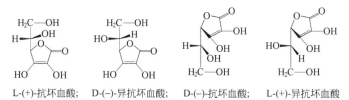

L-(+)-抗坏血酸；　　D-(−)-异抗坏血酸；　　D-(−)-抗坏血酸；　　L-(+)-异抗坏血酸
$C_6H_8O_6$，176.14

别名　维生素 C，Vitamin C

分类代码　CNS 04.014，16.000；INS 300

理化性质　本品为白色至浅黄色结晶性粉末，无臭有酸味，熔点约 190℃，受光照后逐渐变成褐色。干燥状态时相当稳定，但在空气存在下，溶液中的含量会迅速降低。pH3.5～4.5

时较稳定。1g 约溶于 5mL 水、30mL 乙醇,不溶于氯仿、乙醚等有机溶剂。有还原性,易被氧化成脱氢抗坏血酸。

本品以葡萄糖、丙酮为原料,通过生物发酵制备。

毒理学依据

① LD_{50}:大鼠急性经口大于 5g/kg(bw)。

② ADI:0～15mg/kg(bw)(FAO/WHO,1994)。

③ GRAS:FDA-21CFR 182.5013,182.3013,182.3401,182.8013。

质量标准

质量标准

项 目		指 标	
		GB 14754—2010	JECFA(2006)
含量($C_6H_8O_6$)/%	≥	99.0	99.0
比旋光度$[\alpha]_D^{20}$/(0)		＋20.5～＋21.5	＋20.5～＋21.5
pH		—	2.4～2.8
干燥失重/%	≤	0.1	0.4
灼烧残渣/%	≤	0.1	0.1
重金属(以 Pb 计)(mg/kg)	≤	10	—
砷(以 As 计)/(mg/kg)	≤	3	—
铅/(mg/kg)	≤	2	2
铁/(mg/kg)	≤	2	
铜/(mg/kg)	≤	5	

应用 抗氧化剂、面粉处理剂

GB 2760—2014 规定:抗坏血酸作为食品抗氧化剂可用于小麦粉中的最大使用量为 0.2g/kg;在去皮或预切的鲜水果,去皮、切块或切丝的蔬菜中最大使用量为 5.0g/kg;在浓缩果蔬汁(浆)中,可按生产需要适量使用。抗坏血酸作为抗氧化剂还可用于(附录 2 中食品除外的)各类食品中,并可按生产需要适量使用。

本品在许多食品中用作抗氧化剂,包括加工过的水果、蔬菜、肉、鱼、干果、软饮料等,在各种食品中的使用量一般可在 0.01～1.5g/kg,甚至更高。1g/L 的抗坏血酸溶液加入到油脂或水果中,可延迟其油脂氧化过程或起到保持其色泽和风味的作用;在饮料中抗坏血酸被用作氧的清除剂,防止饮料变味或变色;L-抗坏血酸具有营养强化的作用,参见第 5 章中 5.2。其他使用为:柠檬油 0.1g/kg;冷藏水果 0.3～0.45g/kg;罐装水果 0.25～0.4g/kg;罐装蔬菜 1g/kg;鲜肉加工肉 0.2～0.5g/kg;奶粉 0.2～2g/kg。

生产厂商

① 上海易蒙斯化工科技有限公司

② 江苏靖江市恒通生物工程有限公司

③ 河南金达食品添加剂有限公司

④ 河南天祥食品添加剂有限公司

抗坏血酸钙 calcium ascorbate

$$\left[\begin{array}{c} \text{CH}_2\text{OH} \\ \text{H}-\underset{|}{\text{OH}} \\ \text{O}-\end{array}\underset{\text{OH}}{\overset{\text{O}}{\bigcirc}}\right]_2 \text{Ca}$$

$C_{12}H_{14}CaO_{12}\cdot 2H_2O$（二个结晶水），426.34

分类代码　　CNS 04.009；INS 302

理化性质　　本品为白色或浅黄色结晶状粉末，无臭，溶于水，微溶于乙醇。浓度为 10g/100mL 的水溶液其 pH 值为 6.8～7.4。

本品以抗坏血酸、碱性钙盐为原料，通过化学方法合成。

毒理学依据

① GRAS：FDA-21 CFR 182.3189。

② ADI：无须规定（FAO/WHO，1994）。

质量标准

质量标准

项　　目		指　　标	
		GB 1886.43—2015 （2016-3-22 实施）	JECFA(2006)
抗坏血酸钙($C_{12}H_{14}CaO_{12}\cdot 2H_2O$) 含量/%	≥	98.0	98.0
比旋光度$[\alpha]_D^{20}$/(°)		＋95～＋97	＋95～＋97
氟化物/%	≤	0.001	10(mg/kg)
pH 值(10%水溶液)		6.8～7.4	6.8～7.5(10g/100mL 水溶液)
砷(As)/(mg/kg)	≤	3.0	—
重金属(以 Pb 计)/(mg/kg)	≤	10.0	—
草酸盐		通过试验	—
铅/(mg/kg)	≤	—	2

应用　　抗氧化剂

GB 2760—2014 规定：抗坏血酸钙作为抗氧化剂可用于去皮或预切的鲜水果；去皮、切块或切丝的蔬菜中，（以水果或蔬菜中抗坏血酸钙残留量计）最大使用量为 1.0g/kg。在浓缩果蔬汁（浆）中，可按生产需要适量使用。还可用于（附录 2 中食品除外的）各类食品中，并可按生产需要适量使用。

FAO/WHO（1984）规定：抗坏血酸钙可用于汤、羹（由肉、鸡等煮成），最大使用量为1g/kg（单用或与抗坏血酸及其盐合用，以油脂中抗坏血酸计）。本品多用于低脂食品中。由于其水溶性较好，很容易进行添加使用。

生产厂商

① 江苏靖江市恒通生物工程有限公司

② 上海易蒙斯化工科技有限公司

③ 河南金润食品添加剂有限公司

④ 武汉古木生物科技有限公司

磷脂 lecithin

磷脂酰胆碱PC(卵磷脂)

磷脂酰乙醇胺PE(脑磷脂)

磷脂酸PA

磷脂酰肌醇PI(肌醇磷脂)

别名 卵磷脂、大豆磷脂

分类代码 CNS 04.010；INS 322

理化性质 主要由磷脂酰胆碱 PC（19%～21%）、磷脂酰乙醇胺 PE（8%～20%）、磷脂酰肌醇 PI（19%～21%）、磷脂酸 PA（2%～11%）及部分大豆油等物质组成，同时含有一定量的其他物质如甘油三酯、脂肪酸和糖类等。其组合比例依制备方法的不同而异。无油型制品的甘油三酯和脂肪酸大部分去除，含90%以上的磷脂。统称为大豆磷脂，又常称为卵磷脂。从成分性质分析，磷脂酰肌醇、磷脂酸具有与金属离子络合的能力，可作为抗氧化增效剂使用。

产品为浅黄至棕色透明或半透明黏稠液体，或浅棕色粉末或颗粒，无臭或略带坚果的气味与滋味。仅部分溶于水，但易与水形成乳浊液。无油磷脂可溶于脂肪酸而难溶于非挥发油，当含有各种磷脂时，部分溶于乙醇而不溶于丙酮。

本品以大豆为原料，经有机溶剂提取转化制备。

毒理学依据

① GRAS：FDA-21CFR 184.1400。

② ADI：无限制性规定（FAO/WHO，1994）。

③ 代谢：本品为食品正常成分，并参与机体正常代谢。

质量标准

质量标准

项　目		指　标	
		GB 30607—2014 （酶解大豆磷脂）	JECFA(2007)
丙酮不溶物/%	≥	50	60
酸值(以 KOH 计)/(mg/g)	≤	65	36
干燥减量/%	≤	2.0	2.0
过氧化值/(meq/kg)	≤	10	10
甲苯不溶物/%	≤	—	0.3
总砷(以 As 计)/(mg/kg)	≤	3.0	—
铅(Pb)/(mg/kg)	≤	2	2
1-和2-溶血磷脂酰胆碱含量/%	≥	3.0	—

应用 抗氧化剂、乳化剂

　　GB 2760—2014 规定：磷脂作为食品抗氧化剂可用于稀奶油、氢化植物油、婴幼儿配方食品、婴幼儿辅助食品中，并可按生产需要适量使用。还可用于（附录 2 中食品除外的）各类食品中，并可按生产需要适量使用。

生产厂商

① 上海太伟药业有限公司

② 上海爱康精细化工有限公司

③ 北京源华美磷脂科技有限公司

④ 天津鹤喜园磷脂科技有限公司

硫代二丙酸二月桂酯 dilauryl thiodipropionate

$$CH_2CH_2COO(CH_2)_{11}CH_3$$
$$|$$
$$S$$
$$|$$
$$CH_2CH_2COO(CH_2)_{11}CH_3$$

$$C_{30}H_{58}O_4S,\ 514.86$$

别名　DLTP

分类代码　CNS 04.012；INS 389

理化性质　本品为白色结晶片状或粉末，密度 0.975（25℃），熔点 40℃。有特殊甜香味，类酯气味，不溶于水，溶于多数有机溶剂。

本品以丙烯酯、月桂醇为原料，通过化学方法合成。

毒理学依据

① LD_{50}：小鼠急性经口小于 15g/kg（bw）。

② ADI：0～3mg/kg（bw）（以硫代二丙酸计，FAO/WHO，1994）。

③ GRAS：FDA-21CFR 182.3280。

④ 骨髓微核试验：未见致突变性。

质量标准

质量标准

项　目	指　标		
	GB 1886.79—2015（2016-3-22 实施）	JECFA(2006)	FCC(7)
硫代二丙酸二月桂酯（$C_{30}H_{58}O_4S$）　含量/%　≥	99.0～100.5	99.0	99.0～100.5
酸度（以硫代二丙酸计）/%　≤	0.2	0.2	0.2
凝固点/℃　≥	40	40	40
铅(Pb)/(mg/kg)　≤	10	2	10

应用　抗氧化剂

　　GB 2760—2014 规定：硫代二丙酸二月桂酯作为食品抗氧化剂可用于熟制坚果与籽类（仅限油炸坚果与籽类）、油炸面制品、经表面处理的鲜水果、经表面处理的新鲜蔬菜、膨化食品中，其最大使用量为 0.2g/kg。

　　本品作为脂溶性抗氧化剂，均可在动物、植物油脂中使用。单独使用不如没食子酸丙酯、丁基羟基茴香醚、二丁基羟基甲苯效果好。应与其他脂溶性抗氧化剂结合使用。食品添加剂通用法典标准规定其用于：植物油脂、猪油、牛油、鱼油和其他动物脂肪、脂肪涂抹物，乳脂涂抹物和混合涂抹物、冷冻拖面糊的鱼，鱼片，和鱼制品，包括软体动物、甲壳类动物，其最大使用量为 200mg/kg；用于水基调味饮料，包括"运动"、"能量"、"电解质"饮料及固体饮料，其最大使用量为 1000mg/kg。

生产厂商

① 河南金润食品添加剂有限公司

② 江苏省海安石油化工厂

③ 河南郑州诺永信商贸有限公司

④ 郑州仁恒化工产品有限公司

没食子酸丙酯 propyl gallate

$C_{10}H_{12}O_5$，212.21

别名 棓酸丙酯、PG

分类代码 CNS 04.003；INS 310

理化性质 本品为白至淡褐色结晶性粉末或乳白色针状结晶，无臭，稍有苦味，水溶液无味（0.25%水溶液 pH 值为 5.5 左右）。易与铜、铁离子反应呈紫色或暗绿色。有吸湿性，光照可促进其分解。在水溶液中结晶可得一水络合物，在 105℃ 即可失水变成无水物。熔点 146～150℃，对热较敏感，在熔点时即分解，因此应用于食品中其稳定性较差。难溶于冷水，易溶于乙醇（25g/100mL，25℃）、丙二醇、甘油等。对油脂的溶解度与对水的溶解度差不多。

其他添加形式：没食子酸异戊酯 isoamygallate；没食子酸辛酯 octylgallate。

本品以没食子酸、正丙醇为原料，通过化学方法合成。

毒理学依据

① LD_{50}：大鼠急性经口 2600mg/kg(bw)。

② ADI：0～0.0014g/kg（FAO/WHO，1994）。

③ GRAS：FDA-21CFR 172.615，182.24，184.1660。

④ 代谢：本品在机体内水解，大部分没食子酸变成 4-O-甲基没食子酸，内聚成葡萄糖醛酸，随尿排出体外。

质量标准

质量标准

项　目	指　标	
	GB 1886.14—2015 （2016-3-22 实施）	JECFA(2006)
没食子酸丙酯含量($C_{10}H_{12}O_5$)/%	98.0～102.0	98.0～102.5
干燥失重/% ≤	0.5	0.5
灼烧残渣/% ≤	0.1	—
熔点/℃	146～150	146～150
砷(以 As 计)/(mg/kg) ≤	3.0	3
铅(Pb)/(mg/kg) ≤	1.0	2
重金属(以 Pb 计)/(mg/kg) ≤	—	2
硫酸盐灰分/% ≤	—	0.1
游离酸(以没食子酸计)/% ≤	—	0.5
氯化物(以 Cl 计)/(mg/kg) ≤	—	100

应用　抗氧化剂

GB 2760—2014 规定：（以油脂中的含量计）没食子酸丙酯作为食品抗氧化剂可用于脂肪，油和乳化脂肪制品，基本不含水的脂肪和油，熟制坚果与籽类（仅限油炸坚果与籽类），坚果与籽类罐头，油炸面制品，方便米面制品，饼干，腌腊肉制品类（如咸肉、腊肉、板鸭、中式火腿、腊肠），风干，烘干，压干等水产品，膨化食品中，最大使用量为 0.1g/kg；在胶基糖果中最大使用限量为 0.4g/kg。

没食子酸丙酯作为脂溶性抗氧化剂，适宜在植物油脂中使用。如对稳定豆油、棉籽油、棕榈油、不饱和脂肪及氢化植物油有显著效果。对动物性脂肪的抗氧化作用较丁基羟基茴香醚或二丁基羟基甲苯强。对含植物油的面制品如奶油饼干等，没食子酸丙酯不如丁基羟基茴香醚或二丁基羟基甲苯效果突出。没食子酸丙酯在与增效剂结合使用时，其抗氧化作用会更佳，并且与丁基羟基茴香醚、二丁基羟基甲苯混合使用效果也是比单独使用要好。由于没食子酸丙酯能与铁离子形成紫色络合物，从而会引起食品变色，所以最好与适当的金属络合剂如柠檬酸一同使用为宜。此外也可用于胶姆糖配料。与二丁基羟基甲苯、丁基羟基茴香醚混合使用时，后二者总量不得超过 0.1g/kg，没食子酸丙酯不得超过 0.05g/kg（最大使用量均以脂计）。其他使用参考，如台湾省《食品添加剂使用范围及用量标准》（1986）规定：没食子酸丙酯可用于油脂、奶油，最大使用量为 0.1g/kg 以下。FAO/WHO（1984）规定：没食子酸丙酯用于食用油脂、奶油，最大使用量为 0.1g/kg（单用或与其他没食子酸酯、丁基羟基茴香醚、二丁基羟基甲苯合用量）。日本规定：没食子酸丙酯用于油脂、奶油，最大使用量为 0.1g/kg。

生产厂商

① 上海易蒙斯化工科技有限公司

② 广西南宁广宁化工有限公司

③ 上海森贸工贸有限公司

④ 南京宝泰化工有限公司

迷迭香提取物 rosemary extract

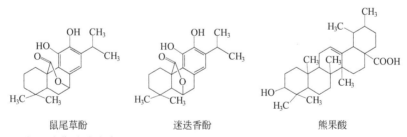

鼠尾草酚　　　　　　　迷迭香酚　　　　　　　熊果酸

别名　香草酚酸油胺

分类代码　CNS 04.017

理化性质　本品为淡黄色粉末，有微弱的香味。溶于乙醇。主要含鼠尾草酚（12.8%）、迷迭香酚（5.3%）、熊果酸（56.1%）三种抗氧化物质。

本品以迷迭香嫩茎、叶片为原料，经有机溶剂提取转化制备。

毒理学依据

① LD_{50}：小鼠急性经口 12g/kg(bw)。

② 致突变试验：Ames 试验、微核试验、小鼠睾丸初级精母细胞染色体畸变试验，均呈阴性。

质量标准

质量标准 QB/T 2817—2006　　　　　　　（参考）

项　目		指　标	
		脂溶性	水溶性
鼠尾草酚/%	≥	8.0	—
迷迭香酚/%	≥	—	2.0
乙酸乙酯溶解度(25℃)/(g/100g)	≥	3.0	—
水溶解度(25℃)/(g/100g)	≥	—	4.0
铅(以 Pb 计)/%	≤	1.0	
砷(以 As 计)/%	≤	1.0	
水分/%	≤	8.0	
灰分/%	≤	3.0	

应用　抗氧化剂

GB 2760—2014 规定：迷迭香提取物作为食品抗氧化剂可用于动物油脂（猪油、牛油、鱼油和其他动物脂肪等），预制肉制品，油炸面制品，膨化食品，酱卤肉制品，熏，烧，烤肉类，油炸肉类，西式火腿（熏烤、烟熏、蒸煮火腿）类肉灌肠类，发酵肉制品类；熟制坚果与籽类（仅限油炸坚果与籽类）中，其最大使用量为 0.3g/kg；用于植物油脂中，最大使用量为 0.7g/kg。若为采用超临界二氧化碳萃取法得到的迷迭香提取物还可用于蛋黄酱、沙拉酱、浓缩汤（罐装、瓶装）中，其最大使用量为 0.3g/kg。迷迭香提取物为天然抗氧化剂，安全性高，可适宜在动、植物油脂及富含油脂的食品中使用。

生产厂商

① 海南舒普生物科技有限公司

② 广州合诚三先生物科技有限公司

③ 西安昌岳植物化工有限公司

④ 鼎瑞化工（上海）有限公司

羟基硬脂精 oxystearin

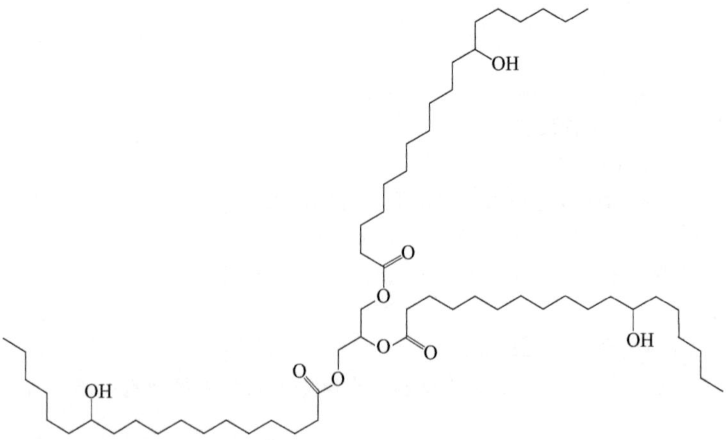

为部分氧化的硬脂酸与其他脂肪酸甘油酯的混合物。

别名　氧化硬脂精

分类代码 CNS 00.017；INS 387

理化性质　为棕黄至浅褐色脂肪样或蜡样物质。味柔和，可溶于乙醚、己烷和氯仿。

本品以硬化油（碘值小于 6）为原料，通过化学方法制备。

毒理学依据

① LD_{50}：小鼠急性经口大于 15g/kg（bw）。

② 蓄积试验：蓄积系数大于 5。

③ 致突变试验：Ames 试验、微核试验、小鼠睾丸初级精母细胞染色体畸变试验，均未见致突变作用。

质量标准

质量标准 FCC（7）　　　　　　　　　（参考）

项　目		指　标
酸值	≤	15
碘值	≤	15
羟值		30～45
折射率(奶油折射计)		59～61(48℃)
		（相当于阿贝折射计 1.465～1.467）
皂化值		225～240
非皂化物/%	≤	0.8
铅(Pb)/(mg/kg)	≤	2

应用　抗氧化剂

GB 2760—2014 规定：羟基硬脂精作为食品抗氧化剂可用于基本不含水的脂肪和油，最大使用量为 0.5g/kg。

本品除可抑制色拉油和烹调用油结晶外，尚有消泡作用。当向油中添加本品 0.05% 时，在 0℃ 进行冷试验出现结晶体的时间由 2h 延长至 6h 以上，或由 5h 延长至 25h 以上。

生产厂商

① 郑州诚旺化工产品有限公司

② 上海新舜夏生物科技有限公司

③ 武汉万荣科技发展有限公司

特叔丁基对苯二酚 tert-butyl hydroquinone

C(CH₃)₃
HO　　　　OH
$C_{10}H_{14}O_2$，166.22

别名　叔丁基对苯二酚、叔丁基氢醌、TBHQ

分类代码　CNS 04.007；INS 319

理化性质　本品为白色粉状结晶，有特殊气味，熔点 126.5～128.5℃，沸点 300℃，易溶于乙醇、乙酸和乙醚，并溶于动植物油脂，微溶于水（1g/100mL）。不与铁、铜离子形成有色物质，但在见光或碱性条件下会呈粉红色。

本品以对苯二酚、叔丁醇为原料，通过化学方法合成。

毒理学依据

① LD_{50}：大鼠急性经口 0.7～1.0g/kg。

② ADI：0～0.2mg/kg（FAO/WHO，1994）。

质量标准

质量标准

项　目		指　标	
		GB 26403—2011	JECFA(2006)
含量/%	≥	99.0	99.0
叔丁基对苯醌/%	≤	0.2	0.2
2,5-二叔丁基氢醌/%	≤	0.2	0.2
氢醌/%	≤	0.1	0.1
甲苯/%	≤	0.0025	0.0025
砷（以 As 计）/%	≤	—	0.0003
熔点/℃		126.5～128.5	—
铅(Pb)/(mg/kg)	≤	2	2

应用　抗氧化剂

GB 2760—2014 规定：特叔丁基对苯二酚作为食品抗氧化剂可用于基本不含水的脂肪和油，最大使用量为 0.2g/kg；（以油脂中的含量计）特叔丁基对苯二酚可用于脂肪，油和乳化脂肪制品，熟制坚果与籽类，坚果与籽类罐头，油炸面制品，方便米面制品，饼干，月饼，焙烤食品馅料及表面用挂浆，膨化食品，腌腊肉制品类（如咸肉、腊肉、板鸭、中式火腿、腊肠），风干，烘干，压干等水产品中，最大使用量为 0.2g/kg。

其他使用参考，如台湾省《食品添加剂使用范围及用量标准》（1986 规定：叔丁基对苯二酚可用于油脂、奶油，使用限量为 0.2g/kg 以下。食品添加剂通用法典标准规定其用于：饮料增白剂、面包类制品，包括面包馅和面包屑、加工的碎畜、禽肉和野味制品中最大使用量为 100mg/kg；植物油脂、猪油、牛油、鱼油和其他动物脂肪、脂肪涂抹物，乳脂涂抹物和混合涂抹物、水包油为主的脂肪乳化物，包括混合和/或调味的脂肪乳化物制品、脂基甜点，不包括 01.7 类乳基甜点制品、食用冰，包括冰冻果子露和果汁冰糕、可可和巧克力制品、装饰糖果（如：用于精制焙烤制品）、顶饰（非水果）和甜汁、预制面制品、面条及其类似产品、面包和面包卷、薄脆饼干，不包括甜的薄脆饼干、其他普通焙烤制品（如百吉饼、皮塔饼、英式松饼等）中最大使用量为 200mg/kg；口香糖中最大使用量为 100mg/kg。叔丁基对苯二酚为脂溶性抗氧化剂。耐热性较差，不宜在煎炸、焙烤条件下使用。可与丁基羟基茴香醚一同使用来改善。对常温下植物油脂的储藏效果较好。另外叔丁基对苯二酚还有一定的抗菌作用，尤其在微酸介与食盐合用效果更好。叔丁基对苯二酚对其他的抗氧化剂和螯合剂有增效作用，柠檬酸的加入可增强其抗氧化活性。在植物油、膨松油和动物油中，叔丁基对苯二酚一般与柠檬酸结合使用。用活性氧的方法测定猪油的氧化稳定性时，叔丁基对苯二酚的作用等于丁基羟基茴香醚，超过二丁基羟基甲苯和没食子酸丙酯。将它掺入到包装材料中可有效地抑制猪油的氧化变质。对家禽脂肪，叔丁基对苯二酚比丁基羟基茴香醚、二丁基羟基甲苯或没食子酸丙酯更有效。

叔丁基对苯二酚对多数油脂，特别是对植物油最有效。对各种粗制和精炼油的作用等于或超过丁基羟基茴香醚、二丁基羟基甲苯、没食子酸丙酯。在棉籽油、豆油和红花油中特别有效。叔丁基对苯二酚与柠檬酸、抗坏血酸棕榈酸酯结合使用，对豆油和由 50% 的豆油、50% 的棉籽油组成的混合油有很高的抗氧化效果，对精炼、脱色、除臭的油酸橄榄酯的效果比没食子酸丙酯、丁基羟基茴香醚和二丁基羟基甲苯要好。对于肉制品，叔丁基对苯二酚可有效地延长冷冻馅饼产生腐败气味的时间。

生产厂商

① 江苏无锡化工助剂厂

② 湖北武汉银河化工有限公司

③ 郑州颖辉食品化工有限公司

④ 广州泰邦食品科技有限公司

维生素 E vitamine E(DL-α-tocopherol)

$C_{31}H_{52}O_3$，472.75

别名　DL-α-乙酸生育酚、生育酚

分类代码　CNS 04.016；INS 307

理化性质　本品为维生素 E 形式之一（维生素 E 衍生物），目前已发现 8 种同系异构体，分 α、β、γ、δ、ζ、η 等构形。其中 α 型的生物活性最高；而 δ 型的抗氧能力最强。本品为无色至黄色，或微绿黄色清亮黏性黏稠液体。几乎无臭，在碱性条件下不稳定。不溶于水，可溶于乙醇，并可与丙酮、氯仿、乙醚和植物油混溶。天然物广泛存在于动植物体内，耐热，耐光照。

本品从植物油中提取或以 1,2,4-三甲苯为原料，通过化学方法合成。

毒理学依据

① LD$_{50}$：小白鼠急性经口 10g/kg（bw）。

② ADI：无限制性规定（FAO/WHO，1994）。

质量标准

质量标准

项　目		指　标		
		GB 29942—2013	JECFA(2006)	FCC(7)
维生素 E(DL-α-生育酚)含量/%		96~102.0	96~102	96.0~102.0
折射率(n_D^{20})		1.503~1.507	1.503~1.507	—
吸光度 $E_{1cm}^{1\%}$(292nm)		71~76	71~76	—
灼烧残渣/%	≤	0.1	—	—
酸度		通过试验	—	合格
铅(Pb)/(mg/kg)	≤	2	—	—
硫酸盐灰分/%	≤	—	0.1	—
重金属(以 Pb 计)/(mg/kg)	≤	—	2	2
澄清度		—	—	合格

注：氢氧化钠标准滴定液（0.1mol/L）的体积（mL）。

应用 抗氧化剂

GB 2760—2014 规定：维生素 E 作为食品抗氧化剂可用于即食谷物，包括碾轧燕麦（片）最大使用量为 0.085g/kg；方便米面制品、果蔬汁（浆）饮料、其他型碳酸饮料、特殊用途饮料、风味饮料、茶、咖啡、植物饮料类、调制乳、蛋白固体饮料及蛋白饮料类食品中，最大使用量为 0.2g/kg；（以油脂中的含量计）维生素 E 可用于熟制坚果与籽类（仅限油炸坚果与籽类）、油炸面制品及、膨化食品中，最大使用量为 0.2g/kg；对于基本不含水的脂肪和油、复合调味料中可按生产需要适量使用。

生产厂商

① 浙江医药股份有限公司新昌制药厂

② 江苏春之谷生物制品有限公司

③ 河南郑州荔诺生物科技有限公司

④ 陕西省西安瑞源生物科技有限公司

异抗坏血酸 erythorbic acid(isoascorbic acid)

$C_6H_8O_6$，176.13

别名 D-异抗坏血酸

分类代码 CNS 号 04.004；INS 315

理化性质 本品为白色至浅黄色结晶体或结晶性粉末。无臭，味酸。光线照射下逐渐发黑。干燥状态下，在空气中相当稳定。但在溶液中并在空气存在下迅速变质。于 164~172℃ 熔化并分解。本品系抗坏血酸的异构体，化学性质类似于抗坏血酸，但几乎无抗坏血酸的生理活性作用（仅约 1/20）。抗氧化性较抗坏血酸佳，价格亦较廉，但耐热性差。有强还原性，遇光则缓慢着色并分解。遇重金属离子会促进其分解。极易溶于水（40g/100mL）。溶于乙醇（5g/100mL）。难溶于甘油。不溶于乙醚和苯。

本品以荧光极毛杆菌（*Pseudomonas fluorescence*）或球形节杆菌（*Arthrobaterglobi fomis*）、葡萄糖或淀粉为原料，通过生物发酵制备。

毒理学依据

① LD_{50}：大鼠急性经口 18g/kg（bw）；小鼠急性经口 9.4g/kg（bw）。

② ADI：无限制性规定（FAO/WHO，1994）。

③ GRAS：FDA-21CFR 182.3041。

质量标准

质量标准 GB 22558—2008

项 目		指 标
含量/%		99.0~100.5
比旋光度 $[\alpha]_D^{20}$/(°)		−16.5~−18.0
干燥失重/%	≤	0.4
灼烧残渣/%	≤	0.3
砷（以 As 计）/(mg/kg)	≤	2
铅（以 Pb 计）/(mg/kg)	≤	2

应用　抗氧化剂、护色剂

GB 2760—2014 规定：（以抗坏血酸计）异抗坏血酸作为食品抗氧化剂可用于葡萄酒中，最大使用量为 0.15g/kg，作为抗氧化剂可用于在浓缩果蔬汁（浆）中，并可按生产需要适量使用。异抗坏血酸作为抗氧化剂还可用于（附录 2 中食品除外的）各类食品中，并可按生产需要适量使用。

本品作为抗氧化剂、防腐保鲜剂可防止保存期期间的色泽、风味的变化，以及由鱼类的不饱和脂肪酸产生的异臭。FAO/WHO（1984）限量规定：苹果调味酱罐头中，最大使用量为 150mg/kg；午餐肉、熟肉末、熟猪前腿肉、熟火腿中，最大使用量为 500mg/kg（以抗坏血酸计）。根据食品的种类，选用异抗坏血酸或其钠盐。防止肉类制品、鱼肉制品、鲸肉制品、鱼贝腌制品、鱼贝冷冻品等的变质，或与亚硝酸盐、硝酸盐合用提高肉类制品的发色效果（如 pH 值在 6.3 以上，则与柠檬酸、乳酸等合用）。

生产厂商

① 上海易蒙斯化工科技有限公司

② 河南天祥食品添加剂有限公司

③ 河南金达食品添加剂有限公司

④ 武汉古木生物科技有限公司

异抗坏血酸钠 sodium isoascorbate

$C_6H_7NaO_6 \cdot H_2O$（一个结晶水），216.12

别名　赤藓糖酸钠、异维生素 C 钠、阿拉伯糖型抗坏血酸钠

分类代码　CNS 04.018；INS 316

理化性质　本品为 L-抗坏血酸异构体相应钠盐。为白色或黄白色结晶性粉末或颗粒。几乎无臭，略有咸味。干燥状态下比较稳定，但在溶液中，在有空气、金属离子、热或光存在下，发生氧化变质。200℃以上熔化分解。易溶于水（17g/100mL），几乎不溶于乙醇。浓度为 2g/100mL 的水溶液 pH 值为 6.5~8.0。

本品以 D-葡萄糖、甲醇为原料，通过化学方法合成。

毒理学依据

① LD_{50}：大鼠急性经口 15g/kg（bw）；小鼠急性经口 9.4g/kg（bw）。

② ADI：无限制性规定（FAO/WHO，1994）。

③ GRAS：FDA-21CFR 122.3041。

质量标准

质量标准

项　目	指　标	
	GB 8273—2008	JECFA(2006)
含量/% ≥	98.0	98.0(干燥后)
pH 值	5.5~8.0	5.5~8.0(10%水溶液)
比旋光度$[\alpha]_D^{20}$/(°)	+95.5~+98.0	+95.5~+98.0
干燥失重/% ≤	0.25	0.25

续表

项　目		指　标	
		GB 8273—2008	JECFA(2006)
铅(以 Pb 计)/%	≤	0.0005	0.0002
砷(以 As 计)/%	≤	0.0003	—
重金属(以 Pb 计)/%	≤	0.005	—
澄明度		合格	—
草酸盐试验		合格	合格

应用　抗氧化剂、护色剂

GB 2760—2014 规定：(以抗坏血酸计) 异抗坏血酸钠作为食品抗氧化剂可用于葡萄酒中，最大使用量为 0.15g/kg。作为抗氧化剂可用于在浓缩果蔬汁 (浆) 中，并可按生产需要适量使用。异抗坏血酸钠作为抗氧化剂还可用于 (附录 2 中食品除外的) 各类食品中，并可按生产需要适量使用。

本品相应的酸即为异抗坏血酸。虽无生物活性，但其抗氧化能力与抗坏血酸相同，主要用于果蔬加工中，避免褐变时使用。异抗坏血酸钠在酸介或与蔗糖混合中比较稳定。在铜、铁离子存在下极易被氧化，所以最好与一些金属络合剂协同使用为宜。食醋、酱油、酱类、液体复合调味料为 1.0g/kg。以抗坏血酸计水果罐头、果酱、蔬菜罐头、凝胶糖果、八宝粥罐头、肉罐头类、冰冻水产品及其制品、及液体复合调味料为 1.0g/kg，葡萄酒、果蔬汁饮料 0.15g/kg，啤酒和麦芽饮料 0.04g/kg。台湾省《食品添加剂使用范围及用量标准》(1986 规定：异抗坏血酸钠作为抗氧化剂，其最大使用量低于 1.3g/kg。FAO/WHO (1984 规定：午餐肉、猪脊肉、火腿、肉糜、单用 D-抗坏血酸钠或与 D-抗坏血酸、抗坏血酸及其盐类 (以抗坏血酸计) 合用，最大使用量为 0.5g/kg。

生产厂商

① 上海易蒙斯化工科技有限公司

② 河南天祥食品添加剂有限公司

③ 河南金达食品添加剂有限公司

④ 武汉古木生物科技有限公司

植酸 phytic acid

$C_6H_{18}O_{24}P_6$，660.08

别名　肌醇六磷酸、环己六醇六磷酸酯、PA

分类代码　CNS 04.006

理化性质　本品为淡黄色或黄褐色黏稠液体，易溶于水、95% 乙醇、甘油和丙酮，难溶于无水乙醇和甲醇，不溶于苯、氯仿和乙醚等。水溶液为强酸性，0.7% 水溶液的 pH 值为 1.7。

易受热分解，若在 120℃ 以下短时间加热，或浓度较高时，则较稳定。植酸对金属离子有螯合作用，在低 pH 值下可定量沉淀 Fe；中等 pH 值或高 pH 值下可与所有的其他多价阳离子形成可溶性络合物，它能显著地抑制维生素 C 的氧化；与维生素 E 混合使用，具有协同的抗氧化效果。

本品以米糠、麸皮等谷物为原料，通过提取物转化制备。

毒理学依据

LD_{50}：小鼠急性经口 4300mg/kg（bw）〔（2950～6260）mg/kg（bw）（雌性）〕；小鼠急性经口 3160mg/kg（bw）〔（2050～4880）mg/kg（bw）（雄性）〕。

质量标准

质量标准 HG 2683—2008　　　　　（参考）

项　目		指　标
含量/%	≥	50
无机磷（以 P 计）/(mg/kg)	≤	200
氯化物（以 Cl 计）/(mg/kg)	≤	200
硫酸盐（以 SO_4 计）/(mg/kg)	≤	200
钙盐（以 Ca 计）/(mg/kg)	≤	200
重金属（以 Pb 计）/(mg/kg)	≤	30
砷（以 As 计）/(mg/kg)	≤	3

应用　抗氧化剂

GB 2760—2014 规定：植酸作为食品抗氧化剂可用于基本不含水的脂肪和油、加工水果、加工蔬菜、腌腊肉制品（如咸肉、腊肉、板鸭、中式火腿、腊肠等）、酱卤肉制品、熏、烧、烤肉类、油炸肉类、西式火腿（熏烤、烟熏、蒸煮火腿）类、肉灌肠类、果蔬汁（肉）饮料、调味糖浆、发酵肉制品类、装饰糖果（如工艺造型，或用于蛋糕装饰）顶饰（非水果材料）和甜汁中，最大使用量为 0.2g/kg；用于鲜水产（仅限虾类）中按生产需要适量使用（残留量≤0.02g/kg）。

本品作为抗氧化剂、螯合剂作为果蔬的保鲜剂，能防止果蔬氧化变质。美国规定，用于婴儿食品瓶盖消毒液，浓度为 0.1g/L。植酸与游离 Ca、Mg 离子形成稳定的络合物，以排除 Ca、Mg 离子的干扰，使抗氧化效果提高。在生产过程添加 0.1%～0.5% 的植酸，防止水产品罐头的黑变；贝类、哈子与虾蟹类水产品罐头，在加热杀菌时产生一定的 H_2S，H_2S 即与贝、蟹类肉中之镁、铜及从包装罐壁溶出的铁、锡离子结合产生硫化物，发生黑变。将植酸与维生素 C 同时加入调味汁中，防止蘑菇罐头的褐变。并且螯合果蔬表层的金属离子，使其失去催化特性。植酸与植酸盐类，可在酒类制品中除金属离子、促进微生物发酵的作用。

生产厂商

① 山东省莱阳市万基威生物工程有限公司

② 四川成都市东方企业公司

③ 郑州龙生化工产品有限公司

④ 四川广汉市本草植化有限公司

竹叶抗氧化物 bamboo leaf antioxidants

别名　AOB

分类代码　CNS04.019

理化性质　竹叶抗氧化剂 AOB 是一种黄色或棕黄色的粉末或颗粒，无异味。可溶于水和一定浓度的乙醇。略有吸湿性，其主要抗氧化成分包括黄酮、内酯和酚酸类化合物，具有平和的风味及口感，无药味、苦味和刺激性气味，水溶性好，品质稳定，其特点是既能阻断脂肪自动氧化的链式反应，又能螯合过渡态金属离子，同时作为一级和二级抗氧化剂起作用。

毒理学依据

① LD_{50}：大鼠急性经口大于 4.3g/kg。

② Ames 试验：小鼠微核试验、小鼠镜子畸形试验结果均为阴性。

③ 致畸试验：均未见有致畸作用。

质量标准

质量标准 GB 30615—2014

项　目		指　标	
		水溶性	脂溶性
含酚/%	≥	40.0	20.0
异荭草苷/%	≥	2.0	—
对香豆酸/%	≥	—	0.5
水溶解度(25℃)/(g/100g)	≥	6.0	—
乙酸乙酯溶解度(25℃)/(g/100g)	≥	—	3.0
灼烧残渣/%	≤	5.0	3.0
干燥减量/%	≤	8.0	
总砷(以 As 计)/(mg/kg)	≤	3.0	
铅(Pb)/(mg/kg)	≤	2.0	

应用　抗氧化剂

GB 2760—2014 规定：竹叶抗氧化剂作为食品抗氧化剂可用于基本不含水的脂肪和油、熟制的坚果与籽类、（仅限油炸的坚果与籽类）、油炸面制品、即食谷物（包括碾压燕麦或片）、焙烤食品、腌腊肉制品类（如咸肉、腊肉、板鸭、中式火腿、腊肠）、酱卤肉制品、熏、烧、烤肉类制品、油炸肉类、西式火腿（重熏、烟熏、蒸煮火腿）类、肉灌肠类、发酵肉制品类、水产品及其制品（包括鱼类、甲壳类、贝类、软体类、棘皮类等水产品及其加工制品）、果蔬汁（浆）类饮料、茶（类）饮料、及膨化食品中，最大使用量为 0.5g/kg。

在西式灌肠的拌馅、配料过程中，添加一定比例的 AOB（以肉馅质量分数计，事先用水溶解），以茶多酚为对照，采用改良 TBA 法，结合色差测定，质构分析和亚硝酸盐含量的测定，综合评价 AOB 在西式肉制品中作为抗氧化剂的使用效果。当 AOB 的添加量在 0.03%，亚硝酸盐和异维生素 C 钠在原配方基础上减半使用时，得到了最为理想的制品，既有效延缓了脂肪的氧化，抑制了 MDA 的形成，提高了货架寿命，又显著降低了成品中亚硝酸盐的含量，提高了食用安全性。AOB 在酿造酒（葡萄酒、黄酒和啤酒）中添加时，起抗氧化和营养强化的双重作用，添加量一般可控制在 60～500mg/L 之间，在酒基过滤、灌装前加入。以绍兴塔牌加饭酒为例，当 AOB 添加量为 150mg/L 时，用化学发光法测得黄酒清除·O^{-2} 和·OH 的能力分别比原酒提高 40.0% 和 28.5%。通常在纯油脂体系（棕榈油、大豆油、葵花籽油、鱼油等）中 AOB 的添加量为 0.01%～0.05%。AOB 在软饮料（包括碳酸饮料、非碳酸饮料和茶饮料等）中应用时，既作为抗氧化剂，又作为营养强化剂，添加量一般控制在 120～150mg/L，并且可适当减少蔗糖的用量，产品的主要特点是具有竹叶清香，富含黄酮功能因子，低热量，清热、解渴、利咽、利尿，品质十分稳定，是一种新型营养保健饮品。

生产厂商

① 浙江圣氏生物科技有限公司

② 山西中诺生物科技有限公司

③ 上海紫一试剂厂销售一部

④ 河南郑州领航化工产品发展有限公司

第2章 调色护色类

色香味是食品感官中首要的评估指标。食物颜色则是认识食品品质的第一感受，也是直接影响食欲的重要因素之一。为食物调色涉及一定的技术原理与操作技能，如怎样消除食物原料中杂色的干扰、如何漂去因褐变带来的污色、或利用 Maillard 反应获得更诱人酱色效果、通过着色来弥补某些食物在加工处理中造成的褪色缺欠等。这些操作均是为改善食品感官所进行必要的技术处理和加工手段。运用着色和调色技术，制作各种各样的美观、诱人的加工食品，无不需要和运用到食用的调色类添加剂，其中主要包括各种食用色素、食品用漂白剂和发色剂、以及面粉处理剂。

2.1 着色剂 colour

着色剂即食用色素，是使食品赋予色泽和改善食品色泽的物质。这是效果最直观的食品添加剂。根据色素产品的来源可将食品中使用的着色剂分为合成色素与天然色素两种类型。天然色素大多从一些天然的动、植物体中分离提取获得，此类色素的食用安全性相对较高，但其稳定性较差。而合成色素则是通过化学合成方法生产制备的着色剂，虽然具有色泽稳定、鲜艳、成本低、色域宽等系列优点，但在合成生产过程中，使用的化工原料及合成过程中的副产物等残留问题，难免对产品的质量增加一些不确定的安全隐患，因此在色素的规范生产、色素产品质量以及在加工食品中的使用等方面，需要有严格的法规要求以及管控使用标准规范，这也是对整个食品添加剂加工、经营与使用方面重点监管的内容之一。色淀是食用合成色素的一种加工制品，是由某种合成色素材料在水溶液状态下与氧化铝（氧化铝是通过硫酸铝或氯化铝与氢氧化钠或碳酸钠等碱性物质反应后形成的水合物）混合均匀后，再经过滤、干燥、粉碎而制成的改性色素。色淀可不经溶解而直接对固体食物进行染色。色淀色泽及使用基本同于对应颜色的色素，在相应的着色剂章节中有所说明。

2.1.1 合成色素 artificial colour

β-胡萝卜素 β-carotene

有 α-、β-、γ- 三种异构体，β-为最重要

$C_{40}H_{56}$，536.89

别名 维生素 A 原、C. I. 食用橙色 5 号

分类代码 CNS 08.010；INS 160a

理化性质 深红色至暗红色有光泽斜方六面体或结晶性粉末，有轻微异臭和异味，不溶于水、

丙二醇、甘油、酸和碱，溶于二硫化碳、苯、氯仿、乙烷及橄榄油等植物油，几乎不溶于甲醇或乙醇。稀溶液呈橙黄至黄色，浓度增大时呈橙色（因溶剂的极性可稍带红色）。本品对光、热、氧不稳定，不耐酸，弱碱性时较稳定，不受抗坏血酸等还原物质的影响，重金属尤其是铁离子可促使其褪色。

产品由维生素 A 乙酸酯为起始原料，经化学方法合成制得。

毒理学依据

① LD_{50}：（油溶液）狗急性经口大于 8g/kg（bw）。

② ADI：0～5mg/kg（bw）（FAO/WHO，1994）。

③ GRAS：FDA-21CFR 73.95；182.5245。

④ 代谢：人体摄入本品，有 30%～90% 由粪便排出。

质量标准

质量标准

项　目		指　标	
		GB 28310—2012	JECFA(2011)
总 β-胡萝卜素含量(以 $C_{40}H_{56}$ 计)/%	≥	96.0	≥96.0
吸光度比值			
A_{455}/A_{483}		1.14～1.19	1.14～1.19
A_{455}/A_{340}	≥	0.75	15
灼烧残渣/%	≤	0.2	—
乙醇/%	≤	0.8(单独或两者之和)	—
乙酸乙酯/%	≤		—
异丙醇/%	≤	0.1	—
乙酸异丁酯/%	≤	1.0	—
铅(Pb)/(mg/kg)	≤	2	2
总砷(以 As 计)/(mg/kg)	≤	3	—
硫酸盐灰分/%	≤	—	0.1
副色素(类胡萝卜素)/%	≤	—	3

　　注：商品化的 β-胡萝卜素产品应以符合本标准的 β-胡萝卜素为原料，可添加符合食品添加剂质量规格要求的明胶、抗氧化剂和（或）食用的植物油、糊精、淀粉制成的产品，其总 β-胡萝卜素含量和吸光度比值符合标识值。

应用　着色剂、营养强化剂

GB 2760—2014 规定：作为着色剂，可用于调制乳、风味发酵乳、调制乳粉和调制奶油粉、熟化干酪、再制干酪、干酪类似品、以乳为主要配料的即食风味食品或其预制产品（不包括冰淇淋和风味发酵乳）、水油状脂肪乳化制品（02.02.01.01 黄油和浓缩黄油除外）、02.02 类以外的脂肪乳化制品，包括混合的和（或）调味的脂肪乳化制品、脂肪类甜品、冷冻饮品（03.04 食用冰除外）、醋、油或盐渍水果、果酱、蜜饯凉果、水果甜品，包括果味液体甜品、蔬菜泥（酱）（番茄沙司除外）、其他加工蔬菜、其他加工食用菌和藻类、加工坚果与籽类、面糊（如用于鱼和禽肉的拖面糊）、裹粉、煎炸粉、油炸面制品、杂粮罐头、方便米面制品、冷冻米面制品、谷类和淀粉类甜品（如米布丁、木薯布丁）、粮食制品馅料、焙烤食品、冷冻鱼糜制品（包括鱼丸等）、预制水产品（半成品）、熟制水产品（可直接食用）、蛋制品（改变其物理性状）（10.03.01 脱水蛋制品、10.03.03 蛋液与液态蛋除外）、液体复合调味料（不包括 12.03，12.04），最大使用量为 1.0g/kg；用于植物饮料，最大使用量为 1.0g/kg（固体饮料按稀释倍数增加使用量）；用于果冻，最大使用量为 1.0g/kg（果冻粉按冲调倍数增加使用量）；用于稀奶油（淡奶油）及其类似品（01.05.01 稀奶油除外）、熟肉制品，最大使用量为 0.02g/kg；用于非熟化干酪、蒸馏酒、发酵酒（15.03.01 葡萄酒除外），最大使用量为 0.6g/kg；用于其他油脂或油脂制品（仅限植脂末），最大使用量为 0.065g/kg；用于除 04.01.02.05 外的果酱（如印度酸辣酱）、糖果、水产品罐头，最大使用量为 0.5g/kg；用于装饰性果蔬、可可制品、巧克力和巧克力制品（包括代可可脂巧克力及制品）、焙烤食品馅料及表面用挂浆、膨化食品，最大使用量为 0.1g/kg；用于发酵的水果制品、干制蔬菜、蔬菜罐头、食用菌和藻类罐头，最大使用量为 0.2g/kg；用于腌渍蔬菜、腌渍的食用菌和藻类，最大使用量为 0.132g/kg；用于糖果和巧克力制品包衣、装饰糖果（如工艺造型，或用于蛋糕装饰）、顶饰（非水果材料）和甜汁，最大使用量为 20.0g/kg；用于即食谷物，包括碾轧燕麦（片），最大使用量为 0.4g/kg；用于肉制品的可食用动物肠衣类，最大使用量为 5.0g/kg；用于其他蛋制品，最大使用量为 0.15g/kg；用于调味糖浆，最大使用量为 0.05g/kg；用于固体复合调味料、半固体复合调味料，最大使用量为 2.0g/kg；用于果蔬汁（浆）类饮料、蛋白饮料类、碳酸饮料、茶（类）饮料、咖啡（类）饮料、特殊用途饮料、风味饮料，最大使用量为 2.0g/kg（固体饮料按稀释倍数增加使用量）。

β-胡萝卜素具有防止衰老和增强免疫力等作用，也是重要的色素，是联合国粮农组织（FAO）和世界卫生组织（WHO）食品添加剂联合专家委员会认定的 A 类优秀有营养的食品添加剂（food additives）。全世界已有 52 个国家、地区批准使用，国际上需求量在 1000 吨以上，年增长率达 10%～15%。可作为人造奶油、色拉油、芝麻油等脂类食物的强化剂，以帮助人体对 β-胡萝卜素的吸收。

生产厂商

① 珠海靖浩生物科技有限公司

② 广州市芊熠食品有限公司

③ 郑州天顺食品添加剂有限公司

④ 郑州皇朝化工产品有限公司

苋菜红 amaranth (附: 苋菜红铝色淀)

$C_{20}H_{11}N_2Na_3O_{10}S_3$，604.48

别名 1-(4′-磺基-1′-萘偶氮)-2-萘酚-3,6-二磺酸三钠盐

分类代码 CNS 08.001；INS 123

理化性质 红褐色或暗红褐色均匀粉末或颗粒，无臭，耐光、耐热性（105℃）强，耐氧化、还原性差。对柠檬酸、酒石酸稳定，在碱液中则变为暗红色。易溶于水，呈带蓝光的红色溶液，可溶于甘油，微溶于乙醇，不溶于油脂。本品遇铜、铁易褪色，易被细菌分解，不适于应用于发酵食品。

由对氨基萘磺酸经重氮化后与 R 酸（2-萘酚-3，6-二磺酸）偶合，再经盐析，精制而得。

其他形式　苋菜红铝色淀

毒理学依据

① LD$_{50}$：小鼠急性经口大于 10g/kg(bw)，大鼠腹腔注射大于 1g/kg(bw)。

② ADI：0～0.5mg/kg(bw)(FAO/WHO，1994)。

质量标准

质量标准 GB 4479

项　目		指　标	
		GB 4479.1—2010	GB 4479.2—2005
		苋菜红	苋菜红铝色淀
含量/%	≥	85.0	10.0(3-羟基-4,4-偶氮萘磺酸-)2,7-萘二磺酸三钠盐)
干燥减量、氯化物(以 NaCl 计)及硫酸盐(以 NaSO$_4$ 计)总量/%	≤	15.0	30.0
水不溶物/%	≤	0.20	0.5
副染料/%	≤	3.0	1.2
未反应中间体总和/%	≤	0.50	—
未磺化芳族伯胺(以苯胺计)/%	≤	0.01	—
砷(As)/(mg/kg)	≤	1.0	3
铅(Pb)/(mg/kg)	≤	10.0	0.05
重金属(以 Pb 计)/(mg/kg)	≤	—	20
钡(以 Ba 计)/%	≤	—	0.05

应用　着色剂

GB 2760—2014 中规定：苋菜红可用于蜜饯凉果、腌渍的蔬菜、可可制品、巧克力和巧克力制品（包括代可可脂巧克力及制品）以及糖果、糕点上彩装、焙烤食品馅料及表面用挂浆（仅限饼干夹心）、果蔬汁〔浆〕类饮料（以苋菜红计，高糖果蔬汁（浆）类饮料按照稀释倍数加入〕、碳酸饮料、风味饮料（仅限果味饮料）（以苋菜红计，高糖果味饮料按照稀释倍数加入）、固体饮料（使用量以苋菜红计，为按冲调倍数稀释后液体中的量）、配制酒、果冻（以苋菜红计，如用于果冻粉，按冲调倍数增加使用量），最大使用量为 0.05g/kg；用于装饰性果蔬，最大使用量为 0.10g/kg（以苋菜红计）；用于冷冻饮品（03.04 食用冰除外），最大使用量为 0.025g/kg（以苋菜红计）；用于果酱、水果调味糖浆，最大使用量为 0.3g/kg（以苋菜红计）；用于固体汤料，最大使用量 0.2g/kg（以苋菜红计）。其他可参考下表。

使用参考

食品种类	参考用量/(g/kg)	食品种类	参考用量/(g/kg)
饮料	0.05	糖果	0.05
果味冲剂	0.02～0.05	配制酒	0.05
浓缩果汁	0.005～0.02	冷食	0.025
山楂制品罐头	0.005～0.01	染色樱桃	0.1
糕点	0.01～0.02		

生产厂商

① 武汉万荣科技发展有限公司

② 武汉楚丰源科技有限公司

③ 郑州天顺食品添加剂有限公司
④安徽中旭生物有限公司

赤藓红 erythrosine(附：赤藓红铝色淀)

$C_{20}H_6I_4O_5Na_2 \cdot H_2O$，897.88

别名　2,4,5,7-四碘荧光素、樱桃红、C.I. 食用红色 14 号

分类代码 CNS 08.003；INS 127

理化性质　红至红褐色均匀粉末或颗粒，无臭。耐热（105℃）、耐还原性好，但耐光、耐酸性差，在酸性溶液中可发生沉淀，碱性条件下较稳定。对蛋白质染着性好。易溶于水，呈樱桃红色。可溶于乙醇、甘油和丙二醇，不溶于油脂。

由间苯二酚、邻苯二甲酸酐及无水氯化锌为原料，通过化学方法合成。

其他形式　赤藓红铝色淀：由硫酸铝、氯化铝等铝盐水溶液与氢氧化钠或碳酸钠作用后，添加赤藓红水溶液，使其完全被吸附后再经过滤、干燥、粉碎而得。

毒理学依据

① LD_{50}：小鼠急性经口 6.8g/kg（bw）。

② ADI：0～0.1mg/kg(bw)（FAO/WHO,1994）。

质量标准

质量标准 GB 17512—2010

项　目		指　标	
		GB 17512.1 赤藓红	GB 17512.2 赤藓红铝色淀
含量/%	≥	85.0	10.0(以色酸计)
干燥失重(135℃±2℃)/%	≤	} 14.0	30.0
氯化物、硫酸盐/%	≤		—
水不溶物/%	≤	0.2	0.5
异丙醚萃取物/%	≤	—	—
乙醚萃取物/%	≤	—	—
副染料/%	≤	3.0	1.5
砷(以 As 计)/(mg/kg)	≤	1.0	3.0
铅/(mg/kg)	≤	10.0	10.0
锌(Zn)/(mg/kg)	≤	20.0	50.0
碘化钠/%	≤	0.40	0.2

应用　着色剂。

GB 2760—2014 中规定：用于凉果类、可可制品、巧克力和巧克力制品（包括代可可脂巧克力及制品）以及糖果（05.01.01 可可制品除外）、糕点上彩装、酱及酱制品、复合调味料、果蔬汁（浆）类饮料、碳酸饮料、风味饮料（仅限果味饮料）、配制酒，最大使用量 0.05g/kg（以赤藓红计，固体饮料按稀释倍数增加使用量）；用于装饰性果蔬，最大使用量 0.1g/kg（以赤藓红计）；用于熟制坚果与籽类（仅限油炸坚果与籽类），最大使用量 0.025g/kg（以赤藓红

计）；用于膨化食品，最大使用量 0.025g/kg（以赤藓红计，仅限使用赤藓红）；用于肉灌肠类、肉罐头类，最大使用量 0.015g/kg（以赤藓红计）。

FAO/WHO（1984）限量值：苹果调味酱、梨罐头、果酱和果冻，0.200g/kg；覆盆子、草莓、李子罐头，0.300g/kg；罐装虾，0.030g/kg；午餐肉，0.015g/kg；发酵后经热处理的增香酸奶，0.027g/kg；冷饮，0.100g/kg。本品在酸性条件下可发生沉淀，尤应注意。本品广泛用于发酵型食品、焙烤食品、冰淇淋、等非酸性食品中。

生产厂商

① 武汉万荣科技发展有限公司

② 西安大丰收生物科技有限公司

③ 安徽中旭生物有限公司

④ 郑州龙晨食品添加剂有限公司

靛蓝 indigotine(附：靛蓝铝色淀)

$C_{16}H_8N_2Na_2O_8S_2$，466.36

别名：3,3′-二氧-2,2′-联吲哚基-5,5′-二磺酸二钠盐、C. I. 食用蓝色 1 号

分类代码　CNS 08.008；INS 132；C. I.（1975）73015

理化性质　深紫蓝色至深紫褐色均匀粉末，无臭。溶于水（1.1g/100mL，21℃）呈蓝色溶液。溶于甘油、乙二醇，难溶于乙醇、油脂。耐热、耐光、耐酸，不耐碱、易还原，耐盐性及耐细菌性较弱，遇次硫酸钠、葡萄糖、氢氧化钠还原褪色。

用浓硫酸使靛蓝磺化，用碳酸钠或氢氧化钠中和后制得。

其他形式　靛蓝铝色淀：由硫酸铝、氯化铝等铝盐水溶液与氢氧化钠或碳酸钠作用后，添加靛蓝水溶液，使其完全被吸附后再经过滤、干燥、粉碎而得。

毒理学依据

① LD$_{50}$：小鼠急性经口大于 2.5g/kg(bw)，大鼠急性经口 2.0g/kg(bw)。

② ADI：0～5mg/kg(bw)(FAO/WHO，1994)。

质量标准

质量标准

项　目		指　标	
		靛蓝	靛蓝铝色淀
		GB 28317—2012	GB 28318—2012
含量/%	≥	85.0	85.0
干燥减量/%	≤	15.0	30.0
水不溶物/%	≤	0.20	—
氯化物(以 NaCl 计)及硫酸盐(以 Na$_2$SO$_4$ 计)/%	≤	15.0	—
副染料/%	≤	1.0	1.0
铅(Pb)/(mg/kg)	≤	10	10
总砷(以 As 计)/(mg/kg)	≤	1	3
钡(Ba)	≤	—	500
盐酸和氨水中不溶物/%	≤	—	0.50

应用　着色剂。

GB 2760—2014 规定：可用于蜜饯类、凉果类、可可制品、巧克力和巧克力制品（包括代可可脂巧克力及制品）以及糖果（05.01.01　可可制品除外）、糕点上彩装、焙烤食品馅料及表面用挂浆（仅限饼干夹心）、碳酸饮料、配制酒，最大使用量 0.1g/kg（以靛蓝计）；用于果蔬汁（浆）类饮料、风味饮料（仅限果味饮料），最大使用量 0.1g/kg（以靛蓝计，固体饮料按稀释倍数增加使用量）；用于装饰性果蔬，最大使用量 0.2g/kg（以靛蓝计）；用于腌渍的蔬菜，最大使用量 0.01g/kg（以靛蓝计）；用于熟制坚果与籽类（仅限油炸坚果与籽类），最大使用量 0.05g/kg（以靛蓝计）；用于膨化食品，最大使用量 0.05g/kg（以靛蓝计，仅限使用靛蓝）；用于除胶基糖果以外的其他糖果，最大使用量 0.3g/kg（以靛蓝计）。

FAO/WHO（1984）对于靛蓝的限量为：苹果调味酱、果酱和果冻，0.200g/kg；发酵后经热处理的增香酸奶，0.006g/kg；冷饮，0.100g/kg；色素总量可达 0.300g/kg。用作食品着色剂，我国规定可用于红绿丝中，最大使用量为 0.02g/kg；在果汁（味）饮料类、碳酸饮料、配制酒、糖果、糕点上彩装、染色樱桃罐头（系装饰用）、青梅中，最大使用量为 0.10g/kg；在浸渍小菜中最大使用量 0.01g/kg。

生产厂商

① 郑州皇朝化工产品有限公司

② 青岛香克斯贸易有限公司

③ 郑州天顺食品添加剂有限公司

④ 郑州皇朝化工产品有限公司

二氧化钛 titanium dioxide

$$TiO_2，79.88$$

别名　C. I. 食用白色 6 号

分类代码　CNS 08.011；INS 171；C. I. （1975）77891

理化性质　白色无定形粉末，无臭，无味。不溶于水、盐酸、稀硫酸、乙醇及其他有机溶剂，缓慢溶于氢氟酸和热浓硫酸。

① 由钛矿石经氯化反应生成 $TiCl_4$，精制后经氧化分解制得。

② 用硫酸分解原料矿石，所得的液体经加热分解成偏钛酸，再经焙烧制得。

③ 以浓硫酸和钛铁矿中反应，用水萃取后，滤液中加入铁屑、磷酸盐等，煮沸生成 $TiO(OH)_2$，取沉淀充分洗净、焙烧、粉碎而得。

毒理学依据

① LD_{50}：大于或等于 12g/kg(bw)(小鼠，急性经口)。

② ADI：无需规定(FAO/WHO，1994)。

质量标准

质量标准 GB 25577—2010

项　目		指　标
		GB 25577—2010
二氧化钛（TiO_2）/%	≥	98.5
干燥减量/%	≤	0.50
灼烧减量（以干基计）/%	≤	0.50
盐酸溶解物/%	≤	0.50
水溶物/%	≤	0.50
重金属（以 Pb 计）/(mg/kg)	≤	10
砷（As）/(mg/kg)	≤	5

应用　着色剂。

二氧化钛作为白色色素使用。在水相中使用注意其溶解度，以防析出沉淀。用量可参照 GB 2760—2014 规定：可用于果酱、胶基糖果、装饰糖果（如工艺造型，或用于蛋糕装饰）、顶饰（非水果材料）和甜汁、调味糖浆，最大使用量 5.0g/kg；用于凉果类、话化类、熟制坚果与籽类（仅限油炸坚果与籽类）、除胶基糖果以外的其他糖果、膨化食品、果冻，最大使用量 10.0g/kg（如用于果冻粉，按冲调倍数增加使用量）；用于干制蔬菜（仅限脱水马铃薯）、蛋黄酱、沙拉酱，最大使用量 0.5g/kg；用于可可制品、巧克力和巧克力制品（包括代可可脂巧克力及制品），最大使用量 2.0g/kg；用于其他（仅限魔芋凝胶制品），最大使用量 2.5g/kg；用于其他（仅限饮料浑浊剂），最大使用量 10.0g/L。

美国 FDA 规定，二氧化钛可以作为所有的食品白色素，最大的使用量为 1g/kg。

生产厂商

① 西安大丰收生物科技有限公司

② 广州市威伦食品有限公司

③ 郑州天顺食品添加剂有限公司

④ 郑州皇朝化工产品有限公司

亮蓝 brilliant blue (附:亮蓝铝色淀)

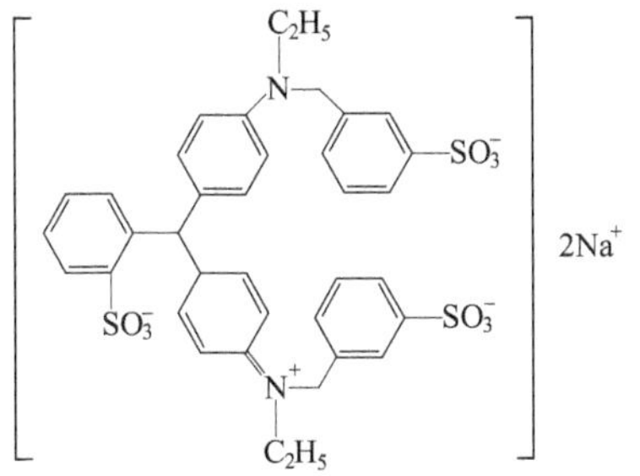

$C_{37}H_{34}N_2Na_2O_9S_3$，792.86

别名　C.l. 食用蓝色 2 号

分类代码　CNS 08.007；INS l33；C.I.（1975）42090

理化性质　深紫色均匀粉末或颗粒，有金属光泽，无臭。易溶于水（18.7g/100mL，21℃），呈绿光蓝色溶液，溶于乙醇（1.5g/100mL，95％乙醇，21℃）、甘油、丙二醇。耐光、耐热性强。对柠檬酸、酒石酸、碱均稳定。

由苯甲醛邻磺酸与 N-乙基，N-（3-磺基苄基)-苯胺为原料，通过化学方法制得。

其他形式　亮蓝铝色淀：由硫酸铝、氯化铝等铝盐水溶液与氢氧化钠或碳酸钠作用后，添加亮蓝水溶液，使其完全被吸附后再经过滤、干燥、粉碎而得。

毒理学依据

① LD_{50}：大鼠急性经口大于 2g/kg(bw)。

② ADI：0～12.5mg/kg(bw)(FAO/WHO，1994)。

质量标准

质量标准 GB 7655—2005

项　目		指　标	
		GB 7655.1	GB 7655.2
		亮蓝 85	亮蓝铝色淀
含量/%	≥	85.0	10.0(以色酸计)
干燥失重(135℃±2℃)/%	≤	10.0	30.0
氯化物、硫酸盐/%	≤	4.0	2.0
水不溶物/%	≤	0.2	0.5
乙醚萃取物/%	≤	—	—
副染料/%	≤	6.0	1.2
砷(以 As 计)/(mg/kg)	≤	1	3
重金属(以 Pb 计)/(mg/kg)	≤	10	20
铬/(mg/kg)	≤	50	
锰/(mg/kg)	≤	50	—
钡/(mg/kg)	≤	—	500

应用　着色剂，蓝色色素。

GB 2760—2014 中规定：用于风味发酵乳、调制炼乳（包括加糖炼乳及使用了非乳原料的调制炼乳等）、冷冻饮品（03.04　食用冰除外）、凉果类、腌渍的蔬菜、熟制豆类、加工坚果与籽类、虾味片、焙烤食品馅料及表面用挂浆（仅限饼干夹心）、调味糖浆、果蔬汁（浆）类饮料、含乳饮料、碳酸饮料、风味饮料（仅限果味饮料）、配制酒、果冻，最大使用量 0.025g/kg（以亮蓝计，如用于果冻粉，按冲调倍数增加使用量）；用于果酱、水果调味糖浆、半固体复合调味料，最大使用量 0.5kg/g（以亮蓝计）；用于装饰性果蔬、粉圆，最大使用量 0.1kg/g（以亮蓝计）；用于熟制坚果与籽类（仅限油炸坚果与籽类），最大使用量 0.05kg/g（以亮蓝计）；用于焙烤食品馅料及表面用挂浆（仅限风味派馅料），最大使用量 0.05kg/g（仅限使用亮蓝）；膨化食品，最大使用量 0.05kg/g（以亮蓝计，仅限使用亮蓝）；用于可可制品、巧克力和巧克力制品（包括代可可脂巧克力及制品）以及糖果，最大使用量 0.3kg/g（以亮蓝计）；用于即食谷物，包括碾轧燕麦（片）（仅限可可玉米片），最大使用量 0.015kg/g（以亮蓝计）；用于香辛料及粉、香辛料酱（如芥末酱、青芥酱），最大使用量 0.01kg/g（以亮蓝计）；用于饮料类（14.01 包装饮用水除外），最大使用量 0.02kg/g（以亮蓝计）；用于固体饮料，最大使用量 0.2kg/g（以亮蓝计）。

生产厂商

① 西安大丰收生物科技有限公司
② 武汉万荣科技发展有限公司
③ 郑州天顺食品添加剂有限公司
④ 安徽中旭生物有限公司

柠檬黄 tartrazine (附：柠檬黄铝色淀)

$C_{16}H_9N_4Na_3O_9S_2$，534.38

别名　酒石黄、3-羟基-5-羟基-1-（4'-磺基苯基）-4-（4'-磺基苯偶氮）-邻氮茂三钠盐、C. I. 食用黄色 4 号

分类代码　CNS 08.005；INS 102

理化性质　橙黄色均匀粉末或颗粒，无臭。易溶于水（10g/100mL，室温）、甘油、丙二醇，中性或酸性水溶液呈金黄色。微溶于乙醇、油脂。吸湿性，耐热性、耐光性强。在柠檬酸、酒石酸中稳定，遇碱变红色，还原时褪色。

① 以苯肼对磺酸与双羟基酒石酸钠为原料，通过化学方法合成。

② 以对氨基苯磺酸重氮化后与羟基吡唑酮为原料，通过化学方法合成。

其他形式　柠檬黄铝色淀：由硫酸铝、氯化铝等铝盐水溶液与氢氧化钠或碳酸钠作用后，添加柠檬黄水溶液，使其完全被吸附后再经过滤、干燥、粉碎而得。

毒理学依据

① LD_{50}：小鼠急性经口 12.75g/kg（bw）；大鼠急性经口大于 2g/kg（bw）。

② ADI：0～7.5mg/kg（bw）（FAO/WHO，1964）。

质量标准

质量标准 GB 4481—2010

项　目		指　标	
		GB 4481.1	GB 4481.2
		柠檬黄	柠檬黄铝色淀
柠檬黄/%	≥	87.0	10.0（以钠盐计）
干燥减量、氯化物（以 NaCl 计）及硫酸盐（以 Na_2SO_4 计）总量/%	≤	13.0	30.0
水不溶物/%	≤	0.20	0.5
盐酸和氨水中不溶物/%	≤	—	0.5
对氨基苯磺酸钠/%	≤	0.20	—
1-(4'-磺酸基苯基)-3-羧基-5-吡唑啉酮二钠盐/%	≤	0.20	—
1-(4'-磺酸基苯基)-3-羧酸甲(乙)酯基-5-吡唑啉酮钠盐/%	≤	0.10	—
4,4'-(重氮亚氨基)二苯磺酸二钠盐/%	≤	0.05	—
未磺化芳族伯胺(以苯胺计)/%	≤	0.01	—
副染料/%	≤	1.0	0.5
砷(As)/(mg/kg)	≤	1.0	3.0
铅(Pb)/(mg/kg)	≤	10.0	10.0
钡(Ba)/%	≤	—	0.05
汞(Hg)/(mg/kg)	≤	1.0	—

应用　着色剂。

GB 2760—2014 规定：可用于风味发酵乳、调制炼乳（包括加糖炼乳及使用了非乳原料的调制炼乳等）、冷冻饮品（03.04 食用冰除外）、焙烤食品馅料及表面用挂浆（仅限饼干夹心和蛋糕夹心）、果冻，最大使用量 0.05g/kg（以柠檬黄计，如用于果冻粉，按冲调倍数增加使用量）；用于焙烤食品馅料及表面用挂浆（仅限风味派馅料），最大使用量 0.05g/kg（仅限使用柠檬黄）；用于果酱、水果调味糖浆、半固体复合调味料，最大使用量 0.5g/kg（以柠檬黄计）；用于蜜饯凉果、装饰性果蔬、腌渍的蔬菜、熟制豆类、加工坚果与籽类、可可制品、巧克力和巧克力制品（包括代可可脂巧克力及制品）以及糖果（05.01.01 可可制品除外）、虾味片、糕点上彩装、香辛料酱（如芥末酱、青芥酱）、饮料类（14.01 包装饮用水除外）、配制酒，最大使用量 0.1g/kg（以柠檬黄计，固体饮料按冲调倍数增加使用量）；用于膨化食品，最大使用量 0.1g/kg（以柠檬黄计，仅限使用柠檬黄）；用于除胶基糖果以外的其他糖果、面糊（如用于鱼和禽肉的拖面糊）、裹粉、煎炸粉、焙烤食品馅料及表面用挂浆（仅限布丁、糕点）、其他调味糖浆，最大使用量 0.3g/kg（以柠檬黄计）；用于粉圆，最大使用量 0.2g/kg（以柠檬黄计）；用于固体复合调味料，最大使用量 0.2g/kg（以柠檬黄计，按稀释倍数减少使用量）；用于即食谷物，包括碾轧燕麦（片），最大使用量 0.08g/kg（以柠檬黄计）；用于谷类和淀粉类甜品（如米布丁、木薯布丁），最大使用量 0.06g/kg（以柠檬黄计，如用于布丁粉，按冲调倍数增加使用量）；用于蛋卷，最大使用量 0.04g/kg（以柠檬黄计）；用于液体复合调味料（不包括 12.03，12.04），最大使用量 0.15g/kg（以柠檬黄计）。

生产厂商

① 西安大丰收生物科技有限公司

② 青岛香克斯贸易有限公司

③ 郑州天顺食品添加剂有限公司

④ 郑州皇朝化工产品有限公司

日落黄 sunset yellow(附：日落黄铝色淀)

$C_{16}H_{10}N_2Na_2O_7S_2$，452.38

别名 1-（4′-磺基-1′-苯偶氮）-2-萘酚-6-磺酸二钠盐、C.I. 食用黄色 3 号

分类代码 CNS 08.006；INS 110；C.I.（1975）15985

理化性质 橙红色均匀粉末或颗粒，无臭。易溶于水（6.9%，0℃）、甘油、丙二醇，微溶于乙醇，不溶于油脂。水溶液呈黄橙色。吸湿性、耐热性、耐光性强。在柠檬酸、酒石酸中稳定，遇碱变带褐色的红色，还原时褪色。

以对氨基苯磺酸经重氮化后，2-萘酚-6-磺酸钠、氯化钠为原料，通过化学方法制得。

其他形式 日落黄铝色淀。由硫酸铝、氯化铝等铝盐水溶液与氢氧化钠或碳酸钠作用后，添加日落黄水溶液，使其完全被吸附后再经过滤、干燥、粉碎而得。

毒理学依据

① LD_{50}：大鼠急性经口大于 2g/kg（bw）。

② ADI：0～2.5mg/kg（bw）（FAO/WHO，1994）。

质量标准

质量标准

项　目		指　标	
		GB 6227.1—2010	GB 6227.2—2005
		日落黄	日落黄铝色淀
含量/%	≥	87.0	10.0(以色酸计)
干燥减量、氯化物(以 NaCl 计)、硫酸盐(以 Na₂SO₄ 计)/%	≤	13.0	30.0
水不溶物/%	≤	0.20	—
盐酸和氨水中不溶物/%	≤	—	0.5
对氨基苯磺酸钠/%	≤	0.20	—
副染料/%	≤	4.0	1.8
2-萘酚-6-磺酸钠/%	≤	0.30	—
6,6′-氧代双-(2-萘磺酸)二钠/%	≤	1.0	—
4,4′-(重氮亚氨基)二苯磺酸二钠盐/%	≤	0.10	—
1-苯基偶氮基-2-萘酚/(mg/kg)	≤	10.0	—
未磺化芳族伯胺(以苯胺计)/%	≤	0.01	—
砷(As)/(mg/kg)	≤	1.0	3
铅(Pb)/(mg/kg)	≤	10.0	20
钡(Ba)/(mg/kg)	≤	—	500
汞(Hg)/(mg/kg)	≤	1.0	—

应用　着色剂。用于加色、增色或调色。

GB 2760—2014 规定：日落黄可用于调制乳、风味发酵乳、调制炼乳（包括加糖炼乳及使用了非乳原料的调制炼乳等）、含乳饮料，最大使用量 0.05g/kg（以日落黄计）；用于冷冻饮品（03.04 食用冰除外），最大使用量 0.09g/kg（以日落黄计）；用于水果罐头（仅限西瓜酱罐头）、蜜饯凉果、熟制豆类、加工坚果与籽类、可可制品、巧克力和巧克力制品（包括代可可脂巧克力及制品）以及糖果（05.01.01 可可制品、05.04 装饰糖果、顶饰和甜汁除外）、虾味片、糕点上彩装、焙烤食品馅料及表面用挂浆（仅限饼干夹心）、果蔬汁（浆）类饮料、乳酸菌饮料、植物蛋白饮料、碳酸饮料、特殊用途饮料、风味饮料、配制酒，最大使用量 0.1g/kg（以日落黄计）；膨化食品，最大使用量 0.1g/kg（以日落黄计，仅限使用日落黄）；用于果酱、水果调味糖浆、半固体复合调味料，最大使用量 0.5g/kg（以日落黄计）；用于装饰性果蔬、粉圆、复合调味料，最大使用量 0.2g/kg（以日落黄计）；用于固体饮料，最大使用量 0.6g/kg（以日落黄计）；用于巧克力和巧克力制品、除 05.01.01 以外的可可制品、除胶基糖果以外的其他糖果、面糊（如用于鱼和禽肉的拖面糊）、裹粉、煎炸粉、焙烤食品馅料及表面用挂浆（仅限布丁、糕点）、其他调味糖浆，最大使用量 0.3g/kg（以日落黄计）；用于谷类和淀粉类甜品（如米布丁、木薯布丁），最大使用量 0.02g/kg（以日落黄计，如用于布丁粉，按冲调倍数增加使用量）；用于果冻，最大使用量 0.025g/kg（以日落黄计，如用于果冻粉，按冲调倍数增加使用量）。

日落黄为水溶性合成色素，具有鲜艳的红光黄色，广泛应用于冰淇淋、雪糕、饮料、糖果包衣等的着色。

生产厂商

① 西安大丰收生物科技有限公司

② 青岛香克斯贸易有限公司

③ 郑州天顺食品添加剂有限公司

④ 郑州皇朝化工产品有限公司

酸性红 carmosine(azorubine)

$C_{20}H_{12}N_2Na_2O_7S_2$，502.44

别名 偶氮玉红、二蓝光酸性红、淡红、C.I. 食用红色 3 号

分类代码 CNS 08.013；INS 122；C.I. (1975) 14720

理化性质 红色粉末或颗粒，溶于水，微溶于乙醇。

以重氮化 4-氨基萘磺酸和 4-羟基萘磺酸为原料，通过化学方法制得。

毒理学依据

① ADI：0～4mg/kg（bw）（FAO/WHO，1994）。

② LD_{50}：小鼠急性经口大于 10g/kg（bw）。

③ Ames 试验：未见致突变作用。

④ 微核试验：未见对哺乳动物细胞染色体有致突变效应。

质量标准

质量标准 GB 28309—2012

项　　目		指　　标
含量/%	≥	85.0
干燥减量、氯化物(以 NaCl 计)及硫酸盐(以 Na_2SO_4 计)总量/%		
氯化物和硫酸盐(以钠盐计)/%	≤	15.0
水不溶物/%	≤	0.20
未反应原料总和/%	≤	0.50
副染料/%	≤	1.0
未磺化芳族伯胺(以苯胺计)/%	≤	0.01
总砷(以 As 计)/(mg/kg)	≤	1.0
铅(Pb)/(mg/kg)	≤	2.0

应用 着色剂。

GB 2760—2014 规定：可用于冷冻饮品（03.04 食用冰除外）、可可制品、巧克力和巧克力制品（包括代可可脂巧克力及制品）以及糖果、焙烤食品馅料及表面用挂浆（仅限饼干夹心），最大使用量为 0.05g/kg。

酸性红水溶性好，染色力强，在天然红色素中抗光性好，在中性产品中呈紫红色，在酸性产品中呈红色，适合大红醋使用。在酸性产品如饮料、配制酒、葡萄酒中使用效果好。

生产厂商

① 武汉万荣科技发展有限公司

② 柔亚（上海）食品添加剂有限公司

③ 郑州天顺食品添加剂有限公司

④ 郑州皇朝化工产品有限公司

新红 new red(附新红铝色淀)

$C_{18}H_{12}N_3Na_3O_{11}S_3$，611.36

别名 2-（4′-磺基-1′-苯氮）-1-羟基-8-乙酰氨基-3,6-二磺酸的三钠盐

分类代码 CNS 08.004

理化性质 红色均匀粉末，无臭。易溶于水呈艳红色溶液。微溶于乙醇，不溶于油脂。

以对氨基苯磺酸钠经重氮化后，与 1-乙酰氨基-8-羟基-3,6-萘二磺酸钠为原料，通过化学方法制得。

其他形式 新红铝色淀：由硫酸铝、氯化铝等铝盐水溶液与氢氧化钠或碳酸钠作用后，添加新红水溶液，使其完全被吸附后再经过滤、干燥、粉碎而得。

毒理学依据

ADI：0～0.1mg/kg（bw）（上海市卫生防疫站，1982）。

质量标准

质量标准 GB 14888—2010

指　标		项　目	
		GB 14888.1	GB 14888.2
新红/%	≥	85	10.0(以钠盐计)
干燥减量、氯化物(以 NaCl 计)、硫酸盐(以 Na₂SO₄ 计)总量/%	≤	15.0	30.0
水不溶物/%	≤	0.20	—
副燃料/%	≤	2.0	1.5
盐酸和氨水中不溶物/%	≤	—	0.5
未反应中间体总和/%	≤	0.50	—
未磺化芳族伯胺(以苯胺计)/%	≤	0.01	—
砷(As)/(mg/kg)	≤	1.0	3.0
铅(Pb)/(mg/kg)	≤	10.0	10.0
钡(Ba)/%	≤	—	0.05

应用 着色剂。

GB 2760—2014 规定：可用于凉果类、可可制品、巧克力和巧克力制品（包括代可可脂巧克力及制品）以及糖果（05.01.01 可可制品除外）、果蔬汁（浆）类饮料、碳酸饮料、配制酒、风味饮料（仅限果味饮料），最大使用量 0.05g/kg（以新红计，固体饮料按稀释倍数增加使用量）；用于糕点上彩装，最大使用量 0.05g/kg；用于装饰性果蔬，最大使用量 0.1g/kg（以新红计）。

生产厂商

① 西安大丰收生物科技有限公司

② 安徽中旭生物有限公司

③ 郑州天顺食品添加剂有限公司

④ 郑州皇朝化工产品有限公司

胭脂红 ponceau 4R(附：胭脂红铝色淀)

$C_{20}H_{11}N_2Na_3O_{10}S_3 \cdot 1\frac{1}{2}H_2O$，631.51

别名　1-($4'$-磺基-$1'$-萘偶氮)-2-萘酚-6,8-二磺酸的三钠盐、丽春红 4R、C. I.

分类代码　CNS 08.002；INS 124；C. I. (1975) 16255

理化性质　红色至深红色均匀粉末或颗粒，无臭。耐光、耐热（105℃）性强。对柠檬酸、酒石酸稳定。耐还原性差，遇碱变为褐色。易溶于水呈红色溶液。溶于甘油，难溶于乙醇，不溶于油脂。

由 4-氨基-1-萘磺酸重氮化、2-萘酚-6，8-二磺酸、氯化钠，通过化学方法制得。

其他形式　胭脂红铝色淀：由硫酸铝、氯化铝等铝盐水溶液与氢氧化钠或碳酸钠作用后，添加胭脂红水溶液，使其完全被吸附后再经过滤、干燥、粉碎而得。

毒理学依据

① LD_{50}：小鼠急性经口 19.3g/kg（bw），大鼠急性经口大于 8g/kg（bw）。

② ADI：0～4mg/kg（bw）（FAO/WHO，1994）。

质量标准

质量标准 GB 4480—2001

项　目		指　　标	
		GB 4480.1	GB 4480.2
		胭脂红	胭脂红铝色淀
含量/%	≥	85.0	20.0(以色酸计)
干燥减量/%	≤	10.0	30.0
水不溶物/%	≤	0.20	0.5
氯化物(以 NaCl 计)及硫酸盐(以 Na₂SO₄ 计)/%	≤	8.0	2.0
副染料/%	≤	3.0	1.2
砷(以 As 计)/(mg/kg)	≤	1	3
重金属(以 Pb 计)/(mg/kg)	≤	10	20
钡(以 Ba 计)/(mg/kg)	≤	—	500

应用　着色剂。胭脂红是一种传统的食用红色色素，用于加色、增色或调色。

GB 2760—2014 规定：可用于调制乳、风味发酵乳、调制炼乳（包括加糖炼乳及使用了非乳原料的调制炼乳等）、冷冻饮品（03.04 食用冰除外）、蜜饯凉果、腌渍的蔬菜、可可制品、巧克力和巧克力制品（包括代可可脂巧克力及制品）以及糖果（05.04 装饰糖果、顶饰和甜汁除外）、虾味片、糕点上彩装、焙烤食品馅料及表面用挂浆（仅限饼干夹心和蛋糕夹心）、果蔬汁（浆）类饮料、含乳饮料、碳酸饮料、风味饮料（仅限果味饮料）、配制酒、果冻、膨化食品，最大使用量 0.05g/kg（以胭脂红计，固体饮料按稀释倍数增加使用量，如用于果冻粉，按冲调倍数增加使用量）；用于调制乳粉和调制奶油粉，最大使用量 0.15g/kg（以胭脂红计）；

用于水果罐头、装饰性果蔬、糖果和巧克力制品包衣，最大使用量 0.1g/kg（以胭脂红计）；用于果酱、水果调味糖浆、半固体复合调味料（12.10.02.01 蛋黄酱、沙拉酱除外），最大使用量 0.5g/kg（以胭脂红计）；用于蛋卷，最大使用量 0.01g/kg（以胭脂红计）；用于肉制品的可食用动物肠衣类、植物蛋白饮料、胶原蛋白肠衣，最大使用量 0.025g/kg（以胭脂红计，固体饮料按稀释倍数增加使用量）；用于调味糖浆、蛋黄酱、沙拉酱，最大使用量 0.2g/kg（以胭脂红计）。

胭脂红为水溶性合成色素，具有鲜艳的黄光红色，单色品种。可安全地用于食品、饮料、药品、化妆品、饲料、烟草、玩具、食品包装材料等的着色。

生产厂商

① 武汉万荣科技发展有限公司

② 郑州文翔化工产品有限公司

③ 郑州天顺食品添加剂有限公司

④ 郑州皇朝化工产品有限公司

叶绿素铜钠盐 chlorophyllin copper complex sodium salts

本品含铜叶绿酸二钠和铜叶绿酸三钠。

① 铜叶绿酸二钠：

$C_{34}H_{30}O_5N_4CuNa_2$（a 盐，$R=CH_3$），684.16

$C_{34}H_{28}O_6N_4CuNa_2$（b 盐，$R=CHO$），698.15

② 铜叶绿酸三钠：

$C_{34}H_{31}O_6N_4CuNa_3$，724.17

别名　叶绿素铜钠

分类代码　CNS 08.009；INS 141ⅱ

理化性质　本品为叶绿素铜钠 a 和 b 两种盐的混合物。墨绿色粉末，无臭或略臭。易溶于水，水溶液呈蓝绿色，透明、无沉淀。1% 溶液 pH 值为 9.5～10.2；当 pH 值在 6.5 以下时，遇钙可产生沉淀。略溶于乙醇和氯仿，几乎不溶于乙醚和石油醚。本品耐光性比叶绿素强，加热至 110℃ 以上则分解。

以菠菜或蚕粪为原料，通过化学方法制成。

毒理学依据

① LD_{50}：小鼠急性经口大于 10g/kg（bw）。

② ADI：0～15mg/kg（bw）（FAO/WHO，1994）。

质量标准

质量标准 GB 26406—2011

项　目		指　标
pH		9.0～10.7
吸光度 $E_{1cm}^{1\%}$(405nm±3nm)	≥	568
吸光度比值		3.2～4.0
总铜(Cu)/%	≤	8.0
游离铜(Cu)/%	≤	0.025
干燥减量/%	≤	5.0
总砷(以 As 计)/(mg/kg)	≤	2
铅(Pb)/(mg/kg)	≤	5

应用　着色剂

GB 2760—2014 规定：用于冷冻饮品（03.04 食用冰除外）、蔬菜罐头、熟制豆类、加工坚果与籽类、糖果、粉圆、焙烤食品、配制酒，最大使用量 0.5g/kg；用于饮料类（14.01 包装饮用水除外），最大使用量 0.5g/kg［固体饮料按稀释倍数增加使用量，果蔬汁（浆）类饮料除外，仅限使用叶绿素铜钠盐］；用于果冻，最大使用量 0.5g/kg（如用于果冻粉，以冲调倍数增加）；用于果蔬汁（浆）类饮料，按生产需要适量使用。

其他使用参考，如 FAO/WHO（1984 规定：叶绿素铜钠盐用于一般干酪，用量按 GMP（良好生产规范）规定；用于酸黄瓜，用量为 300mg/kg（单用或合用）；用于即食肉汤、羹，用量为 400mg/kg；用于冷饮，用量为 100mg/kg。参考日本规定：叶绿素铜钠盐用于胶姆糖、果蔬储藏品、海带罐头、树脂容器装的琼脂等，使用量如下：果蔬储藏品≤0.10g/kg；无水海带≤0.15g/kg；胶姆糖≤0.05g/kg（均以铜计）。另外本品在使用过程中如遇硬水或酸性食品或含钙食品，可产生沉淀。

生产厂商

① 广州市威伦食品有限公司

② 珠海靖浩生物科技有限公司

③ 苏州大德汇鑫生物科技有限公司

④ 上海德津实业有限公司

诱惑红 allura red(附：诱惑红铝色淀)

$$C_{18}H_{14}N_2Na_2O_8S_2，496.43$$

别名　1-（4′-磺基-3′-甲基-6′-甲氧基-苯偶氮）-2-萘酚二磺酸二钠盐、C.I. 食用红色 17 号

分类代码　CNS 08.012；INS 129；C.I.（1975）16035

理化性质　深红色均匀粉末，无臭。溶于水，呈微带黄色的红色溶液。可溶于甘油与丙二醇，微溶于乙醇，不溶于油脂。耐光、耐热性强，耐碱及耐氧化还原性差。

由 2-甲基-4-氨基-5-甲氧基苯磺酸重氮化后与 2-萘酚-6-磺酸钠偶合制得。

毒理学依据

① LD$_{50}$：小鼠急性经口 10g/kg(bw)(FAO/WHO，1985)。

② ADI：0～7mg/kg(bw)(FAO/WHO，1994)。

质量标准

质量标准 GB 17511—2008

项　目		指　标	
		诱惑红	诱惑红铝色淀
		GB 17511.1—2008	GB 17511.2—2008
含量/%	≥	85.0	10.0(以色酸计)
干燥减量/%	≤	10	30.0
氯化物(以 NaCl 计)及硫酸盐(以 Na₂SO₄ 计)/%	≤	5.0	—
水不溶物/%	≤	0.20	0.5
低磺化副染料/%	≤	1.0	1.0
高磺化副染料/%	≤	1.0	1.0
6-羟基-5-[(2-甲氧基-5-甲基-4-磺基苯)偶氮]-8-(2-甲氧基-5-甲基-4-磺基苯氧基)-2-萘磺酸二钠盐/%	≤	1.0	1.0
6-羟基-2-萘磺酸钠/%	≤	—	0.3
4-氨基-5-甲氧基-2-甲基苯磺酸/%	≤	—	0.2
6,6′-氧代-双(2-萘磺酸)二钠盐/%	≤	—	1.0
未磺化芳族伯胺(以苯胺计)/%	≤	0.01	0.01
砷(以 As 计)/(mg/kg)	≤	1	3
重金属(以 Pb 计)/(mg/kg)	≤	20	20
铅(Pb)/(mg/kg)	≤	10	10
钡(以 Ba 计)/(mg/kg)	≤	—	500

应用　着色剂。

GB 2760—2014 规定：诱惑红可用于冷冻饮品（03.04 食用冰除外）、即食谷物，包括碾轧燕麦（片）（仅限可可玉米片），最大使用量 0.07g/kg（以诱惑红计）；用于水果干类（仅限苹果干），最大使用量 0.07g/kg（以诱惑红计，用于燕麦片调色调香载体）；用于装饰性果蔬、糕点上彩装、肉制品的可食用动物肠衣类、胶原蛋白肠衣，最大使用量 0.05g/kg（以诱惑红计）；用于配制酒，最大使用量 0.05g/kg（仅限使用诱惑红）；用于熟制豆类、加工坚果与籽类、焙烤食品馅料及表面用挂浆（仅限饼干夹心）、饮料类（14.01 包装饮用水除外），最大使用量 0.1g/kg（以诱惑红计，固体饮料按稀释倍数增加使用量）；用于膨化食品，最大使用量 0.1g/kg（仅限使用诱惑红）；用于可可制品、巧克力和巧克力制品（包括代可可脂巧克力及制品）以及糖果、调味糖浆，最大使用量 0.3g/kg（以诱惑红计）；用于粉圆，最大使用量 0.2g/kg（以诱惑红计）；用于西式火腿（熏烤、烟熏、蒸煮火腿）类、果冻，最大使用量 0.025g/kg（以诱惑红计，如用于果冻粉，按冲调倍数增加使用量）；用于肉灌肠类，最大使用量 0.015g/kg（以诱惑红计）；用于固体复合调味料，最大使用量 0.04g/kg（以诱惑红计）；用于半固体复合调味料（12.10.02.01 蛋黄酱、沙拉酱除外），最大使用量 0.5g/kg（以诱惑红计）。

诱惑红为水溶性合成色素，具有鲜艳的深红色，单色品种。该色素稳定性优良，可安全地用于食品、饮料、药品、化妆品、饲料、烟草、玩具、食品包装材料等的着色。

生产厂商

① 武汉万荣科技发展有限公司

② 西安大丰收生物科技有限公司

③ 郑州天顺食品添加剂有限公司

④ 郑州皇朝化工产品有限公司

2.1.2 天然色素 natural colour

高粱红 sorghum red

主要着色成分为：（Ⅰ）5,7,4′-三羟基黄酮和（Ⅱ）3,5,3′,4′-四三羟基黄酮-7-葡萄糖苷。

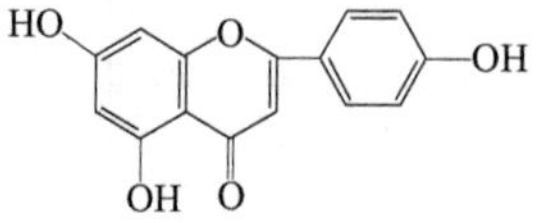

Ⅰ

（Ⅰ）$C_{15}H_{10}O_5$，270.24

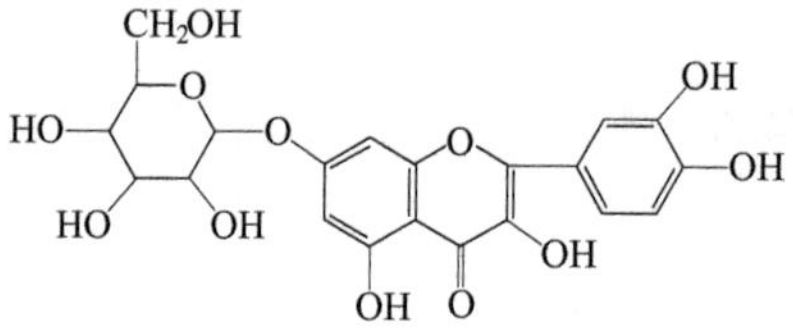

Ⅱ

（Ⅱ）$C_{21}H_{20}O_{12}$，464.38

别名 高粱色素

分类代码 CNS 08.115

理化性质 深褐色无定形粉末，溶于水、乙醇及含水丙二醇，不溶于非极性溶剂及油脂。水溶液为红棕色，偏酸性时色浅，偏碱性时色深。对光、热都稳定。与金属离子形成络盐，加入微量焦磷酸钠之类，能抑制金属离子的影响。

以禾本科植物高粱（*Sorghum vulgare Pers*）外果皮为原料，用乙醇水溶液提取制得。

毒理学依据（天津市食品卫生监督检验所，1986）

① LD_{50}：小鼠急性经口大于 10g/kg（bw）。

② 骨髓微核试验：无致突变作用。

质量标准

质量标准 GB 9993—2005

项　　目		指　标	项　　目		指　标
色价[$E_{1cm}^{1\%}$(500nm±10nm)]	≥	25	砷(以 As 计)/(mg/kg)	≤	2
pH 值		7.5±0.5	铅(以 Pb 计)/(mg/kg)	≤	3
干燥失重/%	≤	7			

应用 着色剂。

GB 2760—2014 规定：可在各类食品中按生产需要适量使用。

当高粱红使用体系的 pH 值小于 3.5 时易发生沉淀，其不适用于过酸的食品或饮料。与某些高价阳离子，特别是铁离子接触，由红棕转变为深褐色，故应特别小心铁离子的影响。用于熟肉制品时，能耐高温，成品为咖啡色。为了抑制金属离子对其的影响，可添加微量焦磷酸钠。

生产厂商

① 广州市威伦食品有限公司

② 广州市芉熠食品有限公司

③ 郑州天顺食品添加剂有限公司

④ 郑州皇朝化工产品有限公司

黑豆红 black bean red

主要着色成分为矢车菊素-3-半乳糖苷：

GAL：半乳糖

$C_{21}H_{21}O_{11}$，449.39

分类代码　CNS 08.114

理化性质　黑紫色无定形粉末。易溶于水及乙醇溶液，水溶液透明。不溶于无水乙醇、丙酮、乙醚、及油脂。在酸性水溶液中呈透明鲜艳红色；在中性水溶液中呈透明红棕色；在碱性水溶液中呈透明深红棕色。遇铁、铅离子变棕褐色。对热较稳定。偏酸性条件下耐光性较强。

以黑豆，即野大豆（*Glyeine soja sieb. et Zucc*）种皮为原料，通过化学方法制得。

毒理学依据

① LD_{50}：小鼠急性经口大于 19g/kg（bw）（雌、雄性）。

② 微核试验：无致突变作用。

③ 亚急性试验：用含本品 1%、3%、10% 的饲料喂饲小鼠，未见异常。

④ 黄曲霉毒素 B_1 未检出。

质量标准

质量标准 GB 1886.115—2015（2016-3-22 实施）

项　目	指　标	项　目		指　标
pH	3.5～4.5	灼烧残渣/%	≤	11.0
吸光度 $E_{1cm}^{1\%}$(525nm±5nm) ≥	20.0	铅(Pb)/(mg/kg)	≤	3.0
干燥减量/% ≤	5.0	砷(As)/(mg/kg)	≤	2.0

应用　着色剂。

GB 2760—2014 规定：可用于糖果、糕点上彩装、配制酒，最大使用量为 0.8g/kg；用于果蔬汁（浆）类饮料、风味饮料（仅限果味饮料），最大使用量为 0.8g/kg（固体饮料按稀释倍数增加使用量）。

黑豆红的其他使用参考如下：用于糖果、硬糖，使用量为 0.04%；用于软糖，使用量为 0.06%；用于配制酒、葡萄酒，使用量为 0.08%；用于饮料、杨梅汽水，使用量为 0.05%；用于樱桃汽水，使用量为 0.08%；用于可乐型饮料，使用量为 0.068%。其水溶液遇铁离子变棕褐色，使用时应避免铁离子干扰；本品在酸性溶液中呈鲜艳红色，适用于酸性饮料着色。

生产厂商

① 武汉万荣科技发展有限公司

② 郑州天顺食品添加剂有限公司

③ 郑州皇朝化工产品有限公司

④ 江西百盈生物技术有限公司

黑加仑红 black currant red

其中着色成分为黄酮类化合物中的花色苷，主要为翠雀素（delphinidin）和花青素（cyanidin）。

I，翠雀素：$R_1 = R_2 = OH$，$C_{15}H_{11}O_7X$

II，花青素：$R_1 = OH$；$R_2 = H$，$C_{15}H_{11}O_6X$

X：酸的部分

别名 黑加仑

分类代码 CNS 08.122

理化性质 紫红色粉末。易溶于水，溶于甲醇、乙醇及其水溶液，不溶于丙酮、乙酸乙酯、乙醚、氯仿等弱极性及非极性溶剂。本品的1%水溶液，当pH值为3.8时，其最大吸收峰波长为522nm，呈紫红色；pH值小于5.44时，为稳定的紫红色；pH值为5.45～6.45时，为不稳定的紫红色；pH在7.0左右为稳定的粉紫色；pH值大于7.44时为稳定的蓝紫色。因此，本品在酸性条件下稳定，保持了黑加仑固有的紫红色。耐热性能较好，于100℃下30min，吸光度比对照降低21%。耐光性较强，自然光照30d，吸光度比对照降低7%；45d，降低13%；90d，降低26%。

以黑加仑（又名黑茶藨子，*Ribes Nigrum* L.）果实和乙醇为原料，通过化学方法制得。

毒理学依据

① LD_{50}：小鼠、大鼠急性经口大于10g/kg（bw）。

② 致突变试验：Ames试验、骨髓微核试验、小鼠精子畸变试验，均无致突变作用。

质量标准

质量标准 （参考）

项 目		指 标
pH		3～4
吸光度 $E_{1cm}^{1\%}$（535nm）	≥	5
灰分/%	≤	11
砷（以 As 计）/%	≤	0.0002
铅/%	≤	0.0006
铜/%	≤	0.0005

应用 着色剂。

GB 2760—2014规定：用于糕点上彩装、果酒，可按生产需要适量使用；用于碳酸饮料，最大使用量为0.3g/kg。

其他使用参考如下，黑加仑红用于碳酸饮料，使用量为0.04%，呈紫红色并有黑豆果香味；用于起泡葡萄酒（小香槟），使用量为0.08%，呈棕红色；用于黑加仑琼浆酒，使用量为0.01%，呈红宝石样并有果香味；用于裱花蛋糕，使用量为0.02%，色泽淡雅，呈浅粉红色。本品宜用于酸性食品及饮料中，呈稳定的紫红色。

生产厂商

① 武汉万荣科技发展有限公司

② 广州市威伦食品有限公司
③ 郑州天顺食品添加剂有限公司
④ 郑州皇朝化工产品有限公司

红花黄 carthamus yellow

其中 $C_6H_{11}O_5$：葡萄糖残基
$C_{21}H_{22}O_{11}$，450.39

分类代码　CNS 08.103

理化性质　黄色或棕黄色粉末。易吸潮，吸潮后呈褐色、结块，但不影响使用效果。熔点230℃。易溶于冷水、热水、稀乙醇、稀丙二醇，几乎不溶于无水乙醇，不溶于乙醚、石油醚、油脂及丙酮等。本品的极稀水溶液呈鲜艳黄色，随色素浓度增加其色调由黄转向橙黄色。在酸性溶液中呈黄色，在碱性溶液中呈黄橙色。水溶液的耐热性、耐还原性、耐盐性、耐细菌性均较强，耐光性较差。本品水溶液遇钙、锡、镁、铜、铝等离子会褪色或变色，遇铁离子可使其发黑。本品对淀粉着色性能好，对蛋白质着色性能较差。

以菊科植物红花（*Carthamus tinctovius* L.）的花瓣为原料，由植物提取制备。

毒理学依据

LD_{50}：（小鼠，急性经口）大于 20g/kg（bw），雌、雄性无差异（日本田边制柴株式会社研究部）。

质量标准

质量标准 LY 1299—1999

项　目		指　标	项　目		指　标
色价 $E_{1cm}^{1\%}$(400nm)	≥	40	总砷（以 As 计)/(mg/kg)	≤	1
干燥减量/%	≤	10	铅(Pb)/(mg/kg)	≤	5
灼烧残渣/%	≤	14	汞(Hg)/(mg/kg)	≤	0.3

应用　着色剂、天然黄色素

GB 2760—2014 规定：可用于冷冻饮品（03.04 食用冰除外）、腌渍的蔬菜、熟制坚果与籽类（仅限油炸坚果与籽类）、方便米面制品、粮食制品馅料、腌腊肉制品类（如咸肉、腊肉、板鸭、中式火腿、腊肠）、调味品（12.01 盐及代盐制品除外）、膨化食品，最大使用量为0.5g/kg；用于水果罐头、蜜饯凉果、装饰性果蔬、蔬菜罐头、糖果、杂粮罐头、糕点上彩装、碳酸饮料、配制酒、果蔬汁（浆）类饮料、风味饮料（仅限果味饮料），最大使用量为 0.2g/kg（固体饮料按稀释倍数增加使用量）；用于果冻，最大使用量为 0.2g/kg（如用于果冻粉，按冲调倍数增加使用量）。

红花黄是一种天然植物黄色素。可以直接溶于水使用，用于液状饮料，可与 L-抗坏血酸合用，以提高色素的耐光性和耐热性。

生产厂商

① 广州市芊熠食品有限公司
② 广州市天阳泰天然色素有限公司
③ 郑州天顺食品添加剂有限公司
④ 郑州皇朝化工产品有限公司

红米红 red rice red

分类代码 CNS 08.111

理化性质 紫红色液体，溶于水、乙醇，不溶于丙酮、石油醚。稳定性好，耐热、耐光、耐储存，但对氧化剂敏感。钠、钾、钙、钡、锌、铜及微量铁离子对它无影响，但遇锡变玫瑰红色，遇铅及多量三价铁离子，则褪色并沉淀。本品耐酸，pH 值在 1～6 的范围内呈现红色，但遇碱则变色。pH 值为 7～12 范围可变成青褐色至黄色。长时间加热变黄色。

由优质红米（如江苏香雪糯、鸭血糯、陕西黑米、贵州黑糯米、云南乌米、广东黑优黏米）为原料，通过化学方法制得。

毒理学依据

① LD_{50}：（大鼠，急性经口）大于 21.5g/kg（bw）；无致突变作用。

② Ames 试验：均无致突变作用。

质量标准

质量标准 GB 25534—2010

项　目		指　标	
		粉末	浸膏、液体
色价 $E_{1cm}^{1\%}$（535nm±5nm）	≥	15.0	8.0
灼烧残渣/%	≤	8.0	5.0
干燥减量/%	≤	8.0	—
砷(As)/(mg/kg)	≤	1	1
铅(Pb)/(mg/kg)	≤	2	2

应用 着色剂。

GB 2760—2014 规定：可用于调制乳、冷冻饮品（03.04 食用冰除外）、糖果、配制酒、含乳饮料，按生产需要适量使用（固体饮料按稀释倍数增加使用量）。

本品适用于酸性食品着色，最适 pH 值为≤3±0.5。使用中应避免接触铅及多量三价铁离子，以防褪色及沉淀，且注意避免遇碱而变色。适用于饮料、糖果、配制酒、冰淇淋、果冻、葡萄酒等。

生产厂商

① 广州市芊熠食品有限公司
② 西安大丰收生物科技有限公司
③ 郑州天顺食品添加剂有限公司
④ 河北百味生物科技有限公司

红曲红 monascus red

一般制品中含有十几种呈色物质，主要有以下 6 种。

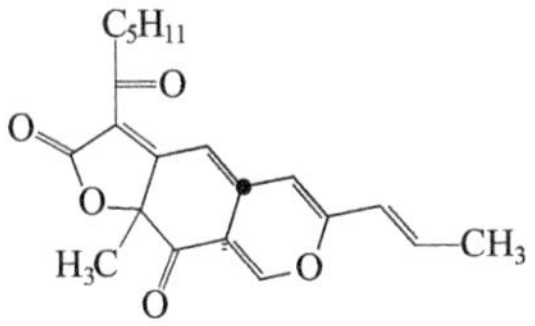

（Ⅰ）红斑素（Rubropunctatin）（红色色素），$C_{21}H_{22}O_5$，354.40

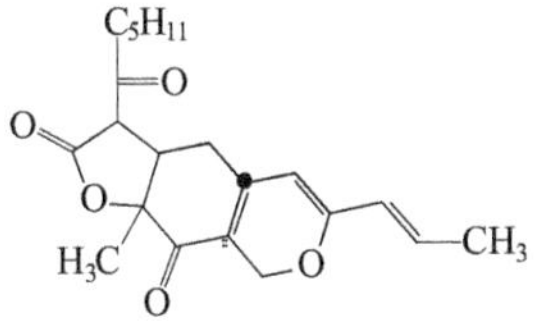

（Ⅱ）红曲素（Monascine）（黄色色素），$C_{21}H_{26}O_5$，358.43

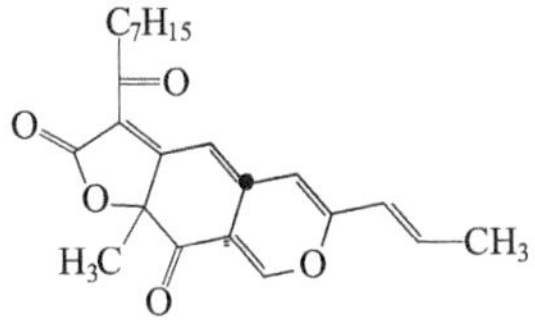

（Ⅲ）红曲红素（Monascorubrin）（红色色素），$C_{23}H_{26}O_5$，382.46

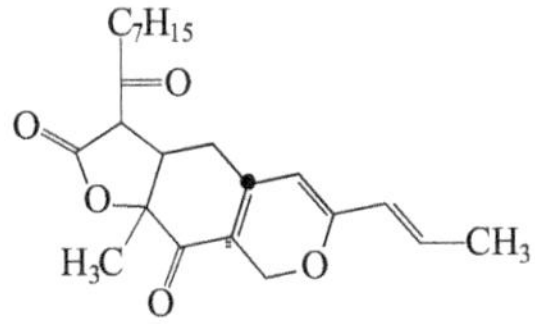

（Ⅳ）红曲黄素（Ankaflavin）（黄色色素），$C_{26}H_{30}O_5$，386.49

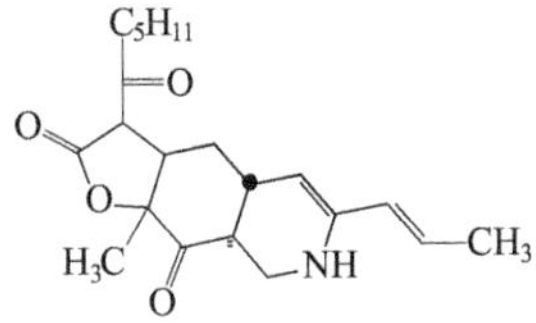

（Ⅴ）红斑胺（Rubropunctamine）（紫红色素），$C_{21}H_{23}NO_4$，353.41

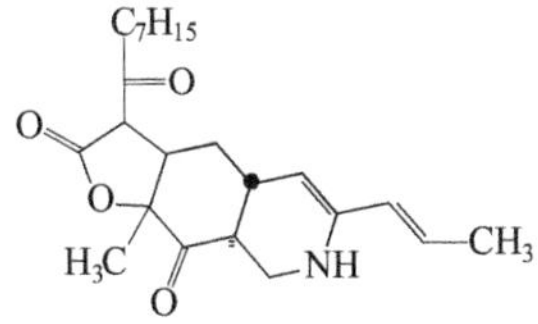

（Ⅵ）红曲红胺（Monascorubramine）（紫色素），$C_{23}H_{27}NO_4$，381.44

别名　红曲色素

分类代码　CNS 08.120

理化性质　深紫红色粉末，略带异臭，易溶于中性及偏碱性水溶液中。在 pH4.0 以下介质中，溶解度降低。极易溶于乙醇、丙二醇、丙三醇及其水溶液。不溶于油脂及非极性溶剂。其水溶液最大吸收峰波长为 490nm±2nm。熔点 165～190℃。对环境 pH 稳定，不受离子（Ca^{2+}、Me^{2+}、Fe^{2+}、Cu^{2+} 等）及氧化剂、还原剂的影响。耐热性及耐酸性强，但经阳光直射可褪色。对蛋白质着色性能极好，一旦染着，虽经水洗，亦不掉色。本品的乙醇溶液最大吸收峰波长为 470nm，有荧光。结晶品不溶于水，可溶于乙醇、氯仿，色调为橙红色。

以红曲为原料，通过化学方法制得；或由红曲霉液体深层发酵液为原料，通过物理方法制备。

毒理学依据

① LD_{50}：小鼠急性经口大于 10g/kg（bw）（粉末状色素），小鼠急性经口大于 20g/kg（bw）（结晶色素），小鼠腹腔注射 7g/kg（bw）。

② Ames 试验：均无致突变作用。

③ 亚急性毒性试验：未见异常。

质量标准

质量标准 GB 15961—2005

项　目		指　标	
		固体发酵	液体发酵
色价 $E_{1cm}^{1\%}$(495±10)nm	≥	90	60
干燥减量/%	≤	6.0	6.0
灼烧残渣/%	≤	7.4	—
砷(As)/(mg/kg)	≤	5	1
铅(Pb)/(mg/kg)	≤	10	5

应用　着色剂

GB 2760—2014 规定：可用于风味发酵乳，最大使用量 0.8g/kg；用于糕点，最大使用量 0.9g/kg；用于焙烤食品馅料及表面用挂浆，最大使用量 1.0g/kg；用于调制乳、调制乳粉（包括加糖炼乳及使用了非乳原料的调制炼乳等）、冷冻饮品（03.04 食用冰除外）、果酱、腌渍的蔬菜、蔬菜泥（酱），番茄沙司除外）、腐乳类、熟制坚果与籽类（仅限油炸坚果与籽类）、糖果、装饰糖果（如工艺造型，或用于蛋糕装饰）、顶饰（非水果材料）和甜汁、方便米面制品、粮食制品馅料、饼干、腌腊肉制品类（如咸肉、腊肉、板鸭、中式火腿、腊肠）、熟肉制品、调味糖浆、调味品（12.01 盐及代盐制品除外）、果蔬汁（浆）类饮料、蛋白饮料、碳酸饮料、固体饮料、风味饮料（仅限果味饮料）、配制酒、膨化食品、果冻，按生产需要适量使用（如用于果冻粉，按冲调倍数增加使用量）。

红曲红适用范围：肉制品、腐乳、调味酱、雪糕、冰激凌、糖果、膨化食品等按 GMP 适量添加。

生产厂商

① 广州市威伦食品有限公司

② 广州市芊熠食品有限公司

③ 郑州天顺食品添加剂有限公司

④ 郑州皇朝化工产品有限公司

姜黄 turmeric

分类代码　CNS 08.102；INS 100 ⅱ

理化性质　黄褐色至暗黄褐色粉末，有特殊的香辛气味，含姜黄素约 1%～5%。含有黄色糊化淀粉、维管束和油细胞碎片，不含石细胞、原角细胞和草酸钙的针状体或簇状团聚体，无霉变。溶于乙醇、丙二醇，易溶于冰乙酸和碱性溶液，不溶于冷水和乙醚。

以襄荷科多年生草本植物姜黄（*Curcuma Long L.*）的地下根茎为原料，经洗净、干燥、粉碎而得。

毒理学依据

① LD$_{50}$：（小鼠，急性经口）大于 2g/kg（bw）。

② ADI：1986 年 JECFA 再评价时认为姜黄（碎姜黄粉）是食品，不规定 ADI。（本品安全性高，现各国均许可使用）

质量标准

质量标准 FAO/WHO（1982）（参考）

项　目		指　标	项　目		指　标
干燥失重/%	≤	10	铬		不得检出
总灰分/%	≤	7	铅/%	≤	0.0003
酸不溶性灰分/%	≤	1.5	人造色素物质		阴性

应用　着色剂、调味剂。

GB 2760—2014 规定：可用于调制乳粉和调制奶油粉，最大使用量 0.4g/kg（以姜黄素计）；用于腌渍的蔬菜，最大使用量 0.01g/kg（以姜黄素计）；用于粉圆，最大使用量 1.2g/kg（以姜黄素计）；用于即食谷物，包括碾轧燕麦（片），最大使用量 0.03g/kg（以姜黄素计）；用于膨化食品，最大使用量 0.2g/kg（以姜黄素计）；用于冷冻饮品（03.04 食用冰除外）、果酱、凉果类、装饰性果蔬、熟制坚果与籽类（仅限油炸坚果与籽类）、可可制品、巧克力和巧克力制品（包括代可可脂巧克力及制品）以及糖果、方便米面制品、焙烤食品、调味品、饮料类（14.01 包装饮用水除外）、配制酒、果冻，按生产需要适量使用（固体饮料按稀释倍数增加使用量，如用于果冻粉，按冲调倍数增加使用量）。

姜黄作为着色剂使用时，应先将本品用少量乙醇溶解后，再加水稀释使用。本品溶液对光稳定性较差。在碱性溶液中呈深红褐色，在酸性溶液中呈浅黄色。耐光性差，耐热性、耐氧化性较佳，染色性佳。遇钼、钛、钽和铬等金属离子，由黄色转变为红褐色。食用色素，香辛料。用于汤料、咖喱粉、人造奶油、干酪、水果饮料、利口酒、法式菜、西班牙菜、芥末酱等的着色和增香。依据 FAO/WHO（1984）规定：姜黄可用于酸黄瓜，用量为 300mg/kg（单用或合用）。

生产厂商

① 珠海靖浩生物科技有限公司

② 广州市威伦食品有限公司

③ 郑州君凯化工产品有限公司

④ 河南兴源化工产品有限公司

姜黄素 curcumin

主要由姜黄色素（Ⅰ）、脱甲氧基姜黄色素（Ⅱ）、双脱甲氧基姜黄色素（Ⅲ）三种成分组成。主体结构为：

（Ⅰ）R$_1$＝R$_2$＝OCH$_3$，C$_{21}$H$_{20}$O$_6$，368.39

（Ⅱ）R$_1$＝OCH$_3$，R$_2$＝H，C$_{20}$H$_{18}$O$_5$，338.39

（Ⅲ）R$_1$＝R$_2$＝H，C$_{19}$H$_{16}$O$_4$，308.39

别名　姜黄色素

分类代码　CNS 08.132；INS 100i

理化性质　橙黄色结晶性粉末，有特殊臭味。熔点179～182℃。不溶于水和乙醚，溶于乙醇、冰醋酸、丙二醇。碱性条件下呈红褐色，酸性条件下呈浅黄色。与氢氧化镁形成色淀，呈黄红色。可与金属离子，尤其是与铁离子可形成螯合物或受氧化而导致变色。耐还原性、着色力强，对蛋白质着色较好。

以襄荷科多年生草本植物姜黄（*Curcuma long* L.）的地下根茎为原料，通过化学方法制备。

毒理学依据

ADI：暂定 0～1mg/kg(bw)（FAO/WHO，1995）

质量标准

质量标准（参考）

项　目		指　标	
		QB 1415—1991	FAO/WHO(第八版)
吸光度 $E_{1cm}^{1\%}$425nm	≥	1450	—
砷(以 As 计)/(mg/kg)	≤	3	4(以 As_2O_3 计)
铅/(mg/kg)	≤	5	10
重金属(以 Pb 计)/(mg/kg)	≤	4	40
灼烧残渣/%	≤	4	—
姜黄素含量/%	≥	90	—
溶剂残留量：			
丙酮/(mg/kg)	≤	—	3
甲醇/(mg/kg)	≤	—	5
乙醇/(mg/kg)	≤	—	5
轻汽油/(mg/kg)	≤	—	25

应用　着色剂、天然黄色素

GB 2760—2014 规定：可用于冷冻饮品（03.04 食用冰除外），最大使用量为 0.15g/kg；用于熟制坚果与籽类（仅限油炸坚果与籽类）、粮食制品馅料、膨化食品，按生产需要适量使用；可可制品、巧克力和巧克力制品（包括代可可脂巧克力及制品）以及糖果、碳酸饮料、果冻，最大使用量为 0.01g/kg（如用于果冻粉，按冲调倍数增加使用量）；用于糖果，最大使用量为 0.7g/kg；用于装饰糖果（如工艺造型，或用于蛋糕装饰）、顶饰（非水果材料）和甜汁、方便米面制品、调味糖浆，最大使用量为 0.5g/kg；用于面糊（如用于鱼和禽肉的拖面糊）、裹粉、煎炸粉，最大使用量 0.3g/kg；用于复合调味料，最大使用量 0.1g/kg。

姜黄素为天然黄色素。使用时应注意避光、及金属离子的影响，最好与螯合剂六偏磷酸钠、酸式焦磷酸共同使用。使用注意事项：①将本品先用少量95％乙醇溶解后，再加水配制成所需浓度溶液使用；②如欲用于透明饮料，需先将本品乳化后再行使用；③本品及其溶液耐光性差，注意避光保存。

生产厂商

① 广州市威伦食品有限公司

② 武汉万荣科技发展有限公司

③ 郑州天顺食品添加剂有限公司

④ 郑州皇朝化工产品有限公司

焦糖 caramel

别名　焦糖色、酱色

本品依生产方法不同可分为四类。

Ⅰ焦糖色（普通法）（plain caramel，caustic caramel）

Ⅱ焦糖色（苛性硫酸盐）（caustic sulfite caramel）

Ⅲ焦糖色（加氨生产）（ammonia caramel）

Ⅳ焦糖色（亚硫酸铵法）（sulfite ammonia caramel）

（注：我国仅许可使用Ⅰ、Ⅲ、Ⅳ类焦糖。）

分类代码

Ⅰ焦糖色（普通法）：CNS 08.108；INS 150a

Ⅱ焦糖色（苛性硫酸盐）：CNS 08.151；INS 150b

Ⅲ焦糖色（加氨生产）：CNS 08.110；INS 150c

Ⅳ焦糖色（亚硫酸铵法）：CNS 08.109；INS 150d

理化性质　深褐色的黑色液体或固体，有特殊的甜香气和愉快的焦苦味，易溶于水，不溶于通常的有机溶剂及油脂。水溶液呈红棕色，透明无混浊或沉淀。对光和热稳定。具有胶体特性，有等电点。其 pH 值依制造方法和产品不同而异，通常在 3～4.5 左右。

以食品级糖类为原料，通过化学方法制得。按其是否加用酸、碱、盐等的不同，可分成四类。

Ⅰ焦糖色（普通法）：用或不用酸或碱，但不用铵或亚硫酸盐化合物加热制得。所用的酸可以是食品级的硫酸、亚硫酸、磷酸、乙酸和柠檬酸。所用的碱可以是氢氧化钠、氢氧化钾、氢氧化钙。

Ⅱ焦糖色（苛性硫酸盐）：在亚硫酸盐存在下，用或不用酸或碱，但不使用铵化合物加热制得。

Ⅲ焦糖色（加氨生产）：在铵化合物存在下，用或不用酸或碱，但不使用亚硫酸盐加热制得。

Ⅳ焦糖色（亚硫酸铵法）：在亚硫酸盐和铵化合物二者存在下，用或不用酸或碱加热制得。

毒理学依据

① LD_{50}：大于 1.9g/kg（bw）（大鼠，急性经口）。

② ADI

Ⅰ焦糖色（普通法）：无须规定（FAO/WHO，1994）

Ⅱ焦糖色（苛性硫酸盐）：不能提出（FAO/WHO，1994）

Ⅲ焦糖色（加氨生产）：0～200mg/kg(bw)(FAO/WHO，1994)

Ⅳ焦糖色（亚硫酸铵法）：0～200mg/kg(bw)(FAO/WHO，1994)

③ GRAS：FDA-21CFR 73.85，182.1235。

质量标准

质量标准 GB 8817—2001

指　　标		项　　目	
		（氨法焦糖）固体	液体
吸光度 $E_{1cm}^{0.1\%}$ 610nm		0.05～0.6	0.05～0.6
干燥减量/%	$\leqslant$	5	—
氨基（以 NH_3 计）/%	$\leqslant$	0.50	0.50
二氧化硫（以 SO_2 计）/%	$\leqslant$	0.10	0.10
4-甲基咪唑/%	$\leqslant$	0.02	0.02
砷（以 As 计）/(mg/kg)	$\leqslant$	1.0	1.0
铅（以 Pb 计）/(mg/kg)	$\leqslant$	2.0	2.0
重金属（以 Pb 计）/(mg/kg)	$\leqslant$	25.0	25.0
总氮（以 N 计）/%	$\leqslant$	3.3	3.3
总汞（以 Hg 计）/(mg/kg)	$\leqslant$	0.1	0.1
总硫（以 S 计）/%	$\leqslant$	3.5	3.5

应用　着色剂

我国仅许可使用Ⅰ普通焦糖、Ⅲ氨法焦糖和Ⅳ亚硫酸铵焦糖。一般来说，用于饮料的焦糖，其 pH 值在 2.5～3.5 之间，而加入酱油、醋的焦糖，其 pH 值在 3.5～5 之间。

GB 2760—2014 规定：Ⅰ焦糖色（普通法）：可用于调制炼乳（包括加糖炼乳及使用了非乳原料的调制炼乳等）、冷冻饮品（03.04 食用冰除外）、可可制品、巧克力和巧克力制品（包括代可可脂巧克力及制品）以及糖果、面糊（如用于鱼和禽肉的拖面糊）、裹粉、煎炸粉、即食谷物，包括碾轧燕麦（片）、饼干、焙烤食品馅料及表面用挂浆（仅限风味派馅料）、调理肉制品（生肉添加调理料）、调味糖浆、醋、酱油、酱及酱制品、复合调味料、白兰地、配制酒、调香葡萄酒、黄酒、啤酒和麦芽饮料，按生产需要适量使用；用于果蔬汁（浆）类饮料、含乳饮料、风味饮料（仅限果味饮料），按生产需要适量使用（固体饮料按稀释倍数增加使用量）；用于果冻，按生产需要适量使用（如用于果冻粉，按冲调倍数增加使用量）；用于果酱，最大使用量 1.5g/kg；用于威士忌、朗姆酒，最大使用量 6.0g/L；用于膨化食品，最大使用量 2.5g/kg。Ⅱ焦糖色（苛性硫酸盐）：可用于白兰地、威士忌、朗姆酒、配制酒，最大使用量 6.0g/L。Ⅲ焦糖色（加氨生产）：可用于调制炼乳（包括加糖炼乳及使用了非乳原料的调制炼乳等）、冷冻饮品（03.04 食用冰除外）、含乳饮料，最大使用量 2.0g/kg（固体饮料按稀释倍数增加使用量）；用于果酱，最大使用量 1.5g/kg；用于可可制品、巧克力和巧克力制品（包括代可可脂巧克力及制品）以及糖果、粉圆、即食谷物，包括碾轧燕麦（片）、饼干、调味糖浆、酱油、酱及酱制品、复合调味料、果蔬汁（浆）类饮料，按生产需要适量使用（固体饮料按稀释倍数增加使用量）；面糊（如用于鱼和禽肉的拖面糊）、裹粉、煎炸粉，最大使用量 12.0g/kg；用于醋，最大使用量 1.0g/kg；用于风味饮料（仅限果味饮料），最大使用量 5.0g/kg（固体饮料按稀释倍数增加使用量）；用于白兰地、配制酒、调香葡萄酒、啤酒和麦芽饮料，最大使用量 50.0g/L；用于威士忌、朗姆酒，最大使用量 6.0g/L；用于黄酒，最大使用量 30.0g/L。Ⅳ焦糖色（亚硫酸铵法）：可用在调制炼乳（包括加糖炼乳及使用了非乳原料的调制炼乳等），最大使用量 1.0g/kg；用于冷冻饮品（03.04 食用冰除外）、含乳饮料，最大使用量 2.0g/kg；用于可可制品、巧克力和巧克力制品（包括代可可脂巧克力及制品）以及糖果、酱油、果蔬汁（浆）类饮料、碳酸饮料、风味饮料（仅限果味饮料）、固体饮料，按生产需要适量使用；用于面糊（如用于鱼和禽肉的拖面糊）、裹粉、煎炸粉、即食谷物，包括碾轧燕麦（片），最大使用量 2.5g/kg；用于粮食制品馅料（仅限风味派），最大使用量 7.5g/kg；用于饼干，最大使用量 50.0g/kg；用于酱及酱制品、料酒及制品、茶（类）饮料，最大使用量 10.0g/kg；用于咖啡（类）饮料、植物饮料，最大使用量 0.1g/kg；用于白兰地、配制酒、调香葡萄酒、啤酒和麦芽饮料，最大使用量 50.0g/L；用于威士忌、朗姆酒，最大使用量 6.0g/L；用于黄酒，最大使用量 30.0g/L。

焦糖广泛应用于酱油等调味品和卤制品中。专门用于老抽酱油，除色泽红润饱满外，黄色指数特别高。

生产厂商

① 广州市威伦食品有限公司

② 青岛天新食品添加剂有限公司

③ 郑州天顺食品添加剂有限公司

④ 郑州皇朝化工产品有限公司

可可壳色 cocoa husk pigment

主要着色成分为聚黄酮糖苷

n：5～6 或以上　　R：半乳糖醛酸

别名　可可色

分类代码　CNS 08.118

理化性质　棕色粉末，无异味及异臭，微苦，易吸潮，易溶于水及稀乙醇溶液，水溶液为巧克力色。在近中性条件下稳定，pH 值小于 4 时易沉淀，随介质的 pH 值升高，溶液颜色加深，但色调不变。耐热性、耐氧化性、耐光性均强。对淀粉、蛋白质着色性强，特别是对淀粉着色远比焦糖色强。

以梧桐科植物可可树（*Theobromecocal* L.）的种皮为原料，通过化学方法制备。

毒理学依据

LD_{50}：（大鼠，急性经口）大于 10g/kg（bw）。

质量标准

质量标准 GB 8818—2008

项　目	指　标	项　目	指　标
pH	6.0～7.5	吸光度 $E_{1cm}^{1\%}$ 400nm　≥	20
干燥失重/%　≤	5	砷（以 As 计）/(mg/kg)　≤	2
灼烧残渣/%　≤	20	铅（以 Pb 计）/(mg/kg)　≤	4

应用　着色剂

GB 2760—2014 规定：用于冷冻饮品（03.04 食用冰除外）、饼干，最大使用量为 0.04g/kg；用于糕点，最大使用量 0.9g/kg；焙烤食品馅料及表面用挂浆、配制酒，最大使用量 1.0g/kg；用于碳酸饮料，最大使用量 2.0g/kg；用于可可制品、巧克力和巧克力制品（包括代可可脂巧克力及制品）以及糖果、糕点上彩装，最大使用量 3.0g/kg；用于植物蛋白饮料，最大使用量 0.25g/kg（固体饮料按稀释倍数增加使用量）；用于面包，最大使用量 0.5g/kg。

可可壳色可用于奶（乳）制品、糖果、饼干、无糖型保健口服液、烘焙食品、果冻、巧克力制品等食品的着色或补色。

生产厂商

① 广州市威伦食品有限公司

② 广州市芊熠食品有限公司

③ 郑州天顺食品添加剂有限公司

④ 郑州皇朝化工产品有限公司

辣椒橙 paprika orange

别名 椒橙素（Chilli Orange）

分类代码 CNS 08.107

理化性质 红色油状或膏状液体，无辣味、异味，无悬浮物及沉淀物。本品的提取，限于色素含量低及成本所限，多为辣椒橙与辣椒红的混合体。作为食用色素，两者常不再进一步分离。混合体中辣椒色素约占 0.4%。

以干辣椒果皮（去籽和梗）为原料，通过化学方法制备。

毒理学依据

LD_{50}：（小鼠，经口）17g/kg（bw）。

质量标准

质量标准 GB 10783—89

项　目		指　标
类胡萝卜素总量/%		标称
辣椒总碱/(μg/mL)		符合声称
辣椒红素和辣椒玉红素/%	≥	类胡萝卜素总量的30%
砷(以 As 计)/(mg/kg)	≤	3.0
铅(Pb)/(mg/kg)	≤	2.0
总有机溶剂残留量/%	≤	0.005

应用 着色剂

GB 2760—2014 规定：可用于冷冻饮品（03.04 食用冰除外）、糖果、糕点上彩装、饼干、熟肉制品、冷冻鱼糜制品（包括鱼丸等）、酱及酱制品、半固体复合调味料，按生产需要适量使用；用于糕点，最大使用量 0.9g/kg；用于焙烤食品馅料及表面用挂浆，最大使用量 1.0g/kg。

本品热稳定性较好，在 270℃时色泽稳定，但用于制汤效果较差。

生产厂商

① 广州市威伦食品有限公司

② 郑州天顺食品添加剂有限公司

③ 郑州皇朝化工产品有限公司

④ 安徽中旭生物科技有限公司

辣椒红 paprika red

主要着色成分为（I）辣椒红素和（II）辣椒玉红素，属类胡萝卜素。此外，还含有一定量非着色成分辣椒素（III）。

（Ⅰ）辣椒红素（capsanthin）

$$C_{40}H_{56}O_3，584.85$$

（Ⅱ）辣椒玉红素（capsorubin）

$$C_{40}H_{56}O_4，600.85$$

（Ⅲ）辣椒素（capsaicin）：目前所知呈辣味组分有 14 种，其基本结构骨架相同，只是侧链的 R 基团有差异。

辣素：$R=\!\!\fbox{}(CH_2)_4CH\!=\!CH\!\fbox{}(CH_3)_2$

$$C_{18}H_{27}NO_3，305.4$$

二氢辣素：$R=\!\!\fbox{}(CH_2)_6CH\!\fbox{}(CH_3)_2$

降二氢辣素：$R=\!\!\fbox{}(CH_2)_5CH\!=\!CH\!\fbox{}(CH_3)_2$

高二氢辣素：$R=\!\!\fbox{}(CH_2)_7CH\!=\!CH\!\fbox{}(CH_3)_2$

高辣素：$R=\!\!\fbox{}(CH_2)_4CH\!=\!CH_2\!-\!CH\!\fbox{}(CH_3)_2$

上述前两种的含量占辣味组分含量的 80% 以上。前 5 种的含量占辣味组分含量的 90% 以上。其余的含量甚微。

别名　辣椒红色素、辣椒油树脂

分类代码　CNS 08.106

理化性质　深红色黏性油状液体。依来源和制法不同，具有不同程度的辣味。在石油醚（汽油）中最大吸收峰波长为 475.5nm，在正己烷中为 504nm，在二硫化碳中为 503nm 和 542nm，在苯中为 486nm 和 519nm。可任意溶解于丙酮、氯仿、正己烷、食用油中。易溶于乙醇，稍难溶于丙三醇，不溶于水。本品耐光性差，波长 210～440nm，特别是 285nm 的紫外光可促使本品褪色。对热稳定，160℃加热 2h 几乎不褪色。Fe^{3+}、Cu^{2+}、Co^{2+} 可使之褪色。遇 Al^{3+}、Sn^{2+}、Pb^{2+} 发生沉淀，此外，几乎不受其他离子影响。着色力强。色调因稀释浓度不同，呈现浅黄至橙红色。

以茄科植物辣椒（*Capsicum annum* L.）的成熟干燥果实之果皮为原料，通过化学方法制备。

毒理学依据

① LD_{50}：小鼠急性经口大于 $75mL/kg$（bw）（雄性）（油溶型色素）；小鼠腹腔注射大于 $50mL/kg$（bw）（雄性）（油溶型色素）。小鼠急性经口大于 $75g/kg$（bw）（雄性）（水分散型色素）；小鼠腹腔注射大于 $50g/kg$（bw）（雄性）（水分散型色素）。

② ADI：不能提出（FAO/WHO，1994）（本品安全性高，现各国均许可使用）。

质量标准

质量标准 GB 10783—2008

项　目		指　标	
		GB 10783—2008	FAO/WHO(第八版)
吸光度	≥	$\geqslant 50(E_{1cm}^{1\%}460nm)$	$\geqslant 300(E_{1cm}^{10\%}460nm)$
砷(以 As 计)/(mg/kg)	≤	3	4(以 As_2O_3 计)
铅(以 Pb 计)/(mg/kg)	≤	2	10
重金属(以 Pb 计)/(mg/kg)	≤	—	40
己烷残留量/(mg/kg)	≤	25	—
总有机溶剂残留量/(mg/kg)	≤	50	—
辣椒素/%		符合标称	—

应用　着色剂

使用参照 GB 2760—2014 规定：可用于冷冻饮品（03.04 用冰除外），腌渍的蔬菜，熟制坚果与籽类（仅限油炸坚果与籽类），可可制品，巧克力和巧克力制品，包括代可可脂巧克力及制品，糖果，面糊（如用于鱼和禽肉的拖面糊），裹粉，煎炸粉，方便米面制品，粮食制品馅料，糕点上彩装，饼干，腌腊肉制品类（如咸肉、腊肉、板鸭、中式火腿、腊肠），熟肉制品，冷冻鱼糜制品（包括鱼丸等），调味品（12.01 盐及代盐制品除外），膨化食品，按生产需要适量使用；用于果蔬汁（浆）类饮料，蛋白饮料，按生产需要适量使用（固体饮料按稀释倍数增加使用量）用于果冻，按生产需要适量使用（如用于果冻粉，按冲调倍数增加使用量）；用于冷冻米面制品，最大使用量 2.0g/kg；用于糕点，最大使用量 0.9g/kg；用于焙烤食品馅料及表面用挂浆，最大使用量 1.0g/kg；用于调理肉制品（生肉添加调理料），最大使用量 0.1g/kg。

本品不耐光照，特别是 285nm 波长光使之迅速褪色，因此应尽量避光。L-抗坏血酸对本品有保护作用，一般用量 0～5g/L。经乳化可制成水溶性或水分散性色素，可用于饮料、冰棍、冰淇淋、雪糕等。根据 FAO/WHO（1984 规定：辣椒红用于加工干酪，按照良好生产规范；用于黄瓜，用量为 300mg/kg（单用或合用）。

生产厂商

① 珠海靖浩生物科技有限公司

② 广州市威伦食品有限公司

③ 郑州天顺食品添加剂有限公司

④ 郑州皇朝化工产品有限公司

蓝锭果红 uguisukagura red

分类代码　CNS 08.136

理化性质　深红色膏状物质，易溶于水，不溶于丙酮和石油醚溶液。pH2～4 时呈红色，于波长 535nm 处有最大吸收峰，随 pH 值的增高，颜色由红变紫进而变蓝。耐光性和耐热性较差，金属离子对它有不良影响。

以蓝锭果鲜果为原料，通过物理方法制备。

毒理学依据（江苏省卫生防疫站报告）

① LD_{50}：小鼠急性经口大于 2105g/kg（bw）。

② 骨髓微核试验：未见致突变反应。

应用　着色剂

GB 2760—2014 规定：可用于冷冻饮品（03.04 食用冰除外）、果蔬汁（浆）类饮料、风味饮料，最大使用量 1.0g/kg（固体饮料按稀释倍数增加使用量）；用于糖果、糕点（07.02.04 糕点上彩装除外），最大使用量 2.0g/kg；用于糕点上彩装，最大使用量 3.0g/kg。

蓝锭果红可用于泡葡萄酒、冰淇淋、果汁（味）饮料、糖果、糕点等的着色。

生产厂商

① 西安大丰收生物科技有限公司

② 郑州天顺食品添加剂有限公司

③ 郑州皇朝化工产品有限公司

④ 安徽中旭生物科技有限公司

萝卜红 radish red

主要着色成分是含天竺葵素的花色苷。

X：酸部分
天竺葵素
$C_{15}H_{11}O_5X$

分类代码　CNS 08.117

理化性质　深红色无定形粉末，易吸潮，吸潮后结块，一般不影响使用。易氧化。日光照射可促进其降解而褪色。易溶于水及乙醇水溶液，不溶于非极性溶剂。本品水溶液随介质 pH 值的升高，其最大吸收峰发生后移，吸光度明显下降。溶液色调随介质 pH 值由 2.0 至 8.0 而依次呈现：橙红-粉红-鲜红-紫罗兰。本品水溶液对热不稳定，随温度升高，降解加速，从而褪色，但在酸性条件下较稳定。Cu^{2+} 可加速其降解，并使之变为蓝色；Fe^{3+} 可使本品溶液变为锈黄色；Mg^{2+}、Ca^{2+} 对本品影响不大；Al^{3+}、Sn^{2+} 对它有保护作用。

以红心萝卜为原料，通过化学方法制备。

毒理学依据

① LD_{50}：（大鼠、小鼠，急性经口）大于 15g/kg（bw）。

② 致突变试验：Ames 试验、骨髓微核试验及显性致死试验，均无致突变作用。

③ 蓄积性毒性试验：蓄积系数 K 大于 5（雌性和雄性大、小鼠）属弱蓄积性。

质量标准

质量标准 GB 25536—2010

项　目		指　标	
		粉末	液体
色价 $E_{1cm}^{1\%}$(514nm±5nm)	≥	10	5
干燥减量/%	≤	8	—
灼烧残渣/%	≤	5	5
砷(As)/(mg/kg)	≤	2	2
铅(Pb)/(mg/kg)	≤	2	2

应用　着色剂

GB 2760—2014 规定：用于冷冻饮品（03.04 食用冰除外）、果酱、蜜饯类、糖果、糕点、醋、复合调味料、果蔬汁（浆）类饮料、风味饮料（仅限果味饮料）、配制酒、果冻，可按生产需要适量使用（固体饮料按稀释倍数增加使用量，如用于果冻粉，按冲调倍数增加使用量）。

其他使用参考如下：用于饮料，使用量为 0.002%～0.07%；用于糖果，使用量为 0.01%～0.06%；用于饼干、糕点，使用量为 0.04%～0.08%。本品对介质 pH 值、金属离子（特别是 Cu^{2+}、Fe^{3+}）、氧化剂、日光照射均不太稳定，抗坏血酸对本品有保护作用，本品适用于对酸性、低温加工的食品着色，尤其适用于冷饮、冷食等着色。

生产厂商

① 广州市芊熠食品有限公司

② 广州市威伦食品有限公司

③ 郑州天顺食品添加剂有限公司

④ 郑州皇朝化工产品有限公司

玫瑰茄红 roselle red

主要着色成分为：（Ⅰ）飞燕草素-3-双葡萄糖苷；（Ⅱ）矢车菊素-3-双葡萄糖苷。

（Ⅰ）$C_{27}H_{31}O_{17}$，627.5317

（Ⅱ）$C_{27}H_{31}O_{16}$，610.5244

别名　玫瑰茄红色素（hibiscetin）

分类代码　CNS 08.125

理化性质　深红色液体、红紫色膏状或红紫色粉末，稍带特异臭，粉末易吸潮。易溶于水、乙醇和甘油，不溶于油脂。本品水溶液在 pH2.85 时，于 520nm 波长附近有最大吸收峰，恰与该色素的玫瑰红颜色相匹配；当 pH 值升至 3.85 时，在 520nm 波长处的吸光度为 pH2.85 时的 45%；当 pH4.85 时，溶液在 520nm 波长处的吸光度几乎为零。本品对光、热均很敏感，对氧和金属离子均不稳定，尤其是铜离子、铁离子可加速其降解变色。抗坏血酸、二氧化硫、过氧化氢均促进本色素的降解。

以锦葵科木槿属一年生草本植物玫瑰茄干燥花萼为原料，用水提取制得。

毒理学依据　LD_{50}：（小鼠，急性经口）9260mg/kg(bw)（福建省卫生防疫站，1982）。

质量标准

质量标准 GB 28312—2012

项　目		指　标	
		粉末	液体
色价 $E_{1cm}^{1\%}$ 520nm	≥	符合声称	符合声称
干燥减量/%	≤	10	—
灼烧残渣/%	≤	9	6
总砷（以 As 计）/(mg/kg)	≤	3	3
铅(Pb)/(mg/kg)	≤	2	2

注：商品化的玫瑰茄红产品应以符合本标准的玫瑰茄红为原料，可添加食用糊精而制成，其色价指标符合声称。

应用　着色剂

GB 2760—2014 规定：可用于糖果、果蔬汁（浆）类饮料、风味饮料（仅限果味饮料）、配制酒，按生产需要适量使用（固体饮料按稀释倍数增加使用量）。

玫瑰茄红为天然红色色素。适用于酸性条件下着色。本品水溶液受光、热、金属离子影响而变色。适用于 pH 值值在 4 以下，不需要高温加热的食品，如糖浆、冷点、粉末饮料、果子露、冰糕、果冻等，其用量为 0.1%～0.5%。

生产厂商

① 西安大丰收生物科技有限公司

② 广州市天阳泰天然色素有限公司

③ 郑州天顺食品添加剂有限公司

④ 郑州皇朝化工产品有限公司

密蒙黄 buddleia yellow

主要着色成分为藏红花苷与密蒙花苷（刺槐素）

藏红花苷
藏红花苷：$C_{44}H_{62}O_{24}$, 974.97

密蒙花苷
密蒙花苷：$C_{16}H_{12}O_5$, 284.27

分类代码　CNS 08.139

理化性质　产品分为黄棕色粉末和棕色膏状两种形态。具有芳香气味。溶于水、稀醇、稀碱溶液，几乎不溶于乙醚、苯等有机溶剂。水溶液耐热、耐光、耐糖、耐盐、耐金属离子。在酸性溶液（pH<3）中呈淡黄色，在 pH>3 的溶液中呈黄橙色。

以密蒙花为原料，经乙醇溶液提取制得。

毒理学依据

① LD$_{50}$：（小鼠，急性经口）大于 10g/kg（bw）。

② 致突变试验：Ames 试验、骨髓微核试验、小鼠精子畸变试验均未发现致突变作用。

③ 亚慢性试验：密蒙黄以 1.5% 高剂量加入饲料喂饲大鼠 3 个月，未发现对其生长发育、生理生化、组织形态结构和生殖功能等方面有不良影响。

质量标准

质量标准　　　　　　　　　　　　　（企业标准）（参考）

项　目		指　标	
		浸膏	粉末
吸光度 $E_{1cm}^{1\%}$ 435nm	≥	1500	3000
干燥失重/%	≤	50.0	10.0
灼烧残渣/%	≤	5.0	14.0
铅/%	≤	0.0005	0.0005
砷（以 As 计）/%	≤	0.00005	0.00005
汞/%	≤	0.00003	0.00003

应用　着色剂

GB 2760—2014 规定：用于糖果、面包、糕点、果蔬汁（浆）类饮料、风味饮料、配制酒，按生产需要适量使用。

密蒙黄为天然色素。在酸性和中性条件下呈黄色至棕黄色。着色力较强，染色效果好，色泽稳定，且具有耐热、耐光、耐金属离子、使用方便等特点。可用于配制酒、糕点、面包、糖果、果汁（味）饮料类等着色，为黄色着色剂。

生产厂商

① 武汉万荣科技发展有限公司

② 郑州天顺食品添加剂有限公司

③ 武汉佰兴生物科技有限公司

④ 河南正兴食品添加剂有限公司

葡萄皮红 grape skin extract

葡萄皮红为花色苷类色素。其主要着色的成分是锦葵素（malvidin），芍药素（peonidin）翠雀素（delpH 值 inidin）和 3′-甲花翠素（petunidin）或花青素（cyanidin）的葡萄糖苷。

锦葵素（$C_{17}H_{15}O_7X$）：R，$R^1=OCH_3$

翠雀素（$C_{15}H_{11}O_7X$）：R，$R^1=OH$

芍药素（$C_{16}H_{13}O_6X$）：$R=OCH_3$，$R^1=H$

$3'$-甲花翠素（$C_{16}H_{13}O_7X$）：$R=OCH_3$，$R^1=OH$

$X^-=$酸组分

别名　葡萄皮提取物、ENO

分类代码　CNS 08.135；INS 163 ⅱ

理化性质　红至暗紫色液状、块状、糊状或粉末状物质，稍带特异臭气，溶于水、乙醇、丙二醇，不溶于油脂。色调随 pH 值的变化而变化，酸性时呈红至紫红色，碱性时暗蓝色。在铁离子的存在下呈暗紫色。染着性、耐热性不太强。易氧化变色。

以制造葡萄汁或葡萄酒后的残渣（除去种子及杂物）为原料，通过化学方法制备。

毒理学依据

① LD_{50}：（小鼠，急性经口）大于 15g/kg（bw）（雄性）；（小鼠，急性经口）大于 15g/kg（bw）（雌性）。

② ADI：$0\sim2.5$mg/kg（bw）（FAO/WHO，1994）。

质量标准

质量标准

项　目		指　标		
		GB 28313—2012		FAO/WHO（第八版）
		粉末或颗粒	液体	
色价 $E^{1\%}_{1cm}$（515～535）nm	≥	符合声称		50
干燥减量/%	≤	8.0	—	—
二氧化硫/（mg/kg）	≤	500（以一个色价计进行换算）		500
总砷（以 As 计）/（mg/kg）	≤	3		4.0（以 As_2O_3 计）
铅（Pb）/（mg/kg）	≤	2		10
重金属（以 Pb 计）/（mg/kg）	≤	—		40
碱性色素或其他酸性色素		—		阴性 2

应用　着色剂

GB 2760—2014 规定：用于冷冻饮品（03.04 食用冰除外）、配制酒，最大使用量为 1.0g/kg；用于果酱，最大使用量 1.5g/kg；用于糖果、焙烤食品，最大使用量为 2.0g/kg；用于饮料类（14.01 包装饮用水除外），最大使用量 2.5g/kg（固体饮料按照稀释倍数增加使用量）。

葡萄皮红可用于配制酒、碳酸饮料、果汁（味）饮料类、冰棍、果酱，糖果、糕点。

生产厂商

① 广州市威伦食品有限公司

② 广州市芉熠食品有限公司

③ 郑州天顺食品添加剂有限公司

④ 郑州皇朝化工产品有限公司

桑椹红 mulberry red

主要着色成分为含花青素的花色苷

$C_{21}H_{21}O_{11}$，R：葡萄糖基，449.39

（花青素-3-葡萄糖苷）

分类代码　CNS 08.129

理化性质　紫红色稠状液体，易溶于水或稀醇中，不溶于非极性的有机溶剂。在酸性条件下，本品溶液呈稳定的紫红色；中性时，呈紫色；碱性时，由紫变为紫蓝色。pH值小于4.0时，溶液最大吸收波长为512～514nm。Fe^{2+}、Cu^{2+}、Zn^{2+}及Fe^{3+}的存在，对色素有不良影响，而K^+、Na^+、Ca^{2+}、Mg^{2+}和Al^{3+}的存在，则有护色作用。

以桑属植物（*Morus. Alba* L.）成熟果穗为原料，通过化学方法制备。

毒理学依据

LD_{50}：（大鼠，急性经口）大于13.4g/kg(bw)；（小鼠，急性经口）大于26.8g/kg(bw)（四川省食品卫生监督检验所报告）。

质量标准

质量标准

（中国科学院成都生物研究所等）　　　　　　　　　　　　　　（参考）

项　目		指　标	项　目		指　标
pH		3.0	灼烧残渣/%	≤	5.0
最大吸收波长(λ_{max})/nm		512～514	砷（以As计）/%	≤	0.0001
吸光度 $E_{1cm}^{1\%}$ 513nm	≥	4.0	重金属（以Pb计）/%	≤	0.001
水分/%	≤	40			

应用　着色剂

GB 2760—2014规定：可用于果糕类、果冻，最大使用量5.0g/kg（如用于果冻粉，按冲调倍数增加使用量）；用于糖果，最大使用量2.0g/kg；用于果蔬汁（浆）类饮料、风味饮料、果酒，最大使用量1.5g/kg（固体饮料按稀释倍数增加使用量）。

桑椹红为天然花色苷类色素。在pH值小于5.0时，色泽较稳定。适宜偏酸性食物着色。遇铁、铜、锌等金属离子，颜色极不稳定。

生产厂商

① 徐州徐瑞多生物科技有限公司

② 郑州天顺食品添加剂有限公司

③ 郑州皇朝化工产品有限公司

④ 江西百盈生物技术有限公司

沙棘黄 hippophae rhamnoides yellow

分类代码　CNS 08.124

理化性质　橙黄色粉末或流膏，为油溶性色素，无异味，易溶于植物油、氯仿、石油醚等，溶于乙醇、丙酮等弱极性溶剂，不溶于水。本品在95%乙醇溶液中（pH6.0）呈橙黄色。对热、光稳定，对环境pH值变化不敏感，在介质pH值为3.6～9.3范围内，色调无变化，均在445nm波长处有最大吸收峰。对Fe^{3+}、Ca^{2+}敏感而变色，耐还原性差。

以沙棘（*Hippophae rhamnoides*）果实为原料榨汁，滤液精制成流膏。或以果渣为原料，通过化学方法制备。

毒理学依据（北京医科大学公共卫生学院营养卫生教研室，1987）

① LD_{50}：（小鼠、大鼠急性经口）大于 21.5g/kg（bw）（雌、雄性相同）。

② 致突变试验：Ames 试验、骨髓微核试验、小鼠精子畸变试验，均未见致突变作用。

③ 积蓄性毒性试验：雌、雄性大鼠累计系数均大于 5.3，无明显积蓄毒性。

质量标准

质量标准 （1987）　　　　　　　　　　　　　　　（参考）

项　目		指　标	
		粉状	流膏
吸光度 $E_{1cm}^{1\%}$ 445nm		9	—
干燥失重/%	≤	7	50
灰分/%	≤	10	5
砷（以 As 计）/%	≤	0.0002	0.0001
铅/%	≤	0.0003	0.00005
重金属（以 Pb 计）/%	≤	0.001	0.0005

应用　着色剂

GB 2760—2014 规定：用于糕点上彩装，最大使用量 1.5g/kg；用于氢化植物油，最大使用量 1.0g/kg。

沙棘黄为食用黄色色素（油溶性）。

生产厂商

① 上海陆广生物科技有限公司

② 郑州康源化工产品有限公司

③ 郑州天顺食品添加剂有限公司

④ 郑州皇朝化工产品有限公司

天然 β-胡萝卜素 natural β-carotene

别名　β-胡萝卜素

分类代码　CNS 08.147；C. I.（1975）75130

理化性质　由植物提取，或生物发酵制备。

质量标准

质量标准 QB 1414—1991　　　　　　　　　　　　（参考）

项　目		指　标
含量（以 $C_{40}H_{56}$ 计）/%	≥	
吸光度比值：		90
① A_{455}/A_{483}	≥	
② A_{362}/A_{340}	≥	1.14～1.18
砷（以 As 计）/%	≤	1.0
重金属（以 Pb 计）/%	≤	0.0003
熔点（分解点）/℃		0.001
硫酸盐灰分/%	≤	167～175
溶解试验/（1g/100mL）		0.2
汞（Hg）/（mg/kg）	≤	澄清
铜（Cu）/（mg/kg）	≤	0.3

应用　着色剂

GB 2760—2014 规定：作为着色剂，可在各类食品中按生产需要适量使用。

生产厂商

① 珠海靖浩生物科技有限公司

② 广州市威伦食品有限公司

③ 郑州天顺食品添加剂有限公司

④ 郑州皇朝化工产品有限公司

天然苋菜红 natural amaranthus red

主要着色成分为（Ⅰ）苋菜苷（amaranthin）和（Ⅱ）甜菜苷（betanine）

（Ⅰ）R＝β-D-吡喃葡萄糖基糖醛酸

$C_{30}H_{34}O_{19}N_2$，726

（Ⅱ）R＝H

$C_{24}H_{26}O_{13}N_2$，550.48

分类代码　CNS 08.130

理化性质　紫红色膏状或无定形干燥粉末，易吸湿，易溶于水和稀乙醇溶液。溶液在 pH 值小于 7 时呈紫红色，澄明，不溶于无水乙醇、石油醚等有机溶剂。对光、热的稳定性较差，铜、铁等金属离子对其稳定性有负影响。pH 值大于 9.0 时，本品溶液由紫红色转变为黄色。

以红苋菜（*Amaranthus tricolor* L）可食部分为原料，通过化学方法制备。

毒理学依据（华西医科大学毒性学试验）

① LD_{50}：大于 10g/kg(bw)（大鼠，急性经口），10.8g/kg(bw)（雌性）（小鼠，急性经口），12.6g/kg(bw)（雄性）（小鼠，急性经口）。

② 致突变试验：Ames 试验、小鼠骨髓微核试验及雄性小鼠精子畸变试验，均无致突变作用。

质量标准

质量标准 QB 1227—1991　　　（参考）

项　目		指　标
pH		6.0～8.0
最大吸收峰波长(λ_{max})/nm		535nm 附近
吸光度 $E_{1cm}^{1\%}$ 535nm	≥	6.0
干燥失重/%	≤	10.0
灼烧残渣/%	≤	35.0
砷(以 As 计)/%	≤	0.0002
重金属(以 Pb 计)/%	≤	0.0015

应用　着色剂

GB 2760—2014 规定：可用于蜜饯凉果、装饰性果蔬、糖果、糕点上彩装、碳酸饮料、配制酒，最大使用量 0.25g/kg；用于果蔬汁（浆）类饮料、风味饮料（仅限果味饮料），最大使用量 0.25g/kg（固体饮料按稀释倍数增加使用量）；用于果冻，最大使用量 0.25g/kg（如用于果冻粉，按冲调倍数增加使用量）。

天然苋菜红是一种天然食用色素。由于对光、热的稳定性较差，一般在酸性条件下使用。同时应避免长时间加热。

生产厂商

① 武汉万荣科技发展有限公司

② 郑州天顺食品添加剂有限公司

③ 郑州皇朝化工产品有限公司

④ 河北百味生物科技有限公司

甜菜红 beet red

本品主要着色成分为甜菜苷（betanine）

$C_{24}H_{26}N_2O_{13}$，550.14

别名　甜菜根红

分类代码　CNS 08.101；INS 162

理化性质　由食用红甜菜（*Beta vulgaris L. var rabra*）的根（我国俗称紫菜头）制取的天然红色素，主要由红色的甜菜花青（betacyanines）和黄色的甜菜黄素（betaxanthines）组成（除色素外尚可有糖、盐和蛋白质等）。甜菜花青中的主要成分为甜菜红苷（betanine），占红色素的 75%～95%。甜菜红成品为紫红色粉末。易溶于水，微溶于乙醇，不溶于无水乙醇，水溶液呈红至红紫色，色泽鲜艳，在波长 535nm 附近有最大吸收峰。pH3.0～7.0 时较稳定，pH4.0～5.0 稳定性最好。在碱性条件下则呈黄色。染着性好，耐热性差。其降解速度随温度上升而迅速增快，pH 值 5.0 时，色素的半减期为（1150±100）min（25℃）、（310±30）min（50℃）、（90±10）min（75℃）和（14.5±2）min（100℃）。光和氧也可促进其降解。金属离子的影响一般较小，但如 Fe^{3+}、Cu^{2+} 含量高时可发生褐变。抗坏血酸对本品具有一定的保护作用。

以红甜菜根茎（俗称紫菜头）为原料，通过化学方法制得。或将红甜菜根茎抽提液用离子交换树脂分离处理后精制而得。

毒理学依据

① LD_{50}：大于 10g/kg(bw)（大鼠，急性经口）。

② ADI：无须规定（FAO/WHO，1994）。

质量标准

质量标准

项　目		指　标	
		GB 1886.111—2015 （2016-3-22 实施）	JECFA(2006)
吸光度 $E_{1cm}^{1\%}$ 535nm	$>$	3.0	0.4%（以甜菜苷计）
pH		4.0～6.0	—
灼烧残渣/%	$\leqslant$	14.0	—
总砷(以 As 计)/(mg/kg)	$\leqslant$	2.0	3
铅(Pb)/(mg/kg)	$\leqslant$	5.0	2
硝酸盐		—	2g 硝酸离子/g

应用　着色剂

GB 2760—2014 规定：可在各类食品中按生产需要适量使用。

本品耐热性差，不宜用于高温加工的食品，最好用于冰淇淋等冷食。稳定性随食品水分活性的增加而降低，故不适用于汽水、果汁等饮料。应用于婴幼儿食品的着色时，须严格控制硝酸盐含量。

生产厂商

① 广州市威伦食品有限公司

② 广州市芋熠食品有限公司

③ 郑州天顺食品添加剂有限公司

④ 郑州华安食品添加剂有限公司

橡子壳棕 acorn shell brown

$C_{25}H_{32}O_{13}$，540.00

分类代码　CNS 08.126

理化性质　深棕色粉末。易溶于水及乙醇水溶液，不溶于非极性溶剂。在偏碱性条件下呈棕色，在偏酸性条件下呈红棕色。对热和光均稳定。

以橡子果壳为原料，用水浸提后经纯化精制而得。

毒理学依据

① LD_{50}：小鼠、大鼠急性经口大于 15g/kg（bw）。

② 致突变试验：Ames 试验、骨髓微核试验及小鼠精子畸变试验均无致突变作用。

③ 致畸试验：无致畸作用。

④ 90d 喂养试验：对动物生长及肝、肾功能无影响，无病理变化。

质量标准

质量标准　　　　　　　　　　　　　（参考）

项　目		指　标
		湖北省化学研究所送审稿
吸光度 $E_{1cm}^{1\%}500nm$	≥	10
pH(1g/L 溶液)	≥	7
干燥失重/%	≤	10
灼烧残渣/%	≤	20
砷(以 As 计)/%	≤	0.0002
铅/%	≤	0.0005

应用　着色剂

GB 2760—2014 规定：用于可乐型碳酸饮料，最大使用量 1.0g/kg（固体饮料按照稀释倍数增加使用量）；用于配制酒，最大使用量 0.3g/kg。

本品对光、热均稳定，可用于焙烤食品着色。

生产厂商

① 武汉万荣科技发展有限公司

② 郑州天顺食品添加剂有限公司

③ 郑州皇朝化工产品有限公司

④ 西安裕华生物科技有限公司

胭脂虫红 carmine cochineal(附：胭脂虫红铝)

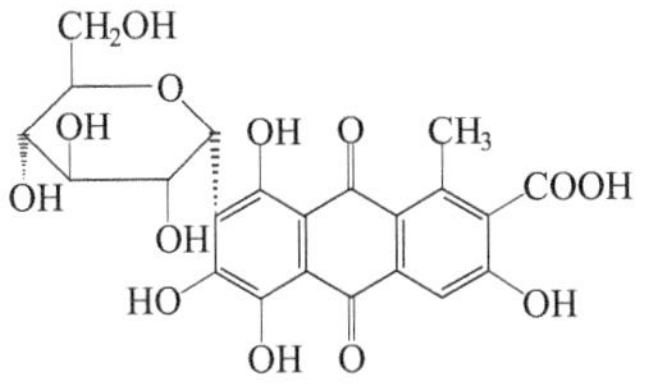

胭脂虫红酸

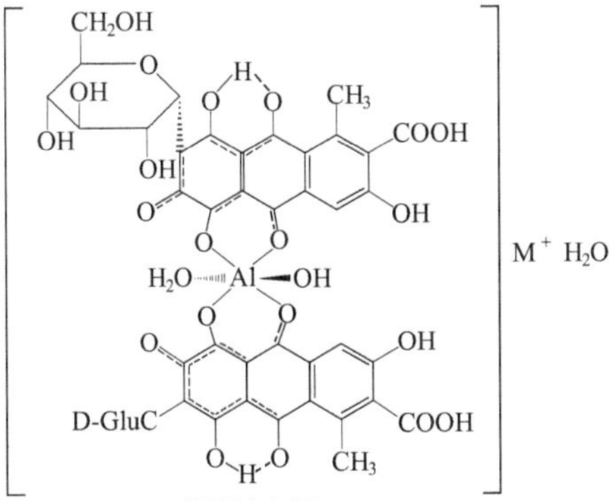

胭脂虫红铝

$M^+ = Ca^{2+}$、Na^+、K^+、NH_4^+

$C_{22}H_{20}O_{13}$，492.39

别名　胭脂虫红提取物 cochineal exfract；cochineal carmine，胭脂红 carmines，胭脂红酸 cochineal and carminic acid、C. I. 天然红 4 号

分类代码 CNS 08.145；INS 120；C. I.（1975）75470

理化性质 胭脂虫提取物是一种稳定的深红色液体，呈酸性（pH5～5.3），其色调依 pH 值而异，在橘黄-红色之间。易溶于水、丙二醇、丙三醇及食用油。

胭脂虫红铝是胭脂虫红酸与氢氧化铝形成的螯合物，为一种红色水分散性粉末，不溶于乙醇和油。溶于碱液，微溶于热水。

胭脂虫提取物是由干燥后的雌性胭脂虫（coccus cacti）受精虫体用水提取制得。胭脂虫红铝是以胭脂虫红酸的提取水溶液和氢氧化铝为原料，通过化学方法制得。铝与胭脂虫红酸的摩尔比是 1:2。

毒理学依据（广东省食品卫生监督检验所，1996）

① LD_{50}：小鼠急性经口大于 21.5g/kg(bw)。

② ADI：0～5mg/kg(bw)。〔胭脂虫红包括胭脂虫红铵，或相当的钙、钾、钠盐。胭脂虫提取物的 ADI 不能提出（FAO/WHO，1994）〕。

③ 小鼠骨髓微核试验：阴性。

④ GMP FAR（21CFR 73.100）。

质量标准

质量标准（FAO/WHO，1995） （参考）

项　目		指　标	
		胭脂虫提取物	胭脂虫红铝
胭脂红酸/%	≥	2.0	50.0
干燥失重(135℃、3h)/%	≤	—	20.0
总灰分/%	≤	—	12.0
稀氨水不溶物/%	≤	—	1.0
蛋白质(非氨态 N×6.25)/%	≤	2.2	25.0
甲醇残留/%	≤	0.015	—
砷(以 As 计)/%	≤	0.0003	0.0001
铅/%	≤	0.001	0.001
重金属(以 Pb 计)/%	≤	0.004	0.004
沙门氏菌		阴性	不得检出

应用 着色剂

GB 2760—2014 规定：可用于风味发酵乳、半固体复合调味料、果冻，最大使用量 0.05g/kg（以胭脂红酸计，如用于果冻粉，按冲调倍数增加使用量）；用于调制乳粉和调制奶油粉、果酱、焙烤食品、饮料类（14.01 包装饮用水除外），最大使用量 0.6g/kg（以胭脂红酸计，固体饮料按稀释倍数增加使用量）；用于调制炼乳（包括加糖炼乳及使用了非乳原料的调制炼乳等）、冷冻饮品（03.04 食用冰除外），最大使用量 0.15g/kg（以胭脂红酸计）；用于干酪和再制干酪及其类似品、熟制坚果与籽类（仅限油炸坚果与籽类）、膨化食品，最大使用量 0.1g/kg（以胭脂红酸计）；用于代可可脂巧克力及使用可可脂代用品的巧克力类似产品、糖果、方便米面制品，最大使用量 0.3g/kg（以胭脂红酸计）；用于面糊（如用于鱼和禽肉的拖面糊）、裹粉、煎炸粉、熟肉制品，最大使用量 0.5g/kg（以胭脂红酸计）；用于粉圆、复合调味料（12.10.02 半固体复合调味料除外），最大使用量 1.0g/kg（以胭脂红酸计）；用于即食谷物，包括碾轧燕麦（片），最大使用量 0.2g/kg（以胭脂红酸计）；用于配制酒，最大使用量 0.25g/

kg（以胭脂红酸计）。

胭脂虫提取物呈酸性（pH5～5.3），随其 pH 值的变化，颜色由橙黄至红色，遇光、氧保持稳定，但在改变 pH 值或微生物侵袭下不稳定。本品主要用于酒精饮料、软饮料和糖果食品。胭脂虫红为一种水分散式粉末，不溶于酒精和油，对氧化作用敏感，易与蛋白质结合。用于乳制品着色，还可用于肉类食品、糖果、开胃酒、软饮料、苹果醋、酸牛奶、焙烤食品、果酱、果冻、化妆品、乳制品、药品、饮料、糖衣和许多其他食品中。根据食品加工过程以及用量的不同，最终成品呈红到桃红色。本产品特别适用于香肠、西式火腿和午餐肉的使用，如果与红曲红色素配合使用，用不同比例可以制造出各种不同色泽效果的肉类制品，色泽鲜艳。本品用于肉类食品的参考用量为 0.05～0.1g/kg。

生产厂商

① 广州市芊熠食品有限公司

② 珠海靖浩生物科技有限公司

③ 郑州天顺食品添加剂有限公司

④ 郑州皇朝化工产品有限公司

藻蓝 spirulina blue

主要着色成分是 C-藻蓝蛋白（C-phycocyanin）、C-藻红蛋白（C-phycorythnin）和异藻蓝蛋白（Auophycocyanin）。藻蓝蛋白含量约 20%。

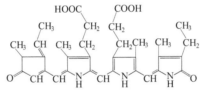

$$C_{34}H_{39}N_3O_6, \quad 585.71$$

别名　海藻蓝 algae blue；lina blue

分类代码　CNS 08.137

理化性质　亮蓝色粉末。属于蛋白质结合色素，具有与蛋白质相同的性质。易溶于水，有机溶剂对其有破坏作用。在 pH3.5～10.5 范围内呈海蓝色，pH4～8 颜色稳定，pH3.4 为其等电点，藻蓝析出。对光较稳定，对热敏感，金属离子对其有不良影响。

以螺旋藻为原料，通过物理方法，再加入稳定剂后干燥制备。

毒理学依据

① LD$_{50}$：（小鼠，急性经口）大于 33g/kg(bw)（雌、雄性）（广东食品卫生监督检验所）。

② 骨髓微核试验：无致突变作用。

质量标准

质量标准　　　　　　　　　　　　　（参考）

项　目		指　标
吸光度 $E_{1cm}^{1\%}$ 620nm	≥	12(海水)6(淡水)
灰分/%	≤	7.0
水分/%	≤	12.0
铅/%	≤	0.0005
砷(以 As 计)/%	≤	0.0001

应用 着色剂

GB 2760—2014 规定：可用于冷冻饮品（03.04 食用冰除外）、糖果、香辛料及粉、果蔬汁（浆）类饮料、风味饮料、果冻，最大使用量为 0.8g/kg（固体饮料按稀释倍数增加使用量，如用于果冻粉，按冲调倍数增加使用量）。

本品用于冰淇淋、糕点、速溶粉末制品、辣根粉、雪糕、冰棍、果冻、糖果（味）饮料、奶酪制品等着色，为蓝色着色剂。

生产厂商

① 西安大丰收生物科技有限公司

② 广州市芊熠食品有限公司

栀子黄 gardenia yellow

主要着色成分为藏花素，属类胡萝卜素系

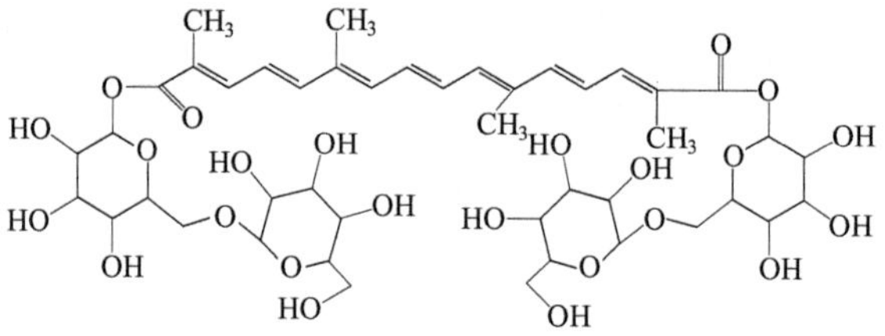

$C_{44}H_{64}O_{24}$，976.99

别名 藏花素

分类代码 CNS 08.112

理化性质 橙黄色膏状或红棕色结晶粉末，微臭，易溶于水，溶于乙醇和丙二醇，不溶于油脂。水溶液呈弱酸性或中性，其色调几乎不受环境 pH 变化的影响。pH 值为 4.0～6.0 或 8.0～11.0 时，本色素比β-胡萝卜素稳定，特别是偏碱性条件下黄色更鲜艳。中性或偏碱性时，该色素耐光性、耐热性均较好，而偏酸性时较差，易发生褐变。耐金属离子（除铁离子外）较好。铁离子有使其变黑的倾向。耐盐性、耐还原性、耐微生物性均较好。

以茜草科植物栀子（*Gardenia florida* L.）的果实为原料，通过化学方法制备。

毒理学依据

LD_{50}（小鼠，急性经口）22g/kg（bw）（日本大阪工业试验所，1947）。

质量标准

质量标准 GB 7912—2010

项目		指标	
		粉末	浸膏、液体
色价 $E^{1\%}_{1cm}$(440nm±5nm)	≥	10	
栀子苷/%		1(以色价 10 计进行换算)	
干燥减量/%	≤	7	—
砷(As)/(mg/kg)	≤	2	2
铅(Pb)/(mg/kg)	≤	3	3

应用 着色剂

GB 2760—2014 规定：可用于人造黄油（人造奶油）及其类似制品（如黄油和人造黄油混合品）、腌渍的蔬菜、熟制坚果与籽类（仅限油炸坚果与籽类）、方便米面制品、粮食制品馅料、饼干、熟肉制品（仅限禽肉熟制品）、调味品（12.01 盐及代盐制品除外）、固体饮料，最大使用量为 1.5g/kg；用于冷冻饮品（03.04 食用冰除外）、蜜饯类、坚果与籽类罐头、可可制品、巧克力和巧克力制品（包括代可可脂巧克力及制品）以及糖果、生干面制品、果蔬汁（浆）类饮料、风味饮料（仅限果味饮料）、配制酒、果冻、膨化食品，最大使用量为 0.3g/kg（如用于果冻粉，按冲调倍数增加使用量）；用于生湿面制品（如面条、饺子皮、馄饨皮、烧卖皮）、焙烤食品馅料及表面用挂浆，最大使用量为 1.0g/kg；用于糕点，最大使用量 0.9g/kg。

栀子黄的其他使用参考如下：用于一般汽水、汽酒，使用量为 0.2g/kg；用于竹叶青酒，使用量为 0.19g/kg；用栀子粉按 1∶7 加水制得栀子黄色素液对蛋卷着色，在和面时按 25∶1 加入，染色效果好。

生产厂商

① 珠海靖浩生物科技有限公司

② 广州市威伦食品有限公司

③ 郑州天顺食品添加剂有限公司

④ 郑州皇朝化工产品有限公司

栀子蓝 gardenia blue

分类代码　CNS 08.123

理化性质　蓝色粉末，几乎无臭无味。易溶于水、含水乙醇及含水丙二醇，呈鲜明蓝色。pH 值在 3～8 范围内，色调无显著变化。耐热，经 120℃、60min 内不褪色。吸潮性弱，耐光性差。本品对蛋白质染色力强，吸光度（1000 倍稀释水溶液，波长为 590nm 处）0.5。

以栀子果实为原料，用水提取得黄色素，再经食品加工用酶处理后得蓝色素。

毒理学依据

LD_{50}：（小鼠，急性经口）16.7g/kg（bw）。

质量标准

质量标准 GB 28311—2012

项　目		指　标	
		粉末	浸膏、液体
		符合声称	
色价 $E_{1cm}^{1\%}$(580～620)nm			
干燥减量/%	≤	7	—
总砷(以 As 计)/(mg/kg)	≤	2	2
铅(Pb)/(mg/kg)	≤	3	3

应用　着色剂

GB 2760—2014 规定：可用于冷冻饮品（03.04 食用冰除外）、焙烤食品，最大使用量为 1.0g/kg；用于果酱、糖果，最大使用量为 0.3g/kg；用于腌渍的蔬菜、熟制坚果与籽类（仅限油炸坚果与籽类）、方便米面制品、粮食制品馅料、调味品（12.01 盐及代盐制品除外）、果蔬汁类及其饮料、蛋白饮料、固体饮料、膨化食品，最大使用量 0.5g/kg；用于风味饮料（仅限果味饮料）、配制酒，最大使用量 0.2g/kg。

栀子蓝用于一般食品着色，如硬糖、果胶、琼脂等的凝胶软糖，布丁、马希马洛糖、饼干、松蛋糕、蛋糕预制粉、稀奶油、冰淇淋、乳制品、蔬菜、青豆等罐头、饮料、果汁等。

生产厂商

① 珠海靖浩生物科技有限公司

② 广州市威伦食品有限公司

③ 郑州天顺食品添加剂有限公司

④ 郑州皇朝化工产品有限公司

植物炭黑 vegetable carbon black

别名　植物黑、植物炭、炭黑（植物来源）vegetable black；vegetable carbon；carbon black（vegetable source）

分类代码　CNS 08.138；INS 153

理化性质　黑色粉状微粒，无臭、无味，不溶于水及有机溶剂。

以植物茎秆、壳为原料，通过化学方法制备。

毒理学依据

① LD_{50}：小鼠急性急性经口大于 15g/kg（bw）。

② 骨髓微核试验：未发现有致突变性。

③ ADI：无须规定（FAO/WHO，1994）。

质量标准

质量标准 GB 28308—2012

项　目		指　标
碳含量(以干基计)/%	≥	95.0
干燥减量/%	≤	12.0
灰分/%	≤	4.0
碱溶性呈色物质		通过试验
高级芳香烃		通过试验
总砷(以 As 计)/(mg/kg)	≤	3
铅(Pb)/(mg/kg)	≤	10
汞(Hg)/(mg/kg)	≤	1
镉(Ge)/(mg/kg)	≤	1

应用　黑色素、食用加工助剂、吸附剂

GB 2760—2014 规定：可用于冷冻饮品（03.04 食用冰除外）、糖果、糕点、饼干，最大用量 5.0g/kg；用于粉圆，最大用量 1.5g/kg。

植物炭黑实际使用时可作如下参考：生产甘草糖时，用含 30% 的植物炭黑（用量为 4%）制成黑色糖果；制巧克力饼干时，以本品和辣椒红调色，植物炭黑的添加量为面粉量的 4%。适用范围：焙烤食品、粮食及谷物制品、乳制品、肉禽制品、糖及糖渍食品、糖果装饰和被膜食用冰。

生产厂商

① 珠海靖浩生物科技有限公司

② 广州市威伦食品有限公司

③ 郑州天顺食品添加剂有限公司

④ 安徽中旭生物科技有限公司

紫草红 gromwell red

紫草醌色素属于萘醌类—紫草素

$$C_{16}H_{16}O_5, \ 288.29$$

其中 R＝H

别名　紫根色素、欧紫草

分类代码　CNS 08.140

理化性质　紫红色结晶品或紫红色黏稠膏状或紫红色粉末。纯品溶于乙醇、丙酮、正己烷、石油醚等有机溶剂和油脂，不溶于水，但溶于碱液。酸性条件下呈红色，中性条件下呈紫红色，遇铁离子变为深紫色，在碱性溶液中呈蓝色。在石油醚中最大吸收峰在波长 520nm 处。有一定抗菌作用。

① 浸膏　以紫草根为原料，通过化学方法制得。

② 粉末　在浸膏制取过程中，添加食用级赋形剂，喷雾干燥制得。

③ 脂溶性粉末　以紫草根提取液为原料，通过化学方法制得。

毒理学依据

① LD_{50}：（小白鼠，急性经口）4.64g/kg(bw)[2.70～7.99g/kg(bw)]。

② 致突变试验：Ames 试验、骨髓微核试验、小鼠精子畸变试验，均无致突变作用。

质量标准

质量标准 GB 28315—2012

项　目		指　标
色价 $E_{1cm}^{1\%}$(515nm±3nm)	≥	100
残留溶剂/(mg/kg)	≤	50
铅(Pb)/(mg/kg)	≤	3
总砷(以 As 计)/(mg/kg)	≤	1

应用　着色剂

GB 2760—2014 规定：可用于冷冻饮品（03.04 食用冰除外）、饼干、果蔬汁（浆）类饮料、风味饮料（仅限果味饮料）、果酒，最大使用量为 0.1g/kg（固体饮料按稀释倍数增加使用量）；用于糕点，最大使用量为 0.9g/kg；用于焙烤食品馅料及表面用挂浆，最大使用量为 1.0g/kg。

紫草红色素为油溶性色素，耐热性好，耐盐性、着色力中等，耐金属盐较差。适用于中性、酸性食品。食用紫草色素，用于辣味肉禽类罐头着色，用量为 0.35～0.56g/kg。可将压碎的紫草置于细筛内，以 160～170℃ 的热油浇于其上，使色素溶于油内。油经细筛流出，与容器内的辣椒粉混合，经充分搅匀后熬制成混合酱备用。

生产厂商

① 广州市芊熠食品有限公司

② 广州市威伦食品有限公司

③ 郑州天顺食品添加剂有限公司

④ 郑州皇朝化工产品有限公司

紫胶红 lac dye red

主要着色成分为紫胶酸 A（占 85%）（Ⅰ）和紫胶酸 B（Ⅱ）、紫胶酸 C（Ⅲ）、紫胶酸（Ⅳ）E 及紫胶酸 D（Ⅴ）。

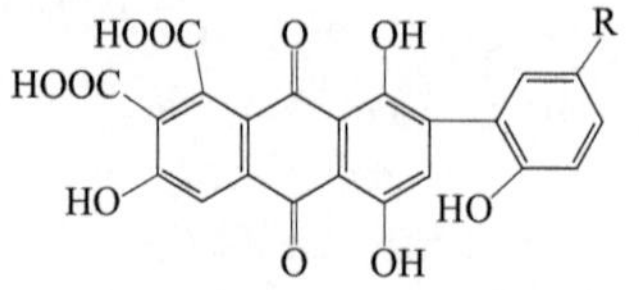

（Ⅰ）紫胶酸 A：R＝$CH_2CH_2NHCOCH_3$

$C_{26}H_{19}NO_{12}$，537.44

（Ⅱ）紫胶酸 B：R＝CH_2CH_2OH

（Ⅲ）紫胶酸 C：R＝CH_2CHNH_2COOH

（Ⅳ）紫胶酸 E：R＝$CH_2CH_2NH_2$

（Ⅴ）紫胶酸 D：

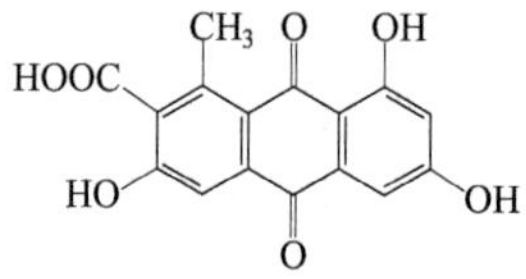

$C_{16}H_{10}NO_7$，314.25

别名　虫胶红

分类代码　CNS 08.104

理化性质　红紫或鲜红色粉末。可溶于水、乙醇、丙二醇，但溶解度不大，在酸性条件下，对光和热均稳定。色调随环境 pH 变化而变化，介质 pH 值小于 4.0 时，呈橙黄色；pH4.0～5.0 时，呈橙红色；pH 值大于 6.0 时，呈紫红色；在碱性环境中（pH≥12.0）易褐变。对金属离子不稳定，特别是铁离子含量在 10^{-6} 以上时，色素变黑。

以紫胶虫（*Laccifer lacca*）雌虫分泌的树脂状物质为原料，用水抽提，经钙盐沉淀精制而得。

毒理学依据

① LD_{50}：（大鼠急性经口）1.8g/kg（bw）。

② Ames 试验：致突变现象（日本）。

质量标准

质量标准 GB 1886.17—2015　　　　（2016-3-22 实施）

项　目		指　标
色价 $E_{1cm}^{1\%}$ 490nm	≥	130.0
干燥减量/%	≤	10.0
灼烧残渣/%	≤	0.8
pH		3.0～4.0
铅(Pb)/(mg/kg)	≤	5.0
砷(As)/(mg/kg)	≤	2.0
重金属(以 Pb 计)/(mg/kg)	≤	30.0

应用　着色剂

GB 2760—2014 规定：可用于果酱、可可制品、巧克力和巧克力制品（包括代可可脂巧克力及制品）以及糖果、焙烤食品馅料及表面用挂浆（仅限风味派馅料）、复合调味料、果蔬汁（浆）类饮料、碳酸饮料、风味饮料（仅限果味饮料）、配制酒，最大使用量为 0.5g/kg（固体饮料按稀释倍数增加使用量）。

本品对金属离子，特别是铁离子敏感，适于在偏酸性的食品、饮料中使用。对人的口腔黏膜着色力较强。用于果露时，可在配制糖浆的后期添加；用于糖果时，可先配成溶液，再加到糖酱或糖膏中。本品为食用红色素，酸性时呈橙色，非常稳定，最适用于不含蛋白质、淀粉的饮料、糖果、果冻类等（0.05%～0.2%）。对蛋白质、淀粉类染色呈紫色，对馅芯染色良好（0.05%～0.3%）。洋火腿、香肠内部染紫红色，为防止蛋白质染色时发黑，可合用稳定剂（明矾、酒石酸钠、磷酸盐等），添加量 0.05%～0.4%。对调味番茄酱、草莓酱等添加量为 0.05%～0.2%。尚可用于糕点、饮料、面类等。

生产厂商

① 广州市芊熠食品有限公司

② 广州市天阳泰天然色素有限公司

③ 郑州天顺食品添加剂有限公司

④ 郑州皇朝化工产品有限公司

2.2　护色剂 color fixative

护色剂也称发色剂或助色剂，是能与肉及肉制品中呈色物质作用，使之在食品加工、保藏等过程中不致分解、破坏，呈现良好色泽的物质。护色剂本身没有颜色，但当加入食品后与其中组织成分结合而会产生新鲜红色，以达到改善色泽、调整感官效果指标的目的。护色剂主要在肉及肉制品加工范围中使用。其中主要物质成分是硝酸盐和亚硝酸盐。根据其化学成分分析，加工食品中过量使用这类添加剂具有一定程度的毒性和安全隐患。此类添加剂在加工食品中使用，除了具有护色发色的作用外，还具有非常独特的防腐功效，尤其在抑制肉类食品中常出现的肉毒梭状芽孢杆菌的繁殖方面，发挥着防止和抑制其毒素的作用。护色剂因其无可替代的添加效果而被保留在加工食品中使用，但在使用范围及其用量方面应有严格的管理措施和监督机制。

抗坏血酸 ascorbic acid(详见第 2 章 2.4 中面粉处理剂部分)

硝酸钾 potassium nitrate

$$KNO_3，101.10$$

别名　硝石、钾硝

分类代码　CNS 09.003；INS 252

理化性质　无色透明棱状结晶、白色颗粒或白色结晶性粉末。无臭，有咸味，口感清凉。在潮湿空气中稍吸湿。相对密度 2.109（16℃），熔点 333℃，在约 400℃时分解，释放出氧生成亚硝酸钾。水溶液对石蕊呈中性。1g 能溶于约 3mL 水（25℃）或 0.5mL 沸水中，微溶于乙醇（1g 能溶于约 620mL 乙醇）。本品在细菌作用下可还原成亚硝酸钾，并在酸性条件下与肉制品中的肌红蛋白作用，生成玫瑰色的亚硝基肌红蛋白而护色，并有抑制肉毒梭状芽孢杆菌等细菌的作用。

① 由硝酸与氢氧化钾反应制得。

② 用氢氧化钾吸收生产硝酸产生的尾气，通过化学方法制得。

毒理学依据

①ADI：0～0.06mg/kg（bw）（以亚硝酸根离子计，此 ADI 值除 3 月龄以下的婴儿外，均适用，FAO/WHO，1995）。

② GRAS：FDA-21CFR 171.170；

③ 毒性：硝酸盐的毒性作用主要是在食物中、水中或在胃肠道内，婴幼儿的胃肠道内被还原成亚硝酸盐所致。参见亚硝酸盐。

质量标准

质量标准 GB 29213—2012

项　目		指　标
硝酸钾(KNO$_3$)含量(以干基计)/%		99.0～100.5
干燥减量/%	≤	1.0
氯酸盐/(mg/kg)		通过试验
砷(As)/(mg/kg)	≤	3
铅(Pb)/(mg/kg)	≤	4

应用　护色剂、防腐剂

GB 2760—2014 规定：作为护色剂、防腐剂使用同于硝酸钠。可代替硝酸钠作为混合盐的组成成分用于肉制品的腌制。使用注意事项同硝酸钠。

生产厂商

① 南通众凯化工有限公司

② 山西省交城晋盛化工有限公司

③ 重庆茂业化学试剂有限公司

④ 江西百盈生物技术有限公司

硝酸钠 sodium nitrate

NaNO$_3$，84.99

分类代码　CNS 09.001；INS 251

理化性质　无色透明结晶或白色结晶性粉末，可稍带浅颜色，无臭，味咸，微苦。相对密度 2.261。加热到 380℃分解，并生成亚硝酸钠。在潮湿空气中易吸湿，易溶于水（90g/100mL），微溶于乙醇（0.8%）。10%水溶液呈中性。

① 以天然智利硝石为原料，通过化学方法制备。

② 用碱吸收生产硝酸产生的尾气，通过化学方法制得。

其他添加形式：硝酸钾 potassium nitrate（KNO$_3$）

毒理学依据

① LD$_{50}$：大鼠急性经口 3236mg/kg(bw)，兔急性经口 2680mg/kg(bw)。

② GRAS：FDA-21CFR 171.170。

③ ADI：0～3.7mg/kg（bw）（以硝酸根离子计，此 ADI 值不适用于 3 月龄以下的婴儿。FAO/WHO，1995）。

④ 毒性：硝酸盐的毒性作用主要是在食物中、水中或在胃肠道内，婴幼儿的胃肠道内被

还原成亚硝酸盐所致。参见亚硝酸盐。

质量标准

质量标准 GB 1886.5—2015　　　（2016-3-22 实施）

项　目		指　标
硝酸钠($NaNO_3$)含量(以干基计)/%		$99.3\sim100.5$
氯化钠(以 Cl 计)/%	≤	0.20
水分/%	≤	1.5
重金属(以 Pb 计)/(mg/kg)	≤	5.0
砷(As)/(mg/kg)	≤	2.0

应用　护色剂、防腐剂

GB 2760—2014 规定：硝酸钠可用于腌腊肉制品类（如咸肉、腊肉、板鸭、中式火腿、腊肠），酱卤肉制品类，熏，烧，烤肉类，油炸肉类，西式火腿（熏烤、烟熏、蒸煮火腿）类，肉灌肠类，发酵肉制品类，最大使用量为 0.5g/kg（以亚硝酸钠计，残留量≤30mg/kg）。

根据 FAO/WHO（1983）规定：硝酸钠可用于熟腌火腿、熟猪前腿肉，最大使用量为500mg/kg（单用或与硝酸钾合用，以硝酸钠计）；用于一般干酪，使用量为 50mg/kg（单用或与硝酸钾合用）。硝酸钠为常用的护色剂，在使用时可与食盐、砂糖、亚硝酸钠按一定配方组成混合盐，在肉类腌制时使用。因硝酸钠需转变成亚硝酸钠后方能起作用，为降低亚硝酸盐在食品中的残留量，我国已不再将其直接用于肉类罐头。用于肉类制品，亦应尽量将其用量降到最低水平。

生产厂商

① 四川乐康药用辅料有限公司

② 四川金山制药有限公司

③ 湖北七八九化工有限责任公司

④ 西安大丰收生物科技有限公司

亚硝酸钾 potassium nitrite

KNO_2，85.10

分类代码　CNS 09.004；INS 249

理化性质　白色至淡黄色晶体或柱状体。相对密度 1.915，熔点 441℃，350℃分解。在空气中易吸潮。易溶于水，微溶于乙醇。

以硝酸钾和铅为原料，通过化学方法合成。

毒理学依据

ADI：$0\sim0.06$mg/kg(bw)（以亚硝酸根离子计，此 ADI 值除 3 月龄以下的婴儿外，均适用。FAO/WHO，1995）。其他参照亚硝酸钠。

质量标准

质量标准 JECFA（2006）　　　（参考）

项　目		指　标
含量(以干基计)/%	≥	95.0
干燥失重/%	≤	3
铅/(mg/kg)	≤	2

应用　护色剂、防腐剂。使用同亚硝酸钠。

GB 2760—2014 规定：亚硝酸钾使用与亚硝酸钠相同，并且可代替亚硝酸钠作为混合盐的组成成分用于肉制品的腌制。

生产厂商

① 上海涞昂生物科技有限公司

② 江西百盈生物技术有限公司

③ 长沙鑫本化工有限公司

亚硝酸钠 sodium nitrite

$NaNO_2$，68.99

分类代码　CNS 09.002；INS 250

理化性质　白色至淡黄色结晶性粉末或粒块状颗粒，味微咸，相对密度 2.168，熔点 271℃，320℃分解。在空气中易吸湿，且能缓慢吸收空气中的氧，逐渐变为硝酸钠。易溶于水（1g 溶于约 1.5mL 水），水溶液 pH 值约为 9。微溶于乙醇。本品与肉制品中肌红蛋白、血红蛋白生成鲜艳、亮红色的亚硝基肌红蛋白或亚硝基血红蛋白而护色，可产生腊肉的特殊风味。

① 由氨气氧化产生氧化氮气体，用氢氧化钠或碳酸钠溶液吸收制得。

② 以硝酸钠和铅为原料，通过化学方法合成。

毒理学依据

① LD_{50}：小鼠急性经口 220mg/kg(bw)。大鼠急性经口 85mg/kg(bw)（雄性），175mg/kg(bw)（雌性）。

② GRAS：FDA-21CFR 172.175；

③ ADI：0～0.06mg/kg（bw）（以亚硝酸根离子计，此 ADI 值除 3 月龄以下的婴儿外，均适用。FAO/WHO，1995）。

④ 毒性：本品是食品添加剂中毒性最强的物质之一。摄食后可与血红蛋白结合形成高铁血红蛋白而使血红蛋白失去携氧功能，严重时可窒息而死。对人的致死量为每公斤体重 4～6g。在一定条件下可转化为强致癌的亚硝胺。

质量标准

质量标准 GB 1907—2003

项　目		指　标
含量(以干基计)/%	≥	99.0
水分/%	≤	1.8
水不溶物/%	≤	0.05
氯化钠(以 NaCl 计)/%	≤	0.10
重金属(以 Pb 计)/(mg/kg)	≤	20
砷(以 As 计)/(mg/kg)	≤	2
溶液澄清度		通过试验

应用　护色剂、防腐剂

GB 2760—2014 规定：亚硝酸钠用于腌腊肉制品类（如咸肉、腊肉、板鸭、中式火腿、腊肠等），酱卤肉制品类，熏、烧、烤肉类，油炸肉类，西式火腿（熏烤、烟熏、蒸煮火腿）类，肉灌肠类，发酵肉制品类及肉罐头类，最大使用量均为 0.15g/kg。其中西式火腿（熏烤、烟熏、蒸煮火腿）类，以亚硝酸钠计，残留量≤70mg/kg；肉罐头类，以亚硝酸钠计，残留量≤50mg/kg；余者以亚硝酸钠计，残留量≤30mg/kg。

根据 FAO/WHO（1983，规定：亚硝酸钠可用于咸牛肉罐头，最大使用量为 50mg/kg（单用或与亚硝酸钾合用，以亚硝酸钠计）；用于午餐肉、熟腌火腿、熟猪前腿肉、熟腌碎肉，最大使用量为 125mg/kg（单用或与亚硝酸钾合用，以亚硝酸钠计）。

本品可与食盐、砂糖按一定配方组成混合盐，在肉类腌制时使用。混合盐配方为：食盐 96%、砂糖 3.5%、亚硝酸钠 0.5%。混合盐约为原料肉的 2%～2.5%。为了促进护色和防止生成强致癌物——亚硝胺，在使用亚硝酸盐腌肉时，加入 0.55g/kg 抗坏血酸钠或异抗坏血酸钠，或补充 0.5g/kg 的 α-生育酚，降低在腌肉过程中形成的亚硝胺量。

生产厂商
① 西安裕华生物科技有限公司
② 四川金山制药有限公司
③ 武汉兴众诚科技有限公司

烟酰胺 nicotinamide(详见第 5 章中营养强化剂部分)

异抗坏血酸钠 sodium isoascorbate(详见第 1 章 1.2 中抗氧化剂部分)

应用　抗氧化剂、护色剂

GB 2760—2014 规定：（以抗坏血酸计）异抗坏血酸钠可用于葡萄酒中，最大使用量为 0.15g/kg。作为抗氧化剂可用于浓缩果蔬汁（浆）中，并可按生产需要适量使用。异抗坏血酸钠作为抗氧化剂还可用于（附录 2 中食品除外的）各类食品中，并可按生产需要适量使用。

本品相应的酸即为异抗坏血酸。虽无生物活性，但其抗氧化能力与抗坏血酸相同。主要用于果蔬加工，避免褐变时使用。异抗坏血酸钠在酸介或与蔗糖混合中比较稳定。在铜、铁离子存在下极易被氧化，所以最好与一些金属络合剂协同使用为宜。在食醋、酱油、酱类、液体复合调味料中的用量为 1.0g/kg，以抗坏血酸计。在水果罐头、果酱、蔬菜罐头、凝胶糖果、八宝粥罐头、肉罐头类、冷冻水产品及其制品、及液体复合调味料中的用量为 1.0g/kg，在葡萄酒、果蔬汁饮料中的用量为 0.15g/kg，在啤酒和麦芽饮料中的用量为 0.04g/kg。根据台湾省《食品添加剂使用范围及用量标准》（1986）规定：异抗坏血酸钠作为抗氧化剂，其最大使用量低于 1.3g/kg。根据 FAO/WHO（1984），规定：午餐肉、猪脊肉、火腿、肉糜、单用 D-抗坏血酸钠或与 D-抗坏血酸、抗坏血酸及其盐类（以抗坏血酸计）合用，最大使用量为 0.5g/kg。

生产厂商
① 上海易蒙斯化工科技有限公司
② 河南天祥食品添加剂有限公司
③ 武汉古木生物科技有限公司

2.3　漂白剂 bleaching agent

食品用漂白剂是能够破坏、抑制食品的发色因素，使其褪色或使食品免于褐变的物质。漂白剂在食品的加工处理中，具有一定的漂白、增白、防褐变及抑菌等功效和作用。食品漂白剂可分为氧化性漂白剂及还原性漂白剂两类。氧化性漂白剂是通过本身的氧化作用使食品中的有色物质被破坏（如面粉处理剂），从而达到增白或漂白的目的。氧化性漂白剂除偶氮甲酰胺在面粉食物中使用外，更多使用的是还原性漂白剂。目前国内外在加工食品中使用的漂白剂基本属于亚硫酸或其盐类物质为主体的材料物质。它们是通过其中的二氧化硫的强还原成分起作用，使果蔬中的许多色素分解和褪色（对花色素苷作用最明显，类胡萝卜素次之，而对叶绿素则几乎无显著影响）。漂白剂除可改善食品色泽外，还具有抑菌等作用。故常被用在加工食品、半成品食物以及食物原料的储藏、预处理及漂洗过程。

低亚硫酸钠 sodium hyposulfite

$$Na_2S_2O_4，174.11$$

别名　连二亚硫酸钠、次亚硫酸钠、保险粉

分类代码　CNS 05.006

理化性质　白色结晶性粉末，无臭或略有二氧化硫刺激气味。具有较强的还原性，极不稳定，易氧化分解。加热至 190℃可发生爆炸。在潮湿的空气中会吸潮，被氧化逐渐失去效力。溶于水，不溶于乙醇。

由锌、亚硫酸氢钠溶液、烧碱液通过化学方法制得。

毒理学依据

① LD_{50}：兔急性经口 600～700mg/kg(bw)(以 SO_2 计)。

② ADI：0～0.7mg/kg(bw)(二氧化硫和亚硫酸盐的类别 ADI，以二氧化硫计。JECFA，1998)。

③ GRAS：FDA-21CFR 182.3766。

质量标准

质量标准 GB 1886.46—2015（2016-3-22 实施）

项　目		指　标
低亚硫酸钠/%	≥	88.0
乙二胺四乙酸二钠/%		通过试验
重金属(以 Pb 计)/(mg/kg)	≤	10.0
铅(Pb)/(mg/kg)	≤	5.0
镉(Cd)/(mg/kg)	≤	2.0
砷(As)/(mg/kg)	≤	1.0
锌(Zn)/%	≤	0.3①
澄清度		通过试验
甲酸盐(以 HCHO 计)/%	≤	0.05②

① 以甲酸钠法工艺生产的食品添加剂低亚硫酸钠不控制锌含量的指标。

② 以锌粉法工艺生产的食品添加剂低亚硫酸钠不控制甲酸盐含量的指标。

应用　漂白剂、防腐剂、抗氧化剂

GB 2760—2014 规定：作为漂白剂，低亚硫酸钠使用同于二氧化硫。

生产厂商

① 武汉兴众诚科技有限公司

② 湖北鑫润德化工有限公司

③ 济南亿森化工有限公司

④ 郑州天顺食品添加剂有限公司

二氧化硫 sulfur dioxide

$$SO_2, 64.07$$

别名　无水亚硫酸、亚硫酸酐

分类代码　CNS 05.001；INS 220

理化性质　无色，不燃性气体。具有极强烈的刺激臭味，有窒息性。在 101.325kPa 及 0℃ 时，其蒸气密度为空气的 2.26 倍。-10℃ 时冷凝为液体。其液体相对密度在 0℃/4℃ 时约为 1.436。熔点为 -76.1℃，沸点为 -10℃。易溶于水和乙醇。有防腐作用。20℃ 时的溶解度约为 10g SO_2/100g 溶液。

由燃烧硫黄或黄铁矿而得。

毒理学依据

① ADI：0~0.7mg/kg(bw)（二氧化硫和亚硫酸盐的类别 ADI，以二氧化硫计。JECFA，1998）。

② GRAS：FDA-21CFR 182.3862。

质量标准

质量标准 FCC（7）（参考）

项　目		指　标
含量/%	≥	99.9(SO_2)
不挥发残留物/%	≤	0.05
水分/%	≤	0.05
硒/%	≤	0.002
铅/(mg/kg)	≤	2

应用　漂白剂、防腐剂、抗氧化剂

GB 2760—2014 规定：可用于经表面处理的鲜水果、蔬菜罐头（仅限竹笋、酸菜）、干制的食用菌和藻类、食用菌和藻类罐头（仅限蘑菇罐头）、坚果与籽类罐头、生湿面制品（仅限拉面）、冷冻米面制品（仅限风味派）、调味糖浆、半固体复合调味料、果蔬汁（浆）、果蔬汁（浆）类饮料，最大使用量 0.05g/kg［最大使用量以二氧化硫残留量计，浓缩果蔬汁（浆）按浓缩倍数折算］；可用于水果干类，腌渍的蔬菜，可可制品、巧克力和巧克力制品（包括代可可脂巧克力及制品）以及糖果、饼干、食糖，最大使用量 0.1g/kg（最大使用量以二氧化硫残留量计）；可用于蜜饯凉果，最大使用量 0.35g/kg（最大使用量以二氧化硫残留量计）；可用于干制蔬菜、腐竹类（包括腐竹、油皮等），最大使用量 0.2g/kg（最大使用量以二氧化硫残留量计）；可用于干制蔬菜（仅限脱水马铃薯），最大使用量 0.4g/kg（最大使用量以二氧化硫残留量计）；可用于食用淀粉，最大使用量 0.03g/kg（最大使用量以二氧化硫残留量计）；可用于淀粉糖（果糖、葡萄糖、饴糖、部分转化糖等），最大使用量 0.04g/kg（最大使用量以二氧化硫残留量计）；可用于啤酒和麦芽饮料，最大使用量 0.01g/kg（最大使用量以二氧化硫残留量计）；可用于葡萄酒、果酒，最大使用量 0.25g/L（甜型葡萄酒及果酒系列产品最大使用量为 0.4g/L，最大使用量以二氧化硫残留量计）。

二氧化硫可作为漂白剂、防腐剂、抗氧化剂使用。大多用做漂白剂与防腐剂。二氧化硫有一定腐蚀性，不适宜存储，而是通过燃烧硫磺产生二氧化硫气体对果品、果片等食物进行熏硫处理。熏硫可使果片表面细胞破坏，促进干燥，阻止单宁类物质氧化变褐，并且可保存果品中的维生素。熏硫室中二氧化硫的浓度不超过 3%；熏硫时间为 0.5～3h。

生产厂商

① 宁波乐图食品有限公司

② 上海一研生物科技有限公司

③ 武汉万荣科技发展有限公司

④ 上海瑞硕化工有限公司

焦亚硫酸钾 potassium metabisulphite

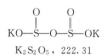

$K_2S_2O_5$，222.31

别名　偏亚硫酸钾

分类代码　CNS 05.002；INS 224

理化性质　白色单斜晶系结晶或粉末与颗粒。略有二氧化硫气味，在空气中缓慢氧化成硫酸钾。遇酸会强烈分解，并放出刺激性很强的二氧化硫气体。呈强还原性。溶于水（44.9g/100mL，20℃），难溶于乙醇。1%的水溶液的 pH 值为 3.4～4.5。

在氢氧化钾或碳酸钾溶液中通入二氧化硫气体，经搅拌、浓缩、干燥等步骤，得到焦亚硫酸钾固体。

毒理学依据

① LD_{50}：兔急性经口 600～700mg/kg(bw)（以二氧化硫计）。

② ADI：0～0.7mg/kg(bw)（对二氧化硫和亚硫酸盐的类别 ADI，以二氧化硫计。JECFA，1998)。

③ GRAS：FDA-21CFR 182.3637。

质量标准

质量标准 GB 25570—2010

项　目		指　标
含量/%	≥	93.0
水不溶物		—
硫代硫酸盐/%	≤	—
铁/(mg/kg)	≤	10
重金属(以 Pb 计)/(mg/kg)	≤	5
砷(以 As 计)/(mg/kg)	≤	2
硒/(mg/kg)	≤	5
溶液澄清度		通过试验
铅(Pb)/(mg/kg)		2

应用　漂白剂、防腐剂、抗氧化剂、护色剂

GB 2760—2014 规定：作为漂白剂，焦亚硫酸钾使用同于二氧化硫。

根据 JECFA（1983），规定：焦亚硫酸钾用于速冻小虾或对虾、龙虾，在半成品中的最大使用量为 100mg/kg，在熟制品中为 30mg/kg（以 SO_2 计，单用或与其他亚硫酸盐合用）；用于速冻法式炸土豆片，为 50mg/kg（以 SO_2 计，单用或与其他亚硫酸盐合用）。

生产厂商

① 天津万橡酒业有限公司
② 广州千益精细化工有限公司
③ 济南子安化工有限公司
④ 郑州天顺食品添加剂有限公司

焦亚硫酸钠 sodium metabisulphite

$$NaO-\underset{\underset{O}{\parallel}}{\overset{\overset{O}{\parallel}}{S}}-O-\underset{\underset{O}{\parallel}}{\overset{\overset{O}{\parallel}}{S}}-ONa$$

$Na_2S_2O_5$，191.11

别名　偏亚硫酸钠

分类代码　CNS 05.003；INS 223

理化性质　白色结晶或微黄色粉末。有二氧化硫气味，在空气中可放出二氧化硫而分解，并发出刺激性的二氧化硫气味。易溶于水与甘油，微溶于乙醇。1%的水溶液的 pH 值为 4.0～5.5。

在氢氧化钠或碳酸钠溶液中通入二氧化硫气体，经过浓缩、干燥等步骤，得到焦亚硫酸钠固体。

毒理学依据

① LD_{50}：大鼠静脉注射 115mg/kg（bw）。

② ADI：0～0.7mg/kg(bw)（二氧化硫和亚硫酸盐的类别 ADI，以二氧化硫计。JECFA，1998）。

③ GRAS：FDA-21CFR 182.3766。

质量标准

质量标准 GB 1886.7—2015（2016-3-22 实施）

项　　目		指　　标
焦亚硫酸钠(以 $Na_2S_2O_5$ 计)含量/%	≥	96.5
铁(Fe)/%	≤	0.003
澄清度		通过试验
砷(以 As 计)/(mg/kg)	≤	1.0
重金属(以 Pb 计)/(mg/kg)	≤	5.0

应用　漂白剂、防腐剂、抗氧化剂

GB 2760—2014 规定：作为漂白剂，焦亚硫酸钠使用同于二氧化硫。

生产厂商

① 武汉富鑫远科技有限公司
② 上海九鹏化工有限公司
③ 天津振泰化工有限公司
④ 天津市新欣化工厂

硫黄 sulphur

S，32.06

别名　硫磺，硫

分类代码 CNS 05.007

理化性质 黄色或淡黄色粉状固体，易燃烧，一般燃烧温度为248～261℃，燃烧时产生二氧化硫。不溶于水，略溶于乙醇和乙醚，溶于二硫化碳、四氯化碳和苯。

由含硫天然气或石油废气经燃烧回收而得。

毒理学依据 参照二氧化硫

质量标准

质量标准 GB 3150—2010

项　目		指　标
硫含量(以干基计)/%		99.9
灰分/%	≤	0.03
酸度(以 H_2SO_4 计)/%	≤	0.003
水分/%	≤	0.1
砷(As)/(mg/kg)	≤	1
有机物/%	≤	0.03
硫化物		通过检验

应用 漂白剂；防腐剂

GB 2760—2014 规定，硫黄只限于熏蒸，用于水果干类、食糖，最大使用量为 0.1g/kg（只限用于熏蒸，最大使用量以二氧化硫残留量计）；用于蜜饯凉果，最大使用量为 0.35g/kg（只限用于熏蒸，最大使用量以二氧化硫残留量计）；用于干制蔬菜，最大使用量为 0.2g/kg（只限用于熏蒸，最大使用量以二氧化硫残留量计）；用于经表面处理的鲜食用菌和藻类，最大使用量为 0.4g/kg（只限用于熏蒸，最大使用量以二氧化硫残留量计）；用于其他（仅限魔芋粉），最大使用量为 0.9g/kg（只限用于熏蒸，最大使用量以二氧化硫残留量计）。

硫黄作为漂白剂是通过燃烧产生的二氧化硫气体来使用的。使用时在密封的窑室中燃烧，对蜜饯类、干果、干菜、粉丝进行熏蒸，达到漂白与防腐的目的。

生产厂商

① 湖北鸿运隆生物科技有限公司

② 临沂金磺化工有限公司

③ 临沂市罗庄区湖滨化工厂

④ 连云港兰星工业技术有限公司

亚硫酸钠 sodium sulfite

Na_2SO_3，126.04（无结晶水）；525.15（七个结晶水）

分类代码 CNS 05.004；INS 221

理化性质 分无结晶水盐与含七结晶水合盐两种。均为无色结晶体或粉末。无臭、无味。易溶于水（25g/100mL），其水溶液呈碱性，浓度为 1g/100mL 的溶液 pH＝8.3～9.4。

在碳酸钠溶液中通入二氧化硫气体，饱和后再加入氢氧化钠溶液，经结晶、脱水干燥而得。

毒理学依据

① LD_{50}：大鼠静脉注射 115mg/kg(bw)。

② ADI：0～0.7mg/kg(bw)（二氧化硫和亚硫酸盐的类别 ADI，以二氧化硫计。JECFA，1998）。

③ GRAS：FDA-21CFR 172.615，173.310，182.3798。

④ 代谢：食品中残留的亚硫酸盐进入人体后，被氧化为硫酸盐，并与钙结合成为硫酸钙，可通过正常解毒后排出体外。

质量标准

质量标准 GB 1894—2005

项　目		指　标
亚硫酸钠含量/%	≥	96.0
水不溶物/%	≤	0.03
铁/%	≤	0.01
游离子(以 Na_2CO_3 计)/%	≤	0.60
重金属(以 Pb 计)/%	≤	0.001
砷(以 As 计)/%	≤	0.0002
澄清度		通过试验

应用 漂白剂、防腐剂、抗氧化剂

GB 2760—2014 规定：作为漂白剂，亚硫酸钠使用同于二氧化硫。

根据 JECFA (1983)，规定：亚硫酸钠用于速冻小虾或对虾、龙虾以及速冻法式炸马铃薯片，参见焦亚硫酸钾；用于带防腐剂的浓缩菠萝汁，使用量为 500mg/kg（仅用于制造，按 SO_2 计，单用或与其他亚硫酸盐、苯甲酸、山梨酸及其盐类合用）。实际使用参考如下：应用于海棠果脯时，海棠经 0.05% 亚硫酸钠溶液漂洗后，再经糖煮、烘烤制成果脯，其成品二氧化硫残留量为 0.03g/kg。

生产厂商

① 山东康宝生化科技有限公司

② 上海九鹏化工有限公司

③ 广州市润展化工有限公司

④ 上海添腾生物科技有限公司

亚硫酸氢钠 sodium hydrogen sulfite

$NaHSO_3$，104.04

本品由亚硫酸氢钠（$NaHSO_3$）和焦亚硫酸钠（$Na_2S_2O_5$）以不同比例组成，具有亚硫酸氢盐的性质。

别名 重亚硫酸钠、酸式亚硫酸钠 sodium acid sulfite

分类代码 CNS 05.005；INS 222

理化性质 白色或黄白色结晶或粗粉，有二氧化硫气味，在空气中不稳定，可以缓慢氧化成硫酸盐和二氧化硫，受热分解，遇无机酸分解产生二氧化硫。溶于水（1g 溶于 4mL 水），微溶于乙醇。1% 水溶液的 pH 值为 4.0～5.5，具有强还原性。

由二氧化硫气体与碳酸钠饱和溶液反应，经结晶、脱水干燥制得。

毒理学依据

① LD_{50}：大鼠急性经口 2000mg/kg （bw）。

② ADI：0～0.7mg/kg(bw)（二氧化硫和亚硫酸盐的类别 ADI，以二氧化硫计。JECFA，1998）。

③ GRAS：FDA-21CFR 182.3739。

质量标准

质量标准 GB 25590—2010

项　　目		指　　标
$SO_2/\%$		58.5～67.4
铁/(mg/kg)	≤	50
水不溶物/%	≤	0.01
重金属(以 Pb 计)/(mg/kg)	≤	5
硒/(mg/kg)	≤	5
砷(以 As 计)/(mg/kg)	≤	2
铅(Pb)/(mg/kg)	≤	2

应用　漂白剂、防腐剂、抗氧化剂

GB 2760—2014 规定：作为漂白剂，亚硫酸氢钠使用同于二氧化硫。

根据 FAO/WHO（1983）规定：亚硫酸氢钠的使用范围及最大使用量同亚硫酸钠。主要用途为用作漂白剂、媒染剂、蔬菜脱水和保存剂、照相还原剂、医药电镀、造纸等助漂净剂。

生产厂商

① 四川乐康药用辅料有限公司

② 武汉富鑫远科技有限公司

③ 上海涛仁实业有限公司

④ 郑州市二七区恒利化工贸易商行

2.4　面粉处理剂 flour treatment agent

面粉处理剂是促进面粉的熟化和提高制品质量的物质。此类物质多具有氧化性，其中的碳酸盐则是起到稀释和辅助的作用。面粉处理剂的使用目的是氧化其中的色素，使面粉增白，同时能改变和增加面筋强度效果，提高面团的韧性和弹性。但面粉处理剂不宜在面粉中过多使用，须严格控制使用范围与用量。

L-半胱氨酸盐酸盐 L-cysteine and its hydrochlorides salts

$$C_3H_7NO_3S \cdot HCl \cdot H_2O,\ 175.64$$

分类代码　CNS 13.003；INS 920

理化性质　无色至白色结晶或结晶性粉末，有轻微特殊气味和酸味。溶于水，水溶液呈酸性。亦可溶于醇、氨水和乙酸，不溶于乙醚、丙酮、苯等。具有还原性，有抗氧化和防止非酶褐变作用。在中性或微碱性溶液中易被空气氧化成胱氨酸，微量铁及重金属离子可促进氧化。

毒理学依据

① LD_{50}：（小鼠，急性经口）3460 mg/kg(bw)，小鼠腹腔注射 1250 mg/kg(bw)。

② GRAS：FDA-21 CFR172.230；184.1271。

质量标准

质量标准 FCC（7）（参考）

项　目		指　标	
		一水物	无水物
L-半胱氨酸盐酸盐含量(以干基计)/%		98.5～101.0	98.0～102.0
比旋光度$[\alpha]_D^{20}$/(°)		＋5.5～＋7.0	＋5.6～＋8.9
pH		1.5～2.0	1.5～2.0
氯化物(以 Cl^- 计)/%		19.8～20.8	22.3～22.6
干燥减量/%		8.0～12.0	≤1.0
灼烧残渣/%	≤	0.10	0.10
透光率/%	≥	98.0	98.0
硫酸盐(以 SO_4^{2-} 计)/%	≤	0.02	0.02
铵盐(以 NH_4^+ 计)/%	≤	0.02	0.02
其它氨基酸/%	≤	0.5	0.5
铁盐(以 Fe 计)/(mg/kg)	≤	10	10
重金属(以 Pb 计)/(mg/kg)	≤	10	10
砷(As)/(mg/kg)	≤	1	1

应用　面粉处理剂

GB 2760—2014 规定：生湿面制品（如面条、饺子皮、馄饨皮、烧卖皮）（仅限拉面），最大使用量为 0.3g/kg。用于发酵面制品，最大使用量为 0.06g/kg。用于冷冻米面制品，最大使用量为 0.6g/kg。

用于面包中促进谷蛋白质形成及发酵、出模等。具体使用时可加入面粉中混匀，或在和面时加入。食品加工中的参考用量：用于面包的添加量为 0.02～0.045g/kg；用于天然果汁，可防止维生素 C 的氧化和褐变，用量为 0.2～0.8g/kg；作为营养增补剂，其添加量不应超过总蛋白质含量的 2.3%（包括 L-胱氨酸）。

生产厂商

① 郑州康源化工产品有限公司

② 河南华建化工产品有限公司

③ 郑州明瑞化工产品有限公司

④ 常州洋森生物科技有限公司

抗坏血酸 ascorbic acid(vitamin C)

L-(+)-抗坏血酸的生物活性最强

L-(+)-抗坏血酸；　D-(-)-异抗坏血酸；　D-(-)-抗坏血酸；　L-(+)-异抗坏血酸

$C_6H_8O_6$，176.14

别名　维生素 C、L-抗坏血酸 Vitamin C；L-ascorbic acid

分类代码　CNS 04.014；INS 300

理化性质　白色或微黄色结晶体或结晶性粉末，无臭、味酸。熔点190～192℃，存在于新鲜的水果和蔬菜中。干燥纯品在空气中稳定，不纯制品和存在天然产物中时不稳定，极易被氧化。因此水果和蔬菜在过热或过多加工与烹调中易被破坏而损失。易溶于水，稍溶于乙醇，不溶于油脂及乙醚、氯仿等有机溶剂。有还原性，易被氧化成脱氢抗坏血酸，pH值3.5～4.5时较稳定。抗坏血酸为水溶性维生素，可参与机体内复杂的代谢过程，其主要的作用是促进胶原蛋白等细胞间质的合成、有利抗体的形成，同时还具有解毒、降低血清胆固醇含量以及治疗多种疾病等作用。缺乏时，毛细血管脆性增加，渗透性变大，易出血、伤口不愈合、骨质变脆、造成坏血病。抗坏血酸可使三价铁还原成易于人体吸收的二价铁，对防治缺铁性贫血有一定的辅助作用。抗坏血酸有四种异构体，其中L-（＋）-抗坏血酸作为营养强化剂生物活性最高，其他营养作用很小。本品以葡萄糖为主要原料，通过化学方法制成。

毒理学依据

① LD_{50}：大鼠急性经口＞5g/kg。

② ADI：0～15mg/kg(bw)（FAO/WHO，1994）。

③ GRAS：FDA-21CFR182.5013，182.3013，182.3401，182.8013。

质量标准

质量标准 GB 14754—2010

项　目		指　标
维生素 C($C_6H_8O_6$)/%	≥	99.0
比旋光度$[\alpha]_D^{20}$/(°)		＋20.5～＋21.5
灼烧残渣/%	≤	0.1
砷(As)/(mg/kg)	≤	3.0
重金属(以 Pb 计)/(mg/kg)	≤	10.0
铅(Pb)/(mg/kg)	≤	2
铁(Fe)/(mg/kg)	≤	2
铜(Cu)/(mg/kg)	≤	5

应用　面粉处理剂、抗氧化剂

GB 2760—2014 规定：去皮或预切的鲜水果、去皮、切块或切丝的蔬菜，最大使用量5.0g/kg。小麦粉，最大使用量0.2g/kg。浓缩果蔬汁（浆），按生产需要适量使用。可在各类食品中（附录2中食品除外）按生产需要适量使用。

抗坏血酸是一种天然的面粉品质改良剂，它可将麦谷蛋白中的—SH基氧化成—S—S—键，从而增强面筋的筋力，改善面团的流变学特性以及面包的烘焙品质。作为强化剂使用时，主要用于果汁、面包、饼干及强化乳粉、糖果等。食品加工中的参考用量：可添加于清凉饮料中、水果罐头中时，除具强化作用外，还可防止制品氧化变色及风味变化等，用量为0.3g/kg左右；用于面包、饼干及巧克力、软糖，约0.4～0.6g/kg；压缩干粮，约0.2g/kg；强化乳粉，0.4～0.5g/kg；由于抗坏血酸具有显著的酸性特点，故还可用作一些食用有机酸的代用品；在水果糖、果汁粉及果酱中加约1g/kg，同时兼有强化及增味作用；在啤酒中添加0.3g/kg，可防止其风味降低；作为肉制品的护色助剂使用时，在原料肉腌制或斩拌时添加，用量为原料肉的0.02%～0.05%。

生产厂商

① 广东大地食用化工有限公司（总公司）

② 天津市信达创建实业技术有限公司

③ 西安瑞林生物科技有限公司

④ 郑州晨旭化工产品有限公司

偶氮甲酰胺 azodicarbonamide

$$H_2N-\overset{O}{\underset{}{C}}-N=N-\overset{O}{\underset{}{C}}-NH_2$$

$C_2H_4N_4O_2$，116.08

别名 偶氮二酰胺、偶氮二甲酰胺

分类代码 CNS 13.004；INS 927a

理化性质 黄色至橙红色结晶性粉末，无臭，相对密度（d）1.65，熔点 225℃（分解）。溶于热水、不溶于冷水和大多数有机溶剂，微溶于二甲基亚砜。在 180℃ 熔化并分解。由肼和尿素在氯或硫酸存在下合成制得。

毒理学依据

① LD_{50}：小鼠急性经口大于 10g/kg（广东省食品卫生监督检验所）。

② ADI：0～45mg/kg(bw)(FAO/WHO，1994)。

③ GRAS：FDA-21CFR 172.806。

④ 骨髓试验：无致突变作用。

质量标准

质量标准 JECFA（2006）（参考）

项　目		指　标
含量(干燥后)/%	≥	98.6～100.5
铅(Pb)/(mg/kg)	≤	2
干燥失重/%	≤	0.5
含氮量/%		47.2～48.7
pH(2%悬浮液)	≥	5.0
硫酸盐灰分/%	≤	0.15

应用 面粉处理剂

GB 2760—2014 规定：可在小麦粉中使用，最大使用量为 0.045g/kg。

偶氮甲酰胺具有漂白与氧化双重作用，是一种面粉快速处理剂，在国外已广泛应用，并已通过 WHO 和 FDA 的批准，是替代溴酸钾的理想产品。偶氮甲酰胺具有氧化性，是一种速效氧化剂，其活性能保持较长时间，通过氮二双键的还原作用，脱掉蛋白质中的—SH 基中的 H 原子，本身变成缩二脲，从而使蛋白质链相互连结而构成立体网状结构，改善面团的弹性、韧性及均匀性，使生产出的面制品具有较大的体积，较好的组织结构。偶氮甲酰胺不同于溴酸钾，无需待酵母发酵时将面团的 pH 值降低至足以激化时才起作用，而是在面粉潮湿后就立即起作用，所以起效更快，基本在和面阶段就可以使面团达到成熟，这对制粉行业要求缩短仓储期、烘焙行业要求快速发酵极有意义。偶氮甲酰胺的增筋效果优于溴酸钾，而跟溴酸钾与抗坏血酸合用的效果相近。

生产厂商

① 郑州市仁恒化工产品有限公司

② 周口市川汇海大科技有限公司

③ 上海祁邦实业有限公司

④ 深圳市江源商贸有限公司

碳酸钙 calcium carbonate

$$CaCO_3，100.08$$

分类代码　CNS 13.006；INS 170i

理化性质　白色粉末，无味、无臭。有无定型和结晶型两种形态。结晶型中又可分为斜方晶系和六方晶系，呈柱状或菱形。难溶于水和醇，溶于酸，同时放出二氧化碳，呈放热反应，也溶于氯化铵溶液。在空气中稳定，有轻微的吸潮能力，有较好的遮盖力。根据碳酸钙生产方法的不同，可以将碳酸钙分为重质碳酸钙、轻质碳酸钙、胶体碳酸钙和晶体碳酸钙。干法：用机械方法（用雷蒙磨或其他高压磨）直接粉碎天然的方解石、石灰石、白垩、贝壳等就可以制得。湿法：将干法细粉制成悬浮液置于磨机内进一步粉碎，经脱水、干燥后便制得超细重质碳酸钙。

毒理学依据

急性毒性；LD_{50}：6450mg/kg（大白鼠急性经口），对眼睛有强烈刺激作用，对皮肤有中度刺激作用。

质量标准

质量标准 GB 1898—2007

项　目		指　标			
		轻质碳酸钙		重质碳酸钙	
		I	II	I	II
含量/%		98.0～100.5	97.0～100.5	98.0～100.5	97.0～100.5
盐酸不溶物/%		0.20	1.0	0.20	1.0
砷(以 As 计)/(mg/kg)	≤	3.0		3.0	
铅(Pb)/(mg/kg)	≤	3.0		3.0	
干燥减量/%	≤	2.0		2.0	
钡(以 Ba 计)/%	≤	0.03		3.0	
游离碱/%		合格	—	合格	—
碱金属及镁/%	≤	1.0	2.0	1.0	2.0
氟(F)/(mg/kg)	≤	50		50	
汞(Hg)/(mg/kg)	≤	1		1	
镉(Cd)/(mg/kg)	≤	2		2	

应用　面粉处理剂、膨松剂

GB 2760—2014 规定：小麦粉，最大使用量 0.03g/kg。可在各类食品中（附录 2 中食品除外）按生产需要适量使用。

碳酸钙与碳酸氢钠、明矾经复配得到疏松剂。疏松剂遇水受热则缓慢放出二氧化碳，使食品产生均质、细腻的蓬松结构，提高糕点、面包、饼干的品质。食品加工中的参考用量：冰淇淋类、雪糕类，最大使用量为 2.4～3.0g/kg（以元素钙计）；西式糕点、饼干，2.67～5.33g/kg（以元素钙计）；儿童配方粉，最大使用量为 3.0～6.0g/kg。碳酸钙含钙量高，可以达到40%，其含钙量是乳酸钙的 3 倍，葡萄糖酸钙的 4 倍；无异味，副作用小，是人们易于接受而广泛应用的一种钙制剂。

生产厂商

① 郑州市远大化工有限公司

② 上海盖欣食品有限公司

③ 郑州瑞普生物工程有限公司

④ 浙江天石纳米科技有限公司

碳酸镁 magnesium carbonate

$$MgCO_3，72.08$$

分类代码　CNS 13.005；INS 504i

理化性质　本品为碱式水合碳酸镁或普通水合碳酸镁，因结晶条件不同可有轻质和重质之分，一般为轻质。轻质：$MgCO_3 \cdot H_2O$。重质有：$5MgCO_3 \cdot Mg(OH)_2 \cdot 3H_2O$；$5MgCO_3 \cdot 2Mg(OH)_2 \cdot 7H_2O$；$4MgCO_3 \cdot Mg(OH)_2$ 及 $3MgCO_3 \cdot Mg(OH)_2 \cdot 4H_2O$。常温时为三水盐。轻质碳酸镁为白色松散粉末或易碎块状。无臭，相对密度 2.2，熔点 350℃。在空气中稳定，加热至 700℃产生二氧化碳，生成氧化镁，几乎不溶于水，但在水中引起轻微碱性反应，不溶于乙醇。由菱镁矿（$MgCO_3$）或白云石（$MgCO_3 \cdot CaCO_3$）经处理、精制而成或将硫酸镁和碳酸钠反应后所得沉淀精制制成。

毒理学依据

① GRAS：FDA-21CFR 182.1425。

② ADI：无须规定（FAO/WHO，1994）。

质量标准

质量标准 GB 25587—2010

项　目		指　标
氧化镁(MgO)/%		40.0～44.0
酸不溶物/%	≤	0.05
可溶性盐/%	≤	1.0
砷(以 As 计)/(mg/kg)	≤	3.0
氧化钙/%	≤	0.6
重金属(以 Pb 计)/(mg/kg)	≤	10.0

应用　面粉处理剂、膨松剂、稳定剂、抗结剂

GB 2760—2014 规定：小麦粉，最大使用量为 1.5g/kg；固体饮料（以碳酸镁计），最大使用量为 10.0g/kg。

FAO/WHO（1983）规定：作为抗结剂可用于奶粉和稀奶油粉，最大用量分别为 10g/kg和 1.0g/kg（单用或与其他抗结剂合用）；粉状葡萄糖、糖粉，为 15g/kg（单用或与其他抗结剂合用，不得有淀粉）。此外，日本用于配制膨松剂，食品中残留量应小于 0.5%。具有吸水和吸油性，因此，体操、举重和攀岩运动员常常利用碳酸镁擦手以保持双手干燥。

生产厂商

① 无锡市泽辉化工有限公司

② 宿迁市现代化工有限公司（江苏）

③ 新乡市启源食品添加剂有限公司

④ 丹东玉龙镁业有限公司

第3章 结构改良类

此类食品添加剂突出的使用功能是有益于改善、调整加工食品的质地结构以及起到稳定整个单元食物体系的结构组织和形态的功效作用，以避免液体分层沉淀、固体不整、酥硬不均、粉剂结块等影响外观、口感的现象出现。用于结构改良方面的添加剂在食品加工中属于用量最多、应用最广的物种。食品添加剂使用标准（GB 2760—2014）中涉及的相应类别包括乳化剂、增稠剂、抗结剂、膨松剂、水分保持剂、稳定和凝固剂以及用于胶基糖果中的基础剂等材料物质。

3.1 乳化剂 emulsifier

乳化剂是能改善乳化体中各种构成相之间的表面张力，形成均匀分散体或乳化体的物质。从化学结构上讲，乳化剂是一种既含亲水基又有疏水基的表面活性剂。它能改善油水混合相体系中相与相之间的表面张力，并形成均匀的混合相体系。因此，乳化剂的使用能非常有效地调整多类加工食物的稳定形态，改善结构的作用。而且乳化剂对提高加工食品的色、香、味和口感效果以及延长货架存放时间等方面也有显著地影响和辅助作用。乳化剂是食品加工中使用范围最宽、用量最多的一类食品添加剂。在实际应用过程中，为快速形成混合和分散体系，往往需要结合一定强度的机械搅拌或均质均化处理，以实现和达到最佳的乳化效果。

比较不同乳化剂对水、油两相亲合能力、乳化性能以及乳化效果的指标是亲水、亲油平衡值即 HLB 值（Value of Hydrophility & Lipophility Balance），通常将乳化剂对应的 HLB 值分为 20 个等值（以油酸 $C_{17}H_{33}COOH$ 的 HLB 值视为标准，并且定为 1；而油酸钾的 HLB 值为 20）。油水混合对应的乳化体系主要可分为水包油型（O/W）和油包水型（W/O）两种类型。使用过程可通过分析各类乳化体系及成分组成，再根据不同乳化剂的 HLB 值，选择相宜的乳化剂进行比对以获得最终确定。乳化剂物种选择规律一般视其 HLB 值越低，表示该乳化剂的亲油性越强，越适宜油包水型（W/O）的乳化体系；而 HLB 值越高，则表示其乳化剂的亲水性越强，越适宜水包油型（O/W）的乳化体系。对于混合乳化剂的 HLB 值可依各组分的 HLB 值及其含量进行权重加和而得。

铵磷脂 ammonium phosphatide

$$\left[\begin{array}{c} O \\ \parallel \\ R-P-O \\ \mid \\ OH \end{array} \right]^{-} \ [NH_4]^+$$

720（以十八碳硬脂酸计）

分类代码 CNS 10.033；INS 442

理化性质 油质状的半固态。

毒理学依据

① LD_{50}：小鼠急性经口大于 10g/kg（bw）。根据急性毒性分级，属于实际无毒级。

② 致突变试验：Ames 试验结果阴性。

③ ADI：0~30mg/kg（bw）（JECFA，1974）。

质量标准

质量标准 卫生部指定标准（参考）

项　目	指　标
磷（以 P 计）/%	3.0~3.4
氨态氮（以 N 计）/%	1.2~1.5
铅（Pb）/（mg/kg）　　　　　　　≤	5

应用 乳化剂

GB 2760—2014 规定：巧克力和巧克力制品、除 05.01.01 以外的可可制品，最大使用量为 10.0g/kg。

CAC 规定：可可混合物（粉状）和可可块，10.0g/kg；可可和巧克力制品，10.0g/kg。欧盟规定：可可及巧克力产品和巧克力糖果，10.0g/kg；加拿大规定：巧克力制品，可可制品，7.0g/kg。

生产厂商

① 湖南奥驰生物科技有限公司

② 武汉万荣科技发展有限公司

③ 西安康之乐生物科技有限公司

④ 江苏曼氏生物科技有限公司

丙二醇脂肪酸酯 propylene glycol esters of fatty acid

式中 R_1 和 R_2 代表一个脂肪酸基团和氢（单酯时）；R_1 和 R_2 代表二个脂肪酸基团（双酯时）。食品中使用的丙二醇脂肪酸酯主要的为单酯。

别名 脂肪酸丙二醇酯

分类代码 CNS 10.020；INS 477

理化性质 随结构中的脂肪酸的种类不同而异，可得白色至黄色的固体或黏稠液体，无臭味。丙二醇的硬脂酸和软脂酸酯多数为白色固体。以油酸、亚油酸等不饱和酸制得的产品为淡黄色液体。此外还有粉状、粒状和蜡状。丙二醇单硬脂酸酯的 HLB 值约为 3.4，是亲油性乳化剂，不溶于水，可溶于乙醇、乙酸乙酯、氯仿等。丙二醇脂肪酸酯具有良好的发泡性和乳化性能，它的发泡能力取决于单酯含量，单酯含量越高，性能越好。直接酯化法，丙二醇和脂肪酸在适当催化剂存在下，加热进行酯化。或酯交换法，丙二醇与油脂进行酯交换而得。

毒理学依据

① LD_{50}：小鼠急性经口 10g/kg（bw）。

② ADI：0~25mg/kg（bw）（FAO/WHO，1994）。

③ GRAS：FDA-21 CFR 172.856，172.862，172.866，172.340。

质量标准

质量标准 JECFA（2006）（参考）

项　　目		指　　标
含量/%	≥	85
酸值(以 KOH 计)/(mg/g)	≤	4.0
游离丙二醇/%	≤	1.5
总丙二醇/%	≤	11.0
铅(Pb)/(mg/kg)	≤	2.0
皂质(以硬脂酸钾计)/%	≤	—
灼烧残渣/%	≤	0.5(硫酸盐灰分)
聚氧乙烯		—
单酯总含量/%	≤	0.5(二、三聚物)
皂化值/%		7.0(以硬脂酸钾计)

应用　乳化剂、稳定剂

GB 2760—2014 规定：乳及乳制品（除外 01.01.01、01.01.02、13.0 涉及品种除外）、冷冻饮品（03.04 食用冰除外），最大使用量 5.0g/kg；脂肪，油和乳化脂肪制品，最大使用量10.0g/kg；熟制坚果与籽类（仅限油炸坚果与籽类）、油炸面制品、膨化食品，最大使用量为2.0g/kg；糕点，最大使用量为 3.0g/kg；复合调味料，最大使用量 20.0g/kg。

用于糕点、起酥油制品，能提高保湿性，增大体积，具有保持质地柔软，改善口感等特性。用于人造奶油，可防止油水分离。用于冰淇淋，提高膨胀率和保形性。丙二醇脂肪酸酯的乳化性能较其他乳化剂稍差，一般不单独使用，而多与其他乳化剂合用，起协同效应。使用方法，可将本品与其他粉状物直接混合投料使用，也可将本品加入油中溶解使用。

生产厂商

①江苏省海安石油化工厂

② 广州市耶尚贸易有限公司

③ 海安县国力化工有限公司

④ 广州永易食品原料有限公司

单，双甘油脂肪酸酯(油酸、亚油酸、棕榈酸、山嵛酸、硬脂酸、月桂酸、亚麻酸)monoglycerides and diglycerides of fatty acids

α-单-　　　　β-单-　　　　α，β-双-　　　α，α-双-

CH₂OOCR	CH₂OH	CH₂OOCR	CH₂OOCR
CHOH	CHOOCR	CHOOCR	CHOH
CH₂OH	CH₂OH	CH₂OH	CH₂OOCR

其中：—OCR 表示脂肪酸基团。

分类代码　CNS 10.006；INS 471

理化性质　白色蜡状薄片或珠粒固体，不溶于水，与热水经强烈振荡混合可分散于水中。多为油包水型乳化剂。能溶于热的有机溶剂乙醇、苯、丙酮以及矿物油和固定油中。脂肪酸和甘油在催化剂存在下加热酯化而得。

毒理学依据

① ADI：无限制性规定（FAO/WHO，1994）。

② GRAS：FDA-21CFR 182.1342。

质量标准

质量标准 GB 1886.65—2015

项　目		指　标
总单甘油脂肪酸酯		符合声称
水分/%	≤	2.0
游离甘油/%	≤	7.0
酸值(以 KOH 计)/(mg/g)	≤	6.0
皂质(以油酸钠计)/%	≤	6.0
铅(Pb)/(mg/kg)	≤	2.0

应用　乳化剂

GB 2760—2014 规定：稀奶油、生湿面制品（如面条、饺子皮、馄饨皮、烧卖皮）、婴儿配方食品、婴幼儿辅助食品，按生产需要适量使用；生干面制品，最大使用量 30.0g/kg；黄油和浓缩黄油，最大使用量 20.0g/kg；其他糖和糖浆（如红糖、赤砂糖、槭树糖浆），最大使用量 6.0g/kg；香辛料类，最大使用量 5.0g/kg；可在各类食品中（附录 2 中食品除外）按生产需要适量使用。

用于糖果可防止奶糖、太妃糖出现油脂分离现象；用于巧克力可防止巧克力砂糖结晶和油水分离，增加细腻感；用于冰淇淋，可使组织混合均匀、细腻、爽滑、膨化适度，提高保形性；用于人造奶油，可防止油水分离、分层等现象，提高制品的质量；用于饮料，加入含脂的蛋白饮料中，可提高稳定性，防止油脂上浮，蛋白质下沉；用于糕点或面包，与其他乳化剂配伍，作为糕点的发泡剂，与蛋白质形成复合体，从而产生适度的气泡膜，所制点心体积增大、松软，富有弹性，延长保存期；用于饼干，加入面团中能使油脂以乳化状态均匀分散，有效地防止油脂渗出，提高饼干的脆性，用于米面制品，能增加生面团的紧密性，降低面团的黏度，提高面制品弹性；面制品在沸煮时不易糊烂，食用口感良好；用于方便面、速食面等食品，能促进水的润湿和渗透，方便食用；米粉制品添加此品，可增加米粉白度和柔韧性，改善食感。用于肉类加工制品，可使脂肪类原料更好地分散，防止淀粉老化及回生，易于加工，抑制析水、收缩或硬化现象；用于干酵母，能保护细胞活性；用于豆类加工可作消泡剂，使豆腐制品保水性好。将本品与 4～5 份约 70℃的热水搅拌混合成乳白色的水合物膏体后，冷却到室温即可使用。

生产厂商

① 杭州富春食品添加剂有限公司

② 广州市佳力士食品有限公司

③ 河南德大化工有限公司

④ 上海馨稞实业有限公司

改性大豆磷脂 modifield soybean phospholipid

大豆磷脂包括磷脂酰胆碱 PC（卵磷脂）、磷脂酰乙醇胺 PE、磷脂酰肌醇 PI、磷脂酸 PA 及大豆油脂的混合物，经过改性处理后基本以磷脂酸为主体。

$$
\begin{array}{l}
RCOO\!-\!CH_2 \\
RCOO\!-\!C\!-\!H\quad O \\
\quad\ H_2C\!-\!O\!-\!P\!-\!OH \\
\qquad\qquad\qquad OH
\end{array}
$$

别名　羟化卵磷脂 hydroxylated lacithin

分类代码　CNS 10.019

理化性质　浅黄色至黄色透明黏稠液体或浅黄色粉末和颗粒状，有特殊的"漂白"味。部分溶于水，但在水中很容易形成乳液，比一般的磷脂更容易分散和水合。极易吸潮，白色的新鲜制品在空气中被迅速氧化为黄色至棕褐色。易溶于动物油、植物油、乙醚、石油醚或氯仿中，部分溶于乙醇。具有营养性、乳化性、抗氧化性、悬浮性、黏结性、润滑性、流动性、适口性。由大豆制油时得到的胶质中分离出磷脂，经过氧化氢、过氧化苯酰、乳酸和氢氧化钠，或是经过氧化氢、乙酸和氢氧化钠羟基化后，再经物化处理、丙酮脱脂，得到粉粒状无油、无载体的改性大豆磷脂。

其他添加形式　乙酰化磷脂、羟基化磷脂等改性大豆磷脂。

毒理学依据

① ADI：无限制性规定（FAO/WHO，1994）。

② GRAS：FDA-21CFR 172.814。

质量标准

质量标准　LS/T 3225—1990（参考）

项　目		指　标
水分及挥发物/%	≤	1.5
苯不溶物/%	≤	1.0
丙酮不溶物/%	≥	95
酸价（以 KOH 计）/(mg /g)	≤	38
碘价（以 I 计）/(mg/100g)		60～80
过氧化值,meq/kg	≤	50
砷（以 As 计）/%	≤	0.0003
重金属铅（以 Pb 计）/%	≤	0.001

应用　乳化剂

GB 2760—2014 规定：可在各类食品中（附录 2 中食品除外）按生产需要适量使用。

改性大豆磷脂与谷物、淀粉和蛋白质相结合，可大大改良食品的感官品质和内外在质量指标、增强食品的营养效价，提高食品的可食质量。作为乳化剂，大豆磷脂以多种形式存在于食品乳化液中，通常与其他乳化剂、稳定剂相结合而起到乳化作用。食品加工中的参考用量，用于油脂、人造黄油（硬酯化、氢化油），最大使用量 3.5g/kg；巧克力、焙烤食品，最大使用量 3.0g/kg；糖果，最大使用量 5.0g/kg。用于油脂、人造黄油（硬酯化、氢化油），起乳化、防溅、分散等作用；用于方便面、通心粉，起到润湿、分散、乳化、稳定作用；在巧克力中添加，起保形、润湿作用，能防止因糖分的再结晶而引起的发花现象；对含有坚果及蜂蜜的糖果，能防止渗液作用；对口香糖能起留香作用；对中式点心的质量起到保油止渗作用，改善过腻口感；对饼干起到酥、节油、赋形的作用；对面包能起增大体积，改善风味、口感等。改性大豆磷脂可提供生物体所必需的营养成分和能量物质，对动物的生长发育非常重要，是饲料生产的理想营养补充剂。

生产厂商

① 郑州四维磷脂技术有限公司

② 天津市博帅工贸有限公司

③ 北京源华美磷脂科技有限公司

④ 郑州耐瑞特生物科技有限公司

果胶 pectin

线性 D-半乳糖醛酸甲酯连接而成的多糖

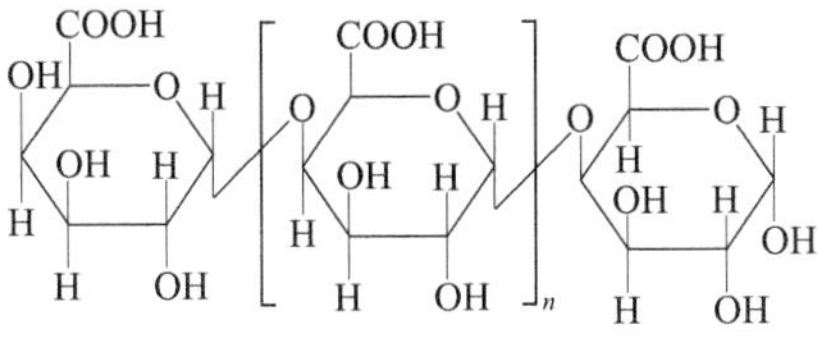

$5 \times 10^5 \sim 30 \times 10^5$

分类代码　CNS 20.006；INS 440

理化性质　果胶为白色至黄褐色粉末，经铝盐沉淀的果胶有时是黄绿色的，苹果果胶的颜色通常都比柑橘果胶的颜色稍深，几乎无臭，在 20 倍水中溶解成黏稠体，不溶于乙醇和其他有机溶剂。果胶在酸性和中性环境中保持稳定，但是在酸性高温环境中时间过长就会水解。甲氧基高于 7% 的果胶称为高甲氧基果胶（HMP），低于 7% 的果胶称为低甲氧基果胶（LMP）。将柠檬、柑橘、酸橙等柑橘类水果的果皮破碎，置于质量为果皮质量 4 倍的 0.75% 柠檬酸的溶液中，加温浸渍后萃取制得。

毒理学依据

① ADI：无须规定（FAO/WHO，1994）。

② GRAS：FDA-21CFR 1184.1588。

质量标准

质量标准 GB 25533—2010

项　　目		指　标
干燥减量[①]/%	≤	12.0
二氧化硫/(mg/kg)	≤	50.0
酸不溶灰分/%	≤	1.0
(甲醇＋乙醇＋异丙醇)[②]/%	≤	1.0
总半乳糖醛酸/%	≥	65.0
酰胺化度[③]/%	≤	25.0
铅(Pb)/(mg/kg)	≤	5

①干燥温度和时间分别为 105℃ 和 2h。

②仅限非乙醇加工的产品。

③仅限酰胺化果胶。

应用　乳化剂、增稠剂、稳定剂

GB 2760—2014 规定：果蔬汁（浆），最大使用量为 3.0g/kg。稀奶油、黄油和浓缩黄油、生湿面制品（如面条、饺子皮、馄饨皮、烧卖皮）、生干面制品、其他糖和糖浆（如红糖、赤砂糖、槭树糖浆)、香辛料类，按生产需要适量使用。可在各类食品中（附录2中食品除外）按生产需要适量使用。

食品加工中的参考用量，用于加工干酪，8g/kg；罐装的沙丁鱼、鲭鱼，20g/kg；稀奶油、乳脂干酪，5g/kg；罐装鲐鱼和竹荚鱼，2.5g/kg（仅用于辅料中，所有增稠剂和凝胶剂的总量为20g/kg）；速冻鱼片或块、鱼肉糜、鱼片和鱼肉糜的混合物，（用面包粉或面拖料包裹），5g/kg；补充代乳品，10g/kg；乳精酪，5g/kg（单用或与其他增稠剂合用）；加工乳干酪，5g/kg；发酵后经加热处理的调味酸奶及其制品、罐装栗子或栗子酱，10g/kg。果胶必须完全溶解以避免形成不均匀的凝胶，用乙醇、甘油或砂糖糖浆湿润，或与3倍以上的砂糖混合，可提高果胶的溶解性。果胶在酸性溶液中比在碱性溶液中稳定。高酯果胶主要用作带酸味的果酱、果冻、果胶软糖、糖果馅心以及乳酸菌饮料等的稳定剂。低脂果胶主要用作一般的或低酸味的果酱、果冻、凝胶软糖，以及用作冷冻甜食、色拉调味酱、冰淇淋、酸奶等的稳定剂。

生产厂商

① 郑州天耀科技有限公司

② 河北百味生物科技有限公司

③ 河南金润食品添加剂有限公司

④ 河南德大化工有限公司

琥珀酸单甘油酯 succinylated monoglycerides

（R₁，R₂，R₃ 为脂肪酸或琥珀酸或氢）

分类代码　CNS 10.038；INS 472g

理化性质　白色至浅黄色的蜡状固体，难分散于水，不溶于甘油，溶于温甲醇、乙醇和正丁醇，在其熔点以上可很好地溶于其他物质。脂肪酸和琥珀酸的酯化产物，呈双亲分子结构，属非离子型食品乳化剂。其乳化性能介于水包油（O/W）和油包水（W/O）之间。具有安全、耐酸、耐盐、水解性好等特点。以甘油对食用脂肪和油脂醇解后再进行琥珀酰化、或者以甘油和食用脂肪形态的脂肪酸进行酯化制得的。

质量标准

质量标准　卫生部规定标准（参考）

项　目		指　标
酸值(以 KOH 计)/(mg/g)		70～120
羟值(以 KOH 计)/(mg/g)		138～152
碘值(以 I 计),g/100g	≤	3.0
游离琥珀酸/%	≤	3.0
结合琥珀酸/%	≤	14.8
铅(Pb)/(mg/kg)	≤	2.0

应用　乳化剂

GB 2760—2014 规定：调制乳、以乳为主要配料的即食风味食品或其预制产品（不包括冰淇淋和风味发酵乳）、焙烤食品、含乳饮料，最大使用量为5.0g/kg；干酪类似品，脂肪、油和乳化脂肪制品（02.01 基本不含水的脂肪和油除外），最大使用量为10.0g/kg；果蔬汁（浆）

类饮料、蛋白饮料、茶、咖啡、植物（类）饮料，最大使用量为 2.0g/kg；固体饮料（按稀释 10 倍计算），最大使用量为 20.0g/kg。

应用在乳及其制品、饮料（蛋白类、植物类等）中具有乳化、润湿、分散、助溶等作用。应用在烘焙食品中可与面粉中的谷蛋白发生强烈的相互作用，可改进发酵生面团的持气性能，从而使烘烤食品的体积和弹性增大，并有一定的柔软、保鲜和烘烤时水分分散失量减少的作用。将琥珀酸单甘油酯与配料中的油脂（植物油、棕榈油等）一起加热溶解，或制成水合物后使用。

生产厂商

① 武汉市铭业科技发展有限公司

② 武汉万荣科技发展有限公司

③ 郑州大河食品科技有限公司

④ 郑州明瑞化工产品有限公司

聚甘油蓖麻醇酯 polyglycerol polyricinoleate(polyglycerol esters of inter-esterified ricinoleic acid)(PGPR)

别名 PGPR、帕斯嘉

分类代码 CNS 10.029；INS 476

理化性质 黄色高黏性液体，无臭或带有特殊气味，不溶于水和乙醇，可溶于乙醚、烃卤代烃和油脂，为非离子型油包水（W/O）型乳化剂。具有良好的热稳定性。将甘油和蓖麻油分别制成聚甘油和缩合蓖麻油脂肪酸后，进一步将两者酯化制成。

毒理学依据

① LD_{50}：46.4g/kg（bw）（小鼠，急性经口）。

② ADI：0～7.5mg/kg（FAO/WHO，1994）。

③ 微核试验阴性。

质量标准

质量标准 FCC（7）（参考）

项 目		指 标
聚甘油（二聚、三聚、四聚甘油）/%	≥	75
聚甘油（等于或高于七聚甘油）/%	≤	10
铅(Pb)/(mg/kg)	≤	2.0
羟值(以 KOH 计)/(mg/g)		80～100
碘值(以 I 计)/(mg/100g)		72～103
皂化值(以 KOH 计)/(mg/g)		170～210
折射率		1.463～1.467
酸值(以 KOH 计)/(mg/g)	≤	6

应用 乳化剂、稳定剂

GB 2760—2014 有关规定：水油状脂肪乳化制品，最大使用量为 10.0g/kg；可可制品、巧克力和巧克力制品（包括代可可脂巧克力及制品）、糖果和巧克力制品包衣、半固体复合调味料，最大使用量为 5.0g/kg。

本产品具有良好的热稳定性，它最重要的特性是能降低巧克力浆料的黏度，不会形成晶体，从而提高其流动性，加快巧克力及其制品充填铸模过程，优化工艺流程，并使其中产生的小气泡易于排出，避免了产品出现空洞及气孔现象。与卵磷脂混合使用有良好的协同作用，可显著降低剪切应力，减少可可脂的用量，减薄巧克力涂层的厚度，提高易加工性。

生产厂商

① 广州永易食品原料有限公司

② 河北百味生物科技有限公司

③ 河南奥尼斯特食品有限公司

④ 郑州大河食品科技有限公司

聚甘油脂肪酸酯 polyglycerol esters of fatty acids(polyglycerol fatty acid esters)

$$\left[\begin{array}{c} H_2C-O \\ HC-O-COR \\ -O-CH_2 \end{array} \right]_n$$

其中 $R=C_{17}H_{35}$

分类代码 CNS 10.022；INS 475

理化性质 为黄色半固体蜡状，耐酸性强，不溶于水，但能分散在水中，溶于乙醇等有机溶剂或油脂。皂化值为 91mgKOH/g，羟基值 457，HLB 值 11.3。亲水性能较好，与吐温 80 相似。120℃的酸性条件下，仍具有独特的乳化稳定效果。由甘油在高温条件下脱水缩合成六聚甘油，再与硬脂酸酯化后，经脱色分离而成。

毒理学依据

① LD_{50}：20g/kg（bw）（小鼠，急性经口）。

② ADI：0～25mg/kg（脂肪酸聚甘油酯 FAO/WHO，1994）。

③ GRAS：FDA-21 CFR 172.854。

质量标准

质量标准　JECFA〔2006〕（参考）

项　目	指　标	
	JECFA(2006)	FCC(7)
酸值(以 KOH 计)/(mg/g)	不得检出脂肪酸以外的酸	符合声称
羟值(以 KOH 计)/(mg/g)	—	符合声称
碘值(以 I 计)/(mg/100g)	—	符合声称
灼烧残渣/%	—	符合声称
皂化值(以 KOH 计)/(mg/g)	—	符合声称
脂肪酸钠盐/%	—	符合声称
铅(Pb)/(mg/kg) ≤	2.0	2.0

应用 乳化剂、稳定剂、增稠剂、抗结剂

GB 2760—2014 规定：调制乳、调制乳粉和调制奶油粉、稀奶油（淡奶油）及其类似品、植物油（仅限煎炸用油）、冷冻饮品（03.04 食用冰除外）、熟制坚果与籽类（仅限油炸坚果与籽类）、可可制品、巧克力和巧克力制品（包括代可可脂巧克力及制品）、面糊（如用于鱼和禽肉的拖面糊）、裹粉、煎炸粉、即食谷物，包括碾轧燕麦（片）、方便米面制品、焙烤食品、调味品（仅限用于膨化食品的调味料）、固体复合调味料、半固体复合调味料、饮料类（14.01

包装饮用水除外）、果冻（如用于果冻粉，按冲调倍数增加使用量）、膨化食品，最大使用量 10.0g/kg。脂肪，油和乳化脂肪制品（02.01.01.01 植物油除外），最大使用量 20.0g/kg。糖果，最大使用量 5.0g/kg。

加入冰淇淋中，可使其各组分混合均匀，形成细密的气孔结构，膨胀率大，口感细腻、润滑，不易融化；加入方便面中，能加速水的润湿性和渗透性，使水分较快地渗入面条内部，方便食用；加入面条制品中，能增加生面的紧密性和提高面条的弹性，使之在煮沸时不易糊烂，减少成品中淀粉的损失，降低面团黏度，增进口感；加入米粉制品中，可使水分渗透性好，并增加米粉白度和柔韧性，改善口感；加入焙烤食品中，可使油脂在面团中均匀分散，使面包、糕点松软，富于弹性，并抑制面包水分释放，延长保鲜期；用于糖果，有防止奶油分离、防潮、防黏，具有改善口感的效果；在巧克力中降黏作用，防止起霜；若用于含脂肪、蛋白质饮料，作为乳化剂和稳定剂，可防止分层，延长保质期；在人造奶油、黄油、起酥油中，能防止油、水分离，改善餐用黄油的涂抹性，也可用作油脂结晶防止剂；加入乳制品中，能提高其速溶性；加入肉制品如香肠、午餐肉、肉丸、鱼肉馅等中，可防止填充料的淀粉回生、老化。

生产厂商
① 济南东润精化科技有限公司
② 郑州君凯化工产品有限公司
③ 广州孟发贸易有限公司
④ 河北百味生物科技有限公司

聚氧乙烯木糖醇酐单硬脂酸酯 polyoxyethylene xylitan monostearate

$$C_{18}H_{35}OOC \quad O(CH_2CH_2O)_y \quad OH$$
$$O(CH_2CH_2O)_x$$
$$x+y=20\sim22$$

分类代码　CNS 10.017

理化性质　琥珀色半胶状、油状黏稠液体。易溶于水、稀酸和稀碱，并且溶液大多数有机溶剂，不溶于油类及乙二醇。耐热性、耐腐蚀性好。木糖醇酐单硬脂酸酯在碱性催化剂存在条件下，与环氧乙烷加热进行缩合反应而得。

毒理学依据
① LD_{50}：18g/kg（bw）（大鼠，急性经口）。
② ADI：0～15mg/kg（bw）。

质量标准

质量标准 GB 1886.112—2015

项　　目		指　　标
酸值(以 KOH 计)/(mg/g)	≤	2
皂化值(以 KOH 计)/(mg/g)		50～60
羟值(以 KOH 计)/(mg/g)		80～100
重金属(以 Pb 计)/(mg/kg)	≤	10.0
总砷(以 As 计)/(mg/kg)	≤	2.0
镍(Ni)/(mg/kg)	≤	3.0

应用　乳化剂

GB 2760—2014 有关规定：其他（发酵工艺用），最大使用量为 5.0g/kg。

本品 O/W 型非离子食品乳化剂，乳化性能与吐温相当，还具有发泡、消泡和分散等的作用。具有明显的抑菌效果，同时可与司盘类产品配伍，有协同效应。

生产厂商

① 安徽中旭生物科技有限公司

② 河南德大化工有限公司

③ 西安康之乐生物科技有限公司

④ 郑州皇朝化工产品有限公司

聚氧乙烯山梨醇酐单硬脂酸酯 polyoxyethylene sorbitan monostearate

$$C_{17}H_{35}C\!-\!O\!-\!(C_2H_4O)_xH_2C$$
$$HO(C_2H_4O)_y \quad (OC_2H_4)_wOH$$
$$(OC_2H_4)_zOH$$
$$x+y+z+w=20$$

别名　聚山梨酸酯 60(polysorbate 60)、吐温 60(tween60)

分类代码　CNS 10.015；INS 435

理化性质　柠檬色至橙色液体，无特殊臭味，略有苦味。溶于水、苯胺、乙酸乙酯和甲苯，不溶于矿物油和植物油。HLB 值 14.9。是亲水性、水包油型非离子表面活性剂，有很好的热稳定性和水解稳定性。山梨醇和山梨醇酐与硬脂酸和棕榈酸部分酯化的混合物，以每摩尔山梨醇和它的单、双酐，与约 20mol 环氧乙烷进行缩合制得。

毒理学依据

① LD_{50}：大鼠急性经口大于 10g/kg（bw）。

② ADI：0～25mg/kg(bw)(FAO/WHO，1994)。

③ GRAS：FDA-21CFR 172.515，172.836。

质量标准

质量标准 GB 25553—2010

项　目		指　标
酸值(以 KOH 计)/(mg/g)	≤	2.0
皂化值(以 KOH 计)/(mg/g)		45～55
羟值(以 KOH 计)/(mg/g)		81～96
水分/%	≤	3.0
灼烧残渣/%	≤	0.25
砷(As)/(mg/kg)	≤	3.0
铅(Pb)/(mg/kg)	≤	2.0
氧乙烯基(以 C_2H_4O 计)/%		65.0～69.5

应用　乳化剂、消泡剂、稳定剂

GB 2760—2014 规定：调制乳、冷冻饮品（03.04 食用冰除外），最大使用量 1.5g/kg；稀奶油、调制稀奶油、液体复合调味料（不包括 12.03，12.04），最大使用量 1.0g/kg；水油状脂肪乳化制品、02.02 类以外的脂肪乳化制品，包括混合的和（或）调味的脂肪乳化制品、半固体复合调味料，最大使用量 5.0g/kg；豆类制品（以每千克黄豆的使用量计），最大使用量

0.05g/kg；面包，最大使用量 2.5g/kg；糕点、含乳饮料、植物蛋白饮料，最大使用量 2.0g/kg；固体复合调味料，最大使用量 4.5g/kg；饮料类（14.01 包装饮用水及 14.06 固体饮料除外），最大使用量 0.5g/kg；果蔬汁（浆）类饮料，最大使用量 0.75g/kg；其他（乳化天然色素），最大使用量 10.0g/kg。

生产厂商

① 河南金润食品添加剂有限公司

② 广州共桦化工有限公司

③ 广州东霖化工有限公司

④ 广州明杰精细化工有限公司

聚氧乙烯山梨醇酐单油酸酯 polyoxyethylene sorbitan monooleate

$$C_{11}H_{33}-C-O-(C_2H_4O)_xH_2C \quad O$$
$$HO(C_2H_4O)_y \quad (OC_2H_4)_wOH$$
$$(OC_2H_4)_zOH$$
$$x+y+z+w=20$$

别名 聚山梨酸酯 80（polysorbate80）、吐温 80（tween80）

分类代码 CNS 10.016；INS 433

理化性质 黄色至橙色油状液体，有轻微特殊臭味，略有苦味。溶于水、乙醇、乙酸乙酯、甲醇、二噁烷，不溶于矿物油及溶剂油。但当与水杨酸、鞣酸、间苯二酚、百里酚等作用会失去乳化性能。由山梨糖醇与月桂酸酯化后的产物与摩尔比为 1：20 的环氧乙烷缩合而得。

毒理学依据

① LD_{50}：小鼠急性经口 25g/kg（bw）。

② ADI：0～25mg/kg（bw）(FAO/WHO，1994)。

③ GRAS：FDA-21 CFR 172.515，172.840。

质量标准

质量标准 GB 25554—2010

项 目		指 标
酸值(以 KOH 计)/(mg/g)	≤	2.0
皂化值(以 KOH 计)/(mg/g)		45～55
羟值(以 KOH 计)/(mg/g)		65～80
水分/%	≤	3.0
灼烧残渣/%	≤	0.25
砷(As)/(mg/kg)	≤	3.0
铅(Pb)/(mg/kg)	≤	2.0
氧乙烯基(以 C_2H_4O 计)/%		65.0～69.5

应用 乳化剂、消泡剂、稳定剂

GB 2760—2014 规定：调制乳、冷冻饮品（03.04 食用冰除外），最大使用量 1.5g/kg；稀奶油、调制稀奶油、液体复合调味料（不包括 12.03，12.04），最大使用量 1.0g/kg；水油状脂肪乳化制品、02.02 类以外的脂肪乳化制品，包括混合的和（或）调味的脂肪乳化制品、半固体复合调味料，最大使用量 5.0g/kg；豆类制品（以每千克黄豆的使用量计），最大使用量

0.05g/kg；面包，最大使用量 2.5g/kg；糕点、含乳饮料、植物蛋白饮料，最大使用量 2.0g/kg；固体复合调味料，最大使用量 4.5g/kg；饮料类（14.01 包装饮用水及 14.06 固体饮料除外），最大使用量 0.5g/kg；果蔬汁（浆）类饮料，最大使用量 0.75g/kg；其他（乳化天然色素），最大使用量 10.0g/kg。

生产厂商
① 河南金润食品添加剂有限公司
② 河南德大化工有限公司
③ 广州博峰化工科技有限公
④ 武汉万荣科技发展有限公司

聚氧乙烯山梨醇酐单月桂酸酯 polyoxyethylene sorbitan monolaurate

$$C_{11}H_{23}C-O-(C_2H_4O)_xH_2C$$

$$HO(C_2H_4O)_y \quad (OC_2H_4)_wOH$$
$$(OC_2H_4)_zOH$$
$$x+y+z+w=20$$

别名　聚山梨酸酯 20（polysorbate 20）、吐温 20（tween20）
分类代码　CNS 10.025；INS 432
理化性质　聚氧乙烯山梨醇酐脂肪酸酯系列乳化剂同为一类非离子型表面活性剂，由司盘型乳化剂分子中残余的羟基与氧化乙烯进行缩合反应，以每 1mol 山梨糖醇与 20mol 氧化乙烯缩合而成。吐温系列乳化剂为亲水型的乳化剂，其 HLB 值在 11～16.7 之间，依其乳化性能，适宜在低脂食品或水相中使用。此类乳化剂一般均有特殊臭味或者略带苦味（食品中可用甘油和山梨醇及香料遮掩）。吐温系列中的不同乳化剂由其相连脂肪酸不同而表现出亲水亲脂的平衡差异见下表。

吐温系列乳化剂

品名	化学名称	外观	HLB 值
吐温-20	聚氧乙烯山梨醇酐单月桂酸酯	浅褐色油状	16.7
吐温-40	聚氧乙烯山梨醇酐单棕榈酸酯	浅褐色油状	15.6
吐温-60	聚氧乙烯山梨醇酐单硬脂酸酯	浅褐色油状	14.6
吐温-65	聚氧乙烯山梨醇酐三硬脂酸酯	浅褐色油状	10.5
吐温-80	聚氧乙烯山梨醇酐单油酸酯	浅褐色油状	15.0
吐温-85	聚氧乙烯山梨醇酐三油酸酯	浅褐色油状	11.0

聚氧乙烯山梨醇酐单月桂酸酯为柠檬色至琥珀色液体，略有特异臭及苦味。分子中含有较多的亲水性基团，溶于水、乙醇、乙酸乙酯、甲醇、二噁烷，不溶于矿物油及溶剂油。易形成水包油体系，5％水溶液 pH 值 5～7，HLB 值 16.9。相对密度 1.08～1.13，沸点 321℃。在水中易分散。但当与水杨酸、鞣酸、间苯二酚、百里酚等作用会失去乳化性能。由山梨糖醇与月桂酸酯化后的产物与摩尔比为 1∶20 的环氧乙烷缩合而得。

毒理学依据
① LD_{50}：大鼠急性经口大于 10g/kg（bw）。
② ADI：0～25mg/kg（bw）（FAO/WHO，1994）。
③ GRAS：FDA-21CFR 172.515；172.856。
质量标准

质量标准　FCC（7）（参考）

项　目		指　标
含量（以无水物计）/%		97.3～103.0
		（聚乙烯基 70.0～74.0）
水分/%	≤	3.0
灼烧残渣/%	≤	0.25
酸值（以 KOH 计）/（mg/g）	≤	2.0
皂化值（以 KOH 计）/（mg/g）		40～50
羟值（以 KOH 计）/（mg/g）		96～108
铅（Pb）/（mg/kg）	≤	2.0
月桂酸/%	≤	250～275
1,4-二噁烷/（mg/kg）	≤	10.0

应用　乳化剂、消泡剂、稳定剂

GB 2760—2014 规定：调制乳、冷冻饮品（03.04 食用冰除外），最大使用量 1.5g/kg；稀奶油、调制稀奶油、液体复合调味料（不包括 12.03，12.04），最大使用量 1.0g/kg；水油状脂肪乳化制品、02.02 类以外的脂肪乳化制品，包括混合的和（或）调味的脂肪乳化制品、半固体复合调味料，最大使用量 5.0g/kg；豆类制品（以每千克黄豆的使用量计），最大使用量 0.05g/kg；面包，最大使用量 2.5g/kg；糕点、含乳饮料、植物蛋白饮料，最大使用量 2.0g/kg；固体复合调味料，最大使用量 4.5g/kg；饮料类（14.01 包装饮用水及 14.06 固体饮料除外），最大使用量 0.5g/kg；果蔬汁（浆）类饮料，最大使用量 0.75g/kg；其他（乳化天然色素），最大使用量 10.0g/kg。

生产厂商

① 江苏省海安石油化工厂

② 山东天道生物工程有限公司

③ 武汉大华伟业医药化工有限公司

④ 湖北巨胜科技有限公司

聚氧乙烯山梨醇酐单棕榈酸酯 polyoxyethylene sorbitan monopalmitate

$$C_{15}H_{31}C-O-(C_2H_4O)_xH_2C$$
$$HO(C_2H_4O)_y \quad (OC_2H_4)_wOH$$
$$(OC_2H_4)_zOH$$
$$x+y+z+w=20$$

别名　聚山梨酸酯-40（polysorbate-40）、吐温-40（tween-40）

分类代码　CNS 10.026；INS 434

理化性质　橘红色油状液体或半凝胶状物质，略有异臭，微苦。溶于水、稀酸、稀碱、乙醇、甲醇、乙酸乙酯和丙酮，不溶于矿物油。相对密度 1.05～1.10，HLB 值 15.6。是亲水性、水包油型非离子表面活性剂，有很好的热稳定性和水解稳定性。山梨醇酐与棕榈酸酯化的产物，以摩尔比为 1∶20 与环氧乙烷缩合制得。

毒理学依据

① LD$_{50}$：大鼠急性经口大于 10g/kg（bw）。

② ADI：0～25mg/kg（bw）（FAO/WHO，1994）。

③ GRAS：FDA-21 CFR 172.846。

质量标准

质量标准　JECFA（2006）（参考）

项　目		指　标
含量（以无水物计）/%		97.0～103.0
		66.0～70.5（氧乙烯基）
水分/%	≤	3.0
灰分/%	≤	0.25
酸值（以 KOH 计）/(mg/g)	≤	2.0
皂化值（以 KOH 计）/(mg/g)		41～52
羟值（以 KOH 计）/(mg/g)		90～107
铅（Pb）/(mg/kg)	≤	2.0

应用　乳化剂、消泡剂、稳定剂

GB 2760—2014 规定：调制乳、冷冻饮品（03.04 食用冰除外），最大使用量 1.5g/kg；稀奶油、调制稀奶油、液体复合调味料（不包括 12.03，12.04），最大使用量 1.0g/kg；水油状脂肪乳化制品、02.02 类以外的脂肪乳化制品，包括混合的和（或）调味的脂肪乳化制品、半固体复合调味料，最大使用量 5.0g/kg；豆类制品（以每千克黄豆的使用量计），最大使用量 0.05g/kg；面包，最大使用量 2.5g/kg；糕点、含乳饮料、植物蛋白饮料，最大使用量 2.0g/kg；固体复合调味料，最大使用量 4.5g/kg；饮料类（14.01 包装饮用水及 14.06 固体饮料除外），最大使用量 0.5g/kg；果蔬汁（浆）类饮料，最大使用量 0.75g/kg；其他（乳化天然色素），最大使用量 10.0g/kg。

生产厂商

① 河南金润食品添加剂有限公司

② 上海螯稞实业有限公司

③ 湖北盛天恒创生物科技有限公司

④ 郑州皇朝化工产品有限公司

聚氧乙烯山梨醇酐三硬脂酸酯 polyoxyethylene sorbitan tristearate

$$C_{17}H_{35}C\!-\!O\!-\!(C_2H_4O)_xH_2C$$
$$C_{17}H_{35}C\!-\!O\!-\!(C_2H_4O)_y \quad (OC_2H_4)_wOH$$
$$(OC_2H_4)_z\!-\!O\!-\!CC_{17}H_{35}$$
$$x+y+z+w=20$$

别名　聚山梨酸酯-65（polysorbate-65）、吐温-65（tween-65）

分类代码　INS 436

理化性质　棕黄色蜡状固体，略有特殊臭味。溶于矿物油及溶剂油、丙酮、乙醚、乙醇、甲醇。可在水中易分散，HLB 值 10.5。冻凝点 29～33℃。但当与水杨酸、鞣酸、间苯二酚、百里酚等作用会失去乳化性能。由山梨糖醇和山梨糖醇酐与硬脂酸进行酯化反应后的产物，按摩尔比为 1：20 的山梨糖醇与环氧乙烷缩合而得。

毒理学依据

① ADI：0～25mg/kg（bw）（FAO/WHO，1994）。

② GRAS：FDA-21 CFR 172.838。

质量标准

质量标准（FAO/WHO，1981）/CXAS，1983（参考）

项　目		指　标
氧乙烯含量(以—C_2H_4O—计)/%		46.0～50.0
含量(以干基计)/%		96.0～104.0
水分/%	≤	3
酸值(以 KOH 计)/(mg/g)	≤	2
皂化值(以 KOH 计)/(mg/g)		88～98
羟值(以 KOH 计)/(mg/g)		44～60
硫酸盐灰分/%	≤	0.25
砷(以 As 计)/(mg/kg)	≤	3
重金属(以 Pb 计)/(mg/kg)	≤	10
1,4-二氧噁烷/%		阴性

应用　乳化剂、消泡剂、稳定剂

在石油、医药、食品、纺织、化妆品、农业等行业用作乳化剂，此外还可以用作稳定剂、抗散剂和润湿剂等。

生产厂商

① 河南金润食品添加剂有限公司

② 河南德大化工有限公司

③ 长春天明瑞科技有限公司

④ 武汉宏信康精细化工有限公司

卡拉胶 carrageenan

本品为硫酸化的线性半乳聚糖。其硫酸酯基存在于某些或所有的半乳糖单元中，且依其半乳糖残基上硫酸酯基团等的不同，主要有 μ、ν、λ、ξ、κ、ι、θ 七种类型结构。

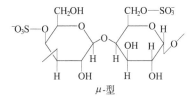

μ-型　　　　ν-型

λ-型, R: H(30%), SO_3^-(70%)　　　　ξ-型

κ-型

ι-型

θ-型, R: H(30%), SO$_3^-$(70%)

别名　鹿角藻菜、角叉胶

分类代码　CNS 20.007；INS 407

理化性质　白色或浅黄色粉末，无臭，无味，有的产品稍带海藻味。在热水或热牛奶中所有类型的卡拉胶都能溶解。在冷水中，λ-型卡拉胶溶解，κ-型和ι-型卡拉胶的钠盐也能溶解，但ι-型卡拉胶的钾盐或钙盐只能吸水膨胀，而不能溶解。卡拉胶不溶解于甲醇、乙醇、丙醇、异丙醇和丙酮等有机溶剂。其水溶液具凝固性，所形成的凝胶是热可逆的。海藻洗净（漂白）、晒干，放入提取锅中，加 30～50 倍水（或适量碱液），蒸汽加热（100℃左右）40～60min，然后按下述两种方法提取：①向提取液中加入助滤剂后过滤，经干燥粉碎即得；②边搅拌，边向过滤出的提取液中加入醇类溶剂，离心取沉淀，经干燥、粉碎即得。

毒理学依据

① LD$_{50}$：（大鼠，急性经口）约 5.1～6.2g/kg（bw）（在其钠盐和钙盐中混入 25％玉米油乳浊液）。

② ADI：无须规定（FAD/WHO，1994）。

质量标准

质量标准

项　目		指　标		
		GB 15044—2009	JECFA(2007)	FCC(7)
硫酸盐/%		15～40(硫酸以 SO$_4^{2-}$ 计)	15～40	20～40
		0.005		
黏度/(Pa·s)	≥	12.0	5	5(75℃,1.5%溶液)
干燥失重/%	≤	15～40	12	12
总灰分/%		1	15～40	15～40
酸不溶灰分/%	≤	—	1	1
酸不溶物/%	≤	5	2	15
铅(Pb)/(mg/kg)	≤	3	5	5
砷(Se)/(mg/kg)	≤	2	3	3
镉(Cd)/(mg/kg)	≤	—	2	2
残留溶剂/%	≤		0.1(乙醇、异丙醇和甲醇)	0.1(乙醇、异丙醇和甲醇)
pH(1%悬浮液)		—	8～11	8～11
汞(Hg)/(mg/kg)	≤	1	1	1
细菌总数/(CFU/g)		—	5000	—
沙门氏菌		不应检出	不得检出	
大肠菌群/(MPN/100g)	≤	30	不得检出	

应用　乳化剂、稳定剂、增稠剂

GB 2760—2014 规定：稀奶油、黄油和浓缩黄油、生湿面制品（如面条、饺子皮、馄饨皮、烧卖皮）、香辛料类、果蔬汁（浆），按生产需要适量使用；生干面制品，最大使用量 8.0g/kg；其他糖和糖浆（如红糖、赤砂糖、槭树糖浆），最大使用量 5.0g/kg；婴幼儿配方食品（以即食状态食品中的使用量计），最大使用量 0.3g/kg。可在各类食品中（附录 2 中食品除外）按生产需要适量使用。

食品加工中的参考用量：青刀豆、黄荚刀豆、甜玉米、蘑菇、芦笋、青豆，10g/kg（单用或与其他增稠剂合用，产品含奶油或其他油脂）；加工干酪，8g/kg；以水解蛋白质和氨基酸为基料的产品，1g/kg；沙丁鱼及其制品、鲭、鳀罐头，20g/kg（仅在汤汁中，单用或与其他增稠剂、胶凝剂合用）；酸黄瓜，500mg/kg；胡萝卜罐头，10g/kg；肉汤、羹，5g/kg（单用或与红藻胶合用）；低倍浓缩牛奶，150mg/kg；稀奶油，5g/kg（单用或与其他增稠、改性剂合用，仅用于巴氏杀菌或用于超高温杀菌掼打稀奶油和消毒稀奶油）；发酵后经热处理的增香酸奶及其制品，5g/kg；冷饮（最终产品），10g/kg；面包面团、果酱、果冻、巧克力牛奶、饮料、冰淇淋、牛奶布丁、香肠等食品，添加量为 0.03%～0.05%。与刺槐豆胶、魔芋胶、黄原胶等胶体产生协同作用，能提高凝胶的弹性和保水性。卡拉胶具有可溶性膳食纤维的基本特性，在体内降解后的卡拉胶能与血纤维蛋白形成可溶性的络合物，可被大肠细菌酵解成 CO_2、H_2、沼气及甲酸、乙酸、丙酸等短链脂肪酸，成为益生菌的能量源。

生产厂商

① 烟台新旺海藻有限公司

② 河南兴源化工产品有限公司

③ 河南德大化工有限公司

④ 青岛德慧海洋生物科技有限公司

酪蛋白酸钠 sodium caseinate

别名　酪蛋白酸盐；干酪素钠

分类代码　CNS 10.002

理化性质　本品为乳白色粉末，无臭，无味。可溶于或分散于水，吸水结固膨胀，搅烂即可溶解。不溶于乙醇。水溶液 pH 呈中性，加酸则产生酪蛋白沉淀。热稳定性好，94℃加热 10s 或 121℃加热 5s 不凝固。酪蛋白酸钠系高分子蛋白质，大分子使溶液产生较高的黏度。溶解冷却后能变成凝胶。凝胶受热后还能变成溶液。凝胶富有弹性，并能保留水分，几乎不脱水不收缩。其分子具有亲水基因和疏水基因，可分别与水和脂肪类物相吸引，因而具有乳化性。酪蛋白酸钠具有很好的起泡性，能保持泡沫不合并，不破碎。脱脂牛乳经预热，用凝乳酶或加酸沉淀，脱乳清，经洗涤、脱水、磨浆，加氢氧化钠处理后，再经喷雾干燥制得。

毒理学依据

① LD_{50}：400～500g/kg（大鼠，急性经口）。

② ADI：无限制性规定（FAO/WHO，1994）。

质量标准

质量标准（参考）

项　目		指　标	
		QB/T3800—1999	JECFA（2006）
蛋白质/%	≥	90.0（以干基计）	12.6（N 含量）
脂肪/%	≤	2.0	—
乳糖/%	≤	1.0	—
灰分/%	≤	6.0	6（硫酸盐，干基）
水分/%	≤	6.0	
pH 值（2%糖液）		6.0~7.5	6.5~7.5
重金属（以 Pb 计）/%	≤	0.002	—
砷（以 As 计）/%	≤	0.0002	—
铅（Pb）/（mg/kg）	≤	—	2
细菌总数（个/g）	≤	30000	10000
大肠菌群（个/100g）	≤	40	10 个/g
致病菌		不得检出	—
干燥失重/%	≤		15

应用　乳化剂、其他

GB 2760—2014 规定：婴儿配方食品［以即食食品计，作为花生四烯酸（ARA）和二十二碳六烯酸（DHA）载体］、较大婴儿和幼儿配方食品［以即食食品计，作为花生四烯酸（ARA）和二十二碳六烯酸（DHA）载体］，最大使用量 1.0g/kg。可在各类食品中（附录 2 中食品除外）按生产需要适量使用。

食品加工中的参考用量，午餐肉，最大使用量 20.0g/kg；灌肠肉类、炸鱼用的面粉、面包、饼干等谷物制品、西式点心、炸面包圈、巧克力等糕点的原料，最大使用量 5.0g/kg；冰淇淋、饮料，最大使用量 3.0g/kg；用于午餐肉，可提高原料肉利用率，增强耐热性和乳化稳定性；用于灌肠肉类，可防止灌肠中脂肪凹陷，并使其分布均匀，增加肉的黏结性；用于鱼糕制品，可显著增加其弹性；用于冰淇淋中，改善产品质地，防止乳糖结晶及避免在储存过程中收缩或塌陷；本品与酪蛋白一样，是高质量的蛋白源，因其具有水溶性，用途远比酪蛋白广，可添加于谷物食品中作为营养强化剂。用于饮料中，可以替代全脂乳、脱脂乳、蛋清等。酪蛋白酸钠和某些其他增稠剂如卡拉胶、瓜尔胶、羧甲基纤维素等的配合，也可大大提高其增稠性能。

生产厂商

① 郑州瑞佳食品添加剂有限公司

② 河北百味生物科技有限公司

③ 深圳市江源商贸有限公司

④ 上海耐今实业有限公司

酶解大豆磷脂 enzymatically decomposed soybean phospholipid

分类代码　CNS 10.040

理化性质　白色或淡黄色至褐色，具有大豆磷脂特有的气味，无异味，黏稠状流体至半固体、粉状或粒状。是磷脂酰胆碱、磷脂酰乙醇胺、磷脂酰肌醇、磷脂酰丝氨酸、糖脂、甘油三酯、脂肪酸、色素等的混合物。

质量标准

质量标准 GB 30607—2014

项　目		指　标
酸值(以 KOH 计)/(mg/g)	≤	65
丙酮不溶物/%	≥	50
1-和 2-溶血磷脂酰胆碱含量/%	≥	3.0
干燥减量/%	≤	2.0
铅(Pb)/(mg/kg)	≤	2.0
总砷(以 As 计)/(mg/kg)	≤	3.0
过氧化值/(meq/kg)	≤	10

应用　乳化剂

GB 2760—2014 规定：可在各类食品中（附录 2 中食品除外）按生产需要适量使用。

大豆卵磷脂具有乳化、分散、湿润作用，广泛应用在糖果、巧克力、饼干、肉类制品、速溶食品、奶类及奶制品、人造奶油及其他食品中。利用磷脂中的胆碱、磷脂酰基醇、必需脂肪酸等营养源可防止老化，改善脂质代谢，改善神经、肝脏、心脏血管系统等的机能，可作为营养健康食品的强化剂。改善了与蛋白质和淀粉结合的能力，具有极好的脱模或脱盘特性，添加量小约为普通卵磷脂的 1/10。

生产厂商

① 河南红杰化工产品有限公司

② 上海嘉益生物科技有限公司

③ 河北赛亿生物科技有限公司

④ 湖南奥驰生物科技有限公司

木糖醇酐单硬脂酸酯 xylitan monostearate

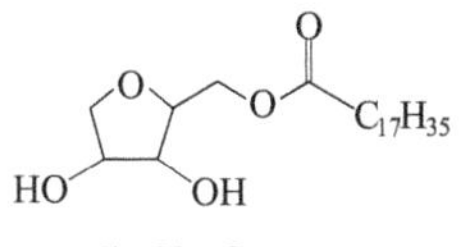

$C_{23}H_{44}O_5$，400

别名　单硬脂酸木糖醇酐酯

分类代码　CNS　10.007

理化性质　为淡黄色蜡状固体。无臭，有奶油光泽。不溶于冷水，能分散于热水中，溶于热酒精、苯。凝固点 50～60℃。常温下耐酸、碱和盐。由木糖醇与硬脂酸在碱性催化剂存在下加热反应制得。

毒理学依据

① LD_{50}：大鼠急性经口大于 10g/kg（bw）。

② ADI：25mg/kg（FAO/WHO，1994）。

质量标准

质量标准 GB 1886.116—2015

项 目		指 标
酸值(以 KOH 计)/(mg/g)	≤	10.0
皂化值(以 KOH 计)/(mg/g)		140～160
羟值(以 KOH 计)/(mg/g)		210～250
镍(Ni)/(mg/kg)	≤	3.0
重金属(以 Pb 计)/(mg/kg)	≤	10.0
砷(As)/(mg/kg)	≤	2.0

应用 乳化剂

GB 2760—2014 规定：氢化植物油、糖果，最大使用量 5.0g/kg；糕点、面包，最大使用量 3.0g/kg。

用于面包加工，加入本品使面包体积明显增大，松软、有弹性、色泽好、口感好；本品加入糖果中，使其组织结构疏松，口感细腻、均匀，不黏牙、不糊口；对提高巧克力抗起霜作用效果显著；本品用于人造奶油中作乳化剂，能将油、水均匀乳化。

生产厂商

① 安徽中旭生物科技有限公司

② 州凯耀商贸有限公司

③ 沈阳市新茂化工有限公司

④ 湖北武汉鲜保有限公司

柠檬酸脂肪酸甘油酯 citric and fatty acid esters of glycerol

$$
\begin{array}{l}
CH_2-CR_1 \\
\quad | \\
CH-CR_2 \\
\quad | \\
CH_2-CR_3
\end{array}
$$

(R₁，R₂，R₃ 为脂肪酸)

分类代码 CNS 10.032；INS 472c

理化性质 白色粉末，不溶于冷水，能分散于热水及热的油脂。是一种阴离子型食品乳化剂，它是由甘油与脂肪酸和柠檬酸酯化的产物，HLB 值 4～6，具有乳化、分散、螯合、抗氧化增效、抗淀粉老化及控制脂肪凝集等作用。由甘油与柠檬酸和可食用脂肪酸酯化制得、或者由可食用脂肪酸的单双甘油酯混合物与柠檬酸反应制得。

毒理学依据

① ADI：无须规定。

② 致突变试验：Ames 试验、微核试验、均未发现致突变作用。

③ 急性经口毒性试验，观察受试样品一次经口给予动物引起的不良反应和死亡情况并确定最大耐受剂量。

结论：柠檬酸脂肪酸甘油酯对于雌雄小白鼠急性经口的最大耐受剂量 MTD 均大于 10000mg/kg。

质量标准

质量标准 GB 29951—2013

项　目		指　标
硫酸灰分/%	≤	0.5(未中和产品)
		10(部分或完全中和的产品)
游离甘油/%	≤	4.0
总甘油/%		8.0~33.0
总柠檬酸/%		13.0~50.0
总脂肪酸/%		37.0~81.0
铅(Pb)/(mg/kg)	≤	2.0

应用 乳化剂

GB 2760—2014 规定：婴幼儿配方食品，最大使用量为 24.0g/kg；可在各类食品中（附录 2 中食品除外）按生产需要适量使用。

具有乳化、分散、螯合、抗氧化作用。用于乳化脂肪制品、乳制品、油脂、肉制品，提高其稳定性、口味和口感。用于冰淇淋、巧克力、糖果，起增效增溶作用。能与微量重金属络合，与抗氧化剂混合使用起增效和增溶作用。可抑制产品的褐变，具有抑制产品光照褪色的作用，可使产品保持红润色泽。将本品加入到 60℃ 左右的温水中，制成膏状后，再按适当比例加入使用。在斩拌、滚揉肉制品中可以直接添加或与其他粉状物混合后加入。

生产厂商

① 扬州市领航化工有限公司
② 睢县潮庄天润石化销售部
③ 河南亿特化工产品有限公司
④ 上海蒙宪实业有限公司

氢化松香甘油酯 glycerol ester of hydrogenated rosin

别名 氢化酯胶 hydrogenated ester gum
分类代码 CNS 10.013
理化性质 为淡黄色至琥珀色的透明玻璃状，稍带松香气味，较脆。可溶于植物油、橘油、及芳香化合物、烃、萜烯、酯和酮等有机溶剂，不溶于水和乙醇。精制氢化松香与食用级甘油在催化剂存在下，加热进行酯化反应。反应后产品再经特殊处理、精制而得。

毒理学依据

① LD$_{50}$：21.5g/kg（bw）（大鼠，急性经口）。
② GRAS：FDA-21 CFR 172.615。

质量标准

质量标准 GB 10287—2012

项　目		指　标
溶解性		通过试验
酸值①/(mg/g)	≤	9.0
软化点(环球法)/℃		78.0~90.0
总砷(以 As 计)/(mg/kg)	≤	1.0
重金属(以 Pb 计)/(mg/kg)	≤	10.0
灰分/(g/100g)	≤	0.10
相对密度 d_{25}^{25}		1.060~1.090
色泽(铁钴法),加纳色号②		8

注：①溶解式样的中性乙醇改为中性苯-乙醇（1:1）溶液，将 0.5mol/L 标准溶液氢氧化钾水溶液改为 0.05mol/L 氢氧化钾乙醇溶液。

②除去外表部分并粉碎好的试样与甲苯 1:1（质量比）溶解，注入洁净干燥的加氏比色管中。

应用　乳化剂

GB 2760—2014 有关规定：经表面处理的鲜水果，最大使用量为 0.5g/kg；果蔬汁（浆）饮料、风味饮料（仅限果味饮料），最大使用量为 0.1g/kg。

用于泡泡糖、香口胶、无糖香口胶等，作为咀嚼料具有良好的口感和抗氧化性，并保持柔软等特性，也可用在饮料中作乳化剂。用氢化松香甘油酯制成的胶姆糖，长期存放二年内口感不变，并仍能保持柔和细腻。

生产厂商

① 青岛恒瑞泰贸易有限公司

② 上海慈太龙实业有限公司

③ 湖北鑫润德化工有限公司

④ 武汉千润生物工程有限公司

乳酸脂肪酸甘油酯 lactic and fatty acid esters of glycerol

$$
\begin{array}{l}
CH_2\!-\!CR_1 \\
\quad | \\
CH\!-\!OH \\
\quad | \\
CH_2\!-\!CR_2
\end{array}
$$

（R_1，R_2 为乳酸及脂肪酸）

分类代码　CNS 10.031；INS 472b

理化性质　乳白色粉末或块状固体，不溶于冷水，能分散于热水及热的油脂，溶于热异丙醇、二甲苯及棉籽油。具有乳化、稳定、降黏、控制油脂结晶、延缓淀粉老化、增加持气性等作用。产品为稠度从柔软到坚硬的蜡状固体。部分乳酸和脂肪酸甘油酯的混合物。

毒理学依据

毒性：ADI 不限，被美国 FDA 列为 GRAS 物质。

质量标准

质量标准 GB 1886.93—2015

项　目		指　标
水分/%	≤	符合声称
酸值(以 KOH 计)/(mg/g)		符合声称
灼烧残渣/%	≤	0.1
游离甘油/%		符合声称
1-单甘酯含量/%		符合声称
总乳酸/%		符合声称
未皂化物/%	≤	2.0
铅(以 Pb 计)/(mg/kg)	≤	0.5

应用　乳化剂

GB 2760—2014 规定：稀奶油，最大使用量为 5.0g/kg；可在各类食品中（附录 2 中食品除外）按生产需要适量使用。

用于稀奶油中，使其制品稳定、均一、细腻。用于肉制品，可改善香肠及火腿的水储存量，防止油水分离。用于各类油脂中，改善油和水的相容性，防止存放过程中油水分离。增加面团的任性和持气性，改善结构，烘焙体积增大。与淀粉形成络合物，防止淀粉溶胀流失，改善淀粉的糊化特性，防止老化回生。将本品加入到 60℃ 左右的温水中，制成膏状后，再按适当比例加入使用。

生产厂商

① 郑州大河食品科技有限公司

② 郑州通化实业有限公司

③ 郑州天顺食品添加剂有限公司

④ 湖北七八九化工有限公司

乳糖醇 lactitol

$C_{12}H_{24}O_{11}$，344.32

别名　4-β-D-吡喃半乳糖-D-山梨醇

分类代码　CNS 19.014；INS 966

理化性质　乳糖醇为白色结晶或结晶性粉末，或无色液体。乳糖醇极易溶于水，微溶于乙醇，10%乳糖醇水溶液的 pH 值为 4.5～8.5。常温下乳糖醇的溶解度和黏度与蔗糖相近，低温下其溶解度比蔗糖低。另外，当乳糖醇溶解时它不仅不会放出热量，而且还会吸收热量。无臭、味甜，甜度为蔗糖的 30%～40%、热量约为蔗糖的一半（8.4kJ/g）。乳糖醇的稳定性较强，在酸、碱、光及高温条件下仍能保持其稳定性。乳糖醇是非还原性糖醇，不能发生美拉德反应和酶降解反应。乳糖醇在自然界中并不存在，它是以乳糖为原料，经还原反应后精制纯化而得。水合物加热至 100℃以上逐渐失去水分，250℃以上发生分子内脱水生成乳焦糖。乳糖醇是由脱脂乳制得乳糖，然后在镍催化下经加压氢化（100℃，30%～40%乳糖液，4MPa）后过滤，经离子交换树脂和活性炭精制后浓缩、结晶而成。

毒理学依据

① ADI：不作特殊规定（JECFA 2006；ADI 值首建于 1983）。

② 致突变试验：微核试验、精子畸变试验、Ames 试验，均呈阴性。

③ 大剂量可引起腹泻。

④ LD$_{50}$：小鼠急性经口大于 10g/kg（体重，bw）。

质量标准

质量标准（参考）

项　目		指　标	指　标
		JECFA(2006)	FCC(7)
含量(以无水基计)/%		95.0～102.0	95.0～102.0
水分(结晶产品)/%	≤	10.5	5.5
水分(溶液)/%	≤	31	—
其他多元醇总量(以干基计)/%	≤	2.5	4.0
还原糖(以无水基计)/%	≤	0.1	0.3
氯化物(以无水基计)/(mg/kg)	≤	100	—
硫酸盐灰分(以无水基计)/(mg/kg)	≤	0.1	0.1
镍(以无水基计)/(mg/kg)	≤	2	1
硫酸盐(以无水基计)/(mg/kg)	≤	200	—
铅(Pb)/(mg/kg)	≤	1	1
pH		—	4.5～7.0

应用　乳化剂

GB 2760—2014 规定：稀奶油、香辛料，按生产需要适量使用。可在各类食品中（附录 2 中食品除外）按生产需要适量使用。

将乳糖醇单独或与其他甜味剂混合，在高脂肪和蔗糖组合的食品中，用低热量且不会刺激胰岛素上升的乳糖醇代替蔗糖是有益的。乳糖醇具有较强的预防龋齿的功能，可用来制作抗龋齿的保健食品，如口香糖、巧克力、各种糖果等。

生产厂商

① 郑州华安食品添加剂有限公司

② 河南旗诺食品配料有限公司

③ 郑州龙生食品添加剂有限公司

④ 河南亿特食品化工有限公司

山梨醇酐单油酸酯 sorbitan monooleate

别名　单油酸山梨醇酐酯、司盘 80 span 80

分类代码　CNS 10.005；INS 494

理化性质　琥珀色黏稠油状液体或浅黄至棕黄色小珠状或片状硬质蜡状固体，有特殊的异味，味柔和。不溶于水，但在热水中分散即成乳状溶液。可溶于热乙醇、甲苯、四氯化碳等有机溶剂。HLB 值 4.3。由山梨醇与油酸直接加热酯化而得。

毒理学依据

① LD_{50}：大鼠急性经口≥10g/kg（bw）。

② ADI：0～25mg/kg（bw）（FAO/WHO，1994）。

③ GRAS：FDA-21CFR 172.842。

质量标准

质量标准 GB 13482—2011

项　目		指　标
脂肪酸/%		73～77
水分/%	≤	2.0
多元醇/%		28～32
酸值（以 KOH 计）/(mg/g)	≤	8.0
皂化值（以 KOH 计）/(mg/g)		145～160
羟值（以 KOH 计）/(mg/g)		193～210
砷（以 As 计）/(mg/kg)	≤	3.0
铅(Pb)/(mg/kg)	≤	2.0

应用　乳化剂

GB 2760—2014 规定：调制乳、冰淇淋类、雪糕类、经表面处理的鲜水果、经表面处理的新鲜蔬菜、除胶基糖果以外的其他糖果、面包、糕点、饼干、果蔬汁（浆）类饮料、固体饮料（速溶咖啡除外），最大使用量 3.0g/kg；稀奶油（淡奶油）及其类似品、氢化植物油、可可制品、巧克力和巧克力制品（包括代可可脂巧克力及制品）速溶咖啡、干酵母、最大使用量 10.0g/kg；豆类制品（以每千克黄豆的使用量计），最大使用量 1.6g/kg；脂肪，油和乳化脂肪制品（02.01.01.01 植物油除外），最大使用量 15.0g/kg；植物蛋白饮料，最大使用量 6.0g/kg；风味饮料（仅限果味饮料），最大使用量 0.5g/kg；其他（饮料混浊剂）最大使用量 0.05g/kg。

生产厂商

① 广州博峰化工科技有限公司

② 河南德大化工有限公司

③ 郑州诚祥化工科技有限公司

④ 广州市祺缘丰贸易有限公司

山梨醇酐三硬脂酸酯 sorbitan tristearate

别名　三硬脂酸山梨醇酐酯、司盘 65 span 65

分类代码　CNS 10.004；INS 492

理化性质　奶油色至棕黄色片状或蜡状固体，微臭，味柔和。能分散于石油醚、矿物油、植物油、丙酮及二噁烷中，难溶于甲苯、乙醚、四氯化碳及乙酸乙酯，不溶于水、甲醇及乙醇。HLB 值约为 2.1。山梨醇与硬脂酸在催化剂存在下，直接加热进行酯化反应制得；或由山梨醇预先进行脱水成山梨醇酐，再脱色精制后与硬脂酸进行酪化反应制得。根据所用山梨醇与硬脂酸的配比不同，制得单酯、二酯或三酯。

毒理学依据

① LD_{50}：大鼠急性经口 $\geqslant$10g/kg（bw）。

② ADI：0～25mg/kg（bw）（FAO/WHO，1994）。

③ GRAS：FDA-21CFR 172.842。

质量标准

质量标准 GB 29220—2012

项　目		指　标
脂肪酸/%		85～92
多元醇/%		14～21
酸值（以 KOH 计）/(mg/g)	$\leqslant$	15
皂化值（以 KOH 计）/(mg/g)		176～188
羟值（以 KOH 计）/(mg/g)		66～80
水分/%	$\leqslant$	1.5
灼烧残渣/%	$\leqslant$	0.5
铅(Pb)/(mg/kg)	$\leqslant$	2
凝固点/℃		47～50

注：灼烧温度为 850℃±25℃。

应用　乳化剂

GB 2760—2014 规定：调制乳、冰淇淋类、雪糕类、经表面处理的鲜水果、经表面处理的新鲜蔬菜、除胶基糖果以外的其他糖果、面包、糕点、饼干、果蔬汁（浆）类饮料、固体饮料（速溶咖啡除外），最大使用量 3.0g/kg；稀奶油（淡奶油）及其类似品、氢化植物油、可可制品、巧克力和巧克力制品（包括代可可脂巧克力及制品）、速溶咖啡、干酵母、最大使用量 10.0g/kg；豆类制品（以每千克黄豆的使用量计），最大使用量 1.6g/kg；脂肪，油和乳化脂肪制品（02.01.01.01 植物油除外），最大使用量 15.0g/kg；植物蛋白饮料，最大使用量 6.0g/kg；风味饮料（仅限果味饮料），最大使用量 0.5g/kg；其他（饮料混浊剂）最大使用量 0.05g/kg。

用途是乳化剂、消泡剂、混浊剂等，可用于椰子汁、果汁、牛乳、奶糖、冰淇淋、面包、糕点、麦乳精、人造奶油、巧克力等。

生产厂商

① 河南德大化工有限公司

② 河南金润食品添加剂有限公司

③ 广州至友添加剂有限公司

④ 河北赛亿生物科技有限公司

山梨醇酐单硬脂酸酯 sorbitan monostearate

别名　单硬脂酸山梨醇酐酯、司盘 60 span 60

分类代码　CNS 10.003；INS 491

理化性质　奶白色至棕黄色的硬质蜡状固体，呈片状或块状，无异味。溶于热的乙醇、乙醚、甲醇及四氯化碳，分散于温水及苯中，不溶于冷水和丙酮。凝固点 50～52℃，HLB 值 4.7。直接酯化法是由山梨醇与硬脂酸在碱性催化剂存在下，直接升温进行酯化反应并脱水制得；或由失水山梨醇酐与硬脂酸酯化而得；即山梨醇在催化剂存在下，进行真空脱水，生成山梨醇酐，脱色精制后，再与硬脂酸进行酯化反应制得。

毒理学依据

① LD$_{50}$：大鼠急性经口大于 10g/kg（bw）。

② ADI：0～25mg/kg（bw）（FAO/WHO，1994）。

③ GRAS：FDA-21CFR 172.842。

质量标准

质量标准 GB 13481—2011

项　目		指　标
多元醇/%		29.5～33.5
脂肪酸/%		71.0～75.0
酸值（以 KOH 计）/(mg/g)	≤	10.0
砷（以 As 计）/(mg/kg)	≤	3.0
铅(Pb)/(mg/kg)	≤	2.0
羟值（以 KOH 计）/(mg/g)		235～260
皂化值（以 KOH 计）/(mg/g)		147～157
水分/%	≤	1.5

应用　乳化剂

GB 2760—2014 规定：调制乳、冰淇淋类、雪糕类、经表面处理的鲜水果、经表面处理的新鲜蔬菜、除胶基糖果以外的其他糖果、面包、糕点、饼干、果蔬汁（浆）类饮料、固体饮料（速溶咖啡除外），最大使用量 3.0g/kg；稀奶油（淡奶油）及其类似品、氢化植物油、可可制品、巧克力和巧克力制品，包括代可可脂巧克力及制品、速溶咖啡、干酵母、最大使用量 10.0g/kg；豆类制品（以每千克黄豆的使用量计），最大使用量 1.6g/kg；脂肪，油和乳化脂肪制品（02.01.01.01 植物油除外），最大使用量 15.0g/kg；植物蛋白饮料，最大使用量 6.0g/kg；风味饮料（仅限果味饮料），最大使用量 0.5g/kg；其他（饮料混浊剂）最大使用量 0.05g/kg。

本品溶解后直接加入面团中，也可和起酥油混配，使面包柔软，延缓老化。冰淇淋制作中加入本品，可使冰淇淋制品坚硬，成形稳定，不出现"化汤"现象。巧克力中添加本品，可防止脂肪晶体浮于表面而形成"起霜"现象，同时还防止油脂酸败，改善光泽，增强风味和柔软性。口香糖、糖果中加入本品，可使物料均匀分散，防止黏牙。在人造奶油制作过程中，本品可作为晶体改良剂，促使奶油成形，改善口感。

生产厂商

① 郑州明瑞化工产品有限公司

② 河南金润食品添加剂有限公司

③ 鄂州市恒通伟业化工有限公司

④ 上海科兴商贸有限公司

山梨醇酐单月桂酸酯 sorbitan monolaurate

别名　单月桂酸山梨醇酐酯、司盘 20 span 20

分类代码　CNS 10.024；INS 493

理化性质　司盘系列乳化剂为不同的脂肪酸与山梨醇酐的多元醇衍生物所组成的各种酯。包括山梨醇酯（Ⅰ）、1，4-脂肪酸山梨醇酐酯（Ⅱ）和脂肪酸异山梨醇二酐酯（Ⅲ），乃至少量的二脂肪酸山梨醇酐酯和三脂肪酸山梨醇酐酯。一般常见的所接的脂肪酸有月桂酸、油酸、棕榈酸和硬脂酸等。司盘系列乳化剂为非离子型、亲脂性质的乳化剂，其 HLB 值在 1.8～8.6 之间，依其乳化性能，在富脂食品中的使用优于其他乳化剂。司盘系列中的不同乳化剂由于其相连脂肪酸不同而表现出亲脂的能力与差异。如下表。

司盘系列乳化剂性质

品名	化学名称	外观	HLB 值
司盘 20	山梨醇酐单月桂酸酯	淡褐色油状	8.6
司盘 40	山梨醇酐单棕榈酸酯	乳白或淡褐色蜡状	6.7
司盘 60	山梨醇酐单硬脂酸酯	白或浅黄色蜡状	4.7
司盘 65	山梨醇酐三硬脂酸酯	淡黄色蜡状	2.1
司盘 80	山梨醇酐单油酸酯	淡褐色油状	4.3
司盘 85	山梨醇酐三油酸酯	淡褐色油状	1.8

琥珀色黏稠液体，浅黄色或棕黄色小珠状或片状蜡样固体，有特殊气味，味柔和。可溶于

乙醇、甲醇、乙醚、醋酸乙酯、石油醚等有机溶剂，不溶于冷水，可分散于热水中。是油包水型乳化剂，HLB 值 8.6，相对密度 1.00～1.06，熔点 14～16℃。由山梨醇与月桂酸加热进行酯化、脱水制得。

毒理学依据

① LD_{50}：10g/kg（bw）（大鼠，急性经口）。

② ADI：0～25mg/kg（bw）（FAO/WHO，1994）。

③ GRAS：FAD-21CFR 172.842。

质量标准

质量标准 GB 25551—2010

项　目		指　标
脂肪酸/%		56～68
多元醇/%		36～68
砷(As)/(mg/kg)	≤	3.0
水分/%	≤	1.5
灰分/%	≤	0.5(灼烧残渣)
酸值(以 KOH 计)/(mg/g)	≤	7.0
皂化值(以 KOH 计)/(mg/g)		155～170
羟值(以 KOH 计)/(mg/g)		330～360
铅(Pb)/(mg/kg)	≤	2.0

应用　乳化剂

GB 2760—2014 规定：调制乳、冰淇淋类、雪糕类、经表面处理的鲜水果、经表面处理的新鲜蔬菜、除胶基糖果以外的其他糖果、面包、糕点、饼干、果蔬汁（浆）类饮料、固体饮料（速溶咖啡除外），最大使用量 3.0g/kg；稀奶油（淡奶油）及其类似品、氢化植物油、可可制品、巧克力和巧克力制品（包括代可可脂巧克力及制品）、速溶咖啡、干酵母，最大使用量 10.0g/kg；豆类制品（以每千克黄豆的使用量计），最大使用量 1.6g/kg；脂肪，油和乳化脂肪制品（02.01.01.01 植物油除外），最大使用量 15.0g/kg；植物蛋白饮料，最大使用量 6.0g/kg；风味饮料（仅限果味饮料），最大使用量 0.5g/kg；其他（饮料混浊剂）最大使用量 0.05g/kg。

可单独使用，亦可同甘油酯、蔗糖酯等食品乳化剂共用，起协同效应。作为稳定剂可防止人造奶油中的游离脂肪酸析出，可用作含色素清凉饮料的浑浊剂，可用于口香糖降低表面张力，防止胶质老化，改善咀嚼感，防止砂糖析出，也可作粉末果汁、可可粉之类的分散剂。

生产厂商

① 江苏省海安石油化工厂

② 上海螯稞实业有限公司

③ 上海螯稞实业有限公司

山梨醇酐单棕榈酸酯 sorbitan monopalmitate

别名　单棕榈酸山梨醇酐酯、司盘 40 span 40

分类代码 CNS 10.008；INS 495

理化性质 浅奶油色至棕黄色珠状、片状或蜡状固体。有异臭味，味柔和。不溶于冷水，能分散于热水中，成乳状溶液。能溶于热油类及乙醇、甲醇、乙醚、乙酸乙酯、苯胺、甲苯、二噁烷、石油醚和四氯化碳等多种有机溶剂中，成乳状溶液。凝固点 45～47℃，HLB 值 6.7。常温下在不同 pH 值和电解质溶液中稳定。由山梨醇与棕榈酸加热酯化制得。

毒理学依据

① LD_{50}：大鼠急性经口大于 10g/kg（bw）。

② ADI：0～25mg/kg（bw）（FAO/WHO，1994）。

③ GRAS：FDA-21CFR 172.842。

质量标准

质量标准 GB 25552—2010

项　目		指　标
脂肪酸/%		63～71
多元醇/%		33～38
水分/%	≤	1.5
酸值（以 KOH 计）/(mg/g)	≤	7.0
皂化值（以 KOH 计）/(mg/g)		140～155
羟值（以 KOH 计）/(mg/g)		270～305
铅（Pb）/(mg/kg)	≤	2.0
砷（As）/(mg/kg)	≤	3.0
灼烧残渣/%	≤	0.50

应用 乳化剂

GB 2760—2014 规定：调制乳、冰淇淋类、雪糕类、经表面处理的鲜水果、经表面处理的新鲜蔬菜、除胶基糖果以外的其他糖果、面包、糕点、饼干、果蔬汁（浆）类饮料、固体饮料（速溶咖啡除外），最大使用量 3.0g/kg；稀奶油（淡奶油）及其类似品、氢化植物油、可可制品、巧克力和巧克力制品（包括代可可脂巧克力及制品）、速溶咖啡、干酵母、最大使用量 10.0g/kg；豆类制品（以每千克黄豆的使用量计），最大使用量 1.6g/kg；脂肪，油和乳化脂肪制品（02.01.01.01 植物油除外），最大使用量 15.0g/kg；植物蛋白饮料，最大使用量 6.0g/kg；风味饮料（仅限果味饮料），最大使用量 0.5g/kg；其他（饮料混浊剂）最大使用量 0.05g/kg。

生产厂商

① 河南德大化工有限公司

②上海螯稞实业有限公司

③上海信裕生物科技有限公司

④ 上海卒瑞生物科技有限公司

双乙酰酒石酸单双甘油酯 diacetyl tartaric acid ester of mono(di) glycerides(DATEM)

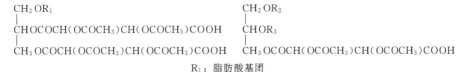

R_1：脂肪酸基团

R_2、R_3：可均为脂肪酸基团或一个脂肪酸基团和一个氢

别名 二乙酰酒石酸单（双）甘油酯、DATAM

分类代码 CNS 10.010；INS 472e

理化性质 根据生产所用原料油脂的碘值不同，产品可以是黏稠液体或蜡状固体的脂肪样物。带有微酸臭味。pH 值 4 左右，熔化范围约在 45℃ 左右，HLB 值 8.0～9.2。能以任何比例溶于油脂及多数油脂溶剂，溶于甲醇、丙酮、乙酸乙酯，但不溶于其他醇类溶剂及乙酸和水。可分散在水中而不发生水解现象。属非离子型乳化剂。酒石酸与乙酸酐生成双乙酰酒石酸酐，再与食用油脂的偏甘油酯或脂肪酸偏甘油酯加热制得。吸湿性大，细粉在夏季高温潮湿时特别容易结块，通常制成粒状或将细粉于 20% 的抗结剂混合。

毒理学依据

① LD_{50}：10g/kg（bw）（大鼠，急性经口）。

② ADI：0～50mg/kg（bw）（FAO/WHO，1994）。

③ GRAS：FDA-21 CFR 184.1101。

质量标准

质量标准 GB 25539—2010

项　目	指　标
总酒石酸/%	10～40
总乙酸/%	11～28
酸值（以 KOH 计）/(mg/g)	8～32
游离甘油/%	2.0
铅(Pb)/(mg/kg)	2
灼烧残渣/%	0.5
皂化值（以 KOH 计）/(mg/g)	

应用 乳化剂、增稠剂

GB 2760—2014 有关规定：调制乳、稀奶油、脂肪类甜品、其他油脂或油脂制品（仅限植脂末）、除 04.01.02.05 外的果酱（如印度酸辣酱）、面糊（如用于鱼和禽肉的托面糊）、裹粉、煎炸粉、谷类和淀粉类甜品（如米布丁、木薯布丁）、其他再制蛋、其他蛋制品、其他糖和糖浆（如红糖、赤砂糖、槭树糖浆）、液体复合调味料（不包括 12.03、12.04）、果蔬汁（浆）类饮料（固体饮料按稀释倍数增加使用量）、蛋白饮料（固体饮料按稀释倍数增加使用量）、碳酸饮料（固体饮料按稀释倍数增加使用量）、茶、咖啡、植物（类）饮料（固体饮料按稀释倍数增加使用量）、特殊用途饮料（固体饮料按稀释倍数增加使用量）、风味饮料（固体饮料按稀释倍数增加使用量）、蒸馏酒、果酒，最大使用量为 5.0g/kg；风味发酵乳、乳粉（包括加糖乳粉）和奶油粉及其调制产品（01.03.01 乳粉和奶油粉除外）、干酪和再制干酪及其类似品、以乳为主要配料的即食风味食品或其预制产品（不包括冰淇淋和风味发酵乳）、水油状脂肪乳化制品（02.02.01.01 黄油和浓缩黄油除外）、黄油和浓缩黄油、02.02 类以外的脂肪乳化制品、包括混合的和（或）调味的脂肪乳化制品、冷冻饮品（03.04 食用冰除外）、水果干类、干制蔬菜、除胶基糖果以外的其他糖果、装饰糖果（如工艺造型，或用于蛋糕装饰）、顶饰（非水果材料）和甜汁、生湿面制品（如面条、饺子皮、馄饨皮、烧卖皮）、生干面制品、油炸面制品、方便米面制品、冷冻米面制品、预制肉制品、熟肉制品、水产品（不包括新鲜水产品）、半固体复合调味料、发酵酒（15.03.01 葡萄酒、15.03.03 果酒除外），最大使用量为 10.0g/kg；稀奶油（淡奶油）及其类似品（01.05.01 稀奶油除外），最大使用量为 6.0g/kg；醋、油或盐渍水果、蜜饯凉果，最大使用量为 1.0g/kg；果泥、装饰性果蔬、水果甜品，包括果味液体甜品、发酵的水果制品、腌渍蔬菜、经水煮或油炸的蔬菜、其他加工蔬菜、腌渍的食用菌和藻类、经水煮或油炸的食用菌和藻类、其他加工食用菌和藻类、熟制豆类、果冻，最大使用量为 2.5g/kg；杂粮粉、食用淀粉，最大使用量为 3.0g/kg；焙烤食品、膨化食品，最大使用量为 20.0g/kg；香辛料类，最大使用量为 0.001g/kg；胶基糖果，最大使用量为 50.0g/kg。

具有乳化、稳定、防老化、保鲜等作用。应用于面包、糕点、奶油、氢化植物油等产品中，可提高乳化性、防止油水分离，增加面团筋力，增大体积，改善结构，质地柔软，防止老化，与淀粉形成络合物，防止淀粉溶胀流失，改善淀粉的糊化特性。用于奶油，可使奶油软滑细腻。用于黄油和浓缩黄油，可防止油分析出，提高稳定性。用于植脂末可使产品乳液均一稳定，口感细腻。

生产厂商

① 河南荣申化工有限公司

② 上海耐今实业有限公司

③ 郑州大河食品科技有限公司

④ 河南德大化工有限公司

辛，癸酸甘油酯 octyl and decyl glycerate

主要成分为辛酸、癸酸与甘油的混合酯

$$
\begin{array}{l}
CH_2OCOR \\
|\ \\
CHOCOR \\
|\ \\
CH_2OCOR
\end{array}
$$

R＝C$_8$C$_{17}$或 C$_{10}$H$_{21}$

分类代码　CNS 10.018

理化性质　无色、无味透明液体，黏度为一般植物油的一半。抗氧化性好。可与各类溶剂、油脂、氧化剂以及维生素混溶。其乳化性、延伸性和润滑性均优于普通油脂。以椰子油或棕榈仁油、山苍籽油等油脂为原料，经过水解、分馏、切割得到辛酸、癸酸，再与甘油进行酯化，然后经脱羧、脱水、脱色制得。

毒理学依据

① LD$_{50}$：15g/kg（bw）（大鼠，急性经口）。

② GRAS：FDA 确认安全。

③ 致突变试验：无致突变作用。

④ 代谢：在肠道内水解、吸收，在肝脏和机体中不积累。

质量标准

质量标准　QB 2396—1998（参考）

项　目		指　标	
		辛癸酸甘油酯 （O. D. O 型）	辛癸酸甘油酯 （O. D. O. - L 型）
碘值（以碘计）/(g/100g)	≤	1.0	1.0
酸值（以 KOH 计）/(mg/g)	≤	0.5	2.0
皂化值（以 KOH 计）/(mg/g)	≤	325～360	260～290
相对密度(d_4^{20})		0.940～0.960	—
重金属（以 Pb 计）/(mg/kg)	≤	10.0	10.0
砷（以 As 计）/(mg/kg)	≤	2	2
α-甘油-酸酯含量/%		—	50～60
游离甘油/%	≤	—	1.5

应用　乳化剂

GB 2760—2014 有关规定：乳粉（包括加糖乳粉）和奶油粉及其调制产品（纯乳粉除外）、氢化植物油、冰淇淋类、蛋糕类、可可制品、巧克力和巧克力制品（包括类代可可脂巧克力及其制品）以及糖果、饮料类（除外 14.01 包装饮用水类），按生产需要适量使用。

耐低温，可以在很低的温度下储存使用，不必担心出现结晶。耐高温，长时间煮炸后黏度几乎不变，不易氧化。在香精中可作为香精的基料、溶解剂、稀释剂、稳定剂使用。在软糖中作被膜剂，具有透明度高、无异味、糖果色泽鲜艳等优点。在巧克力中使用辛癸酸甘油酸，与卵磷脂复配使用，改善了巧克力加工时的流动性，可提高巧克力的速溶性，光泽度及口感的润滑细腻感，减少了起霜现象，延长货架的保存期。在胶姆糖中添加辛癸酸甘油酯，可作为软化剂、乳化剂使用，生产操作方便，提高了产品的柔软性，清香口味醇，口感滑爽细腻，不黏牙，吹出的泡不黏脸，保质期长。

生产厂商

① 河南兴源化工产品有限公司

② 河北百味生物科技有限公司

③ 广州永易食品原料有限公司

④ 上海千为油脂科技有限公司

辛烯基琥珀酸淀粉钠 starch sodium octenyl succinate(sodium starch octenyl succinate)

别名　纯胶 purity gum、SSOS

分类代码　CNS 10.030；INS 1450

理化性质　本品是低取代度（每 50 个葡萄糖单位不多于 1 个取代基）的淀粉和辛烯基琥珀酸的半酪化制品，为白色粉末，无毒无臭无异味。不溶于乙醇、乙醚、氯仿。在冷水中可溶解，在热水中可加快溶解呈透明液体，在酸、碱性的溶液中都有好的稳定性。和其他的表面活性剂有很好的协同增效作用，没有配伍禁忌。与原淀粉相比，羟基含量减少，稳定性提高，可以耐受一定的高温。将淀粉悬混于水中与 $\leqslant 3\%$（以商品级干淀粉为基准）的辛烯基琥珀酸酐作用，并用稀氢氧化钠溶液调至 pH 值 7 左右，进行反应后精制而成。

毒理学依据

① LD_{50}：小鼠急性经口大于 15g/kg（bw）（中山医科大学卫生学院）。

② 微核试验：阴性（中山医科大学卫生学院）。

③ ADI：无须规定（FAO/WHO，1994）。

质量标准

质量标准 GB 28303—2012

项　目		指　标
二氧化硫残留量/(mg/kg)	$\leqslant$	50(谷物)
		10(其他)
总砷(以 As 计)/(mg/kg)	$\leqslant$	1.0
铅(Pb)/(mg/kg)	$\leqslant$	2.0
辛烯基琥珀酸基团/%	$\leqslant$	3.0

应用　乳化剂，其他

GB 2760—2014 规定：稀奶油，按生产需要适量使用；婴儿配方食品（作为 DHA/ARA 载体，以即食食品计），最大使用量 1.0g/kg；较大婴儿和幼儿配方食品（作为 DHA/ARA 载体，以即食食品计），最大使用量 50.0g/kg；特殊医学用途婴儿配方食品（使用量仅限粉状产品，液态产品按照稀释倍数折算），最大使用量 150.0g/kg。可在各类食品中（附录 2 中食品除外）按生产需要适量使用。

食品加工中的参考用量，用于饮料，0.003%～0.050%；用于焙烤制品，0.05%～0.5%；用于咖啡伴侣，1.5%～2%。液态奶精（如椰子乳），用量 0.5%～3.0%；乳酪产品（如片状乳酪），用量 0.5%～5.0%。肉类制品（如香肠、火腿、西式火腿等），用量 1.0%～5.0%；海产制品（如鱼丸、虾丸、蟹柳），用量 1.0%～5.0%；色拉调味油，用量 0.5%～5.0%；非碳酸饮料（如牛奶、咖啡、茶），用量 2.0%～5.0%；含油的罐头食品（如蛋黄酱、炼乳）；用量 0.5%～5.0%。1.5%～2%增加面筋增强面制品韧性。本品性质类似阿拉伯胶，在饮料中可作为水包油型乳浊液的稳定剂，用于生产食用香精、色素、混悬剂等。低黏度产品可作为各种基质，如油、脂肪和水不溶性纤维素的包埋剂，用来生产干粉制品。

生产厂商
① 广州市耶尚贸易有限公司
② 河北百味生物科技有限公司
③ 安徽中旭生物科技有限公司
④ 河南正兴食品添加剂有限公司

乙酰化单，双甘油脂肪酸酯 acetylated mono-and diglyceride(acetic and fatty acid esters of glycerol)

$$
\begin{array}{l}
CH_2\!-\!OR_1 \\
\quad| \\
CH\!-\!OR_2 \\
\quad| \\
CH_2\!-\!OR_3
\end{array}
$$

R＝CH₃CO—或脂肪酸酰基

别名　乙酸化脂肪酸甘油酯

分类代码　CNS 10.027；INS 472a

理化性质　白色至浅黄色、不同黏稠度液体或固体，带有乙酸气味。不溶于水，溶于乙醇、丙酮和其他有机溶剂，其溶解度取决于酯化程度和熔化温度。熔点范围在 25～40℃，属于油包水（W/O）型乳化剂，HLB 值 2～4。食用油脂与甘油三乙酸酯和甘油在催化剂存在下，进行酯交换反应，再经分子蒸馏后制得。或单脂肪酸甘油酯与乙酸酐进行部分乙酰化取代反应制得。

毒理学依据
① LD_{50}：4g/kg（bw）（大鼠，急性经口）。
② ADI：无须规定（FAO/WHO，1994）。
③ GRAS：FDA-21 CFR 172.828。

质量标准

质量标准 GB 1886.80—2015

项　目		指　标
酸值（以 KOH 计）/(mg/g)	≤	6
游离甘油/%		符合声称
碘值/(g/100g)		符合声称
瑞修-迈色值(Reichert-Meissl Value)		75～200
皂化值（以 KOH 计）/(mg/g)		符合声称
铅(Pb)/(mg/kg)	≤	2.0

应用 乳化剂

GB 2760—2014 规定：可在各类食品中（附录 2 中食品除外）按生产需要适量使用。

食品加工中的参考用量，可用于糖厂煮糖除垢，最大使用量为 0.015g/kg；用于复合调味品，最大使用量为 20g/kg；在人造奶油和冷饮中，用量为 10g/kg。可保证高脂食品（如冰淇淋、奶油、发泡甜点等）的充气性，控制起酥油的脂肪结晶；能形成富有机械弹性的膜，用于食品的涂层保鲜，防止氧化、变干、受潮、污染。

生产厂商

① 上海联合食品添加剂有限公司

② 河南正通化工有限公司

③ 湖北兴银河食品科技有限公司

④ 郑州通化实业有限公司

硬脂酸钙 calcium stearate

分类代码 CNS 10.039；INS 470

理化性质 白色至带黄白色松散粉末，微有特异气味，细腻无砂粒感，不溶于水、醇、乙醚，微溶于热乙醇、热吡啶、热的植物油及矿油。常温常压下稳定，遇强酸分解为硬脂酸和相应的钙盐。在空气中有吸水性。加热至 400℃时缓缓分解为硬脂酸和相应的钙盐。由食用级固体有机酸（硬脂酸、棕榈酸）的混合物与钙盐作用，精制而成。

毒理学依据

ADI：无须规定（FAO/WHO，2007）。

质量标准

质量标准　HG/T 2424—2012（参考）

项　目		指　标
含量(CaO,以干基计)/%		9.0～10.5
游离脂肪酸(硬脂酸)/%	≤	3.0
干燥减量/%	≤	4.0
铅(Pb)/(mg/kg)	≤	2

注：干燥温度为 105℃，干燥时间为 2h。

应用 乳化剂、抗结剂

GB 2760—2014 规定：香辛料及粉、固体复合调味料，最大使用量 20.0g/kg。

生产厂商

① 郑州锦德化工有限公司

② 湖州市菱湖新望化学有限公司

③ 郑州市鸿程化工产品有限公司

④ 广州天金化工有限公司

硬脂酸钾 potassium stearate

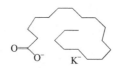

CH₃(CH₂)₁₆COOK

分类代码　CNS 10.028；INS 470

理化性质　白色或黄白色蜡状固体，或白色粉末，略带有油脂气味。常温常压下稳定，避免与不相容材料接触，与强氧化剂反应。溶于冷水中，更易溶于热水和热乙醇中，溶液因水解呈碱性。由硬脂酸与氢氧化钾高温反应后，经过冷却、分离制得。

毒理学依据

ADI：无须规定（FAO/WHO，1994）。

质量标准

质量标准 GB 31623—2014

项　目		指　标
硬脂酸钾含量/%	≥	95
游离脂肪酸/%	≤	3
不皂化物/%	≤	2
铅(Pb)/(mg/kg)	≤	2

应用　乳化剂、抗结剂

GB 2760—2014 有关规定：糕点，最大使用量为 0.18g/kg；香辛料及粉，最大使用量为 20.0g/kg。

硬脂酸钾有滑腻感。具有很高的乳化效率，对硬水敏感，能与硬水形成钙盐，使乳化液变形或破坏，是一种钙敏乳化剂。

生产厂商

① 河南省所以化工有限公司

② 郑州启宏化工产品有限公司

③ 无锡市百瑞多化工产品有限公司

④ 湖北鑫润德化工有限公司

硬脂酸镁 magnesium stearate

分类代码　CNS 02.006；INS 470

理化性质　为细小、白色的松散粉末，稍有特异气味，细腻无砂粒感，不溶于水、醇、乙醚，溶于热乙醇。遇酸分解为硬脂酸和相应的镁盐。不自身聚合，具有润滑、抗黏、助流作用。由食用级固体有机酸（硬脂酸、棕榈酸）混合物与氧化镁化合后精制而成。

毒理学依据

① GRAS：FDA-21CFR 184.1440。

② ADI：无须规定（FAO/WHO，2007）。

质量标准

质量标准日本食品添加物公定书（第八版）（参考）

项　目		指　标
Mg 含量(以干基计)/%		4.0～5.0
氯化物(以 Cl 计)/%	<	0.1
硫酸盐(以 SO_4 计)/%	<	1.0
重金属(以 Pb 计)/(mg/kg)	<	20
脂肪酸比		合格
干燥减量/%	≤	6.0

应用　乳化剂、抗结剂

GB 2760—2014 规定：蜜饯凉果，最大使用量 0.8g/kg，可可制品、巧克力和巧克力制品（包括代可可脂巧克力及制品）以及糖果，按生产需要适量使用。

生产厂商

① 郑州君凯化工产品有限公司

② 郑州龙生化工产品有限公司

③ 苏州大德汇鑫生物科技有限公司

④ 上海祁邦实业有限公司

硬脂酰乳酸钙(硬脂酰乳酸钠)calcium stearyl lactylate(soldium stearoyl lactylate)

$C_{48}H_{86}CaO_{12}$，895.30

别名 十八烷基乳酸钙

分类代码 CNS 10.011，10.009；INS 481i，482i

理化性质 本品为硬脂酰乳酸钙和少量其他有关酸所生成钙盐的混合物，白色至带黄白色的粉末或薄片状、块状固体，无臭、有焦糖样气味。难溶于冷水，稍溶于热水，加热强烈搅拌混合可完全溶解。易溶于热的油脂中，冷却则成分散状态析出。熔点 44～51℃，HLB 值为 5.1。将乳酸加热浓缩为重合乳酸，加入硬脂酸和碳酸钙，边通惰性气体边加热至 200℃进行酯化反应，将反应生成物制成钙盐。

其他添加形式 硬脂酰乳酸钠 sodium stearyl lactylate

毒理学依据

① LD_{50}：27g/kg（大鼠，急性经口）。

② ADI：0～20mg/kg（FAO/WHO，1994）。

质量标准

质量标准（参考）

项　目		指　标	
		JECFA(2006)	FCC(7)
钙含量/%		1.0～5.2	4.2～5.2
砷(以 As_2O_3 计)/(mg/kg)	≤	—	—
干燥减量/%	≤	—	—
酸值(以 KOH 计)/(mg/g)		50～130	50～86
酯值(以 KOH 计)/(mg/g)		125～190	125～164
总乳酸/%		15～40	32.0～38.0
灼烧残渣/%		—	—
重金属(以 Pb 计)/(mg/kg)		—	—
铅(Pb)/(mg/kg)	≤	2	2

应用 乳化剂、稳定剂

GB 2760—2014 规定：调制乳、风味发酵乳、冰淇淋、雪糕类、果酱、干制蔬菜（仅限脱水马铃薯粉）、装饰糖果（如工艺造型，或用于蛋糕装饰）、顶饰（非水果材料）和甜汁、专用小麦粉（如自发粉、饺子粉等）、生湿面制品、发酵面制品、面包、糕点、饼干、肉灌肠类、调味糖浆、蛋白饮料、茶、咖啡、植物（类）饮料、特殊用途饮料、风味饮料，最大使用量 2.0g/kg；稀奶油、调制稀奶油、稀奶油类似品、水油状脂肪乳化制品、02.02 类以外的脂肪乳化制品，包括混合的（或）调味的脂肪乳化制品，最大使用量 5.0g/kg；其他油脂或油脂制品（仅限植脂末），最大使用量 10.0g/kg。

作为面包或其他面制品的品质改良剂，主要基于本品容易与面粉中的面筋、脂质和淀粉形成网络结构，不仅有增强面筋的稳定性和弹性的作用，同时也显著地改善面包的耐混捏性，和面中，加入本品，面团中的直链淀粉形成不溶于水的络合物，阻止了直链淀粉的溶出，增加了面包的柔软性，延长了面包的货架期。本品的 HLB 值约为 8，能使食品中的油脂均匀分散，节省油脂用量。使饼干容易脱模，外观整齐，层次清晰，口感酥脆。能使麻辣食品口感筋道、柔软，延长保鲜时间。使面条、挂面、方便面的表面更光滑、断条率低、耐泡耐煮，更有嚼劲。提高速冻食品的质量，改善组织结构，避免表面开裂，防止馅料漏出。加入冰淇淋中，可使其各组分混合均匀，形成细密的气孔结构，膨胀率大，口感细腻、润滑，不易融化。用于糖果，有防止奶油分离、防潮、防粘、改善口感的效果。在巧克力中起降黏作用，防止起霜。用于含脂肪、蛋白质饮料，作为乳化剂和稳定剂，可防止分层，延长保质期。在人造奶油、黄油、起酥油中，能防止油、水分离，改善餐用黄油的涂抹性，也可用作油脂结晶防止剂。加入乳制品中，能提高其速溶性。加入肉制品如香肠、午餐肉、肉丸、鱼肉馅等中，可防止填充料的淀粉回生、老化，同时可使脂肪原料更好地分散，易于加工，抑制析水、收缩或硬化。

生产厂商

① 河南兴源化工产品有限公司
② 郑州君凯化工产品有限公司
③ 上海祁邦实业有限公司
④ 睢县鑫佳生物科技有限公司

蔗糖脂肪酸酯 sucrose esters of fatty acid

X＝RCO 或 H
$C_{30}H_{56}O_{12}$，608.76

主要成分 蔗糖与脂肪酸形成的酯类化合物。由于蔗糖分子中有 8 个羟基，故可与 1～8 个脂肪酸形成相应的脂肪酸蔗糖酯，实际上，大多蔗糖酯化出现在伯羟基上。脂肪酸可以是硬脂酸、棕榈酸、油酸等高级脂肪酸，也有醋酸。作为商品主要是蔗糖与硬脂酸、棕榈酸、油酸的单酯、双酯和三酯以及它们的混合酯。以蔗糖单硬脂酸酯为例，其中 $R＝C_{17}H_{35}$

别名 脂肪酸蔗糖酯、蔗糖酯

分类代码 CNS 10.001；INS 473

理化性质 白色至黄色的粉末，或无色至微黄色的黏稠液体或软固体，无臭或稍有特殊的气味。易溶于乙醇、丙酮。软化点为 50～70℃，145℃以上易分解，120℃以下稳定。在酸性或碱性条件下加热会皂化。蔗糖酯耐高温性较弱，在受热条件下酸值明显增加，蔗糖基团可发生焦糖化作用，从而使颜色加深。酸碱都会导致蔗糖酯水解，但在 20℃ 以下作用很小，随温度的增加而加强。单酯可溶于热水，但二酯和三酯难溶于水。单酯含量高，亲水性强；二酯和三酯含量越多，亲油性越强。由于蔗糖脂肪酸酯的酯化程度可影响其亲水、亲油平衡值（HLB）。在使用中可参考不同的 HLB 值对应的蔗糖酯选择使用。由蔗糖与食用脂肪酸酯进行酯交换反应而得。

不同酯化及其程度的蔗糖酯的 HLB 值

单酯/%	二酯/%	三酯/%	四酯/%	HLB 值
71	24	5	0	15
50	36	12	2	11
46	39	13	2	9.5
42	42	14	2	8
33	49	16	2	6

毒理学依据

① LD_{50}：大鼠急性经口 39g/kg。

② ADI：0～20mg/kg（FAO/WHO，1994）。

③ GRAS：FDA-21CFR 172.859。

质量标准

质量标准 GB 1886.27—2015

项 目		指 标
酸值(以 KOH 计)/(mg/g)	≤	6.0
游离糖(以蔗糖计)/%	≤	10.0
水分/%	≤	4.0
灼烧残渣/%	≤	4.0
总砷(以 As 计)/(mg/kg)	≤	1.0
铅(Pb)/(mg/kg)	≤	2.0

应用　乳化剂

GB 2760—2014 中规定：调制乳，最大使用量为 3.0g/kg；稀奶油（淡奶油）及其类似品、基本不含水的脂肪和油、水油状脂肪乳化制品、02.02 类以外的脂肪乳化制品［包括混合的和（或）调味的脂肪乳化制品］、可可制品）、巧克力和巧克力制品（包括代可可脂巧克力及制品）以及糖果、其他（乳化天然色素），最大使用量 10.0g/kg；冷冻饮品（03.04 食用冰除外）、经表面处理的鲜水果、杂粮罐头、肉及肉制品、鲜蛋（用于鸡蛋保鲜）、饮料类（14.01 包装饮用水除外）（固体饮料按冲调倍数增加使用量），最大使用量为 1.5g/kg；果酱、专用小麦粉（如自发粉、饺子粉等）、面糊（如用于鱼和禽肉的拖面糊）、裹粉、煎炸粉、调味糖浆、调味品、其他（仅限即食菜肴），最大使用量为 5.0g/kg；生湿面制品（如面条、饺子皮、馄饨皮、烧卖皮）、生干面制品、方便米面制品、果冻，最大使用量为 4.0g/kg。

先将蔗糖酯用少量水混合、润湿，再加入所需要的水，进行适当的加热，可加速蔗糖酯的溶解。用于肉制品、鱼糜制品，可改善水分含量及制品的口感（HLB 值 1～16）；用于焙烤食品，可增加面团韧性，增大制品体积，使气孔细密、均匀，质地柔软，防止老化；用于饼干、糕点，可使脂肪乳化稳定，防止析出（HLB 值 7）；用于巧克力，可抑制结晶，防止起霜（HLB 值 3～9）；用于泡泡糖，使之易于捏合，提高咀嚼感，改善风味和软度（HLB 值 5～11）；用于炼乳、奶油以稳定乳液，可防止水分离，提高奶油膨胀率（HLB 值 1～16）；用于人造奶油，可改善奶油和水的相溶性，对防溅有效（HLB 值 1～3）；适用于柠檬油、橘子油、葡萄油的稳定乳化，防止制品中的香料损失（HLB 值 7～16）；用于禽、蛋、水果、蔬菜的涂膜保鲜，具有抗菌作用，保持果蔬新鲜，延长储存期（HLB 值 5～16）。蔗糖脂肪酸酯具有食用油脂的表观性能和口感，食用后不产生热量，不释放能量，不会为消化系统吸收，可作为理想的预防和控制肥胖的食品添加剂。由于乳化剂的协同效应，单独使用蔗糖酯远不如与其他乳化剂合用，适当复配后乳化效果更佳。

生产厂商
① 柳州爱格富食品科技股份有限公司
② 柳州高通食品化工有限公司
③ 郑州市鸿程化工产品有限公司
④ 河南亿特化工产品有限公司

3.2 增稠剂 thickener

增稠剂是可以提高食品的黏度或形成凝胶，从而改变食品的物理性状、赋予食品黏润、适宜的口感，并兼有乳化、稳定或使呈悬浮状态作用的物质。增稠剂材料的主要成分为多糖高分子类或多糖衍生物质，其分子中一般含有较多的、并呈游离形式的羟基或其他亲水基。由于增稠剂在吸水后形成膨胀的胶体结构，使溶液整体的黏度、密度都会有明显地增加。增稠剂在水相中可形成稳定的溶胶形式，常被作为果肉饮料中的悬浮稳定剂使用。而有些更易形成凝胶的增稠剂，则更多用在果酱、果冻、肉冻、皮膜等食品的制作中。增稠剂多为植物或树胶类的水相提取物以及各类淀粉及改性材料物质，故在食品中的用量较多。

β-环状糊精 β-cyclodextrin

低聚糖同系物，由 7 个葡萄糖单体经 α-1,4 糖苷键结合生成的环状物。

$(C_6H_{10}O_5)_7$，1135.0

别名 β-环糊精、环麦芽七糖、环七糊精、BCD
分类代码 CNS 20.024；INS 459
理化性质 白色结晶性粉末，无臭，稍甜，溶于水（1.8g/100mL，20℃），随着温度升高溶解度增加，难溶于甲醇、乙醇、丙酮，但在吡啶、二甲基甲酰胺、二甲基亚砜和乙二醇中能够微溶。熔点 290～305℃，内径（分子空隙）0.7～0.8nm，旋光度 $[\alpha]_D^{25}$ +165.5 (°)。本品在碱性水溶液中稳定，遇酸则缓慢水解，其碘络合物呈黄色，结晶形状呈板状。β-环状糊精具有高度的选择性，化学性质稳定，易于分离，不具有吸湿性，但是容易形成稳定的水合物。在相对湿度 50%～70% 之间的水合程度相当于每分子 β-CD 吸收 10～11 个水分子（含水量 13.7%～14.8%），吸湿等温曲线为两个相。本品可与多种化合物形成包结复合物，使其稳定、增溶、缓释、乳化、抗氧化、抗分解、保温、防潮，并具有掩蔽异味等作用，为新型分子包裹材料。淀粉糊化后经微生物产生的环状葡萄糖基转移酶（cyclodextrin-glyc myltransferase）作用，经脱色、结晶、分离而制得。

毒理学依据

① LD$_{50}$：（大鼠、小鼠，急性经口）均大于 20g/kg（bw）。

② ADI：暂定 0～6mg/kg（bw）（FAO/WHO，1994）。

③ 致突变试验：Ames 试验、微核试验及小鼠睾丸染色体畸变试验，未见有致突变作用。

质量标准

质量标准（参考）

项　目		指　标		
		QB 1613—1992	JECFA(2006)	FCC(7)
含量/%	≥	95	98	98.0～101.0
1%溶液旋光度$[\alpha]_D^{20}$/(°)		—	—	+160
氯化物（以 Cl 计）/%	≤	—	—	—
重金属（以 Pb 计）/(mg/kg)	≤	20	—	—
铅（Pb）/(mg/kg)	≤	—	1	1
砷（以 As$_2$O$_3$ 计）/(mg/kg)	≤	1	—	—
还原糖（葡萄糖当量）/%	≤	—	1	1.0
干燥减量/%	≤	14	—	—
灼烧残留/%	≤	0.5	—	0.1
甲苯/(mg/kg)	≤	—	—	1
三氯乙烯/(mg/kg)	≤	—	—	1
含水量/%	≤	13	14	14.0
其他环糊精/%	≤	—	2	—
溶剂残留/(mg/kg)	≤	—	1	—
硫酸盐灰分/%	≤	—	0.1	—

应用 增稠剂

GB 2760—2014 规定：胶基糖果，最大使用量为 20.0g/kg；方便米面制品、预制肉制品、熟肉制品，最大使用量为 1.0g/kg；果蔬汁（浆）类饮料（固体饮料按稀释倍数增加使用量）、植物蛋白饮料（固体饮料按稀释倍数增加使用量）、复合蛋白饮料（固体饮料按稀释倍数增加使用量）、其他蛋白饮料（固体饮料按稀释倍数增加使用量）、碳酸饮料（固体饮料按稀释倍数增加使用量）、茶、咖啡、植物（类）饮料（固体饮料按稀释倍数增加使用量）、特殊用途饮料（固体饮料按稀释倍数增加使用量）、风味饮料（固体饮料按稀释倍数增加使用量）、膨化食品，最大使用量为 0.5g/kg。

用于包埋易挥发的香料使其稳定，香料与 β-环状糊精的浓度比为 1:1。用于包埋天然色素，使其稳定。去除异味，用于豆制品等除豆腥味，以及去除干酪素的苦味、甜菊苷的苦味、羊肉的腥味和鱼腥味等。用于制作固体酒和果汁粉。用于果蔬罐头，可防止汁液产生白色混浊。食品加工中的参考用量：橘子罐头，添加量为糖浆量的 0.2%～0.4%，不产生白色混浊；竹笋罐头，添加 0.01%～2.0%，可防止产生白色沉淀；冷冻蛋白粉末，添加 0.25%，可提高起泡力和泡沫稳定性。

生产厂商

① 河南金润食品添加剂有限公司

② 河北百味生物科技有限公司

③ 郑州郑亚化工产品有限公司

④ 江苏丰园生物技术有限公司

阿拉伯胶 arabic gum

别名 阿拉伯树胶、金合欢胶

分类代码 CNS 20.008；INS 414

理化性质 它是在空气中自然凝固而成的树胶。白色或微黄白色大小不等的颗粒、碎片或粉末，无臭、无味、无毒。溶于冷、热水，在水中具有高溶解性，不溶于油和有机溶剂。具有亲水亲油性，在大范围 pH 值和电解质溶液中都可制成稳定的乳液。有相容性，与明胶能形成聚凝软胶用来包裹油溶物质。浓度低于 40% 时，溶液呈牛顿液体特性；浓度大于 40% 时，则可观察到液体的假塑性。1g 本品溶于 2mL 水中，形成易流动的溶液，对石蕊试纸呈酸性。由阿拉伯树 [*Acacia sengal* (L)] 树干自然渗出液或割破树皮收集的渗出液经干燥制得。

毒理学依据

① LD_{50}：兔急性经口 8000mg/kg（bw）。

② GRAS：FDA-21CFR 184，1330。

③ ADI：无须规定（FAO/WHO，1994）。

质量标准

质量标准 GB 29949—2013

项 目		指 标	
		颗粒状物	粉状物
干燥减量[①]/%	≤	15	10
灰分[②]/%	≤	4	
酸不溶灰分/%	≤	0.5	
酸不溶物/%	≤	1	
铅(Pb)/(mg/kg)	≤	2	
淀粉或糊精		通过实验	
单宁胶		通过实验	

① 干燥温度和时间分别为 105℃±2℃ 和 5h。

② 灼烧温度和时间分别为 675℃±25℃ 和 8h。

应用 增稠剂

GB 2760—2014 规定：可在各类食品中（附录 2 中食品除外）按生产需要适量使用。

FAO/WHO（1984）规定：用途及限量为，青刀豆和黄荚刀豆、甜玉米、蘑菇、芦笋、青豌豆罐头，10g/kg（单用或与其他增稠剂合用，产品含奶油或其他油脂）；加工干酪制品，8g/kg（单用或与其他增稠剂合用）；酸黄瓜，500mg/kg（单用或与其他助溶剂和分散剂合用）；

胡萝卜、罐头，10g/kg（单用或与其他增稠剂合用）；稀奶油（单用或与其他增稠剂和改性溶剂合用，仅用于巴氏杀菌损奶油或超高温杀菌损打稀奶油和消毒稀奶油）；冷饮，10g/kg 以最终产物计，单用或与其他乳化剂、稳定剂和增稠剂合用）；蛋黄酱，1g/kg。美国 FDA 规定（1989）：用途及限量为饮料和饮料基料，2.0%；口香糖，5.6%；糖果、糖霜，12.4%；硬糖、咳嗽糖浆，46.5%；软糖 85.0%；代乳，1.4%；油脂，1.5%；明胶布丁和馅，2.5%；花生制品 8.3%。25℃时阿拉伯胶可形成各种浓度的水溶液，50%的水溶液黏度最大。溶液的黏度与温度成反比。pH 值 6～7 时黏度最高。溶液中存在电解质时可降低其黏度，但柠檬酸钠却能增加其黏度。

生产厂商

① 河南兴源化工产品有限公司

② 郑州市伟丰生物科技有限公司

③ 广州添照生物科技有限公司

④ 河南德大化工有限公司

刺云实胶 tara gum

别名 他拉胶、刺云豆胶

分类代码 CNS 20.041；INS 417

理化性质 刺云实胶为白色至黄白色粉末，气味无臭。刺云实胶含有 80%～84%的多糖，3%～4%的蛋白质，1%的灰分及部分粗纤维、脂肪和水。刺云实胶的密度为 0.5～0.8g/cm³，其水溶液不挥发。刺云实胶溶于水，水溶液呈中性，不溶于乙醇。对 pH 变化不敏感，在 pH 值＞4.5 时，刺云实胶的性质相当稳定，对热较稳定。1%刺云实胶在冷水下溶解性好，在 25℃时，就具有非常好的黏度，45℃时 100%溶解，形成半透明的溶液。

毒理学依据

① ADI：无须规定（JECFA，1986）。

② 致突变试验：Ames 试验未发现致突变作用。

③ 急性毒性试验：以 0.8g/kg（bw）剂量的刺云实胶灌胃两种性别的小鼠，未见刺云实胶有明显的急性毒性。

质量标准

质量标准（参考）

项　目		指　标	
		JECFA(2006)	FCC(7)
干燥减量/%	≤	15.0	12.0
灰分/%	≤	1.5	1.0
酸不溶物质/%	≤	2.0	2.0
蛋白质/%	≤	3.5	3.5
淀粉		检测不出	合格
铅(Pb)/(mg/kg)	≤	2.0	2.0
砷(Se)/(mg/kg)	≤	—	3.0
半乳甘露聚糖/%	≥	—	75.0

应用 增稠剂

GB 2760—2014 规定：干酪和再制干酪及其类似品，最大使用量 8.0g/kg；冷冻饮品（03.04 食用冰除外）、果酱、果冻（如用于果冻粉，按冲调倍数增加使用量），最大使用量 5.0g/kg；预制肉制品、熟肉制品，最大使用量 10.0g/kg；焙烤食品，最大使用量 1.5g/kg；

饮料类（14.01 包装饮用水除外），最大使用量 2.5g/kg。

刺云实胶具有良好的热稳定性、化学稳定性和胶体复配性，是一种性能优良的天然食用胶体，因此在食品工业中刺云豆胶主要用作增稠剂、胶凝剂和稳定剂。刺云实胶作为增稠剂，适用于奶油、果汁、透明饮料和乳制品；作为胶凝剂，适用于果酱、果冻、糖果、奶酪和罐装肉制品等；作为稳定剂，适用于酱、调味品和沙拉等。在冷饮中，刺云实胶是一种新型的增稠稳定剂，其胶体的黏弹性较好。同时使形成的产品结构短、不起丝、不黏糊，对比以瓜尔胶为增稠剂有明显不同，和以槐豆胶为增稠剂基本相同。以刺云实胶、卡拉胶和 CMC 复配作为果冻、果酱等产品的增稠和凝胶稳定剂的研究发现，含刺云实胶的复配胶体能使产品获得较好的凝胶效果，并能有效地发挥其增稠、持水、胶凝作用，使得产品口感好、组织结构致密，保水性强和抗融性加强。这和槐豆胶的作用基本相同。

生产厂商
① 郑州奇华顿化工产品有限公司
② 郑州升达食品添加剂有限公司
③ 徐州徐瑞多生物科技有限公司
④ 天津食源生物科技有限公司

醋酸酯淀粉 starch acetate

别名　醋酸淀粉酯

分类代码　CNS　20.039；INS 1420

理化性质　白色、类白色或淡黄色。呈颗粒状、片状或粉末状，无异味。特点是其糊的凝沉性低，与原淀粉相比，对酸、碱、热的稳定性高，糊的透明度好，冻容融稳定性好。分子间不易形成氢键。醋酸酯淀粉的黏度均比原淀粉的高且随取代度增加而增高。由淀粉水乳在一定的酸度下，与醋酸酐或醋酸乙烯酯（≤7.5%）进行酯化反应后，再经过洗涤干燥制得。

毒理学依据
ADI：无须规定（FAO/WHO，1994）。

质量标准

质量标准 GB 29925—2013

项　目				指　标
干燥减量/%	谷类淀粉为原料		≤	15.0
	其他单体淀粉为原料		≤	18.0
	马铃薯淀粉为原料		≤	21.0
总砷(以 As 计)/(mg/kg)			≤	0.5
铅(以 Pb 计)/(mg/kg)			≤	1.0
二氧化硫残留/(mg/kg)			≤	30
乙酰基/(g/100g)			≤	2.5
乙酸乙烯酯残留(仅限于乙酸乙烯酯作为酯化剂)/(mg/kg)			≤	0.1

应用　增稠剂

GB 2760—2014 规定：生湿面制品（如面条、饺子皮、馄饨皮、烧卖皮）（仅限生湿面条），按生产需要适量使用。可在各类食品中（附录 2 中食品除外）按生产需要适量使用。

低取代度的淀粉醋酸酯，在食品加工中用作增稠剂，其优点是黏度高，澄明度高，凝沉性弱，储存稳定。常将其进行复合变性，交联淀粉醋酸酯对于高温、强剪切力和低 pH 影响具有更高黏度稳定性，低温储存和冻融稳定性也高，适于罐头类食品应用，能在不同温度下储存。FAO/WHO（1984）中推荐含有奶油及其他油脂的蘑菇、芦笋、青豆、刀豆、白刀豆、甜玉米、胡萝卜罐头及发酵后经过热处理的酸奶的用量为，10 g/kg；冷食 30 g/kg。另外可适量用于果丹皮、软糖、饮料冲剂的生产加工。

生产厂商
① 河南省所以化工有限公司
② 深圳市江源商贸有限公司
③ 上海耐今实业有限公司
④ 郑州弘益泰化工产品有限公司

淀粉磷酸酯钠 sodium starch phosphate

为构成淀粉的部分葡萄糖羟基与磷酸形成的酯，其结合状态及磷酸的含量因制法而异。一分子磷酸与一分子葡萄糖结合成单酯（Ⅰ）型，一分子磷酸与二分子葡萄糖结合成双酯（Ⅱ型），见下图

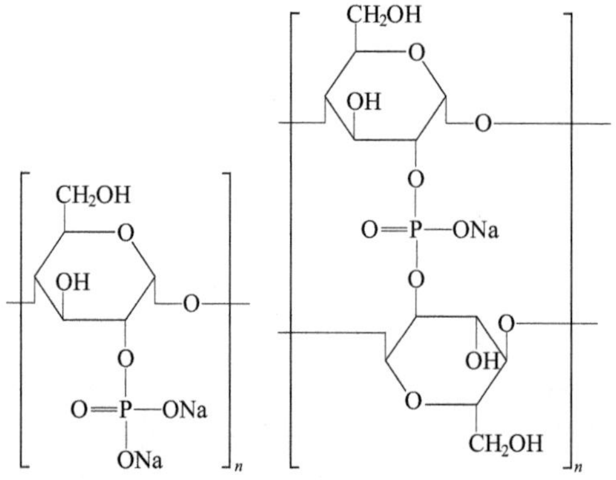

Ⅰ型　　　　　　Ⅱ型

别名　磷酸淀粉钠 sodium phosphate starch

分类代码　CNS 20.013

理化性质　白色至类似白色粉末，无臭，无味，稍有吸湿性，室温下吸湿 18% 成饱和状态，溶于水，比一般的增稠剂易分散于水，且稳定。不溶于乙醇等有机溶剂。Ⅰ型淀粉磷酸酯钠在常温下遇水糊化，糊化温度随磷酸结合量的增大而降低。低温状态下稳定性增大，但黏度降低。Ⅱ型淀粉磷酸酯钠与水一起加热则糊化。通常在同一分子内Ⅰ型与Ⅱ型同时存在，糊化温度（约 60℃）比一般的淀粉（约 80℃）低，老化倾向降低。但通过酯化，其溶解度、膨润力及透明度显著高于原淀粉。pH 值 9 以上或 2 以下时，黏度下降。双酯含量多则难糊化，1% 溶液的 pH 值 6.5~7.5，淀粉磷酸酯对细菌的降解稳定。将淀粉悬浮在水或含水乙醇中，加入磷酸钠，用酸或碱调整 pH 值至中性，加热至 150~200℃ 进行反应制得。原料常为薯类及土豆淀粉。

毒理学依据

① LD$_{50}$：小鼠急性经口 19.24g/kg（bw）。

② ADI：无须规定（FAO/WHO，1994）。

质量标准

质量标准 GB 29936—2013

项　目			指标
干燥减量/%	谷类淀粉为原料	≤	15.0
	其他单体淀粉为原料	≤	18.0
	马铃薯淀粉为原料	≤	21.0
总砷(以 As 计)/(mg/kg)		≤	0.5
铅(以 Pb 计)/(mg/kg)		≤	1.0
二氧化硫残留/(mg/kg)		≤	30
残留磷酸盐(以 P 计)/%	马铃薯或小麦淀粉为原料	≤	0.5
	其他原料	≤	0.4

应用　增稠剂

GB 2760—2014 规定：脂肪含量 80％以上的乳化制品、冷冻饮品（03.04 食用冰除外）、果酱、调味品、饮料类（14.01 包装饮用水类除外），按生产需要适量使用。

(1) 低取代度，可用于中性和弱酸性食品，如奶油、奶酪、沙拉子油的添加剂，还可起到改善食品味道，提高其低温储存的稳定性的作用。中取代度，可用于 pH 值 3.0～3.5 的中等酸度食品，如儿童食品及桃、梨、香蕉等水果布丁的添加剂，能改善食品的稠度和结构。高取代度，可用于强酸性食品。(2) 因含有磷酸酯，与金属有螯合作用，可防止食品褐变。(3) 淀粉磷酸酯分散液的冻融性十分稳定，将其冷冻后又融化，再冷冻，如此反复多次，食品性质不会发生变化。生产的罐头食品，在 40℃储存数月或冷冻，无任何收缩、凝结、变浑浊，或出水现象发生。(4) 日本规定：最大用量为 2％（单用或与其他增稠剂合用）。(5) 实际使用参考：用于面制品、焙烤预制粉，用量为 1％～2％；果酱，0.02％～0.2％；橘皮果冻 0.1％～0.5％；布丁，1％～2％；冰淇淋，0.1％～0.5％；速溶可可，1％～2％；馅，0.3％～0.5％；浇料，0.2％～0.5％。还可用于蛋黄酱、调味酱、沙司，其他果冻类制品等。本品使用量各国不尽相同，实际添加量应在食品量的 2％以下。

生产厂商

① 河南盛之德商贸有限公司

② 河南兴源化工产品有限公司

③ 郑州众信化工产品有限公司

④ 苏州昌威力化工科技有限公司

瓜尔胶 guar gum

为一种半乳甘露聚糖。甘露糖和半乳糖比例为 2∶1。甘露糖构成主链，平均每隔两个甘露糖连接一个半乳糖。

$$200000\sim300000$$

别名　瓜尔豆胶

分类代码　CNS 20.025；INS 412

理化性质　白色或稍带黄褐色可自由流动的粉末，易吸潮。瓜尔胶密度为 1.492g/cm^3，能完全溶于冷水和热水，但不溶于油、油脂、汀、酮和酯。由于溶液中含有少量的纤维和纤维素，因此呈淡灰色半透明状，有的呈颗粒状或扁平状。无臭或稍有气味，保水性强，以低浓度可制成高黏度溶液（完全溶解的 1% 瓜尔胶水溶液，黏度为 3000mPa·s）。水溶液呈中性，有较好的耐碱性和耐酸性。瓜尔胶水溶液的热稳定性较差，短时间内加热到 40℃，很快就能获得最高黏度，但是冷却后能恢复到原来的数值，另外长时间的高温处理将导致瓜尔胶降解而使黏度降低，在 80~95℃ 加热一段时间，主链糖苷键断裂，就会丧失黏度，同时，溶液丧失了热可逆性，黏度不能恢复。瓜尔胶是天然高分子化合物，易被酶和细菌分解而不能长期储存。加入硼酸或过渡金属离子（如 Ti），瓜尔胶水溶液在一定 pH 值下黏度增加或形成凝胶。瓜尔豆和假补骨脂的种子胚乳，经焙炒经热水提取，除去不溶物后，浓缩、干燥、粉碎而成。

毒理学依据

① LD_{50}：（大鼠，急性经口）7060 mg/kg（bw）。

② ADI：无须规定（FAO/WHO，1994）。

③ GRAS：FDA-21CFR 184.1339。

质量标准

质量标准 GB 28403—2012

项　目		指　标
黏度/(mPa·s)		符合声称
干燥减量[①]/%	≤	15.0
灰分/%	≤	1.5
酸不溶物/%	≤	7.0
蛋白质[②]/%	≤	7.0
铅(Pb)/(mg/kg)	≤	2.0
总砷(As)/(mg/kg)	≤	3.0
硼酸盐实验		通过试验
淀粉实验		通过试验
菌落总数/(CFU/g)	≤	5000
大肠菌群/(MPN/g)＜		30

① 干燥温度和时间分别为 105℃ 和 5h。

② 蛋白质系数为 6.25。

应用　增稠剂

GB 2760—2014 规定：稀奶油，最大使用量为 1.0g/kg；较大婴儿和幼儿配方食品（以即食状态食品中的使用量计），最大使用量为 1.0g/L。可在各类食品中（附录 2 中食品除外）按生产需要适量使用。

食品加工中的参考用量，用于青刀豆和黄荚刀豆、甜玉米、芦笋、青豌豆、蘑菇等罐头，10g/kg；沙丁鱼及其制品、鲭鱼及鲐鱼等罐头，20g/kg（按灌装汤汁计）；胡萝卜，10g/kg；发酵后经加热处理的增香酸奶，5g/kg；冷饮，10g/kg（按最终产品计）。使用时先使其湿润，在充分搅拌下使其溶解，否则易结块。瓜尔胶与某些线性多糖，如黄原胶、琼脂、κ-型卡拉胶等发生较强的吸附作用，使黏度大大提高。与槐豆胶的作用较弱，黏度提高少。在低离子强度下，瓜尔豆胶与阴离子聚合物及与阴离子表面活性剂之间有很强的黏性协同作用。

生产厂商

① 东营鲁源科工贸有限责任公司

② 任丘市正昊化工产品有限公司

③ 河南德大化工有限公司

④ 河南兴源化工产品有限公司

海萝胶 funoran(gloiopeltis furcata)

别名 海萝聚糖

分类代码 CNS 20.040

理化性质 用红藻海萝提取的黏性硫酸半乳聚糖。其结构和性质与琼脂相似，有海萝聚糖，约占藻体的 56.3%，余有蛋白质 12.2%、灰分 21.3%等。将干燥藻体粉碎后加 80%的乙醇约 10~30 倍，搅拌 1h，除去乙醇，由此制得海萝胶。

应用 增稠剂

GB 2760—2014 规定：胶基糖果，最大使用量 10.0g/kg。

海萝胶与磷酸氢钙、木糖醇制备木糖醇口香糖，有很好的保护牙齿珐琅质的功能。

生产厂商

① 河北赛亿生物科技有限公司

② 河南亿达化工产品有限公司

③ 苏州厚金化工有限公司

④ 武汉万荣科技发展有限公司

海藻酸丙二醇酯 propylene glycol alginate

海藻酸的一部分羧基被丙二醇酯化，另一部分羧基被碱中和。

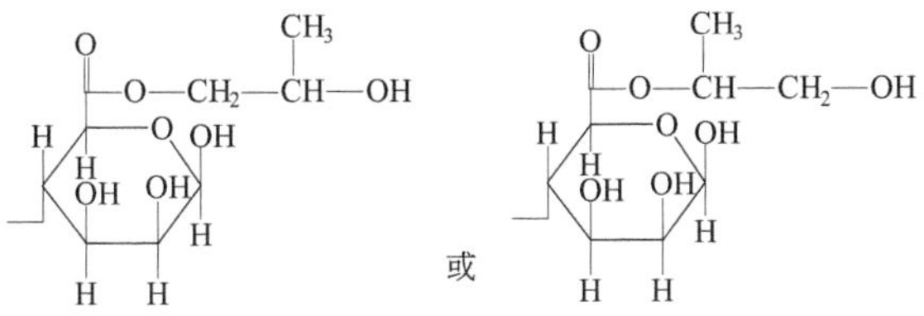

234.21(理论值)

别名 褐藻酸丙二醇酯 hydroxypropyl alginate

分类代码 CNS 20.010；INS 405

理化性质　白色至黄白色，较粗或微细的粉末，基本无味或略具芳香味，溶于水成黏稠的胶状溶液，不溶于乙醇等有机溶剂。有吸湿性，1%的水溶液 pH 值为 3～4，水溶液于 60℃ 以下稳定，煮沸则黏度急剧下降。褐变温度 155℃，碳化温度 220℃，灰化温度 400℃，相对密度 1.46。在酸性溶液中既不似海藻酸那样凝胶化，又不似羧甲基纤维素那样引起黏度下降而降低其使用效果。对于盐及金属离子均较稳定。将环氧丙烷和碱催化剂加入海藻酸溶液中，加压，在 70℃ 左右进行反应制得。

毒理学依据

① LD_{50}：大鼠急性经口 7200mg/kg（bw）。

② GRAS：FAO-21CFR 171.858。

③ ADI：0～70mg/kg（bw）（FAO/WHO，1994）。

质量标准

质量标准

项　目		指　标		
		GB 10616—2004	JECFA(2006)	FCC(7)
酯化度/%	≥	80.0	—	—
含量(以产生 CO_2 计)/%		—	16～20(干基)	16～20(干基)
酯化羧基/%	≥	—	—	40
游离羧基/%	≤	—	—	35(干基)
重金属(以 Pb 计)/(mg/kg)	≤	2	—	—
铅(Pb)/(mg/kg)	≤	0.5	5	5
砷(以 As 计)/(mg/kg)	≤	0.2	3	3(以 As_2O_3 计)
干燥失重/%	≤	20(加热减量)	20(105℃,4h)	20(105℃,4h)
中和羧基/%	≤	—	—	45
不溶性灰分/%	≤	1.0	2(水不溶物)	—
总丙二醇/%		—	15～45	—
游离丙二醇/%	≤	—	15	—
细菌总数/(个/g)	≤	—	5000	—
霉菌、酵母菌/(个/g)	≤	—	500	—
大肠杆菌、沙门氏菌		—	阴性	—

应用　增稠剂、乳化剂、稳定剂

GB 2760—2014 规定：乳及乳制品（除外 01.01.01、01.01.02、01.0.4.01、13.0 涉及品种除外）、果蔬汁（浆）饮料、咖啡（类）饮料，最大使用量 3.0g/kg；调制乳、风味发酵乳、含乳饮料，最大使用量 4.0g/kg；淡炼乳（原味）、氢化植物油、水油状脂肪乳化制品、02.02 类以外的脂肪乳化制品［包括混合的和（或）调味的脂肪乳化制品］、果酱、可可制品、巧克力和巧克力制品（包括代可可脂巧克力及制品）、胶基糖果、装饰糖果（如工艺造型，或用于蛋糕装饰）、顶饰（非水果材料）和甜汁、生湿面制品（如面条、饺子皮、混沌皮、烧卖皮）、生干面制品、方便面制品、冷冻米面制品、调味糖浆、植物蛋白饮料，最大使用量 5.0g/kg；冰淇淋类、雪糕类，最大使用量 1.0g/kg；饮料类（14.01 包装饮用水除外）（固体饮料按冲调倍数增加使用量）、啤酒和麦芽饮料，最大使用量 0.3g/kg。

FDA（1989）规定：用途及限量为冷冻甜食，0.5%；糕点糖霜，0.5%；糖果，0.5%；焙烤食品，0.5%；奶酪，0.9%；油脂，1.1%；明胶，0.6%；布丁，0.6%；肉汁，0.5%；甜沙司，0.5%；果酱和果冻，0.4%；调味品，0.6%；佐料（调味用），0.6%；调味酱

1.7%；香料，1.7%；其他食品，0.3%。日本规定：用于配制饮料，0.3%～0.6%；浓果汁，0.1%；冰淇淋，0.3%；冰糕，0.4%；色拉调料酱 0.5%～1%；乳化香精，1%～3%；发泡酒，0.005%～0.01%；冷冻水果的稳定剂 0.1%～2%；肉类沙司，0.5%～1%；糖浆、番茄调味酱、酱油等增稠剂和分散剂、啤酒泡沫稳定剂，1%以下。其他使用参考：本品除具有胶体性质外，因分子中含有丙二醇基，故亲油性大，乳化稳定性好。常用于乳酸饮料、果汁饮料等低 pH 值的食品。但当遇到多价态金属离子时可引起凝胶析出。

生产厂商

① 青岛明月海藻集团有限公司

② 河南省所以化工有限公司

③ 河南盛之德商贸有限公司

④ 深圳市江源商贸有限公司

海藻酸钾 potassium alginate

海藻酸和海藻酸盐均由单糖醛酸聚合的多糖，单糖主要有两类型，即 β-（1→4）D-甘露醛酸（M）与 α-（1→4）L-古罗糖醛酸（G）。如 β-（1→4）D-甘露醛酸为单体。

结构单元分子式量理论值 214.22

32000～250000

别名 褐藻酸胶

分类代码 CNS 20.005；INS 402

理化性质 白色至微黄色纤维状或颗粒状粉末，几乎无臭、无味，溶于水，不溶于乙醇、氯仿和乙醚。水溶液呈中性，水溶液黏性在 pH 值6～9 时稳定，在 Ca^{2+} 等高价离子存在时可形成胶凝。可与羧甲基纤维素、蛋白质、糖、淀粉和大多数水溶性胶相配伍。海藻用碱处理，加入硫酸得海藻酸，再加入碳酸钾或氢氧化钾制成。

毒理学依据

① GRAS：FDA-21CFR 184.1610。

② ADI：无须规定（FAO/WHO，1994）。

质量标准

质量标准 GB 29988—2013

项 目		指 标
黏度(20℃)/(mPa·s)		符合声称
干燥减量/%	≤	15.0
海藻酸钾含量(以 K₂O 计,以干基计)/%		15.0～22.0
pH(10g/L 溶液)		6.0～8.0
水不溶物/%	≤	0.6
灰分(以干基计)/%		24～32
铅(Pb)/(mg/kg)	≤	4
总砷(以 As 计)/(mg/kg)	≤	2

注：试样取测定完干燥减量项的干燥试样；试样溶液制备采用硝酸-高氯酸消煮法。

应用 增稠剂

　　GB 2760—2014 规定：可在各类食品中（附录 2 中食品除外）按生产需要适量使用。

　　FAD/WHO（1984）规定用量及限量为：用于酸黄瓜，500mg/kg（单用或其他助溶剂合用）；即食汤、羹，3g/kg（单用或与海藻酸钠合用）；鲭鱼及鲹鱼、沙丁鱼及其制品等罐头，20g/kg（仅以罐头汤汁计，单用或与其他增稠剂或胶凝剂合用）；青刀豆和黄荚刀豆、甜玉米、蘑菇、芦笋、青豌豆等罐头，10g/kg（单用或与其他增稠剂合用，产品中含奶油或其他油脂）；酪农干酪（与稀奶油混合物），5g/kg（单用或与其他稳定剂和载体合用）；乳脂干酪，5g/kg（单用或与其他增稠剂合用）；稀奶油，5g/kg（单用或与其他增稠剂或改性剂合用，仅用于巴氏杀菌掼奶油或用于超高温杀菌掼打稀奶油及消毒稀奶油）；发酵后经加热处理的增香酸奶及其制品，5g/kg（单用或与其他稳定剂合用）；冷饮，10g/kg（按最终产品计，单用或与其他乳化剂、稳定剂及增稠剂合用）。美国 FDA（1989）规定用途及用量为：用于糖果和糕点糖霜，1%；布丁，0.7%；加工的水果和水果汁，0.25%；其他食品按工艺要求使用不超过 0.01%。在酸味较大的水果汁和酸性食品中应用效果差，不宜使用。

生产厂商

① 青岛明月海藻集团有限公司

② 青岛九龙褐藻有限公司

③ 常州洋森生物科技有限公司

④ 上海耐今实业有限公司

海藻酸钠 sodium alginate

　　海藻酸和海藻酸盐是由单糖醛酸聚合的多糖，单糖主要有两类型，即 β-（1→4）D-甘露醛酸（M）与 α-（1→4）L-古罗糖醛酸（G）。如 β-（1→4）D-甘露醛酸（M）：

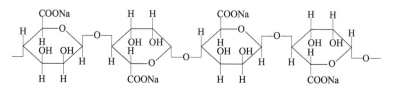

结构单元分子式量理论值 198.11，实际平均值 222.00；

32000～250000

别名　褐藻酸钠、藻胶

分类代码　CNS 20.004；INS 401

理化性质　白色至浅黄色纤维状或颗粒状粉末，几乎无臭，无味，溶于水形成黏稠糊状胶体溶液，1%水溶液 pH 值为 6～8。加热至 80℃ 以上时则黏性降低。不溶于乙醚、乙醇或氯仿等有机溶剂。具有吸湿性，是水合力非常强的亲水性高分子。具有凝胶性，与金属盐结合凝固。海藻用碱处理后抽提，加硫酸得海藻酸，再加入碳酸钠或氢氧化钠即得海藻酸钠。

其他形式　海藻酸、海藻酸钾、海藻酸铵

毒理学依据

① LD$_{50}$：大鼠静脉注射 100mg/kg（bw）。

② ADI：无须规定（FAO/WHO，1994）。

③ GRAS：FDA-21CFR173，310，184，1724。

质量标准

质量标准 GB 1976—2008

项 目		指 标		
		低黏度	中黏度	高黏度
黏度/(mPa·s)		$<$150	150～400	$>$400
色泽及形状		乳白色至浅黄色或浅黄褐色粉状或粒状		
pH		6.0～8.0		
水不溶物/%	≤	0.6		
透光率/%		符合规定		
水分/%	≤	15.0		
灰分(以干基计)/%	≤	18～27		
铅(Pb)/(mg/kg)	≤	4		
砷(以 As 计))/(mg/kg)	≤	2		

应用 增稠剂

GB 2760—2014 规定：其他糖和糖浆（如红糖、赤砂糖、槭树糖浆），最大使用量为 10.0g/kg。稀奶油、黄油和浓缩黄油、生湿面制品（如面条、饺子皮、馄饨皮、烧卖皮）、生干面制品、香辛料类、果蔬汁（浆）、咖啡饮料类，按生产需要适量使用。可在各类食品中（附录 2 中食品除外）按生产需要适量使用。

食品加工中的参考用量，调味品和佐料（除用于填充油橄榄的香料之外），使用量 1%；糖果、蜜饯和糕点霜，使用量 6.0%；明胶和布丁，使用量 4.0%；罐头，使用量 10.0%；加工水果和水果汁，使用量 2.0%；其他食品，根据实际工艺需要不超过 1.0%。在生产挂面、鱼面、快餐面及筒子面中加入海藻酸钠，可以明显地增加黏性，防变脆，有效地减少断头率、耐煮、耐泡、不黏条、筋力强、韧度高、口感细腻、润滑、有嚼头。在生产面包、糕点时，加入海藻酸钠，可以防止老化和干燥，减少落屑，吃起来有筋力，口感好。生产冰激凌、冰棒、雪糕时，一般加入海藻酸钠作为稳定剂，配成的混合料均匀，易于调节混合料冻结时的流度，易于搅拌，制成的产品保形好、平滑细腻、口感好，在储存过程中不形成冰晶，还能稳定其中的空气泡，使产品松软、富有弹性。在冰冻牛奶中加适量海藻酸钠可明显增加口感，无黏感及僵硬感。酸奶中加入海藻酸钠，可以保持和改善其凝乳形状，防止在高温消毒过程中产生黏度下降的现象，同时还可以延长存放期，使其特殊风味不变。添加到饮料中，与糖精及辅料制成爽口的果味糖浆，具有平滑均匀的口感，稳定不分层。海藻酸钠可结合有机物，降低血清和肝脏中的胆固醇，抑制总脂肪和总脂肪酸浓度上升，还可以改善营养物质的消化与吸收。在酸性溶液中作用弱，一般不宜在酸性较大的水果汁和食品中。可制成薄膜用于糖果防黏包装。

生产厂商

① 青岛明月海藻集团有限公司

② 云港海藻酸钠有限公司

③ 河南德大化工有限公司

④ 河南省所以化工有限公司

槐豆胶 carob bean gum

为一种半乳甘露聚糖。聚合物的主链由甘露糖构成，支链是半乳糖。甘露糖与半乳糖的比例为 4∶1。

300000～3600000

别名　刺槐豆胶

分类代码　CNS 20.023；INS 410

理化性质　白色或微带黄色粉末，无臭或稍带臭味。在 8℃ 水中可完全溶解而成黏性液体，pH 值 3.5～9 时，其黏度无变化，但在此范围以外时黏度降低。食盐、氯化镁、氯化钙等溶液对其黏度无影响，但酸（尤其是无机酸）、氧化剂会使其发生盐析及降低黏度。在碱性胶溶液中加入大量的钙盐则形成凝胶。在水分散液中（pH 值 5.4～7.0）添加少量四硼酸钠，亦可转变成凝胶。刺槐种子的旺乳经焙烤、热水提取、浓缩、蒸发、干燥、粉碎、过筛而成。

毒理学依据

① LD_{50}：大鼠急性经口 13g/kg（bw）。

② GRAS：FDA-21CFR 184.1343。

③ ADI：无须规定（FAO/WHO，1994）。

质量标准

质量标准 GB 29945—2013

项　目		指　标
干燥减量[①]/%	≤	14.0
灰分[②]/%	≤	1.2
酸不溶物/%	≤	4.0
蛋白质[③]/%	≤	7.0
残留溶剂(乙醇和异丙醇)/%	≤	1.0
淀粉实验		通过试验
铅(Pb)/(mg/kg)	≤	2
细菌总数/(CFU/g)	≤	5000
大肠埃希氏菌/(MPN/g)	<	3.0
沙门氏菌		未检出/25g
霉菌和酵母/(CFU/g)	≤	500

① 干燥温度和时间分别为 105℃±2℃ 和 5h。

② 灼烧温度和时间分别为 800℃±25℃ 和 3～4h。

③ 蛋白质系数为 6.25。

应用　增稠剂

GB 2760—2014 规定：婴幼儿配方食品，最大使用量 7.0g/kg。可在各类食品中（附录 2 中食品除外）按生产需要适量使用。

食品加工中的参考用量，甜汁甜酱、复合调味酱、半固体复合调味料、最大使用量 5.0g/kg；糖果（包括巧克力及其制品），最大使用量 25g/kg。（FAO/WHO（1984）规定的用途及限量：用于加工干酪制品，8g/kg；乳脂干酪，5g/kg（单用或与其他增稠剂合用）；酪农干酪，5g/kg（以其稀奶油混合物计，单用或与其他稳定剂及载体合用）；沙丁鱼及其制品、鲭鱼及鲐鱼罐头，20g/kg（仅在灌装汤汁中，单用或与其他增稠剂、胶凝剂合用）；即食婴儿食品罐头

2g/kg；稀奶油，5g/kg（单用或与其他增稠剂和改性剂合用，仅用于巴氏杀菌搅奶油或用于超高温杀菌搅打稀奶油及消毒稀奶油）；发酵后经加热处理的增香酸奶及其制品，5g/kg（单用或与其他稳定剂合用）；冷饮，10g/kg（按最终产品计，单用或与其他乳化剂、稳定剂和增稠剂合用，暂定）。美国 FDA（1989）规定用途及限量：用于烘焙食品，0.15%；饮料和其基料及无醇饮料，0.25%；奶酪制品，0.8%；明胶、布丁和馅，0.75%；果酱和果冻，0.75%。根据实际生产需要，用于所有其他食品均不超过 0.5%。槐豆胶作为增稠剂可与黄原胶、琼脂、κ-型卡拉胶、瓜尔豆胶等结合使用，得到相互作用，提高其黏度或形成凝胶的效果。但在发生凝胶作用之前，数种胶均应先溶解，然后加温至85℃。调节各种胶的相互配比，便可制成不同浓度的凝胶。当与单宁酸、季胺盐和其他多价电解质共存时，生成溶解度很小的沉淀物，或者形成不稳定且无用途的凝胶。

生产厂商

① 河南盛之德商贸有限公司

② 河南德大化工有限公司

③ 深圳市江源商贸有限公司

④ 郑州明欣化工产品有限公司

甲基纤维素 methyl cellulose

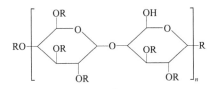

R=H或CH$_3$

186.86n(n为聚合度)；约18000～200000

别名　纤维素甲醚

分类代码　CNS 20.043；INS 461

理化性质　本品为白色或类白色纤维状或颗粒状粉末；无臭，无味。本品在水中溶胀成澄清或微浑浊的胶体溶液；在无水乙醇、氯仿或乙醚中不溶。在 80～90℃的热水中迅速分散、溶胀，降温后迅速溶解，水溶液在常温下相当稳定，高温时能凝胶，并且此凝胶能随温度的高低与溶液互相转变。具有优良的润湿性、分散性、粘接性、增稠性、乳化性、保水性和成膜性，以及对油脂的不透性。所成膜具有优良的韧性、柔曲性和透明度，因属非离子型，可与其他的乳化剂配伍，但易盐析，溶液在 pH 值 2～12 范围内稳定。

毒理学依据

① WHO 仍未规定本品的每日允许摄入量，因为它在食品中的应用被认为对健康无害。

② LD$_{50}$（小鼠，IP），275g/kg；LDLo（小鼠，IV）：1g/kg。

质量标准

质量标准 Q/SHD 005—2002（参考）

项　目		指　标
凝胶温度(2%水溶液)/℃		50～55
甲氧基含量/%		26～33
水不溶物/%	≤	2.0
取代度(DS)		1.3～2.0
水分/%	≤	5.0
黏度(20℃,2%水溶液)/(mPa·s)		15～4000

应用　增稠剂

GB 2760—2014 规定：可在各类食品中（附录 2 中食品除外）按生产需要适量使用。

本品在体内不消化，能保持数倍水分，造成饱腹感，可用于苏打饼干、华夫饼干等。使用时先用所需水量的约 1/5 热水湿润粉末，再加冷水（必要时可加冰）搅拌均匀。

生产厂商

① 石家庄卓顺化工有限公司

② 山东戈麦斯化工有限公司

③ 西安裕华生物科技有限公司

④ 山东宸邦精细化工有限公司

甲壳素 chitin

2-乙酰胺-2-脱氧葡萄糖为单体通过 β-1,4 糖苷键连接起来的直链多糖。

$$C_8H_{13}NO_5, 203.19$$

别名 甲壳质、几丁质

分类代码 CNS 20.018

理化性质 白色至灰白色片状，无臭，无味，是聚合度较小的一种甲壳素，不溶于水、酸、碱和有机溶剂，能溶解于含 8% 氯化锂的二甲基乙酰胺或浓酸，在水中经高速搅拌，能吸水胀润。在水中能产生比微晶纤维素更好的分散相，并具有较强的吸附脂肪的能力。甲壳素若脱去分子中的乙酰基就转变为壳聚糖（chitosan），溶解性大为改善，常称之为可溶性甲壳素。将新鲜蟹壳、虾壳除去杂物，水洗，晒干，用盐酸除去钙等无机盐，再用氢氧化钠除去脂肪和蛋白质，经脱色、精制而成。

毒理学依据

① LD_{50}：(小鼠,急性经口)大于 7500mg/kg（bw）（雄、雌性）（上海市卫生防疫站）。

② Ames 试验：无致突变作用。

质量标准

质量标准 SC/T3403—2004（参考）

项 目		指 标
水分/%	≤	10.0
灰分/%	≤	1.0
pH		6.5～8.5
重金属(以 Pb 计)/(mg/kg)	≤	10
砷(Se)/(mg/kg)	≤	1.0
菌落总数/(CFU/g)		1000
致病菌(沙门氏菌、金黄色葡萄球菌)		不得检出

应用 增稠剂、稳定剂

GB 2760—2014 规定：氢化植物油、其他油脂或油脂制品（仅限植脂末）、冷冻饮品（03.04 食用冰除外）、坚果与籽类的泥（酱），（包括花生酱等）、蛋黄酱、沙拉酱，最大使用量为 2.0g/kg；果酱，最大使用量为 5.0g/kg；醋，最大使用量为 1.0g/kg；乳酸菌饮料，最大使用量为 2.5g/kg；啤酒和麦芽饮料，最大使用量为 0.4g/kg。

食品加工中的参考用量，当使用甲壳素和 $CaCO_3$ 作为面条的增稠剂时（其用量为 0.4%～0.8%），能有效提高面条的稠度。微晶甲壳素可用作冰淇淋乳化剂。在生产面包时，加入微晶甲壳素，使面包体积增加，内部蜂窝状结构均匀，达到色、香、味俱佳的效果。去除鞣质，主要用于果汁、果酒等，以防变色和用于除涩。

生产厂商
① 青岛云宙生化有限公司
② 济南海得贝海洋生物工程有限公司
③ 西安大丰收生物科技有限公司
④ 寿光奥康生物制品有限公司

结冷胶 gellan gum

别名　凯可胶 kelecogel；gelrite

分类代码　CNS 20.027；INS 418

理化性质　干粉呈米黄色，无特殊的滋味和气味，约于 150℃不经熔化而分解。耐热、耐酸性能良好，对酶的稳定性亦高。不溶于非极性有机溶剂，在一价或多价离子存在时经加热和冷却后形成凝胶。与黄原胶、槐豆胶配伍，可使其凝胶硬度降低而弹性增强。具有温度滞后性，即胶凝温度远低于凝胶的融化温度。在碳水化合物中接种伊乐藻假单胞菌（*Pseudomonas elodea*），经发酵、调 pH 值、澄清、沉淀、压榨、干燥、碾磨制成。

毒理学依据
① LD_{50}：大鼠急性经口 5000 mg/kg（bw）。
② ADI：无须规定（FAO/WHO，1994）。

质量标准

质量标准 GB 25535—2010

项　目		指　标
结冷胶/%		85.0～108.0
干燥减量[①]/%	≤	15.0
铅(Pb)/(mg/kg)	≤	2
异丙醇[②]/(mg/kg)	≤	750
菌落总数/(CFU/g)	≤	10000
大肠菌群/(MPN/100g)	≤	30
沙门氏菌		0/25g
酵母和霉菌/(CFU/g)	≤	400

① 干燥温度和时间分别为 105℃和 2.5h。
② 仅限于非乙醇加工的结冷胶产品。

应用　增稠剂

GB 2760—2014 规定：可在各类食品中（附录 2 中食品除外）按生产需要适量使用。

结冷胶虽不溶于冷水，但略加搅拌即分散于水中，加热即溶解成透明的溶液，冷却后，形成透明且坚实的凝胶。结冷胶一般用量通常只为琼脂和卡拉胶用量的 1/2 至 1/3，制成的凝胶富含汁水，具有良好的风味释放性，有入口即化的口感。结冷胶具有良好的稳定性，耐酸、耐酶作用，制成的凝胶即使在高压蒸煮和烘烤条件下都很稳定，在酸性产品中亦很稳定，而以pH 值在 4.0～7.5 条件下性能最好。储藏时其质地不受时间与温度的变化。

生产厂商

① 郑州明瑞化工产品有限公司
② 广州市耶尚贸易有限公司
③ 深圳市江源商贸有限公司
④ 河南德大化工有限公司

聚丙烯酸钠 sodium polyacrylate

$$\left[\begin{array}{c} H_2C-CH \\ | \\ COONa \end{array} \right]_n$$

$(C_3H_3NaO_2)_n$

分类代码　CNS 20.036

理化性质　固态产品为白色（或浅黄色）块状或粉末，液态产品为无色（或淡黄色）黏稠液体。常温常压下稳定，不溶于乙醇、丙酮等有机溶剂。加热至 300℃不分解。久存黏度变化极小，不易腐败。易受酸及金属离子的影响，黏度降低。遇二价及二价以上金属离子（如铝、铅、铁、钙、镁、锌）形成其不溶性盐，引起分子交联而凝胶化沉淀。

毒理学依据

① LD_{50}：小鼠急性经口大于 10g/kg（bw）。
② 亚急性毒性试验：大鼠 0.5g/（kg·d）以下，6 个月无异常。

质量标准

质量标准 GB 29948—2013

项　目		指　标
游离碱		通过实验
硫酸盐(以 SO_4 计)/%	≤	0.48
残留单体/%	≤	1.0
低聚物/%	≤	5.0
干燥减量/%	≤	10.0
灼烧残渣(以干基计)/%	≤	76.0
重金属(以 Pb 计)/(mg/kg)	≤	20
总砷(以 As 计)/(mg/kg)	≤	3

注：干燥温度和时间分别为 105℃±2℃和 4h。

应用　增稠剂

GB 2760—2014 规定：可在各类食品中（附录 2 中食品除外）按生产需要适量使用。

增强原料面粉中的蛋白质黏结力，形成质地致密的面团，表面光滑而具有光泽，形成稳定的面团胶体，防止可溶性淀粉渗出，保水性强，使水分均匀保持于面团中，防止干燥，提高面团的延展性，使原料中的油脂成分稳定地分散至面团中。作为电解质与蛋白质相互作用，改变蛋白质结构，增强食品的黏弹性，改善组织。用在水产糜状制品、罐头食品、紫菜干等，强化组织，保持新鲜味，增强味感。调味酱、番茄沙司、蛋黄酱、果酱、稀奶油、酱油，可作为增稠剂及稳定剂。果汁、酒类等，可作为分散剂。冷冻食品、水产加工品，表面胶冻剂（保鲜）。由于在水中溶解较慢，可预先与砂糖、粉末淀粉糖浆、乳化剂等混合，以提高溶解速度。用作糖液、盐水、饮料等的澄清剂（高分子凝聚剂）。食品加工中的参考用量，用在面包、蛋糕、面条类、通心面、提高原材料利用率，改善口感和风味，用量 0.05％。

生产厂商

① 江门市新会区中盛生物科技有限公司

② 河南旗诺食品配料有限公司

③ 无锡凤民环保科技发展有限公司

④ 杭州絮媒化工有限公司

聚葡萄糖 polydextrose

　　为 D-葡萄糖无规则键的缩聚物，以 1,6-糖苷键结合为主。商品中含有少量的游离单体葡萄糖、山梨糖及少量左旋葡萄糖。平均聚合度约 20。

约3200

别名　聚糊精

分类代码　CNS 20.022；INS 1200

理化性质　聚葡萄糖为无臭、米色至浅茶色粉末，口味温和、微酸。易溶于水，10％水溶液的 pH 值为 2.5～7.0。不溶于乙醇，但部分可溶于甘油和丙二醇。发热量低，为蔗糖的 1/4。聚葡萄糖无定形粉末在温度大于 130℃时可熔化，冷却后形成一种透明的玻璃状物质，有着与硬糖相似的脆性结构，但与蔗糖不同的是聚葡萄糖不会形成晶体。聚葡萄糖易吸潮，在相对湿度高于 60％时大量吸湿，在干燥储藏条件下有良好的稳定性。葡萄糖、山梨糖、柠檬酸按一定比例混合，在真空下加热聚合（聚合中每一葡萄糖失去一分子水），将熔化聚合物冷却，研磨成粉，溶于水后精制、干燥而成。

毒理学依据

① LD$_{50}$：（小鼠，急性经口）大于 30g/kg（bw），（大鼠，急性经口）大于 19g/kg（bw）。

② ADI：无须规定（FAO/WHO，1994）。

③ GRAS：FDA-21CFR172.841。

质量标准

质量标准 GB 25541—2010

项　目		指　标	
		聚葡萄糖	中和、脱色后的聚葡萄糖
聚葡萄糖(以干基、无灰分品计)/%	≥	90.0	90.0
干燥减量/%	≤	4.0	4.0
pH		2.5~7.0	5.0~6.0
灰分/%	≤	0.3	2.0
1,6-脱水-D-葡萄糖(以干基、无灰分品计)/%	≤	4.0	4.0
葡萄糖、山梨糖醇(以干基、无灰分品计)/%	≤	6.0	6.0
5-羟甲基糠醛(以干基、无灰分品计)/%	≤	0.1	0.05
铅(Pb)/(mg/kg)	≤	0.5	0.5

应用　增稠剂、膨松剂、水分保持剂、稳定剂

GB 2760—2014 规定:调制乳、风味发酵乳、冷冻饮品 (03.04 食用冰除外)、可可制品、巧克力和巧克力制品 (包括代可可脂巧克力及制品) 以及糖果、焙烤食品、肉灌肠类、蛋黄酱、沙拉酱、饮料类 (14.01 包装饮用水除外)、果冻 (如用于果冻粉,按冲调倍数增加使用量) 按生产需要适量使用。

聚葡萄糖在食品中能显示一些重要功能,很好的质地和口感,可提高食品油质状的口感。具有低冰点,适用于制冷冻餐后甜点心,不会导致龋齿。用于冷藏鱼、肉制品,保护食品免受冰冻带来的破坏性物理影响。在湿敏感食品中,可提高食品新鲜性和柔软性能,可降低食品中糖、脂肪及淀粉用量。用于低热量食品中,适于糖尿病人食用,并可作为可溶性纤维素用于健康饮料。焙烤食品中,聚葡萄糖十分耐热,作为有效的蔗糖替代品,能延缓淀粉老化,防止水分的迁移,提供良好的质构和口感,特别适于加工低糖低脂的焙烤食品。聚葡萄糖具有低 pH 值条件下稳定性好,无甜度且口味中性、黏度高、防止蔗糖再结晶等优良特性,因而于低脂、无脂乳品中,不仅可以改善乳品口感,还可提高乳品在保质期的稳定性。食品加工中的参考用量,用于饮料(液、固体),25~50g/kg。

生产厂商

① 厦门仁驰化工有限公司

② 广州利源化工有限公司

③ 河南盛之德商贸有限公司

④ 河南德大化工有限公司

决明胶 cassia gum

由甘露糖和葡萄糖按 5:1 比例组成的多糖胶。

别名　马蹄决明胶、草决明胶

分类代码 CNS 20.045；INS 427

理化性质 灰白色干燥、可自由流动的粉末。以决明（cassia obtusifolia 或 cassia tora）植物的种子胚乳为原料，用化学萃取的方法加工而成的一种胶体，主要含半乳甘露聚糖，即包含甘露糖线性主链和半乳糖侧链的聚合物。

毒理学依据

ADI：无须规定（JECFA，2009）。

质量标准

质量标准 GB 31619—2014

项　目		指　标
半乳甘露聚糖/%	≥	75
干燥减量[①]/%	≤	12.0
灰分/%	≤	1.2
酸不溶物/%	≤	2.0
蛋白质[②]/%	≤	7.0
脂肪/%	≤	1.0
淀粉实验		通过试验
蒽醌/(mg/kg)	≤	0.5
异丙醇/%	≤	1.0
铅(Pb)/(mg/kg)	≤	1.0
菌落总数/(CFU/g)	≤	5000
大肠埃希氏菌/(MPN/g)	<	3.0
沙门氏菌		未检出/25g
酵母和霉菌/(CFU/g)	≤	100

①干燥温度和时间分别为105℃±2℃和5h。

②氮换算蛋白质的系数为6.25。

应用 增稠剂

GB 2760—2014规定：风味发酵乳、稀奶油、以乳为主要配料的即食风味食品或其预制产品（不包括冰淇淋和风味发酵乳）、冰淇淋、雪糕类、方便米面制品、焙烤食品、半固体复合调味料、液体复合调味料、乳酸菌饮料，最大使用量 2.5g/kg；小麦粉制品，最大使用量 3.0g/kg；肉灌肠类，最大使用量 1.5g/kg。

生产厂商

① 湖南奥驰生物科技有限公司

② 郑州市鸿程化工产品有限公司

③ 郑州仁恒化工产品有限公司

④ 武汉千润生物工程有限公司

可溶性大豆多糖 soluble soybean polysaccharide

$$(C_3H_3NaO_2)_n$$

分类代码 CNS 20.044

理化性质 为白色或浅黄色粉末，没有甜味，略带焦糖味，无任何豆腥味。水溶液黏度低、口感好。大豆多糖是一种优良的水溶性膳食纤维，天然、热量低、安全健康。耐酸、耐盐、耐热。是一种高性能的蛋白饮料乳化稳定剂，尤其是在酸性环境下更具有独特的乳化稳定蛋白性能。主要是以大豆分离蛋白、豆腐和腐竹等生产加工的副产物豆渣纤维为主要原料，经预处理、酶解（纤维素酶、半纤维素酶、蛋白酶等）、分离、脱色、灭菌、干燥等工艺精制而成。

质量标准

质量标准 LS/T 3301—2005（参考）

项　　目		指　　标	
		A 型（低黏度型）	B 型（中低黏度型）
色泽、外观		白色至微黄色，粉末状	
气味、滋味		气味、滋味正常，无异味	
水分/%	≤	7.0	
粗蛋白质（以干基计）/%	≤	8.0	
粗灰分（以干基计）/%	≤	0.5	0.5
粗脂肪/%	≤	60.0	70.0
可溶性多糖/%	≥	<30	30～100
黏度（10%水溶液，20±0.5℃)/(mPa·s)		煮沸后冷却至 4℃时，不形成凝胶	
成胶性（10%水溶液）			
pH 值（1%水溶液）		5.5±1.0	
透明度/%	≥	40.0	
总砷（以 As 计）/(mg/kg)	≤	0.5	
铅（以 Pb 计）/(mg/kg)	≤	1.0	
菌落总数/(CFU/g)	≤	500	
大肠菌群/(MPN/100g)	≤	30.0	
致病菌（指肠道致病菌和致病性球菌）		不得检出	
霉菌和酵母菌总数/(CFU/g)	≤	50.0	

应用　增稠剂、乳化剂、被膜剂、抗结剂

GB 2760—2014 规定：脂肪类甜品、冷冻饮品（03.04 食用冰除外）、大米制品、小麦粉制品、淀粉制品、方便米面制品、冷冻米面制品、焙烤食品、饮料类（14.01 包装饮用水除外），最大使用量 10.0g/kg。

在各种酸性环境维持蛋白稳定、悬浮，不受时间和温度影响。能乳化蛋白和脂肪，形成稳定的乳化溶液，且不受酸、碱、盐和温度等影响；大豆多糖具有低黏度、口感清爽，尤其在酸性饮料（如酸奶、乳酸饮料）中适口性更好；大豆多糖能防止淀粉老化，防止面条、米饭的黏结；大豆多糖膳食纤维含量高达 80% 以上，完全溶解于水中，具有促进双歧杆菌增殖、调节肠胃、减肥、防治糖尿病、防治心血管病、顺肠通便等优质膳食纤维功能。作为可溶性膳食纤维可用于各种需要补充膳食纤维的食品和保健品中。可溶性大豆多糖是良好的泡沫稳定剂，保持食品气泡的持力强，且泡沫非常细腻。在啤酒、可乐中添加可替代 PGA。能作为香精、色素的载体，缓香护色，用于乳化香料、粉末香料、水溶性色素、植物性油脂、色拉用调味油等中，可替代阿拉伯胶、黄原胶等。液态产品，最好先将多糖与易溶解糖混合，再加入约总量 10 倍的水快速搅拌均匀，或直接用 20 倍左右水强力搅拌均匀，再加入到其他原料中，混合均匀，然后均质。固态产品，将大豆多糖与其他配料混合均匀即可。作为乳化稳定剂，大豆多糖与其他稳定剂有协同作用，可适当与果胶、黄原胶、海藻酸钠等一种或几种复配，效果更好。

生产厂商

① 郑州众信化工产品有限公司

② 济南圣和化工有限公司

③ 安徽中旭生物科技有限公司

④ 西安裕华生物科技有限公司

磷酸化二淀粉磷酸酯 phosphated distarch phosphate

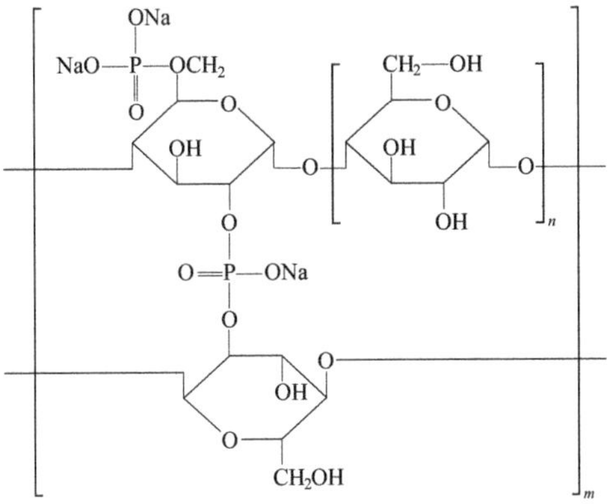

分类代码　CNS 20.017；INS 1413

理化性质　白色或近白色的粉末或颗粒，无味、无臭、溶于水，不溶于乙醇、乙醚或氯仿。溶解度和膨润力均大于淀粉，温度越高差别越大。透明度为 $18\% \sim 25\%$，大于淀粉的透光度（8%）。与原淀粉比老化倾向明显降低，冷冻稳定性提高，可抗热、抗酸。在碱性条件下，淀粉中的醇羟基与磷酸盐起酯化反应，生成淀粉磷酸酯。

毒理学依据

① GRAS：FDA-21 CFR 172.892。

② ADI：无须规定（FAO/WHO，1994）。

质量标准

质量标准 GB 29935—2013

项　目			指标
干燥减量/%	谷类淀粉为原料	≤	15.0
	其他单体淀粉为原料	≤	18.0
	马铃薯淀粉为原料	≤	21.0
总砷(以 As 计)/(mg/kg)		≤	0.5
铅(以 Pb 计)/(mg/kg)		≤	1.0
二氧化硫残留/(mg/kg)		≤	30
残留磷酸盐(以 P 计)/%	马铃薯或小麦淀粉为原料	≤	0.5
	其他原料	≤	0.4

应用　增稠剂

GB 2760—2014 规定：果酱，最大使用量 1.0g/kg；生湿面制品（如面条、饺子皮、馄饨皮、烧卖皮）、方便米面制品，最大使用量 0.2g/kg；固体饮料，最大使用量 0.5g/kg。

FAO/WHO 规定：可单独使用或与其他增稠剂合用。用于含有奶油或其他脂肪和油脂的罐装蘑菇、芦笋、青豆、青刀豆、蜡豆、甜玉米、胡萝卜，使用量 10g/kg；发酵后经热处理的调味酸奶及其制品，10g/kg；罐装沙丁鱼和沙丁鱼类产品 20g/kg（仅用于辅料中）；代乳品，25g/kg（单用或与乙酰化磷酸双淀粉合用，仅用于水解蛋白或氨基酸为基料的产品中）；罐装婴儿食品，60g/kg；婴儿代乳品，5g/kg；大豆制品（以氨基酸或水解蛋白质为基料的产品），25g/kg；罐装鲐鱼和竹荚鱼，60g/kg（仅用于辅料）。

生产厂商

① 河南盛之德商贸有限公司

② 河南省所以化工有限公司

③ 厦门仁驰化工有限公司

④ 郑州众信化工产品有限公司

磷酸酯双淀粉 distarch phosphate

$$St-O-\overset{\overset{\displaystyle O}{\|}}{\underset{\underset{\displaystyle NaO}{|}}{P}}-O-O-St$$

St：淀粉

别名　双淀粉磷酸酯；淀粉磷酸双酯

分类代码　CNS 20.034；INS 1412

理化性质　白色、类白色，或淡黄色呈颗粒状、片状或粉末状。无可见杂质，具有产品固有的气味，为异味。糊化温度较高，糊液黏度对热、酸和剪切力影响具有高稳定性。制法为淀粉乳与三聚磷酸钠加三偏磷酸钠在碱性条件下交联反应后中和，洗涤，干燥而成。

毒理学依据

① ADI：不作特殊规定（FAO/WHO，2001）。

② 可安全用于食品（FDA172.892，2000）。

质量标准

质量标准 GB 29926—2013

项目		指标
干燥减量/%	谷类淀粉为原料	≤ 15.0
	其他单体淀粉为原料	≤ 18.0
	马铃薯淀粉为原料	≤ 21.0
总砷（以 As 计）/(mg/kg)		≤ 0.5
铅（以 Pb 计）/(mg/kg)		≤ 1.0
二氧化硫残留/(mg/kg)		≤ 30
残留磷酸盐（以 P 计）/%	马铃薯或小麦淀粉为原料	≤ 0.5
	其他原料	≤ 0.4

应用　增稠剂

GB 2760—2014 规定：可在各类食品中（附录 2 中食品除外）按生产需要适量使用。

磷酸酯双淀粉具有较高的冷冻稳定性和冻融稳定性，特别适于冷冻食品中。在低温较长时间冷冻或冻融，融化重复多次，食品仍保持原来的组织结构，不发生变化。用于罐头生产，在加热初期仍能保持优良的流动性,有利于热传导,减少加热时间和营养损失。增强产品的弹性、韧性和结合性。赋予产品良好的切片性和实体感。提高产品的保水性、保油性、防止肉汁流失,提高制品出品率。提高制品的抗老化性,延长储存期。

生产厂商

① 郑州龙生化工产品有限公司

② 上海鹤善实业有限公司

③ 天津食源生物科技有限公司

④ 河南省所以化工有限公司

罗望子多糖胶 tamarind polysaccharide gum

由半乳糖、木糖及葡萄糖以 1 : 3 : 4 的比例组成的中性聚糖。

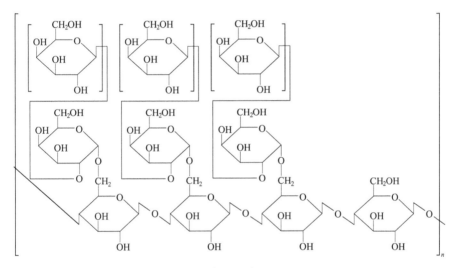

约$25 \times 10^4 \sim 65 \times 10^4$

别名 罗望子胶、酸角种子多糖胶

分类代码 CNS20.011

理化性质 微带褐红色、灰白色至白色的粉末,无臭,少量油脂可使之结块并具有油脂味。是一种亲水性植物胶,易溶于热水中。在冷水中易分散并溶胀。不溶于醇、醛、酸等有机溶剂。能与甘油、蔗糖、山梨醇及其他亲水性胶互溶。25℃时,15%水溶液的黏度为300~500mPa·s。在中性条件下,将其水溶液煮沸 4h,黏度无明显变化。具有耐盐和耐酸特性,振动、搅拌或加盐,均不影响其黏度。具有类似果胶的性能,有糖存在时,可形成果胶,其适宜pH 值的范围比果胶更广泛,凝胶强度约为果胶的两倍。具有冷冻融化稳定性。其黏度在—20℃的低温下冷冻 1h 不受影响。将罗望子属豆科植物罗望子(*Tamarindus indica*,又名酸角豆)的荚果种子胚乳部分烘烤后粉碎,用水提取精制而成。

毒理学依据

LD_{50}:小鼠急性经口 1000mg/kg(bw);大鼠急性经口 9260mg/kg(bw)。

质量标准

质量标准

项　目		指　标
黏度(5%水溶液,25℃)/(mPa·s)	≥	300～500
凝胶强度(果冻下陷度)(26%胶,50%糖)		20.0～26.0
砷(以 As 计)/(mg/kg)	≤	1.0
重金属(以 Pb 计)/(mg/kg)	≤	10.0
蛋白质/%	≤	3.0
脂肪/%	≤	1.0
干燥失重/%	≤	7.0
灼烧残渣/%	≤	5.0
细菌总数/(个/g)	≤	2000
大肠菌群/(个/100g)	≤	3.0
致病菌		不得检出

应用　增稠剂

GB 2760—2014 规定：冷冻饮品（03.04 食用冰除外）、可可制品、巧克力和巧克力制品（包括代可可脂巧克力及制品）以及糖果、果冻（如用于果冻粉，按冲调倍数增加使用量），最大使用量 2.0g/kg。

可以广泛用于各种调味料（如番茄酱、豆瓣酱、酱油、蚝油、蛋黄酱和各种沙司和调味汁）的增稠稳定、防止析水和改善口感之用。用于咖啡牛奶或果汁牛奶，可以同时增强稠厚感和甜味感。用于果汁饮料时，既可增加了饮用时爽滑、厚实的口感，同时，又可防止果汁因长期放置而导致的小颗粒沉淀，使细小的果肉颗粒均匀地悬浮于果汁中，大大降低下沉速度。罗望子多糖胶对冷冻制品的冰晶有很好的稳定作用，可以使冷冻制品形成细小的冰晶而改善口感，且产品不粘口，不起丝，口中易溶性好，可应用于冰淇淋等冷冻饮品的乳化稳定剂之用。罗望子多糖胶作为胶凝剂使用时，与果胶相比更有优势，它更耐酸，且在很宽的 pH 值范围内能够形成凝胶，可代替果胶制作高品质的水果果冻和低糖度的果酱。罗望子多糖胶还具有良好的乳化稳定性和抗淀粉老化的作用，提高耐热性改善产品的质构，提高机械耐性的作用。一般常与其他天然胶配合使用。

生产厂商

① 郑州众信化工产品有限公司

② 河北百味生物科技有限公司

③ 济南圣和化工有限公司

④ 上海祁邦实业有限公司

明胶 gelatin

明胶为动物胶原蛋白经部分水解的衍生物，为非均匀的多肽物质。

约为$10^4 \sim 10^5$

别名　食用明胶 edible gelatin

分类代码　CNS 20.002

理化性质　白色或浅黄褐色、半透明、微带光泽的脆片或粉末状，几乎无臭、无味。潮湿后，易被细菌分解。不溶于冷水，但能吸收 5 倍量的冷水而膨胀软化。溶于热水，冷却后形成凝胶。可溶于乙酸、甘油、丙二醇等多元醇的水溶液。不溶于乙醇、乙醚、氯仿及其他多数非极性有机溶剂。10%～15% 的液形成凝胶，是两性胶体和两性电介质，在水中可将带电微粒凝聚成块，因而可作酒类及酒精的澄清剂。其溶液黏度主要依其相对分子质量而不同。黏度与凝胶强度还受 pH 值、温度、电解质等因素影响。以动物的皮、骨、软骨、韧带和鱼鳞为原料，用碱法或酶法制成，如碱法是将动物的骨和皮等用石灰乳液浸渍后中和，水洗，于 60～70℃ 浓缩，再经防腐、漂白、凝冻、刨片而成；而酶法是用蛋白酶将原料酶解，用石灰处理，经中和、熬胶、凝胶、烘干而成。

毒理学依据

ADI：无须规定（FAO/WHO，1994）。

质量标准

质量标准 GB 6783—2013

项　目			指　标
水分① /%			14.0
凝冻强度(6.67%)/(Bloom g)		≥	50
灰分② /%		≤	2.0
透射比/%	波长/nm	450　≥	30
		620　≥	50
水不溶物/%		≤	0.2
二氧化硫/(mg/kg)		≤	30
过氧化物/(mg/kg)		≤	10
总砷(As)/(mg/kg)		≤	1.0
铬③(Cr)/(mg/kg)		≤	2.0
铅(Pb)/(mg/kg)		≤	1.5
菌落总数/(CFU/g)		≤	10000
沙门氏菌			不得检出
大肠菌群/(MPN/g)			3

① 称样量为 1.0g，精确至 0.001g，干燥温度为 105℃±2℃。

② 称样为 1g±0.1g，精确至 0.001g。

③ 为仲裁法。

应用　增稠剂

GB 2760—2014 规定：可在各类食品中（附录 2 中食品除外）按生产需要适量使用　。

FAO/WHO（1984）对食用明胶的用途及限量规定为：加工干酪制品，8g/kg；乳脂干酪，5g/kg（单用或与其他增稠剂合用）；酪农干酪，5g/kg（按稀奶油计）；稀奶油（单用或与其他增稠剂和改性剂合用，仅用于巴氏杀菌掼打奶油或用于掼打用的超高温杀菌稀奶油和消毒稀奶油），5g/kg。其他使用参考：制造冰淇淋，用明胶保护胶体以防止冰晶增大，使产品口感细腻，添加量为 0.5% 左右；酸奶、干酪等；乳制品中加入量约 0.25%，可防止水分析出，使质地细腻。用于制造明胶甜食如软糖、奶糖、蛋白糖、巧克力等，加入量 1%～3.5%，最高达 12%。制造午餐肉、咸牛肉等罐头食品广泛使用明胶，可与肉汁中的水结合，以保持产品外形、湿度和香味，用量为肉量的 1%～5%。此外尚可用作酱油的增稠和果酒澄清。

生产厂商

① 苏州昌威力化工科技有限公司
② 河南兴源化工产品有限公司
③ 深圳市江源商贸有限公司
④ 武汉宏信康精细化工有限公司

羟丙基淀粉 hydroxypropyl starch

在淀粉分子中引入一定比例的羟丙基，使其为非离子型变性淀粉。

别名　羟丙基淀粉醚

分类代码　CNS 20.014；INS 1440

理化性质　白色（无色）粉末，无臭，无味，流动性好，具有良好的水溶性，其水溶液透明无色，稳定性好。不溶于乙醇、乙醚和氯仿。对酸、碱稳定，糊化温度低于原淀粉，冷热黏度变化较原淀粉稳定。与食盐、蔗糖等混用对黏度无影响。醚化后，冰融稳定性和透明度都有所提高。在强碱性条件下，由淀粉与环氧丙烷反应制得。

毒理学依据

① LD_{50}：小鼠急性经口大于 15g/kg（bw）。

② GRAS：FDA-21CFR 172.892。

③ ADI：无须规定（FAO/WHO，1994）。

质量标准

质量标准 GB 29930—2013

项目		指标
干燥减量/%	谷类淀粉为原料 ≤	15.0
	其他单体淀粉为原料 ≤	18.0
	马铃薯淀粉为原料 ≤	21.0
总砷(以 As 计)/(mg/kg)	≤	0.5
铅(Pb)/(mg/kg)	≤	1.0
二氧化硫残留/(mg/kg)	≤	30
羟丙基/(g/100g)	≤	7.0
氯丙醇/(mg/kg)	≤	1.0

应用　增稠剂、膨松剂、乳化剂、稳定剂

GB 2760—2014 规定：可在各类食品中（附录 2 中食品除外）按生产需要适量使用。

FAO/WHO（1984），含有奶油及其他油脂的蘑菇、芦笋、青豆、刀豆、白刀豆、甜玉米、胡萝卜等罐头，10g/kg；婴儿配方食品，5g/kg；沙丁鱼等鱼类罐头为 20g/kg；冷食 30g/kg；发酵后经过热处理的增香酸奶的用量为 10g/kg。作为增稠剂使用，可代替或部分代替明胶或海藻胶。与蔗糖、橙汁混合制成布丁，在储存期间可抗两相分离。此外，本品凝胶透明性强，持水性好。

生产厂商

① 上海耐今实业有限公司
② 上海祁邦实业有限公司
③ 河南亿特化工产品有限公司
④ 郑州弘益泰化工产品有限公司

羟丙基二淀粉磷酸酯 hydroxypropyl distarch phosphate

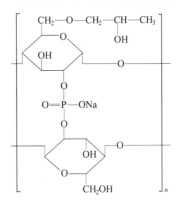

别名 羟丙基磷酸双淀粉，HPDSP

分类代码 CNS 20.016；INS 1442

理化性质 白色粉末，无臭，无味，易溶于水，不溶于有机溶剂。在醚化的基础上，适当地交联所得到的 HPDSP，其膨润力、透明度仍显著高于原淀粉。羟丙基具有亲水性，能减弱淀粉颗粒结构的内部氢键强度，使其易于膨胀和糊化。羟丙基二淀粉磷酸酯糊液透明，流动性好，凝沉性弱，稳定性高，抗冻性好。在碱性条件下，淀粉与环氧丙烷进行醚化，再与磷酸交联剂进行酯化反应制得。

毒理学依据

ADI：无须规定（FAO/WHO，1994）。

质量标准

质量标准 GB 29931—2013

项目		指标
干燥减量/%	谷类淀粉为原料 ≤	15.0
	其他单体淀粉为原料 ≤	18.0
	马铃薯淀粉为原料 ≤	21.0
总砷(以 As 计)/(mg/kg)	≤	0.5
铅(Pb)/(mg/kg)	≤	1.0
二氧化硫残留/(mg/kg)	≤	30
残留磷酸盐(以 P 计)/%	马铃薯或小麦淀粉为原料 ≤	0.14
	其他原料 ≤	0.04
羟丙基/(g/100g)	≤	7.0
氯丙醇/(mg/kg)	≤	1.0

应用 增稠剂

GB 2760—2014 规定：稀奶油，按生产需要适量使用。可在各类食品中（附录 2 中食品除外）按生产需要适量使用。

食品加工中的参考用量，用于冰淇淋，最大使用量 0.3g/kg；果冻，最大使用量 2.5g/kg；方便面、面条，最大使用量 0.20g/kg；固体饮料，最大使用量 0.5g/kg；果酱，最大使用量

1.0g/kg。FAO/WHO 规定：可单独使用或与其他增稠剂合用。用于蛋黄酱，5g/kg；罐装胡萝卜（产品含有奶油或其他油脂）、发酵后经加热处理的调味酸奶及其制品，10g/kg；冷饮制品，30g/kg；罐装沙丁鱼和沙丁鱼类产品，20g/kg；罐装鲐鱼和竹荚鱼，60g/kg（仅用于填料）；速冻鱼条和鱼块（仅指用面包粉或面包拖料包裹），以 GMP 为限。

生产厂商

① 上海耐今实业有限公司

② 上海祁邦实业有限公司

③ 河南豫兴生物科技有限公司

④ 郑州超凡化工有限公司

羟丙基甲基纤维素 hydroxypropyl methyl cellulose

为甲基纤维素的丙二醇醚，其中的羟丙基与甲基均以醚键和纤维素的无水葡萄糖环相结合。不同类型产品的甲氧基和羟基含量不同。

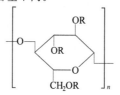

别名　羟丙基纤维素甲醚；羟丙甲；HPMC

分类代码　CNS 20.028；INS 464

理化性质　白色至类白色纤维状粉末或颗粒，无臭。变色温度190～200℃，溶于水及某些有机溶剂系统，在冷水中溶胀成澄清或微浊的胶体溶液，水溶液具有表面活性，透明度高，性能稳定。具有增稠力、排盐性、低灰分、pH 值稳定性、保水性、优良的成膜性以及广泛的耐霉性、分散性和黏结性。溶解度随黏度而变化，黏度越低，溶解度越大。取精制棉加烧碱、溶剂处理，再经醚化、水洗、离心分离、干燥而成。

毒理学依据

① LD_{50}：小鼠急性经口大于 10g/kg（bw）。

② 微核试验：阴性。

③ ADI：无须规定（FAO/WHO，1994）。

质量标准

质量标准（参考）

项　目		指　标	
		JECFA(2011)	FCC(7)
羟丙基/%	≤	3.0～12.0	3.0～12.0
甲氧基/%	≤	19.0～30.0	19.0～30.0
铅(Pb)/(mg/kg)	≤	2	3
干燥失重/%	≤	10.0	5.0
灼烧残渣/%	≤	1.5(黏度 50cP 以上)	1.5(黏度 50cP 以上)
黏度范围(与标签上黏度相比)		3.0(黏度 50cP 以下)	3.0(黏度 50cP 以下)
		—	80.0～120.0(黏度 50cP 以下)
			75.0～140.0(黏度 50cP 以上)
pH		5.0～8.0	—
氯化物/%	≤	—	—
砷(Se)/(mg/kg)	≤	—	—
氯丙醇/(mg/kg)	≤	1	—

应用　增稠剂

GB 2760—2014 规定：可在各类食品中（附录 2 中食品除外）按生产需要适量使用。

食品加工中的参考用量，利用羟丙基甲基纤维素的成膜性和膜的高透光性，可用来制造蛋白肠衣，用量为 5％；用作蛋黄酱的增稠剂，用量为 0.5％～2％。FAO/WHO（1984）：冷饮的用量为，10g/kg（按最终产品计，单用或与其他乳化剂、稳定剂和增稠剂和用量）。本品具有特殊性能，可用于烘焙食品、糊状食品、营养食品、牛乳搅拌饮料、馅饼、馅料、色拉装饰配料和快餐等。利用其热凝胶性能制造油炸食品，不但可大量节约炸油，且油炸制品具有外酥内软的独特口味；利用其对酸、碱稳定，抗酶，不参与代谢，增强肠胃蠕动的特点，还可用于制造各种保健食品。

生产厂商

① 河南省所以化工有限公司

② 上海蓝平实业有限公司

③ 任丘市燕兴化工有限公司

④ 上海翔湖实业有限公司

琼脂 agar

琼脂是复杂的水溶性多糖，由琼脂糖和琼脂胶组成。琼脂糖是两个半乳糖组成的双糖。琼脂胶与琼脂糖结构类似，不同之处是可被硫酸酯化。

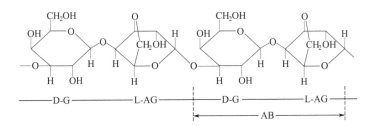

式中：D-G 为 β-D-吡喃型半乳糖；LAG 为 3,6-脱水-α-L-吡喃型半乳糖；AB 为琼脂二糖。

别名　琼胶、洋菜、冻粉

分类代码　CNS 20.001；INS 406

理化性质　半透明、白色至浅黄色的薄膜带状、碎片、颗粒或粉末，无臭或稍有臭，口感黏滑；不溶于冷水，可溶于沸水，凝固温度 32～42℃，熔点 80～90℃。琼脂的浓度即使低至 1％仍能形成相当稳定的凝胶（冻胶）。琼脂的吸水性和持水性高，干燥琼脂在冷水中浸泡时，吸水膨润软化，可以吸收 20 多倍的水。琼脂的耐酸性较强。由石花（Clidumamansil lamour）和江蓠（Gracilaria conferuqides）等藻类提取。用碱液预处理，水洗除碱，用弱酸性溶液煮沸（或用高压釜提取），过滤除渣，凝固，脱水，干燥，粉碎而得；或将过滤所得的凝胶冻结，解冻后再脱水、干燥而制得。

毒理学依据

① LD$_{50}$：（小鼠，急性经口）16g/kg（bw）；（大鼠，急性经口）11g/kg（bw）。

② ADI：无须规定（FAO/WHO，1994）。

质量标准

质量标准 GB 1975—2010

项　目		指　标
水分/%	≤	22
灰分/%	≤	5
无臭		通过试验
水不溶物/%	≤	1
重金属(以 Pb 计)/(mg/kg)	≤	20
铅(Pb)/(mg/kg)	≤	5
砷(As)/(mg/kg)	≤	3

应用　增稠剂

GB 2760—2014 规定：可在各类食品中（附录 2 中食品除外）按生产需要适量使用。

琼脂用于西式点心、羊羹、馅饼、冰淇淋、酸奶、清凉饮料、乳制品、低热量保健食品等。琼脂用在饮料类产品中，其作用是悬浮力，让饮料中固型物悬浮均匀，不下沉，透明度好，流动性好，口感爽滑。琼脂与葡萄糖液、白砂糖等制得的软糖，其透明度及口感远胜于其他软糖。啤酒澄清剂以琼脂作为辅助澄清剂加速和改善澄清。琼脂能在肠道中吸收水分，使肠内容物膨胀，刺激肠壁，帮助改善便秘。

生产厂商

① 郑州市伟丰生物科技有限公司

② 河南兴源化工产品有限公司

③ 杭州百思生物技术有限公司

④ 河北百味生物科技有限公司

沙蒿胶 rtemisia gum(sa-hao seed gum)

别名　沙蒿籽胶

分类代码　CNS 20.037

**理化性质　**白色或乳黄色粉末。不溶于水，但可均匀分散于水中，吸水数十倍后溶胀成蛋清样胶体。黏度为明胶的 1800 倍。以沙蒿籽为原料，用乙醇萃取法制得天然高性能植物胶。

毒理学依据

① LD_{50}：小鼠急性经口 10g/kg（bw）。

② 致突变试验：Ames 试验、微核试验及精子畸变试验，均未发现致突变作用。

应用　增稠剂

GB 2760—2014 规定：专用小麦粉（如自发粉、饺子粉等）、生干面制品（仅限挂面）、杂粮制品、方便面制品（仅限方便面），最大使用量 0.3g/kg；预制肉制品、西式火腿（熏烤、烟熏、蒸煮火腿）类、肉灌肠类、冷冻鱼糜制品（包括鱼丸等），最大使用量 0.5g/kg。

沙蒿胶是一种功能性高吸水植物树脂胶，可在水溶液中极限溶胀近千倍，形成强韧的结缔状凝体，是面粉食品的天然增筋黏结剂，且能耐强碱、强酸和高温。溶液黏度、溶解透明度、发泡性、成膜性、增稠稳定性更具有实用性，是非常理想的天然面粉增筋剂，广泛用于面食品及饮食加工业中。

生产厂商

① 河南强利化工产品有限公司

② 西安裕华生物科技有限公司

③ 西安大丰收生物科技有限公司

④ 郑州优然化工有限公司

酸处理淀粉 acid treated starch

别名　酸改性淀粉

分类代码　CNS 20.032；INS 1401

理化性质　白色或类白色粉末，无臭、无味，较易溶于冷水，约 75℃ 开始糊化。同浓度的酸改性淀粉其淀粉糊的黏度低于同类原淀粉相应的黏度。浓度超过 10g/100mL 的糊化液经冷却可形成凝胶态。将淀粉用水调成淀粉乳，加入硫酸（1%～2%）或盐酸（3%～5%）或（5%～10%）磷酸后，在不断搅拌下，处理 1～3h，然后用稀碱液进行缓慢中和，再经过滤、洗涤、干燥、粉碎等处理步骤制得。

毒理学依据

ADI：无须规定（FAO/WHO，1994）。

质量标准

质量标准 GB 29928—2013

项　目		指　标	
干燥减量/%	谷类淀粉为原料	≤	15.0
	其他单体淀粉为原料	≤	18.0
	马铃薯淀粉为原料	≤	21.0
总砷(以 As 计)/(mg/kg)		≤	0.5
铅(Pb)/(mg/kg)		≤	1.0
二氧化硫残留/(mg/kg)		≤	30

应用　增稠剂

GB 2760—2014 规定：可在各类食品中（附录 2 中食品除外）按生产需要适量使用。

食品加工中的参考用量，含有奶油及其他油脂的蘑菇、芦笋、青豆、刀豆、白刀豆、甜玉米、胡萝卜罐头及发酵后经过热处理的酸奶，用量为 10g/kg；沙丁鱼等鱼类罐头为 20～60g/kg。另外可适量用于果丹皮、软糖、饮料冲剂的生产加工。

生产厂商

① 安徽中旭生物科技有限公司

② 津顶峰淀粉开发有限公司

③ 郑州皇朝化工产品有限公司

④ 深圳石金谷科技有限公司

羧甲基淀粉钠 sodium carboxy methyl starch

构成淀粉的葡萄糖，其羟基与羧甲基（—CH_2COO）形成醚键，即形成羧甲基淀粉。

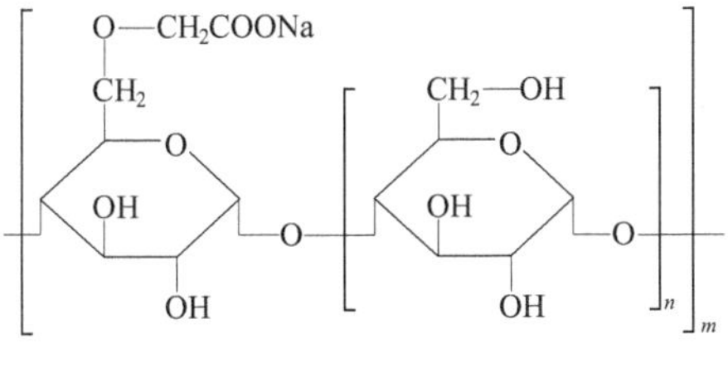

别名 CMS-Na

分类代码 CNS 20.012

理化性质 白色粉末，无臭，无味，无毒，易吸潮。常温下溶于水，形成胶体状溶液。对光、热稳定。不溶于甲醇、乙醇及其他有机溶剂。商品羧甲基淀粉钠取代度大多在 0.3 左右，糊液黏度高。水溶液在碱性和弱酸性溶液中稳定，在强酸性溶液中生成沉淀。与二价和三价金属置换（Ca^{2+}、Ba^{2+}、Pb^{2+}），生成不溶性沉淀。水溶液在 80℃ 以上长时间加热，则黏度降低。水溶液会被大气中的细菌部分分解（产生 α-淀粉酶）易液化，使黏度降低。比一般的淀粉难水解。把淀粉溶于水，加入一氯代乙酸钠进行反应后，经中和、脱水、干燥制成。

毒理学依据

LD_{50}：大鼠急性经口 9.26g/kg（bw）。

质量标准

质量标准 GB 29937—2013

项　目		指　标
干燥减量/%	≤	10.0
总砷（以 As 计）/(mg/kg)	≤	0.5
铅(Pb)/(mg/kg)	≤	1.0
二氧化硫残留/(mg/kg)	≤	30
氯化物（以 Cl 计）/%	≤	0.43
硫酸盐（以 SO_4 计）/%	≤	0.96

应用 增稠剂

GB 2760—2014 规定：冰淇淋类、雪糕类，最大使用量 0.06g/kg；果酱、酱及酱制品，最大使用量 0.1g/kg；面包，最大使用量 0.02g/kg；方便米面制品，最大使用量 15.0g/kg。

应用于不同的食品中表现出增稠、悬浮、乳化、稳定、保形、成膜、膨化、保鲜、耐酸和保健等多种功能，性能优于羧甲基纤维素钠（CMC），是取代 CMC 的最佳产品。广泛于牛奶、饮料、冷冻食品、快餐食品、糕点、糖浆等产品。羧甲基淀粉钠在生理学上是惰性的、没有热值，因此用来制造低热值的食品也可以获得理想的效果。羧甲基淀粉钠能与金属离子形成各种不溶于水的金属盐，因此不适用于强酸性食品。制造时也不宜与金属长期接触。配制的水溶液不易长时间存放，不易用于调味番茄酱等。溶解方法：根据所需浓度，按比例将水加入本品中充分搅拌可完全溶解；或先用少量乙醇润湿后，再用水溶解效果更好。

生产厂商

① 郑州市二七区恒利化工贸易商行

② 河南德大化工有限公司

③ 河南兴源化工产品有限公司

④ 武汉宏信康精细化工有限公司

羧甲基纤维素钠 sodium carboxy methyl cellulose

天然高分子化合物，由 2 个葡萄糖组成的多个纤维二糖构成。纤维素大分子的每个葡萄糖中有 3 个羟基，其羟基由羧甲基醚化。如果平均一个羟基参与反应，醚化度 $DS=1$，最大醚化度 $DS=3$，平均醚化度一般为 $0.4\sim1.5$。下图为 $DS=1$ 的 CMC 的理想单元结构。

别名　纤维素胶 cellulosegum、改性纤维素 modified cellulose、CMC

分类代码　CNS 20.003；INS 466

理化性质　白色或微黄色粉末，无臭，无味，具吸湿性，易溶于水成黏度高溶液，不溶于乙醇、丙酮和乙醚等有机溶剂，能溶于铜氨溶液和铜乙二胺溶液等。在水中的分散度与醚化度和其相对分子质量有关。1%水分散液的 pH 值为 6.5～8.5。对热不稳定，在 20℃以下黏度迅速上升，45℃时变化较慢，80℃以上长时间加热可使其胶体变性而黏度和性能明显下降，褐变温度 226～228℃，碳化温度 252～253℃。羧甲基纤维素钠溶液黏度受其相对分子质量、浓度、温度及 pH 值的影响，且与羟乙基或羟丙基纤维素、明胶、黄原胶、卡拉胶、槐豆胶、瓜尔胶、琼脂、海藻酸钠、果胶、阿拉伯胶和淀粉及其衍生物等有良好的配伍性（即协同增效作用）。pH 值为 7 时，羧甲基纤维素钠溶液的黏度最高，pH 值为 4～11 时，较稳定。以碱金属盐和铵盐形式出现的羧甲基纤维素可溶于水。二价金属离子 Ca^{2+}、Mg^{2+}、Fe^{2+} 可影响其黏度。重金属如银、钡、铬或 Fe^{3+} 等可使其从溶液中析出。如果控制离子的浓度，如加入螯合剂柠檬酸，便可形成更黏稠的溶液，以至于形成软胶或硬胶。用氢氧化钠处理纸浆，与一氯代醋酸钠溶液反应得粗制品，再用酸和异丙醇精制而得；或把纸浆浸渍在一氯代醋酸钠溶液中，加碱精制而成。

毒理学依据

① LD_{50}：（大鼠，急性经口）27g/kg（bw）。

② ADI：无须规定（FA0/WHO，1994）。

③ GRAS：FDA-21 CFR 172.310，182.1724（1985）。

质量标准

质量标准 GB 1904—2005

项　　目		指　　标
黏度(质量分数为 2%水溶液)[①]/(mPa·s)	≥	25
取代度		0.20～1.5
pH(10 g/L 水溶液)		6.0～8.5
干燥减量/%	≤	10.0
氯化物(以 Cl 计)/%	≤	1.2
砷(以 As 计)/(mg/kg)	≤	2.0
铅(Pb)/(mg/kg)	≤	5.0
重金属(以 Pb 计)/(mg/kg)	≤	15.0
铁(Fe)/%	≤	0.02

注：砷（As）的质量分数、铅（Pb）的质量分数和重金属（以 Pb 计）的质量分数为强制性要求。

①当黏度（质量分数为 2%水溶液）≥2000mPa·s 时应改为质量分数 1%水溶液测定。

应用　稳定剂

GB 2760—2014 规定：稀奶油，按生产需要适量使用。可在各类食品中（附录 2 中食品除外）按生产需要适量使用。

食品加工中的参考用量，饮料类（除外包装饮用水），最大使用量为 5.0g/kg。CMC 具有增稠、乳化、赋形、膨化、稳定等多种功能，可代替明胶、琼脂、海藻酸钠的作用。现已广泛使用于冷饮制品、罐头、糖果、糕点、肉制品、饼干、方便面、卷面、速煮食品、速冻风味小吃及各种固体液体饮料、乳酸饮料、奶制品及酒类。①棉花糖：因 CMC 既可防止制品脱水收缩，又可使结构膨松，当与明胶配伍时，尚能显著提高明胶黏度。应选高分子量 CMC（DS1.0 左右）。②冰淇淋：CMC 在较高温度下黏度较小，而冷却时黏度升高，有利制品膨胀率的提高且方便操作。应选用黏度 250～260mPa·s CMC（DS 0.6 左右），参考用量 0.4％以下。③果汁饮料、汤汁、调味汁、速溶固体饮料：由于 CMC 具良好流变性（假塑性），口感爽快，同时其良好的悬浮稳定性使制品风味和口感均一。对酸性果汁要求取代度均匀性好，若再复配一定比例的其他水溶性（如黄原胶），则效果更好。应选高黏度 CMC（DS0.6～0.8）。④速食面：加入 0.1％CMC，易控制水分，减少吸油量，且可增加面条光泽。⑤脱水蔬菜、豆腐皮、腐竹等脱水食品：复水性好，易水化，并有较好的外观。应选用高黏度 CMC（DS0.6 左右）。⑥面条、面包、速冻食品：可防止淀粉老化、脱水、控制糊状物黏度。若用魔芋粉、黄原胶和某些其他乳化剂、磷酸盐合用效果更佳。应选用中黏度 CMC（DS 0.5～0.8）。⑦橘汁、粒粒橙、椰子汁和果茶：因它有良好的悬浮承托力，若与黄原胶或琼脂等配伍更好。应选用中等黏度 CMC（DS0.6 左右）。⑧酱油：添加耐盐性 CMC 调节其黏度，可使酱油口感细腻、润滑。CMC 在食品领域不断被开发，近年来，在葡萄酒生产中羧甲基纤维素钠的研究也已开展。

生产厂商

① 淮南市东吉纤维素有限公司

② 坊得利纤维素有限公司

③ 河南德大化工有限公司

④ 安丘市雄鹰纤维素有限责任公司

田菁胶 sesbania gum

由 D-半乳糖和 D-甘露糖两种单糖构成的多糖。半乳糖和甘露糖的比例为 1∶2.1。甘露糖链以 α-(1,6) 键连接构成主链，主链上每隔一个甘露糖连接一个半乳糖。

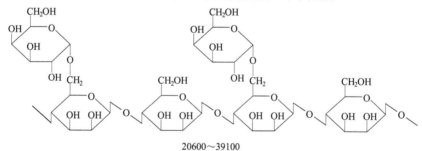

20600～39100

别名　豆胶、咸菁胶

分类代码　CNS 20.021

理化性质　奶油色松散状粉末，溶于水，不溶于醇、酮、醚等有机溶剂。常温下，它能分散于冷水中，形成黏度很高的水溶胶溶液，其黏度一般比天然植物胶、海藻酸钠、淀粉高 5～10 倍。pH 值 6～11 范围内是稳定的，pH 值 7.0 时黏度最高，pH 值 3.5 时黏度最低。田菁胶溶液属于假塑性非牛顿流体，其黏度随剪切率的增加而明显降低，显示出良好剪切稀释性能。能与络合物中的过渡金属离子形成具有三维网状结构的高黏度弹性胶冻，其黏度比原胶液高 10～50 倍，具有良好的抗盐性能。将豆科植物田菁（*S.cannabina Pers*）种子的胚乳经粉碎过筛而成。

毒理学依据

① LD$_{50}$：大鼠急性经口 19.3g/kg（bw）（雄性），18.9g/kg（bw）（雌性）。

② ADI：6.22mg/kg（bw）。

质量标准

质量标准 HG 2787—1996（参考）

项　目		指　标
1%溶液黏度/(mPa•s)	≥	1800
干燥减量/%	≤	12.0
灰分/%	≤	2.0
1%溶液 pH 值		6.5～7.0
重金属(以 Pb 计)/(mg/kg)	≤	20.0
砷(以 As 计)/(mg/kg)	≤	2.0
细度(R20/3 系列,Φ200mm×50mm/0.125mm 试验筛,筛余物)/%	≤	1.0

应用　增稠剂

GB 2760—2014 规定：冰淇淋类、雪糕类，最大使用量 5.0g/kg；生干面制品、方便面制品、面包，最大使用量 2.0g/kg；植物蛋白饮料，最大使用量 1.0g/kg。

主要用于冰淇淋、蛋糕预混合粉、方便面、调味料、饮料及果冻等。在冰淇淋生产中利用田菁胶，可改善组织结构，提高膨胀率、凝结力和抗融化性能。用于面制品生产，可制成高质量的面筋，提高面条抗拉强度和韧性，减慢面包老化。另外，田菁胶还可用作化妆品、涂料的增稠剂，干电池电解液糊料，长效药品持续缓释剂等。

生产厂商

① 河南盛之德商贸有限公司

② 郑州锦德化工有限公司

③ 睢县鑫佳生物科技有限公司

④ 上海耐今实业有限公司

脱乙酰甲壳素 deacetylated chitin(chitosan)

$$C_{56}H_{103}N_9O_{39}，1526.4539$$

别名　壳聚糖

分类代码　CNS 20.026

理化性质　白色无定形透明物质，无味无臭。壳聚糖是以甲壳质为原料，再经提炼而成，不溶于水，能溶于稀酸，能被人体吸收。壳聚糖是甲壳质的一级衍生物。其化学结构为带阳离子的高分子碱性多糖聚合物，并具有独特的理化性能和生物活化功能。溶于 pH<6.5 的稀酸，不溶于水和碱溶液。制备壳聚糖的主要原料来源于水产加工厂废弃的虾壳和蟹壳，其主要成分有碳酸钙、蛋白质和甲壳素（20%左右）。由虾蟹壳制备壳聚糖的过程实际上就是脱钙、去蛋白质、脱色和脱乙酸的过程。

质量标准

质量标准 GB 29941—2013

项　目		指　标
脱乙酰基度/%	≥	85
黏度(10g/L,20℃)/(mPa•s)		符合声称
水分/%	≤	10.0
灰分/%	≤	1.0
酸不溶物/%	≤	1.0
pH(10g/L溶液)		6.5～8.5
无机砷(以 As 计)/(mg/kg)	≤	1
铅(以 Pb 计)/(mg/kg)	≤	2

应用 增稠剂、被膜剂

GB 2760—2014 规定：西式火腿（熏烤、烟熏、蒸煮火腿）类、肉灌肠类，最大使用量 6.0g/kg。

壳聚糖分子带正电荷，与果汁或果酒中带负电荷的阴离子电解质相互作用，从而破坏起稳定作用的胶体结构，经过滤使果汁或果酒澄清。食品加工中的参考用量，如采用壳聚糖澄清猕猴桃果汁，壳聚糖使用的最佳剂量为 0.5g/L，最适 pH 值为 3～3.5，最适温度为 40～60℃，在该条件下猕猴桃果汁的澄清率在 95% 以上，且不损失营养成分。许多果蔬汁是有酸味的，含有较多的有机酸，壳聚糖能与有机酸结合生成盐，将壳聚糖加入果蔬汁液中混合搅拌，经过滤即可脱酸。由于肉类食品中含有大量的不饱和脂肪酸而易被氧化使之腐败变质，从而缩短了肉制品的货架期，为此必须加入抗氧化剂，壳聚糖作为新型抗氧化剂进展迅速。壳聚糖被广泛用于果蔬保鲜，肉、蛋品保鲜。

生产厂商

① 山东莱州市海力生物制品有限公司

② 郑州金利生物科技有限公司

③ 上海耐今实业有限公司

④ 湖北新合化工有限公司

亚麻籽胶 linseed gum

别名 富兰克胶

分类代码 CNS 20.020

理化性质 颗粒状胶为黄色晶体，粉状胶为白色至米黄色粉末，干粉有甜香味或无味。具有较好的溶解性能，能够缓慢地吸水形成一种具有较低黏度的分散体系，溶解度高于瓜尔胶和刺槐豆胶，但不及阿拉伯胶，亚麻籽胶的溶解度，与浓度和温度有密切的关系。具有亲水性、乳化性、胶凝性、发泡性、无毒性和流变性等。可与多糖如淀粉、卡拉胶等产生明显的协同作用，增强与水的相互结合和乳化能力。具有较高的热稳定性和储藏稳定性。将亚麻种籽的胚乳部分用水提取、精制制得。

毒理学依据

①LD_{50}：小鼠急性经口大于 15g/kg（bw）（内蒙古卫生防疫站）。

② ADI：无须规定（FAO/WHO，1994）。

质量标准

质量标准 QB 2731—2005（参考）

项 目		指 标
黏度/(mPa·s)	≥	10000
干燥失重/%	≤	8.0
灼烧残渣/%	≤	8.0
水不溶物/%	≤	2.0
蛋白质/%	≤	6.0
淀粉		不应检出
砷（以 As 计）/(mg/kg)	≤	1
铅(Pb)/(mg/kg)	≤	1
菌落总数/(CFU/g)	≤	10000
大肠菌群/(MPN/100g)	≤	30
沙门氏菌/(25g 样)		不应检出

应用 增稠剂

GB 2760—2014 规定：冰淇淋类、雪糕类，最大使用量 0.3g/kg；生干面制品，最大使用量 1.5g/kg；熟肉制品、饮料类（除 14.01 包装饮用水类外）（固体饮料按冲调倍数增加使用量），最大使用量 5.0g/kg。

食品加工中的参考用量：冰激凌，0.04%～0.1%；果汁饮料，0.1%～0.3%；灌肠类、挂面方便面，0.5%～1.5%，；糕点面包，0.5%～1%；火腿类，0.2%～0.5%。在肉制品加工中，亚麻籽胶与其他胶相比突出表现了良好的保水保油性、乳化性和抗冻性，可有效防止淀粉返生，特别是与卡拉胶、瓜尔豆胶等复配使用，具有很强的协同性，可达到优势互补、降低成本、提高产品性能的作用。常用于冰淇淋的生产，可使冰激凌、雪糕组织细腻，质地滑润，提高混合料黏度及冰淇淋膨胀率。它在香肠中的吸水比为 1∶20，而且能保持强度，具有弹性，其特点是肠体能长期存放而不释水，延长肉类产品的货架期、保质期。亚麻籽胶的抗冷冻和阻止淀粉回生的功能是目前所有食用胶中的最佳者。亚麻籽胶对脂肪有很好的乳化效果，是食用胶中乳化性最强的胶种之一，使用亚麻籽胶可增加肥肉用量，香而不腻，添加亚麻籽胶的肠体黏合好、不出油、外表清洁、干燥，添加亚麻籽胶的肠体能品出一种清香味，而且减少香精用量。

生产厂商

① 河南德大化工有限公司
② 河南冠华化工产品有限公司
③ 新疆利世得生物科技有限公司
④ 深圳市江源商贸有限公司

氧化淀粉 oxidized starch

在淀粉分子中引入一定比例的羧基，使其为氧化变性淀粉。

分类代码 CNS 20.030；INS 1404

理化性质 为白色至类似白色粉末，无臭、无味，易分散于冷水中，约 65℃ 开始糊化。本淀粉糊的黏度低于同浓度的同类原淀粉糊。于一定浓度冷却时，形成凝胶。比原淀粉糊化温度低，稳定性、透明性和抗凝沉性好，易成膜、黏结性能好，抗冻融性好，是低黏度高浓度的增稠剂。将淀粉配成 450g/L 的淀粉乳，用氢氧化钠溶液（50g/L）调节 pH 值为 8～9，按每千克干淀粉与 0.055kg 次氯酸钠的反应量，滴加有效氯 5%～10% 的次氯酸钠溶液，并控制温度为 40～50℃，得到反应效果后及时用盐酸调节 pH 值为 6～6.5，再经过洗涤、脱水、干燥制得。

毒理学依据

① ADI：无须规定（FAO/WHO，1994）。
② GRAS：FDA21CFR 172.892。

质量标准

质量标准 GB 29927—2013

项　　目			指　　标
干燥减量/%	谷类淀粉为原料	≤	15.0
	其他单体淀粉为原料	≤	18.0
	马铃薯淀粉为原料	≤	21.0
总砷(以 As 计)/(mg/kg)		≤	0.5
铅(Pb)/(mg/kg)		≤	1.0
二氧化硫残留/(mg/kg)		≤	30
羧基/(g/100g)		≤	1.1

应用 增稠剂

GB 2760—2014 规定：可在各类食品中（附录 2 中食品除外）按生产需要适量使用。

食品加工中的参考用量，用于调味料（酱汁粉）、汤料、糖果（包括巧克力及其制品），最大使用量 25g/kg；雪糕、冰棍，最大使用量 5g/kg。氧化淀粉与原淀粉相比，色泽较白，其最高热黏度大大降低，稳定性高，凝沉性大为减弱，冷却后，凝成凝胶的倾向减小，流动性高，胶黏力强，且成膜性好，可作为胶冻和软糖类食品的稳定剂，亦可作为食品表面的成膜剂，油炸食品表面调料的黏结剂。可作为阿拉伯树胶和琼脂替代品。

生产厂商

① 苏州多加多食品添加剂有限公司

② 河北百味生物科技有限公司

③ 德州福源生物淀粉有限公司

④ 石家庄市紫川商贸有限公司

氧化羟丙基淀粉 oxidized hydroxypropyl starch

别名 羟丙基氧化淀粉

分类代码 CNS 20.033

理化性质 白色、类白色或淡黄色，呈颗粒状、片状或粉末状，无可见杂质。具有产品固有的气味，无异味。在强碱性条件下，由淀粉和环氧丙烷（<25%）反应制的。

毒理学依据

① LD_{50}：小鼠急性经口大于 15g/kg（bw）。

② GRAS FDA-21CFR 172.892。

质量标准

质量标准 GB 29933—2013

项　　目			指　　标
干燥减量/%	谷类淀粉为原料	≤	15.0
	其他单体淀粉为原料	≤	18.0
	马铃薯淀粉为原料	≤	21.0
总砷(以 As 计)/(mg/kg)		≤	0.5
铅(以 Pb 计)/(mg/kg)		≤	1.0
二氧化硫残留/(mg/kg)		≤	30
羧基/(g/100g)		≤	1.1
羟丙基/(g/100g)		≤	7.0
氯丙醇/(mg/kg)		≤	1.0

应用 增稠剂

GB 2760—2014 规定：可在各类食品中（附录 2 中食品除外）按生产需要适量使用。

与蔗糖、橙汁混合制成布丁，在储存期间可抗两相分离。本品凝胶透明性强，持水性好，具有糊化温度低，糊液透明度高，黏度低，凝沉性弱，稳定性高。用于饮料，丰富饮料口感，增加饮料厚实及饱满感，增加饮料滑顺感。补充砂糖饱满口感，补充油脂口感，与胶体形成协同作用提高实体感。用于乳品行业，起增稠剂作用，亦可改善产品口感，有不错的成膜性。可代替或部分代替明胶或海藻胶。

生产厂商

① 济南圣和化工有限公司

② 郑州成果食品添加剂有限公司

③ 湖南奥驰生物科技有限公司

④ 湖北巨胜科技有限公司

乙酰化双淀粉磷酸酯 acetylated distarch phosphate

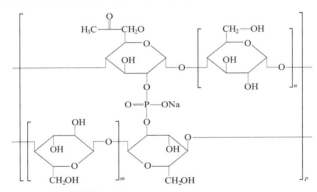

分类代码 CNS 20.015；INS 1414

理化性质 白色粉末，无臭，无味，易溶于水，不溶于有机溶剂。与原淀粉相比，其溶解度、膨润力及透明度明显提高。老化倾向明显降低，冷冻稳定性提高，可抗热、抗酸。玉米淀粉经多偏磷酸钠交联或三氯氧磷交联后，再经醋酐酯化制得；或由三偏磷酸钠与醋酸酐或醋酸乙烯和淀粉经过综合反应而制得。

毒理学依据

① ADI：无须规定（FAO/WHO，1994）。

② GRAS：FDA-21CFR 172.892。

质量标准

质量标准 GB 29929—2013

项 目			指 标
干燥减量/%	谷类淀粉为原料	≤	15.0
	其他单体淀粉为原料	≤	18.0
	马铃薯淀粉为原料	≤	21.0
总砷(以 As 计)/(mg/kg)		≤	0.5
铅(Pb)/(mg/kg)		≤	1.0
二氧化硫残留/(mg/kg)		≤	30
乙酰基/(g/100g)		≤	2.5
乙酸乙烯酯残留(仅限于用乙酸乙烯酯作为酯化剂)/(mg/kg)		≤	0.1
残留磷酸盐(以 P 计)/%	马铃薯或小麦淀粉为原料	≤	0.14
	其他原料	≤	0.4

应用 增稠剂

GB 2760—2014 规定：可在各类食品中（附录 2 中食品除外）按生产需要适量使用。

食品加工中的参考用量：用于午餐肉，最大使用量 0.5g/kg；用于果酱，最大使用量 1.0g/kg；用于蛋黄酱、罐装棕榈油（食用），5g/kg（单独使用或与经酸、碱处理或脱色的淀粉、磷酸单淀粉、磷酸双淀粉、乙酰化甘油、乙酰化己二酸双淀粉结合使用）；含奶油或其他脂肪和油脂的罐装蘑菇、芦笋、青豆、胡萝卜，10g/kg；罐装沙丁鱼或沙丁鱼类产品，20g/kg（仅用于填充料）；代乳粉，25g/kg（单用或与磷酸化的磷酸双淀粉结合使用于水解氨基酸为基础的产品）；罐装鲐鱼和竹荚鱼，60g/kg（仅用于填充料）；罐装婴儿食品，60g/kg；发酵后经加热处理的发酵奶及其制品，10g/kg；婴儿代乳品（大豆型产品），5g/kg；肉汤和清肉汤、速冻鱼条和鱼块（仅指用面包粉或面包拖料包裹的），25g/kg（单用或与其他淀粉合用于以氨基酸或水解蛋白质为基础的产品中）。

生产厂商

① 郑州龙和化工有限公司

② 河南省所以食品添加剂有限公司

③ 河南盛之德商贸有限公司

④ 郑州市伟丰生物科技有限公司

乙酰化双淀粉己二酸酯 acetylated distarch adipate

分类代码 CNS 20.031；INS 1422

理化性质 为白色至类似白色粉末，无臭、无味，不溶于冷水、乙醇，遇碘变红棕色。与原淀粉相比，分子间的链合作用变大，分子质量增大，透光率降低。原淀粉的冻融稳定性较差，淀粉分子引入乙酰基后，冻融稳定性有显著提高。交联键的存在保证了淀粉颗粒的完整性，抗酸性增强。由醋酸酐和己二酸酐与淀粉进行酯化反应而得。

毒理学依据

① ADI：无须规定（FAO/WHO，1994）。

② GRAS：FDA-21CFR 172.892。

质量标准

质量标准 GB 29932—2013

项　目		指　标
干燥减量/%	谷类淀粉为原料 ≤	15.0
	其他单体淀粉为原料 ≤	18.0
	马铃薯淀粉为原料 ≤	21.0
总砷(以 As 计)/(mg/kg)	≤	0.5
铅(Pb)/(mg/kg)	≤	1.0
二氧化硫残留/(mg/kg)	≤	30
乙酰基/(g/100g)	≤	2.5

应用 增稠剂

GB 2760—2014 规定：可在各类食品中（附录 2 中食品除外）按生产需要适量使用。

食品加工中的参考用量：用于调味料（酱汁粉）、汤料、糖果（包括巧克力及其制品），最大使用量为 25g/kg；雪糕、冰棍，最大使用量为 5g/kg；甜玉米罐头与发酵酸奶，最大使用量为 10g/kg；婴儿食品，最大使用量为 60g/kg；鱼类罐头，最大使用量为 60g/kg；冷饮，最大使用量为 30g/kg。本品与原淀粉相比，其糊化温度降低，糊丝变短，糊的凝沉性弱，老化倾向明显减小，低温储存和冻融稳定性提高，储存稳定，可抗热、抗酸和抗剪切力。

生产厂商

① 河北百味生物科技有限公司

② 上海陆安生物科技有限公司

③ 河南千志商贸有限公司

④ 河南省所以化工有限公司

皂荚糖胶 gleditsia sinenis lam gum

别名　皂角子胶、甘露糖乳酸、locust gum

分类代码　CNS 20.029

理化性质　乳白色粉末，较易溶于冷水，不溶于乙醇、丙酮。用皂角子（gleditsia sinenis lam）经过筛选、水洗、脱脂、改性、均质等工艺完成制取。

毒理学依据

① LD_{50}：雌、雄大鼠急性经口大于 10g/kg（bw）；雌、雄小鼠急性经口大于 10g/kg（bw）。

② 大鼠 90d 喂养试验：动物最大无作用剂量为 2350mg/kg（bw）。

质量标准

质量标准 GB 1886.67—2015

项　目		指　标
干燥减量[①]/%	≤	12.0
pH		6.5～7.5
灰分/%	≤	1.5
酸不溶物/%	≤	4.0
蛋白质[②]/%	≤	3.0
黏度(1%溶液)/(mPa·s)	≥	1600
总砷(以 As 计)/(mg/kg)	≤	3.0
铅(Pb)/(mg/kg)	≤	2.0
硼酸盐试验		通过试验
淀粉试验		通过试验
菌落总数/(CFU/g)	≤	5000
大肠菌群/(MPN/g)	<	30

① 干燥温度和时间分别为 105℃ 和 5h。

② 蛋白质系数为 6.25。

应用　增稠剂

GB 2760—2014 规定：冰淇淋、雪糕类、专用小麦粉（如自发粉、饺子粉）、调味品、饮料类（除 14.01 包装饮用水类外）（固体饮料按冲调倍数增加使用量），最大使用量为 4.0g/kg。

改善和增加食品的黏稠度，保持流态食品、胶冻食品的色、香、味和稳定性，改善食品物理性状，并能使食品有润滑适口的感觉。有乳化、稳定或使呈悬浮状态的作用。

生产厂商

① 郑州锦德化工有限公司

② 河北百味生物科技有限公司
③ 郑州弘益泰化工产品有限公司
④ 郑州龙生化工产品有限公司

3.3　稳定剂和凝固剂 stabilizer and coagulator

稳定剂和凝固剂是使食品结构稳定或使食品组织结构不变，增强黏性固形物的物质。食品中使用的稳定剂和凝固剂，其突出性能是改变加工食品的组织结构，获得更加稳定的形态结构。某些凝固剂物质分子中含有可游离的钙、镁、氢离子或带有多电荷的离子团等成分，能破坏蛋白质胶体溶液中亚稳定的夹电层结构，使悬浊液形成凝胶或沉淀（如豆腐的制作）。如葡萄酸内酯可在水解过程中形成对应的葡萄糖酸，以促使大豆蛋白质发生变性而形成稳定的凝胶聚合体（内酯豆腐）。另外有些稳定和凝固剂可在溶液中与水溶性的果胶结合，对加热软化后的果蔬片产生生嚼的口感。

α-环状糊精 α-cyclodextrin

$C_{36}H_{60}O_{30}$,972.84

分类代码　CNS 18.011；INS 457

理化性质　白色粉末状，无臭，味微甜。α-环状糊精是由 6 个葡萄糖单位经 α-1,4 糖键连接成环形结构的糊精，它是葡萄糖基转移酶作用于淀粉糖浆的产物。由于 α-环状糊精的内腔尺寸小于 β-环状糊精，更适合于包结小分子量的被包结物，使其更稳定。α-环糊精水溶解度在 25℃为 14.5g/100mL，用于要求环状糊精溶解度较高的场合。以马铃薯、玉米、小麦等加工的淀粉为原料，经下列过程可得环糊精：淀粉悬浮液 70～80℃液化，60℃与乙醇反应、加热失活、过滤、浓缩干燥制的。

质量标准

质量标准（参考）

项　目		指　标
含量(总糖中)/%	≤	99.0
水分/%	≤	10.0
灰分/%	≤	0.1
比旋光度/(°)		+147～+152
重金属/(mg/kg)	≤	4.0
砷/(mg/kg)	≤	1.0
一般生菌数/(pcs/g)	≤	100
霉、酵母/(pcs/g)	≤	20
大肠杆菌		阴性

　　应用　稳定剂、增稠剂

　　GB 2760—2014 规定：可在各类食品中（附录 2 中食品除外）按生产需要适量使用。

　　α-环状糊精广泛用于药品、食品、保健品以及化妆品中。α-环糊精可用于调节食品的口感，用 α-环糊精生产的乳液即使在较高温度下也能保持稳定，是沙拉酱、蛋黄酱、甜点奶油和人造黄油等的理想乳化剂。用作水溶纤维素的 α-环糊精已被证明具有降低血液胆固醇含量和血糖指数的功效。用于食品工业，具有下述作用：①特异臭味的消除与掩盖；②食品组织结构的提高与改良；③苦涩味道的减轻与除去；④抗氧化作用；⑤风味的保持与优化。

　　生产厂商

　　① 济南鑫旺化工有限公司

　　② 江苏丰园生物技术有限公司

　　③ 上海研谨生物科技有限公司

　　④ 广州帮能生物科技有限公司

γ-环状糊精　γ-cyclodextrin

$$C_{48}H_{80}O_{40}，1297.12$$

　　分类代码　CNS 18.012 INS 458

　　理化性质　白色结晶性粉末，无臭，溶于水（1.8g/100mL，20℃），难溶于甲醇、乙醇、丙酮，熔点 270℃，内径（分子空隙）0.7～0.8nm，比旋光度＋160°～＋164°。本品在碱性水溶液中稳定，遇酸则缓慢水解，其碘络合物呈黄色，结晶形状呈板状。γ-环状糊精是由 8 个葡萄糖单位经 α-1,4 糖键连接成环形结构的糊精。比 α-环状糊精和 β-环状糊精高，适合包接更大分子团。

　　应用　稳定剂、增稠剂

　　GB 2760—2014 规定：可在各类食品中（附录 2 中食品除外）按生产需要适量使用。

　　γ-环状糊精可以用作香料，甜味剂和颜料的载体。本品可与多种化合物形成包结复合物，使其稳定、增溶、缓释、乳化、抗氧化、抗分解、保湿、防潮，并具有掩蔽异味等作用，为新型分子包裹材料。γ-环状糊精的添加量根据国家标准，建议用量 1‰～3‰。

　　生产厂商

　　① 商丘康美达生物科技有限公司

　　② 江苏丰园生物技术有限公司

　　③ 北京寰宇科创生物科技发展有限公司

　　④ 厦门仁驰化工有限公司

丙二醇　propylene glycol

$$C_3H_8O_2，76.10$$

　　别名　1,2-丙二醇

　　分类代码　CNS 18.004；INS 1520

　　理化性质　为无色、清亮、透明黏稠液体，无臭，略有辛辣味和甜味，外观与甘油相似，有吸湿性，对金属不腐蚀。能与水、醇等多数有机溶剂任意混合。对光、热稳定，有可燃性。可溶解于挥发性油类，但与油脂不能混合。相对密度 1.035～1.039，沸点 187.3℃，黏度

0.056Pa·s（20℃）。丙二醇和脂肪酸反应生成丙二醇脂肪酸酯，起乳化剂作用，是调味品和色素的优良溶剂。由丙烯与氯水反应生成丙氯仲醇，再用碳酸钠溶液水解而得；或由丙烷氧化成环氧丙烷，再用盐酸水解而得。

毒理学依据

① LD$_{50}$：（小鼠，急性经口）22～23mg/kg（bw），（大鼠，急性经口）21.0～33.5mg/kg（bw）。

② ADI：0～25mg/kg（bw）（FAO/WHO，1994）。

③ GRAS：FDA-21CFR 184.1666。

质量标准

质量标准 GB 29216—2012

项　目		指　标
丙二醇含量/%	≥	99.5
沸程	初馏点/℃　　≥	185
	干点/℃　　≤	189
相对密度 d_{25}^{25}		1.035～1.037
水分/%	≤	0.2
酸度		通过试验
烧灼残渣/%	≤	0.007
铅(Pb)/(mg/kg)	≤	1

应用　稳定剂和凝固剂、抗结剂、消泡剂、乳化剂、水分保持剂、增稠剂

GB 2760—2014 规定：糕点，最大使用量为 3.0g/kg；生湿面制品（如面条、饺子皮、馄饨皮、烧卖皮），最大使用量为 1.5g/kg。

食品加工中的参考用量，用于干酪、稀奶油混合物，用量为 5g/kg（单用或与其他载体稳定剂合用）。可用作香草豆、焙炒咖啡豆、天然香料等的萃取溶剂。也可作为糖果、面包、包装肉类等的保湿剂、柔软剂。加工面条添加本品，能增加弹性，防止面条干燥崩裂，增加光泽。加工豆腐添加本品，可增加风味，增加白度，使油炸豆腐膨胀，并增加光泽。本品有防腐作用，可作为罐头食品、果酱、腌制品、火腿、香肠等的防腐用。可作为抗冻液，对食品有防冻作用。

生产厂商

① 天津市外环化工有限公司

② 深圳市华昌化工有限公司

③ 南京斌柳化工有限公司

④ 南通润丰石油化工有限公司

不溶性聚乙烯聚吡咯烷酮 insoluble polyviny

$(C_6H_9NO)_n$

别名　PVPP

分类代码　CNS 18.008；INS 1202

理化性质　为白色或类似白色，有吸湿性、易流动粉末，微有气味，不溶于水及一般溶剂。化学方法直接合成。

毒理学依据

① GRAS：FDA-21CFR 173.50。

② ADI：无须规定（FAO/WHO，1994）。

质量标准

质量标准 GB 1886.73—2015

项　目		指　标
氮含量/%		11.0～12.8
游离 N-乙烯基吡咯烷酮/(mg/kg)	≤	10.0
pH(1%悬浮物)		5.0～8.0
水可溶物/%	≤	1.5
灼烧残渣/%	≤	0.40
游离 N,N'-二乙烯基-咪唑啉酮/(mg/kg)[①]	≤	2.0
水分/%	≤	6.0
铅(Pb)/(mg/kg)	≤	2.0
锌(Zn)/(mg/kg)	≤	25.0

① 仅对使用 N,N'-二乙烯基-咪唑啉酮作为交联剂的产品检测该项目。

应用　稳定剂、澄清剂

尚未列入国标。PVPP 在酿酒、饮料工业中可作为啤酒、果酒和果汁的稳定剂和澄清剂。PVPP 可以通过氢键作用与植物中酚类化合物络合形成不溶于水的物质并过滤除去，所以用于酶的分离和稳定。在农业中用于测定葡萄中花色苷和其他种类植物中花色素的含量。用于色谱（柱色谱和薄层色谱）中，是一种具有良好分离性能的固相。

生产厂商

① 杭州神华科技发展有限公司

② 海厚诚精细化工有限公司

③ 湖北鑫润德生物化工有限公司

④ 武汉（银河）化工有限公司

刺梧桐胶 karaya gum

分类代码　CNS 18.010；INS 416

理化性质　白色至微黄色粉末，略带醋酸味。天然大分子多糖，分子量多达 900 万道尔顿。不溶于水，不溶于乙醇，于 60% 乙醇中溶胀。1% 悬浮液的 pH 值 4.5～4.7，黏度为 3.3Pa•s，可受热分解，黏度下降。在水中不是溶解成真溶液，而是极大的吸水膨胀成凝胶（可增至原体积的 60～100 倍）。水中溶解度在 pH 值为 6～8 时最大，溶度、黏度也随 pH 值变化而改变。刺梧桐胶溶液在酸性条件下呈淡色，而在碱性条件下则色泽加深。0.5% 浓度以下，浓度与黏度的关系仍呈正比。浓度在 0.5% 以上溶液呈非牛顿流体特性。

毒理学依据

① ADI：不作特殊规定（FAO/WHO，1994）。

② GRAS：（FDA，§184.1439，1994）。

③ LD_{50}：30g/kg（大鼠，急性经口）。

质量标准

质量标准 FAO/WHO，1988；CXAS/1991（参考）

项　　目		指　标
干燥失重（105℃，5h）/%	≤	20
酸不溶灰分/%	≤	1
酸不溶物/%	≤	3
挥发性酸（以醋酸计）/%	≥	10
淀粉		不得检出
砷（以 As 计）/(mg/kg)	≤	3
铅（Pb）/(mg/kg)	≤	10
重金属/(mg/kg)	≤	40
总灰分/%	≤	8
沙门氏菌属		阴性
大肠杆菌		阴性

应用　稳定剂

GB2760—2014 规定：水油状脂肪乳化制品，按生产需要适量使用。

可避免冷冻品中冻结晶的析出和香肠中脂肪和肉汁的析出。食品加工中的参考用量，冷冻乳制品甜食用量为 0.3%，乳制品用量为 0.02%，软糖用量为 0.9%。奶酪酱、法国式色拉酱等的稳定剂，用量一般低于 0.8%。

生产厂商

① 郑州天顺食品添加剂有限公司

② 厦门仁驰化工有限公司

③ 郑州百和化工产品有限公司

④ 无锡市百瑞多化工产品有限公司

谷氨酰胺转氨酶 glutamine transaminase

别名　转谷氨酰胺酶

分类代码　CNS 18.013

理化性质　白至浅灰色粉末，无异味，是一种球状单体蛋白，亲水性高，分子量约为 38000，在 pH 值 6～7 的范围内具有较高的活性，在温度低于 40℃ 时保持稳定，50℃ 以上活性稍有下降，失活温度高达 75℃，最佳使用温度为 45～55℃。

应用　稳定剂和凝固剂

GB 2760—2014 规定：豆类制品（来源同表 C.3），最大用量 0.25g/kg。

用于肉类，可提高肉丸弹性、质地、口味及风味，改善罐装肉质地和外观，提高冻肉弹性、质地、口味及风味，改善火腿肉的风味以及使储藏期增长。用于谷类类，改善质地、增强韧性、弹性、防潮。改善焙烤食品质地、增大体积。提高保水米制品弹性、黏性。提高豆制品弹性、不易破碎。提高乳制品酸奶黏稠度、口感。

生产厂商

① 河南正兴食品添加剂有限公司

② 郑州君凯化工产品有限公司

③ 南宁东恒华道生物科技有限责任公司

④ 泰兴市东圣食品科技有限公司

黄原胶 xanthan gum

由 D-葡萄糖、D-甘露糖、D-葡萄糖醛酸、乙酸和丙酮酸组成的"五糖重复单位"聚合而成的生物高分子聚合物。

其中M=Na或K或1/2Ca

别名　汉生胶、黄杆菌胶、苫屯胶

分类代码　CNS 20.009；INS 415

理化性质　类似白色或淡黄色粉末，可溶于水，溶液中性。遇水分散、乳化变成稳定的亲水性黏稠胶体。不溶大多数有机溶剂。水溶液对温度、pH 值、电解质浓度的变化不敏感，故对冷、热、氧化剂、酸、碱、盐及各种酶都很稳定。添加食盐则黏度上升。溶胶分子能形成超结合带状的螺旋共聚体，构成脆弱的类似胶的网状结构，所以能够支持固体颗粒、液滴和气泡的形态，显示出很强的乳化稳定作用和高悬浮能力。可同多种物质（酸、碱、盐、表面活性剂、生物胶等）互配，具有满意的兼容性。与角豆胶等合用有乘效应，可提高弹性。与瓜尔胶合用可提高黏性。在低剪切速度下，即使浓度很低也具有高黏度。如 1% 黄原胶水溶液的黏度相当于同样浓度明胶的 100 倍。本品水溶液具高假塑性，即静置时呈现高黏度，随剪切速率增加黏度降低；剪切停止，立即恢复原有黏度。由甘蓝黑腐病黄单胞菌（xanthomonas campestris）以碳水化合物为主要原料经发酵制成。

毒理学依据

① ADI：无须规定（FAO/WHO，1994）。

② GRAS：FDA-21CFR172.695。

质量标准

质量标准 GB 1886.41—2015

项　目		指　标
黏度/cP	≥	600
剪切性能值	≥	6.5
干燥失重/%	≤	15.0
灰分/%	≤	16.0
总氮/%	≤	1.5
丙酮酸/%	≥	1.5
铅(Pb)/(mg/kg)	≤	2.0
菌落总数/(CFU/g)	≤	5000
大肠菌群(MPN/g)	≤	3.0
沙门氏菌		0/25g
霉菌和酵母/(CFU/g)	≤	500

应用　稳定剂、增稠剂

GB 2760—2014 规定：黄油和浓缩黄油、其他糖和糖浆（如红糖、赤砂糖、槭树糖浆），最大使用量为 5.0g/kg。生湿面制品（如面条、饺子皮、馄饨皮、烧卖皮），最大使用量为 10.0g/kg。生干面制品，最大使用量为 4.0g/kg。特殊医学用途婴幼儿配方食品（使用量仅限粉状产品，液态产品按稀释倍数折算），最大使用量为 9.0g/kg。稀奶油、香辛料类、果蔬汁（浆），按生产需要适量使用。可在各类食品中（附录 2 中食品除外）按生产需要适量使用。

黄原胶可提高水果和巧克力饮料的口味，使其口感丰满、浓郁，香味释出良好。饮料，低浓度的黄原胶溶液在低 pH 值下可起稳定作用，并可与多种其他饮料（包括乙醇）配伍。罐头食品，黄原胶具有热稳定性的优点，其假塑性可使物料便于泵送与灌装。冷冻食品，黄原胶可使产品在反复冻融的过程中具有极佳的稳定性和持水性，减少冰晶的形成。保健食品中添加黄原胶，可明显减少淀粉和糖的用量而不影响口感和其他感官质量，其热值仅为 2.4Jkcal/g（10.05kJ/g）。黄原胶用于乳品生产中，可以增加协同性，能提高牛奶的稳定性，提高奶油保形力，使冰淇淋在搅打时起泡膨胀更好。在甜点心中，可防止混合物分离。黄原胶用于焙烤食品可以增加持水性，改善组织结构，它能与淀粉结合，抑制淀粉老化，延长焙烤好的面包和冷藏生面团的货架期。黄原胶对面条品质的影响是加大了面筋网络与淀粉颗粒的结合，提高了面条结构的致密程度，从而改善了面条的品质。黄原胶用于糖果与蜜饯中可提高温度稳定性，使产品易于加工制作。在加工淀粉软糖或蜜饯果脯加入黄原胶和槐豆胶，能够改善加工性能，大大缩短加工时间。含有黄原胶的巧克力液体糖果，储藏稳定性大为提高。利用黄原胶可配制不含亚硫酸盐的保鲜剂，防止出现皱缩、干枯、褐变等生理、生化变化。保鲜剂中添加黄原胶后，能有效地延长生菜和生果的储存期。黄原胶在鲜蘑菇保藏和蘑菇罐头中的应用，能有效地抑制加工时蘑菇发生皱缩、褐变及组织致密化。

生产厂商

① 山东阜丰发酵有限公司

② 河南兴源化工产品有限公司

③ 吉生物工程（淄博）有限公司

④ 上海大鹰生物科技有限公司

可得然胶 curdlan

可得然胶是由葡萄糖以 β-1，3-糖苷键形式所构成的水不溶性葡聚糖

$$(C_6H_{10}O_5)_n, n > 250(400 \sim 500)$$

别名　凝胶多糖、热凝胶

分类代码　CNS 20.042；INS 424

理化性质　可得然胶为白色至近白色粉末，无嗅，具有良好的流动性，在干燥状态下保持极强的稳定性。可得然胶不溶于水，但能在冷水中很容易分散，经高速搅拌处理后能形成更均匀的分散液，可得然胶能完全溶解于氢氧化钠、磷酸三钠、磷酸三钙等 pH 值为 12 以上的碱

性溶液中，不溶于酒精及其他几乎所有的有机溶液。可得然胶可根据加热程度分别形成低度胶和高度胶二种不同性质的胶体。当把可得然胶分散液从 55℃加热到 65℃后再冷却到 40℃以下时，形成热可逆性的低度胶。把低度胶再加热到 60℃时，就能回复到原有的分散液状态。当把可得然胶分散液加热到 80℃时，形成坚实的热不可逆性的高度胶。可得然胶是由微生物产生的，以 β-1, 3-糖苷键构成的水不溶性葡聚糖，是一类将其悬浊液加热后既能形成硬而有弹性的热不可逆性凝胶又能形成热可逆性凝胶的多糖类的总称。

毒理学依据

① ADI：不作特殊规定（ADI 值首建于 2001）。

② LD_{50}：＞10g/kg（大鼠急性经口）。

③ 亚急性及慢性毒性试验、致畸、致癌、多代繁殖试验等 20 余种安全性试验，均无异常。

质量标准

质量标准 GB 28304—2012

项　目		指　标
可得然胶(以无水葡萄糖计)/%	≥	80
凝胶强度/(g/cm²)	≥	450
pH(1%水溶液)		6.0～7.5
干燥减量①/%	≤	10
灰分/%	≤	6.0
总氮/%	≤	1.5
铅(Pb)/(mg/kg)	≤	0.5
菌落总数/(CFU/g)	≤	10000
大肠菌群/(MPN/g)	＜	3.0

①干燥温度和时间分别为 105℃和 2.5h。

应用　稳定剂和凝固剂、增稠剂

GB 2760—2014 规定：豆腐类、生湿面制品（如面条、饺子皮、馄饨皮、烧卖皮）、生干面制品、方便米面制品、熟肉制品、冷冻鱼糜制品（包括鱼丸等）、果冻（如用于果冻粉，按冲调倍数增加使用量）、其他（人造海鲜产品，如人造鲍鱼、人造海参、人造海鲜贝类等），按生产需要适量使用。

作为稳定剂、凝固剂、增稠剂、持水剂、黏合剂、成膜剂等，用于肉类食品、面类食品、水产食品、烘烤食品、冷冻食品、油炸食品、低热能食品（减肥食品）等的制作中。由于可得然胶在高温下仍可保持极好的形状和性质，在少量使用的情况下就可提高热稳定性达到应用效果。生干面制品、生湿面制品、方便面制品等面食添加后，产品具有良好的质构和外形，韧性和柔软性都得以提高，具有较好的口感，面食品在加热煮沸的过程中可增加弹力、嚼感，防止煮烂、薪糊、混汤。利用可得然胶成胶性和热不可逆性，在豆腐类制品生产加工中，适量使用可增强耐热、耐冷冻性，改良口感，改善成形性。可得然胶在加热成胶后可以保持一定的含水量，其不同加热程度能吸收约 100 倍的水分，将其添加到食品中，会将水分子包容在其独特的网络结构中。可得然胶具有良好的成膜特性，所制得的膜除可以直接食用，还有不易溶于水、被生物降解、不透氧等优点，因此可以制作方便食品中汤料的包装袋，食用面膜等。

生产厂商

① 深圳市江源商贸有限公司

② 上海驰为实业有限公司

③ 郑州龙生化工食品有限公司

④ 郑州鸿祥化工有限公司

硫酸钙 calcium sulfate

$CaSO_4 \cdot 2H_2O$，136.14（无水物），172.17（二水物）

别名　石膏、生石膏

分类代码　CNS 18.001；INS 516

理化性质　白色结晶性粉末，无臭，具涩味，有吸湿性。微溶于甘油，难溶于水（0.26g/100mL，18℃），不溶于乙醇，溶于酸、硫代硫酸钠和铵盐溶液。加热到100℃以上，失去部分结晶水而成 $CaSO_4 \cdot 1/2H_2O$（即假石膏）；加热至194℃以上，则失去全部结晶水而成为无水硫酸钙。熔点1450℃，相对密度2.96。加水后成为可塑性浆体，很快凝固。通常含有2个结晶水，自然界中以石膏矿形式存在。用氨法生产碳酸钠的副产品氯化钙加硫酸钠制成，或将生产有机酸的中间体所得钙盐与硫酸作用制成。

毒理学依据

① GRAS：FDA-21CFR 184.1230。

② ADI：无须规定（FAO/WHO，1994）。

质量标准

质量标准 GB 1892—2007

项　目		指　标	
		无水硫酸钙($CaSO_4$)	二水硫酸钙($CaSO_4 \cdot 2H_2O$)
含量[$CaSO_4$(以干基计)]/%	≥	98.0	98.0
铅(Pb)/(mg/kg)	≤	2	2
砷(以 As 计)/(mg/kg)	≤	2	2
氟化物(以 F 计)/%	≤	0.005	0.003
干燥减量/%	≤	1.5	19.0～23.0
硒(Se)/(mg/kg)	≤	30	30

应用　稳定剂和凝固剂、增稠剂、酸度调节剂

GB 2760—2014规定：小麦粉制品，最大使用量为1.5g/kg；腌腊肉制品（如咸肉、腊肉、板鸭、中式火腿、腊肠等），最大使用量为5.0g/kg；肉灌肠类，最大使用量为3.0g/kg；面包、糕点、饼干，最大使用量为10.0g/kg；豆类制品，按生产需要适量使用。

食品中可作为营养剂、酵母激活剂、面团性质改性剂、固化剂、pH值调节剂、研磨剂等。作为固化剂被用在罐装马铃薯、西红柿、胡萝卜、菜豆和胡椒粉中。FAO/WHO（1984）规定：可用于酪农干酪与稀奶油混合物，用量为5g/kg（单用或与其他稳定剂及载体的合用量）。本品对蛋白质凝固性缓和，所生产的豆腐质地细嫩，持水性好，有弹性。但因其难溶于水，易残留涩味和杂质。石膏在啤酒酿造过程中主要用于对酿造用水的硬度和 Ca^{2+} 浓度的调节，使糊化、糖化醪液及麦汁、pH值得到合理的控制，以利于糊化、糖化过程各种酶系的充分作用，改善麦汁的组分。同时也利于麦汁中的高分子蛋白充分凝固和析出，对啤酒的非生物稳定性及口味质量均有很大的影响。

生产厂商

① 荆门市磊鑫石膏制品有限公司

② 天津市凯通实业有限公司

③ 廊坊鹏彩精细化工有限公司

④ 潍坊立德森化工有限公司

氯化钙 calcium chloride

$CaCl_2 \cdot 2H_2O$，110.98（无水物），147.01（二水物）

分类代码　CNS 18.002；INS 509

理化性质　白色坚硬的碎块状结晶，或片状、粒状、粉末状、蜂窝块状、圆球状。无臭，微苦，易溶于水，同时放出大量的热，水溶液呈中性或微碱性。可溶于乙醇（10%）、丙酮、醋酸。吸湿性强，干燥氯化钙置于空气中会很快吸收空气中的水分，成为潮解性的 $CaCl_2 \cdot 6H_2O$。5%水溶液的 pH 值为 4.5～10.5。水溶液的冰点降低显著（－55℃）。熔点 772℃，相对密度 2.152。低温下溶液结晶而析出的为六水物，逐渐加热至 30℃时则溶解在自身的结晶水中，继续加热逐渐失水，至 200℃时变为二水物，再加热至 260℃则变为白色多孔状的无水氯化钙。由氨法制纯碱的母液加石灰乳得水溶液，经蒸发、浓缩、冷却、固化而成，或将生产次氯酸钠的副产品经分离精制而得；或由盐酸与大理石作用制得。

毒理学依据

① GRAS：FDA-21CFR 184.1193。

② LD_{50}：（大鼠，急性经口）1000mg/kg（bw）。

③ ADI：无须规定（FAO/WHO，1994）。

质量标准

质量标准 GB 22214—2008

项　目		指　标		
		二水合氯化钙	无水氯化钙	氯化钙溶液
氯化钙	以 $CaCl_2$ 计/%	—	≥93.0	38.0～45.0
	以 $CaCl_2 \cdot 2H_2O$ 计/%	99.0～107.0	—	—
游离碱[$Ca(OH)_2$]/% ≤		0.15	0.25	0.15
镁和碱金属盐/% ≤		5.0	5.0	5.0
重金属（以 Pb 计)/(mg/kg) ≤		20	20	20
铅(Pb)/(mg/kg) ≤		5	5	5
砷(As)/(mg/kg) ≤		3	3	3
氟(F)/% ≤		0.004	0.004	0.004

应用　稳定剂和凝固剂、增稠剂

GB 2760—2014 规定：水果罐头、果酱、蔬菜罐头，最大使用量为 1.0g/kg；装饰糖果（如工艺造型，或用于蛋糕装饰）、顶饰（非水果材料）和甜汁、调味糖浆，最大使用量为 0.4g/kg；其他类饮用水（自然来源饮用水除外），最大使用量为 0.1g/L（以 Ca 计 36mg/L）；其他（仅限畜禽血制品），最大使用量为 0.5g/kg；稀奶油、调制稀奶油、豆类制品，按生产需要适量使用。

食品加工中的参考用量：番茄罐头用量，片装为 800mg/kg，整装为 450mg/kg（单用或与其他固化剂合用，以 Ca 计）；青豌豆、水果色拉等罐头，350mg/kg（单用或与其他固化剂合用，以 Ca 计）；成熟豌豆罐头 350mg/kg（单用或与葡萄糖酸钙及乳酸钙合用，以 Ca 计）；果酱和果冻，200mg/kg（单用或与其他固化剂合用，以 Ca 计）；低倍浓缩乳、甜炼乳、稀奶油、单用 2g/kg，与其他稳定剂合用为 3g/kg（以无水物计）；奶粉、奶油粉，5g/kg（单用或与其他稳定剂合用，以无水物计）；酸黄瓜，250mg/kg（单用或与其他固化剂合用）；一般干酪，200mg/kg（牛乳）。其他使用参考，制作乳酪，为使牛乳凝固，用量可达 0.02%。为防止花椰菜、酸黄瓜、马铃薯片的褐变，可用 0.05%～0.6% 的水溶液处理；生产什锦菜罐头，用氯化钙硬化处理，最大用量为 0.26g/kg；处理番茄用 1% 溶液，用水漂洗后罐装。用于冬瓜硬化处理，可将冬瓜去皮，泡在 0.1%CaCl₂ 溶液中，抽真空，使氯化钙渗入组织深部，渗透时间为 20～25min，经水煮、漂洗后备用。氯化钙可降低冰点的属性，在填充有焦糖的巧克力棒中被用来延缓焦糖的冻结。在啤酒酿造液中会加入氯化钙，它会影响麦芽汁的酸性并对酵母作用的发挥起到影响，能给酿造出的啤酒带来甜味。作为电解质，可添加到运动饮料或一些软饮料包括瓶装水中。

生产厂商

① 连云港冠苏实业有限公司

② 江大成钙业有限公司

③ 潍坊强源化工有限公司

④ 浙江大成钙业有限公司

氯化镁 magnesium chloride

$MgCl_2 \cdot 6H_2O$，95.21（无水物），203.30（六水物）

别名 盐卤、卤片

分类代码 CNS 18.003；INS 511

理化性质 无色至白色结晶或粉末，无臭，味苦。极易溶于水（160g/100mL，20℃）和乙醇，水溶液呈中性。本品常温下为六水物，亦可有二水物。极易吸潮，置于干燥空气中会风化而失去结晶水。含水量可随温度而变化。于 100℃ 失去 2 分子结晶水。无水氯化镁为无色六方晶系结晶，熔点 708℃，相对密度 2.177。天然的氯化镁存在于海水和盐卤中。六水氯化镁加热可水解，生成氧化镁和碱式氯化镁。无水氯化镁熔融状态下电解可生成镁和氯气。碱性环境下生成氢氧化镁沉淀。由海水制盐时的副产物卤水经浓缩成光卤石（$KCl \cdot MgCl_2 \cdot 6H_2O$），冷却后除去氯化钾，再浓缩、过滤、冷却结晶而制得。

毒理学依据

① LD_{50}：大鼠急性经口大于 800mg/kg（bw）。

② GRAS：FDA-21CFR 182.5446，182.1426。

③ ADI：无须规定（FAO/WHO，1994）。

质量标准

质量标准 GB 25584—2010

项　　目			指标
氯化镁，质量分数/%	以 $MgCl_2 \cdot 6H_2O$ 计	≥	99.0
	以 $MgCl_2$ 计	≥	46.4
钙(Ca)/%		≤	0.10
硫酸盐(以 SO_4 计)/%		≤	0.40
水不溶物/%		≤	0.10
色度/黑曾		≤	30
铅(Pb)/(mg/kg)		≤	1
砷(As)/(mg/kg)		≤	0.5
铵(NH_4)/(mg/kg)		≤	50

应用 稳定剂和凝固剂

GB 2760—2014 规定：豆类制品，按生产需要适量使用。

食品加工中的参考用量，制豆制品时，先将本品溶解于水中再加入，豆浆凝固快，但豆制品持水性差，易破碎，苦味较重，使用量为豆乳原料的 2%～3%。制酒时，可用氯化镁调节水质硬度。日本规定：清酒生产用作助滤剂，鱼糕生产用作除水剂，用量 0.05%～0.1%。鱼糜制品生产用作组织改良剂（与聚磷酸盐类合用），主要作为鱼糜制品的弹性增强剂。小麦粉处理剂、面团质量改进剂、麦芽糖化处理剂等。

生产厂商

① 天津市鑫大宇化工有限公司

② 连云港日丰钙镁有限公司

③ 连云港冠苏实业有限公司

④ 连云港迪康食品添加剂厂

柠檬酸亚锡二钠 disodium stannous citrate

$$
\begin{array}{l}
CH_2-COONa \\
HO-\!\!\!-COO-Sn-OH \\
CH_2-COONa
\end{array}
$$

$C_6H_6O_8SnNa_2$，370.79

别名　8301 护色剂

分类代码　CNS 18.006

理化性质　白色晶状，极易溶于水，易吸湿潮解，极易氧化，加热至 250℃ 开始分解，260℃ 开始变黄，283℃ 变成棕色。由氯化亚锡、柠檬酸与氢氧化钠反应制得。

毒理学依据

① LD_{50}：小鼠急性经口 2.7g/kg（bw）。

② 致突变试验：Alnes 试验、骨髓微核试验及小鼠精子染色体畸变试验，均未见致突变性。

质量标准

质量标准 GB 29940—2013

项　目		指　标
亚锡(Sn^{2+})/%	≥	29.0
总砷(以 As 计)/(mg/kg)	≤	2.0
铅(Pb)/(mg/kg)	≤	3.0
水不溶物/%	≤	0.05
pH(10g/L 溶液)		5.0～7.0

应用　稳定剂和凝固剂

GB 2760—2014 规定：水果罐头、蔬菜罐头、食用菌和藻类罐头，最大使用量 0.3g/kg。

食品加工中的参考用量：用于涂料罐头蘑菇的护色，加入 0.02%，就可使之与马口铁罐头蘑菇的色泽相近，而不影响蘑菇的组织和风味；涂料铁罐加入本品 0.06%，罐内锡含量低于马口铁罐，保存 2 年，重金属含量为：Sn 小于 200μg/g，Pb 小于 2mg/g。柠檬酸亚锡二钠是一种还原剂，具有一定的抗氧化、防腐蚀和护色作用，可广泛用于冷冻柠檬、柑橘、青豆、芦笋、胡萝卜、甜菜根等罐头。

生产厂商

① 郑州锦德化工有限公司

② 郑州市伟丰生物科技有限公司

③ 常州洋森生物科技有限公司

④ 深圳市江源商贸有限公司

葡萄糖酸-δ-内酯 glucono-δ-lactone

$$C_6H_{10}O_6, 178.14$$

分类代码　　CNS 18.007；INS 575

理化性质　　白色结晶或结晶性粉末，几乎无臭，味先甜后酸（与葡萄糖酸的味道不同）。易溶于水（60g/100mL），稍溶于乙醇（1g/100mL），几乎不溶于乙醚。在水中水解为葡萄糖酸及其δ-内酯和γ-内酯的平衡混合物。1%水溶液 pH 值等于 3.5，2h 后变为 pH 值为 2.5。本品用 5%～10%的硬脂酸钙涂覆后，即使用于吸湿性产品中，也很稳定。它约于 153℃分解。以酸分解葡萄糖酸钙，经离子交换树脂脱钙将葡萄糖酸液在 70℃以下真空浓缩至 80%左右，放入葡萄糖酸-δ-内酯的晶种，在 40～45℃中继续真空蒸发当有 1/2 的葡萄糖酸以内酯形式析出结晶时，停止蒸发，离心分离，用冷水洗涤、干燥后得成品；或直接用葡萄糖酸溶液，在 40～45℃下减压浓缩后进一步制成；或在葡萄糖培养基中加入黑曲霉菌株发酵制取。

毒理学依据

① GRAS：FDA-21CFR 184.1318。

② LD$_{50}$：兔静脉注射 7.63g/kg（bw）。

③ ADI：无须规定（FAO/WHO，1994）。

质量标准

质量标准 GB 7657—2005

项　目		指　标
含量/%		99.0～100.5
砷(As)/(mg/kg)	≤	3.0
重金属(以 Pb 计)/(mg/kg)	≤	20.0
铅(Pb)/(mg/kg)	≤	10.0
还原性物质(以 D-葡萄糖计)/%	≤	0.5
硫酸盐(以 SO$_4$ 计)/%	≤	0.03
氯化物(以 Cl 计)/%	≤	0.02

注：砷（As）的质量分数、重金属（以 Pb 计）的质量分数和铅（Pb）的质量分数为强制性要求。

应用　　稳定和凝固剂

GB 2760—2014 规定：可在各类食品中（附录 2 中食品除外）按生产需要适量使用。

食品加工中的参考用量：可用于鱼虾保鲜，最大使用量为 0.1g/kg，残留量小于 0.01mg/kg；用于香肠（肉肠）、鱼糜制品、葡萄汁、豆制品（豆腐、豆花），最大用量 3.0g/kg；制作豆腐时，按每千克豆乳加本品 2.5～2.6g；可先将本品溶于少量水，然后加入豆乳中，或将加好本品的豆乳装罐，隔水加热至 80℃，保持 15min，即可凝成豆腐。可用于饼干、炸面卷及面包等，尤其适用于蛋糕，用量约为小麦粉的 0.13%。午餐肉、香肠、红肠等加入 0.3%本品，可使制品色泽鲜艳，持水性好，富有弹性，且具有防腐作用，还能降低制品中亚硝胺的生成。作为螯合剂，可用于葡萄汁或其他浆果酒，能防止生成酒石。用于奶制品，可防止乳石生成。酸味剂，用于果汁饮料、果冻等。

生产厂商
① 宁波北仑雅旭化工有限公司
② 郑州文翔化工产品有限公司
③ 安徽省兴宙医药食品有限公司
④ 郑州市伟丰生物科技有限公司

乙二胺四乙酸二钠 disodium ethylene-diamine-tetra-acetate

$$\left[\begin{array}{l} NaOOCCH_2 \\ \\ HOOCCH_2 \end{array} N-CH_2-CH_2-N \begin{array}{l} CH_2COONa \\ \\ CH_2COOH \end{array}\right] \cdot 2H_2O$$

$C_{10}H_{14}N_2Na_2O_8 \cdot 2H_2O$，372.24

别名　EDTA-2Na disodium EDTA；isodium edetate

分类代码　CNS　18.005；INS　386

理化性质　白色结晶性颗粒和粉末，无臭，无味易溶于水，微溶于乙醇，不溶于乙醚。2%水溶液 pH 值为 4.7，常温下稳定。100℃时结晶水开始挥发，120℃时失去结晶水而成为无水物，有吸湿性，熔点 240℃（分解）。EDTA-2Na 有广泛的配位性能，几乎能与所有的金属离子形成稳定的螯合物，螯合物大多数带电荷，故能溶于水，反应迅速。由乙二胺与一氯乙酸反应，再与甲醛、氰化钠反应，然后由碳酸钠中和而制得；或由 EDTA 与氢氧化钠反应，经脱水、过滤、中和而制得。

毒理学依据
① GRAS：FDA-21CFR 172.135。
② LD_{50}：（大鼠，急性经口）2g/kg（bw）。
③ ADI：0～2.5mg/kg（bw）（FAO/WHO，1994）。

质量标准

质量标准 GB 1886.100—2015

项　目		指　标
乙二胺四乙酸二钠含量（以 $C_{10}H_{14}N_2Na_2O_8 \cdot 2H_2O$ 计）/%		99.0～101.0
pH		4.3～4.7
氨基三乙酸/%	≤	0.1
钙(Ca)/%		通过试验
铅(Pb)/(mg/kg)	≤	10.0

应用　稳定剂、凝固剂、抗氧化剂、防腐剂

GB 2760—2014 规定：果脯类（仅限地瓜果脯）、腌渍的蔬菜、蔬菜罐头、坚果与籽类罐头、杂粮罐头，最大使用量 0.25g/kg；果酱、蔬菜泥（酱），番茄沙司除外，最大使用量 0.07g/kg；复合调味料，最大使用量 0.075g/kg；饮料类（14.01 包装饮用水除外），最大使用量 0.03g/kg。

本品可与铁、铜、钙、镁等多价离子螯合成稳定的水溶性络合物，并可与钇、锆、镭等放射性物质发生螯合。另外，本品也有抗氧化作用，具有重要的实用价值。实际应用时，利用其络合作用来防止由金属引起的变色、变质、变浊及维生素 C 的氧化损失。本品与磷酸盐有协同作用。作为水处理剂，可防止水中存在的钙、镁、铁、锰等金属离子带来的不良影响。

生产厂商

① 郑州市二七区恒利化工贸易商行

② 苏常州山峰化工有限公司

③ 石家庄杰克化工有限公司

④ 上海恒生化工有限公司

3.4　抗结剂 anticqking

抗结剂是用于防止颗粒或粉状食品聚集结块，保持其松散或自由流动的物质。抗结剂制品多为微细颗粒，具有较强的吸附水分、分散油脂的能力，以使食品避免吸潮、颗粒聚集而结块。

二氧化硅 silicon dioxide

$$SiO_2, 60.08$$

别名　无定形二氧化硅、合成无定形硅

分类代码　CNS 02.004；INS 551；EEC E551；CAS（7631-86-9）

理化性质　二氧化硅为无定形物质。按制法分胶体硅与湿法硅两种。胶体硅为白色、蓬松、吸湿且粒度非常细小的粉末；湿法硅为白色、蓬松、吸湿且微孔泡状颗粒。相对密度 2.2～2.6，熔点 1710℃。不溶于水、酸和有机溶剂，溶于氢氟酸和热的浓碱液。

胶体硅：在铁硅合金中通入氯化氢制成四氯化硅，然后在氢氧焰中加热分解而得。

湿法硅：由硅酸钠和硫酸或盐酸分解、凝固形成硅胶，再用水洗涤、除去杂质、经干燥而得。

毒理学依据

① LD_{50}：大鼠急性经口大于 5g/kg（bw）。

② 微核试验：未见有致突变性。

③ ADI：无限制性规定（FAO/WHO，1994）。

质量标准

质量标准 GB 25576—2010

项　目		指　标		
		Ⅰ 类	Ⅱ 类	Ⅲ 类
含量（灼烧后）/%	≥	99.3	99.0	96.0
灼烧残渣（干燥后）/%（以干基计）	≤	2.0	8.5	8.5
干燥减量/%	≤	2.5	70	5
重金属（以 Pb 计）/（mg/kg）	≤	30	30	30
铅（Pb）/（mg/kg）	≤	5	5	5

应用　抗结剂。

GB 2760—2014 规定：可用于乳粉（包括加糖乳粉）和奶油粉及其调制产品、其他乳制品（仅限奶片）、其他油脂或油脂制品（仅限植脂末）、可可制品（包括以可可为主要原料的脂、

粉、浆、酱、馅等)、脱水蛋制品 (如蛋白粉、蛋黄粉、蛋白片)、其他甜味料 (仅限糖粉)、固体饮料,最大使用量为 15.0g/kg;盐及代盐制品、香辛料类、固体复合调味料、面糊 (如用于鱼和禽肉的拖面糊)、裹粉、煎炸粉,最大使用量为 20.0g/kg;原粮,最大使用量为 1.2g/kg;冷冻饮品 (03.04 食用冰除外),最大使用量为 0.5g/kg;其他 (豆制品工艺用),最大使用量为 0.025g/kg,复配消泡剂用,以每千克黄豆的使用量计。

食品添加剂通用法典标准 CODEX STAN 192—1995:乳清粉和乳清制品,不包括乳清干酪,最大使用量 10000mg/kg;糖粉,葡萄糖粉,最大使用量 15000mg/kg。JECFA 规定:乳粉、可可粉、加糖可可粉、食用油脂、可可脂最大使用量为 10g/kg。奶油最大使用量为 1g/kg。涂敷用蔗糖粉和葡萄糖粉、汤粉汤块最大使用量为 15g/kg。FDA 规定:作为抗结剂最大使用量为 2%。欧盟规定:用于啤酒最大使用量为 2g/L。

生产厂商

① 江苏连云港市深发超微粉体有限公司
② 北京航天赛德科技发展有限公司
③ 山东省寿光市昌泰微纳化工厂
④ 上海贝青利实业发展有限公司 (晟浦集团)

硅酸钙 calcium silicate

$CaSiO_3$,116.16

别名　微孔硅酸钙;活性硅酸钙;无水硅酸钙;偏硅酸钙

分类代码　CNS 02.009;INS 552

理化性质　白色至灰白色易流动粉末。由不同比例的氧化钙与二氧化硅组成,可分为有水和无水两种。不溶于水,但可与无机酸形成凝胶。5%悬混液的 pH 值为 8.4~10.2。相对密度 2.9。熔点 1540℃

由新熟化的石灰与合成二氧化硅反应而得食品添加剂硅酸钙。

毒理学依据

① ADI:不作特殊规定 (FAO/WHO,2001)。
② GRAS:(FDA§172.410,§182.2227,2000)。

质量标准

质量标准 GB 1886.90—2015 (2016-3-22 实施)

项　目		指　标
二氧化硅含量/%	≥	40
氧化钙含量/%	≥	0.76
氟(F)/(mg/kg)	≤	10.0
干燥失重/%	≤	10.0
灼烧失重/%	≤	20.0
铅(Pb)/(mg/kg)	≤	5.0

应用　抗结剂

GB 2760—2014 规定:可用于乳粉 (包括加糖乳粉) 和奶油粉及其调制产品、干酪和再制干酪及其类似品、可可制品 (包括以可可为主要原料的脂、粉、浆、酱、馅等)、淀粉及淀粉类制品、食糖、餐桌甜味料、盐及代盐制品、香辛料及粉、复合调味料、固体饮料、酵母及酵母类制品,按生产需要适量使用。

FAO/WHO (1984) 规定:用于奶粉 10g/kg 和奶油粉 1g/kg,均仅限于自动售货机用;

蔗糖粉 15g/kg 和葡萄糖粉 15g/kg，单用或与其他抗结剂合用，但不得有淀粉存在。亦可用于发酵粉 5% 和餐桌用盐 2%。FDA，§182.2227（2000）规定：餐桌用盐及各种食品的抗结剂 2%，发酵粉 5%（均为质量分数）。EEC（1990）准用于食盐（包括姜盐、洋葱盐）、糖果、大米、胶姆糖。

生产厂商
① 上海迈瑞尔化学技术有限公司
② 北京华美互利生物化工经贸中心
③ 湖北巨胜科技有限公司
④ 金坛市威德龙化学有限公司

滑石粉 talc(talcum)

别名 硅酸氢镁 magnesium hydrogen metasilicate

分类代码 CNS 02.007；INS 553ⅲ

理化性质 白色至灰白色细微结晶粉末，无臭、无味，细腻润滑。对酸、碱、热均十分稳定。不溶于水、苛性碱、乙醇，微溶于稀无机酸。

天然矿石在精制中除去大理石、石灰石等夹杂物，经粉碎，加入稀酸煮沸，再用水洗后干燥制成。

毒理学依据
① GRAS：FDA-21CFR 182.70。
② ADI：无须规定（FAO/WHO，1994）。

质量标准

质量标准 GB 25578—2010

项　目		指　标
二氧化硅/%	≥	58.0
氧化镁/%	≥	30.0
白度	≥	85.0
酸溶性物质(以 SO_4 计)/%	≤	1.5
干燥失重/%	≤	0.5
砷/(mg/kg)	≤	3
铅(Pb)/(mg/kg)	≤	5
灼烧失重/%	≤	6.0
水溶性盐/%	≤	0.1
重金属(以 Pb 计)/(mg/kg)	≤	10
可溶性铁盐		通过试验
石棉		闪石类石棉不得检出
酸碱性		通过试验
细度(45μm 试验筛通过率)/%	≥	98.0

应用 抗结剂

GB 2760—2014 规定：可用于凉果类、话化类，最大使用量 20.0g/kg。

食品添加剂通用法典标准 CODEX STAN 192-1995：乳清粉和乳清制品，不包括乳清干酪，最大使用量 10000mg/kg。

本品应在密闭容器中储藏。天然沉积而成的滑石粉，因含有石棉，不得用于食品。不能吸入肺部，以免引起粉尘性肺炎。

生产厂商

① 辽宁谦泰滑石有限公司

② 北京贵兴达工贸中心

③ 山东泉兴石化经贸有限公司

④ 海城世京旗扬实业有限公司

磷酸三钙 tricalcium orthphosphate

$$Ca_3(PO_4)_2，310.18$$

别名 沉淀磷酸钙

分类代码 CNS 02.003；INS 341（ⅲ）；GBS0856；FEMA 3081

理化性质 白色粉末，无臭、无味，在空气中稳定，相对密度约 3.18，熔点 1670℃。难溶于水（100g 水中约可溶解 0.0025g，在含二氧化碳的水中溶解度稍高），不溶于乙醇，易溶于稀盐酸和硝酸。

由氯化钙溶液与三磷酸钠，在过量的氨存在下反应而得；或用熟石灰与磷酸反应制得。

毒理学依据

① ADI：MTDI 70mg/kg（bw）（以各种来源的总磷计，FAO/WHO，1994）。

② GRAS：FDA-21CFR 181.29，182.1217，182.5212，182.8217。

质量标准

质量标准 GB 25558—2010

项　目		指　标
含量(以 Ca 计)/%		34.0～40.0
重金属(以 Pb 计)/(mg/kg)	≤	10
砷(以 As 计)/(mg/kg)	≤	3
氟化物(以 F 计)/(mg/kg)	≤	75
加热减量(2000℃)	≤	10.0
澄清度		通过试验
铅(以 Pb 计)/(mg/kg)	≤	2

应用 抗结剂、酸度调节剂、稳定剂、膨松剂、凝固剂、水分保持剂

GB 2760—2014 规定：用于乳及乳制品（01.01.01、01.01.02、13.0 涉及品种除外，可单独或混合使用，最大使用量以磷酸根 PO_4^{3-}）计、稀奶油（可单独或混合使用，最大使用量以磷酸根 PO_4^{3-} 计）、水油状脂肪乳化制品（可单独或混合使用，最大使用量以磷酸根 PO_4^{3-} 计）、02.02 类以外的脂肪乳化制品，包括混合的和（或）调味的脂肪乳化制品（可单独或混合使用，最大使用量以磷酸根 PO_4^{3-} 计）、冷冻饮品（03.04 食用冰除外；可单独或混合使用，最大使用量以磷酸根 PO_4^{3-} 计）、蔬菜罐头（可单独或混合使用，最大使用量以磷酸根 PO_4^{3-} 计）、可可制品、巧克力和巧克力制品（包括代可可脂巧克力及制品）以及糖果（可单独或混合使用，最大使用量以磷酸根 PO_4^{3-} 计）、小麦粉及其制品（可单独或混合使用，最大使用量以磷酸根 PO_4^{3-} 计）、生湿面制品（如面条、饺子皮、馄饨皮、烧卖皮；可单独或混合使用，最大使用量以磷酸根 PO_4^{3-} 计）、面糊（如用于鱼和禽肉的拖面糊）、裹粉、煎炸粉（可单独或混合使用，最大使用量以磷酸根 PO_4^{3-} 计，可按涂裹率增加使用量）、杂粮粉（可单独或混合使用，最大使用量以磷酸根 PO_4^{3-} 计）、食用淀粉（可单独或混合使用，最大使用量以磷酸根

PO_4^{3-} 计)、即食谷物，包括碾轧燕麦（片）（可单独或混合使用，最大使用量以磷酸根 PO_4^{3-} 计）、方便米面制品（可单独或混合使用，最大使用量以磷酸根 PO_4^{3-} 计）、冷冻米面制品（可单独或混合使用，最大使用量以磷酸根 PO_4^{3-} 计）、预制肉制品（可单独或混合使用，最大使用量以磷酸根 PO_4^{3-} 计）、熟肉制品（可单独或混合使用，最大使用量以磷酸根 PO_4^{3-} 计）、冷冻水产品（可单独或混合使用，最大使用量以磷酸根 PO_4^{3-} 计）、冷冻鱼糜制品（包括鱼丸等）（可单独或混合使用，最大使用量以磷酸根 PO_4^{3-} 计）、热凝固蛋制品（如蛋黄酪、松花蛋肠；可单独或混合使用，最大使用量以磷酸根 PO_4^{3-} 计）、饮料类（14.01 包装饮用水除外；可单独或混合使用，最大使用量以磷酸根 PO_4^{3-} 计；固体饮料按稀释倍数增加使用量）、果冻（可单独或混合使用，最大使用量以磷酸根 PO_4^{3-} 计；如用于果冻粉，按冲调倍数增加使用量），最大使用量为 5.0g/kg；米粉（包括汤圆粉；可单独或混合使用，最大使用量以磷酸根 PO_4^{3-} 计）、谷类和淀粉类甜品（如米布丁、木薯布丁；仅限谷类甜品罐头；可单独或混合使用，最大使用量以磷酸根 PO_4^{3-} 计）、预制水产品（半成品）（可单独或混合使用，最大使用量以磷酸根 PO_4^{3-} 计）、水产品罐头（可单独或混合使用，最大使用量以磷酸根 PO_4^{3-} 计），最大使用量为 1.0g/kg；乳粉和奶油粉（可单独或混合使用，最大使用量以磷酸根 PO_4^{3-} 计）、调味糖浆（可单独或混合使用，最大使用量以磷酸根 PO_4^{3-} 计），最大使用量为 10.0g/kg；再制干酪（可单独或混合使用，最大使用量以磷酸根 PO_4^{3-} 计），最大使用量为 14.0g/kg；其他油脂或油脂制品（仅限植脂末）（可单独或混合使用，最大使用量以磷酸根 PO_4^{3-} 计）、复合调味料（可单独或混合使用，最大使用量以磷酸根 PO_4^{3-} 计），最大使用量为 20.0g/kg；熟制坚果与籽类（仅限油炸坚果与籽类；可单独或混合使用，最大使用量以磷酸根 PO_4^{3-} 计）、膨化食品（可单独或混合使用，最大使用量以磷酸根 PO_4^{3-} 计），最大使用量为 2.0g/kg；杂粮罐头；可单独或混合使用（最大使用量以磷酸根 PO_4^{3-} 计）、其他杂粮制品（仅限冷冻薯条、冷冻薯饼、冷冻土豆泥、冷冻红薯泥；可单独或混合使用，最大使用量以磷酸根 PO_4^{3-} 计），最大使用量为 1.5g/kg；焙烤食品（可单独或混合使用，最大使用量以磷酸根 PO_4^{3-} 计），最大使用量为 15.0g/kg；其他固体复合调味料（仅限方便湿面调味料包；可单独或混合使用，最大使用量以磷酸根 PO_4^{3-} 计），最大使用量为 80.0g/kg；用于钙元素强化剂使用，应控制其强化量。如我国《食品营养强化剂使用标准》（GB 14880—2012）规定：小麦粉及其制品、大米及其制品、杂粮粉及其制品，使用量为 1600～3200mg/kg，调制乳，使用量为 250～1000mg/kg。可单独或混合使用，最大使用量以磷酸根（PO_4^{3-}）计。

　　FAO/WHO 规定：作为抗结剂可用于葡萄糖粉、蔗糖粉，最大用量为 15g/kg（单独或与其他抗结剂合用，不存在淀粉）；奶粉、奶油粉，为 5g/kg（单独或与其他稳定剂合用，以无水物计）；用于自动售货机时，奶粉，10g/kg，奶油粉 1g/kg（单独或与其他抗结剂合用）；汤和羹，15mg/kg（单独或与硬脂酸酯及二氧化硅合用，指脱水产品）；可可粉和含糖可可粉，10g/kg（单独或与其他抗结剂合用，含糖可可粉仅用于自动售货机）。作为稳定剂等可用于淡炼乳、甜炼乳、稀奶油，用量为 2g/kg（单用）、3g/kg（与其他稳定剂合用，均以无水物计）。用于加工干酪为 9g/kg（总磷酸盐，以磷计）。

生产厂商

① 江苏连云港恒生精细化工有限公司

② 连云港市方晟化工有限公司

③ 肃宁县宇威生物制剂有限公司

④ 湖北兴发化工集团股份有限公司

柠檬酸铁铵 ferric ammonium citrate

$$Fe(NH_4)_2H(C_6H_5O_7)_2，488.16$$

分类代码　CNS 02.0028；INS 535

理化性质、毒理学依据、质量标准　（参见营养强化剂中柠檬酸铁铵）

应用　抗结剂

GB 2760—2014 规定：可用于盐及代盐制品，最大使用量为 0.025g/kg。

生产厂商

① 江苏南通市飞宇精细化学品厂

② 江苏连云港泰达精细化工有限公司

③ 济南圣和化工有限公司

④ 北京金路鸿生物技术有限公司

微晶纤维素 microcrystalline cellulose

别名　结晶纤维素；纤维素胶

分类代码　CNS 02.005；INS 460（ⅰ）

理化性质　白色细小结晶性可流动粉末。无臭无味。不溶于水、稀酸或稀碱溶液和大多数有机溶剂。可吸水胀润。

用纤维植物原料与无机酸捣成浆状，制成 α-纤维素，再经分解解聚、除去非结晶部分、纯化等步骤制得。

毒理学依据

① LD_{50}：小鼠急性经口 21.5g/kg。

② ADI：无限制性规定（FAO/WHO，1994）。

质量标准

质量标准

项　目	指　标		
	GB 1886.103—2015（2016—3—22 实施）	FCC(7)	JECFA(2006)
碳水化合物含量(以纤维素计,以干基计)/%	97.0～102.0	97～102.0	97
pH 值	5.0～7.5	5.0～7.5	5.0～7.5
干燥失重/%　　　　　　≤	7.0	7.0	7.0(105℃,3h)
灼烧残渣/%　　　　　　≤	0.05	0.05(硫酸灰分)	0.05
水溶物/%　　　　　　　≤	0.24	0.24	0.24
铅(Pb)/(mg/kg)　　　　≤	2.0	2	2

应用　抗结剂、稳定剂、增稠剂

GB 2760—2014 规定：作为稳定剂可在稀奶油中按生产需要适量使用。

作为抗结剂、增稠剂、稳定剂可在各类食品（附录 2 中食品除外）中按生产需要适量使用。

在冰淇淋中使用可提高整体乳化效果，防止冰碴形成，改善口感。具体配方为：小麦淀粉 10g，鸡蛋 1/4 只，乳粉 10g，羧甲基纤维素加微晶纤维素（两者比例为 12.5∶87.5）5g，砂糖 10g，水 70g。

生产厂商

① 江苏省常熟市药用辅料有限公司

② 郑州海特食品添加剂有限公司

③ 山东阳谷恒昌化工有限公司

④ 郑州康丰生物科技

亚铁氰化钾 potassium ferrocyanide

$$K_4Fe(CN)_6 \cdot 3H_2O, \quad 422.38$$

别名 黄血盐钾

分类代码 CNS 02.001；INS 536

理化性质 浅黄色单斜晶颗粒或结晶性粉末。相对密度 1.853（17℃），无臭、咸味。在空气中稳定，加热至 70℃时失去结晶水并变成白色，100℃时生产白色粉状无水物，强烈灼烧时分解，放出氮气并生成氰化钾和碳化铁。遇酸生成氰氢酸，遇碱则生成氰化钠。因其氰根与铁结合牢固，故属低毒性。可溶于水，水溶液遇光则分解为氢氧化铁。不溶于乙醇、乙醚。

由硫酸亚铁和氯化钙为主要原料作用，经提纯后再与氯化钾反应而得；或由亚铁氰化钠与氯化钾直接反应而得。

毒理学依据

① LD_{50}：小鼠急性经口 1.6～3.2g/kg（bw）。

② ADI：0～0.25mg/kg（bw）（以亚铁氰化钾计，FAO/WHO，1994）。

质量标准

质量标准 GB 25581—2010

项　目		指　标
六氰合铁酸四钾 [$K_4Fe(CN)_6 \cdot 3H_2O$]/%	≥	99.0
氯化物（以 Cl 计）/%	≤	0.3
水不溶物/%	≤	0.02
氰化物		通过试验
六氰合铁（Ⅲ）酸盐		通过试验
砷（以 As 计）/%	≤	0.0001
钠（Na）/%	≤	0.2

应用 抗结剂

GB 2760—2014 规定，用于盐及代盐制品，最大使用量为 0.01g/kg（以亚铁氰根计）。

具体使用时，可将本品配制成浓度为 0.25～0.5g/100mL 的水溶液，再喷入 100kg 食盐中。

食品添加剂通用法典标准 CODEX STAN 192-1995：盐，最大使用量为 14mg/kg；代盐制品、调味料和调味品，最大使用量为 20mg/kg。

生产厂商

① 杭州洪海工贸有限公司

② 长沙科迪亚实业有限公司

③ 郑州超凡化工有限公司

④ 江苏强盛功能化学股份有限公司

亚铁氰化钠 sodium ferrocyanide

$$Na_4Fe(CN)_6 \cdot 10H_2O，484.06$$

分类代码　CNS 20.010；INS 381

理化性质　淡黄色结晶。易溶于水，难溶于醇，无固定熔点，加热至 50℃ 开始脱水，81.5℃ 时成无水物，435℃ 分解，分解产物氮气，碳化铁，氰化钠。

由氰化钠溶液与硫酸亚铁、氯化钙反应，然后经浓缩、结晶分离而得。

利用由煤气厂所得的废氧化物与石灰共热而得亚铁氰化钙溶液，加入煮沸的食盐溶液后再与碳酸钠溶液共热，浓缩结晶而制得。

毒理学依据

① LD_{50}：大鼠急性经口 1600～3200mg/kg（bw）。

② ADI：0～0.25mg/kg（bw）（FAO/WHO，2001）。

③ 致突变试验：Ames 试验无致突变作用。

质量标准

质量标准

项　目		指　标		
		GB 29214—2012	JECFA(2006)	日本食品添加物公定书(第八版)
亚铁氰化钠[$Na_4Fe(CN)_6 \cdot 10H_2O$]含量/%	≥	99.0	99.0	>99.0
氰化物		通过试验	—	通过试验
铁氰化物		通过试验	—	通过试验
氯化物（以 Cl 计）/%	≤	0.2	—	—
硫酸盐（以 SO_4 计）/%	≤	0.07	—	—
干燥减量/%	≤	1.0	—	—
水不溶物/%	≤	0.03	—	—
砷（As）/（mg/kg）	≤	3	3	—
铅（Pb）/（mg/kg）	≤	5	5	—

应用　抗结剂

GB 2760—2014 规定：可用于盐及代盐制品，最大使用量为 0.01g/kg（以亚铁氰根计）。

生产厂商

① 上海毕得医药科技有限公司

② 北京环宇世纪化学科技有限公司

③ 天津希恩思生化科技有限公司

④ 湖北巨胜科技有限公司

3.5　膨松剂 bulking agent

膨松剂是在食品加工过程中加入的，能使产品发起形成致密多孔组织，从而使制品具有膨松、柔软或酥脆的物质。膨松剂的有效成分主要是碳酸盐及加热产气类物质，如碳酸氢钠、碳酸氢铵与硫酸铝钾等。膨松剂多用于焙烤食品的生产，使产品膨松或酥脆。其使用不仅能提高食品的感官质量，而且有利于对食品的消化吸收。

酒石酸氢钾 potassium bitartarate

$C_4H_5O_6K$，188.18

别名 酸式酒石酸钾

分类代码 CNS 06.007；INS 336

理化性质 无色结晶或白色结晶性粉末，无臭，有清凉的酸味。强热后炭化，且具有砂糖烧焦气味。相对密度1.956。在水中的溶解度随温度而变化，难溶于冷水（0.84g/100mL，25℃和乙醇0.0001g/100mL，常温），溶于热水（6.9g/100mL，100℃）。饱和水溶液的pH值为3.66（17℃）。在氢氧化钾或碳酸钾溶液中呈中性可溶性复盐，加酸后重又析出。

由酿造葡萄酒时的副产品酒石，经水萃取后进一步用酸或碱等结晶制得；或用酒石酸与氢氧化钾或碳酸钾作用，经精制制得。

毒理学依据

① LD_{50}：小鼠急性经口6.81g/kg（bw）。

② GRAS：FDA-21CFR 184.1077。

质量标准

质量标准 GB 25556—2010

项　目		指　标
含量（以干基计）/%		99.0～101.0
比旋光度$[\alpha]_D^{20}$/(°)		+32.5～+35.5
硫酸盐（以SO_4计）/%	≤	0.019
铵盐/%		通过试验
铅（Pb）/（mg/kg）	≤	2
砷（As）/（mg/kg）	≤	3
干燥失重/%	≤	0.5
澄清度试验		通过试验

应用 膨松剂

GB 2760—2014规定：可用于小麦粉及其制品、焙烤食品，按生产需要适量使用。

本品多用作复合膨松剂的原料。用于焙烤食品的复合膨松剂时，其含量为10%～25%。若每千克面粉使用膨松剂30～40g，则每千克面粉中含酒石酸氢钾3～10g。

生产厂商

① 江苏省无锡市东绛利华化工厂

② 杭州临安金龙化工有限公司

③ 吴江市恒达精细化工有限公司

④ 天津市亿龙化工

⑤ 郑州市骏涛化工食品添加剂有限责任公司

磷酸氢钙 calcium hydrogen phosphate

$CaHPO_4 \cdot 2H_2O$，172.09（含水），136.06（无水）

别名　磷酸一氢钙

分类代码　CNS 06.006；INS 341（ⅱ）

理化性质　无水物或含两分子水的水合物，白色粉末，无臭，无味，在空气中稳定。几乎不溶于水（0.02%，25℃），易溶于稀盐酸、稀硝酸和乙酸，不溶于乙醇。

由钙盐与磷酸氢二钠作用制得；由磷酸与石灰乳或碳酸钙反应制得。

毒理学依据

① GRAS：FDA-21CFR 181.29，182.1217，182.5212，182.8217。

② ADI：MTDI 70mg/kg（bw）（以各种来源的总磷计，FAO/WHO，1994）。

质量标准

质量标准 GB 1889—2004

项　目		指　标
含量(以干基计)/%		98.0
pH		4.2～4.6
氯化物(以 Cl 计)/%	≤	0.014
硫酸盐(以 SO$_4$ 计)/%	≤	0.25
重金属(以 Pb 计)/%	≤	0.002
砷(以 As 计)/%	≤	0.0005
氟化物(以 F 计)/%	≤	0.005

应用　膨松剂、水分保持剂、酸度调节剂、稳定剂、凝固剂、抗结剂

GB 2760—2014 规定：用于乳及乳制品（01.01.01、01.01.02、13.0 涉及品种除外；可单独或混合使用，最大使用量以磷酸根 PO_4^{3-} 计）、稀奶油（可单独或混合使用，最大使用量以磷酸根 PO_4^{3-} 计）、水油状脂肪乳化制品（可单独或混合使用，最大使用量以磷酸根 PO_4^{3-} 计）、02.02 类以外的脂肪乳化制品，包括混合的和（或）调味的脂肪乳化制品（可单独或混合使用，最大使用量以磷酸根 PO_4^{3-} 计）、冷冻饮品（03.04 食用冰除外；可单独或混合使用，最大使用量以磷酸根 PO_4^{3-} 计）、蔬菜罐头（可单独或混合使用，最大使用量以磷酸根 PO_4^{3-} 计）、可可制品、巧克力和巧克力制品（包括代可可脂巧克力及制品）以及糖果（可单独或混合使用，最大使用量以磷酸根 PO_4^{3-} 计）、小麦粉及其制品（可单独或混合使用，最大使用量以磷酸根 PO_4^{3-} 计）、生湿面制品（如面条、饺子皮、馄饨皮、烧麦皮；可单独或混合使用，最大使用量以磷酸根 PO_4^{3-} 计）、面糊（如用于鱼和禽肉的拖面糊）、裹粉、煎炸粉（可单独或混合使用，最大使用量以磷酸根 PO_4^{3-} 计，可按涂裹率增加使用量）、杂粮粉（可单独或混合使用，最大使用量以磷酸根 PO_4^{3-} 计）、食用淀粉（可单独或混合使用，最大使用量以磷酸根 PO_4^{3-} 计）、即食谷物，包括碾轧燕麦（片）（可单独或混合使用，最大使用量以磷酸根 PO_4^{3-} 计）、方便米面制品（可单独或混合使用，最大使用量以磷酸根 PO_4^{3-} 计）、冷冻米面制品（可单独或混合使用，最大使用量以磷酸根 PO_4^{3-} 计）、预制肉制品（可单独或混合使用，最大使用量以磷酸根 PO_4^{3-} 计）、熟肉制品（可单独或混合使用，最大使用量以磷酸根 PO_4^{3-} 计）、冷冻水产品（可单独或混合使用，最大使用量以磷酸根 PO_4^{3-} 计）、冷冻鱼糜制品（包括鱼丸等；可单独或混合使用，最大使用量以磷酸根 PO_4^{3-} 计）、热凝固蛋制品（如蛋黄酪、松花蛋肠；可单独或混合使用，最大使用量以磷酸根 PO_4^{3-} 计）、饮料类（14.01 包装饮用水除外；可单独或混合使用，最大使用量以磷酸根 PO_4^{3-} 计；固体饮料按稀释倍数增加使用量）、果冻（可单独或混合使用，最大使用量以磷酸根 PO_4^{3-} 计；如用于果冻粉，按冲调倍数增加使用量），最大使用量为 5.0g/kg；米粉（包括汤圆粉；可单独或混合使用，最大使用量以磷酸根 PO_4^{3-}

计)、谷类和淀粉类甜品（如米布丁、木薯布丁；仅限谷类甜品罐头；可单独或混合使用，最大使用量以磷酸根 PO_4^{3-} 计)、预制水产品（半成品）（可单独或混合使用，最大使用量以磷酸根 PO_4^{3-} 计)、水产品罐头（可单独或混合使用，最大使用量以磷酸根 PO_4^{3-} 计)、婴幼儿配方食品（可单独或混合使用，最大使用量以磷酸根 PO_4^{3-} 计)、婴幼儿辅助食品（可单独或混合使用，最大使用量以磷酸根 PO_4^{3-} 计)，最大使用量为 1.0g/kg；乳粉和奶油粉（可单独或混合使用，最大使用量以磷酸根 PO_4^{3-} 计)、调味糖浆（可单独或混合使用，最大使用量以磷酸根 PO_4^{3-} 计)，最大使用量为 10.0g/kg；再制干酪（可单独或混合使用，最大使用量以磷酸根 PO_4^{3-} 计)，最大使用量为 14.0g/kg；其他油脂或油脂制品（仅限植脂末；可单独或混合使用，最大使用量以磷酸根 PO_4^{3-} 计)、复合调味料（可单独或混合使用，最大使用量以磷酸根 PO_4^{3-} 计)，最大使用量 20.0g/kg；熟制坚果与籽类（仅限油炸坚果与籽类；可单独或混合使用，最大使用量以磷酸根 PO_4^{3-} 计)、膨化食品（可单独或混合使用，最大使用量以磷酸根 PO_4^{3-} 计)，最大使用量为 2.0g/kg；杂粮罐头（可单独或混合使用，最大使用量以磷酸根 PO_4^{3-} 计)、其他杂粮制品（仅限冷冻薯条、冷冻薯饼、冷冻土豆泥、冷冻红薯泥；可单独或混合使用，最大使用量以磷酸根 PO_4^{3-} 计)，最大使用量为 1.5g/kg；焙烤食品（可单独或混合使用，最大使用量以磷酸根 PO_4^{3-} 计)，最大使用量为 15.0g/kg；其他固体复合调味料（仅限方便湿面调味料包；可单独或混合使用，最大使用量以磷酸根 PO_4^{3-} 计)，最大使用量为 80.0g/kg。

本品用作蓬松剂多与其他添加剂混合使用。FAO/WHO 规定：可作为稳定剂用于乳制品。对淡炼乳、甜炼乳、稀奶油，最大使用量为 2g/kg。与其他稳定剂合用为 3g/kg；用于奶粉、脱水奶油，单独或与其他稳定剂合用为 5g/kg（以上均按无水物计）；加工干酪为 9g/kg（总磷酸盐，以总磷计）。

生产厂商

① 四川龙蟒集团有限责任公司

② 连云港市德邦精细化工有限公司

③ 山东省滨州市利丰达化工有限公司

④ 郑州联创食化工贸有限公司

⑤ 淄博合力化工有限公司

硫酸铝铵 aluminium ammonium sulfate

$AlNH_4 (SO_4)_2 \cdot 12H_2O$，453.32（十二水物），237.15（无水物）

别名　铵明矾、铵矾、铝铵矾

分类代码　CNS 06.005；INS 523

理化性质　无色至白色结晶，或结晶性粉末、片、块。无臭，有收敛涩味，洗涤密度 1.465，熔点 94.5℃。加热至 250℃时脱去结晶水成为白色粉末，即烧明矾。超过 280℃则分解，并释放出氨气。易溶于水（13g/100mL，25℃），水溶液呈酸性，不溶于乙醇。

由硫酸铝溶液与硫酸铵混合，通过化学反应制得。

毒理学依据

① LD_{50}：8～10g/kg（猫，急性经口）（bw）。

② ADI：0～0.6g/kg（bw）（对铝盐类，以铝计，FAO/WHO，1994）。

③ GRAS：FDA-21CFR 182.1127。

质量标准

质量标准 GB 25592—2010

项　目		指　标
含量(以干基计)		99.5～100.5
［以 AlNH$_4$(SO$_4$)$_2$·12H$_2$O 计］/%	≥	
附着水分/%	≤	4.0
水不溶物/%	≤	0.20
重金属(以 Pb 计)/(mg/kg)	≤	20
砷(以 As 计)/(mg/kg)	≤	2
氟化物(以 F 计)/(mg/kg)	≤	30
铅(Pb)/(mg/kg)	≤	10
硒(Se)/(mg/kg)	≤	30

应用　膨松剂、稳定剂

GB 2760—2014 规定：可在腌制水产品（仅限海蜇）中按生产需要适量使用，铝的残留量 ≤500mg/kg（以即食海蜇中 Al 计）；面糊（如用于鱼和禽肉的拖面糊）、裹粉、煎炸粉、油炸面制品、豆类制品、虾味片、焙烤食品中，按生产需要适量使用，铝的残留量≤100mg/kg（干样品，以 Al 计）。

本品常与碳酸氢钠等作为焙烤食品的复合膨松剂。本品可代替硫酸铝钾作为复合膨松剂的原料（酸性剂），其用量约为面粉的 0.15%～0.5%；用于腌茄子，其中的铝和铁盐遇茄子的蓝色素形成络盐而不退色，用量以铝计为 0.01%～0.1%。此外亦可用于煮熟的红章鱼护色等。

生产厂商

① 淄博大众食用化工有限公司

② 淄博静波净水材料有限公司

③ 山东禾建商贸有限公司

④ 淄博光正铝盐化工有限公司

⑤ 山东水陆天化工有限公司

硫酸铝钾 aluminium potassium sulfate

AlK(SO$_4$)$_2$·12H$_2$O，474.3（含水），258.2（无水）

别名　钾明矾、烧明矾、明矾、钾矾

分类代码　CNS 06.004；INS 522

理化性质　无色透明结晶或白色结晶性粉末、片、块，无臭，相对密度 1.757，熔点 92.5℃，略有甜味和收敛涩味。在空气中可风化成不透明状，加热至 200℃ 以上因失去结晶水而成为白色粉状的烧明矾。可溶于水，溶解度随水温升高而显著增大，在水中可水解生成氢氧化铝胶状沉淀。可缓慢溶于甘油，几乎不溶于乙醇。

由明矾石燃烧后，经萃取、蒸发、结晶制得；由铝土矿加硫酸成硫酸铝后，再加适量硫酸钾化合而成。

毒理学依据

① LD$_{50}$：5～10g/kg（猫，急性经口）。

② ADI：未提出（FAO/WHO，1994）。

③ GRAS：FDA-21CFR 184.11129。

质量标准

质量标准 GB 1895—2004

项　目		指　标
含量(以干基计)/%	≥	99.2
铵盐		符合检验
氟含量/%	≤	0.003
重金属(以 Pb 计)/%	≤	0.002
水不溶物/%	≤	0.2
水分/%	≤	1.0
铅/%	≤	0.001
砷(以 As 计)/%	≤	0.0002

应用　膨松剂、稳定剂

GB 2760—2014 规定：可在腌制水产品（仅限海蜇）中按生产需要适量使用，铝的残留量 ≤500mg/kg（以即食海蜇中 Al 计）；面糊（如用于鱼和禽肉的拖面糊）、裹粉、煎炸粉、油炸面制品、豆类制品、虾味片、焙烤食品中按生产需要适量使用，铝的残留量≤100mg/kg（干样品，以 Al 计）。

本品常在复合蓬松剂中的酸性物质与碳酸氢钠合用。在食品中添加过量会使食品口味发涩。在虾片中用约 6g/kg；在果蔬加工中作为保脆剂可加约 0.1%；加工京糕时，用量为山楂浆的 2%，在浓糖浆中加热溶解，并趁热倒入山楂浆中搅匀再冷凝成形；加工白糖藕片时，将藕切片后浸于本品溶液中，可防止氧化褐变。作为腌渍品的护色剂，用量为 0.2%～2%。作净水剂用，约 0.01%；亦可用于海蜇的腌制脱水加工中。

生产厂商

① 淄博大众食用化工有限公司

② 淄博静波净水材料有限公司

③ 淄博市淄川区川东明矾厂

④ 杭州佳宇化工有限公司

⑤ 衡水佳木化工有限公司

轻质碳酸钙 calcium bicarbonate

$$CaCO_3，100.09$$

别名　沉淀碳酸钙、轻质碳酸钙

分类代码　CNS 13.006；INS 170（ⅰ）

理化性质　碳酸钙依粉末粒径大小不同，分为重质碳酸钙（30～50μm）、轻质碳酸钙（5μm）和胶体碳酸钙（0.03～0.05μm）三种，其他性状基本相同。本品为白色微晶粉末，无臭，无味。熔点 825℃，分解变成二氧化碳和氧化钙。在空气中稳定，溶于稀乙酸、稀盐酸和稀硝酸，并产生二氧化碳。难溶于稀硫酸，几乎不溶于水和乙醇。若有铵盐或二氧化碳存在，可增大其在水中的溶解度。任何碱金属氢氧化物的存在，均可降低其溶解度。

将二氧化碳通入石灰乳制成；由碳酸钠溶液与氯化钙溶液作用制得；由碳酸钠溶液与石灰水制取。

毒理学依据

① LD$_{50}$：大鼠急性经口 6450mg/kg（bw）。

② GRAS：FDA-21CFR 181.29，182.5191，184.1191，184.1409。

③ ADI：无须规定（FAO/WHO，1994）。

④ 代谢钙是机体经常需要补充的成分，摄入后只有部分转变为可溶性钙盐被吸收，参与机体代谢。

质量标准

质量标准 GB 1898—2007

项 目		指 标	
		I	II
含量/%		98.0～100.5	97.0～100.5
盐酸不溶物/%	≤	0.2	1.0
砷(以 As 计)/%	≤	0.0003	0.0003
铅/%	≤	0.0003	0.0003
干燥失重/%	≤	2.0	2.0
钡盐(以 Ba 计)/%	≤	0.030	0.030
游离碱/%		合格	—
镁和碱金属盐/%	≤	1.0	2.0
氟/%	≤	0.005	0.005
汞/%	≤	0.0001	0.0001
镉/%	≤	0.0002	0.0002

应用 膨松剂、面粉处理剂

GB 2760—2014 规定：小麦粉中的最大使用量为 0.03g/kg。

FAO/WHO（1983）规定：用于可可粉及含糖可可粉、可可豆粉、可可块和可可油饼为 50g/kg（单用或与氢氧化物、碳酸盐和碳酸氢盐合用，以无脂可可为基础，按 K_2CO_3 计）；加工干酪为 40g/kg（单用或与其他酸化剂、乳化剂合用，以无水物计）；淡炼乳、甜炼乳、稀奶油为 2g/kg（单用）、3g/kg（与其他稳定剂合用，以无水物计）；奶粉、稀奶油为 5g/kg（单用或与其他稳定剂合用，以无水物计）；果酱和果冻为 200mg/kg（单用或与其他凝固剂合用，以 Ca 计）；用于以谷物为基料的婴幼儿食品、婴儿罐头食品，以及仅以物理方法防腐的葡萄汁与浓缩葡萄汁，按生产需要适量添加。

其他使用参考：如作为膨松剂多与其他成分组成复合膨松剂使用，如碳酸钙 5%、碳酸氢钠 35%、酒石酸氢钾 10%、无水硫酸铝钾（烧明矾）33%、琥珀酸二钠 2%、味精 10%、食盐 5%。作为钙强化剂，除用于面包、面条等外，尚可用于婴幼儿食品等，使用量按钙计为 3g/kg；强化固体饮料时，按钙计为 20g/kg。

在生产肉糜制品使用水分保持剂聚磷酸盐改良品质时，最好添加钙剂以使钙、磷平衡，其添加量以钙剂多为 0.5%～1.5%。

本品尚可用于酒的脱酸、饴糖的中和、冰淇淋制造和酸法制葡萄糖。生产葡萄酒时，对酸度过高的果汁（1.5% 以上），可用碳酸钙（或碳酸钾）除去部分酸。除去 100L 葡萄汁中 0.1% 的酸，须加 66g 碳酸钙。除酸可在发酵后进行。

生产厂商

① 河北宁宇化工有限公司

② 上海奉贤食用碳酸钙厂

③ 上海弘庆新型材料有限公司

④ 天津市亿龙化工

碳酸氢铵 ammonium hydrogen carbonate

$NH_4HCO_3 \cdot 2H_2O$，79.06

别名 重碳酸铵、酸式碳酸铵、食臭粉

分类代码 CNS 06.002；INS 503（ii）

理化性质 无色到白色结晶或白色结晶性粉末，略带氨臭，相对密度 1.586。在室温下稳定，在空气中易风化，稍吸湿，对热不稳定，60℃以上迅速挥发，分解为氨、二氧化碳和水。易溶于水（1g 溶于约 6mL 水中），水溶液呈碱性。可溶于甘油，不溶于乙醇。

将二氧化碳通入氨水中饱和后经结晶制得。

毒理学依据

① LD$_{50}$：小鼠静脉注射 245mg/kg（bw）。

② GRAS：FDA-21CFR 184.1135。

③ ADI：无须规定（FAO/WHO，1994）。

质量标准

质量标准 GB 1888—2014

项 目		指 标
总碱量（以 NH$_4$HCO$_3$ 计）/%		99.0～100.5
氯化物（以 Cl 计）/%	≤	0.003
硫的化合物（以 SO$_4$ 计）/%	≤	0.007
不挥发物①/%	≤	0.05^a
无机砷（以 As 计）/(mg/kg)	≤	2
铅（Pb）/(mg/kg)	≤	2
磺酸盐（以十二烷基苯磺酸计）/(mg/kg)	≤	10

① 添加防结块剂产品的不挥发物指标为不大于 0.55%。

应用 膨松剂

GB 2760—2014 规定：作为膨松剂可在婴幼儿谷类辅助食品中按生产需要适量使用。各类食品（附录 2 中食品除外）中按生产需要适量使用。

本品与碳酸铵一样，以分解释放氨及二氧化碳而对食品起膨松作用。但本品的分解温度比碳酸铵高，宜在加工温度较高的面团中使用。本品在含水量较高的食品中易有残留臭味而影响口感，故适宜在含水量少的食品中使用，如饼干等。FAO/WHO（1983）规定：可用于可可粉及含糖可可粉、可可豆粉、可可块和可可油饼，最大用量 50g/kg（单用或与氢氧化物、碳酸氢盐及碳酸盐合用。以无脂可可为基础，以无水 K$_2$CO$_3$ 计）。

生产厂商

① 天津市大港远景化工福利厂

② 泰兴市东宇化工有限公司

③ 山东禾建商贸有限公司

④ 济南市中鑫悦化工有限公司

⑤ 天津市亿龙化工

⑥ 沈阳市创辉化工有限公司

碳酸氢钠 sodium hydrogen carbonate

NaHCO$_3$，84.01

别名 小苏打、重碳酸钠、酸式碳酸钠

分类代码 CNS 06.001；INS 500（ii）

理化性质 白色结晶性粉末。相对密度 2.20。熔点 270℃，加热至 50℃时开始分解并放出

二氧化碳，至 $270 \sim 300℃$ 时，成为碳酸钠。易溶于水（9.6%，$20℃$），呈碱性（$pH7.9 \sim 8.4$），不溶于乙醇。遇酸立即分解而释放二氧化碳气体。

由碳酸钠与二氧化碳为原料，通过化学反应而得。

毒理学依据

① LD_{50}：大鼠急性经口为 $4.3g/kg$。

② ADI：无限制性规定（FAO/WHO，1994）。

③ GRAS：FDA-21CFR 184.1736。

质量标准

质量标准 GB 1886.2—2015（2016—3—22 实施）

项 目		指 标
总碱量(以 $NaHCO_3$ 计)/%		$99.0 \sim 100.5$
干燥减量/%	≤	0.20
pH(10g/L 水溶液)	≤	8.5
铵盐		通过试验
澄清度		通过试验
氯化物(以 Cl 计)/%	≤	0.40
白度	≥	85.0
砷(As)/(mg/kg)	≤	1.0
重金属(以 Pb 计)/(mg/kg)	≤	5.0

应用 膨松剂、酸度调节剂、稳定剂

GB 2760—2014 规定：作为膨松剂在大米制品（仅限发酵大米制品）、婴幼儿谷类辅助食品中按生产需要适量使用。

可在各类食品（附录 2 中食品除外）中按生产需要适量使用。

本品可与柠檬酸、酒石酸等配制固体清凉饮料，作为该饮料的发泡剂（产生二氧化碳）。用于淡炼乳、甜炼乳、稀奶油，使用量为 $2g/kg$（单用）、$3g/kg$（与其他稳定剂合用，以无水物计）；奶粉、稀奶油粉，$5g/kg$（单用或与其他稳定剂合用，以无水物计）；可可粉及含糖可可粉、可可豆粉，可可块及可可油饼，$50g/kg$（单用或与氢氧化物、碳酸盐及碳酸氢盐合用，以无脂可可为基础，按 Na_2CO_3 计）；加工干酪，$40g/kg$（单用或与其他酸化剂、乳化剂合用，以无水物计）；熟豌豆罐头，$150mg/kg$（单用或与柠檬酸三钠合用，以钠计）；奶油和乳清奶油，$2g/kg$（单用或与其他中和剂合用，仅用于调节 pH 值，以无水物计）；用于果酱和果冻，可使 pH 值维持 $2.8 \sim 3.5$；用于番茄浓汁，可使 pH 值高于 4.3；用于人造奶油、婴儿配方食品、婴儿罐头食品以及以谷物为基料的婴幼儿食品，按正常生产需要添加。用于饼干、糕点时，本品多与碳酸氢铵合用。两者的总用量以面粉为基础，约为 $0.5\% \sim 1.5\%$。

生产厂商

① 安徽省蚌埠市新金泰化工有限公司

② 浙江菱化实业股份有限公司

③ 常州隽源化工

④ 鄂托克旗隆成化工有限责任公司

⑤ 山东海化股份有限公司供销分公司

3.6 水分保持剂 humectant

水分保持剂是有助于保持食品中水分而加入的物质。水分保持剂大多为一些磷酸盐或多聚

磷酸盐。用于肉制品或水产品中，以保持其中的水分和控制水分挥发，使加工制品具有一定的弹性和松软的口感。

焦磷酸二氢二钠 disodium dihydrogen pyrophosphate

$$Na_2H_2P_2O_7，221.94$$

别名 酸性焦磷酸钠、焦磷酸二钠 acid sodium pyrophosphate；disodium pyrophosphate

分类代码 CNS 15.008；INS 450 (i)

理化性质 白色结晶性粉末，相对密度 1.862，加热到 220℃ 以上分解成偏磷酸钠。易溶于水，可与 Mg^{2+}、Fe^{2+} 形成螯合物，水溶液与稀无机酸加热可水解成磷酸。

磷酸二氢钠加热到 200℃ 脱水制得；或在磷酸中加入碳酸钠，再加热到 200℃ 经过脱水制得。

毒理学依据

① LD_{50}：小鼠急性经口 2650mg/kg (bw)。

② ADI：MTDI 70mg/kg (bw)（以各种来源的总磷计，FAO/WHO，1994）。

③ GRAS：FDA-21CFR 182.6787。

质量标准

质量标准 GB 25567—2010

项　目		指　标
含量/%		93.0～100.5
砷（以 As 计）/(mg/kg)	≤	3
氟化物（以 F 计）/(mg/kg)	≤	50
重金属（以 Pb 计）/(mg/kg)	≤	10
水不溶物/%	≤	1.0
铅(Pb)/(mg/kg)	≤	2
pH(10g/L)		4.0±0.5

应用 水分保持剂、膨松剂、酸度调节剂、稳定剂、凝固剂、抗结剂

GB 2760—2014 规定：用于乳及乳制品（01.01.01、01.01.02、13.0 涉及品种除外；可单独或混合使用，最大使用量以磷酸根 PO_4^{3-} 计）、稀奶油（可单独或混合使用，最大使用量以磷酸根 PO_4^{3-} 计）、水油状脂肪乳化制品（可单独或混合使用，最大使用量以磷酸根 PO_4^{3-} 计）、02.02 类以外的脂肪乳化制品，包括混合的和（或）调味的脂肪乳化制品（可单独或混合使用，最大使用量以磷酸根 PO_4^{3-} 计）、冷冻饮品（03.04 食用冰除外；可单独或混合使用，最大使用量以磷酸根 PO_4^{3-} 计）、蔬菜罐头（可单独或混合使用，最大使用量以磷酸根 PO_4^{3-} 计）、可可制品、巧克力和巧克力制品（包括代可可脂巧克力及制品）以及糖果（可单独或混合使用，最大使用量以磷酸根 PO_4^{3-} 计）、小麦粉及其制品（可单独或混合使用，最大使用量以磷酸根 PO_4^{3-} 计）、生湿面制品（如面条、饺子皮、馄饨皮、烧卖皮；可单独或混合使用，最大使用量以磷酸根 PO_4^{3-} 计）、面糊（如用于鱼和禽肉的拖面糊）、裹粉、煎炸粉（可单独或混合使用，最大使用量以磷酸根 PO_4^{3-} 计，可按涂裹率增加使用量）、杂粮粉（可单独或混合使用，最大使用量以磷酸根 PO_4^{3-} 计）、食用淀粉（可单独或混合使用，最大使用量以磷酸根 PO_4^{3-} 计）、即食谷物，包括碾轧燕麦（片）（可单独或混合使用，最大使用量以磷酸根 PO_4^{3-} 计）、方便米面制品（可单独或混合使用，最大使用量以磷酸根 PO_4^{3-} 计）、冷冻米面制品（可单独或混合使用，最大使用量以磷酸根 PO_4^{3-} 计）、预制肉制品（可单独或混合使用，最大使

用量以磷酸根 PO_4^{3-} 计)、熟肉制品（可单独或混合使用，最大使用量以磷酸根 PO_4^{3-} 计）、冷冻水产品（可单独或混合使用，最大使用量以磷酸根 PO_4^{3-} 计）、冷冻鱼糜制品（包括鱼丸等；可单独或混合使用，最大使用量以磷酸根 PO_4^{3-} 计）、热凝固蛋制品（如蛋黄酪、松花蛋肠；可单独或混合使用，最大使用量以磷酸根 PO_4^{3-} 计）、饮料类（14.01 包装饮用水除外可单独或混合使用，最大使用量以磷酸根 PO_4^{3-} 计、固体饮料按稀释倍数增加使用量）、果冻（可单独或混合使用，最大使用量以磷酸根 PO_4^{3-} 计；如用于果冻粉，按冲调倍数增加使用量），最大使用量为 5.0g/kg；米粉（包括汤圆粉；可单独或混合使用，最大使用量以磷酸根 PO_4^{3-} 计）、谷类和淀粉类甜品（如米布丁、木薯布丁；仅限谷类甜品罐头；可单独或混合使用，最大使用量以磷酸根 PO_4^{3-} 计）、预制水产品（半成品）（可单独或混合使用，最大使用量以磷酸根 PO_4^{3-} 计）、水产品罐头（可单独或混合使用，最大使用量以磷酸根 PO_4^{3-} 计），最大使用量为 1.0g/kg；乳粉和奶油粉（可单独或混合使用，最大使用量以磷酸根 PO_4^{3-} 计）、调味糖浆（可单独或混合使用，最大使用量以磷酸根 PO_4^{3-} 计），最大使用量为 10.0g/kg；再制干酪（可单独或混合使用，最大使用量以磷酸根 PO_4^{3-} 计），最大使用量为 14.0g/kg；其他油脂或油脂制品（仅限植脂末；可单独或混合使用，最大使用量以磷酸根 PO_4^{3-} 计）、复合调味料（可单独或混合使用，最大使用量以磷酸根 PO_4^{3-} 计），最大使用量为 20.0g/kg；熟制坚果与籽类（仅限油炸坚果与籽类；可单独或混合使用，最大使用量以磷酸根 PO_4^{3-} 计）、膨化食品（可单独或混合使用，最大使用量以磷酸根 PO_4^{3-} 计），最大使用量为 2.0g/kg；杂粮罐头（可单独或混合使用，最大使用量以磷酸根 PO_4^{3-} 计）、其他杂粮制品（仅限冷冻薯条、冷冻薯饼、冷冻土豆泥、冷冻红薯泥；可单独或混合使用，最大使用量以磷酸根 PO_4^{3-} 计），最大使用量为 1.5g/kg；焙烤食品（可单独或混合使用，最大使用量以磷酸根 PO_4^{3-} 计），最大使用量为 15.0g/kg；其他固体复合调味料（仅限方便湿面调味料包；可单独或混合使用，最大使用量以磷酸根 PO_4^{3-} 计），最大使用量为 80.0g/kg。

本品为酸性盐，一般不单独使用。常与焦磷酸钠（碱性盐，与肉中蛋白质有特异作用，可显著增强肉的持水性）混合使用。本品与碳酸氢钠反应生成二氧化碳，可以用作快速发酵粉的原料。

生产厂商
① 江苏徐州天嘉食用化工有限公司
② 徐州恒世食品有限公司
③ 肃宁县宇威生物制剂有限公司
④ 湖州永旺化工科技有限公司

焦磷酸钠 tetrasodium pyrophosphate

$$NaO-\overset{\displaystyle O}{\underset{\displaystyle ONa}{P}}-O-\overset{\displaystyle O}{\underset{\displaystyle ONa}{P}}-ONa$$

$Na_4P_2O_7 \cdot nH_2O$，265.9（无水物），446.05（十水物）

别名 二磷酸四钠 tetrasodium diphosphate
分类代码 CNS 15.004；INS 450（ⅲ）
理化性质 十水物为无色或白色结晶或结晶性粉末，无水物为白色粉末，熔点 988℃，相对密度1.82。溶于水，水溶液呈碱性（1%水溶液pH值为10.0～10.2），不溶于乙醇及其他有机溶剂。与Cu^{2+}、Fe^{3+}、Mn^{2+}等金属离子络合能力强，水溶液在70℃以下尚稳定，煮沸则水解成磷酸氢二钠。

磷酸氢二钠在200～300℃加热，生成无水焦磷酸钠，溶于水，浓缩后得结晶焦磷酸钠。

毒理学依据

① LD_{50}：大鼠急性经口4000mg/kg（bw）。

② ADI：MTDI 70mg/kg（bw）（以各种来源的总磷计，FAO/WHO，1994）。

③ GRAS：FDA-21 CFR 173.310，181.29，182.6789。

质量标准

质量标准 GB 25557—2010

项 目		指 标	
		无水物	十水物
含量（以干基计）/%	≥	96.5～100.5	98.0
水不溶物/%	≤	0.2	0.2
pH（1%水溶液）		9.9～10.7	9.9～10.7
正磷酸盐		通过试验	通过试验
砷（以As计）/(mg/kg)	≤	3	3
铅（以Pb计）/(mg/kg)	≤	4	4
重金属（以Pb计）/(mg/kg)	≤	10	10
氟化物（以F计）/(mg/kg)	≤	50	50
灼烧残渣/%	≤	0.50	38.0～42.0

应用 水分保持剂、膨松剂、酸度调节剂、稳定剂、凝固剂、抗结剂

GB 2760—2014规定：用于乳及乳制品（01.01.01、01.01.02、13.0涉及品种除外；可单独或混合使用，最大使用量以磷酸根PO_4^{3-}计）、稀奶油（可单独或混合使用，最大使用量以磷酸根PO_4^{3-}计）、水油状脂肪乳化制品（可单独或混合使用，最大使用量以磷酸根PO_4^{3-}计）、02.02类以外的脂肪乳化制品，包括混合的和（或）调味的脂肪乳化制品（可单独或混合使用，最大使用量以磷酸根PO_4^{3-}计）、冷冻饮品（03.04食用冰除外；可单独或混合使用，最大使用量以磷酸根PO_4^{3-}计）、蔬菜罐头（可单独或混合使用，最大使用量以磷酸根PO_4^{3-}计）、可可制品、巧克力和巧克力制品（包括代可可脂巧克力及制品）以及糖果（可单独或混合使用，最大使用量以磷酸根PO_4^{3-}计）、小麦粉及其制品（可单独或混合使用，最大使用量以磷酸根PO_4^{3-}计）、生湿面制品（如面条、饺子皮、馄饨皮、烧麦皮；可单独或混合使用，最大使用量以磷酸根PO_4^{3-}计）、面糊（如用于鱼和禽肉的拖面糊）、裹粉、煎炸粉（可单独或混合使用，最大使用量以磷酸根PO_4^{3-}计，可按涂裹率增加使用量）、杂粮粉（可单独或混合使用，最大使用量以磷酸根PO_4^{3-}计）、食用淀粉（可单独或混合使用，最大使用量以磷酸根PO_4^{3-}计）、即食谷物，包括碾轧燕麦（片）（可单独或混合使用，最大使用量以磷酸根PO_4^{3-}计）、方便米面制品（可单独或混合使用，最大使用量以磷酸根PO_4^{3-}计）、冷冻米面制品（可单独或混合使用，最大使用量以磷酸根PO_4^{3-}计）、预制肉制品（可单独或混合使用，最大使用量以磷酸根PO_4^{3-}计）、熟肉制品（可单独或混合使用，最大使用量以磷酸根PO_4^{3-}计）、冷冻水产品（可单独或混合使用，最大使用量以磷酸根PO_4^{3-}计）、冷冻鱼糜制品（包括鱼丸等；可单独或混合使用，最大使用量以磷酸根PO_4^{3-}计）、热凝固蛋制品（如蛋黄酪、松花蛋肠；可单独或混合使用，最大使用量以磷酸根PO_4^{3-}计）、饮料类（14.01包装饮用水除外；可单独

或混合使用，最大使用量以磷酸根 PO_4^{3-} 计；固体饮料按稀释倍数增加使用量）、果冻（可单独或混合使用，最大使用量以磷酸根 PO_4^{3-} 计；如用于果冻粉，按冲调倍数增加使用量），最大使用量为 5.0g/kg；米粉（包括汤圆粉；可单独或混合使用，最大使用量以磷酸根 PO_4^{3-} 计）、谷类和淀粉类甜品（如米布丁、木薯布丁；仅限谷类甜品罐头；可单独或混合使用，最大使用量以磷酸根 PO_4^{3-} 计）、预制水产品（半成品）（可单独或混合使用，最大使用量以磷酸根 PO_4^{3-} 计）、水产品罐头（可单独或混合使用，最大使用量以磷酸根 PO_4^{3-} 计），最大使用量为 1.0g/kg；乳粉和奶油粉（可单独或混合使用，最大使用量以磷酸根 PO_4^{3-} 计）、调味糖浆（可单独或混合使用，最大使用量以磷酸根 PO_4^{3-} 计），最大使用量为 10.0g/kg；再制干酪（可单独或混合使用，最大使用量以磷酸根 PO_4^{3-} 计），最大使用量为 14.0g/kg；其他油脂或油脂制品（仅限植脂末；可单独或混合使用，最大使用量以磷酸根 PO_4^{3-} 计）、复合调味料（可单独或混合使用，最大使用量以磷酸根 PO_4^{3-} 计），最大使用量为 20.0g/kg；熟制坚果与籽类（仅限油炸坚果与籽类；可单独或混合使用，最大使用量以磷酸根 PO_4^{3-} 计）、膨化食品（可单独或混合使用，最大使用量以磷酸根 PO_4^{3-} 计），最大使用量为 2.0g/kg；杂粮罐头（可单独或混合使用，最大使用量以磷酸根 PO_4^{3-} 计）、其他杂粮制品（仅限冷冻薯条、冷冻薯饼、冷冻土豆泥、冷冻红薯泥，可单独或混合使用，最大使用量以磷酸根 PO_4^{3-} 计），最大使用量为 1.5g/kg；焙烤食品（可单独或混合使用，最大使用量以磷酸根 PO_4^{3-} 计），最大使用量为 15.0g/kg；其他固体复合调味料（仅限方便湿面调味料包；可单独或混合使用，最大使用量以磷酸根 PO_4^{3-} 计），最大使用量为 80.0g/kg。

焦磷酸钠对掩蔽 Cu^{2+}、Fe^{3+} 等金属离子的能力强，可防止食品中维生素 C 受破坏。午餐肉、香肠等肉类罐头加入本品，可提高肉制品的持水能力，减少营养成分的损失，提高肉的柔嫩性。禽类罐头，因其在加热过程中易释放出硫化氢，硫化氢与罐内铁离子反应生成黑色的硫化铁，影响成品质量。添加复合磷酸盐具有很好的螯合金属离子的作用，可以改善成品质量。猪肉香肠罐头，每千克肉添加复合磷酸盐 2g。复合磷酸盐为焦磷酸钠 60%、三聚磷酸钠 40% 混合物。作为干酪的熔融剂、乳化剂使用，可使干酪中的酪蛋白酸钙释放出钙，使酪蛋白的黏度增大，得到柔软的、富于伸展性的制品。一般是本品、正磷酸盐及偏磷酸盐等混合使用，用量随干酪的 pH 值而异。酱油、豆酱使用 0.005%～0.3% 左右，可防止豆酱褐变，改善色泽，本品也可以抑制豆酱的酸败、发酵。果汁、清凉饮料、冷饮中添加 0.05%～0.5%，可防止氧化和在保存中产生沉淀。对冰淇淋，有使其增量和乳化分散的效果。咖啡、甘草浸出物的提取，使用焦磷酸盐及三聚磷酸盐 1%，可使其着色成分增加 30% 以上，浸出物增加 10% 以上。

生产厂商

① 徐州市天源经贸有限公司

② 江苏徐州天嘉食用化工有限公司

③ 江阴市龙申化工有限公司

④ 潍坊鹏创化工有限公司

磷酸二氢钙 calcium dihydrogen phosphate

$Ca(H_2PO_4)_2 \cdot nH_2O$，257.07（一水物），234.05（无水物）

别名　磷酸一钙、二磷酸钙、酸性磷酸钙 calcium phosphate、calcium biphosphate、acid calcium phosphate

分类代码　CNS 15.007；INS 341（i）

理化性质　无色或白色结晶性粉末，相对密度 2.22，有吸湿性，略溶于水（30℃，1.8g/100mL），水溶液呈酸性（pH 值为 3），加热至 105℃失去结晶水，203℃分解成偏磷酸盐。

磷酸与氢氧化钙或碳酸钙作用，冷却至 0℃，过滤后结晶；或由磷矿石（正磷酸钙）与盐酸反应。

毒理学依据

① ADI：MTDI 70 mg/kg（bw）（以各种来源的总磷计，FAO/WHO，1994）。

② GRAS：FDA-21 CFR 181.29，182.1217，182.5212，182.6215。

质量标准

质量标准 GB 25559—2010

项　目		指　标
磷酸二氢钙（以 Ca 计）/%		
无水物		16.8～18.3
一水物		15.9～17.7
重金属（以 Pb 计）/(mg/kg)	≤	10
铅(Pb)/(mg/kg)	≤	2
砷（以 As 计）/(mg/kg)	≤	3

应用　水分保持剂、膨松剂、酸度调节剂、稳定剂、凝固剂、抗结剂

GB 2760—2014 规定：用于乳及乳制品（01.01.01、01.01.02、13.0 涉及品种除外；可单独或混合使用，最大使用量以磷酸根 PO_4^{3-} 计）、稀奶油（可单独或混合使用，最大使用量以磷酸根 PO_4^{3-} 计）、水油状脂肪乳化制品（可单独或混合使用，最大使用量以磷酸根 PO_4^{3-} 计）、02.02 类以外的脂肪乳化制品，包括混合的和（或）调味的脂肪乳化制品（可单独或混合使用，最大使用量以磷酸根 PO_4^{3-} 计）、冷冻饮品（03.04 食用冰除外；可单独或混合使用，最大使用量以磷酸根 PO_4^{3-} 计）、蔬菜罐头（可单独或混合使用，最大使用量以磷酸根 PO_4^{3-} 计）、可可制品、巧克力和巧克力制品（包括代可可脂巧克力及制品）以及糖果（可单独或混合使用，最大使用量以磷酸根 PO_4^{3-} 计）、小麦粉及其制品（可单独或混合使用，最大使用量以磷酸根 PO_4^{3-} 计）、生湿面制品（如面条、饺子皮、馄饨皮、烧卖皮；可单独或混合使用，最大使用量以磷酸根 PO_4^{3-} 计）、面糊（如用于鱼和禽肉的拖面糊）、裹粉、煎炸粉（可单独或混合使用，最大使用量以磷酸根 PO_4^{3-} 计，可按涂裹率增加使用量）、杂粮粉（可单独或混合使用，最大使用量以磷酸根 PO_4^{3-} 计）、食用淀粉（可单独或混合使用，最大使用量以磷酸根 PO_4^{3-} 计）、即食谷物，包括碾轧燕麦（片）（可单独或混合使用，最大使用量以磷酸根 PO_4^{3-} 计）、方便米面制品（可单独或混合使用，最大使用量以磷酸根 PO_4^{3-} 计）、冷冻米面制品（可单独或混合使用，最大使用量以磷酸根 PO_4^{3-} 计）、预制肉制品（可单独或混合使用，最大使用量以磷酸根 PO_4^{3-} 计）、熟肉制品（可单独或混合使用，最大使用量以磷酸根 PO_4^{3-} 计）、冷冻水产品（可单独或混合使用，最大使用量以磷酸根 PO_4^{3-} 计）、冷冻鱼糜制品（包括鱼丸等；可单独或混合使用，最大使用量以磷酸根 PO_4^{3-} 计）、热凝固蛋制品（如蛋黄酪、松花蛋肠；可单独或混合使用，最大使用量以磷酸根 PO_4^{3-} 计）、饮料类（14.01 包装饮用水除外；可单独或混合使用，最大使用量以磷酸根 PO_4^{3-} 计；固体饮料按稀释倍数增加使用量）、果冻（可单独或混合使用，最大使用量以磷酸根 PO_4^{3-} 计；如用于果冻粉，按冲调倍数增加使用量），最大使用量为 5.0g/kg；米粉（包括汤圆粉；可单独或混合使用，最大使用量以磷酸根 PO_4^{3-} 计）、谷类和淀粉类甜品（如米布丁、木薯布丁；仅限谷类甜品罐头；可单独或混合使用，最

大使用量以磷酸根 PO_4^{3-} 计)、预制水产品（半成品）（可单独或混合使用，最大使用量以磷酸根 PO_4^{3-} 计)、水产品罐头（可单独或混合使用，最大使用量以磷酸根 PO_4^{3-} 计），最大使用量为 1.0g/kg；乳粉和奶油粉（可单独或混合使用，最大使用量以磷酸根 PO_4^{3-} 计)、调味糖浆（可单独或混合使用，最大使用量以磷酸根 PO_4^{3-} 计），最大使用量为 10.0g/kg；再制干酪（可单独或混合使用，最大使用量以磷酸根 PO_4^{3-} 计），最大使用量为 14.0g/kg；其他油脂或油脂制品（仅限植脂末；可单独或混合使用，最大使用量以磷酸根 PO_4^{3-} 计)、复合调味料（可单独或混合使用，最大使用量以磷酸根 PO_4^{3-} 计），最大使用量为 20.0g/kg；熟制坚果与籽类（仅限油炸坚果与籽类；可单独或混合使用，最大使用量以磷酸根 PO_4^{3-} 计)、膨化食品（可单独或混合使用，最大使用量以磷酸根 PO_4^{3-} 计），最大使用量为 2.0g/kg；杂粮罐头（可单独或混合使用，最大使用量以磷酸根 PO_4^{3-} 计)、其他杂粮制品（仅限冷冻薯条、冷冻薯饼、冷冻土豆泥、冷冻红薯泥；可单独或混合使用，最大使用量以磷酸根 PO_4^{3-} 计)，最大使用量为 1.5g/kg；焙烤食品（可单独或混合使用，最大使用量以磷酸根 PO_4^{3-} 计)，最大使用量为 15.0g/kg；其他固体复合调味料（仅限方便湿面调味料包；可单独或混合使用，最大使用量以磷酸根 PO_4^{3-} 计)，最大使用量为 80.0g/kg。

生产厂商

① 贵州黔能天和磷业有限公司

② 江苏徐州天嘉食用化工有限公司

③ 连云港恒生精细化工有限公司

④ 郑州鸿祥化工有限公司

磷酸二氢钾 potassium dihydrogen phosphate

$$KH_2PO_4，136.09$$

别名　磷酸一钾 monopotassium phosphate

分类代码　CNS 15.010；INS 340（i）

理化性质　无色结晶或白色颗粒，或白色结晶性粉末，无臭，在空气中稳定。易溶于水，不溶于无水乙醇，1% 水溶液的 pH 值为 4.2～4.7。

由氢氧化钾溶液与计算量的磷酸反应，经精制、结晶而得。

毒理学依据

① LD_{50}：小鼠急性经口 2.33g/kg（bw）（1.60～3.39g/kg）（雌性）；3.696g/kg（bw）（2.27～5.99g/kg）（雄性）。

② ADI：MTDI 70mg/kg（bw）（以各种来源的总磷计，FAO/WHO，1994）。

质量标准

质量标准 GB 25560—2010

项　目		指　标
含量(以干基计)/%	≥	98.0
不溶物/%	≤	0.2
干燥失重/%	≤	1.0
氟化物(以 F 计)/(mg/kg)	≤	10
砷(以 As 计)/(mg/kg)	≤	3
重金属(以 Pb 计)/(mg/kg)	≤	10
铅/(mg/kg)	≤	2
pH 值(10g/L 溶液)		4.2～4.7

应用　水分保持剂、膨松剂、酸度调节剂、稳定剂、凝固剂、抗结剂

GB 2760—2014 规定：用于乳及乳制品（01.01.01、01.01.02、13.0 涉及品种除外；可单独或混合使用，最大使用量以磷酸根 PO_4^{3-} 计）、稀奶油（可单独或混合使用，最大使用量以磷酸根 PO_4^{3-} 计）、水油状脂肪乳化制品（可单独或混合使用，最大使用量以磷酸根 PO_4^{3-} 计）、02.02 类以外的脂肪乳化制品，包括混合的和（或）调味的脂肪乳化制品（可单独或混合使用，最大使用量以磷酸根 PO_4^{3-} 计）、冷冻饮品（03.04 食用冰除外；可单独或混合使用，最大使用量以磷酸根 PO_4^{3-} 计）、蔬菜罐头（可单独或混合使用，最大使用量以磷酸根 PO_4^{3-} 计）、可可制品、巧克力和巧克力制品（包括代可可脂巧克力及制品）以及糖果（可单独或混合使用，最大使用量以磷酸根 PO_4^{3-} 计）、小麦粉及其制品（可单独或混合使用，最大使用量以磷酸根 PO_4^{3-} 计）、生湿面制品（如面条、饺子皮、馄饨皮、烧卖皮；可单独或混合使用，最大使用量以磷酸根 PO_4^{3-} 计）、面糊（如用于鱼和禽肉的拖面糊）、裹粉、煎炸粉（可单独或混合使用，最大使用量以磷酸根 PO_4^{3-} 计，可按涂裹率增加使用量）、杂粮粉（可单独或混合使用，最大使用量以磷酸根 PO_4^{3-} 计）、食用淀粉（可单独或混合使用，最大使用量以磷酸根 PO_4^{3-} 计）、即食谷物，包括碾轧燕麦（片）（可单独或混合使用，最大使用量以磷酸根 PO_4^{3-} 计）、方便米面制品（可单独或混合使用，最大使用量以磷酸根 PO_4^{3-} 计）、冷冻米面制品（可单独或混合使用，最大使用量以磷酸根 PO_4^{3-} 计）、预制肉制品（可单独或混合使用，最大使用量以磷酸根 PO_4^{3-} 计）、熟肉制品（可单独或混合使用，最大使用量以磷酸根 PO_4^{3-} 计）、冷冻水产品（可单独或混合使用，最大使用量以磷酸根 PO_4^{3-} 计）、冷冻鱼糜制品（包括鱼丸等；可单独或混合使用，最大使用量以磷酸根 PO_4^{3-} 计）、热凝固蛋制品（如蛋黄酪、松花蛋肠；可单独或混合使用，最大使用量以磷酸根 PO_4^{3-} 计）、饮料类（14.01 包装饮用水除外；可单独或混合使用，最大使用量以磷酸根 PO_4^{3-} 计；固体饮料按稀释倍数增加使用量）、果冻（可单独或混合使用，最大使用量以磷酸根 PO_4^{3-} 计；如用于果冻粉，按冲调倍数增加使用量），最大使用量为 5.0g/kg；米粉（包括汤圆粉；可单独或混合使用，最大使用量以磷酸根 PO_4^{3-} 计）、谷类和淀粉类甜品（如米布丁、木薯布丁；仅限谷类甜品罐头；可单独或混合使用，最大使用量以磷酸根 PO_4^{3-} 计）、预制水产品（半成品）（可单独或混合使用，最大使用量以磷酸根 PO_4^{3-} 计）、水产品罐头（可单独或混合使用，最大使用量以磷酸根 PO_4^{3-} 计），最大使用量为 1.0g/kg；乳粉和奶油粉（可单独或混合使用，最大使用量以磷酸根 PO_4^{3-} 计）、调味糖浆（可单独或混合使用，最大使用量以磷酸根 PO_4^{3-} 计），最大使用量为 10.0g/kg；再制干酪（可单独或混合使用，最大使用量以磷酸根 PO_4^{3-} 计），最大使用量为 14.0g/kg；其他油脂或油脂制品（仅限植脂末；可单独或混合使用，最大使用量以磷酸根 PO_4^{3-} 计）、复合调味料（可单独或混合使用，最大使用量以磷酸根 PO_4^{3-} 计），最大使用量为 20.0g/kg；熟制坚果与籽类（仅限油炸坚果与籽类；可单独或混合使用，最大使用量以磷酸根 PO_4^{3-} 计）、膨化食品（可单独或混合使用，最大使用量以磷酸根 PO_4^{3-} 计），最大使用量为 2.0g/kg；杂粮罐头（可单独或混合使用，最大使用量以磷酸根 PO_4^{3-} 计）、其他杂粮制品（仅限冷冻薯条、冷冻薯饼、冷冻土豆泥、冷冻红薯泥；可单独或混合使用，最大使用量以磷酸根 PO_4^{3-} 计），最大使用量为 1.5g/kg；焙烤食品（可单独或混合使用，最大使用量以磷酸根 PO_4^{3-} 计），最大使用量为 15.0g/kg；其他固体复合调味料（仅限方便湿面调味料包；可单独或混合使用，最大使用量以磷酸根 PO_4^{3-} 计），最大使用量为 80.0g/kg。

生产厂商

① 江苏连云港恒生精细化工有限公司

② 江苏徐州天嘉食用化工有限公司

③ 郑州鸿祥化工有限公司

④ 潍坊兴泰化工有限公司

磷酸二氢钠 sodium dihydrogen phosphate

$NaH_2PO_4 \cdot nH_2O$ （$n=0$, 1, 2），119.98（无水物），156.01（二水物）

别名 酸性磷酸钠 phosphate monosodium

分类代码 CNS 15.005；INS 339（i）

理化性质 分无水物与二水物。二水物为无色至白色，结晶或结晶性粉末，无水物为白色粉末或颗粒。易溶于水（25℃，12.14%），几乎不溶于乙醇。水溶液呈酸性，1%溶液的 pH 值约为 4.1～4.7。100℃失去结晶水后继续加热，则生成酸性焦磷酸钠。

浓磷酸加氢氧化钠或碳酸钠，在 pH4.4～4.6 下控制浓缩，于 41℃ 以下结晶，制得含二分子水的磷酸二氢钠。

毒理学依据

① LD_{50}：大鼠急性经口 8290mg/kg（bw）。

② ADI：MTDI 70mg/kg（bw）（以各种来源的总磷计，FAO/WHO，1994）。

③ GRAS：FDA-21CFR 182.1751；182.6085；182.6778；182.8890。

质量标准

质量标准 GB 25564—2010

项 目		指 标
含量(以干基计)/%	≥	98.0～103.0
pH		4.2～4.6
水不溶物/%	≤	0.05
硫酸盐(以 SO_4 计)/%	≤	0.25
重金属(以 Pb 计)/(mg/kg)	≤	10
砷(以 As 计)/(mg/kg)	≤	3
铅(Pb)/(mg/kg)	≤	4
氟化物(以 F 计)/(mg/kg)	≤	50
干燥失重		
NaH_2PO_4/%	≤	2.0
$NaH_2PO_4 \cdot H_2O$/%	≤	10.0～15.0
$NaH_2PO_4 \cdot 2H_2O$/%	≤	20.0～25.0

应用 水分保持剂、膨松剂、酸度调节剂、稳定剂、凝固剂、抗结剂

GB 2760—2014 规定：用于乳及乳制品（01.01.01、01.01.02、13.0 涉及品种除外；可单独或混合使用，最大使用量以磷酸根 PO_4^{3-} 计）、稀奶油（可单独或混合使用，最大使用量以磷酸根 PO_4^{3-} 计）、水油状脂肪乳化制品（可单独或混合使用，最大使用量以磷酸根 PO_4^{3-} 计）、02.02 类以外的脂肪乳化制品，包括混合的和（或）调味的脂肪乳化制品（可单独或混合使用，最大使用量以磷酸根 PO_4^{3-} 计）、冷冻饮品（03.04 食用冰除外；可单独或混合使用，最大使用量以磷酸根 PO_4^{3-} 计）、蔬菜罐头（可单独或混合使用，最大使用量以磷酸根 PO_4^{3-} 计）、可可制品、巧克力和巧克力制品（包括代可可脂巧克力及制品）以及糖果（可单独或混合使用，最大使用量以磷酸根 PO_4^{3-} 计）、小麦粉及其制品（可单独或混合使用，最大使用量以磷酸根 PO_4^{3-} 计）、生湿面制品（如面条、饺子皮、馄饨皮、烧卖皮；可单独或混合使用，

最大使用量以磷酸根 PO_4^{3-} 计)、面糊(如用于鱼和禽肉的拖面糊)、裹粉、煎炸粉(可单独或混合使用,最大使用量以磷酸根 PO_4^{3-} 计,可按涂裹率增加使用量)、杂粮粉(可单独或混合使用,最大使用量以磷酸根 PO_4^{3-} 计)、食用淀粉(可单独或混合使用,最大使用量以磷酸根 PO_4^{3-} 计)、即食谷物,包括碾轧燕麦(片)(可单独或混合使用,最大使用量以磷酸根 PO_4^{3-} 计)、方便米面制品(可单独或混合使用,最大使用量以磷酸根 PO_4^{3-} 计)、冷冻米面制品(可单独或混合使用,最大使用量以磷酸根 PO_4^{3-} 计)、预制肉制品(可单独或混合使用,最大使用量以磷酸根 PO_4^{3-} 计)、熟肉制品(可单独或混合使用,最大使用量以磷酸根 PO_4^{3-} 计)、冷冻水产品(可单独或混合使用,最大使用量以磷酸根 PO_4^{3-} 计)、冷冻鱼糜制品(包括鱼丸等;可单独或混合使用,最大使用量以磷酸根 PO_4^{3-} 计)、热凝固蛋制品(如蛋黄酪、松花蛋肠;可单独或混合使用,最大使用量以磷酸根 PO_4^{3-} 计)、饮料类(14.01 包装饮用水除外;可单独或混合使用,最大使用量以磷酸根 PO_4^{3-} 计;固体饮料按稀释倍数增加使用量)、果冻(可单独或混合使用,最大使用量以磷酸根 PO_4^{3-} 计;如用于果冻粉,按冲调倍数增加使用量),最大使用量为 5.0g/kg;米粉(包括汤圆粉;可单独或混合使用,最大使用量以磷酸根 PO_4^{3-} 计)、谷类和淀粉类甜品(如米布丁、木薯布丁;仅限谷类甜品罐头;可单独或混合使用,最大使用量以磷酸根 PO_4^{3-} 计)、预制水产品(半成品;可单独或混合使用,最大使用量以磷酸根 PO_4^{3-} 计)、水产品罐头(可单独或混合使用,最大使用量以磷酸根 PO_4^{3-} 计)、婴幼儿配方食品(可单独或混合使用,最大使用量以磷酸根 PO_4^{3-} 计)、婴幼儿辅助食品(可单独或混合使用,最大使用量以磷酸根 PO_4^{3-} 计),最大使用量为 1.0g/kg;乳粉和奶油粉(可单独或混合使用,最大使用量以磷酸根 PO_4^{3-} 计)、调味糖浆(可单独或混合使用,最大使用量以磷酸根 PO_4^{3-} 计),最大使用量为 10.0g/kg;再制干酪(可单独或混合使用,最大使用量以磷酸根 PO_4^{3-} 计),最大使用量为 14.0g/kg;其他油脂或油脂制品(仅限植脂末;可单独或混合使用,最大使用量以磷酸根 PO_4^{3-} 计)、复合调味料(可单独或混合使用,最大使用量以磷酸根 PO_4^{3-} 计),最大使用量为 20.0g/kg;熟制坚果与籽类(仅限油炸坚果与籽类;可单独或混合使用,最大使用量以磷酸根 PO_4^{3-} 计)、膨化食品(可单独或混合使用,最大使用量以磷酸根 PO_4^{3-} 计),最大使用量为 2.0g/kg;杂粮罐头(可单独或混合使用,最大使用量以磷酸根 PO_4^{3-} 计)、其他杂粮制品(仅限冷冻薯条、冷冻薯饼、冷冻土豆泥、冷冻红薯泥;可单独或混合使用,最大使用量以磷酸根 PO_4^{3-} 计),最大使用量为 1.5g/kg;焙烤食品(可单独或混合使用,最大使用量以磷酸根 PO_4^{3-} 计),最大使用量为 15.0g/kg;其他固体复合调味料(仅限方便湿面调味料包;可单独或混合使用,最大使用量以磷酸根 PO_4^{3-} 计),最大使用量为 80.0g/kg。

炼乳加热灭菌时会出现热凝固等缺陷,影响炼乳热稳定性原因一般是游离钙离子多,磷酸和柠檬酸少。为了使盐类保持平衡,提高其热稳定性,防止制品热凝固,可添加磷酸盐和柠檬酸盐作为稳定剂。稳定剂的添加量,一般根据小样热处理结果来决定。实际使用量为 0.2～0.3g/kg。

生产厂商
① 徐州市天源经贸有限公司
② 江苏徐州天嘉食用化工有限公司
③ 江阴市龙申化工有限公司
④ 潍坊鹏创化工有限公司

磷酸钙 calcium phosphate

$$Ca_3(PO_4)_2,\ 310.18$$

别名　磷酸三钙、沉淀磷酸钙 tricalcium phosphate、precipitate calcium phosphate

分类代码　CNS 02.003；INS 341（ⅲ）

理化性质　为由不同磷酸钙组成的混合物，其大致组成为 $10CaO \cdot 3P_2O_5 \cdot H_2O$。白色粉末，无臭，无味，在空气中稳定。不溶于醇，几乎不溶于水，但易溶于稀盐酸和硝酸。
由熟石灰与磷酸反应制得；或由氯化钙溶液与三磷酸钠在过量氨存在下反应制得。

毒理学依据

① ADI：MTDI 70mg/kg（bw）（以各种来源的总磷计，FAO/WHO，1994）。

② GRAS：FDA-21 CFR 182.1217，182.5217；182.1214。

质量标准

质量标准 FCC（Ⅳ）（参考）

项　目		指　标
含量（Ca）/%		34.0～40.0
灼烧残渣/%	≤	10.0
氟化物（以 F 计）/%	≤	0.0075
砷（以 As 计）/%	≤	0.0003
铅/%	≤	0.0005
重金属（以 Pb 计）/%	≤	0.0015

应用　水分保持剂、膨松剂、酸度调节剂、稳定剂、凝固剂、抗结剂

GB 2760—2014 规定：用于乳及乳制品（01.01.01、01.01.02、13.0 涉及品种除外；可单独或混合使用，最大使用量以磷酸根 PO_4^{3-} 计）、稀奶油（可单独或混合使用，最大使用量以磷酸根 PO_4^{3-} 计）、水油状脂肪乳化制品（可单独或混合使用，最大使用量以磷酸根 PO_4^{3-} 计）、02.02 类以外的脂肪乳化制品，包括混合的和（或）调味的脂肪乳化制品（可单独或混合使用，最大使用量以磷酸根 PO_4^{3-} 计）、冷冻饮品（03.04 食用冰除外；可单独或混合使用，最大使用量以磷酸根 PO_4^{3-} 计）、蔬菜罐头（可单独或混合使用，最大使用量以磷酸根 PO_4^{3-} 计）、可可制品、巧克力和巧克力制品（包括代可可脂巧克力及制品）以及糖果（可单独或混合使用，最大使用量以磷酸根 PO_4^{3-} 计）、小麦粉及其制品（可单独或混合使用，最大使用量以磷酸根 PO_4^{3-} 计）、生湿面制品（如面条、饺子皮、馄饨皮、烧卖皮；可单独或混合使用，最大使用量以磷酸根 PO_4^{3-} 计）、面糊（如用于鱼和禽肉的拖面糊）、裹粉、煎炸粉（可单独或混合使用，最大使用量以磷酸根 PO_4^{3-} 计，可按涂裹率增加使用量）、杂粮粉（可单独或混合使用，最大使用量以磷酸根 PO_4^{3-} 计）、食用淀粉（可单独或混合使用，最大使用量以磷酸根 PO_4^{3-} 计）、即食谷物，包括碾轧燕麦（片）（可单独或混合使用，最大使用量以磷酸根 PO_4^{3-} 计）、方便米面制品（可单独或混合使用，最大使用量以磷酸根 PO_4^{3-} 计）、冷冻米面制品（可单独或混合使用，最大使用量以磷酸根 PO_4^{3-} 计）、预制肉制品（可单独或混合使用，最大使用量以磷酸根 PO_4^{3-} 计）、熟肉制品（可单独或混合使用，最大使用量以磷酸根 PO_4^{3-} 计）、冷冻水产品（可单独或混合使用，最大使用量以磷酸根 PO_4^{3-} 计）、冷冻鱼糜制品（包括鱼丸等；可单独或混合使用，最大使用量以磷酸根 PO_4^{3-} 计）、热凝固蛋制品（如蛋黄酪、松花蛋肠；可单独或混合使用，最大使用量以磷酸根 PO_4^{3-} 计）、饮料类（14.01 包装饮用水除外；可单独或混合使用，最大使用量以磷酸根 PO_4^{3-} 计；固体饮料按稀释倍数增加使用量）、果冻（可单独或混合使用，最大使用量以磷酸根 PO_4^{3-} 计；如用于果冻粉，按冲调倍数增加使用量），最大使用量为 5.0g/kg；米粉（包括汤圆粉；可单独或混合使用，最大使用量以磷酸根 PO_4^{3-} 计）、谷类和淀粉类甜品（如米布丁、木薯布丁；仅限谷类甜品罐头；可单独或混合使用，最大使用量以磷酸根 PO_4^{3-} 计）、预制水产品（半成品；可单独或混合使用，最大使用量以磷酸

根 PO_4^{3-} 计)、水产品罐头(可单独或混合使用,最大使用量以磷酸根 PO_4^{3-} 计),最大使用量为 1.0g/kg;乳粉和奶油粉(可单独或混合使用,最大使用量以磷酸根 PO_4^{3-} 计)、调味糖浆(可单独或混合使用,最大使用量以磷酸根 PO_4^{3-} 计),最大使用量为 10.0g/kg;再制干酪(可单独或混合使用,最大使用量以磷酸根 PO_4^{3-} 计),最大使用量为 14.0g/kg;其他油脂或油脂制品(仅限植脂末;可单独或混合使用,最大使用量以磷酸根 PO_4^{3-} 计)、复合调味料(可单独或混合使用,最大使用量以磷酸根 PO_4^{3-} 计),最大使用量为 20.0g/kg;熟制坚果与籽类(仅限油炸坚果与籽类;可单独或混合使用,最大使用量以磷酸根 PO_4^{3-} 计)、膨化食品(可单独或混合使用,最大使用量以磷酸根 PO_4^{3-} 计),最大使用量为 2.0g/kg;杂粮罐头(可单独或混合使用,最大使用量以磷酸根 PO_4^{3-} 计)、其他杂粮制品(仅限冷冻薯条、冷冻薯饼、冷冻土豆泥、冷冻红薯泥;可单独或混合使用,最大使用量以磷酸根 PO_4^{3-} 计),最大使用量为 1.5g/kg;焙烤食品(可单独或混合使用,最大使用量以磷酸根 PO_4^{3-} 计),最大使用量为 15.0g/kg;其他固体复合调味料(仅限方便湿面调味料包)(可单独或混合使用,最大使用量以磷酸根 PO_4^{3-} 计),最大使用量为 80.0g/kg。

生产厂商

① 北京正元保健品厂

② 江苏徐州天嘉食用化工有限公司

③ 肃宁县宇威生物制剂有限公司

④ 北京世纪拓鑫精细化工有限公司

磷酸氢二钾 dipotassium hydrogen phosphate

$$K_2HPO_4,174.18$$

别名　磷酸二钾 dipotassium phosphate

分类代码　CNS 15.009;INS 340(ⅱ)

理化性质　无色或白色正方晶系粗颗粒。易潮解,易溶于水(1g 约溶于 3mL 水中),1% 水溶液 pH 值约为 9,不溶于乙醇。

按计算量向氢氧化钾溶液加磷酸,经过滤、浓缩、放冷、固化后粉碎而制得;或由磷酸钾与相宜量的磷酸反应而制得。

毒理学依据

① MTDI:70mg/kg(bw)(以各种来源的总磷计,FAO/WHO,1985)。

② GRAS:FDA-21CFR 182.6285。

质量标准

质量标准 GB 25561—2010

项　目		指　标
含量(干燥后)/%	≥	98.0
砷(以 As 计)/(mg/kg)	≤	3
氟化物(以 F 计)/(mg/kg)	≤	10
氯化物/%	≤	0.002
重金属(以 Pb 计)/(mg/kg)	≤	10
不溶物/%	≤	0.2(水不溶物)
铅/(mg/kg)	≤	2
干燥失重/%	≤	2.0
pH(10g/L 溶液)		9.0±0.4

应用　水分保持剂、膨松剂、酸度调节剂、稳定剂、凝固剂、抗结剂

GB 2760—2014 规定：用于乳及乳制品（01.01.01、01.01.02、13.0 涉及品种除外；可单独或混合使用，最大使用量以磷酸根 PO_4^{3-} 计）、稀奶油（可单独或混合使用，最大使用量以磷酸根 PO_4^{3-} 计）、水油状脂肪乳化制品（可单独或混合使用，最大使用量以磷酸根 PO_4^{3-} 计）、02.02 类以外的脂肪乳化制品，包括混合的和（或）调味的脂肪乳化制品（可单独或混合使用，最大使用量以磷酸根 PO_4^{3-} 计）、冷冻饮品（03.04 食用冰除外；可单独或混合使用，最大使用量以磷酸根 PO_4^{3-} 计）、蔬菜罐头（可单独或混合使用，最大使用量以磷酸根 PO_4^{3-} 计）、可可制品、巧克力和巧克力制品（包括代可可脂巧克力及制品）以及糖果（可单独或混合使用，最大使用量以磷酸根 PO_4^{3-} 计）、小麦粉及其制品（可单独或混合使用，最大使用量以磷酸根 PO_4^{3-} 计）、生湿面制品（如面条、饺子皮、馄饨皮、烧卖皮；可单独或混合使用，最大使用量以磷酸根 PO_4^{3-} 计）、面糊（如用于鱼和禽肉的拖面糊）、裹粉、煎炸粉（可单独或混合使用，最大使用量以磷酸根 PO_4^{3-} 计，可按涂裹率增加使用量）、杂粮粉（可单独或混合使用，最大使用量以磷酸根 PO_4^{3-} 计）、食用淀粉（可单独或混合使用，最大使用量以磷酸根 PO_4^{3-} 计）、即食谷物，包括碾轧燕麦（片）（可单独或混合使用，最大使用量以磷酸根 PO_4^{3-} 计）、方便米面制品（可单独或混合使用，最大使用量以磷酸根 PO_4^{3-} 计）、冷冻米面制品（可单独或混合使用，最大使用量以磷酸根 PO_4^{3-} 计）、预制肉制品（可单独或混合使用，最大使用量以磷酸根 PO_4^{3-} 计）、熟肉制品（可单独或混合使用，最大使用量以磷酸根 PO_4^{3-} 计）、冷冻水产品（可单独或混合使用，最大使用量以磷酸根 PO_4^{3-} 计）、冷冻鱼糜制品（包括鱼丸等；可单独或混合使用，最大使用量以磷酸根 PO_4^{3-} 计）、热凝固蛋制品（如蛋黄酪、松花蛋肠；可单独或混合使用，最大使用量以磷酸根 PO_4^{3-} 计）、饮料类（14.01 包装饮用水除外；可单独或混合使用，最大使用量以磷酸根 PO_4^{3-} 计；固体饮料按稀释倍数增加使用量）、果冻（可单独或混合使用，最大使用量以磷酸根 PO_4^{3-} 计；如用于果冻粉，按冲调倍数增加使用量），最大使用量为 5.0g/kg；米粉（包括汤圆粉；可单独或混合使用，最大使用量以磷酸根 PO_4^{3-} 计）、谷类和淀粉类甜品（如米布丁、木薯布丁；仅限谷类甜品罐头；可单独或混合使用，最大使用量以磷酸根 PO_4^{3-} 计）、预制水产品（半成品；可单独或混合使用，最大使用量以磷酸根 PO_4^{3-} 计）、水产品罐头（可单独或混合使用，最大使用量以磷酸根 PO_4^{3-} 计），最大使用量为 1.0g/kg；乳粉和奶油粉（可单独或混合使用，最大使用量以磷酸根 PO_4^{3-} 计）、调味糖浆（可单独或混合使用，最大使用量以磷酸根 PO_4^{3-} 计），最大使用量为 10.0g/kg；再制干酪（可单独或混合使用，最大使用量以磷酸根 PO_4^{3-} 计），最大使用量为 14.0g/kg；其他油脂或油脂制品（仅限植脂末；可单独或混合使用，最大使用量以磷酸根 PO_4^{3-} 计）、复合调味料（可单独或混合使用，最大使用量以磷酸根 PO_4^{3-} 计），最大使用量为 20.0g/kg；熟制坚果与籽类（仅限油炸坚果与籽类；可单独或混合使用，最大使用量以磷酸根 PO_4^{3-} 计）、膨化食品（可单独或混合使用，最大使用量以磷酸根 PO_4^{3-} 计），最大使用量为 2.0g/kg；杂粮罐头（可单独或混合使用，最大使用量以磷酸根 PO_4^{3-} 计）、其他杂粮制品（仅限冷冻薯条、冷冻薯饼、冷冻土豆泥、冷冻红薯泥；可单独或混合使用，最大使用量以磷酸根 PO_4^{3-} 计），最大使用量为 1.5g/kg；焙烤食品（可单独或混合使用，最大使用量以磷酸根 PO_4^{3-} 计），最大使用量为 15.0g/kg；其他固体复合调味料（仅限方便湿面调味料包；可单独或混合使用，最大使用量以磷酸根 PO_4^{3-} 计），最大使用量为 80.0g/kg。

生产厂商

① 湖北武汉无机盐化工厂

② 江苏徐州天嘉食用化工有限公司

③ 郑州鸿祥化工有限公司

④ 潍坊兴泰化工有限公司

磷酸氢二钠 sodium phosphate dibasic

$Na_2HPO_4 \cdot nH_2O$ (n=12, 10, 8, 7, 5, 2, 0) 141.96（无水物），358.14（十二水物）

分类代码　CNS 15.006；INS 339（ⅱ）

理化性质　十二水物为无色至白色结晶或结晶性粉末，相对密度 1.52，熔点 34.6℃，在空气中迅速风化成七水盐。易溶于水，不溶于乙醇，在 250℃时分解成焦磷酸钠。无水物为白色粉末，具吸湿性，置空气中可逐渐成为七水盐。

浓磷酸加碳酸钠或氢氧化钠溶液，将 pH 值调整到 8.9～9.0，蒸发浓缩，在 35℃以下得含 12H$_2$O 的制品，在 35.4～48.35℃得含 7H$_2$O 的制品，48.35～95℃得含 2H$_2$O 的制品，95℃以上得无水盐。

毒理学依据

① MTDI：70mg/kg（bw）（以各种来源的总磷计，FAO/WHO，1985）。

② GRAS：FDA-21 CFR 182.6290。

质量标准

质量标准 GB 25568—2010

项　目		指　标
含量(以 Na$_2$HPO$_4$ 计)/%	≥	98.0(以干基计)
pH 值		—
氯化物(以 Cl 计)/%	≤	—
硫酸盐(以 SO$_4$ 计)/%	≤	—
水不溶物/%	≤	0.2
重金属/(mg/kg)	≤	10
砷/(mg/kg)	≤	3
氟化物(以 F 计)/(mg/kg)	≤	50
干燥失重/%		
无水品	≤	5.0
二水品		18.0～22.0
十二水品	≤	61.0
铅/(mg/kg)	≤	4

应用　水分保持剂、膨松剂、酸度调节剂、稳定剂、凝固剂、抗结剂

GB 2760—2014 规定：用于乳及乳制品（01.01.01、01.01.02、13.0 涉及品种除外；可单独或混合使用，最大使用量以磷酸根 PO$_4^{3-}$ 计）、稀奶油（可单独或混合使用，最大使用量以磷酸根 PO$_4^{3-}$ 计）、水油状脂肪乳化制品（可单独或混合使用，最大使用量以磷酸根 PO$_4^{3-}$ 计）、02.02 类以外的脂肪乳化制品，包括混合的和（或）调味的脂肪乳化制品（可单独或混合使用，最大使用量以磷酸根 PO$_4^{3-}$ 计）、冷冻饮品（03.04 食用冰除外；可单独或混合使用，

最大使用量以磷酸根 PO_4^{3-} 计)、蔬菜罐头 (可单独或混合使用，最大使用量以磷酸根 PO_4^{3-} 计)、可可制品、巧克力和巧克力制品 (包括代可可脂巧克力及制品) 以及糖果 (可单独或混合使用，最大使用量以磷酸根 PO_4^{3-} 计)、小麦粉及其制品 (可单独或混合使用，最大使用量以磷酸根 PO_4^{3-} 计)、生湿面制品 (如面条、饺子皮、馄饨皮、烧卖皮；可单独或混合使用，最大使用量以磷酸根 PO_4^{3-} 计)、面糊 (如用于鱼和禽肉的拖面糊)、裹粉、煎炸粉 (可单独或混合使用，最大使用量以磷酸根 PO_4^{3-} 计，可按涂裹率增加使用量)、杂粮粉 (可单独或混合使用，最大使用量以磷酸根 PO_4^{3-} 计)、食用淀粉 (可单独或混合使用，最大使用量以磷酸根 PO_4^{3-} 计)、即食谷物，包括碾轧燕麦 (片) (可单独或混合使用，最大使用量以磷酸根 PO_4^{3-} 计)、方便米面制品 (可单独或混合使用，最大使用量以磷酸根 PO_4^{3-} 计)、冷冻米面制品 (可单独或混合使用，最大使用量以磷酸根 PO_4^{3-} 计)、预制肉制品 (可单独或混合使用，最大使用量以磷酸根 PO_4^{3-} 计)、熟肉制品 (可单独或混合使用，最大使用量以磷酸根 PO_4^{3-} 计)、冷冻水产品 (可单独或混合使用，最大使用量以磷酸根 PO_4^{3-} 计)、冷冻鱼糜制品 (包括鱼丸等；可单独或混合使用，最大使用量以磷酸根 PO_4^{3-} 计)、热凝固蛋制品 (如蛋黄酪、松花蛋肠；可单独或混合使用，最大使用量以磷酸根 PO_4^{3-} 计)、饮料类 (14.01 包装饮用水除外；可单独或混合使用，最大使用量以磷酸根 PO_4^{3-} 计；固体饮料按稀释倍数增加使用量)、果冻 (可单独或混合使用，最大使用量以磷酸根 PO_4^{3-} 计；如用于果冻粉，按冲调倍数增加使用量)，最大使用量为 5.0g/kg；米粉 (包括汤圆粉；可单独或混合使用，最大使用量以磷酸根 PO_4^{3-} 计)、谷类和淀粉类甜品 (如米布丁、木薯布丁；仅限谷类甜品罐头；可单独或混合使用，最大使用量以磷酸根 PO_4^{3-} 计)、预制水产品 (半成品；可单独或混合使用，最大使用量以磷酸根 PO_4^{3-} 计)、水产品罐头 (可单独或混合使用，最大使用量以磷酸根 PO_4^{3-} 计)，最大使用量为 1.0g/kg；乳粉和奶油粉 (可单独或混合使用，最大使用量以磷酸根 PO_4^{3-} 计)、调味糖浆 (可单独或混合使用，最大使用量以磷酸根 PO_4^{3-} 计)，最大使用量为 10.0g/kg；再制干酪 (可单独或混合使用，最大使用量以磷酸根 PO_4^{3-} 计)，最大使用量为 14.0g/kg；其他油脂或油脂制品 (仅限植脂末；可单独或混合使用，最大使用量以磷酸根 PO_4^{3-} 计)、复合调味料 (可单独或混合使用，最大使用量以磷酸根 PO_4^{3-} 计)，最大使用量为 20.0g/kg；熟制坚果与籽类 (仅限油炸坚果与籽类；可单独或混合使用，最大使用量以磷酸根 PO_4^{3-} 计)、膨化食品 (可单独或混合使用，最大使用量以磷酸根 PO_4^{3-} 计)，最大使用量为 2.0g/kg；杂粮罐头 (可单独或混合使用，最大使用量以磷酸根 PO_4^{3-} 计)、其他杂粮制品 (仅限冷冻薯条、冷冻薯饼、冷冻土豆泥、冷冻红薯泥；可单独或混合使用，最大使用量以磷酸根 PO_4^{3-} 计)，最大使用量为 1.5g/kg；焙烤食品 (可单独或混合使用，最大使用量以磷酸根 PO_4^{3-} 计)，最大使用量为 15.0g/kg；其他固体复合调味料 (仅限方便湿面调味料包；可单独或混合使用，最大使用量以磷酸根 PO_4^{3-} 计)，最大使用量为 80.0g/kg。

巧克力制品，使用量为 0.4%～0.5%；淡炼乳，0.1%；沙司及顶端配料，0.14%～0.25%；火腿、肉食等储藏用盐渍液，5.0%；碎火腿，0.5%左右。对酸性强的奶粉，为了使其中和及稳定，加 1% 以下磷酸氢二钠 (奶粉酸性强，则加热时凝固，或溶解不良)。干酪，使用 3% 以下的磷酸氢二钠作为缓冲剂；鱼糕、灌肠等肉糜类制品，常与偏磷酸、焦磷酸及聚磷酸盐同时使用。

生产厂商

① 徐州市天源经贸有限公司

② 江苏徐州天嘉食用化工有限公司

③ 江阴市龙申化工有限公司

④ 潍坊鹏创化工有限公司

⑤ 吴江市昌利化工有限公司

磷酸三钠 trisodium orthophosphate

$$Na_3PO_4，163.94$$

别名 磷酸钠、正磷酸钠 sodium phosphate、trisodium orthophospate

分类代码 CNS 15.001；INS NO 339（ⅲ）

理化性质 本品为无水物或含 1～12 分子水的物质。无色至白色晶体颗粒或粉末。易溶于水，不溶于乙醇，1%水溶液 pH 值为 11.5～12.0。十二水物加热至 55～65℃成十水物，加热至 65～100℃成六水物，加热至 100～212℃成半水物，加热至 212℃以上成无水物。

磷酸用水稀释后，加入氢氧化钠或碳酸钠中和成磷酸钠溶液，过滤，浓缩，冷却结晶，分离而得。

毒理学依据

ADI：MTDI 70mg/kg（bw）（以各种来源的总磷计。FAO/WHO，1994）。

质量标准

质量标准 GB 25565—2010

项　目		指　标
含量(以灼烧残渣中的 Na_3PO_4 计)/%		
无水物和一水物	≥	97.0
十二水合物	≥	97.0
砷(以 As 计)/(mg/kg)	≤	3
氟化物(以 F 计)/(mg/kg)	≤	50
铅/(mg/kg)	≤	4
水不溶物/%	≤	0.2
pH(10g/L 溶液)		11.5～12.5
重金属(以 Pb 计)/(mg/kg)	≤	10
灼烧减量		
Na_3PO_4/%	≤	2
$Na_3PO_4 \cdot H_2O$/%	≤	8～11
$Na_3PO_4 \cdot 12H_2O$/%	≤	45～57

应用 水分保持剂、膨松剂、酸度调节剂、凝固剂、稳定剂、抗结剂

GB 2760—2014 规定：用于乳及乳制品（01.01.01、01.01.02、13.0 涉及品种除外；可单独或混合使用，最大使用量以磷酸根 PO_4^{3-} 计）、稀奶油（可单独或混合使用，最大使用量以磷酸根 PO_4^{3-} 计）、水油状脂肪乳化制品（可单独或混合使用，最大使用量以磷酸根 PO_4^{3-} 计）、02.02 类以外的脂肪乳化制品，包括混合的和（或）调味的脂肪乳化制品（可单独或混合使用，最大使用量以磷酸根 PO_4^{3-} 计）、冷冻饮品（03.04 食用冰除外；可单独或混合使用，最大使用量以磷酸根 PO_4^{3-} 计）、蔬菜罐头（可单独或混合使用，最大使用量以磷酸根 PO_4^{3-}

计)、可可制品、巧克力和巧克力制品（包括代可可脂巧克力及制品）以及糖果（可单独或混合使用，最大使用量以磷酸根 PO_4^{3-} 计）、小麦粉及其制品（可单独或混合使用，最大使用量以磷酸根 PO_4^{3-} 计）、生湿面制品（如面条、饺子皮、馄饨皮、烧卖皮；可单独或混合使用，最大使用量以磷酸根 PO_4^{3-} 计）、面糊（如用于鱼和禽肉的拖面糊）、裹粉、煎炸粉（可单独或混合使用，最大使用量以磷酸根 PO_4^{3-} 计，可按涂裹率增加使用量）、杂粮粉（可单独或混合使用，最大使用量以磷酸根 PO_4^{3-} 计）、食用淀粉（可单独或混合使用，最大使用量以磷酸根 PO_4^{3-} 计）、即食谷物，包括碾轧燕麦（片）（可单独或混合使用，最大使用量以磷酸根 PO_4^{3-} 计）、方便米面制品（可单独或混合使用，最大使用量以磷酸根 PO_4^{3-} 计）、冷冻米面制品（可单独或混合使用，最大使用量以磷酸根 PO_4^{3-} 计）、预制肉制品（可单独或混合使用，最大使用量以磷酸根 PO_4^{3-} 计）、熟肉制品（可单独或混合使用，最大使用量以磷酸根 PO_4^{3-} 计）、冷冻水产品（可单独或混合使用，最大使用量以磷酸根 PO_4^{3-} 计）、冷冻鱼糜制品（包括鱼丸等；可单独或混合使用，最大使用量以磷酸根 PO_4^{3-} 计）、热凝固蛋制品（如蛋黄酪、松花蛋肠；可单独或混合使用，最大使用量以磷酸根 PO_4^{3-} 计）、饮料类（14.01 包装饮用水除外；可单独或混合使用，最大使用量以磷酸根 PO_4^{3-} 计；固体饮料按稀释倍数增加使用量）、果冻（可单独或混合使用，最大使用量以磷酸根 PO_4^{3-} 计；如用于果冻粉，按冲调倍数增加使用量），最大使用量为 5.0g/kg；米粉（包括汤圆粉；可单独或混合使用，最大使用量以磷酸根 PO_4^{3-} 计）、谷类和淀粉类甜品（如米布丁、木薯布丁；仅限谷类甜品罐头；可单独或混合使用，最大使用量以磷酸根 PO_4^{3-} 计）、预制水产品（半成品；可单独或混合使用，最大使用量以磷酸根 PO_4^{3-} 计）、水产品罐头（可单独或混合使用，最大使用量以磷酸根 PO_4^{3-} 计），最大使用量为 1.0g/kg；乳粉和奶油粉（可单独或混合使用，最大使用量以磷酸根 PO_4^{3-} 计）、调味糖浆（可单独或混合使用，最大使用量以磷酸根 PO_4^{3-} 计），最大使用量为 10.0g/kg；再制干酪（可单独或混合使用，最大使用量以磷酸根 PO_4^{3-} 计），最大使用量为 14.0g/kg；其他油脂或油脂制品（仅限植脂末；可单独或混合使用，最大使用量以磷酸根 PO_4^{3-} 计）、复合调味料（可单独或混合使用，最大使用量以磷酸根 PO_4^{3-} 计），最大使用量为 20.0g/kg；熟制坚果与籽类（仅限油炸坚果与籽类；可单独或混合使用，最大使用量以磷酸根 PO_4^{3-} 计）、膨化食品（可单独或混合使用，最大使用量以磷酸根 PO_4^{3-} 计），最大使用量为 2.0g/kg；杂粮罐头（可单独或混合使用，最大使用量以磷酸根 PO_4^{3-} 计）、其他杂粮制品（仅限冷冻薯条、冷冻薯饼、冷冻土豆泥、冷冻红薯泥；可单独或混合使用，最大使用量以磷酸根 PO_4^{3-} 计），最大使用量为 1.5g/kg；焙烤食品（可单独或混合使用，最大使用量以磷酸根 PO_4^{3-} 计），最大使用量为 15.0g/kg；其他固体复合调味料（仅限方便湿面调味料包；可单独或混合使用，最大使用量以磷酸根 PO_4^{3-} 计），最大使用量为 80.0g/kg；用于钙元素强化剂使用，应控制其强化量。如我国《食品营养强化剂使用标准》（GB14880—2012）规定：小麦粉及其制品、大米及其制品、杂粮粉及其制品，使用量为 1600～3200mg/kg，调制乳，使用量为 250～1000mg/kg。可单独或混合使用，最大使用量以磷酸根（PO_4^{3-}）计。

　　使用复合磷酸盐时，我国规定：以磷酸盐总量计，罐头、肉制品，不得超过 1.0g/kg；焦磷酸钠、三聚磷酸钠及磷酸三钠复合使用时，以磷酸盐计，不得超过 5g/kg；用于西式蒸煮烟熏火腿，不得超过 5g/kg。

生产厂商

① 江苏徐州天嘉食用化工有限公司

② 徐州市天源经贸有限公司
③ 吴江市昌利化工有限公司
④ 苏州市望庆化工有限公司

六偏磷酸钠 sodium polyphosphate

$$NaO—P—O—P—O—P—ONa$$

(NaPO$_3$)$_6$,611.76

别名 磷酸钠玻璃 sodium polyphophateglassy；四聚磷酸钠 sodium tetrapolyphosphate；格兰汉姆盐 graham's salt

分类代码 CNS 15.002；INS 452i

理化性质 无色透明的玻璃状片或粒状或者粉末状。潮解性强，能溶于水，不溶于乙醇及乙醚等有机溶剂。水溶液可与金属离子形成络合物。二价金属离子的络合物较一价金属离子的络合物稳定，在温水、酸或碱溶液中易水解为正磷酸盐。以其中 P$_2$O$_5$ 含量来确定成分指标。

本品由磷酸酐和碳酸钠或由磷酸和氢氧化钠经聚合制成，或由磷酸二氢钠经高温（600～650℃）聚合制成。

毒理学依据

① LD$_{50}$：（大鼠，急性经口）7250mg/kg（bw）。

② ADI：MTDI 70mg/kg（bw）（以各种来源的总磷计，FAO/WHO，1994）。

③ GRAS：FDA-21CFR 182.6760。

质量标准

质量标准 GB 1890—2005

项　目		指　标
含量(以 P$_2$O$_5$ 计)/%	≥	68.0
砷(以 As 计)/(mg/kg)	≤	3
氟化物(以 F 计)/%	≤	0.003
不溶物/%	≤	0.06
铅/(mg/kg)	≤	—

应用 水分保持剂、膨松剂、酸度调节剂、凝固剂、稳定剂、抗结剂

GB 2760—2014 规定：用于乳及乳制品（01.01.01、01.01.02、13.0 涉及品种除外；可单独或混合使用，最大使用量以磷酸根 PO$_4^{3-}$ 计）、稀奶油（可单独或混合使用，最大使用量以磷酸根 PO$_4^{3-}$ 计）、水油状脂肪乳化制品（可单独或混合使用，最大使用量以磷酸根 PO$_4^{3-}$ 计）、02.02 类以外的脂肪乳化制品，包括混合的和（或）调味的脂肪乳化制品（可单独或混合使用，最大使用量以磷酸根 PO$_4^{3-}$ 计）、冷冻饮品（03.04 食用冰除外；可单独或混合使用，最大使用量以磷酸根 PO$_4^{3-}$ 计）、蔬菜罐头（可单独或混合使用，最大使用量以磷酸根 PO$_4^{3-}$ 计）、可可制品、巧克力和巧克力制品（包括代可可脂巧克力及制品）以及糖果（可单独或混

合使用，最大使用量以磷酸根 PO_4^{3-} 计）、小麦粉及其制品（可单独或混合使用，最大使用量以磷酸根 PO_4^{3-} 计）、生湿面制品（如面条、饺子皮、馄饨皮、烧卖皮；可单独或混合使用，最大使用量以磷酸根 PO_4^{3-} 计）、面糊（如用于鱼和禽肉的拖面糊）、裹粉、煎炸粉（可单独或混合使用，最大使用量以磷酸根 PO_4^{3-} 计，可按涂裹率增加使用量）、杂粮粉（可单独或混合使用，最大使用量以磷酸根 PO_4^{3-} 计）、食用淀粉（可单独或混合使用，最大使用量以磷酸根 PO_4^{3-} 计）、即食谷物，包括碾轧燕麦（片）（可单独或混合使用，最大使用量以磷酸根 PO_4^{3-} 计）、方便米面制品（可单独或混合使用，最大使用量以磷酸根 PO_4^{3-} 计）、冷冻米面制品（可单独或混合使用，最大使用量以磷酸根 PO_4^{3-} 计）、预制肉制品（可单独或混合使用，最大使用量以磷酸根 PO_4^{3-} 计）、熟肉制品（可单独或混合使用，最大使用量以磷酸根 PO_4^{3-} 计）、冷冻水产品（可单独或混合使用，最大使用量以磷酸根 PO_4^{3-} 计）、冷冻鱼糜制品（包括鱼丸等；可单独或混合使用，最大使用量以磷酸根 PO_4^{3-} 计）、热凝固蛋制品（如蛋黄酪、松花蛋肠；可单独或混合使用，最大使用量以磷酸根 PO_4^{3-} 计）、饮料类（14.01 包装饮用水除外；可单独或混合使用，最大使用量以磷酸根 PO_4^{3-} 计；固体饮料按稀释倍数增加使用量）、果冻（可单独或混合使用，最大使用量以磷酸根 PO_4^{3-} 计；如用于果冻粉，按冲调倍数增加使用量），最大使用量为 5.0g/kg；米粉（包括汤圆粉；可单独或混合使用，最大使用量以磷酸根 PO_4^{3-} 计）、谷类和淀粉类甜品（如米布丁、木薯布丁；仅限谷类甜品罐头；可单独或混合使用，最大使用量以磷酸根 PO_4^{3-} 计）、预制水产品（半成品）（可单独或混合使用，最大使用量以磷酸根 PO_4^{3-} 计）、水产品罐头（可单独或混合使用，最大使用量以磷酸根 PO_4^{3-} 计），最大使用量为 1.0g/kg；乳粉和奶油粉（可单独或混合使用，最大使用量以磷酸根 PO_4^{3-} 计）、调味糖浆（可单独或混合使用，最大使用量以磷酸根 PO_4^{3-} 计），最大使用量为 10.0g/kg；再制干酪（可单独或混合使用，最大使用量以磷酸根 PO_4^{3-} 计），最大使用量为 14.0g/kg；其他油脂或油脂制品（仅限植脂末；可单独或混合使用，最大使用量以磷酸根 PO_4^{3-} 计）、复合调味料（可单独或混合使用，最大使用量以磷酸根 PO_4^{3-} 计），最大使用量为 20.0g/kg；熟制坚果与籽类（仅限油炸坚果与籽类；可单独或混合使用，最大使用量以磷酸根 PO_4^{3-} 计）、膨化食品（可单独或混合使用，最大使用量以磷酸根 PO_4^{3-} 计），最大使用量为 2.0g/kg；杂粮罐头（可单独或混合使用，最大使用量以磷酸根 PO_4^{3-} 计）、其他杂粮制品（仅限冷冻薯条、冷冻薯饼、冷冻土豆泥、冷冻红薯泥；可单独或混合使用，最大使用量以磷酸根 PO_4^{3-} 计），最大使用量为 1.5g/kg；焙烤食品（可单独或混合使用，最大使用量以磷酸根 PO_4^{3-} 计），最大使用量为 15.0g/kg；其他固体复合调味料（仅限方便湿面调味料包；可单独或混合使用，最大使用量以磷酸根 PO_4^{3-} 计），最大使用量为 80.0g/kg。

本品可单独使用，也可与其他磷酸盐配制成复合磷酸盐使用，但总磷酸盐不能超过国家规定。实际使用参考：用于豆类、果蔬罐头，可稳定其天然色泽；用于肉类罐头，可使脂肪乳化，保持质地均匀；用于熟肉制品，可提高其持水性，保持肉质的柔嫩性。用于果汁饮料作为抗坏血酸分解抑制剂，添加量为 0.1%～0.2%。清凉饮料、水果罐头添加 0.01%～0.3%，果实中含有的钙离子及其他金属离子被螯合，有助于果胶的抽出，保持水果罐头色调良好。番茄汁加入 0.25%，可增量 3.7%，并可提高其黏度。用于蟹鲑、鳟、金枪鱼等水产品罐头，可防止产生鸟粪石（玻璃状磷酸铵镁结晶）。用于蟹罐头，使用量在 0.05% 以下；鲑、鳟罐头，使用量为 0.11% 以下。超过用量虽能完全防止产生鸟粪石，但产品色泽、香味会发生变化。白鲑罐头中添加由六偏磷酸钠 72 份、三聚磷酸钠 26 份、焦磷酸钠 2 份组成的复合磷酸盐，添加量为 0.05%，几乎完全可以防止产生鸟粪石。肉制品的腌制剂中，添加六偏磷酸盐 0.05%～

0.3%，可提高肉的持水性，对脂肪的抗氧化也有效。将豆腐在 0.1%～0.2%高分子缩合磷酸盐的溶液中浸一浸，由于残存的凝固剂被隐蔽，使之风味、口感变好。酱油、豆酱类添加 0.01%～0.2%，可防止变色和增加黏稠度。制酱或酱油的原料盐中含有镁等可使酱油或豆酱变味，添加 0.01%～0.03%，可防止其变味。

生产厂商

① 徐州市天源经贸有限公司

② 江苏徐州天嘉食用化工有限公司

③ 吴江市昌利化工有限公司

④ 苏州市望庆化工有限公司

三聚磷酸钠 sodium tripolyphosphate

$$NaO-\underset{\underset{ONa}{|}}{\overset{\overset{O}{\|}}{P}}-O-\underset{\underset{ONa}{|}}{\overset{\overset{O}{\|}}{P}}-O-\underset{\underset{ONa}{|}}{\overset{\overset{O}{\|}}{P}}-ONa$$

$Na_5P_3O_{10}$，367.86

别名 三磷酸五钠、三磷酸钠 pentasodium triphosphate、sodium triphosphate

分类代码 CNS 15.003；INS 451（ⅰ）

理化性质 为无水盐或含六分子水的物质，白色玻璃状结晶块、片或结晶性粉末，有潮解性。易溶于水，1%水溶液 pH 值约为 9.5。能与金属离子结合，无水盐熔点 622℃，并呈熔融状焦磷酸钠。

磷酸二氢钠与磷酸氢二钠充分混合，加热至 540～580℃脱水制得。

毒理学依据

① LD_{50}：大鼠急性经口 6500mg/kg（bw）。

② ADI：MTDI 70mg/kg（bw）（以各种来源的总磷计，FAO/WHO，1994）。

③ GRAS：FDA-21 CFR 173.370，182.6810。

质量标准

质量标准 GB 25566—2010

项　目		指　标
含量(以三聚磷酸钠计)/%	≥	85.0
五氧化二磷(以 P_2O_5 计)/%	≥	56.0～58.0
水不溶物/%	≤	0.1
硫酸盐/%	≤	0.4
砷/(mg/kg)	≤	3
铅/(mg/kg)	≤	4
重金属(以 Pb 计)/(mg/kg)	≤	10
氟化物/(mg/kg)	≤	50

应用 水分保持剂、膨松剂、酸度调节剂、凝固剂、稳定剂、抗结剂

GB 2760—2014 规定：用于乳及乳制品（01.01.01、01.01.02、13.0 涉及品种除外；可单独或混合使用，最大使用量以磷酸根 PO_4^{3-} 计）、稀奶油（可单独或混合使用，最大使用量以磷酸根 PO_4^{3-} 计）、水油状脂肪乳化制品（可单独或混合使用，最大使用量以磷酸根 PO_4^{3-}

计)、02.02 类以外的脂肪乳化制品,包括混合的和(或)调味的脂肪乳化制品(可单独或混合使用,最大使用量以磷酸根 PO_4^{3-} 计)、冷冻饮品(03.04 食用冰除外;可单独或混合使用,最大使用量以磷酸根 PO_4^{3-} 计)、蔬菜罐头(可单独或混合使用,最大使用量以磷酸根 PO_4^{3-} 计)、可可制品、巧克力和巧克力制品(包括代可可脂巧克力及制品)以及糖果(可单独或混合使用,最大使用量以磷酸根 PO_4^{3-} 计)、小麦粉及其制品(可单独或混合使用,最大使用量以磷酸根 PO_4^{3-} 计)、生湿面制品(如面条、饺子皮、馄饨皮、烧卖皮;可单独或混合使用,最大使用量以磷酸根 PO_4^{3-} 计)、面糊(如用于鱼和禽肉的拖面糊)、裹粉、煎炸粉(可单独或混合使用,最大使用量以磷酸根 PO_4^{3-} 计,可按涂裹率增加使用量)、杂粮粉(可单独或混合使用,最大使用量以磷酸根 PO_4^{3-} 计)、食用淀粉(可单独或混合使用,最大使用量以磷酸根 PO_4^{3-} 计)、即食谷物,包括碾轧燕麦(片)(可单独或混合使用,最大使用量以磷酸根 PO_4^{3-} 计)、方便米面制品(可单独或混合使用,最大使用量以磷酸根 PO_4^{3-} 计)、冷冻米面制品(可单独或混合使用,最大使用量以磷酸根 PO_4^{3-} 计)、预制肉制品(可单独或混合使用,最大使用量以磷酸根 PO_4^{3-} 计)、熟肉制品(可单独或混合使用,最大使用量以磷酸根 PO_4^{3-} 计)、冷冻水产品(可单独或混合使用,最大使用量以磷酸根 PO_4^{3-} 计)、冷冻鱼糜制品(包括鱼丸等;可单独或混合使用,最大使用量以磷酸根 PO_4^{3-} 计)、热凝固蛋制品(如蛋黄酪、松花蛋肠;可单独或混合使用,最大使用量以磷酸根 PO_4^{3-} 计)、饮料类(14.01 包装饮用水除外;可单独或混合使用,最大使用量以磷酸根 PO_4^{3-} 计;固体饮料按稀释倍数增加使用量)、果冻(可单独或混合使用,最大使用量以磷酸根 PO_4^{3-} 计;如用于果冻粉,按冲调倍数增加使用量),最大使用量为 5.0g/kg;米粉(包括汤圆粉;可单独或混合使用,最大使用量以磷酸根 PO_4^{3-} 计)、谷类和淀粉类甜品(如米布丁、木薯布丁;仅限谷类甜品罐头;可单独或混合使用,最大使用量以磷酸根 PO_4^{3-} 计)、预制水产品(半成品;可单独或混合使用,最大使用量以磷酸根 PO_4^{3-} 计)、水产品罐头(可单独或混合使用,最大使用量以磷酸根 PO_4^{3-} 计),最大使用量为 1.0g/kg;乳粉和奶油粉(可单独或混合使用,最大使用量以磷酸根 PO_4^{3-} 计)、调味糖浆(可单独或混合使用,最大使用量以磷酸根 PO_4^{3-} 计),最大使用量为 10.0g/kg;再制干酪(可单独或混合使用,最大使用量以磷酸根 PO_4^{3-} 计),最大使用量为 14.0g/kg;其他油脂或油脂制品(仅限植脂末;可单独或混合使用,最大使用量以磷酸根 PO_4^{3-} 计)、复合调味料(可单独或混合使用,最大使用量以磷酸根 PO_4^{3-} 计),最大使用量为 20.0g/kg;熟制坚果与籽类(仅限油炸坚果与籽类;可单独或混合使用,最大使用量以磷酸根 PO_4^{3-} 计)、膨化食品(可单独或混合使用,最大使用量以磷酸根 PO_4^{3-} 计),最大使用量为 2.0g/kg;杂粮罐头(可单独或混合使用,最大使用量以磷酸根 PO_4^{3-} 计)、其他杂粮制品(仅限冷冻薯条、冷冻薯饼、冷冻土豆泥、冷冻红薯泥;可单独或混合使用,最大使用量以磷酸根 PO_4^{3-} 计),最大使用量为 1.5g/kg;焙烤食品(可单独或混合使用,最大使用量以磷酸根 PO_4^{3-} 计),最大使用量为 15.0g/kg;其他固体复合调味料(仅限方便湿面调味料包;可单独或混合使用,最大使用量以磷酸根 PO_4^{3-} 计),最大使用量为 80.0g/kg。

　　复合磷酸盐使用时,以磷酸盐计,罐头,肉制品不得超过 1.0g/kg;炼乳不得超过 0.50g/kg;本品与焦磷酸钠、磷酸三钠复合使用时,以磷酸盐计不得超过 5g/kg。其他使用:用于火腿罐头,在适当条件下有利于产品质量的提高,如:成品形态完整、色泽好、肉质柔嫩、容易切片、切面有光泽。三聚磷酸钠用于火腿原料肉的腌制,每 100kg 肉加混合盐 2.2kg(精盐 91.65%、砂糖 8%、亚硝酸钠 0.35%)、三聚磷酸钠 85g,充分搅拌均匀,在 0~4℃冷库中腌制 48~72h,效果良好。用于蚕豆罐头生产,可使豆皮软化。许多果蔬有坚韧的外皮,随着果蔬的成熟，外皮愈坚韧。在果蔬加工烫漂或浸泡用水中，加入聚磷酸盐，可络合钙，从而降低外皮的坚韧度。如在蚕豆预煮时，按150kg水加三聚磷酸钠50g、六偏磷酸钠150g（或只加三聚磷酸钠100g），煮沸10～20min，使豆皮软化。

生产厂商

① 徐州市天源经贸有限公司

② 江苏徐州天嘉食用化工有限公司

③ 江阴市龙申化工有限公司

④ 潍坊鹏创化工有限公司

三偏磷酸钠 sodium trimetaphosphate

$$(NaPO_3)_3, 305.92$$

分类代码　CAS 7785、84、4

理化性质　白色结晶或结晶性粉末。熔点627.6℃，相对密度2.476。易溶于水（21g/100mL），1%水溶液pH值约为6.0。在水溶液中加氯化钠可形成六水盐的结晶体，能与金属离子结合。

由五氧化二磷与碳酸钠在475～500℃条件下加热制得。

毒理学依据

① LD$_{50}$：大鼠腹注3650 mg/kg（bw）。

② GRAS：FDA-21 CFR 182.6769（1994）。

质量标准

质量标准　FCC—1981（参考）

项　目		指　标
五氧化二磷(以 P$_2$O$_5$ 计)/%		68.0～70.0
不溶性物质/%	≤	0.1
砷(以 As 计)/(mg/kg)	≤	3
重金属(以 Pb 计)/(mg/kg)	≤	10
氟化物(以 F 计)/%	≤	0.005

应用　水分保持剂、淀粉改良剂、酸度调节剂、金属螯合剂（尚未列入国标）

用于淀粉变性加工中的交联剂。食品加工中可替代六偏磷酸钠使用。在肉制品中添加具有保持水分、整体稳定的作用。在果蔬加工中有助于脱皮整理，并可防止食品褐变、维生素C分解。用量参考：肉制品，1g/kg。

生产厂商

① 江苏徐州天嘉食用化工有限公司

② 徐州恒世食品有限公司

③ 苏州实诚化工有限公司

④ 广州市正通化工有限公司

3.7 胶基糖果中基础剂物质（又名胶姆糖基础剂或胶基）chewing gum base

胶基糖果中基础剂是赋予胶基糖果起泡、增塑、耐咀嚼等作用的物质。一般以天然树胶、合成橡胶、树脂等为主，加上蜡类、乳化剂、软化剂、抗氧化剂、防腐剂和填充剂等组成。

巴拉塔树胶 massaranduba balata

理化性质 天然植物源凝结物。因含水量和精制过程中热处理方式的不同，呈色由白色至棕色。一般不溶于水和冷乙醇，部分溶于热乙醇，溶于油脂。从铁钱子属植物如 *manilkara huberi* 取得的胶乳，经加热直至凝结制成。

毒理学依据

① 大鼠饲以含 0.05%～1.6% 巴拉塔树胶的饲料 6 个月，及大鼠饲以含有 0.1%～0.3% 巴拉塔树胶的饲料 2 年，均无副作用。

② 将含有巴拉塔树胶 3.4% 的胶基饲料饲以大鼠以 1g 为计量单位的胶基提取物 2 年，无副作用。

③ 狗饲以含有 0.1%～0.3% 巴拉塔树胶的饲料 2 年，无副作用。

④ 大鼠三代繁殖试验，饲以含有 0.06% 和 0.2% 饲料，无异常。

质量标准

质量标准 GB 29987—2014

项　　目		指　　标
铅(Pb)/(mg/kg)	≤	3
总砷(以 As 计)/(mg/kg)	≤	3
总汞(Hg)/(mg/kg)	≤	0.5
镉(Cd)/(mg/kg)	≤	1

应用 胶姆糖基础剂

胶姆糖基础剂的使用应符合 GB 2760—2014 及国家标准《食品添加剂 胶基及其配料》(GB 29987—2014) 相关规定。

美国 FDA (21CFR172.615)、法国 (Arrêté June25，2003)、意大利和日本法规规定，可安全用于胶基糖果中基础剂物质中，不作限制性规定。用于胶姆糖胶基，按生产需要适量使用。口香糖的酯胶基质是利用巴拉塔树胶的特性而制成的，巴拉塔树胶是疏水性物质，很好地保持口香糖香味，使口香糖具有的柔和咀嚼感。

生产厂商

① 武汉大华伟业医药化工（集团）有限公司

② 湖北巨胜科技有限公司

③ 武汉能仁医药化工有限公司

④ 武汉宏信康精细化工有限公司

巴西棕榈蜡 carnauba wax

应用 胶姆糖基础剂、被膜剂

胶姆糖基础剂的使用应符合 GB 2760—2014 及 GB 29987—2014 相关规定。其他见被膜剂。

苯甲酸钠 sodium benzoate

应用 胶姆糖基础剂

胶姆糖基础剂的使用应符合 GB 2760—2014 及 GB 29987—2014 相关规定。其他见防腐剂。

丙二醇 propylene glycol

应用　胶姆糖基础剂

胶姆糖基础剂的使用应符合 GB 2760—2014 及 GB 29987—2014 相关规定。其他见稳定剂和凝固剂。

部分二聚松香(包括松香、木松香、妥尔松香)甘油酯 glycerol ester of partially dimerized rosin(gum、wood、tall oil)

理化性质　浅琥珀色硬质树脂，溶于丙酮，不溶于水。以部分二聚松香（松香、木松香、妥尔松香）树脂为原料，经甘油酯化反应、蒸汽提纯而成。

质量标准

质量标准 GB 29987—2014

项　目		指　标
酸值(以 KOH 计)/(mg/g)		3～8
软化点/℃	≥	103(环球法)
铅(Pb)/(mg/kg)	≤	1
总砷(以 As 计)/(mg/kg)	≤	2
总汞(Hg)/(mg/kg)	≤	1
镉(Cd)/(mg/kg)	≤	1

应用　胶姆糖基础剂

胶姆糖基础剂的使用应符合 GB 2760—2014 及 GB 29987—2014 相关规定。

美国 FDA（21GFR172.615）、法国（Arrêté June25，2003）、意大利和日本法规规定，可安全用于胶基糖果中基础剂物质中，不作限制性规定。

部分氢化松香(包括松香、木松香、妥尔松香)甘油酯 glycerol ester of partially hydrogenated rosin(gum、wood、tall oil)

理化性质　为浅琥珀色硬质树脂，溶于丙酮，不溶于水和乙醇。以部分氢化松香（包括松香、木松香、妥尔松香）树脂为原料，经甘油酯化反应、蒸汽提纯而成。

质量标准

质量标准 GB 10287—2012

项　目		指　标	
		松香甘油酯	氢化松香甘油酯
溶解性		通过试验	通过试验
酸值[①]/(mg/g)	≤	9.0	9.0
软化点(环球法)/℃		80.0～90.0	78.0～90.0
总砷(As)/(mg/kg)	≤	1.0	1.0
重金属(以 Pb 计)/(mg/kg)	≤	10.0	10.0
灰分/%	≤	0.1	0.1
相对密度 d_{25}^{25}		1.060～1.090	1.060～1.090
色泽[②](铁钴法),加纳色号		8	8

① 溶解试样的中性乙醇改为中性苯-乙醇（1：1）溶液，将 0.5mol/L 标准溶液氢氧化钾水溶液改为 0.05mol/L 氢氧化钾乙醇溶液。

②除去外表部分并粉碎好的试样与甲苯按 1：1（质量比）溶解，注入洁净干燥的加氏比色管中。

应用　胶姆糖基础剂

胶姆糖基础剂的使用应符合 GB 2760—2014 及 GB 29987—2014 相关规定。

美国 FDA （21GFR172.615）、法国 （Arrêté June25，2003）、意大利和日本法规规定，可安全用于胶基糖果中基础剂物质中，不作限制性规定。用于泡泡糖，香口胶，无糖香口胶等，作为咀嚼料具有良好的口感和抗氧化性，并保持柔软等特性，也可用在饮料中作乳化剂。

部分氢化松香(包括松香、木松香、妥尔松香)季戊四醇酯 pentaerythritol ester of partially hydrogenated rosin(gum、wood、tall oil)

理化性质　浅琥珀色硬质树脂，溶于丙酮，不溶于水和乙醇。以部分氢化松香 （包括松香、木松香、妥尔松香） 树脂为原料，经季戊四醇酯化反应、蒸汽提纯而成。

质量标准

质量标准 GB 29987—2014

项　目		指　标
酸值(以 KOH 计)/(mg/g)		6～18
软化点/℃	≥	94(环球法)
铅(Pb)/(mg/kg)	≤	1
总砷(以 As 计)/(mg/kg)	≤	2
总汞(Hg)/(mg/kg)	≤	1
镉(Cd)/(mg/kg)	≤	1

应用　胶姆糖基础剂

胶姆糖基础剂的使用应符合 GB 2760—2014 及 GB 29987—2014 相关规定。

美国 FDA （21GFR172.615）、法国 （Arrêté June25，2003）、意大利和日本法规规定，可安全用于胶基糖果中基础剂物质中，不作限制性规定。

部分氢化松香(包括松香、木松香、妥尔松香)甲酯 methyl ester of partially hydrogenated rosin(gum,wood,tall oil)

理化性质　浅琥珀色液体树脂，溶于丙酮，不溶于水和乙醇。以部分氢化松香 （包括松香、木松香、妥尔松香） 树脂为原料，经甲酯酯化反应、蒸汽提纯而成。

质量标准

质量标准 GB 29987—2014

项　目		指　标
酸值(以 KOH 计)/(mg/g)		4～8
折射率/(20℃)		1.517～1.520
铅(Pb)/(mg/kg)	≤	1
总砷(以 As 计)/(mg/kg)	≤	2
总汞(Hg)/(mg/kg)	≤	1
镉(Cd)/(mg/kg)	≤	1

应用　胶姆糖基础剂

胶姆糖基础剂的使用应符合 GB 2760—2014 及 GB 29987—2014 相关规定。

美国 FDA（21GFR172.615）、法国（Arrêté June25，2003）、意大利和日本法规规定，可安全用于胶基糖果中基础剂物质中，不作限制性规定。

醋酸乙烯酯-月桂酸乙烯酯共聚物 vinyl acetate-vinyl laurate copolymer

$$(C_4H_6O_2)_n(C_{14}H_{26}O_2)_m$$

理化性质　无色至黄色固体，无臭、无味。由醋酸乙烯和月桂酸乙烯按一定比例共聚而成。

质量标准

质量标准 GB 29987—2014

项　目		指　标
干燥减量/%	≤	1
游离乙酸/%	≤	0.05
残留醋酸乙烯酯单体/(mg/kg)	≤	5
铅(Pb)/(mg/kg)	≤	3
总砷(以 As 计)/(mg/kg)	≤	1
总汞(Hg)/(mg/kg)	≤	0.5
镉(Cd)/(mg/kg)	≤	1

应用　胶姆糖基础剂

胶姆糖基础剂的使用应符合 GB 2760—2014 及 GB 29987—2014 相关规定。

美国 FDA（21GFR172.615）、法国（Arrêté June25，2003）、意大利和日本法规规定，可安全用于胶基糖果中基础剂物质中，不作限制性规定。

单,双甘油脂肪酸酯 mono glycerides-and diglycerides of fatty acids

理化性质　由油脂、氢化油脂或脂肪酸与甘油反应生成的含有单、双甘油脂肪酸酯和少量三甘油脂肪酸酯（如油酸、亚油酸、亚麻酸、棕榈酸、山嵛酸硬脂酸、月桂酸等）的产品。

质量标准

质量标准 GB 29987—2014

项　目		指　标
酸值(以 KOH 计)/(mg/g)	≤	5
游离甘油/%	≤	7
灼烧残渣/%	≤	0.5
铅(Pb)/(mg/kg)	≤	2
总砷(以 As 计)/(mg/kg)	≤	2

应用　胶姆糖基础剂

胶姆糖基础剂的使用应符合 GB 2760—2014 及 GB 29987—2014 相关规定。

生产厂商

① 河南省所以化工有限公司

② 上海鹤善实业有限公司

③ 郑州晨阳化工有限公司

④ 广州市海希生物科技有限公司

丁二烯-苯乙烯75/25、50/50 橡胶 butadiene-styrene rubber 75/25、50/50(SBR)

为丁二烯、苯乙烯共聚物。按所含丁二烯和苯乙烯比例的不同，分为 75/25 和 50/50 两种

$$+H_2C—HC+_n+H_2C \quad CH_2+_n+CH_2—CH+_n$$

别名 丁苯橡胶、丁二烯-苯乙烯共聚物、BSR50/50、BSR75/25

分类代码 CNS 07.002

理化性质 浅黄色有韧性片状或块状，具有轻微香蕉味。不完全溶于汽油、苯、氯仿。极性小，黏附性差，耐磨性及耐老化性较优，耐酸碱。BSR 50/50 胶乳的 pH 值为 10.0～11.5，固形物含量为 41%～63%。BSR 75/25 胶乳的 pH 值为 9.5～11.0，固形物含量为 26%～42%。液体丁苯橡胶以丁二烯、苯乙烯为原料，加入脂肪酸皂乳化剂、过硫酸盐催化剂，必要时加入适量的分子调节剂、适量的速止剂制成乳化共聚体，或固体丁苯橡胶以丁二烯、苯乙烯在己烷溶液、丁基锂催化剂作用下共聚，加热除去挥发物制得。

毒理学依据

① GRAS：FDA-21CFR 172.615。

② 丁二烯、苯乙烯蒸气有刺激性，共聚体橡胶无刺激性。苯乙烯刺激阈值 TLV 为 100mg/kg。当为 375mg/kg 时，接触 1h，可出现轻度功能性损伤，没有苯样血液障碍。丁二烯 TLV 为 1000mg/kg，只有在高浓度时有麻醉作用，实际无害。

质量标准

质量标准 GB 29987—2014

项 目		指 标	
		SBR 50/50	SBR 75/25
结合态苯乙烯/%		45.0～50.0	22.0～26.0
苯乙烯残留/(mg/kg)	≤	30	20
己烷残留/(mg/kg)	≤	100	100
1,3-丁二烯/(mg/kg)	≤	0.5	0.5
苯醌/(mg/kg)	≤	20	20
铅(Pb)/(mg/kg)	≤	3	3
总砷(以 As 计)/(mg/kg)	≤	3	3
总汞(Hg)/(mg/kg)	≤	3	3
镉(Cd)/(mg/kg)	≤	1	1
锂(Li)/%	≤	0.0075	0.0075

应用 胶姆糖基础剂

胶姆糖基础剂的使用应符合 GB 2760—2014 及 GB 29987—2014 相关规定。

美国 FDA（21CFR172.615）、法国（Arrêté June25，2003）、意大利和日本法规规定，可安全用于胶基糖果中基础剂物质中，不作限制性规定。用于胶姆糖胶基，按生产需要适量使

用。丁苯橡胶可在胶姆糖中使用，其用量根据生产需要适量使用。用于口香糖，以及某些织物包覆。

生产厂商

① 武汉茂嘉化工有限公司

② 上海多康实业有限公司

③ 淄博淄大化工贸易有限公司

④ 无锡市中成化工有限公司

丁基羟基茴香醚 butylated hydroxyanisole

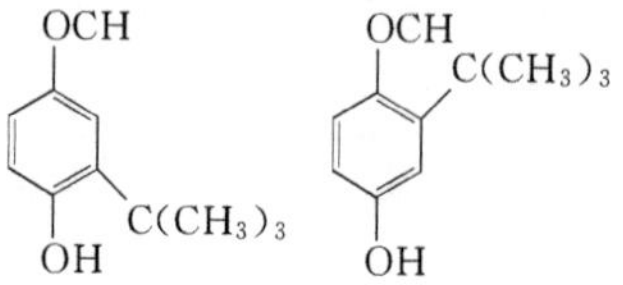

3-BHA　　　2-BHA

$C_{11}H_{16}O_2$；180.25

别名　叔丁基对羟基茴香醚；丁基大茴醚；BHA

理化性质　二丁基羟基甲苯为白色结晶或结晶性粉末，基本无臭，无味，沸点 265℃，对热相当稳定。接触金属离子，特别是铁离子不显色，抗氧化效果良好。加热时与水蒸气一起挥发。不溶于水、甘油和丙二醇，而易溶于乙醇（25%）和油脂。

毒理学依据

① LD_{50}：小鼠急性经口 1100mg/kg（bw）（雄性），小鼠急性经口 1300mg/kg（bw）（雌性）；大鼠急性经口 2000mg/kg（bw），大鼠腹腔注射 200mg/kg（bw）；兔急性经口 2100mg/kg（bw）。

② ADI：0～0.5mg/kg（FAO/WHO，1994）。

③ GRAS：FDA-21CFR182.3169，172.110，172.515，172.615，172.340。

质量标准

质量标准 GB 1886.12—2015

项　目		指　标
总含量/%	≥	98.5
熔点/℃		48～63
硫酸灰分/%	≤	0.05
砷（以 As 计）/（mg/kg）	≤	2.0
铅（Pb）/（mg/kg）	≤	2.0

应用　胶姆糖基础剂

胶姆糖基础剂的使用应符合 GB 2760—2014 及 GB 29987—2014 相关规定。

生产厂商

① 河南旗诺食品配料有限公司

② 上海市祁邦实业有限公司

③ 郑州华安食品添加剂有限公司

④ 河南大元食品添加剂有限公司

二丁基羟基甲苯 butylated hydroxytoluene

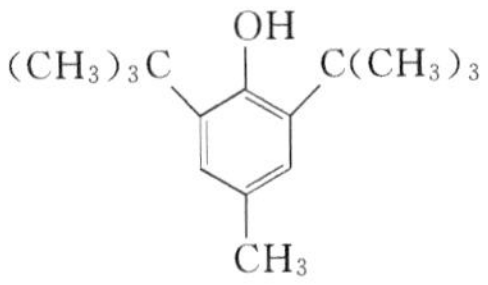

$$(CH_3)_3C \underset{}{\overset{OH}{\bigcirc}} C(CH_3)_3$$

$$CH_3$$

$C_{15}H_{24}O$，220.36

别名 2,6-二叔丁基对甲酚；3,5-二叔丁基-4-羟基甲苯；BHT

理化性质 二丁基羟基甲苯为白色结晶或结晶性粉末，基本无臭，无味，熔点 69.5～71.5℃，沸点 265℃，对热相当稳定。二丁基羟基甲苯的抗氧化作用是由于其自身发生自动氧化而实现的。

毒理学依据：

① LD_{50}：大鼠急性经口 2.0g/kg。

② ADI：0～0.3g/kg（bw）（FAO/WHO，1995）。

③ GRAS：FDA-21CFR182.3173。

质量标准

质量标准 GB 1900—2010

项　目		指　标
熔点(初熔)/℃	≥	69.0
水分/%	≤	0.05
灼烧残渣/%	≤	0.005
硫酸盐(以 SO_4 计)/%	≤	0.002
重金属(以 Pb 计)/(mg/kg)	≤	5
砷(以 As 计)/(mg/kg)	≤	1
游离酚(以对甲酚计)/%	≤	0.02

应用 胶姆糖基础剂

胶姆糖基础剂的使用应符合 GB 2760—2014 及 GB 29987—2014 相关规定。

生产厂商

① 湖南奥驰生物科技有限公司

② 河南臻玉实业有限公司

③ 上海金锦乐实业有限公司

④ 济宁华凯树脂有限公司

蜂蜡 beeswax

应用 胶姆糖基础剂、被膜剂

胶姆糖基础剂的使用应符合 GB 2760—2014 及 GB 29987—2014 相关规定。其他见被膜剂。

甘油 glycerine(glycerol)

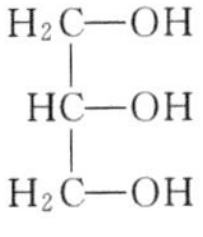

$$H_2C\!-\!OH$$
$$HC\!-\!OH$$
$$H_2C\!-\!OH$$

$C_3H_8O_3$，92.09

别名：丙三醇、甘醇、三羟基丙烷、1，2，3-丙三醇

理化性质　无色、透明、无臭、黏稠液体，味甜，具有吸湿性。与水和醇类、胺类、酚类以任何比例混溶，水溶液为中性。溶于 11 倍的乙酸乙酯，约 500 倍的乙醚。不溶于苯、氯仿、四氯化碳、二硫化碳、石油醚、油类、长链脂肪醇。可燃，遇二氧化铬、氯酸钾等强氧化剂能引起燃烧和爆炸。是许多无机盐类和气体的良好溶剂。对金属无腐蚀性，作溶剂使用时可被氧化成丙烯醛。

毒理学依据

① 毒性分级：中毒。

② 急性毒性：大鼠急性经口，LD_{50}：26000mg/kg；小鼠急性经口，LD_{50}：4090mg/kg。

③ 刺激数据：皮肤-兔子，500mg/24h，轻度；眼-兔子，126mg，轻度。

④ 食用对人体无毒。作溶剂使用时可被氧化成丙烯醛而有刺激性。小鼠静脉注射 LC_{50} 为 7.56g/kg，工作场所最高允许浓度为 10mg/m³。

⑤ 大鼠急性经口 LD_{50}：20mL/kg；静脉注射 LD_{50}：4.4mL/kg。存于凉爽、干燥处。

质量标准

质量标准 GB 29950—2013

项　目		指　标
甘油含量/%		95.0～100.5
相对密度 d_{25}^{25}	≥	1.249
色泽		通过试验
脂肪酸与酯类		通过试验
氯化物(以 Cl 计)/%	≤	0.003
易炭化物通过试验		通过试验
灼烧残渣/%	≤	0.01
铅(Pb)/(mg/kg)	≤	1

应用　胶姆糖基础剂

胶姆糖基础剂的使用应符合 GB 2760—2014 及 GB 29987—2014 相关规定。

生产厂商

① 苏州源泰润化工有限公司

② 广州峰佰顺贸易有限公司

③ 苏州江南日用化工有限公司

④ 莱州福客生物技术有限公司

果胶 pectin

应用　胶姆糖基础剂

胶姆糖基础剂的使用应符合 GB 2760—2014 及 GB 29987—2014 相关规定。其他见增稠剂。

海藻酸 alginic acid

$(C_6H_8O_5)_n$，176.13

理化性质　白色至淡黄色的纤维状颗粒及粉末。无臭无味，或者有轻微气味和味感。3% 的水悬浮液的 pH 值为 2.0～3.4。亲水性的胶质糖类，从多种褐海藻（如海带、巨藻等）中经提取加工而得。

质量标准

质量标准 GB 29987—2014

项　目		指　标
干燥减量[a]/%	≤	15
灼烧残渣(以干基计)/%	≤	8(硫酸盐灰分)
铅(Pb)/(mg/kg)	≤	5
总砷(以 As 计)/(mg/kg)	≤	3

a 105℃，4h。

应用　胶姆糖基础剂

胶姆糖基础剂的使用应符合 GB 2760—2014 及 GB 29987—2014 相关规定。

生产厂商

① 武汉万荣科技发展有限公司

② 青岛明月海藻集团有限公司

③ 青岛瑞星海藻工业有限公司

④ 烟台凯普生物工程有限公司

海藻酸铵 ammonium alginate

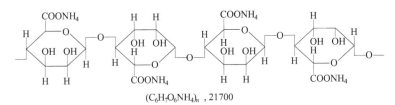

$(C_6H_7O_6NH_4)_n$，21700

别名　藻朊酸铵、藻酸铵

分类代码　INS　403

理化性质　白色至浅黄色纤维状或颗粒状粉末，几乎无臭无味，缓慢溶于水形成黏稠状胶状溶液。不溶于乙醇和乙醇含量高于 30% 的水溶液。不溶于氯仿、乙醚及 pH 值低于 3 的溶液。由海藻酸与氨水、碳酸铵或碳酸氢铵在一定条件下经中和、干燥等工艺制成。

毒理学依据

ADI：无须规定（FAO/WHO，2007）。

质量标准

质量标准 GB 29987—2014

项　目		指　标
干燥减量(105℃,4h)/%	≤	15.0
灼烧残渣/%	≤	7(干基)
铅(Pb)/(mg/kg)	≤	5
总砷(以 As 计)/(mg/kg)	≤	3

应用　胶姆糖基础剂、增稠剂、稳定剂、乳化剂

胶姆糖基础剂的使用应符合 GB 2760—2014 及 GB 29987—2014 相关规定。

可用于胶姆糖配料。食品加工中的参考用量：用于糖食制品、调味汁、果酱、果冻，用量约 4g/kg；用于油脂、明胶布丁、甜沙司约 5g/kg；用于其他食品约 1g/kg。不溶于乙醇和乙醇含量高于 30% 的水溶液及 pH 值低于 3 的溶液，所以在酸度较高的果汁饮料及酸性食品中不宜

使用。

生产厂商

① 河北百味生物科技有限公司

② 苏州鑫发生物科技有限公司

③ 青岛明月海藻集团有限公司

④ 苏州大德汇鑫生物科技有限公司

海藻酸钠 sodium alginate

别名　褐藻酸钠

应用　胶姆糖基础剂

胶姆糖基础剂的使用应符合 GB 2760—2014 及 GB 29987—2014 相关规定。其他见增稠剂。

合成树脂(包括萜烯树脂)synthetic resin(synthetic terpene resin)

理化性质　浅黄色脆性固体,溶于苯和植物油,不溶于水、乙醇和丙酮。由淡黄色至黄色热塑性高分子固体树脂组成的合成萜烯树脂。主要由 (α) 蒎烯,(β) 蒎烯和/或双戊烯聚合而成。

质量标准

质量标准 GB 29987—2014

项　　目		指　　标
酸值(以 KOH 计)/(mg/g)	≤	5
溶剂残留/(mg/kg)	≤	100
皂化值(以 KOH 计)/(mg/g)	≤	5
铅(Pb)/(mg/kg)	≤	3
总砷(以 As 计)/(mg/kg)	≤	3
总汞(Hg)/(mg/kg)	≤	1
镉(Cd)/(mg/kg)	≤	1

应用　胶姆糖基础剂

胶姆糖基础剂的使用应符合 GB 2760—2014 及 GB 29987—2014 相关规定。

美国 FDA (21GFR172.615)、法国 (Arrêté June25,2003)、意大利和日本法规规定,可安全用于胶基糖果中基础剂物质中,不作限制性规定。

生产厂商

① 常州德宝化工有限公司

② 恒生化工

滑石粉 talc

应用　胶姆糖基础剂

胶姆糖基础剂的使用应符合 GB 2760—2014 及 GB 29987—2014 相关规定。其他见抗结剂。

节路顿胶 jelutong

理化性质　天然植物源性凝结物,块状树脂,由树脂部分和树胶部分组成。外部为灰白色,内部为雪白色块状固体,不带任何异物。从夹竹桃科植物 (如 dyera costulata HOOK. F 和 dyera lowii HOOK. F) 中取得的胶乳制成凝结胶乳。胶乳中加入稀乙酸或磷酸使之凝结变成块状固体，用水冲洗后制成。

毒理学依据

① 大鼠饲以含有 0.2%～7% 节路顿树胶的饲料 6 个月，及饲以含有 0.03%～2.7% 节路顿树胶的饲料 2 年，均无副作用。

② 用含有 9% 的胶基饲料饲以大鼠以 1g 为计量单位的胶基提取物 2 年，无异常。

③ 狗饲以含 0.03%～2.7% 节路顿树胶的饲料 2 年，无异常。

④ 大鼠三代繁殖试验，饲以含有 0.7% 和 1.3% 节路顿树胶的饲料，无异常。

质量标准

质量标准 GB 29987—2014

项　目		指　标
铅(Pb)/(mg/kg)	≤	3
总砷(以 As 计)/(mg/kg)	≤	3
总汞(Hg)/(mg/kg)	≤	0.5
镉(Cd)/(mg/kg)	≤	1

应用 胶姆糖基础剂

胶姆糖基础剂的使用应符合 GB 2760—2014 及 GB 29987—2014 相关规定。

美国 FDA (21CFR172.615)、法国 (Arrêté June25，2003)、意大利和日本法规规定，可安全用于胶基糖果中基础剂物质中，不作限制性规定。用于胶姆糖糖基，按生产需要适量使用。口香糖的酯胶基质是利用节路顿树胶的特性而制成的，节路顿树胶是疏水性物质，很好地保持口香糖香味，使口香糖具有柔和咀嚼感。

生产厂商

① 湖北兴银河化工有限公司

② 湖北鑫润德食品配料有限公司

聚醋酸乙烯酯 polyvinyl acetate(PVA)

$(C_4H_6O_2)_n$, $\geqslant 2000$

别名 乙酸乙酯树脂

理化性质 透明、水白色到浅黄色，粒状、片状等。易溶于丙酮，不溶于水。由醋酸乙烯单体聚合而成的固体树胶。

质量标准

质量标准 GB 29987—2014

项　目		指　标
干燥减量/%	≤	1
游离乙酸/%	≤	0.05
残留醋酸乙烯酯单体/(mg/kg)	≥	5
铅(Pb)/(mg/kg)	≤	3
总砷(以 As 计)/(mg/kg)	≤	3
总汞(Hg)/(mg/kg)	≤	0.5
镉(Cd)/(mg/kg)	≤	1

应用 胶姆糖基础剂

胶姆糖基础剂的使用应符合 GB 2760—2014 及 GB 29987—2014 相关规定。

美国 FDA（21GFR172.615）、法国（Arrêté June25，2003）、意大利和日本法规规定，可安全用于胶基糖果中基础剂物质中，不作限制性规定。

生产厂商

① 江苏银洋胶基材料有限公司

② 山东旺升新材料科技有限公司

③ 绿源柏穗化工技术（北京）有限公司

聚丁烯 polybutylene

$(C_4H_8)_n$，500～5500

理化性质 为无色至微黄色黏稠液体，无味或稍有特异气味，溶于苯、石油醚、氯仿、正庚烷和正己烷，几乎不溶于水、丙酮和乙醇，相对密度（d）0.8～0.9，软化点 60℃。异丁烯与丁烯混合气体经三氯化铝或三氯化硼催化剂催化聚合而得共聚物。

毒理学依据

① LD_{50}：小鼠急性经口 54g/kg（bw），小鼠急性经口 21.576g/kg（bw）（日本顺天堂）。

② 慢性实验：小鼠饲以分别含 0.07g/kg、0.1g/kg、0.2g/kg、0.5g/kg、1.0g/kg 及 2.0g/kg 聚丁烯的固体饲料 6 个月，未发现异常。大鼠饲以分别含聚丁烯 0.2g/kg、0.5g/kg、1.0g/kg 及 2.0g/kg 的饲料 6 个月，未发现异常。

质量标准

质量标准 GB 29987—2014

项　目		指　标
氯化物(以 Cl 计)/%	≤	0.014
低分子聚合物/%	≤	0.40
灼烧残渣/%	≤	0.05
重金属(以 Pb 计)/(mg/kg)	≤	10
总砷(以 As 计)/(mg/kg)	≤	3

应用 胶姆糖基础剂

胶姆糖基础剂的使用应符合 GB 2760—2014 及 GB 29987—2014 相关规定。

用于胶姆糖胶基，按正常生产需要适量使用。在用作胶姆糖胶基，因其聚合度低，须与聚异丁烯混用。可用于口香糖、食品级黏结剂、化妆品行业和食品包装物。

生产厂商

① 湖北巨胜科技有限公司

② 武汉宏信康精细化工有限公司

③ 上海美瑞特化工贸易有限公司

④ 广州辰胜化工科技有限公司

聚合松香（包括木松香、妥尔松香）甘油酯 glycerol ester of polymerized rosin(gum,wood,tall oil)

理化性质 浅琥珀色或者更淡硬质树脂，溶于丙酮，不溶于水和乙醇。以聚合松香（包括木松香、妥尔松香）为原料，经甘油酯化反应、蒸汽提纯而成。

质量标准

质量标准 GB 29987—2014

项　目		指　标
酸值(以 KOH 计)/(mg/g)		3~9
软化点/℃	≥	80(环球法)
铅(Pb)/(mg/kg)	≤	1
总砷(以 As 计)/(mg/kg)	≤	2
总汞(Hg)/(mg/kg)	≤	1
镉(Cd)/(mg/kg)	≤	1

应用 胶姆糖基础剂

胶姆糖基础剂的使用应符合 GB 2760—2014 及 GB 29987—2014 相关规定。

美国 FDA（21GFR172.615）、法国（Arrêté June25，2003）、意大利和日本法规规定，可安全用于胶基糖果中基础剂物质中，不作限制性规定。

聚乙烯 polyethylene

$$+CH_2{-}CH_2\frac{}{}_n$$

$(C_2H_4)_n$，2000~21000

理化性质 白色半透明，部分结晶及部分无定形的树脂，不溶于水，溶于热苯。聚乙烯无臭，无毒，手感似蜡，具有优良的耐低温性能，化学稳定性好，能耐大多数酸碱的侵蚀。吸水性小，在低温时能保持一定柔软度。由液体乙烯在高温、高压下聚合而成。

毒理学依据

① 大鼠饲以含有 0.8%~1.7%聚乙烯的饲料 6 个月及 9 个月，无副作用。

② 将含有 0.4%聚乙烯的饲料饲以大鼠（以 1g 为计量单位的胶基提取物）2 年，无副作用。

质量标准

质量标准 GB 29987—2014

项　目		指　标
挥发物质/%	≤	0.5
铅(Pb)/(mg/kg)	≤	3
总砷(以 As 计)/(mg/kg)	≤	3
总汞(Hg)/(mg/kg)	≤	0.5
镉(Cd)/(mg/kg)	≤	1

应用 胶姆糖基础剂

胶姆糖基础剂的使用应符合 GB 2760—2014 及 GB 29987—2014 相关规定。

美国 FDA（21CFR172.615）、法国（Arrêté June25，2003）、意大利和日本法规规定，可

安全用于胶基糖果中基础剂物质中，不作限制性规定。按生产需要适量使用。

生产厂商

① 广东东莞市台佳商贸有限公司

② 东莞市银洋塑胶贸易有限公司

③ 武汉宏信康精细化工有限公司

④ 湖北巨胜科技有限公司

聚乙烯蜡均聚物 polyethylene-wax homoplymer

别名　合成石油石蜡、合成蜡

理化性质　微白至白色，易溶于芳香族碳氢化合物，不易溶于酮类、酯类和醇类。由固体碳氢化合物提炼而成。通过乙烯催化聚合，或由乙烯（$C_3 \sim C_{12}$）α-烯烃以线性方式聚合而成。

质量标准

质量标准 GB 29987—2014

项　目	指　标
平均分子量	500～1200
紫外吸收（多环碳氢化合物）	280～289nm：不超过 0.15
	290～299nm：不超过 0.12
	300～359nm：不超过 0.08
	360～400nm：不超过 0.02
铅（Pb）/（mg/kg）　≤	1
总砷（以 As 计）/（mg/kg）　≤	3
总汞（Hg）/（mg/kg）　≤	0.5
镉（Cd）/（mg/kg）　≤	1

应用　胶姆糖基础剂

胶姆糖基础剂的使用应符合 GB 2760—2014 及 GB 29987—2014 相关规定。

美国 FDA（21GFR172.615）、法国（ArrêtéJune25，2003）、意大利和日本法规规定，可安全用于胶基糖果中基础剂物质中，不作限制性规定。

生产厂商

① 上海迪科实业有限公司

② 上海毅胜化工有限公司

③ 上海晟浦信息科技发展有限公司

④ 上海康朵物资有限公司

聚异丁烯 polyisobutylene

$$\left[-CH_2 - \overset{\overset{\textstyle CH_3}{|}}{\underset{\underset{\textstyle CH_3}{|}}{}} - \right]_n$$

$(C_4H_8)_n$，≥37000

理化性质　无色至淡黄色黏稠状液或具弹性的橡胶状半固体。低相对分子质量级产品柔软而黏，高相对分子质量级产品坚韧而有弹性。无臭、无味，溶于苯和二异丁烯，不溶于水、醇，可与聚乙酸乙烯酯、蜡等互溶。可使胶姆糖在低温下具有好的柔软性，在高温时，有一定的可塑性。由异丁烯、乙烯、氯甲烷或己烷，以氯化铝为催化剂，在低温下聚合而成，再将聚合物升温除去挥发物制得。

毒理学依据

① LD_{50}：小鼠急性经口 29g/kg（bw）。

② 慢性毒性试验：小鼠饲以分别含聚异丁烯（g/kg）0.07、0.2、0.5、1.0 及 2.0 的饲料，大鼠饲以含聚异丁烯（g/kg）0.2、0.5、1.0 及 2.0 的饲料，各喂养 6 个月，均未发现异常。

③ 纽约医科大学用含 5% 聚异丁烯的饲料喂养大鼠 6 个月，未发现异常。

④ 人咀嚼 5g 胶姆糖（含聚异丁烯），取出唾液，用苯提取，红外光谱测定，未发现聚异丁烯。

质量标准

质量标准 GB 29987—2014

项　　目		指　　标
挥发物质/%	≤	0.3
异丁烯/(mg/kg)	≤	30
铅(Pb)/(mg/kg)	≤	3
总砷(以 As 计)/(mg/kg)	≤	3
总汞(Hg)/(mg/kg)	≤	0.5
镉(Cd)/(mg/kg)	≤	1

应用　胶姆糖基础剂

胶姆糖基础剂的使用应符合 GB 2760—2014 及 GB 29987—2014 相关规定。

美国 FDA（21CFR172.615）、法国（Arrêté June25，2003）、意大利和日本法规规定，可安全用于胶基糖果中基础剂物质中，不作限制性规定。用于胶姆糖胶基，按生产需要适量使用。本品在低温时硬化，遇唾液即软化，一般加入 5% 聚乙酸乙酯即可改善其性能。聚异丁烯与石蜡、树脂混合，提高口香糖的品质；同时，使口香糖变得更柔软、更稳定，保持良好的疏水性，并具有优良的膜性能。聚异丁烯具有疏水性，与亲水性物质（CMC、果胶、凝胶）混合，保持低毒吸收和高温稳定性，调整硬度，抗菌性。聚异丁烯与石蜡、聚合物用于乳酪的包装膜。聚异丁烯能提高产品的低温稳定性，改进抗水性。聚异丁烯具有增塑作用，用于热塑性橡胶（TPR）等。

生产厂商

① 上海景营物资有限公司

② 南京泰仑国际贸易有限公司

③ 湖北兴银河化工有限公司

④ 湖北鑫润德化工有限公司

可可粉 cocoa powder

别名　可可块

理化性质　可可粉是从可可树结出的豆芙（果实）里取出的可可豆（种子），经发酵、粗碎、去皮等工序得到的可可豆碎片（通称可可饼），由可可饼脱脂粉碎之后的粉状物，即为可可粉。可可粉按其含脂量分为高、中、低脂可可粉；按加工方法不同分为天然粉和碱化粉。可可粉具有浓烈的可可香气，可用于高档巧克力、冰淇淋、糖果、糕点及其他含可可的食品。

应用　胶姆糖基础剂

胶姆糖基础剂的使用应符合 GB 2760—2014 及 GB 29987—2014 相关规定。

生产厂商

① 上海华开实业有限公司

② 郑州诚旺化工产品有限公司

③ 郑州市伟丰生物科技有限公司

④ 郑州华安食品添加剂有限公司

来开欧胶 leche caspi(sorva)

理化性质　主要成分是香树素乙酸盐和聚异戊二烯。外观呈灰白色，切开后内呈雪白色的块状固体，无味无臭。从 couma macrocarpa barb rodr 取得的胶乳制成凝结胶乳，经加热煮沸，直到疑结成固体。

毒理学依据

① 大鼠饲以含 0.5%～6.7%莱开欧胶的饲料 6 个月，及饲以含 0.03%～1.4%莱开欧胶的饲料 2 年，无副作用。

② 用含莱开欧胶 16%的胶基饲料饲以大鼠（以 1g 为计量单位的胶基提取物）2 年，未见异常。

③ 狗饲以含有 0.3%～1.4%莱开欧胶的饲料 2 年，无异常。

④ 大鼠三代繁殖试验，饲以含 0.7%和 1.3%莱开欧胶的饲料，无异常。

质量标准

质量标准 GB 29987—2014

项　目		指　标
铅(Pb)/(mg/kg)	≤	3
总砷(以 As 计)/(mg/kg)	≤	3
总汞(Hg)/(mg/kg)	≤	0.5
镉(Cd)/(mg/kg)	≤	1

应用　胶姆糖基础剂

胶姆糖基础剂的使用应符合 GB 2760—2014 及 GB 29987—2014 相关规定。

美国 FDA（21CFR172.615）、法国（Arrêté June25，2003）、意大利和日本法规规定，可安全用于胶基糖果中基础剂物质中，不作限制性规定。用于胶姆糖胶基，按生产需要适量使用。口香糖的酯胶基质是利用来开欧胶的特性而制成的，来开欧胶是疏水性物质，很好地保持口香糖香味，使口香糖具有柔和的咀嚼感。

生产厂商

① 武汉大华伟业医药化工有限公司

② 湖北巨胜科技有限公司

磷酸氢钙 calcium hydrogen phosphate (dicalcium orthophosphate)

应用　胶姆糖基础剂

胶姆糖基础剂的使用应符合 GB 2760—2014 及 GB 29987—2014 相关规定。其他见膨松剂。

磷脂 lecithin

　　应用　胶姆糖基础剂

　　胶姆糖基础剂的使用应符合 GB 2760—2014 及 GB 29987—2014 相关规定。

　　生产厂商

① 河北百味生物科技有限公司

② 河南华悦化工产品有限公司

③ 广州市久味鲜精细化工有限公司

④ 上海易蒙斯化工科技有限公司

没食子酸丙酯 propyl gallate

　　应用　胶姆糖基础剂

　　胶姆糖基础剂的使用应符合 GB 2760—2014 及 GB 29987—2014 相关规定。

　　生产厂商

① 武汉佰兴生物科技有限公司

② 郑州华安食品添加剂有限公司

③ 五峰赤诚生物科技股份有限公司

④ 上海易蒙斯化工科技有限公司

明胶 gelatin

　　应用　胶姆糖基础剂

　　胶姆糖基础剂的使用应符合 GB 2760—2014 及 GB 29987—2014 相关规定。

　　生产厂商

① 郑州丰康化工产品有限公司

② 河南鑫华源生物科技有限公司

③ 河南金润食品添加剂有限公司

④ 河北百味生物科技有限公司

木松香甘油酯 glycerol ester of wood rosin

　　别名　酯胶、甘油三松香酸酯

　　理化性质　黄色到浅琥珀色硬质树脂，溶于丙酮，不溶于水。以浅色松香为原料，经甘油酯化反应、蒸汽提纯而成。

　　质量标准

质量标准 GB 29987—2014

项　目		指　标
酸值(以 KOH 计)/(mg/g)		3～9
软化点/℃	≥	82(环球法)
铅(Pb)/(mg/kg)	≤	1
总砷(以 As 计)/(mg/kg)	≤	2
总汞(Hg)/(mg/kg)	≤	1
镉(Cd)/(mg/kg)	≤	1

　　应用　胶姆糖基础剂

胶姆糖基础剂的使用应符合 GB 2760—2014 及 GB 29987—2014 相关规定。

美国 FDA（21GFR172.615）、法国（Arrêté June25，2003）、意大利和日本法规规定，可安全用于胶基糖果中基础剂物质中，不作限制性规定。

芡茨棕树胶 chiquibul

理化性质　主要由树脂部分和树胶部分组成，外观呈灰白色，切开后内呈雪白色的块状固体。

毒理学依据

① 大鼠饲以含芡茨棕树胶 0.1%～0.5% 的饲料 16 个月，大鼠饲以用含芡茨棕树胶 0.04%～0.08% 的饲料 2 年，均无副作用。

② 狗饲以含芡茨棕树胶 0.04%～0.08% 的饲料 2 年，无异常。

质量标准

质量标准 GB 29987—2014

项　　目		指　　标
铅(Pb)/(mg/kg)	≤	3
总砷(以 As 计)/(mg/kg)	≤	3
总汞(Hg)/(mg/kg)	≤	0.5
镉(Cd)/(mg/kg)	≤	1

应用　胶姆糖基础剂

胶姆糖基础剂的使用应符合 GB 2760—2014 及 GB 29987—2014 相关规定。

美国 FDA（21CFR172.615）、法国（Arrêté June25，2003）、意大利和日本法规规定，可安全用于胶基糖果中基础剂物质中，不作限制性规定。用于胶姆糖胶基，按生产需要适量使用。口香糖的酯类基质是利用芡茨棕树胶的特性而制成的，芡茨棕树胶是疏水性物质，很好地保持口香糖香味，使口香糖具有柔和的咀嚼感。

生产厂商

① 武汉宏信康精细化工有限公司

② 湖北巨胜科技有限公司

③ 武汉能仁医药化工有限公司

④ 广西梧州嘉发赛树胶有限公司

氢化植物油 hydrogen vegetable oils

理化性质　氢化植物油是一种人工油脂，包括人们熟知的奶精、植脂末、人造奶油、代可可脂等。它是普通植物油在一定的温度和压力下加入氢催化而成。经过氢化的植物油硬度增加，保持固体的形状，可塑性、融合性、乳化性都增强，可以使食物更加酥脆。同时，还能够延长食物的保质期，因此被广泛地于食品加工。

质量标准

质量标准 GB 17402—2003

项　　目		指　　标
酸值/(mg/KOH/g)	≤	1
过氧化值/%	≤	0.1
铜(Cu)/(mg/kg)	≤	0.2
铅(Pb)/(mg/kg)	≤	1

应用 胶姆糖基础剂

胶姆糖基础剂的使用应符合 GB 2760—2014 及 GB 29987—2014 相关规定。

生产厂商

① 河北赛亿生物科技有限公司

② 广州嘉德乐生化科技有限公司

三乙酸甘油酯 triacetin

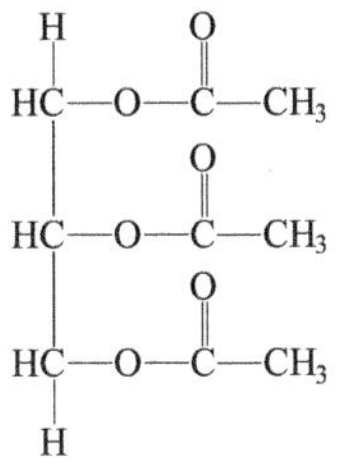

$C_9H_{14}O_6$, 218.20

理化性质 无色略呈油状液体，具有轻微油脂气和苦味。低于−37℃时呈玻璃晶态。微溶于水，混溶于乙醇、乙醚和三氯甲烷。由甘油与乙酸（或乙酐）酯化后经真空蒸馏提炼制得。

质量标准

质量标准 GB 29987—2014

项 目		指 标
三乙酸甘油酯含量/%	≥	98.5
水分/%	≤	0.2
相对密度 d_{25}^{25}		1.154～1.158
折射率(25℃)		1.429～1.431
铅(Pb)/(mg/kg)	≤	1
总砷(以 As 计)/(mg/kg)	≤	3

应用 胶姆糖基础剂

胶姆糖基础剂的使用应符合 GB 2760—2014 及 GB 29987—2014 相关规定。

生产厂商

① 广州峰佰顺贸易有限公司

② 上海至鑫化工有限公司

③ 江苏立成化学有限公司

④ 广州市彬豪化工有限公司

山梨酸钾 potassium sorbate

应用 胶姆糖基础剂

胶姆糖基础剂的使用应符合 GB 2760—2014 及 GB 29987—2014 相关规定。其他见防腐剂。

石蜡 paraffin

主要成分的分子式为 C_nH_{2n+2}，其中 $n=17～35$。

别名 晶形蜡

理化性质 通常是白色、无味的蜡状固体，在 47～64℃熔化，密度约 0.9g/cm³，溶于汽油、二硫化碳、二甲苯、乙醚、苯、氯仿、四氯化碳、石脑油等一类非极性溶剂，不溶于水和甲醇等极性溶剂。

质量标准

质量标准 GB 7189—2010

项 目		指 标							
牌号		52 号	54 号	56 号	58 号	60 号	62 号	64 号	66 号
熔点/℃	不低于	52	54	56	58	60	62	64	66
	低于	54	56	58	60	62	64	66	68
含油量/%	不大于	0.5							
颜色/赛波特颜色号	不小于	+28							
光安定性/号	不大于	4							
针入度(25℃)/(1/10mm)	不大于	18				16			
运动黏度(100℃)/(mm²/s)		报告							
嗅味/号	不大于	0							
水溶性酸或碱		无							
机械杂质及水分①		无							
易炭化物		通过							
稠环芳烃,紫外吸光度/cm									
280nm～289nm	不大于	0.15							
290nm～299nm	不大于	0.12							
300nm～359nm	不大于	0.08							
360nm～400nm	不大于	0.02							

① 将约 10g 石蜡放入容积为 100～250mL 的锥形瓶中，加入 50mL 初馏点不低于 70℃的无水直馏汽油馏分，并在振荡下于 70℃水浴内加热，直到石蜡溶解为止，将该溶液在 70℃水浴内放置 15min 后，溶液中不应呈现用眼睛可以看见的浑浊、沉淀或水。允许溶液有轻微乳光。

应用 胶姆糖基础剂

胶姆糖基础剂的使用应符合 GB 2760—2014 及 GB 29987—2014 相关规定。

生产厂商

① 北京丽康伟业科技有限公司

② 荆门市鸿昌有限公司

③ 上虞市正源油品化工有限公司

④ 荆门维佳化工有限公司

石油石蜡 paraffin wax,synthetic(fischer-tropsch)

别名 费-托法合成石蜡

理化性质 白色，在室温环境非常坚硬，可溶于热芳香烃类溶剂。由一氧化碳和氢经接触合成为石蜡碳氢混合物，低分子量部分由蒸馏法除去，其他部分经氢化和活性炭进一步做渗滤处理后而得。

质量标准

质量标准 GB 29987—2014

项　目		指　标
凝固点/℃		93.3～98.9
吸光率(88℃,290～299nm)/%	≤	0.01
含油量/%	≤	0.50
苯并(α)芘/(μg/kg)	≤	50
铅(Pb)/(mg/kg)	≤	3
总砷(以 As 计)/(mg/kg)	≤	3
总汞(Hg)/(mg/kg)	≤	1
镉(Cd)/(mg/kg)	≤	1

应用　胶姆糖基础剂

胶姆糖基础剂的使用应符合 GB 2760—2014 及 GB 29987—2014 相关规定。

美国 FDA（21GFR172.615）、法国（ArrêtéJune25，2003）、意大利和日本法规规定，可安全用于胶基糖果中基础剂物质中，不作限制性规定。

松香(包括松香、木松香、妥尔松香)季戊四醇酯 pentaerythritol ester of rosin(gum,wood,tall oil)

应用　胶姆糖基础剂、被膜剂

胶姆糖基础剂的使用应符合 GB 2760—2014 及 GB 29987—2014 相关规定。其他见被膜剂。

松香甘油酯 glycerol ester of gum rosin

别名　酯胶、氢化酯胶和甘油三松香酸酯

理化性质　酯胶为黄色或浅褐色透明玻璃状物，质脆，无臭或微有臭味，相对密度1.080～1.100。不溶于水、低分子醇，溶于芳香族溶剂、烃、萜烯、酯、酮、橘油及大多数精油。酯胶为亲油性乳化剂，具有稳定饮料的作用，可用于调整柑橘类精油的密度。由浅色松香与食品级甘油经酯化作用而成。

毒理学依据

① LD_{50}：大鼠急性经口 21.5g/kg。

② GRAS：FDA-21CFR172.615。

③ ADI：暂定 0～12.5mg/kg（JECFA，2011）。

质量标准

质量标准 GB 10287—2012

项　目		指　标	
		松香甘油酯	氢化松香甘油酯
溶解性		通过试验	通过试验
酸值[①]/(mg/g)	≤	9.0	9.0
软化点(环球法)/℃		80.0～90.0	78.0～90.0
总砷(As)/(mg/kg)	≤	1.0	1.0
重金属(以 Pb 计)/(mg/kg)	≤	10.0	10.0
灰分/%	≤	0.1	0.1
相对密度 d_{25}^{25}		1.060～1.090	1.060～1.090
色泽[②](铁钴法),加纳色号		8	8

①　溶解试样的中性乙醇改为中性苯-乙醇（1∶1）溶液，将 0.5mol/L 标准溶液氢氧化钾水溶液改为 0.05mol/L 氢氧化钾乙醇溶液。

②　除去外表部分并粉碎好的试样与甲苯按 1∶1（质量比）溶解，注入洁净干燥的加氏比色管中。

应用　胶姆糖基础剂

胶姆糖基础剂的使用应符合 GB 2760—2014 及 GB 29987—2014 相关规定。

生产厂商

① 南京国业化工原料有限公司

② 宁都县福明林产科技有限公司

③ 临沂利源化工有限公司

④ 定南县松源化工有限责任公司

碳酸钙(包括轻质和重质碳酸钙)galcium carbonate(light,heavy)

应用　胶姆糖基础剂

胶姆糖基础剂的使用应符合 GB 2760—2014 及 GB 29987—2014 相关规定。其他见营养强化剂、面粉处理剂相关章节。

碳酸镁 magnesium carbonate

应用　胶姆糖基础剂

胶姆糖基础剂的使用应符合 GB 2760—2014 及 GB 29987—2014 相关规定。其他见营养强化剂、面粉处理剂相关章节。

糖胶树胶 chicle

理化性质　常温下为有弹性和可塑性的树胶状物质，加热后为糖浆黏稠体，不溶于水，溶于大多数有机溶剂，不受氧化。从 manilkare zapotilla gilly 或 manilkara chicle gilly 树中提取制得。

毒理学依据

① 大鼠饲以含有 3%～5% 糖胶树胶的饲料 8 周，无异常。

② 大鼠饲以含糖胶树胶 0.1%～6% 的饲料 6 个月与食用含糖胶树胶 0.4%～1.4% 的饲料 2 年，无副作用。

③ 对大鼠进行三代繁殖试验，无异常。

质量标准

质量标准 GB 29987—2014

项　目		指　标
铅(Pb)/(mg/kg)	≤	3
总砷(以 As 计)/(mg/kg)	≤	3
总汞(Hg)/(mg/kg)	≤	0.5
镉(Cd)/(mg/kg)	≤	1

应用　胶姆糖基础剂

胶姆糖基础剂的使用应符合 GB 2760—2014 及 GB 29987—2014 相关规定。

美国 FDA (21CFR172.615)、法国 (Arrêté June25, 2003)、意大利和日本法规规定，可安全用于胶基糖果中基础剂物质中，不作限制性规定。用于胶姆糖胶基，按生产需要适量使用。口香糖的酯胶基质是利用糖胶树胶的特性而制成的，糖胶树胶是疏水性物质，很好地保持口香糖香味，使口香糖具有柔和的咀嚼感。

生产厂商

① 武汉大华伟业医药化工有限公司

② 湖北巨胜科技有限公司

天然橡胶 natural rubber(latex solids)

别名　乳胶固形物

理化性质　为白色有韧性片状或块状胶体，不易氧化。天然橡胶是一种以聚异戊二烯为主要成分的天然高分子化合物，其橡胶烃（聚异戊二烯）含量在 90% 以上，还含有少量的蛋白质、脂肪酸、糖分及灰分等。常温下有较高弹性，略有塑性，低温时结晶硬化。有较好的耐碱性，但不耐强酸。不溶于水、低级酮和醇类，在非极性溶剂如三氯甲烷、四氯化碳等中能溶胀。从二叶胶树 lheveabrasiliensis 中取得乳胶，加入气体氨作防腐剂，用离心法除去水和蛋白质制得。

毒理学依据

① 大鼠饲以含 1.7% 天然橡胶的饲料 6 个月，及饲以含 0.1%～0.3% 天然橡胶的饲料 2 年，无副作用。

② 将含 2.3% 天然橡胶的饲料饲以大鼠以 1g 为计量单位的胶基提取物 2 年，未见异常。

③ 狗饲以含有 0.1%～0.3% 天然橡胶的饲料 2 年，无异常。

质量标准

质量标准 GB 29987—2014

项　目		指　标
氮(凯氏法)/%		0.65
铅(Pb)/(mg/kg)	≤	3
总砷(以 As 计)/(mg/kg)	≤	3
总汞(Hg)/(mg/kg)	≤	0.5
镉(Cd)/(mg/kg)	≤	1

应用　胶姆糖基础剂

胶姆糖基础剂的使用应符合 GB 2760—2014 及 GB 29987—2014 相关规定。

美国 FDA（21CFR172.615）、法国（Arrêté June25，2003）、意大利和日本法规规定，可安全用于胶基糖果中基础剂物质中，不作限制性规定。用于胶姆糖基，按生产需要适量使用。口香糖的酯胶基质是利用天然橡胶的特性而制成的，天然橡胶是疏水性物质，很好地保持口香糖香味，使口香糖具有柔和的咀嚼感。

生产厂商

① 湖北巨胜科技有限公司

② 嵊州市天然橡胶化工有限公司

③ 海南天然橡胶产业集团股份有限公司

④ 武汉大华伟业医药化工有限公司

妥尔松香甘油酯 glycerol ester of tall oil rosin

理化性质　浅琥珀色硬质树脂，溶于丙酮，不溶于水和乙醇。以妥尔油松香为原料，经甘油酯化反应、蒸汽提纯而成。

质量标准

质量标准 GB 29987—2014

项　目		指　标
酸值(以 KOH 计)/(mg/g)		2～12
软化点/℃	≥	80(环球法)
铅(Pb)/(mg/kg)	≤	1
总砷(以 As 计)/(mg/kg)	≤	2
总汞(Hg)/(mg/kg)	≤	1
镉(Cd)/(mg/kg)	≤	1

应用　胶姆糖基础剂

胶姆糖基础剂的使用应符合 GB 2760—2014 及 GB 29987—2014 相关规定。

美国 FDA（21GFR172.615）、法国（Arrêté June25，2003）、意大利和日本法规规定，可安全用于胶基糖果中基础剂物质中，不作限制性规定。

生产厂商

① 南京国业化工原料有限公司

② 宁都县福明林产科技有限公司

③ 临沂利源化工有限公司

④ 定南县松源化工有限责任公司

微晶石蜡 microcrystalline wax

别名　石油石蜡、精制微晶石蜡

理化性质　半透明、颜色不一，从琥珀色到几乎纯白，无气味。精制石蜡通常来自小分子石油组分，溶化后比精制微晶石蜡的黏度更低，精制微晶石蜡的相对分子质量、闪点及熔点通常都要高于精制石蜡。这些石蜡根据颜色和熔点来区分等级和进行销售，熔点为 48～102℃。石油石蜡在有机溶剂中的溶解度较低，在芳香烃中的溶解度较高，在酮、酯、醇中的溶解度最低。从石油中提炼出来的固态烃类混合物，最终可制备成"精制石蜡"或"精制微晶石蜡"。

质量标准

质量标准 GB 22160—2008

项　目		指　标				
牌号		70	75	80	85	90
滴熔点/℃	不低于	67	72	77	82	87
	低于	72	77	82	87	92
针入度(25℃,100g)/(1/10mm)	不大于	35	35	30	23	15
含油量/%	不大于	3.0				
颜色/号	不大于	1.5				
运动黏度(100℃)/(mm²/s)	不小于	6.0	10			
5%蒸馏点碳数	不小于	25				
平均相对分子质量	不小于	500				
灼烧残渣①/%	不大于	0.1				
铅(Pb)②/(mg/kg)	不大于	3				
嗅味/号	不大于	1				
稠环芳烃，紫外吸光度/cm						
280～289nm	不大于	0.15				
290～299nm	不大于	0.12				
300～359nm	不大于	0.08				
360～400nm	不大于	0.02				

① 灼烧残渣允许用 SH/T 0129 测定。

② 铅含量允许用 GB/T 5009.75 测定。

应用 胶姆糖基础剂

胶姆糖基础剂的使用应符合 GB 2760—2014 及 GB 29987—2014 相关规定。

美国 FDA（21GFR172.615）、法国（ArrêtéJune25，2003）、意大利和日本法规规定，可安全用于胶基糖果中基础剂物质中，不作限制性规定。

生产厂商

① 荆门维佳化工有限公司

② 荆门市鸿昌有限公司

③ 河南恒协化工制品销售有限公司

④ 东光县蜂花蜡业制品厂

维生素 E(DL-α-生育酚，D-α-生育酚，混合生育酚浓缩物)vitamineE(DL-α-tocopherol,D-α-tocopherol,mixed tocopherol concentrate)

应用 胶姆糖基础剂

胶姆糖基础剂的使用应符合 GB 2760—2014 及 GB 29987—2014 相关规定。其他见营养强化剂相关章节。

小烛树蜡 candelilla wax

理化性质 黄棕色不透明至透明硬质脆性蜡。由植物小蜡烛树的叶、茎和枝在含有硫酸的热水中浸渍，使蜡质上浮，撇取后精制而成。

质量标准

质量标准 GB 29987—2014

项　目		指　标
酸值(以 KOH 计)/(mg/g)		12～22
皂化值		43～65
铅(Pb)/(mg/kg)	≤	2
总砷(以 As 计)/(mg/kg)	≤	3
总汞(Hg)/(mg/kg)	≤	0.5
镉(Cd)/(mg/kg)	≤	1

应用 胶姆糖基础剂

胶姆糖基础剂的使用应符合 GB 2760—2014 及 GB 29987—2014 相关规定。

美国 FDA（21GFR172.615）、法国（ArrêtéJune25，2003）、意大利和日本法规规定，可安全用于胶基糖果中基础剂物质中，不作限制性规定。

生产厂商

① 广州朋远化工有限公司

② 广州市安誉贸易有限公司

③ 上海悦冠实业有限公司

④ 广州市铎峰化工有限公司

乙酰化单,双甘油脂肪酸酯 acetylated mono-and diglyceride(acetic and fatty acid esters of glycerol)

应用 胶姆糖基础剂

胶姆糖基础剂的使用应符合 GB 2760—2014 及 GB 29987—2014 相关规定。其他见乳化剂。

异丁烯-异戊二烯共聚物 isobutylene-isoprene copolymer(butyl rubber)

别名 丁基橡胶、异丁基橡胶、异丁烯-异戊二烯共聚物

理化性质 白色或淡色固体，具有丁基橡胶特有的气味。相对密度 0.92。玻璃化温度 $-67 \sim -69℃$。不溶于乙醇和丙酮。在氯甲烷溶液中，由异丁烯、异戊二烯以氯化铝为催化剂聚合而成。聚合后，用含有食用级解聚剂（如硬脂酸）的热水精制成橡胶颗粒，最后进行干燥，除去残余挥发物，即为成品。

毒理学依据

LD_{50}：小鼠急性经口 21.576g/kg（bw）。

质量标准

质量标准 GB 29987—2014

项　目		指　标
挥发物质/%	≤	1
异丁烯/(mg/kg)	≤	30
异戊二烯/(mg/kg)	≤	15
总不饱和度(摩尔分数)/%	≤	3
铅(Pb)/(mg/kg)	≤	3
总砷(以 As 计)/(mg/kg)	≤	3
总汞(Hg)/(mg/kg)	≤	0.5
镉(Cd)/(mg/kg)	≤	1

应用 胶姆糖基础剂

胶姆糖基础剂的使用应符合 GB 2760—2014 及 GB 29987—2014 相关规定。

美国 FDA（21CFR172.615）、法国（Arrêté June25，2003）、意大利和日本法规规定，可安全用于胶基糖果中基础剂物质中，不作限制性规定。作为胶姆糖胶基物质，可按生产需要适量使用。由丁基橡胶制造的口香糖，香味持久，易于咀嚼，便于储存，还能够保护牙齿，充分满足现代消费者的需求。丁基橡胶亦可用来制造呼吸面罩和呼吸管。

生产厂商

① 苏州美嘉达塑胶有限公司

② 上海多康实业有限公司

③ 湖北兴银河化工有限公司

④ 湖北鑫润德化工有限公司

硬脂酸 stearic acid

应用 胶姆糖基础剂

胶姆糖基础剂的使用应符合 GB 2760—2014 及 GB 29987—2014 相关规定。其他见被膜剂。

硬脂酸钙 calcium stearate

应用 胶姆糖基础剂

胶姆糖基础剂的使用应符合 GB 2760—2014 及 GB 29987—2014 相关规定。其他见乳化剂。

硬脂酸钾 potassium stearate

理化性质 白色至黄色蜡状固体，具有脂肪气味。由硬脂酸与氢氧化钾高温反应后冷却而成。

质量标准

质量标准 GB 31623—2014

项　目		指　标
硬脂酸钾含量/%	⩾	95.0
游离脂肪酸/%	⩽	3
不皂化物/%	⩽	2
铅(Pb)/(mg/kg)	⩽	2

应用 胶姆糖基础剂

胶姆糖基础剂的使用应符合 GB 2760—2014 及 GB 29987—2014 相关规定。

硬脂酸镁 magnesium stearate

应用 胶姆糖基础剂

胶姆糖基础剂的使用应符合 GB 2760—2014 及 GB 29987—2014 相关规定。

硬脂酸钠 sodium stearate

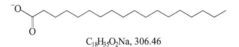

$C_{18}H_{35}O_2Na$, 306.46

别名 十八酸钠、硬脂酸钠、硬脂酸钠（胶状）、十八酸钠盐

毒理学依据

最小致死量（狗，静脉）LD_{50}：10mg/kg

理化性质 白色粉末，具有脂肪气味，有滑腻感，溶于热水和乙醇，遇酸分解成硬脂酸和相对应的钠盐。由硬脂酸与氢氧化钠（或硬脂酸钙与氯化钠）进行反应而得。

质量标准

质量标准 GB 29987—2014

项　目		指　标
硬脂酸钠含量/%	⩾	98.0
酸值（以 KOH 计）/(mg/g)		196～211
碘值/(g/100g)	⩽	4.0
铅(Pb)/(mg/kg)	⩽	2
总砷(以 As 计)/(mg/kg)	⩽	3

应用 胶姆糖基础剂

胶姆糖基础剂的使用应符合 GB 2760—2014 及 GB 29987—2014 相关规定。

生产厂商

① 吴江市泉诚化工有限公司

② 常州市元丰化工有限公司

③ 博爱县东科精细化工有限公司

④ 上海金锦乐实业有限公司

蔗糖脂肪酸酯 sucrose esters of fatty acid

应用　胶姆糖基础剂

胶姆糖基础剂的使用应符合 GB 2760—2014 及 GB 29987—2014 相关规定。其他见乳化剂相关章节。

竹叶抗氧化物 bamboo leaf

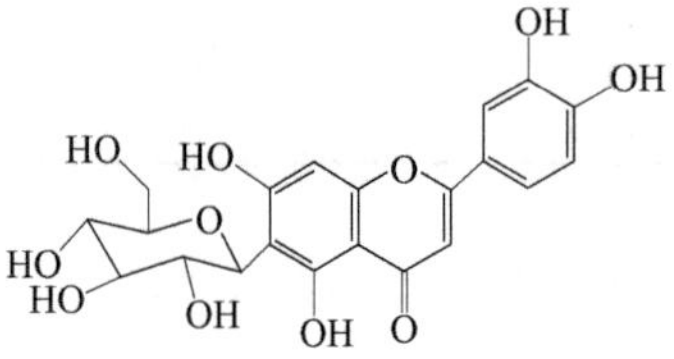

$C_{21}H_{20}O_{11}$,448.38(按2007年国际相对原子质量)
异荭草苷

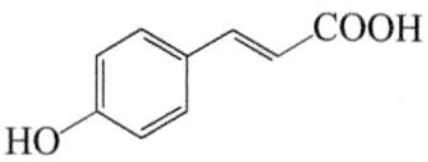

$C_9H_8O_3$,164.16(按2007年国际相对原子质量)
对香豆酸

理化性质　竹叶抗氧化物根据其溶解性分为水溶性和脂溶性产品。其水溶性产品的主要有效成分为竹叶碳苷黄酮（异荭草苷、荭草苷、牡荆苷、异牡荆苷）和对香豆酸、绿原酸等；脂溶性产品主要有效成分为对香豆酸、阿魏酸、苜蓿素以及竹叶黄酮的酯化产物等。黄色至黄棕色或黄褐色，吸湿时色渐变深。水溶性产品具有典型的竹叶清香；脂溶性产品清香淡、略带酯味。粉末状，允许有少量颗粒。

质量标准

质量标准　GB 30615—2014

项　目		指　标	
		水溶性	脂溶性
总酚/%	≥	40.0	20.0
异荭草苷/%	≥	2.0	—
对香豆酸/%	≥	—	0.5
水溶解度(25℃)/(g/100g)	≥	6.0	—
乙酸乙酯溶解度(25℃)/(g/100g)	≥	—	3.0
灼烧残渣/%	≤	5.0	3.0
干燥减量/%	≤	8.0	8.0
总砷(As)/(mg/kg)	≤	3.0	3.0
铅(Pb)/(mg/kg)	≤	2.0	2.0

应用　胶姆糖基础剂

胶姆糖基础剂的使用应符合 GB 2760—2014 及 GB 29987—2014 相关规定。其他见营养强化剂相关章节。

生产厂商

南京松冠生物科技有限公司

第4章　调味增香类

调味增香主要涉及调味类添加剂和食用香料两大类食品添加剂物种。食品中使用这两类添加剂的主要目的是为了调整和增加食品的口味与香气，改善食品的感官品质。调味类和增香类添加剂是使食品更加味香可口，以促进人的消化液分泌和增进食欲的物质。调味侧重于对口腔中各种味觉（taste）反应的影响。作为食品添加剂的调味物质不同于传统调料（属于配料，包括相应制品且涉及酸、甜、鲜、咸、辣等多种口味），仅包含酸、甜、鲜味三种突出物质类别。但其风味更强烈、更适宜加工食品使用，包括酸度调节剂、增味剂和甜味剂三个类别。增香调香则针对如何使用不同香料对鼻腔嗅觉（smell）所产生效果。食品中使用的增香物质仅涉及或用于调配香精制品所需要的各种香料物质。

4.1　增味剂 flavor enhancer

增味剂是补充或增强食品原有风味的物质。广义的增味剂应涉及甜、酸、苦、辣、咸、鲜、等多种口味。而食品添加剂中的增味剂则特指能强化或补充食品鲜味为主的物种。

5′-呈味核苷酸二钠 disodium 5′-ribonucleotide

别名　5′-核糖核苷酸二钠、核糖核苷酸钠

分类代码　CNS 12.004；INS 635

理化性质　本品主要由5′-鸟苷酸二钠和5′-肌苷酸钠组成，其性状也与之相似，为白色至米黄色结晶或粉末，无臭，味鲜，与谷氨酸钠合用有显著的协同作用，使鲜度大增。溶于水，微溶于乙醇和乙醚。5′-尿苷酸二钠和5′-胞苷酸二钠的呈味力较弱。

本品以酵母为原料，通过生物发酵制备。

毒理学依据

① LD_{50}：大鼠急性经口大于 10g/kg（bw）。

② ADI：无须规定。

③ 代谢：参照鸟苷酸钠。

质量标准

质量标准

项　目		指　标	
		QB/T 2845—2007	JECFA（2006）
含量（IMP＋GMP）/%		97～102	（IMP＋GMP）97～102 （IMP 或 GMP）占总量的 47%～53%
干燥失重/%	≤	28.5	—
氨基酸		合格	合格

续表

项　目		指　标	
		QB/T 2845—2007	JECFA(2006)
铵盐(以 NH$_4$ 计)		合格	—
pH(5％溶液)		7.0～8.5	7.0～8.5
砷(以 As 计)/(mg/kg)	≤	1	—
重金属(以 Pb 计)/(mg/kg)	≤	10	—
其他核苷酸		不应检出	—
IMP 含量(混合比)/％		48.0～52.0	—
GMP 含量(混合比)/％		48.0～52.0	—
铅/(mg/kg)	≤	—	1
有关外来物		—	合格
透光率(5％水溶液)/％		95.0	—
水分/％	≤	—	27.0

应用　增味剂

GB 2760—2014 规定：5′-呈味核苷酸二钠作为食品增味剂可在各类食品中（附录 2 中食品除外）按生产需要适量使用。

本品作为增味剂常与谷氨酸钠合用，其用量约为味精的 2％～10％，可与其他多种成分合用，如一种复合鲜味剂组分为味精 88％、呈味核苷酸 8％、柠檬酸 4％；另一组分为味精 41％、呈味核苷酸 2％、水解动物蛋白 56％、琥珀酸二钠 1％。若肌苷酸钠和鸟苷酸钠的比例为 1∶1 时，其一般用量如下：罐头汤，0.02～0.03g/kg；罐头芦笋，0.03～0.04g/kg；罐头蟹，0.01～0.02g/kg；罐头鱼，0.03～0.06g/kg；罐头家禽、香肠、火腿，0.06～0.10g/kg；调味汁，0.10～0.30g/kg；调味品，0.10～0.15g/kg；调味番茄酱，0.10～0.20g/kg；蛋黄酱，0.12～0.18g/kg；小吃食品，0.03～0.07g/kg；酱油，0.30～0.50g/kg；蔬菜汁，0.05～0.10g/kg；加工干酪，0.05～0.10g/kg；脱水汤粉，1.0～2.0g/kg；速煮面汤粉，3.0～6.0g/kg。

生产厂商

① 河南圣贸精细化工有限公司

② 广东肇庆星湖生物科技股份有限公司

③ 特味香（北京）生物技术有限公司

④ 湖北兴银河化工有限公司

5′-肌苷酸二钠 disodium 5′-inosinate

C$_{10}$H$_{11}$N$_4$Na$_2$O$_8$P·xH$_2$O, 392.17(无水)

别名　肌苷酸钠、IMP

分类代码　CNS 12.003；INS 631

理化性质　本品为无色至白色结晶，或白色结晶性粉末，约含 7.5 分子结晶水，不吸湿，40℃开始失去结晶水，120℃以上为无水物。味鲜，鲜味阈值为 0.025％，鲜味强度低于鸟苷酸钠，但两者合用有显著的协同作用。当两者以 1∶1 混合时，鲜味阈值可降至 0.0063％。与 0.8％谷氨酸钠合用，其鲜味阈值更进一步降至 0.000031％。溶于水，水溶液稳定，呈中性。在酸性溶液中加热易分解，失去呈味力。亦可被磷酸酶分解破坏。微溶于乙醇，几乎不溶于乙醚。

本品以酵母为原料，通过生物发酵制备。

毒理学依据

① LD$_{50}$：大鼠急性经口 15900mg/kg（bw）。

② ADI：无须规定。

③ GRAS：FDA-21CFR 172.535。

④ 代谢：机体摄入本品后，参与体内正常的代谢。

质量标准

质量标准（参考）

项　　目		指　　标	
		JECFA（2006）	FCC（7）
含量(以无水物计)/%		97.0～102.0	97.0～102.0
氨基酸		合格	合格
铵盐		—	合格
铅/（mg/kg）	≤	1.0	5
澄清度试验		—	合格
其他核苷酸		—	合格
pH(5g/100mL 溶液)		7.0～8.5	7.0～8.5
水分/%	≤	29.0	28.5
有关外来物		合格	—

应用　增味剂

GB 2760—2014 规定：5′-肌苷酸二钠作为食品增味剂可在各类食品中（附录 2 中食品除外）按生产需要适量使用。

本品以 5%～12% 的含量并入谷氨酸钠混合使用，其呈味作用比单用谷氨酸钠高约 8 倍，有"强力味精"之称。

生产厂商

① 湖北省武汉远城化工有限责任公司

② 武汉远成共创科技化工有限公司

③ 广东肇庆星湖生物科技股份有限公司

④ 江苏诚意药业有限公司

5′-鸟苷酸二钠 disodium 5′-guanylate

$C_{10}H_{12}N_5Na_2O_8P \cdot xH_2O$, 407.19(无水)

别名　鸟苷酸钠（GMP）

分类代码　CNS 12.002；INS 627

理化性质　本品为无色至白色结晶，或白色结晶性粉末，含约 7 分子结晶水。味鲜，鲜味阈值为 0.0125g/100mL，鲜味强度为肌苷酸钠的 2.3 倍。与谷氨酸钠合用有很强的协同作用。

不吸湿，溶于水，水溶液稳定。在酸性溶液中，高温时易分解，可被磷酸酶分解破坏，稍溶于乙醇，几乎不溶于乙醚。

本品以酵母为原料，通过生物发酵制备。

毒理学依据

① LD_{50}：大鼠急性经口大于 10g/kg（bw）。

② ADI：无须规定。

③ GRAS：FDA-21CFR 172.531。

质量标准

质量标准（参考）

项　目		指　标	
		QB/T 2846—2007	JECFA(2006)
含量(以干基计)/%		97.0～102.0	97.0～102.0
干燥失重/%	≤	25.0	25.0
紫外吸光度(250nm/260nm)		0.95～1.03	—
(280nm/260nm)		0.63～0.71	—
其他氨基酸		合格	合格
铵盐(以 NH_4 计)		(氨基酸)合格	—
pH(5%溶液)		7.0～8.5	7.0～8.5
砷(以 As 计)/(mg/kg)	≤	2	—
重金属(以 Pb 计)/(mg/kg)	≤	20	—
铅/(mg/kg)	≤	—	1.0
其他核苷酸		不应检出	有关外来物合格
溶液的澄清度与颜色		—	—
透光率/%	≥	95.0(5%水溶液)	—

应用 增味剂

GB 2760—2014 规定：鸟苷酸钠作为食品增味剂可在各类食品中（附录 2 中食品除外）按生产需要适量使用。

本品作为鲜味剂多与谷氨酸钠（味精）等合用。混合使用时，其用量约为味精总量的 1%～5%；酱油、食醋、肉、鱼制品、速溶汤粉、速煮面条及罐头食品等均可添加，其用量约为 0.01～0.1g/kg。也可与赖氨酸盐酸盐等混合后，添加于蒸煮米饭、速煮面条、快餐中，用量约 0.5g/kg。关于本品与谷氨酸钠等的配合使用，详见谷氨酸钠。本品尚可与肌苷酸钠以 1:1 配合，广泛于各类食品。鸟苷酸钠的鲜味阈值 0.0035%，商品中肌苷酸钠与鸟苷酸钠常混在一起，也称为第二代味精。本品与谷氨酸钠或 5'-肌苷酸二钠合用，有显著的协同作用，鲜味大增。本品可被磷酸酶分解失去呈味力，故不宜用于生鲜食品中。这可通过将食品加热到 85℃左右钝化酶后使用。

生产厂商

① 河南郑州农达生化制品厂

② 武汉远成共创科技化工有限公司

③ 北京恒业中远化工有限公司

④ 江苏诚意药业有限公司

L-丙氨酸 L-alanine

$$H_3C\!\!-\!\!\overset{\displaystyle H}{\underset{\displaystyle NH_2}{|}}\!\!-\!\!COOH$$

$C_3H_7NO_2$, 89.09

别名　L-2-氨基丙酸，L-2-aminopropanoic acid

分类代码　CNS 12.006

理化性质　本品为白色无臭结晶性粉末，有鲜味，略有甜味，相对密度 1.432，熔点 297℃（分解），200℃以上开始升华。易溶于水（17%，25℃），微溶于乙醇（0.2%，80%冷酒精），不溶于乙醚和丙酮。5%水溶液的 pH 值为 5.5～7.0。

本品以富马酸为原料，通过提取物转化制备。

毒理学依据

① LD$_{50}$：小鼠急性经口大于 10g/kg（bw）。

② GRAS：FDA-21CFR 172.320。

③ 代谢：本品为食品中蛋白质组成成分，参与体内正常代谢。

质量标准

质量标准

项　目	指　标	
	GB 25543—2010	FCC(7)
含量(以干基计)/%	98.5～101.0	98.5～101.0
干燥失重/% ≤	0.20	0.3
灼烧残渣/% ≤	0.20	0.2
砷(以 As 计)/(mg/kg) ≤	1	—
重金属(以 Pb 计)/(mg/kg) ≤	10	—
pH(50g/L 水溶液)	5.7～6.7	—
铅/(mg/kg) ≤	—	5
比旋光度[α]$_D^{20}$/(°)	+13.5～+13.5	+13.5～+13.5

应用　增味剂

GB 2760—2014 规定：L-丙氨酸作为食品增味剂可在调味品中按生产需要适量使用。

本品作为增味剂、营养增补剂添加量和天然存在于食品中的量不应超过总蛋白质含量的 6.1%。鲜味低于以上几种鲜味剂。略有甜味，约为蔗糖的 70%（近葡萄糖）。如在调味料中添加 3～5 倍于核苷酸的量，可明显增强其作用。为改善人工甜味剂和有机酸的味感，可添加为其含量的 1%～5%。对腌制食品，按食盐量的 5%～10% 添加，可缩短腌制时间。用于油类或蛋黄酱，添加 0.01%～1.0%，具有抗氧化作用。用于含醇饮料，添加 0.1%～1.5%，可使酒味醇和，并可防止发泡酒老化，减少酵母臭。用于糟制食品、酱油浸渍食品，添加 0.2%～0.3%，可改善其风味。作为合成清酒的调味料，用量 0.01%～0.03%。

生产厂商

① 福建省麦丹生物集团有限公司

② 广东省汕头市紫光古汉氨基酸有限公司

③ 安徽华恒生物科技股份有限公司

④ 无锡必康生物工程有限公司

氨基乙酸 glycine、aminoacetic acid

$$NH_2-CH_2-COOH$$

C$_2$H$_5$NO$_2$, 75.07

别名 甘氨酸、胶糖

分类代码 CNS 12.007；INS 640；GB SO 324；FEMA 3287

理化性质 本品为白色单斜晶系或六方晶系晶体，或白色结晶粉末，无臭，有特殊甜味，甜度约为蔗糖70%。易溶于水，水溶液呈微酸性（pH5.5～7.0），微溶于甲醇、乙醇，几乎不溶于丙酮、乙醚。

本品用一氯乙酸与氢氧化胺作用制得，也可用明胶水解、精制而成。

毒理学依据

① LD_{50}：大鼠急性经口 7930g/kg（bw）。

② GRAS：FDA-21CFR 172.812。

③ ADI：本品为食品中蛋白质组成成分，参与体内正常代谢。

质量标准

质量标准

项　目		指　标	
		GB 22542—2010	FCC(7)
含量(以无水物计)/%		98.5～101.5	98.5～101.5
氯化物(以 Cl 计)/%	≤	0.010	—
铵盐/%	≤	0.02	—
铅/(mg/kg)	≤	—	5
澄清度试验		通过试验	—
灼烧残渣	≤	0.1	0.1
pH 值(5g/100mL 溶液)		5.5～7.0	—
干燥失重/%	≤	0.2	0.2
重金属(以 Pb 计)/(mg/kg)	≤	10	—
砷(以 As 计)/(mg/kg)	≤	1	—
铁盐/(mg/kg)	≤	10	—

应用 增味剂

GB 2760—2014 规定：氨基乙酸作为增味剂用于预制肉制品、熟肉制品，最大使用量为3.0 g/kg；用于调味品、果蔬汁（浆）类饮料、植物蛋白饮料，最大使用量为1.0g/kg。

用于饮料和饮料基料中糖精类后苦味的掩蔽，以不超过最终饮料量的0.2%为宜。

生产厂商

① 湖北巨胜科技有限公司

② 连云港润普食品配料有限公司

③ 昊华骏化集团有限公司

④ 邵阳雪峰山化工科技有限公司

谷氨酸钠 monosodium L-glutamate

$$NaOOC-C_2H_4-\overset{\overset{H}{|}}{\underset{\underset{NH_2}{|}}{}}-COOH \cdot H_2O$$

$$C_5H_8O_4Na \cdot H_2O, 187.13$$

别名 味精、麸氨酸钠、谷氨酸一钠（MSG）

分类代码　CNS 12.001；INS 621

理化性质　本品为无色至白色柱状结晶或结晶性粉末，无臭，相对密度 1.635，熔点 195℃，加热至 120℃失去结晶水。味鲜，鲜味阈值 0.012g/100mL 或 $6.25×10^{-4}$ moL/L。略有甜味和咸味。不吸湿，对光稳定，储存时无变化，在通常的食品加工和烹调时不分解，但在高温和酸性条件（pH2.2～4.4）下，会出现部分水解，并转变成 5′-吡咯烷酮-2-羧酸（焦谷氨酸）。在更高的温度和强酸或碱性条件下（尤其是后者），转化成为 DL-谷氨酸盐，呈味力均降低。易溶于水。5g/100mL 的水溶液 pH 值为 6.7～7.2。微溶于乙醇，不溶于乙醚。

本品以 L-谷氨酸及碳酸钠或氢氧化钠为原料，通过生物发酵制备。

毒理学依据

① LD$_{50}$：大鼠急性经口 17g/kg（bw）。

② ADI：无须规定。

③ GRAS：FDA-21CFR 182.1015。

④ 代谢：机体摄入本品后，参与体内正常的代谢。

质量标准

质量标准

项　目		指　标	
		GB 8967—2007	JECFA（2006）
含量/%	≥	99.0	99.0（以干基计）
透光率/%	≥	98	—
氯化物（以 Cl 计）/%	≤	0.1	0.2
pH		6.7～7.2	6.7～7.2
干燥失重/%	≤	0.5	0.5
铁/(mg/kg)	≤	5	—
硫酸盐（以 SO$_4$ 计）/%	≤	0.05	—
铅/(mg/kg)	≤	—	1
吡咯烷酮羧酸		—	合格
比旋光度$[α]_D^{20}$/(°)		+24.8～+25.3	+24.8～+25.3

应用　增味剂

GB 2760—2014 规定：谷氨酸钠作为食品增味剂可在各类食品中（附录 2 中食品除外）按生产需要适量使用。

FAO/WHO（1984）规定：在青豆罐头、甜玉米罐头、蘑菇罐头、芦笋罐头、青豌豆罐头（含奶油或其他油脂）、干酪中，其最大用量可按正常生产需要使用；蟹肉罐头，0.5g/kg；熟腌火腿和熟猪前腿，2g/kg（以谷氨酸计）；碎猪肉和午餐肉，5g/kg（以谷氨酸计）；即食羹和汤 10g/kg（单用或与谷氨酸及其盐合用）。其他使用参考：如在罐头加工食品中如汤类罐头，1～2g/kg；蔬菜罐头，0.5～3g/kg；肉类罐头，0.5～4.0g/kg；鱼类罐头，2～5g/kg；香肠、火腿，1～3g/kg；调味汁、调味品，3～10g/kg；小吃食品，1～5g/kg；酱油，3～6g/kg；加工干酪，4～5g/kg；脱水汤粉，50～80g/kg；方便面调料，50～150g/kg；速煮面汤粉，100～170g/kg。在豆制品如素什锦等中加约 1.5～4g/kg，在曲香清酒中添加约 0.054g/kg，可增进风味。对蘑菇、芦笋等罐头，尚具有防止内容物产生白色沉淀，改善色、香、味的作用。与核糖核苷酸钠、琥珀酸钠、天门冬氨酸钠、甘氨酸、丙氨酸、柠檬酸（钠）、苹果酸、富马酸、磷酸氢二钠、磷酸二氢钠以及与水解植物蛋白、水解动物蛋白，动、植物氨基酸提取物等进行不同的配合，可制成具有不同特点的复合鲜味料，广泛于各种食品。

生产厂商

① 河南莲花味精股份有限公司

② 江苏省苏州天水味精食品有限公司

③ 郑州德瑞生物科技

④ 成都味精厂有限责任公司

琥珀酸二钠 disodium succinate

$$
\begin{array}{l}
CH_2COONa \\
| \\
CH_2COONa \cdot 2H_2O
\end{array}
$$

$C_4H_4Na_2O_4 \cdot nH_2O$（$n=6$ 或 0），六水物 270.14，无水物 162.05

分类代码 CNS 12.005

理化性质 本品六水物为结晶颗粒，无水物为结晶性粉末。无色至白色，无臭，无酸味，有贝类鲜味，味觉阈值 0.03%，在空气中稳定。易溶于水，不溶于乙醇。六水物于 120℃时失去结晶水而成无水物。

本品以琥珀酸及氢氧化钠化为原料，通过化学方法合成。

毒理学依据

LD_{50}：小鼠急性经口大于 10g/kg（bw）。

质量标准

质量标准

项目	指标			
	GB 29939—2013		日本食品添加物公定书(第八版)	
	结晶品	无水品	结晶品	无水品
琥珀酸二钠($C_4H_4Na_2O_4$)含量(以干基计)/%	98.0～101.0		98.0～101.0	
干燥减量/%	37.0～41.0	≤2.0	37.0～41.0	≤2.0
pH(50g/L 溶液)	7.0～9.0		7.0～9.0	
硫酸盐(以 SO_4 计)	通过试验		0.019	
易氧化物	通过试验		合格	
重金属(以 Pb 计)/(mg/kg) ≤	20		20	
总砷(以 As 计)/(mg/kg) ≤	3		4(以 AS_2O_3 计)	

应用 增味剂

GB 2760—2014 规定：琥珀酸二钠作为食品增味剂可用于调味料，最大用量为 20.0g/kg。

本品作为调味料、复合调味料，常用于酱油、水产制品、调味粉、香肠制品、鱼干制品，用量为 0.01%～0.05%；用于方便面、方便食品的调味料中，具有增鲜及特殊风味，用量 0.5%左右。本品通常与谷氨酸钠合用，用量约为谷氨酸钠用量的 1/10。

生产厂商

① 山东省青岛三泰化工有限公司

② 上海申人精细化工有限公司

③ 山东省青岛和本食品配料有限公司

④ 成都凯华食品有限责任公司

糖精钠 sodium saccharin(soluble saccharin)

别名　水溶性糖精；邻苯酰磺酰亚胺

分类代码　CNS 19.001；INS 954

应用　增味剂

GB 2760—2014 规定：糖精钠（以糖精计）作为食品增味剂可用于（03.04 除食用冰外的）冷冻饮品、腌渍的蔬菜、面包、配制酒、复合调味料，最大使用量为 0.15g/kg；果酱中最大使用量为 0.2g/kg；蜜饯凉果、脱壳熟制坚果与籽类、熟制豆类、新型豆制品（大豆蛋白及其膨化食品、大豆素肉等），最大用量为 1.0g/kg；带壳熟制坚果与籽类，最大使用量为 1.2g/kg；凉果类、话化类、果糕类，最大使用量为 5.0g/kg。

PEMA 规定食品中的最高限量：软饮料，72mg/kg；冷饮，150mg/kg；糖果，2100～2600mg/kg；焙烤食品，12mg/kg。

另外，在婴幼儿食品中不得使用。

生产厂商

① 天津长捷化工有限公司

② 广州市耶尚贸易有限公司

③ 郑州市一恒化工产品有限公司

④ 河南信嘉精细化工产品有限公司

4.2　甜味剂 sweeteners

甜味剂是赋予食品甜味的物质，它是使用较多的食品添加剂。一般分为营养型和非营养型甜味剂，根据甜味剂的热值相当于蔗糖热值 2% 以上的甜味剂称为营养型；而低于其 2% 的甜味剂为非营养型。具体来讲，不参与代谢的甜味剂均为非营养型甜味剂。根据甜味剂的来源和生产方法又常将甜味剂分为天然类甜味剂（如蔗糖、葡萄糖、果糖、淀粉糖浆）和合成类的甜味剂（如糖精钠、甜蜜素、安赛蜜等）。

甜味剂的甜度是通过人的味觉品尝而确定的。一般以一定的蔗糖溶液为甜度基准，通过品评确定其他甜味剂的甜度。一般具有甜味的食用原料都应是甜味剂的范畴。但是对于蔗糖、葡萄糖、果糖等物质属于传统的食品原料，常不列入食品添加剂范围讨论。

甘草酸铵 ammonium glycyrrhizinate

$$C_{42}H_{61}O_{16}NH_4 \cdot 5H_2O,\ 839.98；$$

分类代码　CNS 19.012；INS 958

理化性质　本品为白色粉末，有强甜味，甜度约为蔗糖的 200 倍，溶于氨水，不溶于冰乙酸。

本品以天然物甘草为原料，经氨水浸提后通过化学方法制备。

毒理学依据

① LD_{50}：小鼠急性经口大于 10g/kg（bw）。

② 骨髓微核试验：无致突变作用。

质量标准

质量标准　FCC（7）（参考）

项　目		指　标
含量（以干基计）/%	≥	85.0～102.0
总灰分/%	≤	0.5
干燥失重/%	≤	6.0
比旋光度$[\alpha]_D^{20}$/(°)		+45～+53

应用　甜味剂

GB 2760—2014 规定：甘草酸铵作为食品甜味剂可按生产需要适量用于肉类罐头、调味品、糖果、饼干、蜜饯凉果及（14.01 包装饮用水类除外的）饮料类。

FEMA 规定用于食品中最大使用量为：软饮料，51mg/kg；糖果，5.0～6.2mg/kg；焙烤食品，5.0mg/kg。其他具体使用时，如巧克力中用量为 0.4～0.98g/kg；饼干，0.25～0.6g/kg；橘汁、番茄汁、饮料，0.4～0.7g/L，在配料时加入。葡萄酒，0.3～0.5g/L，在发酵后加入。

生产厂商

① 西安瑞鸿生物技术有限公司

② 甘肃泛植生物科技有限公司

③ 寿光市鲁科化工有限责任公司

④ 陕西森弗公司

甘草酸一钾 monopotassium glycyrrhinate

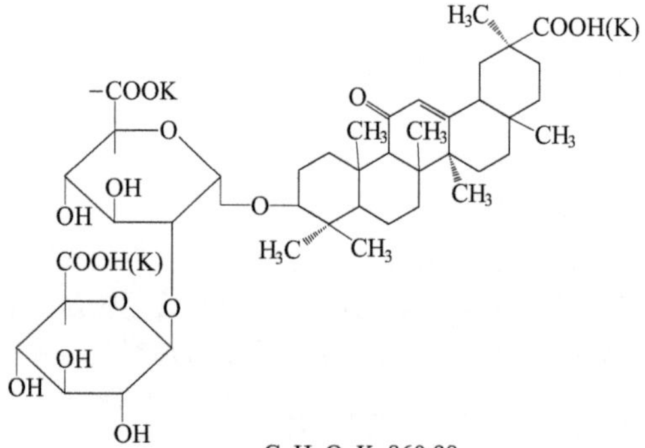

$C_{42}H_{61}O_{16}K$, 860.98

分类代码　CNS 19.010 INS 958

理化性质　本品为类似白色或淡黄色粉末，无臭。有特殊的甜味（甘草酸一钾的甜度约为蔗糖的 500 倍，甘草酸三钾为蔗糖的 150 倍），甜味残留时间长，易溶于水，溶于稀乙醇、甘油、丙二醇，微溶于无水乙醇和乙醚。

本品以天然物甘草为原料，用水抽提后通过化学方法合成。

毒理学依据

LD_{50}：小鼠急性经口大于 10g/kg（bw）。

质量标准

质量标准（参考）

项 目	指 标	
	QB 2077—1995	日本食品添加物公定书（第八版）
含量(干计)/% ≥	90.0	95.0~102.0
干燥失重/% ≤	8.0	13.0
灼烧残渣/%	8.5~10.5	15.0~18.0
砷/% ≤	0.0003（以 As 计）	0.0004（以 As_2O_3 计）
重金属(以 Pb 计)/% ≤	0.001	0.003
钾/%	3.8~4.8	—
氯化物/% ≤	—	0.014
硫酸盐(以 SO_4 计)/% ≤	—	0.029
pH	—	5.5~6.5
溶液澄清度和颜色	—	合格
比旋光度$[\alpha]_D^{20}$/(°)	+40.0~+50.0	—

应用　甜味剂

GB 2760—2014 规定：甘草酸一钾作为食品甜味剂可按生产需要适量用于肉类罐头、调味品、糖果、饼干、蜜饯凉果及（14.01 包装饮用水类除外的）饮料类。

生产厂商

① 西安瑞鸿生物技术有限公司

② 甘肃泛植生物科技有限公司

③ 新乡博凯生物技术有限公司

④ 西安大丰收生物科技有限公司

环己基氨基磺酸钙 calcium cyclamate

$$\left[\bigcirc\!\!-\!NHSO_3\right]_2 Ca \cdot 2H_2O$$

$C_{12}H_{24}CaN_2O_6S_2 \cdot 2H_2O$，432.57

别名：甜蜜素钙

分类代码　CNS 19.000；INS 952

理化性质　本品为白色结晶或结晶性粉末，几乎无臭，味甜，甜度为蔗糖的 30~50 倍。对热、光、空气均稳定。140℃加热 2h。可失去结晶水，于 500℃分解。易溶于水（25g/100mL），微溶于乙醇（1g/60mL），几乎不溶于苯、氯仿和乙醚。10% 水溶液的 pH 值为 5.5~7.5。

本品以环己胺为原料，用氯磺酸或氨基磺酸磺化，再经氢氧化钙处理制备。

毒理学依据

① LD_{50}：小鼠急性经口大于 10g/kg（bw）。

② GRAS：FDA-21 CFR 189.135。

③ 微核试验：阴性。

④ ADI：0～11 mg/kg（bw）（以环己基氨基磺酸计，FAO/WHO，1994）。

质量标准

质量标准

项　目		指　标		
		GB 29217—2012		JECFA（2006）
		二水结晶品	四水结晶品	
环己基氨基磺酸钙(以干基计)含量/%	≥	98.0～101.0		98.0～101.0
干燥减量/%	≤	9.5～16.5		6.0～9.0
环己胺/（mg/kg）	≤	25		10
双环己胺		通过试验		1
铅(Pb)/（mg/kg）	≤	1		1

应用　甜味剂

GB 2760—2014 规定：环己基氨基磺酸钙的使用标准按环己基氨基磺酸钠规定执行。

本品水溶液含钙离子，为免产生沉淀，不宜添加于豆制品和乳制品中。本品常分别与糖精、甜味素、安赛蜜、阿力甜混合使用，既可增加甜度，又可改善风味。

生产厂商

① 河南金润食品添加剂有限公司

② 山东福田糖醇有限公司

③ 苏州孔雀食品添加剂有限公司

④ 广东省江门市江海区互惠食用添加剂有限公司

环己基氨基磺酸钠 sodium cyclamate

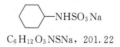

$C_6H_{12}O_3NSNa$，201.22

别名　甜蜜素

分类代码　CNS 19.002；INS 952

理化性质　白色结晶或结晶性粉末，无臭。味甜，甜度为蔗糖的 30～50 倍，易溶于水（20g/100mL），水溶液呈中性，几乎不溶于乙醇等有机溶剂，对热、酸、碱稳定。

本品以环己胺为原料，用氯磺酸或氨基磺酸盐磺化，再用氢氧化钠处理制备。

毒理学依据

① LD_{50}：小鼠急性经口 17000 mg/kg（bw），大鼠急性经口 17000 mg/kg（bw）。

② GRAS：FDA-21CFR 189.135（禁用）。

③ ADI：0～11mg/kg（以环己基氨基磺酸计，FAO/WHO，1994）。

质量标准

质量标准 GB 1886.37—2015（2016-3-22 实施）

项　目		指　标		
		GB 1886.37—2015		JECFA(2006)
		无水品	结晶品	
环己氨基磺酸钠含量(以干基计)/%		98.0～101.0		98.0～101.0
硫酸盐(以 SO$_4$ 计)/%	≤	0.10		—
pH(100g/L 水溶液)		5.5～7.5		—
干燥减量/%	≤	0.5～16.5		1.0
氨基磺酸/%	≤	0.15		—
环己胺/%	≤	0.0025		10
双环己胺		通过试验		1
吸光值(100g/L 溶液)	≤	0.10		—
透明度(以 100g/L 溶液的透光率表示)/%	≥	95.0		—
重金属(以 Pb 计)/(mg/kg)	≤	10.0		—
砷(As)/(mg/kg)	≤	1.0		—

应用　甜味剂

GB 2760—2014 规定：环己基氨基磺酸钠（以环己基氨基磺酸计）作为食品甜味剂可用于（03.04 食用冰除外的）冷冻饮品、水果罐头、腐乳类、饼干、复合调味料、（14.01 包装饮用水类除外的）饮料类（固体饮料按冲调倍数增加使用量）、果冻（果冻粉以冲调倍数增加）及配制酒中，最大使用量为 0.65g/kg；腌渍的蔬菜、熟制豆类、果酱、蜜饯凉果，最大使用量为 1.0g/kg；脱壳熟制坚果与籽类，最大使用量为 1.2g/kg；面包、糕点；最大使用量为 1.6g/kg；脱壳熟制坚果与籽类，最大使用量为 1.2g/kg；带壳熟制坚果与籽类，最大使用量为 6.0g/kg；凉果类、话化类、果糕类，最大使用量为 8.0g/kg。

① 冰淇淋：包括脱脂奶粉 600g、玉米淀粉 56g、盐 5.4g、白糖 250g、甜蜜素 6.25g、鸡蛋 394g、钛白粉 10g、香精 6g、加水配成 4.3kg 成品。

② 柠檬果汁：柠檬 600g、白糖 600g、甜蜜素 15g、冷开水 7200g。

③ 蛋糕：面粉 600g、鸡蛋 1072g、砂糖 343g、甜蜜素 8.6g、牛乳 257g、沙拉油 257g、发酵粉 3g。

④ 牛奶太妃糖，砂糖 25g、甜蜜素 1.15g、淀粉糖浆 27g、炼乳 36g、硬化油 15g、乳粉 5g、粉糖 18g、牛奶香精 25g。

⑤ 果酱，番茄 600g、白糖 150g、甜蜜素 3.75g。

⑥ 李子蜜饯：李子 600g、白糖 100g、甜蜜素 2.5g、麦芽糖 50g、氯化钙 6g。

生产厂商

① 河南郑州大铭食品添加剂有限公司

② 山东福田糖醇有限公司

③ 郑州康丰生物科技

④ 江苏省苏州孔雀食品添加剂有限公司

罗汉果甜苷 arhat fruit extract

分类代码　CNS 19.015

理化性质　本品为浅黄色粉末，有罗汉果香，味极甜，甜度约为蔗糖的 240 倍，熔点 197～201℃（分解）。对光热稳定，易溶于水和乙醇。

本品以罗汉果为原料，通过萃取、浓缩、干燥而得。

毒理学依据

① LD_{50}：雌、雄性小白鼠急性经口大于 10g/kg（bw）。

② Ames：试验 阴性。

质量标准

质量标准（参考）

项　目		指　标			
		结晶		糖浆	
		JECFA(2006)	FCC(7)	JECFA(2006)	FCC(7)
含量/%		≥98.0	92.5～100.5（以干基计）	总氢化糖≥99.0（干基）麦芽糖醇≥50（干基）	50（干基）山梨醇≤8（干基）
铅/(mg/kg)	≤	1	1	1	1
镍/(mg/kg)	≤	2	1	2	1
pH		—	—	—	5.0～7.5
其他氢化糖类/%	≤	—	0.7	—	0.3（干基）
还原糖(以葡萄糖计)/%	≤	0.1	0.3	0.3	0.3
灼烧残渣/%	≤	—	0.1	—	0.1（干基）
水分/%		0.1(卡尔·费休法)	—	31	31.5
熔程/℃		148～151	—	—	—
硫酸盐灰分/%	≤	0.1	—	0.1	—
氯化物/(mg/kg)	≤	50	—	50	—
硫酸盐/(mg/kg)	≤	100	—	100	—
干燥失重/(mg/kg)	≤	—	1.5	—	—
比旋光度$[\alpha]_D^{20}$/(°)		+105.5～+108.5（5g/100mL）	—	—	—

应用　甜味剂

GB 2760—2014 规定：罗汉果甜苷作为食品甜味剂可在（附录 2 中食品除外的）各类食品中，按生产需要适量使用。尤宜用于饮料、保健食品。它耐热，弱酸、弱碱中不变质，属低热量甜味剂。口感好，食品加入 0.7% 就能明显提高甜度，并能促进食品着色。

生产厂商

① 广西桂林莱茵生物制品有限公司

② 广西桂林吉福思生物技术有限公司

③ 湖南康麓生物科技有限公司

④ 河南百盛化工产品有限公司

麦芽糖醇 maltitol(hydrogenated maltose)

$C_{12}H_{24}O_{11}$, 344.31

别名　氢化麦芽糖

分类代码　CNS 19.005；INS 965

理化性质　本品为白色结晶性粉末或无色透明的中性黏稠液体，易溶于水，不溶于甲醇和乙醇。甜度为蔗糖的 85%～95%，具有耐热性、耐酸性、保湿性和非发酵性等特点，基本上不起美拉德反应。

本品以麦芽糖或淀粉为原料，通过提取物转化制备。

毒理学依据

① ADI：无须规定（FAO/WHO，1994）。

② 代谢：在体内不被消化吸收，基本可排出体外。

质量标准

质量标准 GB 28307—2012

项　目		指　标		
		麦芽糖醇		麦芽糖醇液
		Ⅰ型	Ⅱ型	
麦芽糖醇含量（以干基计）/%	≥	98.0	50.0	50.0
山梨醇（以干基计）/%	≤	—	8.0	8.0
水分/%	≤	1.0	1.0	32.0
还原糖（以葡萄糖计）/%	≤	0.1	0.3	0.3
灼烧残渣/%	≤	0.1	0.1	0.1
比旋光度$[\alpha]_D^{20}$/(°)		+105.5～+108.5	—	—
硫酸盐（以 SO_4 计）/(mg/kg)	≤	100	100	100
氯化物（以 Cl 计）/(mg/kg)	≤	50	50	50
镍（以 Ni 计）/(mg/kg)	≤	2	2	2
总砷（以 As 计）/(mg/kg)	≤	3	3	—
铅（以 Pb 计）/(mg/kg)	≤	1	1	1

应用　甜味剂、稳定剂、水分保持剂、乳化剂、膨松剂、增稠剂

GB 2760—2014 规定：麦芽糖醇作为食品甜味剂可用于冷冻鱼糜制品（包括鱼丸等）的最大使用量为 0.5g/kg；调制乳、风味发酵乳、炼乳及其调制品、稀奶油类制品、（03.04 食用冰除外的）冷冻饮品、可可制品、巧克力和巧克力制品，包括代可可脂巧克力及制品、加工水果、腌渍的蔬菜、熟制豆类、加工坚果与籽类、糖果、面包、糕点、果冻、饼干、粮食制品馅料、餐桌甜味料、焙烤食品馅料及表面用挂浆、半固体调味料、（不包括 12.03，12.04 的）液体复合调味料、（14.01 包装饮用水除外的）饮料类、其他豆制品、制糖和酿造工艺中，可按生产需要适量使用。

麦芽糖醇为低热值甜味剂，适用于供糖尿病、肥胖症、心血管病患者。用于儿童食品，可防龋齿。本品兼有改善糖精钠风味的作用，如本品可用作果汁、蜜汁饮料、果酱等的保香剂、增稠剂；配制酒、果汁酒、甜酒、清凉饮料的增稠剂。用于食品加工可防色变、龟裂、霉变。也可用于咸菜保湿。用于乳酸饮料，利用其难发酵性，可使饮料甜味持久。用于糖果、糕点，其保湿性和非结晶性可避免干燥和结霜。

生产厂商

① 平顶山市裕宝源药业有限公司

② 河北华辰淀粉糖有限公司

③ 浙江华康药业股份有限公司

④ 山东福田糖醇有限公司

木糖醇 xylitol(1,2,3,4,5-pentahydoxypentane)

$$\text{HOH}_2\text{C} \begin{array}{c} \text{OH} \quad \text{H} \quad \text{OH} \\ \hline \\ \hline \end{array} \text{CH}_2\text{OH}$$
$$\text{H} \quad \text{OH} \quad \text{OH}$$

$C_5H_{12}O_5$, 152.15

分类代码　CNS 19.007；INS 967

理化性质　本品为白色结晶或结晶性粉末，味甜，甜度与蔗糖相当，极易溶于水（约160g/100mL），微溶于乙醇和甲醇，熔点 92～96℃，沸点 216℃，热值为 16.72kJ/g（与蔗糖相同）。溶于水时吸热，故以固体形式食用时，在口中会产生愉快的清凉感，10%水溶液 pH5.0～7.0。

本品以玉米芯、甘蔗渣、稻草、杏仁壳、桦木等为原料，通过提取后经转化制备。

毒理学依据

① LD_{50}：小鼠急性经口 22g/kg（bw），兔静脉注射 4000mg/kg。

② GRAS：FDA-21CFR 172.395。

③ ADI：无须规定（FAO/WHO，1994）。

质量标准

质量标准

项　目		指　标	
		GB 13509—2005	GECFA(2006)
含量(以干基计)/%		92.0～101.0	92.0～101.0
干燥失重/%	≤	0.50	0.5(Karl Fischer 法)
灼烧残渣/%	≤	0.50	0.1(硫酸盐灰分)
其他多元醇/%	≤	2.0	1.0
还原糖(以葡萄糖计)/%	≤	0.5	0.2
砷(以 As 计)/(mg/kg)	≤	3	—
重金属(以 Pb 计)/(mg/kg)	≤	10	—
铅/(mg/kg)	≤	1	1
镍/(mg/kg)	≤	2	2
熔程/℃		92.0～96.0	—

应用　甜味剂

GB 2760—2014 规定：木糖醇作为食品甜味剂可用于（附录 2 中食品除外的）各类食品中，并可按生产需要适量使用。

如用于巧克力，为 43%；口香糖，64%；果酱、果冻，40%；调味番茄酱，50%。还可用于炼乳、太妃糖、软糖等。用于糕点时，不产生褐变。制作需要有褐变的糕点时，可添加少量果糖。木糖醇不致龋且有防龋齿的作用，还能抑制酵母的生长和发酵活性，故不宜用于发酵食品。

生产厂商

① 西安裕华生物科技有限公司

② 河南众诚食品添加剂有限公司

③ 河北省乐亭县奥翔木糖醇有限公司

④ 山东福田糖醇有限公司

乳糖醇 lactitol

$$C_{12}H_{24}O_{11}，344.32$$

别名　4-β-D-吡喃半乳糖-D-山梨醇

分类代码　CNS 19.014；INS 966

理化性质　本品有无水物、一水物、二水物及水溶液（40%）。呈白色结晶或结晶性粉末，或无色液体。无臭、味甜，甜度为蔗糖的 30%～40%，热量约为蔗糖的一半。稳定性高、不吸湿。熔点，无水物为 146℃，一水物 94～97℃，二水物 70～80℃。水合物加热至 100℃ 以上逐渐失去水分，250℃ 以上发生分子内脱水生成乳焦糖。本品极易溶于水，10g/100mL 水溶液的 pH 值为 4.5～8.5。

本品以乳糖为原料，通过化学方法合成。

毒理学依据

① LD_{50}：小鼠急性经口大于 10g/kg（bw）。

② ADI：无须规定（FAO/WHO，1994）。

③ 致突变试验：微核试验、精子畸变试验、Ames 试验，均呈阴性。

质量标准

质量标准（参考）

项　目		指标	
		JECFA(2006)	FCC(7)
含量/%		95～102	96～102
含水量（结晶品）/%	≤	10.5	5.5
（溶液）	≤	31	—
其他多元醇总量（以干基计）/%	≤	2.5	4.0
还原糖（以无水基计）/%	≤	0.1	0.3
氯化物/(mg/kg)	≤	100	
硫酸盐（以无水基计）/(mg/kg)	≤	200	
硫酸盐灰分（以无水基计）/%	≤	0.1	0.1
镍/(mg/kg)	≤	2	—
铅/(mg/kg)	≤	1	1
pH		—	4.5～7.0

应用　甜味剂、乳化剂、稳定剂、增稠剂

GB 2760—2014 规定：乳糖醇作为食品甜味剂可用于稀奶油、香辛料中，并可按生产需要适量使用。作为甜味剂还可用在各类食品中（附录 2 中食品除外）并可按生产需要适量使用。

用于焙烤食品，当温度升至 250℃ 时，可产生黄色。可供糖尿病人食用。大剂量可引起腹泻。

生产厂商

① 江苏康维生物有限公司
② 河南郑州天通食品配料有限公司
③ 哈尔滨美华生物技术股份有限公司
④ 中国普拉克上海办事处

三氯蔗糖 sucralose(4,1,6-trichlorogalactosucrose)

$C_{12}H_{19}Cl_3O_8$，397.64

别名 三氯半乳蔗糖、蔗糖素

分类代码 CNS 19.016；INS 955

理化性质 本品为白色至近白色结晶性粉末，无臭，不吸湿、相对密度1.66（20℃），熔点（分解）125℃（升温速率5℃/min），稳定性高。甜味与蔗糖相似，甜度为蔗糖的600倍（400~800倍）。极易溶于水、乙醇和甲醇，微溶于乙醚。10%水溶液的pH值为5~8。

本品以蔗糖为原料，通过化学方法合成。

毒理学依据

① LD_{50}：小鼠急性经口16g/kg（bw），大鼠，急性经口10g/kg（bw）。

② ADI：0~15mg/kg（bw）（FAO/WHO，1994）。

质量标准

质量标准

项　目		指　标	
		GB 25531—2010	JECFA(2006)
含量（以干基计）/%		98.0~102.0	98.0~102.0
水分/%	≤	2.0	2.0（Karl Fischer法）
灼烧残渣/%	≤	0.7	0.7（硫酸盐灰分）
甲醇/%	≤	0.1	0.1
铅/（mg/kg）	≤	1	1
相关物质		通过试验	—
氯化单糖		—	通过试验
其他氯化双糖		—	通过试验
三苯氧膦/%	≤	—	150
比旋光度$[\alpha]_D^{20}$/(°)		+84.0~+87.5（以无水基计）	+84.0~+87.5（100g/L溶液）

应用 甜味剂

GB 2760—2014规定：三氯蔗糖作为食品甜味剂可用于餐桌甜味料最大用量为0.05克/份；水果干类及煮熟的或油炸的水果类最大用量为0.15g/kg；（14.01包装饮用水类除外的）饮料类（固体饮料按冲调倍数增加使用量）、腌渍的蔬菜、（03.04食用冰除外的）冷冻饮品、水果罐头、杂粮罐头、焙烤食品、醋、复合调味料、配制酒、酱油、酱及酱制品中，最大用量为0.25g/kg；调味乳、风味发酵乳、加工食用菌和藻类，最大用量为0.3g/kg；香辛料酱（如芥末酱、青芥酱）最大用量为0.4g/kg；果冻（果冻粉以冲调倍数增加）、果酱最大用量为0.45g/kg；发酵酒最大用量为0.65g/kg；调制乳粉和调制奶油粉（包括调味乳粉和调味奶油粉）、即食谷物包括碾轧燕麦（片）、加工坚果与籽类及腐乳类，最大用量为 1.0g/kg；蛋黄酱、沙拉酱，最大用量为 1.25g/kg；蜜饯凉果及糖果中最大用量为 1.5g/kg；其他杂粮制品（仅限微波爆米花）最大用量为 5.0g/kg。本品为蔗糖衍生物，风味近似蔗糖，但甜度高，不致龋。稳定性高。

生产厂商

① 北京市盐城捷康三氯蔗糖制造有限公司

② 江苏南京仕浪药业有限公司

③ 广东省食品工业研究所

④ 泰州味芝皇食品贸易有限公司

山梨糖醇(液)sorbitol and sorbitol syrup

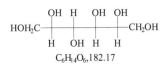

$C_6H_{14}O_6, 182.17$

别名　山梨醇

分类代码　CNS 19.006；INS 420

理化性质　山梨糖醇为白色吸湿性粉末或晶状粉末、片状或颗粒，无臭。依结晶条件不同，熔点在 88～102℃范围内变化，相对密度约 1.49。易溶于水（1g 溶于约 0.45mL 水中），微溶于乙醇和乙酸。有清凉的甜味，甜度约为蔗糖的一半，热值与蔗糖相近。

本品以葡萄糖为原料，通过化学方法合成。

毒理学依据

① LD_{50}：山梨糖醇，大鼠急性经口 17.5mg/kg（bw）。

山梨糖醇液，小鼠急性经口 23200mg/kg（bw）（雌性）；小鼠急性经口 25700mg/kg（bw）（雄性）。

② ADI：无须规定（FAO/WHO，1994）。

③ GRAS：FDA-21 CFR 184.1835。

④ 代谢：人摄入后在血液中不转化为葡萄糖，其代谢过程不受胰岛素控制。

质量标准

质量标准 GB 7658—2005

项　目		指标
固体含量/%		69.0～71.0
山梨醇糖/%	≥	50.0
pH（样品：水＝1：1）		5.0～7.5
灼烧残渣/%	≤	0.10
还原糖（以葡萄糖计）/%	≤	0.21
总糖（以葡萄糖计）/%	≤	8.0
镍/(mg/kg)	≤	2
重金属（以 Pb 计）/(mg/kg)	≤	5
砷（以 AS 计）/(mg/kg)	≤	2
相对密度		1.285～1.315
硫酸盐/(mg/kg)	≤	50
氯化物/(mg/kg)	≤	10
铅（以 Pb 计）/(mg/kg)	≤	1

应用　甜味剂、膨松剂、乳化剂、水分保持剂、稳定剂、增稠剂

GB 2760—2014 规定：山梨糖醇（液）作为食品甜味剂可用于冷冻鱼糜制品（包括鱼丸

等）的最大使用量为 0.5g/kg；生湿面制品（如面条、饺子皮、馄饨皮、烧卖皮）中的最大使用量为 30.0g/kg；用于炼乳及其调制品、（02.02 除外的）脂肪乳化制品包括混合的和（或）调味的脂肪乳化制品（仅限植脂奶油）、（03.04 食用冰除外的）冷冻饮品、腌渍的蔬菜、熟制坚果与籽类（仅限油炸坚果与籽类）、糖果、面包、糕点、饼干、调味品、膨化食品、巧克力和巧克力制品（05.01.01 除外的）可可制品、（14.01 包装水类除外的）饮料类、其他豆制品、制糖和酿造工艺中，可按生产需要适量使用。

FAO/WHO 规定：本品可用于葡萄干，最大用量为 5g/kg；食用冰和加冰饮料为 50g/kg（单用或与甘油合用）。另外，用于食品的参考用量为软饮料，1.3g/L；冷饮，70g/L；糖果，21g/kg；焙烤食品，50g/kg；布丁类，8g/kg；糖衣，0.5g/kg；顶端裱花，280g/kg。

生产厂商

① 青岛正天食品有限公司

② 河北赵州利民糖业集团有限公司

③ 上海朗瑞精细化学品有限公司

④ 济南清岸化工有限公司

糖精钠 sodium saccharin(soluble saccharin)

$C_7H_4O_3NSNa \cdot 2H_2O, 241.20$

别名 水溶性糖精；邻苯酰磺酰亚胺

分类代码 CNS 19.001；INS 954

理化性质 本品为无色结晶或稍带白色的结晶性粉末，无臭或微有香气，味浓甜带苦，在空气中缓慢风化，失去约一半结晶水而成为白色粉末。甜度为蔗糖的 200～500 倍，一般为 300 倍，甜味阈值约为 0.00048%。易溶于水，略溶于乙醇，水溶液呈微碱性。其在水溶液中的热稳定性优于糖精，于 100℃加热 2h 无变化。水溶液长时间放置，甜味慢慢降低。

本品以甲苯、氯磺酸为原料，通过化学方法合成。

毒理学依据

① LD_{50}：小鼠急性经口 17.5g/kg（bw），兔急性经口 4g/kg（bw）。

② NOEL：小鼠急性经口 500mg/kg（bw）。

③ ADI：0～5mg/kg（bw）（FAO/WHO，1994）。

④ 代谢：本品不参与体内代谢，摄入后 24h，即可随尿排出体外。

质量标准

质量标准

项　目		指标	
		GB 4578—2008	JECFA(2006)
含量(以干燥品计)/%		99.0～101.0	99.0～101.0
干燥失重(120℃,4h)/%	≤	15	15
砷盐(以 As 计)/(mg/kg)	≤	2	—
铅/(mg/kg)	≤	2	1
酸度和碱度试验		通过实验	通过实验
苯甲酸盐和水杨酸盐试验		通过实验	通过实验
甲苯磺酸盐/(mg/kg)	≤	—	25
易碳化试验		—	通过实验
硒/(mg/kg)	≤	—	30

应用　甜味剂

GB 2760—2014 规定：糖精钠（以糖精计）作为食品甜味剂可用于（03.04 除食用冰外的）冷冻饮品、腌渍的蔬菜、面包、配制酒、复合调味料，最大使用量为 0.15g/kg；果酱中最大使用量为 0.2g/kg；蜜饯凉果、脱壳熟制坚果与籽类、熟制豆类、新型豆制品（大豆蛋白及其膨化食品、大豆素肉等），最大用量为 1.0g/kg；带壳熟制坚果与籽类，最大使用量为 1.2g/kg；凉果类、果糕类，最大使用量为 5.0g/kg。

PEMA 规定其在食品中的最高限量：软饮料，72mg/kg；冷饮，150mg/kg；糖果，2100～2600mg/kg；焙烤食品，12mg/kg。

另外，在婴幼儿食品中不得使用。

生产厂商

① 天津长捷化工有限公司

② 广州市耶尚贸易有限公司

③ 郑州市一恒化工产品有限公司

④ 河南信嘉精细化工产品有限公司

天冬酰-丙氨酰胺 alitame

$C_{14}H_{25}N_3O_4S$,331.43

别名　阿力甜、L-α-天冬氨酰胺-N-（2，2，4，4-四甲基-3-硫化三亚甲基）-D-丙氨酰胺

分类代码 CNS　19.013；INS　956

理化性质　本品为白色结晶性粉末，无臭，有强甜味，风味与蔗糖接近，无后苦味和金属味，甜度为蔗糖的 2000 倍。不吸湿，稳定性高，易溶于水（13.1%）、乙醇（61%）和甘油（53.7%）。5% 水溶液的 pH 值约为 5.6。室温下，pH5～8 的溶液，其储存半衰期为 5 年。

本品以 L-天门冬氨酸、D-丙氨酸及 2，2，4，4-四甲基-3-硫化亚甲胺为原料，通过化学方法合成。

毒理学依据

LD_{50}：大鼠急性经口大于 5g/kg（bw）（美国）；小鼠急性经口 12.655g/kg（bw）（中山医科大学）。

质量标准

质量标准

项　目		指　标		
		GB 1886.99—2015 （2016-3-22 实施）	JECFA(2006)	FCC(7)
阿力甜含量(以干基计)/%		98.0～101.0	98.0～101.0	98.0～101.0
β-异构体(以干基计)/%	≤	0.3	0.3	0.3
丙氨酸酰胺(以干基计)/%	≤	0.2	0.2	0.2
水分/%		11～13	11～13	11～13
比旋光度$[\alpha]_D^{20}$/(°)		＋40～＋50	＋40～＋50	＋40～＋50
			$[\alpha]_D^{25}$	$[\alpha]_D^{25}$
			(1%g/100mL 水溶液)	(1%g/100mL 水溶液)
灼烧残渣/%	≤	1.0	—	—
铅(Pb)/(mg/kg)	≤	1.0	1	1
硫酸盐灰分/%	≤	—	1.0	1.0

应用 甜味剂

GB 2760—2014 规定：天冬酰-丙氨酰胺作为食品甜味剂可用于（03.04 食用冰除外的）冷冻饮品、（14.01 包装饮用水除外的）饮料类（固体饮料按冲调倍数增加使用量）、果冻（如用于果冻粉以冲调倍数增加使用量），最大使用量为 0.1g/kg；胶基糖果、话化类（甘草制品）最大使用量为 0.3g/kg；餐桌甜味料为 0.15 克/份。

本品是带有二肽结构的甜味剂，因甜度高，直接使用时不易控制，可先稀释。现在主要用于食品和糖果，浓度范围 20～200ppm。含本品的食品可经受巴氏消毒。WHO 规定阿力甜日允许摄入量可达 0.1mg/kg

生产厂商

① 江苏省张家港市华昌药业有限公司

② 浙江省富阳东辰生物工程有限公司

③ 郑州市一恒化工产品有限公司

④ 宁波北仑雅旭化工有限公司

天门冬酰苯丙氨酸甲酯 aspartame(aspanyl phenylalanine methyl ester)

$$\text{H}_2\text{N} \quad \begin{matrix} \text{O} & \text{COOCH}_3 \\ \| & | \\ \text{CH—C—N—CH—CH}_2 \\ | & | \\ \text{H} & \text{H} \end{matrix}$$

$$\text{CH}_2\text{COOH}$$

$C_{14}H_{18}N_2O_5$, 294.31

别名 甜味素、阿斯巴甜、APM

分类代码 CNS 19.004；INS 951

理化性质 白色结晶粉末，无臭，有强甜味。甜味近似蔗糖，甜度为蔗糖的 150～200 倍，甜味阈值为 0.001%～0.007%。可溶于水，25℃时的溶解度为 10.20%，在甲醇、乙醇中的溶解度分别为 3.72% 和 0.26%。在水溶液中易水解。在酸性条件下分解成单体氨基酸，在中性或碱性时可环化为二酮哌嗪，温度升高，反应速度加快。0.8% 溶液的 pH 值约为 4.5～6.0。

本品以天门冬氨酸、苯丙氨酸甲酯为原料，通过化学方法合成。

毒理学依据

① LD_{50}：小鼠急性经口 10000mg/kg（bw）。

② GRAS：FDA-21 CFR 172.804。

③ ADI：0～40mg/kg（FAO/WHO，1994）。

④ 代谢：本品进入机体内，可被分解为苯丙氨酸、天冬氨酸和甲醇，经过正常代谢后排出体外。

质量标准

质量标准

项 目		指　标	
		GB 22367—2008	JECFA(2006)
含量(以干基计)/%		98.0～102.0	98.0～102.0
pH		4.5～6.0	4.5～6.0
5-苯甲基-3,6-二氧代-2-哌			
嗪乙酸/%	≤	1.5	1.5
其他相关物/%	≤	2.0	—
铅/(mg/kg)	≤	1	1
干燥失重/%	≤	4.5	4.5 (150℃，4h)
灼烧残渣/%	≤	0.2	0.2
透光度	≥	0.95	通过试验
其他光学异构体旋光度$[\alpha]_D^{20}$/(°)		+14.5～+16.5	+14.5～+16.5

应用　甜味剂

GB 2760—2014 规定：天门冬酰苯丙氨酸甲酯作为食品甜味剂可用于腌渍蔬菜、醋、油或腌渍水果、腌渍的食用菌和藻类、冷冻挂浆制品、冷冻鱼糜制品（包括鱼丸等）、预制水产品（半成品）、熟制水产品（可直接食用）、水产品罐头，最大使用量为 0.3g/kg；膨化食品及加工的坚果与籽类其最大使用量为 0.5g/kg；风味饮料、特殊用途饮料、茶、咖啡、植物（类）饮料、碳酸饮料、蛋白饮料、果蔬汁（浆）类饮料、调制乳，最大使用量为 0.6g/kg（其固体饮料按稀释倍数增加使用量）；风味发酵乳、非熟化干酪、干酪类似品、稀奶油（淡奶油）及其类似品（01.05.01 稀奶油除外）、以乳为主要配料的即时风味食品或其预制产品（不包括冰淇淋和风味发酵乳）、02.02 类以外的脂肪乳化制品，包括混合的和（或）调味的脂肪乳化制品、脂肪类甜点、冷冻食品（03.04 食用冰除外）、水果罐头、果酱、果泥、（04.01.02.05 除外的）果酱（如印度酸辣酱）、装饰性果蔬、水果甜品（包括果味液体甜品）、发酵的水果制品、煮熟的或油炸的水果、冷冻蔬菜、干制蔬菜、蔬菜罐头、蔬菜泥（酱）（番茄沙司除外）、经水煮或油炸的蔬菜、其他加工蔬菜、食用菌和藻类罐头、经水煮或油炸的食用菌和藻类、其他加工食用菌和藻类、装饰糖果（如工艺造型，或用于蛋糕装饰）、顶饰（非水果材料）和甜汁、即时谷物（碾轧燕麦及片）谷类及淀粉类甜品（如米布丁、木薯布丁）、焙烤食品馅料及表面用挂浆、其他蛋制品、果冻（果冻粉按稀释倍数增加使用量），最大使用量为 1.0g/kg；（12.03、12.04 除外的）液体复合调味料，最大使用量为 1.2g/kg；糕点、饼干及其他焙烤食品，最大使用量为 1.7g/kg；调制乳粉和调制奶油粉、冷冻干果、水果干类、蜜饯凉果、固体复合调味料及半固体复合调味料，最大使用量为 2.0g/kg；发酵蔬菜制品最大使用量为 2.5g/kg；可可制品、巧克力及巧克力制品（包括代可可脂巧克力及制品）、调味糖浆、醋、除胶基糖果以外的其他糖果，最大使用量为 3.0g/kg；面包的最大使用量为 4.0g/kg；胶基糖果中的最大使用量为 10.0g/kg；用于餐桌甜味料中则可按生产需要适量使用。

FAO/WHO（1984）规定：本品可用于甜食，用量 0.3%；胶姆糖 1%；饮料 0.1%；配制适用于糖尿病、高血压、肥胖症、心血管症的低糖、低热量的保健食品，用量视需要而定。本品在 pH 值在 4.2 左右最稳定；与甜蜜素或糖精混合使用有协同增效作用；对酸性水果香味有增强作用。

生产厂商

① 郑州升达食品添加剂有限公司
② 北京中柏创业化工产品有限公司
③ 西安裕华生物科技有限公司
④ 四川成都凯华食品有限责任公司

甜菊糖苷 stevioside

甜菊糖是以相同的双萜配基构成的 8 种配糖体的混合物。主要组分（stevioside）的结构式如下。

$C_{38}H_{60}O_{18}$，804.86

别名　甜菊糖

分类代码　CNS 19.008；INS 960

理化性质　本品为白色或微黄色粉末，易溶于水、乙醇和甲醇，不溶于苯、醚、氯仿等有机溶剂，味极甜，似蔗糖，略带后涩味，甜度约为蔗糖的 200 倍。在一般食品加工条件下，对热、酸、碱、盐稳定，在 pH 值大于 9 或小于 3 时，长时间加热（100℃）会使之分解，甜味降低。具有非发酵性，仅有少数几种酶能使其水解。

本品以甜菊叶为原料，通过絮凝、过滤、吸附树脂提取、脱盐、脱色等而制得。

毒理学依据

① LD$_{50}$：小鼠急性经口 34.77g/kg（bw）。

② NOEL：大鼠急性经口 550mg/kg（bw）（日本）。

质量标准

质量标准 GB 8270—2014

项　目		指　标
甜菊糖苷含量（以干基计）/%	≥	85
灼烧残渣/%	≤	1
干燥减量/%	≤	6
铅（Pb）/（mg/kg）	≤	1
总砷（以 As 计）/（mg/kg）	≤	1
甲醇/（mg/kg）	≤	200
乙醇/（mg/kg）	≤	5000

应用　甜味剂

GB 2760—2014 规定：甜菊糖（以甜菊醇当量计）作为食品甜味剂可用于餐桌甜味料，最大用量为 0.05 克/份；膨化食品最大用量为 0.17g/kg；风味发酵乳、（14.01 包装饮用水类除外的）饮料类，最大用量为 0.2g/kg；糕点最大用量为 0.33g/kg；调味品最大用量为 0.35g/kg；冷冻饮品、果冻，最大用量为 0.5g/kg；蜜饯凉果，最大用量为 3.3g/kg；糖果中最大用量为 3.5g/kg；茶制品（包括调味茶和代用茶类），最大用量为 10.0g/kg。

甜菊糖的热值仅为蔗糖的 1/300，适合于制作糖尿病、肥胖症、心血管病患者食用的保健食品。用于糖果，还有防龋齿作用。本品还可作为甘草苷的增甜剂，并往往与柠檬酸钠并用，以改进品质。实际使用参考：甜菊糖与蔗糖果糖或异构化糖混用时，可提高其甜度，改善口味。用甜菊糖代替 30% 左右的蔗糖时，效果较佳。一般用量为橘子水 0.75g/L；果味露 0.1g/L；冰淇淋 0.5g/L。用 20g 甜菊糖代替 3.2kg 蔗糖制作鸡蛋面包，其外形、色泽、松软度均佳，且口感良好；用 14.88kg 代替 0.75kg 糖精钠制作话梅，香味可口，后味清凉。

生产厂商

① 山东曲阜香州甜菊制品有限责任公司

② 山东海根甜菊制品有限公司

③ 珠海市甜菊科技发展有限公司

④ 曲阜圣仁制药有限公司

乙酰磺胺酸钾 acesulfame potassium(acesulfame K)

C$_4$H$_4$KNO$_4$S，201.24

别名　安赛蜜、双氧噁噻嗪钾

分类代码　CNS 19.011；INS 950

理化性质　本品为白色结晶状粉末，无臭，易溶于水（20℃，270g/L），难溶于乙醇等有机溶剂，无明确的熔点。甜度约为蔗糖的 200 倍，味质较好，没有不愉快的后味。对热、酸均很稳定，缓慢加热至 225℃ 以上才会分解。

本品以叔丁基乙酰乙酸酯、异氰酸氟磺酰为原料，通过化学方法合成。

毒理学依据

① LD_{50}：小鼠急性经口 2.2g/kg（bw）。

② GRAS：FDA-21 CFR 172.800。

③ ADI：0～15mg/kg（bw）（FAO/WHO，1994）。

④ 致突变试验：骨髓微核试验、Ames 试验，均无致突变性。

⑤ 代谢：本品在体内不参与代谢，并可随尿液排出。

质量标准

质量标准

项　目		指　标	
		GB 25540—2010	FCC(7)
含量(以干基计)/%		99.0～101.0	99.0～101.0
干燥失重(150℃,2h)/(mg/kg)	≤	1.0	1.0
pH(1%溶液)		5.5～7.5	5.5～7.5
铅(以 Pb 计)/(mg/kg)	≤	1	1
氟化物(以 F 计)/(mg/kg)	≤	3	3
有机杂质(紫外敏感化合物)/(mg/kg)	≤	20	20

应用　甜味剂

GB 2760—2014 规定：安赛蜜作为食品甜味剂可用于（03.04 食用冰除外的）冷冻饮品、水果罐头、果酱、蜜饯类、以乳为主要配料的即食风味食品或其预制产品（仅限乳基甜品罐头不包括冰淇淋和风味发酵乳）、加工食用菌和藻类、八宝粥罐头、其他杂粮制品（仅限黑芝麻糊）、谷类和淀粉类甜品（仅限谷类甜品罐头）、果冻（如用果冻粉，按冲调倍数增加使用量）、（14.01 包装饮料水类除外的）饮料类（固体饮料按冲调倍数增加使用量）、腌渍的蔬菜及焙烤食品，最大使用量为 0.3g/kg；风味发酵乳，最大使用量为 0.35g/kg；调味品中最大使用量为 0.5g/kg；餐桌甜味料，最大使用量为 0.04g/份；酱油中最大使用量为 1.0g/kg；糖果中使用量为 2.0g/kg；熟制坚果与籽类，最大使用量为 3.0g/kg；胶基糖果中最大使用量为 4.0g/kg。

本品与山梨糖醇合用，可改善产品的结构。在口香糖、果脯和蜜饯类食品中的用量稍大。用山梨糖醇添加 1g/kg 的本品制作的口香糖，其口味与用蔗糖制作的产品相似。在食品中可单独使用，也可与其他甜味剂混合使用。

生产厂商

① 江苏省苏州孔雀食品添加剂有限公司

② 山东福田糖醇有限公司

③ 三河市原野食品化工有限公司

④ 江西聪聪乐食品工业有限公司

异麦芽酮糖 isomaltitol

本品由 α-D-吡喃葡糖基-1、6-D-山梨糖醇（GPS）和 α-D-吡喃葡糖基-1,6-D-甘露糖醇（GPM）二水物按等摩尔比例混合组成。

GPM　　　　　　　　　　　　　　　　**GPS**

GPM:$C_{12}H_{24}O_{10} \cdot 2H_2O$,380.32
GPS:$C_{12}H_{24}O_{10}$,344.32

别名　异麦芽糖醇、氢化帕拉金糖、氢化异麦芽酮糖 isomaltulose（palatinose）

分类代码　CNS 19.003；INS 953

理化性质　白色无臭结晶，味甜，甜度约为蔗糖的 45%～65%，稍吸湿，熔程 145～150℃，旋光度≥＋91.5°（40g/L 水溶液）；溶于水，其在水中的溶解度室温下低于蔗糖，升温后可接近蔗糖。不溶于乙醇。

本品以蔗糖为原料，通过提取物转化制备。

毒理学依据

① ADI：无须规定（FAO/WHO，1994）。

② 代谢：本品在机体内有 50% 被分解成山梨醇、甘露醇和葡萄糖。

质量标准

质量标准　QB 1581—1992

项　目		指　标
异麦芽酮糖（含结晶水）/%	≥	95.0
其他糖/%	≤	4.0
水分/%（95～105℃,恒重）	≤	1.0
灰分/%	≤	0.1
砷（以 As 计）/（mg/kg）	≤	0.5
铅/（mg/kg）	≤	1
铜/（mg/kg）	≤	2
细菌总数（个/g）	≤	350
大肠菌群（个/100g）	≤	30
沙门氏菌（个/100g）		不得检出

应用　甜味剂

GB 2760—2014 规定：异麦芽酮糖作为食品甜味剂可用于（03.04 食用冰除外）的冷冻饮品、果酱、糖果、面包、糕点、饼干、调制乳、风味发酵乳、水果罐头、蜜饯凉果、其他杂粮制品、（14.01 包装饮用水除外）的饮料类及配制酒中，按生产需要适量使用。本品与其他甜味剂合用有协同作用，并能掩盖某些高甜度甜味剂的不良后味。其热值约为蔗糖的一半，可供糖尿病人食用。不致龋，无褐变反应。

当应用于焙烤食品时，可按 1：1 比例代替蔗糖，一般不需要改变传统配方。若褐变太浅，可适当提高焙烤温度，或加少量果糖。

生产厂商

① 广西投资集团维科特生物技术有限公司

② 江苏康维生物有限公司

③ 河南郑州天通食品配料有限公司

④ 青岛行思食品有限公司

4.3　酸度调节剂 acidity regulator

酸度调节剂是用以维持或改变食品酸碱度的物质。其中使用最多的是调整口味的酸度剂。除磷酸外，酸度调节剂基本为有机弱酸。酸度调节剂在食品加工中不仅有助于调整口味，而且对防腐、抗氧化以及护色等方面也有一定的辅助作用。

富马酸 fumaric acid

$C_4H_4O_4$，116.07

别名　延胡索酸、反丁烯二酸

分类代码　CNS 01.110；INS 297

理化性质　白色结晶性粉末，有特殊酸味，相对密度 1.635（20℃）。微溶于水（0.63g/100mL，25℃）、乙醚，溶于乙醇（5.76g/100mL，30℃）。1%水溶液的 pH 值为 2.4。对油包水型乳化剂有稳定作用。

本品以苯为原料，通过化学方法合成。

毒理学依据

① LD_{50}：大鼠急性经口 10700mg/kg（bw）。

② GRAS：FDA-21 CFR 172.350。

③ ADI：无限制性规定（FAO/WHO，1994）。

④ 代谢：富马酸是三羧酸循环的中间体，可参与机体正常代谢。

质量标准

质量标准

项　目		指　标	
		GB 25546—2010	JECFA(2006)
含量/%		99.5～100.5	≥99(以干基计)
熔点/℃		—	286～302
顺丁烯二酸/%	≤	—	0.1
干燥失重(120℃,4h)/%	≤	0.5	0.5
砷(以 As 计)/(mg/kg)	≤	2	—
灼烧残渣/%	≤	0.1	0.1
铅/(mg/kg)	≤	2	2

应用　酸度调节剂

GB 2760—2014 规定：富马酸作为酸度调节剂可用于碳酸饮料中，最大使用量为 0.3g/kg；用于生湿面制品（如面条、饺子皮、馄饨皮、烧卖皮）、果蔬汁（肉）饮料（包括发酵型产品等）中，最大使用量为 0.6g/kg；用于焙烤食品馅料及表面用挂浆、其他焙烤食品中，最大使用量为 2.0g/kg；用于面包、糕点、饼干中，最大使用量为 3.0g/kg；用于胶基糖果中，最大使用量为 8.0g/kg。

富马酸作为酸化剂、增香剂、抗氧化助剂，广泛用于饮料、冰淇淋、浓缩果汁、水果罐头、腌菜、糖果等方面，并与其他有机酸配合使用。如在饮料酒和腌菜中用量为 $0.2\% \sim 0.5\%$（与琥珀酸合用），汽水中为 0.3g/kg，浓缩果汁中为 0.6g/kg，果酱中为 3g/kg，焙烤食品参考用量为 $1 \sim 2g/kg$。

生产厂商

① 山东省烟台达瑞克生物工程有限公司

② 常茂生物化学工程股份有限公司

③ 山东省郯城县起飞化工厂

④ 徐州昌鼎进出口贸易有限公司

己二酸 adipic acid

$C_6H_{10}O_4, 146.16$

分类代码　CNS 01.109；INS 355

理化性质　白色晶体或结晶状粉末。略有葡萄似气味。沸点 337.5℃，熔点 152℃。密度 1.366。能升华，不吸潮，可燃。微溶于水（1.4%，25℃）易溶于乙醇或丙酮。酸味柔和，能使食品风味持久。

本品以环己烷为原料，通过化学方法合成。

毒理学依据

① LD_{50}：大鼠急性经口 5.05g/kg（bw）。

② GRAS：FDA-21 CFR 172.515，184.1009。

③ ADI：$0 \sim 0.005$ g/kg（以游离酸计，FAO/WHO，1994）。

质量标准

质量标准

项　目		指　标		
		GB 1886.53—2015（2016-3-22 实施）	JECFA(2006)	FCC(7)
己二酸含量/%		99.6~101.0	99.6~101.0	99.6~101.0
水分/%	≤	0.2	0.2	0.2
硫酸盐灰分/(mg/kg)	≤	20	—	—
铅/(mg/kg)	≤	2.0	2	2
熔点/℃		—	151.5~154	151.25~150
灼烧残渣/%	≤	—	0.002	0.002

应用　酸度调节剂

GB 2760—2014 规定：己二酸作为酸度调节剂可用于胶基糖果，最大使用量为 4.0g/kg；用于固体饮料最大使用量为 0.01g/kg；果冻 0.1g/kg（如若用于果冻粉，以冲调倍数增加）。

生产厂商

① 上海南翔试剂有限公司

② 大连华天信化工有限公司

③ 山东艾孚特科技有限公司

④ 河南旗诺食品配料有限公司

酒石酸 tartaric acid

$C_4H_6O_6$，150.09

别名 2,3-二羟基丁二酸

分类代码 CNS 01.103；INS 334

理化性质 无色透明晶体或白色粉末。略有特殊果香，味酸（味觉阈值 0.0025），可溶于水（139.44g/100mL，20℃）、乙醇（33g/100mL，20℃）；几乎不溶于氯仿。0.3% 水溶液的 pH 值为 2.4。

本品以制造葡萄酒时得到粗酒石及碳酸钙、硫酸钙为原料，通过化学方法合成。

毒理学依据

① LD_{50}：小鼠急性经口 4.36g/kg（bw）。

② GRAS：FDA-21CFR 184.1099。

③ ADI：L-酒石酸 0～0.03g/kg（FAO/WHO，1994）。

质量标准

质量标准 GB 1886.42—2015（2016-3-22 实施）

项　目		指　标
DL-酒石酸（$C_4H_6O_6$）含量（以干基计）/%	≥	99.5
熔点范围/℃		200～206
干燥减量/%		
结晶品	≤	11.5
无水品	≤	0.5
灼烧残渣/%	≤	0.1
硫酸盐（以 SO_4 计）/%	≤	0.04
易氧化物		通过试验
重金属（以 Pb 计）/(mg/kg)	≤	10.0
砷（As）/(mg/kg)	≤	2.0

应用 酸度调节剂

GB 2760—2014 规定：酒石酸作为酸度调节剂可用于果蔬汁（浆）类饮料、植物蛋白饮料、复合蛋白饮料、碳酸饮料、茶、咖啡、植物（类）饮料、特殊用途饮料、风味饮料中，最大使用量为 5.0g/kg（固体饮料按稀释倍数增加使用量）；葡萄酒中最大使用量为 4.0g/L（以酒石酸计）；可用于面糊（如用于鱼和禽肉的拖面糊）、裹粉、煎炸粉、油炸面制品、固体复合调味料中，最大使用量为 5.0g/kg。

一般与柠檬酸、苹果酸结合使用。饮料中添加 0.1%～0.2%；柠檬酸与酒石酸在 80℃ 温度时，联合作用具有良好杀灭细菌芽孢的作用，并可有效杀灭血液透析机管路中污染的细菌芽孢。

生产厂商

① 浙江省杭州金田化工有限公司

② 浙江省临安市宏山化工厂

③ 郑州龙生化工产品有限公司

④ 天津市外环化工有限公司

磷酸 phosphoric acid

$$H_3PO_4，98.00$$

别名 正磷酸

分类代码 CNS 01.106；INS 338

理化性质 无色透明稠状液体，无臭，有酸味。一般浓度为 85%～98%。密度 1.834，熔点 42.35；加热至 215℃ 时失去部分水而转变为焦磷酸，继续加热会转变为偏磷酸。属强酸。易吸水，可与水或乙醇混溶。

本品以磷酸三钙、硫酸为原料，通过化学方法合成。

毒理学依据

① LD_{50}：大鼠急性经口 1.53g/kg（bw）。

② GRAS：FDA-21 CFR 182.1073。

③ ADI：0～0.07g/kg（以磷计的总磷酸盐量，FAO/WHO，1994）。

④ 代谢：参与机体正常代谢。

质量标准

质量标准

项　目		指　标	
		GB 1886.15—2015（2016-3-22 实施）	JECFA（2006）
磷酸（H_3PO_4）含量/%		75.0～86.0	75
氟化物（以 F_4 计）/（mg/kg）	≤	10	10
易氧化物（以 H_3PO_3 计）/%	≤	0.012	—
砷（As）/（mg/kg）	≤	0.5	3
重金属（以 Pb 计）/（mg/kg）	≤	5.0	—
硫酸盐（以 SO_4 计）/%	≤	—	0.15
氯化物（以 Cl 计）/%	≤	—	200
硝酸盐/（mg/kg）	≤	—	5
挥发酸（以乙酸计）/（mg/kg）	≤	—	10

应用 酸度调节剂、稳定剂、水分保持剂、膨松剂、凝固剂、抗结剂

GB 2760—2014 规定：磷酸作为酸度调节剂可单独或混合使用 [以磷酸根（PO_4^{3-}）计]，可用于米粉（包括汤圆粉）、八宝粥罐头、谷类和淀粉类甜品（如米布丁、木薯布丁；仅限谷类甜品罐头）、预制水产品（半成品）、水产品罐头、婴幼儿配方食品（仅限使用磷酸氢钙和磷酸二氢钠）、婴幼儿辅助食品（仅限使用磷酸氢钙和磷酸二氢钠）中，最大用量为 1.0g/kg；用于其他杂粮制品（仅限冷冻薯条、冷冻薯饼、冷冻土豆泥、冷冻红薯泥）中，最大用量为 1.5g/kg；用于熟制坚果与籽类（仅限油炸坚果与籽类）、膨化食品，最大用量为 2.0g/kg；用于乳及乳制品（01.01.01、01.01.02、13.0 涉及品种除外）、水油状脂肪乳化制品（02.02 类

以外）的脂肪乳化制品、冷冻饮品（03.04 食用冰除外）、蔬菜罐头、稀奶油、果冻（如用于果冻粉，按冲调倍数增加使用量）、可可制品、可可制品、巧克力及巧克力制品（包括代可可脂巧克力及制品）以及糖果、小麦粉及其制品、杂粮粉、生湿面制品（如面条、饺子皮、馄饨皮、烧卖皮）、食用淀粉、即食谷物包括碾轧燕麦（片）、方便米面制品、冷冻米面制品、冷冻水产品、预制肉制品、熟肉制品、冷冻鱼糜制品（包括鱼丸等）、（14.01 包装饮用水类除外的）饮料类（固体饮料按稀释倍数增加使用量）、热凝固蛋制品（如蛋黄酪，松花蛋肠）、（如用于鱼和禽的拖面糊）面糊（可按涂裹率增加使用量）、裹粉、煎炸粉中，最大用量为 5.0g/kg；用于乳粉和奶油粉中，最大用量为 10.0g/kg；用于再制干酪，最大用量为 14.0g/kg；用于焙烤食品，其他油脂或油脂制品（仅限植脂末）、复合调味料中，最大用量为 20.0g/kg；用于其他固体复合调味料（仅限方便湿面调味料包），最大用量为 80.0g/kg。

软饮料一般用量 0.2～0.5g/kg；食用油脂为 0.1g/kg；糖果为 5g/kg 以下；焙烤食品为 1.5g/kg 以下；鱼虾类罐头用量 0.8～5g/kg；干酪可为 9g/kg。

生产厂商
① 河南鲁山县永兴磷化有限公司
② 山东省青州市振华化工有限公司
③ 上海丞邦化工科技有限公司
④ 南通双贤精细化工有限公司

磷酸三钾 tripotassium orthphosphate

$$K_3PO_4，212.26$$

别名　磷酸钾、正磷酸钾、potassium phosphate

分类代码　CNS 01.308；INS 340 ⅲ

理化性质　本品为无水物或含 1～12 分子水的物质。无色至白色晶体颗粒或粉末。易溶于水，不溶于乙醇，1% 水溶液 pH 值为 11.5～12.0。十二水物加热至 55～65℃成十水物，加热至 65～100℃成六水物，加热至 100～212℃成半水物，加热至 212℃以上成无水物。

本品以磷酸、氢氧化钠或碳酸钠为原料，通过化学方法合成。

毒理学依据

ADI：MTDI 70mg/kg（bw）（以各种来源的总磷计，FAO/WHO，1994）。

质量标准

质量标准

项　目		指　标	
		GB 25563—2010	JECFA(2006)
含量/%	≥	97.0	97.0
氟化物/(mg/kg)	≤	10	10
水不溶物/%	≤	0.2	0.2
灼烧失重/%	≤	5.0(无水物)	3(无水物)
		8.0～20.0(水合物)	23(水合物)(120℃，2h,800℃,30min)
砷(以 As 计)/(mg/kg)	≤	3	3
铅/(mg/kg)	≤	2	4
重金属(以 Pb 计)/(mg/kg)	≤	10	—
pH		11.5～12.5	—

应用　酸度调节剂、稳定剂、水分保持剂、膨松剂、凝固剂、抗结剂

GB 2760—2014 规定：磷酸钾（以磷酸根 PO_4^{3-}）计作为酸度调节剂可用于米粉（包括汤圆粉）、八宝粥罐头、谷类和淀粉类甜品（如米布丁、木薯布丁；仅限谷类甜品罐头）、预制水产品（半成品）、水产品罐头、婴幼儿配方食品、婴幼儿辅助食品中，最大用量为 1.0g/kg；用于其他杂粮制品（仅限冷冻薯条、冷冻薯饼、冷冻土豆泥、冷冻红薯泥）中，最大用量为 1.5g/kg；用于熟制坚果与籽类（仅限油炸坚果与籽类）、膨化食品，最大用量为 2.0g/kg；用于乳及乳制品（01.01.01、01.01.02、13.0 涉及品种除外）、水油状脂肪乳化制品（02.02 类以外）的脂肪乳化制品、冷冻饮品（03.04 食用冰除外）、蔬菜罐头、稀奶油、果冻、可可制品、可可制品、巧克力及巧克力制品（包括代可可脂巧克力及制品）以及糖果、小麦粉及其制品、杂粮粉、生湿面制品（如面条、饺子皮、馄饨皮、烧卖皮）、食用淀粉、即食谷物包括碾轧燕麦（片）、方便米面制品、冷冻米面制品、冷冻水产品、预制肉制品、熟肉制品、冷冻鱼糜制品（包括鱼丸等）饮料类（14.01 包装饮用水类除外）、热凝固蛋制品（如蛋黄酪，松花蛋肠）、面糊（如用于鱼和禽的拖面糊）、裹粉、煎炸粉中，最大用量为 5.0g/kg；乳粉和奶油粉中最大用量为 10.0g/kg；再制干酪中最大用量为 14.0g/kg；焙烤食品，其他油脂或油脂制品（仅限植脂末）、复合调味料中，最大用量为 20.0g/kg；用于其他固体复合调味料（仅限方便湿面调味料包），最大用量为 80.0g/kg。

使用复合磷酸盐时，以磷酸盐总量计，罐头、肉制品，不得超过 1.0g/kg；炼乳，不得超过 0.50g/kg。焦磷酸钠、三聚磷酸钠及磷酸三钠复合使用时，以磷酸盐计，不得超过 5g/kg；用于西式蒸煮烟熏火腿，不得超过 5g/kg；用于西式火腿，可适当多加，但以磷酸盐计，不得超过 8g/kg。罐头、果汁饮料类、乳制品、植物蛋白饮料，最大用量 0.5g/kg；用于西式火腿、肉制品，最大用量 3.0g/kg；用于奶酪，最大用量 5.0g/kg；饮料，最大用量 1.5g/kg。

生产厂商

① 湖北省武汉无机盐化工厂

② 连云港润普食品配料有限公司

③ 江苏省连云港科信化工有限公司

④ 河南省所以化工有限公司

柠檬酸 citric acid

$$
\begin{array}{l}
CH_2{-}COOH \\
HO{-}\!\!-\!\!-COOH \\
CH_2{-}COOH
\end{array}
$$

$C_6H_8O_7 \cdot nH_2O$，192.13（无水物），210.13（一水物）

别名　枸橼酸；2-羟基丙烷-1，2，3-三羧酸

分类代码　CNS 01.101；INS 330；

理化性质　白色结晶、无臭。易溶于水（59.2g/100mL，20℃）、乙醇、乙醚。其水溶液有较强酸味（1% 溶液的 pH 值为 2.3）。常含一个结晶水，易风化失水。自然界多存在于各类水果中，实际使用的柠檬酸基本是通过糖类原料发酵方法制得。

本品以糖蜜及淀粉为原料，通过生物发酵制备。

毒理学依据

① LD_{50}：大鼠急性经口 6730mg/kg（bw）。

② ADI：未做任何限制规定。

③ GRAS：FDA-21CFR 182.1033，182.6033。

④ 代谢：三羧酸循环的中间体，参与体内正常的代谢。

质量标准

质量标准

项　目		GB 1987—2011		JECFA(2006)
		无水柠檬酸	一水柠檬酸	
含量/%		99.5～100.5		99.5～100.5(无水)
透光率/%	≥	96.0	95.0	—
含水量/%		0.5	7.5～9.0	0.5(无水物)
易炭化物/%	≤	1.0		7.5～8.8(一水物)
硫酸盐灰分/%	≤	0.05		合格
氯化物/%	≤	0.005		0.05
硫酸盐/%	≤	0.01	0.015	0.15
草酸盐/%	≤	0.01		0.01
钙盐/%	≤	0.02		—
铁/(mg/kg)	≤	5		—
砷盐/(mg/kg)	≤	1		—
铅/(mg/kg)	≤	0.5		0.5

应用　酸度调节剂

GB 2760—2014 规定：柠檬酸作为酸度调节剂可用于婴幼儿配方食品、婴幼儿辅助食品、浓缩果蔬汁（浆）中，并可按生产需要适量使用。柠檬酸还可用在各类食品中（附录 2 中食品除外），并可按生产需要适量使用。

作为酸味剂使用或者作为抗氧化、护色、增稠、乳化、强化等目的的辅助剂使用，可用于饮料、果酱、糖果、糕点、冷食、罐头。柠檬酸盐可作为酸碱度的缓冲剂或者在乳制品中作络合稳定剂，为 0.1%～0.5%。其他参考用量：如清凉饮料为 0.1%～0.3%；果汁、果冻、果酱、冷饮、糖果约为 1%。糖水水果罐头中用于改进风味，防止变色、抑制微生物，添加用量：桃 0.2%～0.3%、橘片 0.1%～0.3%、梨 0.1%、荔枝 0.15%。蔬菜罐头用于调节 pH 值、调味、保质。如在预处理或预煮液中以及罐头调味汁中，一般添加量为 0.2%～1%。作为抗氧化剂的增效剂，如油炸花生米、核桃仁及原料油中，一般添加量为 0.001%～0.05%。用于乳制品或者冷食中的乳化和稳定的辅助使用，一般添加量为 0.2%～0.3%。

生产厂商

① 山东柠檬生化有限公司

② 上海嘉辰化工有限公司

③ 广东省东莞市东江化学试剂有限公司

④ 吴江市恒达精细化工有限公司

柠檬酸钾 potassium citrate

CH₂—COOK

HO—COOK

CH₂—COOK

$C_6H_5O_7K_3 \cdot nH_2O$，324.41（一水物），306.40（无水物）

别名　柠檬酸三钾、tripotassium citrate

分类代码 CNS 01.304；INS 332 i

理化性质 无色透明晶体或白色颗粒状粉末，无臭，味咸，有清凉感，相对密度 1.98，加热至 230℃时熔化并分解，在空气中易吸湿潮解。1g 溶于约 0.5mL 水中，可溶于甘油，几乎不溶于乙醇。

本品以柠檬酸及氢氧化钾或碳酸钾为原料，通过化学方法合成。

毒理学依据

① LD$_{50}$：狗静脉注射 167mg/kg（bw）。

② GRAS：FDA 21CFR 182.1625，182.6625。

③ ADI：无须规定（FAO/WHO，1994）。

质量标准

质量标准

项　目		指　标	
		GB 14889—1994	JECFA(2006)
含量(干燥后)/%	≥	99.0	99.0
碱度		通过试验	合格
砷(以 As 计)/(mg/kg)	≤	3	—
铅/(mg/kg)	≤	—	2
重金属(以 Pb 计)/(mg/kg)	≤	10	—
干燥失重/%		3.0～6.0	≤6(180℃,4h)
草酸盐/%		—	合格

应用 酸度调节剂

GB 2760—2014 规定：柠檬酸钾作为酸度调节剂可用于婴幼儿配方食品、婴幼儿辅助食品、浓缩果蔬汁（浆）中，可按生产需要适量使用。柠檬酸钾作为酸度调和剂，可用在各类食品中（附录 2 中食品除外），并可按生产需要适量使用。

如用于果酱、果冻调节酸度，以保持其 pH 值在 2.8～3.5 为好，具体用量依不同食品而异，为 0.5～5g/kg。作为稳定剂，用于淡炼乳、甜炼乳、稀奶油，为 2g/kg（单独使用）或 3g/kg（与其他稳定剂合用，以无水物计）；用于奶粉、脱水奶油，5g/kg（单独使用或与其他稳定剂合用，以无水物计）；用于加工干酪，为 40g/kg（单独使用或与其他稳定剂合用，以无水物计）。

生产厂商

① 江苏省宜兴市振奋药用化工有限公司

② 江苏省连云港光裕永食品配料有限公司

③ 苏州铭亿泰化工科技有限公司

④ 上海乐香生物科技有限公司

柠檬酸钠 sodium citrate

$$\begin{array}{l} \mathrm{CH_2-COONa} \\ \mathrm{HO}\!-\!\!-\!\mathrm{COONa} \\ \mathrm{CH_2-COONa} \end{array}$$

$C_6H_5O_7Na_3 \cdot 2H_2O$，294.10（含结晶水）

别名　柠檬酸三钠

分类代码　CNS 01.303；INS 331 ⅲ

理化性质　白色结晶，无臭、味咸，有清凉感。易溶于水（65g/100mL），不溶于乙醇、乙醚。常含一个到二个结晶水，受热则分解脱水。

本品以柠檬酸钙及碳酸钠为原料，通过化学方法合成。

毒理学依据

① LD$_{50}$：大鼠腹腔注射 1549mg/kg（bw）。

② GRAS：FDA-21CFR 182.1751。

③ ADI：无须限制规定。

质量标准

质量标准

项　目		指　标	
		GB 6782—2009	JECFA（2006）
柠檬酸钠/%		99.0～100.5	99.0
透光率/%	≥	95.0	—
硫酸盐(以 SO$_4$ 计)/%	≤	0.01	—
酸度和碱度		合格	碱度:合格
草酸盐(以 C$_2$O$_4$ 计)/%	≤	0.01	合格
钙盐/%	≤	0.02	—
铅(以 Pb 计)/(mg/kg)	≤	2	2
氯化物(以 Cl 计)/%	≤	0.005	—
铁盐/(mg/kg)	≤	5	—
砷(以 As 计)/(mg/kg)	≤	1	—
水不溶物		合格	—
易炭化物/%	≤	1.0	—
水分/%		10.0～13.0	180℃恒重： 1(无水物) 13(二水物) 30(五水物)

应用　酸度调节剂

GB 2760—2014 规定：柠檬酸钠作为酸度调节剂可用于婴幼儿配方食品、婴幼儿辅助食品、浓缩果蔬汁（浆）中，可按生产需要适量使用。柠檬酸钠作为酸度调和剂还可在各类食品中（附录 2 中食品除外），并可按生产需要适量使用。

作为螯合剂、乳化剂、稳定剂用于饮料或冰淇淋和甜炼乳、稀奶油等食品中，用量与应用可参考柠檬酸的使用情况。柠檬酸钠用作食品添加剂，需求量大，主要用作调味剂、缓冲剂、乳化剂、膨胀剂、稳定剂和防腐剂等；另外，柠檬酸钠同柠檬酸配伍，用作各种果酱、果冻、果汁、饮料、冷饮、奶制品和糕点等的胶凝剂、营养增补剂及风味剂。

生产厂商

① 江苏省宜兴市振奋药用化工有限公司

② 江苏省连云港光裕永食品配料有限公司

③ 苏州铭亿泰化工科技有限公司

④ 上海乐香生物科技有限公司

柠檬酸一钠 sodium dihydrogen citrate

$$\begin{array}{c} CH_2-COOH \\ HO-\!\!\!-COONa \\ CH_2-COOH \end{array}$$

$C_6H_7O_7Na$，214.11

别名　柠檬酸二氢钠

分类代码　CNS 01.306；INS 331 iii

理化性质　白色颗粒结晶或结晶性粉末，无臭、味咸、微酸。易溶于水，几乎不溶于乙醇。在潮湿空气中可潮解。浓度为 10g/100mL 的水溶液 pH 值为 3.4～3.8。

本品以柠檬酸及碳酸钠为原料，通过化学方法合成。

毒理学依据

ADI 均未做任何限制规定。

质量标准

质量标准 **GB 1886.107—2015**（2016-3-22 实施）

项　目	指　标
柠檬酸一钠（$C_6H_7O_7Na$）含量（以干基计）/%	99.0～101.0
干燥减量/%　　　　　　　　　　≤	0.4
草酸盐	通过试验
铅(Pb)/(mg/kg)　　　　　　　　≤	2.0

应用　酸度调节剂

GB 2760—2014 规定：柠檬酸一钠作为酸度调节剂可用于婴幼儿配方食品、婴幼儿辅助食品、浓缩果蔬汁（浆）中，可按生产需要适量使用。柠檬酸一钠作为酸度调节剂还可用于各类食品中（附录 2 中食品除外），并可按生产需要适量使用。

生产厂商

① 江苏省宜兴市振奋药用化工有限公司

② 江苏省连云港光裕永食品配料有限公司

③ 苏州铭亿泰化工科技有限公司

④ 海乐香生物科技有限公司

偏酒石酸 metatartaric acid

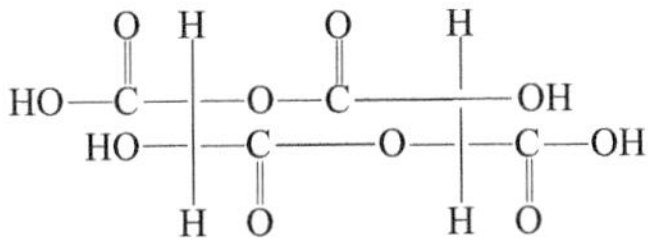

$$C_8H_8O_{10}, 264.14$$

分类代码　CNS 01.105；INS 353（CAS No 39469-81-3）

理化性质　浅黄色多孔性物质。无味，有吸湿性，过度受热易分解成酒石酸。水溶液呈酸性。

本品以酒石酸为原料，通过提取物转化制备。

毒理学依据

ADI 无限制性规定。

质量标准

酒石酸在聚合时失去羧基的百分数，可因加热的温度和时间的不同而异，较低时为22%～27%，高者可达40%，本品最好在30%以上。灰分在0.05%以下。

应用　酸度调节剂

GB 2760—2014 规定：偏酒石酸作为酸度调节剂可用于水果罐头食品中并可按生产需要适量使用。

一般用量为 2%；饮料中一般用量为 0.1%～0.2%，用于葡萄罐头，实际使用时添加量约20g/kg。

生产厂商

① 河北百味生物科技有限公司

② 浙江省杭州临安金龙化工有限公司

③ 江苏省常茂生物化学工程股份有限公司

④ 郑州明瑞化工产品有限公司

苹果酸 malic acid

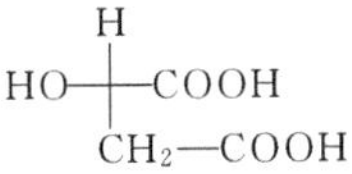

$$C_4H_6O_5, 134.09$$

别名　羟基琥珀酸、2-羟基丁二酸

分类代码　CNS 01.104；INS 296；FEMA 2655

理化性质　白色结晶或粉末，略有特殊酸味，味觉阈值 0.003%。相对密度 1.601。极易溶于水（59.2g/100mL，20℃）、略溶于乙醇、乙醚。分子中虽有不对称碳原子，但大多形成外消旋体。1% 水溶液的 pH 值为 2.40。对油包水型乳化剂有稳定作用。

本品以延胡索酸或者马来酸为原料，通过生物发酵制备。

毒理学依据

① LD$_{50}$：大鼠 1% 水溶液 1.6～3.2g/kg（bw）。

② GRAS：FDA-21CFR 184.10699。

③ ADI：无限制性规定（FAO/WHO，1994）。

④ 代谢：L-苹果酸是三羧酸循环的中间体，可参与机体正常代谢。

质量标准

质量标准

项 目		指 标		
		GB 25544—2010	GB 13737—1992	JECFA(2006)
含量/%	≥	99.5～100.5 DL-苹果酸 （以 $C_4H_6O_5$ 计）	99.0 （L-苹果酸）	99.0 DL-苹果酸
硫酸盐(以 SO_4 计)/%	≤	—	0.03	—
氯化物(以 Cl 计)/%	≤	—	0.005	—
砷(以 As 计)/(mg/kg)	≤	2	2	—
铅(Pb)/(mg/kg)	≤	2	2	2
重金属(以 Pb 计)/(mg/kg)	≤	—	10	—
灼烧残渣/%	≤	0.1	0.10	—
溶液澄清度		—	合格	—
富马酸/%	≤	1.0	—	1.0
顺丁烯二酸/%	≤	0.05	—	0.05
水不溶物	≤	0.1	—	—
比旋光度$[\alpha]_D^{25}$/(°)		−0.10～+0.10	−2.6～−1.6	—
熔点/℃		—	—	127～132

应用 酸度调节剂

GB 2760—2014 规定：苹果酸作为酸度调节剂可用在各类食品中（附录 2 中食品除外），并可按生产需要适量使用。

苹果酸比柠檬酸刺激缓慢，持久性长，口味好。大多采用与柠檬酸配合使用。果汁饮料中参考添加量为 0.25%～0.55%；果酱果冻参考用量为 0.15%～0.3%；油脂类食品为 0.01%（与抗氧化剂配合使用）；葡萄酒为 0.1%；糖果类食品为 3.0%。

生产厂商

① 常茂生物化学工程股份有限公司

② 浙江省临安市宏山化工厂

③ 安徽雪郎生物科技股份有限公司

④ 河南鸿佳化工有限公司

氢氧化钙 calcium hydroxide

$Ca(OH)_2$，74.10

别名 熟石灰、消石灰

分类代码 CNS01.202；INS526

理化性质 氢氧化钙在常温下是细腻的白色粉末，微溶于水，其水溶液俗称澄清石灰水，且溶解度随温度的升高而下降。不溶于醇，能溶于铵盐、甘油，能与酸反应，生成对应的钙盐。摩尔质量为 74.093g/mol，固体密度为 2.211g/cm³。其在水中的溶解度随温度（单位为摄氏度）而变化。氢氧化钙是强碱，对皮肤、织物有腐蚀作用。人体过量服食和吸收氢氧化钙会导致有危险的症状。

本品由氧化钙（生石灰）加水制得。

毒理学依据

① ADI：无须规定（FAO/WHO，1994）。

② GRAS：FDA-21CFR184.1792。

③ LD$_{50}$：小鼠急性经口 73000mg/kg（bw）。

质量标准

质量标准

项　目		指　标	
		GB 25572—2010	JECFA(2006)
含量/%	≥	95.0	92.0
酸不溶物	≤	0.1	1.0(酸不溶灰分)
碳酸盐	≤	通过试验	—
镁和碱金属盐/%	≤	2.0	6
砷(以 As 计)/(mg/kg)	≤	2	—
铅/(mg/kg)	≤	2	2
重金属(以 Pb 计)/(mg/kg)	≤	10	—
氟化物/(mg/kg)	≤	50	50
干燥减重/%		1.0	—
钡/%	≤	—	0.03
筛余物(0.045mm)/%		0.4	—

应用　酸度调节剂

GB 2760—2014 规定：氢氧化钙作为酸度调节剂可用于调制乳、乳粉（包括加糖乳粉）和奶油粉及其调制产品、婴幼儿配方食品中，可按生产需要适量使用。

本品还可作为制造淀粉糖浆的中和剂，以及制造魔芋食品的凝固剂。可在魔芋粉中加入 30～50 倍量的水，搅拌成糊状后添加相当魔芋粉量的 5%～7%的氢氧化钙（用 10 倍水配成溶液）经混合、凝固制得。

生产厂商

① 淄博万良工贸有限公司

② 井陉县越达钙业有限公司

③ 天津天顺伟业化工科技有限公司

④ 天津市盛同鑫化工商贸有限公司

乳酸 lactic acid

$$\underset{\underset{\text{H}}{|}}{\overset{\overset{\text{CH}_3}{|}}{\text{HO}}}{-}\text{COOH}$$

C$_3$H$_6$O$_3$，90.08

别名　2-羟基丙酸

分类代码　CNS 01.102；INS 270

理化性质　无色或浅黄色浆状液体。有特殊酸味，可溶于水、乙醇、乙醚、丙酮；几乎不溶于氯仿、石油醚。通常为外消旋体。溶液易发生分子间缩合反应。

本品以糖蜜、淀粉及乳糖为原料，通过生物发酵制备。

毒理学依据

① LD_{50}：大鼠急性经口 3.73g/kg（bw）。

② GRAS：FDA-21CFR 184.1061。

③ ADI：无限制性规定（FAO/WHO，1994）。

质量标准

质量标准 GB 2023—2003

项　目		指　标	
		L（＋）乳酸	DL-乳酸
L（＋）乳酸占总酸的含量/%	≥	95	—
色度（ApHA）	≤	50	150
乳酸含量/%		80～90	
氯化物（以 Cl^- 计）/%	≤	0.002	
硫酸盐（以 SO_4^{2-} 计）/%	≤	0.005	
铁盐（以 Fe 计）/（mg/kg）	≤	10	
灼烧残渣/%	≤	0.1	
砷（以 As 计）/（mg/kg）	≤	1	
重金属（以 Pb 计）/（mg/kg）	≤	10	
钙盐		合格	
易碳化合物		合格	—
醚中溶解度		合格	
柠檬酸、草酸、磷酸、酒石酸		合格	
还原糖		合格	
甲醇/%	≤	0.2	—
氰化物/%	≤	5	

应用　酸度调节剂

GB 2760—2014 规定：乳酸作为酸度调节剂可用于婴幼儿配方食品中，并可按生产需要适量使用。乳酸还可用在各类食品中（附录 2 中食品除外）可按生产需要适量使用。

用于调配果酒、饮料、调味品。调味品中一般添加量为 2%；乳酸饮料一般添加量为0.1%～0.2%；酱菜食品为 1%～2%；儿童食品、罐头食品一般添加量为 1%～2%；加工干酪可高达 4%。

生产厂商

① 河南省金丹乳酸科技有限公司

② 江苏省森达生物工程有限公司

③ 徐州昌鼎进出口贸易有限公司

④ 江西武藏野生物化工有限公司

碳酸钾 potassium carbonate

K_2CO_3，138.21

分类代码　CNS 01.301；INS 501（i）

理化性质　有无水物或含 1.5 分子的结晶。无水物为白色粒状粉末，结晶为白色半透明小晶体颗粒。无臭，有强碱味，相对密度 2.428（19℃），熔点 891℃。在湿空气中易吸湿潮解。

易溶于水（100g/100mL，25℃）。不溶于乙醇及乙醚。

本品以草木灰为原料，通过化学方法合成。

毒理学依据

① LD$_{50}$：大鼠急性经口 1870mg/kg（bw）。

② GRAS：FDA-21CFR 173.310，184.1619。

③ ADI：无须规定（FAO/WHO，1994）。

质量标准

质量标准

项　目		指　标	
		GB 25588—2010	JECFA(2006)
含量(干燥后)/%	≥	99.0	99.0
氯化物(以 KCl 计)/%	≤	0.015	—
硫化物(以 K$_2$SO$_4$ 计)/%	≤	0.01	—
铁/%	≤	0.001	—
不溶物/%	≤	0.02	—
重金属(以 Pb 计)/(mg/kg)	≤	10	—
砷(以 As 计)/(mg/kg)	≤	2	—
灼烧失重/%	≤	0.60	—
铅/(mg/kg)	≤	—	2
干燥失重/%		—	5(无水物)
			10~18(水合物)
			(180℃,4h)

应用　酸度调节剂

GB 2760—2014 规定：碳酸钾作为酸度调节剂可用于生湿面制品（如面条、饺子皮、混沌皮、烧卖皮）中，最大使用量为 60.0g/kg。碳酸钾还可用于各类食品中（附录 2 中食品除外）可按生产需要适量使用。

食品添加剂通用法典标准规定：生面制品、面条及其类似产品中，最大使用量为 11000mg/kg；婴儿配方食品、特殊医疗用途的婴儿配方食品中，最大使用量为 2000mg/kg。

生产厂商

① 河北辛集化工集团有限责任公司

② 河北省保定润丰实业有限公司

③ 山西省太原市鸿力翔化工有限公司

④ 天津渤海化工有限责任公司天津碱厂

碳酸钠 sodium carbonate

Na$_2$CO$_3$，124.00（一水物），105.99（无水物）

别名　纯碱

分类代码　CNS 01.302；INS 500i

理化性质　白色粉末结晶。相对密度 2.4~2.5。熔点 850℃。易溶于水，不溶于乙醇。

本品以氨气、氯化钠及二氧化碳为原料，通过化学方法合成。

毒理学依据

① LD_{50}：4.09g/kg（大鼠，急性经口）。

② GRAS：FDA 21CFR 173.310，184.1742。

③ ADI：无限制性规定（FAO/WHO，1994）。

质量标准

质量标准

项　目		指　标	
		GB 1886.1—2015（2016-3-22 实施）	JECFA(2006)
总碱量(以 Na_2CO_3 计)(干基计)/%	≥	99.2	99.0(干燥后)
总碱量(以 Na_2CO_3 计)(湿基计)/%	≥	97.9	—
氯化物(以 NaCl 计)(干基计)/%	≤	0.70	—
铁(Fe)(干基计)/%	≤	0.0035	—
重金属(以 Pb 计)/(mg/kg)	≤	10.0	—
砷(As)/%	≤	2.0	—
水不溶物含量(干基计)/%	≤	0.03	—
铅/(mg/kg)	≤	—	2
干燥失重/%		—	2(无水物)
			15(一水物)
			55~65(十水物)

应用　酸度调节剂

GB 2760—2014 规定：碳酸钠作为酸度调节剂可用于大米制品、生湿面制品（如面条、饺子皮、馄饨皮、烧卖皮）、生干面制品中，并可按生产需要适量使用。碳酸钠还可用于各类食品中（附录 2 中食品除外），可按生产需要适量使用。

用于发酵面制品或者乳制品中酸的中和，或增加面制品的韧性和强度。在焙烤制品中，可使产品膨松，一般用量在 0.1%～2%左右。食品添加剂通用法典标准规定：生面制品、面条及其类似产品中最大使用量为 10000mg/kg；婴儿配方食品、特殊医疗用途的婴儿配方食品中最大使用量为 2000mg/kg。

生产厂商

① 天津渤海化工有限责任公司天津碱厂

② 西省乐安江化工有限公司

③ 上海久宙化学品有限公司

④ 昆山微化化工有限公司

碳酸氢钾 potassium hydrogen carbonate

$KHCO_3$，100.12

别名　重碳酸氢钾、酸式碳酸钾

分类代码　CNS 01.307；INS 501 i

理化性质　无色透明结晶或白色颗粒状粉末。无嗅、无味，相对密度 2.17，空气中稳定，100～120℃时分解为碳酸钾。易溶于水（39g/mL），不溶于乙醇，水溶液呈偏碱性。

本品以碳酸钾或氢氧化钾乙醇溶液及二氧化碳为原料，通过化学方法合成。

毒理学依据

① ADI：无限制性规定（FAO/WHO，1994）。

② GRAS：FDA-21CFR 184.1613。

质量标准

质量标准

项　目		指　标	
		GB 25589—2010	JECFA(2006)
含量(以干基计)/%		99.0～101.5	99.0～101.5
干燥失重/%	≤	0.25	0.25(硅胶干燥 4h)
碳酸盐		—	合格
重金属(以 Pb 计)/(mg/kg)	≤	5	—
铅/(mg/kg)	≤	—	2
pH(100g/L 溶液)		8.6	—
砷(As)/(mg/kg)	≤	3	—

应用　酸度调节剂

GB 2760—2014 规定：碳酸氢钾作为酸度调节剂可用于婴幼儿配方食品中，可按生产需要适量使用；还可用于各类食品中（附录 2 中食品除外），并可按生产需要适量使用。

食品添加剂通用法典标准规定：婴儿配方食品、特殊医疗用途的婴儿配方食品中，最大使用量为 2000mg/kg。

生产厂商

① 河北辛集化工集团有限责任公司

② 河北省石家庄市安发化工厂

③ 山西省太原市鸿力翔化工有限公司

④ 济南远华化工贸易有限公司

碳酸氢三钠 sodium sesquicarbonate

$Na_2CO_3NaHCO_3 \cdot 2H_2O$，226.03

别名　倍半碳酸钠、倍半碱

分类代码　CNS01.305；INS 500ⅲ

理化性质　白色针状结晶、片状或结晶性粉末，不易风化。易溶于水，在水中的溶解度：0℃时为 13%，100℃时为 42%，水溶液呈碱性，其碱性比碳酸钠弱。

本品由碳酸钠和碳酸氢钠按一定比例混合、结晶制得。

毒理学依据

① LD_{50}：小鼠急性经口 7.94g/kg（bw）〔4.89～12.9g/kg（bw）（雌性）〕；

小鼠急性经口 5.01g/kg（bw）〔3.44～7.30g/kg（bw）（雄性）〕。

② GRAS：FDA-21 CFR 184.1792。

③ ADI：无须规定（FAO/WHO，1994）。

质量标准

质量标准

项 目		指 标	
		GB 25586—2010	JECFA(2006)
碳酸钠/%		46.4~50.0	46.4~50.0
铁/(mg/kg)	≤	20	20
碳酸氢钠/%		35.0~38.6	35.0~38.6
氯化钠/%	≤	—	0.5
砷(以As计)/(mg/kg)	≤	1	—
铅/(mg/kg)	≤	2	2
重金属(以Pb计)/(mg/kg)	≤	5	—
氯化物(以Cl计)/%	≤	0.3	—
水分/%		13.8~16.7	13.8~16.7

应用 酸度调节剂

GB 2760—2014 规定：碳酸氢三钠作为酸度调节剂可用于（01.01.01、01.01.02、13.0涉及品种除外）的羊奶乳及羊奶乳制品、糕点、饼干的食品中，并可按生产需要适量使用。

生产厂商

① 河北赛亿生物科技有限公司

② 广州来钰贸易有限公司

③ 西安裕华生物科技有限公司

④ 上海蒙究实业有限公司

盐酸 hydrochloric acid

$$HCl，36.46$$

别名 氢氯酸

分类代码 CNS 01.108；INS 507；CAS 7646-01-0

理化性质 本品为不同浓度的氯化氢水溶液，透明，无色或稍带黄色，有刺激性气味和强腐蚀性，可与水和乙醇混溶，一般盐酸含37%~38%的HCL，相对密度1.19，是一种强酸。

浓度在19.6%以上的盐酸在潮湿空气中发烟，损失氯化氢，生成有腐蚀性气体，能与一些活性金属粉末发生反应，放出氢气。与碱发生中和反应，并放出大量的热。该品不燃。具强腐蚀性、强刺激性，可致人体灼伤长期接触，引起慢性鼻炎、慢性支气管炎、牙齿酸蚀症及皮肤损害。3.6%的水溶液pH值为0.1.

本品①由电解食盐所得氯和氢气合成制的。②用水吸收食盐与硫酸反应产生的氯化氢制得。

毒理学依据

① LD_{50}：兔急性经口 900mg/kg（bw）。

② GRAS：FDA-21 CFR 182.1057。

③ ADI：无须规定（JECFA，1965）。

质量标准

质量标准

项　目		指　标	
		GB 1897—2008	JECFA(2006)
总酸度(以 HCl 计)/%	≥	31.0	为标签量的 97.0～103
铁/(mg/kg)	≤	5	5
硫酸盐(以 SO₄²⁻ 计)/%	≤	0.007	0.5
灼烧残渣/%	≤	0.05	0.5(蒸发残渣)
砷(以 As 计)/(mg/kg)	≤	1	—
铅/(mg/kg)	≤	—	1
重金属(以 Pb 计)/(mg/kg)	≤	5	—
游离氯(以 Cl 计)/%	≤	0.003	0.003
还原物(以 SO₃ 计)/%	≤	0.007	0.007
总有机化合物(不含氟)/(mg/kg)	≤	—	5
总氟化有机化合物/(mg/kg)	≤	—	25
苯/(mg/kg)	≤	—	0.05

应用　酸度调节剂

GB 2760—2014 规定：盐酸作为酸度调节剂可用于蛋黄酱、沙拉酱中，按生产需要适量使用。

盐酸在加工橘子罐头时常用于中和橘络、囊衣时残留的氢氧化钠。加工化学酱油时用约 20%浓度的盐酸水解脱脂大豆粕。用于制造淀粉糖浆时，通常将淀粉精制后加水，使成 20～21°Bé 的淀粉乳，加盐酸使之成为 pH 值为 1.9～2.0 酸性淀粉乳，再加热煮沸使淀粉水解。水解后再用 5%碳酸溶液中和，经过滤，脱色、浓缩即得。盐酸用量按无水淀粉计为 0.3%～0.5%。

生产厂商

① 常熟市恒宏氟化工科技有限公司

② 新乡市宏盛化工有限公司

③ 滦县鑫隆化工产品销售有限公司

④ 浙江永和制冷股份有限公司

乙酸 acetic acid

$$CH_3COOH$$

$$C_2H_4O_2，60.06$$

别名　醋酸、冰醋酸

分类代码　CNS 01.107；INS 260

理化性质　16℃ 以上时为透明无色液体，具有特殊刺激气味。沸点 118.1℃，熔点 17.6℃。密度 1.049。16℃ 以下为针状结晶。可与水、乙醇以任何比例混溶。

本品以乙醛或乙醇为原料，通过化学方法合成。

毒理学依据

① LD₅₀：小鼠急性经口 4.96g/kg（bw）。

② GRAS：FDA-21CFR 184.1005。

③ ADI：无须规定（FAO/WHO，1994）。

④ 代谢：乙酸属食品中成分，并采用机体脂肪酸和糖类正常代谢。

质量标准

质量标准

项　目		指　标	
		GB 1886.10—2015 （2016-3-22 实施）	JECFA（2006）
乙酸含量/%	≥	99.5	99.5
高锰酸钾试验		通过试验	—
蒸发残渣/%	≤	0.005	0.01
结晶点/℃	≥	15.6	15.6
酿造醋酸的比率（天然度）/%	≥	95.0	—
重金属（以 Pb 计）/（mg/kg）	≤	2.0	—
砷（As）/（mg/kg）	≤	1.0	—
游离矿酸		通过试验	—
色度/黑曾		20.0	—
铅/（mg/kg）	≤	—	0.5

应用　酸度调节剂

GB 2760—2014 规定：乙酸作为酸度调节剂可用于各类食品中（附录 2 中食品除外），并可按生产需要适量使用。

制造合成食醋时，一般用水将乙酸稀释至 4%～5%。酱制品、调味剂中为 10～50g/kg；干酪及乳制品中为 8g/kg；食用油脂、糖果中为 5g/kg；焙烤食品为 2.5g/kg；鱼虾类罐头用量为 2～6g/kg；葡萄酒、沙司中为 1～3g/kg。

生产厂商

① 上海九麟实业有限公司

② 黄骅市鹏发化工有限公司

③ 山东省青州市奥宇工贸有限公司

④ 扬州市兴业助剂有限公司

乙酸钠 sodium acetate

$CH_3COONa \cdot nH_2O$（n：3 或 0）

三水物 136.08，无水物 82.03

别名　醋酸钠

分类代码　CNS 00.013；INS 262i

理化性质　本品有乙酸钠（三水物）和无水乙酸钠之不同。乙酸钠为无色透明结晶或结晶性粉末，无臭或稍有醋样气味，相对密度 1.45，熔点 58℃，123℃时失去结晶水，在温暖、干燥的空气中易风化，1g 约溶于 0.8mL 水和 19mL 乙醇。无水乙酸钠为白色无臭颗粒状粉末，相对密度 1.528，熔点 324℃，易吸湿，1g 约溶于 2mL 水中。

本品可由木材干馏所得醋石与碳酸钠反应制备，或用硫酸钠和碳酸氢钠处理乙酸钙制成，也可由乙酸钠加热制得无水乙酸钠。

毒理学依据

① LD_{50}：小鼠急性经口 4.4～5.6g/kg（bw）；大鼠急性经口 3530mg/kg（bw）。

② GRAS：FDA-21 CFR 184.1721。

③ ADI：无须规定（FAO/WHO，1994）。

质量标准

质量标准

项　目	指　标		
	GB 30603—2014	JECFA(2006)	FCC(7)
乙酸钠($C_2H_3NaO_2$)含量(以干基计)/% ≥	98.5	98.5	99.0～101.0
酸度和碱度	通过试验	检验合格	0.2(无水化合物)
			0.05(三水化合物)
铅(Pb)/(mg/kg) ≤	2	2	2
钾试验	通过试验	—	检验合格
pH	—	8.0～9.5	—
钠	—	检验合格	—
钾	—	阴性	—
干燥减量/%	36.0～42.0(结晶品)	2.0(无水物;120℃,2h)	1.0(无水物)
	2.0(无水品)	36～42(三水物;120℃,2h)	36.0～41.0(三水物)

应用　酸度调节剂、防腐剂

GB 2760—2014 规定：乙酸钠作为酸度调节剂可用于复合调味料中，最大使用量为 10.0g/kg；膨化食品中，最大使用量为 1.0g/kg。

其他使用参考，本品尚可作制造糖精、维生素 C、苯甲酸等产品的氧化剂，饮料用二氧化碳的精制剂。广泛应用于乳腐、酱油、酱菜等的加工以及果汁、面包、蛋糕、豆沙、糕点、奶油等的制作。作为调味剂的缓冲剂，可缓和不良气味并防止变色，改善风味时使用 0.1%～0.3%。具有一定的防霉作用，如使用 0.1%～0.3%于鱼肉糜制品及面包中。

生产厂商

① 山东省滕州中正化工有限公司

② 无锡优利森化工产品有限公司

③ 苏州蓝翔化工科技有限公司

④ 淄川精细化工厂

4.4　食品用香料 flavoring agent（附食用香精）

食品用香料是能够用于调配食品香精，并使食品增香的物质。

食品香料与日用香料不同。日用香料的香气只需通过人们的鼻腔嗅感到，而食品香料除了要求嗅感到外，还要求能被味觉器官感觉到，所以两者是有一定区别的。

食品香料的特殊性，主要表现在以下几个方面。

（1）食品香料具有自我限量的特点。因为食品香料是要经过口进入人体的，其对人体的安全性特别重要，有每日最高摄入量（acceptable daily intake，ADI，g）的限制，因而在最终加香食品中的浓度（mg/kg）是有限制的，由相关主管部门给出其参考用量。另外，香料的香味要为人们所接受，必须在一个适当的浓度范围内，浓度过大香味变成臭味，浓度过小香味不足。

（2）食品香料以再现食品的香味为根本目的。因为人类对食品具有本能的警惕性，对未经验过的全新香味常常拒绝食用。而日用香料则可以具有独特的幻想型香气，并为人们所接受，注重的是香气。

（3）食品香料必须考虑食品味感上的调和，很苦的或者很酸涩的香料不能用于食品，注重于味道。而日用香料一般不用考虑其对味感的影响。

（4）人类对食品香料的感觉比日用香料灵敏的多。这是因为食用香料可以通过鼻腔、口腔等不同途径产生嗅感或味感。

（5）食品香料与色泽、想象力等有着更为密切的联系。例如在使用水果类食用香料时，若不具备接近于天然水果的颜色，就连香气也容易引起人们认为是其他物质的错觉，使其效果大为降低。

食品香料种类繁多，按来源分类如下。

$$食品香料\begin{cases}天然香料\\合成香料\begin{cases}天然等同香料\\人造香料\end{cases}\end{cases}$$

用于食品的天然香料包括植物性天然香料（多种成分的混合物）和用物理方法从天然植物中分离出的单离香料（单体化合物），而动物性天然香料很少用于食品中。

已知可从 1500 多种植物中得到香味物质，目前用作食品香料的植物约 200 多种，其中被国际标准化组织（ISO）承认的有 70 多种。

根据植物性天然食品香料的使用形态，可将其大略分为辛香料、精油、浸膏、净油、酊剂、油树脂等。

① 辛香料（spices）

辛香料主要是指在食品调香调味中使用的芳香植物或干燥粉末。人类古时就开始将一些具有刺激性的芳香植物用于饮食，他们的精油含量较高，有强烈的呈味、呈香作用，不仅能促进食欲，改善食品风味，而且还有杀菌防腐功能。

Clarh 在 1970 年曾将辛香料细分为 5 类。

a. 有热感和辛辣感的香料，如辣椒、姜、胡椒、花椒、番椒等。

b. 有辛辣作用的香料，如大蒜、葱、洋葱、韭菜、辣根等。

c. 有芳香性的香料，如月桂、肉桂、丁香、孜然、众香子、香夹兰豆、肉豆蔻等。

d. 香草（herbs）类香料，如茴香、葛缕子（姬茴香）、甘草、百里香、枯茗等。

e. 带有上色作用的香料，如姜黄、红椒、藏红花等。

这些辛香料大部分在我国都有种植，资源丰富，有的享有很高的国际声誉，如八角、茴香、桂皮、桂花等。

② 精油（essentialoil）

亦称香精油、挥发油或芳香油，是植物性天然香料的主要品种。对于多数植物性原料，主要用水蒸气蒸馏法和压榨法制取精油。例如玫瑰油、薄荷油、八角茴香油等，均是用水蒸气蒸馏法制取的精油。对于柑桔类原料，则主要用压榨法制取精油，例如红桔油、甜橙油、圆橙油、柠檬油等。

液态精油是我国目前天然香料的最主要应用形式。世界上总的精油品种在 3000 多种以上，用在食品上的精油品种有 140 多种。

③ 浸膏（concrete）

浸膏是一种含有精油及植物蜡等呈膏状浓缩非水溶剂萃取物。用挥发性有机溶剂浸提香料植物原料，然后蒸馏回收有机溶剂，蒸馏残留物即为浸膏。在浸膏中除含有精油外，尚含有相当量的植物蜡、色素等杂质，所以在室温下多数浸膏呈深色膏状或蜡状。例如大花茉莉浸膏、桂花浸膏、香荚兰豆浸膏等。

④ 油树脂（oleoresin）

一般是指用溶剂萃取天然辛香料，然后蒸除溶剂后而得到的具有特征香气或香味的浓缩萃取物。油树脂通常为黏稠液体，色泽较深，呈不均匀状态。例如辣椒油树脂、胡椒油树脂、姜黄油树脂等。油树脂属于浸膏的范畴。

⑤ 酊剂（tincture）

亦称乙醇溶液，是以乙醇为溶剂，在室温或加热条件下，浸提植物原料、天然树脂或动物分泌物所得到的乙醇浸出液，经冷却、澄清、过滤后得到的产品。例如枣酊、咖啡酊、可可酊、黑香豆酊、香荚兰酊、麝香酊等。

⑥ 净油（absolute）

用乙醇萃取浸膏、香脂或树脂所得到的萃取液，经过冷冻处理，滤去不溶的蜡质等杂质，再经减压蒸馏蒸去乙醇，所得到的流动或半流动的液体通称为净油。例如玫瑰净油、小花茉莉净油、鸢尾净油等。

天然等同香料则是与天然香料中产生香气的组分（呈香物质）或主体成分分子结构相同的物质，包括用化学方法合成的合成香料和用化学方法从天然物中分离的纯品。

食品用香料物种繁多，且主要作原料调配成不同香精制品用于食品。故本手册仅选择部分香料物种作说明介绍。此外，根据香料在香精中的，列举部分特征香型的食用香精及配方作为介绍。

4.4.1 香料

（1）天然香料（混合物组分）

八角茴香 star anise

化学成分 含精油 2.5%～5%，化学成分为茴香脑（80%～85%），另有蒎烯、茴香酸、对甲氧基苯乙酮、水芹烯、对异丙基甲苯、甲基蒌叶酚、异松油烯、大茴香酮、芳樟醇和松油醇等物质，还含有鞣质、树脂及果胶等成分。

别名 八角（chinese aniseed）

分类代码 FEMA 2095；CAS 8007-70-3

理化性质 木兰科常绿小乔木八角茴香的干燥成熟果实。裂成 8～9 瓣，红棕色，每瓣内含有一颗种子。味甜，似甘草略苦，具有浓烈香气，为我国特产，主要产于广西、云南等省区。

应用 食品用香料。GB 2760—2014 规定：可按生产需要适量用于配制各种食品香精。

FEMA 规定：肉类制品中最大使用量为 500～1050mg/kg；软饮料，13mg/kg；冷饮，18mg/kg；糖果，83mg/kg；酒类，40～60mg/kg；烘烤食品，140mg/kg；调味品、腌制品，100mg/kg。

生产厂商

① 亳州市常富药业销售有限公司

② 锦江区香辣之川商贸部

③ 上海谱振生物科技有限公司

④ 江西安邦药业有限公司

八角茴香油 anise star oil(illicium verum hook,F.)

化学成分 茴香脑（85%～90%）、黄樟油素、桉叶油素、茴香醛、蒎烯、水芹烯、柠檬烯、松油醇等。

别名　大茴香油

分类代码　GB N005；FEMA 2096；NAS 2096；CAS 68952-43-2

理化性质　具有清而甜的辛香，八角茴香的特征香气和香味，甜味感较强。20℃以上时为无色透明或淡黄色液体，温度下降时会有片状结晶析出。冰点 15℃。微溶于水，易溶于乙醇、乙醚和氯仿中。

八角茴香亦称大料、八角、大茴香。木兰科，常绿乔木。主产于中国南方地区和越南。由八角茴香的新鲜树叶或成熟果实八角粉碎后经水蒸气蒸馏而得，得率 8.5%～9%（干品）或 1.8%～5%（鲜品），0.3%～0.5%（鲜枝叶）。

毒理学依据

① GRAS：FEMA 2096。

②CoE：3 类（限制草蒿脑和黄樟素的含量）。

质量标准

质量标准 GB 1886.140—2015（2016-3-22 实施）

项　目	指　标
相对密度 d_{20}^{20}	0.975～0.992
折射率 n_D^{20}	1.5525～1.5600
旋光度 $[\alpha]_D^{20}/(°)$	$-2～+2$
溶混度（20℃）	1 体积试样混溶于 3 体积 90%（体积分数）乙醇中，呈澄清溶液
冻点/℃　　　　　　　　≥	15.0
特征组分含量/%	龙蒿脑≤5.0，顺式大茴香脑≤0.5，大茴香醛≤0.5，反式大茴香脑≥87.0

应用　食品用香料。GB 2760—2014 规定：可按生产需要适量用于配制各种食品香精。

八角茴香是我国传统的调味香料之一，其精油可用于糖果、饮料和酒类香精。如沙示香精是由它与冬青，以及其他一些香辛料组合而成，亦可与其他香辛料同用于蜜饯型香精。八角香油与甜橙油组合，能对硫化物的腐败气味起到极良好的掩饰作用，也常用于药剂、牙膏和口香糖中。

CoE　参考用量：焙烤食品，150.00mg/kg；冷冻奶制品，4.46mg/kg；肉制品，0.32mg/kg；软糖，260.9mg/kg；布丁类，3.08mg/kg；饮料，15.18mg/kg；酒精饮料，167.4mg/kg。

FEMA 在食品中的最大推荐用量（1994）：酒精饮料，167.40mg/kg；焙烤食品，38.05mg/kg；冷冻乳制品，4.46mg/kg；布丁类，3.08mg/kg；肉制品，0.32mg/kg；无醇饮料，15.18mg/kg；软糖，260.90mg/kg。

生产厂商

① 深圳市鼎诚植物香料有限公司

② 深圳市国鑫香精香料有限公司

③ 江西百草药业有限公司

大花茉莉浸膏 jasminum grandiflorum concrete

化学成分　乙酸苄酯、苯甲酸苄酯、苯甲酸叶醇酯、茉莉内酯、茉莉酮酸甲酯、顺式茉莉酮、芳樟醇、苄醇、丁香酚、植醇等。

分类代码 GB N 069；FEMA 2599；CAS 977125-38-4

理化性质 棕红色蜡状膏体，具有茉莉花的香味。部分溶于 95％乙醇中。

大花茉莉亦称素馨花。木犀科，常绿小灌木。采用花朵。主产于法国、意大利、摩洛哥、埃及、南非、阿尔及利亚、西班牙、印度、俄罗斯等地。用石油醚浸提大花茉莉后，浓缩而得，得率约 3％。

毒理学依据

① GRAS；FEMA2599；FDA 21 CFR 182.20，582.20。

② CoE：2 类（在许可的剂量内，不用考虑对健康的危害）。

质量标准

质量标准 QB/T 1795—2011 （参考）

项　目		指　标
色状		淡棕色或棕红色膏状物
香气		具有大花茉莉鲜花香气
熔点/℃		48.0～54.0
酸值	≤	12
酯值	≥	85
净油含量/%	≥	45.0

应用 食品用香料。GB 2760—2014 规定：可按生产需要适量用于配制各种食品香精。

CoE 推荐用量：无醇饮料，2.84mg/kg；冰淇淋，3.01mg/kg；糖果，4.22mg/kg；焙烤食品，12.62mg/kg；布丁类，3.02mg/kg；口香糖，43.45mg/kg。

FEMA 在食品中的最大推荐用量 （1994）：酒精饮料，2.00mg/kg；焙烤食品，12.62mg/kg；冷冻乳制品，3.01mg/kg；布丁类，3.02mg/kg；无醇饮料，1.54mg/kg；软糖，4.22mg/kg。

生产厂商

① 江西吉水县康达天然香料油厂

② 江西吉水县顺民药用香料油提炼厂

③ 广西横县瑞丰香料有限公司

④ 江西百草药业有限公司

大蒜油 garlic oil(allium sativum L.)

化学成分 烯丙基硫醚、甲基烯丙基二硫醚、烯丙基二硫醚、甲基烯丙基三硫、烯丙基三硫醚、水芹烯、大蒜素等。

别名 蒜油

分类代码 GB N015；FEMA 2503；CAS 8000-78-0

理化性质 黄色至橘红色透明的挥发性精油，具有强烈刺激气味和大蒜所特有的辛辣味，有较强的杀菌能力。溶于大多数非挥发性油和矿物油，在乙醇中不完全溶解，不溶于甘油和丙醇，旋光度 $[\alpha]_D^{20}90°$。

百合科，多年生草本植物。采用地下块茎。主产于中国、埃及、摩洛哥、日本、保加利亚、西班牙、法国和英国。由（大）蒜的鳞茎经破碎后，在水中浸渍发酵 3h，再蒸馏 0.5～2h 而得，得率 0.1％～0.2％。

毒理学依据

GRAS；FEMA2503；FDA-21 CFR 184.1317，582.20。

质量标准

质量标准 FCC（Ⅳ）（参考）

项　目	指　标
色状	澄清黄色至红橙色液体
香气	具有大蒜强烈而有特征性的刺激气味
相对密度 d_{20}^{20}	$1.050 \sim 1.095$
折射率 n_D^{20}	$1.550 \sim 1.580$
重金属（以 Pb 计）	合格

应用　食品用香料。GB 2760—2014 规定：可按生产需要适量用于配制各种食品香精。

FEMA 在食品中的最大推荐用量（1994）：焙烤食品 9.69mg/kg；冷冻乳制品 2.00mg/kg；油脂类 22.96mg/kg；肉制品 34.00mg/kg；无醇饮料 4.94mg/kg；点心、快餐类 10.00mg/kg；调味品（condiments，relishes）34.48mg/kg；布丁类 2.00mg/kg；肉汁、肉卤 15.16mg/kg；软糖 4.94mg/kg。

生产厂商

① 深圳市国鑫香精香料有限公司

② 广州日化化工有限公司

③ 郑州雪麦龙食品香料有限公司

④ 江西百草药业有限公司

丁香 clove

化学成分　含精油 17%～23%，化学成分为丁香酚（70%～90%），另有乙酸丁香酚（10%～15%）、石竹烯（丁香油烃）、甲基戊基原醇、甲基庚基原醇、甲基戊基酮与依兰烯等物质。其中乙酸丁香酚为丁香的特征香味物质。

分类代码　FEMA 2327；CAS 8000-34-8

理化性质　桃金娘科常绿乔木丁香之花蕾。采收时为红色，干燥后呈钉状，黑褐色。具有浓郁丁香香气，并兼有烧灼辛辣味，产于我国广东或东南亚一带地区。

质量标准

质量标准　整丁香分级与理化指标 GB/T 22300—2008

项　目　　　　等　级		指　标		
		1 级	2 级	3 级
无头丁香/%	≤	2	5	不规定
藤蔓、母丁香/%	≤	0.5	4	6
有瑕疵的丁香/%	≤	0.5	3	5
外来物/%	≤	0.5	1	1
水分/%	≤	12	12	12
挥发油（干态）/（mL/100g）	≥	17	17	15

质量标准　丁香粉分级与理化指标 GB/T 22300—2008

项　目	等　级	指　标		
		1 级	2 级	3 级
水分/%	≤	10	10	10
总灰分(干态)/%	≤	7	7	7
酸不溶性灰分(干态)/%	≤	0.5	0.5	0.5
挥发油(干态)/(mL/100g)	≥	17	17	15
粗纤维/%	≤	13	13	13

应用　传统天然食用香料，已被国家卫生部确定为食品与药品。多用于肉类加工调料，如火腿、腌渍食品、沙司、甜点或调味食品中。

FEMA 规定：肉类制品中最大使用量为 810mg/kg；饮料与冷食，20～1000mg/kg；调香樱桃，500mg/kg；烘烤食品，1200mg/kg。

生产厂商

① 北京京新博胜副食品销售部

② 民乐县宏泰中药饮片有限责任公司

③ 广东康美药业股份有限公司

④ 江西百草药业有限公司

丁香叶油 clove leaf oil(eugenia spp.)

化学成分　丁香酚（85%左右）、石竹烯、月桂烯、蒎烯、壬醇、甲基庚烯酮等。

分类代码　GB N001；FEMA 2325；NAS 2325；CAS 8015-97-2

理化性质　苍黄色挥发性精油，呈丁香酚和糠醛香气。遇铁后呈暗紫棕色，有杀菌作用。溶于苯甲酸苄酯、邻苯二甲酸二乙酯和丙二醇，在大多数非挥发性油中呈微乳白色，几乎不溶于矿物油和甘油。

桃金娘科，小灌木树。采用叶子。主要产地马达加斯加（900t）、印度尼西亚（850t）、坦桑尼亚（200t）、斯里兰卡和巴西。由丁香树的叶子经水蒸气蒸馏而得，得率约 2%～3%；水蒸气蒸馏干花梗，得油率 5%～6%。

毒理学依据

① GRAS：FEMA 2325；FDA 21 CFR 184.1257，582.20。

② LD_{50}：1379mg/kg（大鼠，急性经口）。

质量标准

质量标准　FCC（Ⅳ）（参考）

项　目	指　标
色状	苍黄色液体
香气	愉快芳香
相对密度 d_{20}^{20}	1.036～1.046
折射率 n_D^{20}	1.531～1.535
比旋光度 $[\alpha]_D^{25}$/(°)	−2～0
酚含量/%	84.0～88.0
溶解度	1mL 精油溶于 2mL 70%（体积分数）乙醇
重金属（以 Pb 计）	合格

应用　食品用香料。GB 2760—2014 规定：可按生产需要适量用于配制各种食品香精。

FEMA 在食品中的最大推荐用量（1994）：酒精饮料 104.90mg/kg；焙烤食品 99.53mg/kg；调味品 45.31mg/kg；冷冻乳制品 24.21mg/kg；布丁类 9.80mg/kg；肉制品 457.20mg/kg；无醇饮料 12.11mg/kg；软糖 100.90mg/kg；口香糖 854.30mg/kg；硬糖 65.52mg/kg；加工蔬菜 11.88mg/kg；肉汁 270.00mg/kg。

生产厂商

① 深圳市国鑫香精香料有限公司

② 德信行（珠海）香精香料有限公司

③ 江西恒诚天然香料油有限公司

④ 江西安邦药业有限公司

广藿香油 patchouli oil(pogostemon cablin)

化学成分　广藿香醇、α-，β-和 γ-藿香萜烯、α-愈创烯、α-布藜烯、广藿香酮、苯甲醛、丁香油酚、桂皮醛、丁香烯、丁香酚等。

别名　派超力油；藿香油；绿叶油

分类代码　GB N007；FEMA 2838；CAS 8014-09-3

理化性质　棕红色或浅棕色油状液体。具有天然广藿香草香气，具有持久的木香香气和樟脑气息。乙醇中的混溶度（20℃）：1mL 试样全溶于 14mL 90%（V/V）乙醇中，呈澄清溶液。同时易溶于苯甲酸苄酯、邻苯二甲酸二乙酯、植物油和矿物油中，部分溶于丙二醇、不溶于甘油。

唇形科，直立分支，多年生草本。采用枝叶部分。主产于马来西亚、印度尼西亚、印度、俄罗斯、菲律宾等国，我国广东、四川和台湾等地也有生产。以广藿香草的叶子为原料，干燥后堆放 3d，发酵后，再用水蒸气蒸馏而得，得油率 2%～2.5%。新鲜的广藿香叶几乎无香气，只有在发酵和干燥后才产生精油，组分中的倍半萜烯较难挥发，故需经高压长时间蒸馏。

毒理学依据

GRAS；FEMA2838；FDA 21 CFR 172.510。

质量标准

质量标准 GB 1886.124—2015（2016-3-22 实施）

项　目	指　标
相对密度 d_{20}^{20}	0.952～0.975
折射率 n_D^{20}	1.5050～1.5150
旋光度 $[\alpha]_D^{20}/(°)$	−66～−40
溶混度（20℃）	1 体积试样混溶于 14 体积 90%（体积分数）乙醇中，呈澄清溶液
酸值（以 KOH 计）/（mg/g）　≤	5.0
酯值（以 KOH 计）/（mg/g）　≤	10.0
广藿香醇含量/%　≥	23.0

应用　食品用香料。GB 2760—2014 规定：可按生产需要适量用于配制各种食品香精。

FEMA 在食品中的最大推荐用量（1994）：酒精饮料，1.01mg/kg；焙烤食品，2.21mg/kg；冷冻乳制品，2.12mg/kg；布丁类，1.14mg/kg；肉制品，0.10mg/kg；无醇饮料，1.01mg/kg；软糖，2.18mg/kg；硬糖，758.00mg/kg；口香糖，1137.00mg/kg。使用参考：本品是好的定香剂，它与香叶油、紫罗兰酮、鸢尾浸膏、大茴香油、丁香油等共用，可得极重的"东方香型"香味，可用于餐后糖的加香，用以减轻饮酒者或食用过大蒜、洋葱者口中的不愉快气味。

生产厂商

① 深圳市鼎诚植物香料有限公司

② 深圳市国鑫香精香料有限公司

③ 江西吉安正大天然香料有限公司

④ 德信行（珠海）香精香料有限公司

桂花浸膏 osmanthus fragrans flower concrete

化学成分 见桂花净油。

分类代码 GB N120

理化性质 淡黄色至棕黄色膏状物，具有清甜的桂花香气，兼有蜡香和桃子样果香气息，香气浓郁而持久。用石油醚浸提经盐水盐渍后的桂花，浓缩而得，得膏率 0.15%～0.20%。

质量标准

质量标准 GB 1886.24—2015（2016-3-22 实施）

项　目		指　标
熔点/℃		40.0～50.0
酸值(以 KOH 计)/(mg/g)	≥	40.0
净油含量/%	≥	60.0
重金属含量(以 Pb 计)/(mg/g)	≤	40.0
砷含量(As)/(mg/g)	≤	3.0

应用 食品用香料。GB 2760—2014 规定：可按生产需要适量用于配制各种食品香精。在食品香精中，除用于桂花香精外，还可用于蜜饯香精、茶叶香精或其他复方香精及酒用香精中。

生产厂商

① 广州日化化工有限公司

② 彼艾孚（上海）实业有限公司

③ 江西百草药业有限公司

④ 樟树市百草天然香料油厂

桂花净油 osmanthus fragrans flower absolute

化学成分 紫罗兰酮、突厥酮、橙花醇、芳樟醇、香叶醇、金合欢醇、松油醇、γ-辛内酯、γ-癸内酯、乙酸、丁酸、丁香酚、水芹烯等。

分类代码 GB N118；FEMA 3750；NAS 3750；CAS 68917-05-5

理化性质 淡黄色至棕黄色液体，具有清甜的桂花香气。

桂花亦称岩桂或木樨花。木犀科，常绿小乔木。采用鲜花。主产于亚洲，中国的十大传统花卉之一。用乙醇萃取桂花浸膏制取净油，得油率 60%～65%。

毒理学依据

GRAS；FEMA 3750。

应用 食品用香料。GB 2760—2014 规定：可按生产需要适量用于配制各种食品香精。

桃子、覆盆子、草莓、桂花、药草香精。在最终加香食品中的建议用量为 0.03～2mg/kg。

生产厂商

① 上海林帕香料有限公司

② 广州新浦泰化工有限公司

③ 江西百草药业有限公司

胡椒 pepper

化学成分　含精油 1%～3%，化学成分为 α-蒎烯、β-蒎烯、L-α-水芹烯、β-丁子香烯及胡椒醛等物质。另含有不挥发性乙醚提取物 6%～10%，树脂、生物碱、蛋白质、纤维素、戊聚糖、淀粉类成分，所含辣味成分系胡椒碱、胡椒酯碱和六氢吡啶。

分类代码　FEMA 2850；CAS 8006-82-4

理化性质　胡椒为胡椒科多年生藤本植物胡椒的浆果，球形，黄红色，在植株上呈串状。干后变为黑色，故称黑胡椒。去皮后呈白色，则称白胡椒。世界上，包括我国有许多热带地区均有种植，其中以印度西南部所产的黑胡椒为最佳。胡椒具有强烈芳香和刺激性辣味，兼有除腥臭、防腐和抗氧化作用，并有促进消化的功效。制成粉状时其气味更易挥发，故常以整粒干燥后，密封储存，在使用前制成细粉食用。

青色时采集，堆积后经过数日自然发酵，至黑褐色为止而制成。

质量标准

质量标准　整黑胡椒的物理特性要求 GB/T 7901—2008

项　目		指　标	
		未加工或半加工黑胡椒	加工黑胡椒
外来物/%	≤	2.5	1.5
轻质果/%	≤	10	5.0
针头果或破碎果/%	≤	7.0	4.0
堆积密度/(g/L)	≥	450	490

注：黑胡椒粉按 GB/T 12729.13 的规定测定其杂质含量。

质量标准　整粒白胡椒的物理特性要求 GB/T 7900—2008

项　目		指　标	
		半加工的白胡椒	加工白胡椒
外来物/%	≤	1.0	0.8
碎果/%	≤	4.0	3.0
黑果/%	≤	15[①]	10[①]
堆积密度/(g/L)	≥	600	600

① 此项指标不适用三马林达胡椒，其黑果总量超过 20%。

质量标准　黑胡椒（整的或粉状）化学特性指标要求 GB/T 7901—2008

项　目		指　标		
		半加工或未加工黑胡椒	加工黑胡椒	黑胡椒粉
水分/%	≤	13.0	13.0	13.0
总灰分(干态)/%	≤	7.0	6.0	6.0
不挥发性乙醚提取物(干态)/%	≥	6.0	6.0	6.0
挥发油(干态)/[%或(mL/100g)]	≥	2.0	2.0	1.0
胡椒碱/%	≥	4.0	4.0	4.0
酸不溶性灰分(干态)/%	≤	—	—	1.2
不可溶粗纤维(干态)/%	≤	—	—	17.5

质量标准 白胡椒（整的或粉状）化学特性指标要求 GB/T 7900—2008

项 目		指 标	
		半加工或加工白胡椒	白胡椒粉
水分/%	≤	14.0	14.0
总灰分(干态)/%	≤	3.5	3.5
不挥发性乙醚提取物(干态)/%	≥	1.0	0.7
挥发油(干态)/[%或(mL/100g)]	≥	6.5	6.5
胡椒碱/%	≥	4.0	4.0
酸不溶性灰分(干态)/%	≤	—	0.3
不可溶粗纤维(干态)/%	≤	—	6.5

应用 食品用香料。GB 2760—2014 规定：可按正常生产需要适量用于配制各种食品香精。

FEMA 规定：肉类制品中最大使用量为 1700mg/kg；软饮料，700mg/kg；冷饮，550mg/kg；糖果，83mg/kg；汤料，30～100mg/kg；烘烤食品，1200mg/kg；调味料，690mg/kg；腌制品，70～200mg/kg。

生产厂商
① 云南万家合源食品有限公司
② 安徽多善堂药业有限公司
③ 泰州市鹏创味业贸易有限公司
④ 江西百草药业有限公司

留兰香油 spearmint oil(mentha spicata)

化学成分 L-香芹酮（约占 50%～70%），二氢香芹醇、二氢香芹酮、L-苧烯、L-水芹烯、桉叶素、L-薄荷酮、异薄荷酮、L-石竹烯和萜品烯等。

别名 大叶留兰香油、薄荷草油、矛型薄荷油、绿薄荷油

分类代码 GB N122；FEMA 3032；NAS 3032；EINECS 283-656-2；CAS 8008-79-5

理化性质 无色至淡黄或黄绿色澄清油状液体，具有留兰香叶的特殊香气和香味，有甜味。香气透发有力，与揉碎的新鲜留兰香叶片的香气一样。溶于 80% 以上的乙醇。闪点 160℃，沸点 228℃。

唇形科，采用地上全草。主要产于美国、意大利、巴西、日本、德国、英国，以及我国江苏、浙江、安徽等地亦有大量生产。由植物留兰香（亦称普通留兰香）或小叶薄荷（亦称苏格兰留兰香）的新鲜茎、叶等地上植株经水蒸气蒸馏而得。必要时可进一步蒸馏精制。得率 0.3%～0.7%。

毒理学依据
① LD_{50}：5000mg/kg（大鼠，急性经口）。
② GRAS：FEMA 3032；FDA 21 CFR 182.20，582.20。

质量标准

质量标准 GB 1886.36—2015（2016-3-22 实施）

项　目	指　标	
	含酮量 60%	含酮量 80%
相对密度 d_{20}^{20}	0.918～0.938	0.942～0.954
折射率 n_D^{20}	1.4850～1.4910	1.4880～1.4960
比旋光度 $[\alpha]_D^{25}/(°)$	−70～−53	−59～−50
溶混度（20℃）	1 体积试样混溶于 1 体积 80%（体积分数）乙醇中，呈澄清溶液	1 体积试样混溶于 1 体积 80%（体积分数）乙醇中，呈澄清溶液
含酮量/% ≥	60.0	80.0
重金属（以 Pb 计）/（mg/kg） ≤	10.0	10.0
砷含量（As）/（mg/kg） ≤	3.0	3.0

应用　食品用香料。GB 2760—2014 规定：可按生产需要适量用于配制各种食品香精。

FEMA 在食品中的最大推荐用量（1994）：酒精饮料 154.30mg/kg；焙烤食品 1,318.00mg/kg；口香糖 7,913.00mg/kg；调味品（condiments, relishes）250.00mg/kg；调味品（seasonings, flavors）66,668.00mg/kg；冷冻乳制品 130.40mg/kg；布丁类 95.42mg/kg；果酱类 98.66mg/kg；硬糖 1,605.00mg/kg；果汁 550.00mg/kg；无醇饮料 136.00mg/kg；甜酱类 90.00mg/kg；软糖 559.60mg/kg。

生产厂商

① 深圳市鼎诚植物香料有限公司

② 深圳市国鑫香精香料有限公司

③ 江西吉安正大天然香料有限公司

④ 江西百草药业有限公司

柠檬油 lemon oil［citrus limon(L.)burm. f.］

化学成分　柠檬烯（90% 左右）、柠檬醛、香茅醛、$C_8～C_{12}$ 的醛、辛酸、癸酸、月桂酸、甲基庚烯酮、松油醇、芳樟醇、香叶醇、橙花醇、水芹烯、蒎烯等。

别名　冷磨柠檬油

分类代码　GB N086；FEMA 2625；NAS 2625；CoE 139a；CAS 8008-56-8

理化性质　淡黄色至黄绿色，有流动性透明液体，具有新鲜清甜的柠檬果香味。可以与无水乙醇、冰醋酸混溶，与水呈浑浊状溶液。

芸香科，常绿小乔木。主产于美国、意大利、西班牙、希腊、以色列、塞浦路斯、澳大利亚、几内亚、新西兰、印度尼西亚、智利和中国的华南、华东地区。由果皮或整果冷榨而得，产率约为 4%（以水果质量计）。

毒理学依据

① GRAS；FEMA 2625；FDA 21 CFR 161.190，182.20，582.20。

② CoE：4 类（限制 furocomourins 含量）。

质量标准

质量标准 GB 6772—2008

项　目	指　标
色状	绿黄色或黄色液体，低温下混浊
香气	具有新鲜柠檬果皮的特征香气和香味
相对密度 d_{20}^{20}	$0.849\sim0.858$
折射率 n_D^{20}	$1.4740\sim1.4770$
比旋光度 $[\alpha]_D^{25}/(°)$	$+60\sim+68$
蒸发后残留物含量　≤	4.0%
酸值　≤	3.0
含醛量（以柠檬醛计）/%	$3.0\sim5.5$
重金属（以铅计）　≤	$10mg/kg$
砷含量　≤	$3mg/kg$

　　应用　食品用香料。GB 2760—2014 规定：可按生产需要适量用于配制各种食品香精。

　　CoE 推荐用量：无醇饮料，174mg/kg；酒精饮料，249mg/kg；冰制品，377mg/kg；糖果，562mg/kg；烘烤食品，642mg/kg；甜点，600mg/kg；其他类，3000mg/kg。

　　FEMA 在食品中的最大推荐用量（1994）：酒精饮料，173.80mg/kg；焙烤食品，412.90mg/kg；调味品（condiments，relishes），306.50mg/kg；冷冻乳制品，254.40mg/kg；布丁类，265.20mg/kg；肉制品，20.02mg/kg；无醇饮料，108.70mg/kg；软糖，456.60mg/kg；谷类早餐，400.00mg/kg；油脂类，20.00mg/kg；果酱、果冻，125.00mg/kg；口香糖，1692.00mg/kg；肉汁、肉卤，106.80mg/kg；硬糖，2017.00mg/kg；汤，7.00mg/kg。

　　生产厂商

　　① 广州日化化工有限公司

　　② 江西吉水大兴天然香料油厂

　　③ 江西安邦药业有限公司

　　④ 江西百草药业有限公司

肉豆蔻 nutmeg

　　化学成分　含精油5%～15%，化学成分为 α-蒎烯、β-蒎烯、D-崁烯（约80%）、双戊烯（约8%）、芳樟醇、香叶醇（约6%）、肉豆蔻酯（约4%）、对百里香酚、丁香酚、异丁香酚等物质。另含不挥发油24%～30%，可用压榨法制取。化学成分为肉豆蔻酸、油酸、三肉豆蔻酸甘油酯等。

　　别名　玉果（myristica）

　　分类代码　FEMA 2792；CAS 8008-45-5

　　理化性质　具有肉豆蔻特殊浓烈的香气，略带甜、苦味，有一定抗氧作用。剥取果仁浸入石灰乳中，然后再经过日光干燥制成。

应用　食品用香料。GB 2760—2014 规定：可按生产需要适量用于配制各种食品香精。

FEMA 规定：肉类制品中最大使用量为 670mg/kg；软饮料，700mg/kg；冷饮，550mg/kg；烘烤食品，2000mg/kg；调味料，100mg/kg；腌制品，100mg/kg。

生产厂商

① 庆云县永祥商贸有限公司

② 云南万家合源食品有限公司

③ 上海谱振生物科技有限公司

④ 江西百草药业有限公司

肉桂 cassia

化学成分　含精油 1%～2.5%，化学成分为桂醛（80%～90%），另有甲基丁香酚、桂醇、乙酸桂酯、桂酸、2-甲氧基桂酸、2-甲氧基乙酸桂酯和二氢桂酯等。

别名　中国肉桂（chinese cinnamon）

分类代码　FEMA 2256；CAS 8007-80-5

理化性质　樟科植物肉桂的树皮及茎部表皮，经过干燥而得。产品卷曲呈圆筒状或半圆筒状，长约 30～40cm，呈红棕色。有强烈肉桂香气，味甜，略苦。原产越南南部及喜马拉雅山一带，以我国云南、广东所产为多。

应用　食品用香料。GB 2760—2014 规定：可按生产需要适量用于配制各种食品香精。

FEMA 规定：软饮料中最大使用量为 9.2mg/kg；冷饮，5.1mg/kg；糖果，130mg/kg；烘烤食品，3000mg/kg。

生产厂商

① 北京味特浓生物技术开发有限公司

② 隆回味奇餐饮原材料配送有限公司

③ 武汉和中生化有限责任公司

④ 江西吉安正大天然香料有限公司

肉桂油 cassis oil; cinnamomum cassia blume

化学成分　主要以肉桂醛类物质为主，约占 70%～90%。其他成分有乙酸肉桂酯、香豆素、水杨醛、苯甲酸、苯甲醛、丁香酚、苯酚、石竹烯、α-蒎烯、水芹烯等。

别名　中国肉桂油 chinese cinnamon oil

分类代码　GB N039；FEMA 2291；NAS 2291；CAS 8807-80-5

理化性质　粗制品是深棕色液体，精制品为黄色或淡棕色液体，具有中国肉桂所特有的香气和辛香味，先是有甜味，然后有辛辣味。储久或在空气中氧化后可变成黑色，同时变黏稠，严重的会有肉桂酸析出。天然精油闪点不高于 100℃，兼有杀菌作用。溶于冰醋酸、丙二醇、非挥发性油和乙醇中，不溶于甘油和矿物油。

樟科，常绿乔木，主产于中国的广西、广东、江西、福建、江苏、浙江、四川、贵州和越南、印度、印度尼西亚。由中国肉桂树的树皮经水蒸气蒸馏制得，得油率 1%～2.5%。

毒理学依据

① GRAS；FEMA 2291；FDA 21 CFR 182.20，582.20。

② LD_{50}：2800mg/kg（大鼠，急性经口）。

质量标准

质量标准 GB/T 11425—2008

项　目		指　标
色状		淡黄色至红棕色流动液体
香气		类似肉桂醛的特征香气
折射率 n_D^{20}		1.6000～1.6140
相对密度 d_{20}^{20}		1.052～1.070
乙醇混溶度(20℃)		1:3 混溶于 70%(体积分数)乙醇中,呈澄清溶液
酸值	≤	15.0
羰基含量(以肉桂醛计)	≥	80.0%
反式肉桂醛含量(GC)	≥	74.0%

应用　食品用香料。GB 2760—2014 规定:可按生产需要适量用于配制各种食品香精。

FEMA 在食品中的最大推荐用量(mg/kg,1994):酒精饮料 572.60;焙烤食品 288.90;果酱类 250.70;调味品(condiments, relishes)128.90;冷冻乳制品 232.00;口香糖 281.30;肉制品 42.3;无醇饮料 38.24;软糖 262.10;硬糖 25.01;布丁类 214.80;汤 25.00;肉汁、肉卤 98.00。

生产厂商

① 广东罗定制药有限公司

② 吉安市青原区盛隆天然药用油有限公司

③ 江西安邦药业有限公司

④ 江西百草药业有限公司

山苍子油 litsea cubeba berry oil

化学成分　柠檬醛、甲基庚烯酮、香茅醛、α-蒎烯、莰烯、苎烯、α-蛇麻烯、对异丙基甲醇、香叶醇、樟脑等。

分类代码　GB N013;FEMA 3846;CAS 68855-99-2

理化性质　浅黄色澄清液体,呈清甜果香和柠檬醛似的香气,强烈而不持久。闪点(℃)≥70,沸点 230℃,1:3 溶于 70%乙醇中。

山苍子亦称木姜子、山鸡椒或山胡椒。樟科,落叶小乔木。主产于东亚,我国也有大量种植,长江以南各省都有。由山胡椒的树皮、叶子和鲜果实经水蒸气蒸馏而得。得率 2%～8%。

毒理学依据

GRAS;FEMA 3846。

质量标准

质量标准 GB/T 11424—2008

项　目		指　标
色状		淡黄色至黄色流动液体
香气		具有柠檬醛的特征香气
相对密度 d_{20}^{20}		0.880～0.905
折射率 n_D^{20}		1.4800～1.4900
比旋光度$[\alpha]_D^{25}/(°)$		+3～+12
溶混度(20℃)		1:3(体积比)混溶于 90%(体积分数)乙醇中,呈澄清溶液
柠檬醛(橙花醛+香叶醛)含量(GC)	≥	66.0%

应用　食品用香料。GB 2760—2014 规定：可按生产需要适量用于配制各种食品香精。

FEMA 在食品中的最大推荐用量（1998）：酒精饮料，11.80mg/kg；焙烤食品，356.00mg/kg；冷冻乳制品，67.20mg/kg；布丁类，520.00mg/kg；肉制品，4.50mg/kg；无醇饮料，56.00mg/kg；软糖，362.00mg/kg；调味品（condiments，relishes），20.00mg/kg；奶酪，0.40mg/kg；肉汁、肉卤，1.50mg/kg。

生产厂商

① 福建三明市梅列香料厂

② 德信行（珠海）香精香料有限公司

③ 江西安邦药业有限公司

④ 江西百草药业有限公司

生姜油 ginger oil(zingiber officinale rosc.)

化学成分　姜油酮、姜油酚、姜烯、苧烯、水芹烯、金合欢烯、桉叶油素、龙脑、乙酸龙脑酯、香叶醇、芳樟醇、壬醛、癸醛等。

别名　姜油

分类代码　GB N075；FEMA 2522；CAS 8007-08-7

理化性质　淡黄色至黄色挥发性精油，陈品黏度增加。具有姜所特有的芳香和辣味。溶于大多数非挥发性油和矿物油，在乙醇中常有混浊出现，几乎不溶于水，不溶于甘油和丙二醇。有一定抗氧化作用。

采用姜科，多年生草本植物地下肉质茎。主产区为中国、印度、斯里兰卡、美国和欧洲。由姜的块茎经干燥、磨碎并用水蒸气蒸馏而得。得率约 1.5%～3.0%。

毒理学依据

GRAS；FEMA 2522；FDA-21 CFR 182.20，582.20。

质量标准

质量标准 GB 1886.29—2015（2016-3-22 实施）

项　目		指　标
相对密度 d_{20}^{20}		0.873～0.885
折射率 n_D^{20}		1.488～1.494
比旋光度 $[\alpha]_D^{25}/(°)$		−45～−26
皂化值（以 KOH 计）/（mg/g）	≤	20.0
重金属（以 Pb 计）/（mg/g）	≤	10.0
砷（As）/（mg/g）	≤	3.0

应用　食品用香料。GB 2760—2014 规定：可按生产需要适量用于配制各种食品香精。

用于食品香精中，可微量用于草莓、菠萝、薄荷香精中作修饰剂，能产生愉快的效果。可与甜橙、柠檬、白柠檬和橘皮等辛香料及姜油树脂等调配成姜汁或姜油香精，也可微量用于柠檬、可乐等香精中，也常用于酒用香精、烟用香精和焙烤食品香精中。

FEMA 在食品中的最大推荐用量（1994）：酒精饮料 14.95mg/kg；焙烤食品 36.88mg/

kg；冷冻乳制品 29.47mg/kg；布丁类 37.88mg/kg；无醇饮料 10.61mg/kg；软糖 27.61mg/kg；硬糖 46.14mg/kg；肉制品 19.67mg/kg；调味品（condiments，relishes）21.18mg/kg；口香糖 32.00mg/kg。

生产厂商

① 广州日化化工有限公司

② 深圳市国鑫香精香料有限公司

③ 江西安邦药业有限公司

④ 江西百草药业有限公司

香叶油 geranium oil(pelargoniumgraveolens L′ Her)

化学成分　香叶醇、香茅醇、芳樟醇、松油醇、薄荷醇、叶醇、柠檬醛、香茅醛、薄荷酮、异薄荷酮、月桂烯、水芹烯、蒎烯等。

别名　天竺葵净油；天竺葵油；波旁天竺葵油

分类代码　GB N097；NAS 6196；CAS 8000-46-2

理化性质　留尼旺香叶油呈黄棕色或绿色，澄清的流动液体。用初开的花制取的精油，有强烈的玫瑰花香味和薄荷味的特点。阿尔及利亚天竺葵油是浅黄色或深黄色的液体，有玫瑰的香气。摩洛哥天竺葵油是呈琥珀或黄绿色液体，具有类似玫瑰的味道。溶于乙醇、苯甲酸苄酯和大多数植物油，在矿物油和丙二醇中常呈乳白色，不溶于甘油。

香叶亦称香叶天竺葵。牻牛儿苗科，多年生亚灌木。主产于马达加斯加、南非、埃及、摩洛哥、留尼旺、阿尔及利亚、肯尼亚、坦桑尼亚、俄罗斯、法国、意大利、西班牙、保加利亚，中国的云南、四川、江苏、浙江、福建。留尼旺香叶油是用初开的花经水蒸气蒸馏而得；阿尔及利亚天竺葵油是由还没变黄的树叶经水蒸气蒸馏而得；摩洛哥天竺葵油是由新鲜的树叶和茎经水蒸气蒸馏而得。

毒理学依据

FDA-21 CFR 182.20，582.20。

质量标准

质量标准　　QB/T 2616—2011（参考）

项　目	指　标
色状	绿黄色或至琥珀色澄清液体
香气	带有薄荷样香韵的玫瑰样特征香气
相对密度 d_{20}^{20}	0.882～0.899
折射率 n_D^{20}	1.4600～1.4720
比旋光度 $[\alpha]_D^{25}/(°)$	—14～—7
溶解度（20℃）	1mL 精油溶于 3mL 70%（体积分数）乙醇，呈澄清液体
酸值　　　　　　　≤	10
特征组分含量（GC）	香茅醇 32.0%～43.0%；香叶醇 2.0%～12.0%

应用　食品用香料。GB 2760—2014 规定：可按生产需要适量用于配制各种食品香精。

可用于调配玫瑰、草莓、覆盆子、葡萄、樱桃等食用香精，也可用于烟用、酒用香精中。

在最终加香产品中的浓度约为 1～10mg/kg；口香糖中可用到 210mg/kg；焙烤食品 8.10mg/kg；糖果，6.9mg/kg；果冻，5.2mg/kg；冷饮，2.8mg/kg；软饮料，1.6mg/kg；布丁类，1.1～2.0mg/kg。

生产厂商

① 深圳市国鑫香精香料有限公司

② 广州日化化工有限公司

③ 江西安邦药业有限公司

④ 江西百草药业有限公司

小花茉莉浸膏 jasminum sambac concrete

化学成分　乙酸苄酯、苯甲酸卞酯、苯甲酸叶醇酯、茉莉酮酸甲酯、棕榈酸甲酯、茉莉酮酸内酯、茉莉内酯、芳樟醇、叶醇、橙花叔醇、茉莉酮、丁香酚、金合欢烯等。

分类代码　GB　N071

理化性质　为绿黄色或淡棕色疏松的稠膏，净油为深棕色微稠液体，具有清鲜的茉莉花香。溶于乙醇及丙二醇。

木犀科，常绿小灌木。采用花朵。主产于中国的中南、华南地区。石油醚浸提即将开放的花朵制取，得膏率 0.25%～0.35%。

毒理学依据　未有限制性规定。

质量标准

质量标准 GB 1886.23—2015（2016-3-22 实施）

项　目		指　标
熔点/℃		46.0～52.0
酸值(以 KOH 计)/(mg/g)	≤	11.0
酯值(以 KOH 计)/(mg/g)	≥	80.0
净油含量/%	≥	60.0
重金属(以 Pb 计)/(mg/g)	≤	20.0
砷(As)/(mg/g)	≤	3.0

应用　食品用香料。GB 2760—2014 规定：可按生产需要适量用于配制各种食品香精。

用于食品香精中，可用于草莓、樱桃、杏、桃等果香香精中作修饰剂，能产生圆和的效果。FEMA 规定：冷饮、焙烤食品，最高参考用量为 1.0～1.5mg/kg；软饮料，0.7mg/kg；糖果 1.0～3.4mg/kg。

生产厂商

① 江西吉水县顺民药用香料油提炼厂

② 南平利宇生物科技有限公司

③ 广西横县瑞丰香料有限公司

④ 江西百草药业有限公司

薰衣草油 lavender oil(lavandula angustifolia)

化学成分　乙酸芳樟酯（65％左右）、薰衣草醇、芳樟醇、松油醇、香叶醇、橙花醇、樟脑、龙脑、乙酸松油脂、乙酸薰衣草酯、壬醛、蒎烯、月桂烯、罗勒烯等。

别名　欧薄荷油

分类代码　GB N153；FEMA 2622；NAS 2622；CAS 8000-28-0

理化性质　无色至黄色液体，具有薰衣草的特征香气和味道，有类似酯的香味和轻微的樟脑香气。

唇形科，多年生草本植物。采用花穗部分。主产于法国、保加利亚、澳大利亚、意大利、西班牙、俄罗斯、日本，以及中国的新疆。由新鲜花瓣和茎，经水蒸气蒸馏而得，得油率 0.6％～1％。

毒理学依据

GRAS；FEMA 2622；FDA-21 CFR 182.20，582.20，27 CFR 21 et seq。

质量标准

质量标准 GB 1886.38—2015（2016-3-22 实施）

项　目	指　标
相对密度 d_{20}^{20}	0.876～0.895
折射率 n_D^{20}	1.4570～1.4640
比旋光度 $[\alpha]_D^{25}/(°)$	−12.0～−6.0
溶混度（20℃）	1 体积试样混溶 3 体积 70％（体积分数）乙醇中，呈澄清溶液
酸值（以 KOH 计）/（mg/g）　≤	1.2
特征组分含量/％	樟脑≤1.5
	芳樟醇 20～43
	乙酸芳樟酯 25～47
	乙酸薰衣草酯≤8.0

应用　食品用香料。GB 2760—2014 规定：可按生产需要适量用于配制各种食品香精。

FEMA 在食品中的最大推荐用量（1994）：酒精饮料，4.31mg/kg；焙烤食品，11.37mg/kg；无醇饮料，4.21mg/kg；软糖，10.37mg/kg；冷冻乳制品，9.21mg/kg；布丁类，7.67mg/kg。

生产厂商

① 广州日化化工有限公司

② 德信行（珠海）香精香料有限公司

③ 深圳市国鑫香精香料有限公司

④ 江西安邦药业有限公司

亚洲薄荷素油 mentha arvensis oil,partially dementholized

化学成分　左旋薄荷脑、薄荷酮、胡薄荷酮、乙酸薄荷酯、丙酸乙酯、香叶醇、蒎烯、莰烯、月桂烯、柠檬烯、水芹烯、侧柏烯等。

分类代码　GB N151；FEMA 4219

理化性质　微黄色澄清液体，香气纯净、柔和，具有亚洲薄荷素油特征香气。溶于大多数固定油、矿物油和丙二醇，不溶于甘油。

唇形科，多年生宿根草本植物。采用地上部分的花、叶和枝。主产于中国、巴西、印度、巴拉圭、日本和朝鲜。由水蒸气蒸馏法将亚洲薄荷开花或开花的全草制成精油，再通过冷冻结晶分离出大部分薄荷脑后制取亚洲薄荷素油。

毒理学依据

GRAS；FEMA 4219。

质量标准

质量标准 GB/T 12652—2013

项　目	指　标
色状	几乎无色至琥珀黄色澄清、流动液体
香气	具有薄荷脑样的薄荷特征香气
相对密度 d_{20}^{20}	0.890～0.908
折射率 n_D^{20}	1.4570～1.4650
比旋光度 $[\alpha]_D^{25}/(°)$	−24～−15
溶混度（20℃）	1:4（体积比）混溶于70%（体积分数）乙醇中，呈澄清溶液
酸值　　　　　　　≤	1.5
酯值	8～25，相当于以乙酸薄荷酯计含酯量为3%～9%
总醇含量/%	50
薄荷脑含量（GC）/%	30～45

应用　食品用香料。GB 2760—2014 规定：可按生产需要适量用于配制各种食品香精。

FAO/WHO（1984）规定：可用于菠萝罐头、青豆罐头、果酱罐头、果酱和果冻，用量以生产需要为限。其他使用主要应用于胶姆糖以及薄荷糖果中，也可应用于牙膏香精中，一般用薄荷脑代替。

生产厂商

① 德信行（珠海）香精香料有限公司

② 广州日化化工有限公司

③ 江西安邦药业有限公司

④ 江西百草药业有限公司

芫荽籽油 coriander seed oil(coriandrum sativum L.)

化学成分　D-芳樟醇、香叶醇、癸醛、罗勒烯、柠檬烯、α-蒎烯、β-蒎烯、二戊烯等。

别名　芫荽油

分类代码　GB N047；FEMA 2334；CAS 8008-52-4

理化性质　无色或淡黄色挥发性精油。具有芫荽所特有的辛香和滋味，近似于芳樟醇。几乎不溶于水，溶于乙醇、乙醚、冰醋酸中。有一定防霉性能。

芫荽亦称胡荽，或香菜。伞形科，一年生草本植物。采用成熟种子。主产于俄罗斯、意大利、前南斯拉夫、罗马尼亚、波兰、印度、埃及、南非和中国。由芫荽的成熟果实干燥、破碎后经水蒸气蒸馏而得，得率约 0.4%～1.1%。

毒理学依据

① GRAS；FEMA 2334；FDA 21 CFR 182.20，582.20。

② LD$_{50}$：4130mg/kg（大鼠，急性经口）。
质量标准

质量标准　FCC（Ⅳ）（参考）

项　目	指　标
色状	无色至苍黄色液体
香气	具有芫荽的特征香气
相对密度 d_{25}^{25}	0.863～0.875
折射率 n_D^{20}	1.462～1.472
比旋光度 $[\alpha]_D^{25}/(°)$	+8～+15
酚含量/%	84.0～88.0
溶解度	1mL 精油溶于 3mL 70%（体积分数）乙醇
重金属（以 Pb 计）	合格

应用　食品用香料。GB 2760—2014 规定：可按生产需要适量用于配制各种食品香精。

FEMA 在食品中的最大推荐用量（1994）：酒精饮料 121.20mg/kg；焙烤食品 62.06mg/kg；冷冻乳制品 47.35mg/kg；布丁类 32.86mg/kg；肉制品 68.47mg/kg；无醇饮料 8.94mg/kg；软糖 46.91mg/kg；硬糖 7.51mg/kg；口香糖 6.62mg/kg；调味品（condiments，relishes）109.7mg/kg；甜食、糕点 13.80mg/kg。

生产厂商
① 江西吉水大兴天然香料油厂
② 广州日化化工有限公司
③ 郑州雪麦龙食品香料有限公司
④ 江西安邦药业有限公司
（2）天然等同香料（纯净物组分）

苯甲醛 benzaldehyde

C$_7$H$_6$O，106.12

分类代码　GB S0165；FEMA 2127；JECFA 22；NAS 2127；COE 101；CAS 100-52-7

理化性质　无色液体，具有杏仁、果香、粉香、坚果香气，甜的、杏仁、樱桃、坚果、木香味道。微溶于水，溶于乙醇等有机溶剂。易氧化生成苯甲酸，宜密闭储存于阴凉处。沸点 178℃。天然存在于杏核、桃核、橙花、香茅、鸢尾、肉桂、依兰、黄兰、玫瑰、水仙、风信子、芸香、黄樟等许多精油中。

① 从天然精油中用分馏的方法单离制取。
② 以甲苯为原料，用催化氧化方法制取。
③ 以氯化苯为原料，经水解、氧化反应制取。

毒理学依据
① GRAS：FEMA 2127；FDA-21 CFR 172.515，182.60，582.60；27 CFR 21 et seq.。
② JECFA：ADI 0～5mg/kg bw（1996）。

质量标准

质量标准 GB 28320—2012

项 目		指 标
色状		无色至黄色液体
香气		甜香、强烈的杏仁香气
苯甲醛含量/%	≥	98%
酸值(以 KOH 计)/(mg/g)	≤	5.0
相对密度 d_{25}^{25}		1.040~1.047
折射率 n_D^{20}		1.544~1.547
氯化物		负反应(以二氯甲基苯为原料的产品测定)

应用 食品用香料。GB 2760—2014 规定:可按正常生产需要适量用于配制各种食品香精。

在奶油、杏仁、杏子、桃子、椰子、樱桃、坚果、可可、香草、热带水果等食用香精中经常使用。最大参考用量 (FEMA):焙烤食品,233.40mg/kg;冷冻乳制品,166.80mg/kg;布丁类,135.80mg/kg;软饮料,57.55mg/kg;软糖,171.70mg/kg;硬糖,335.40mg/kg;果汁,297.70mg/kg;酒精饮料,48.63mg/kg;口香糖,1353.00mg/kg。

生产厂商

① 广州日化化工有限公司

② 武汉市帝科化工有限公司

③ 天津市金卫尔化工有限公司

麦芽酚 maltol

$C_6H_6O_3$,126.11

分类代码 GB S0098;FEMA 2656;JECFA 1480;NAS 2656;COE 148;CAS 118-71-8

理化性质 白色至微黄色针状结晶或结晶性粉末。有似焦香奶油糖特殊香气,稀溶液呈草莓香味。易挥发,93℃升华。1g 样品溶于 82mL 水、21mL 乙醇、80mL 甘油或 28mL 丙二醇,微溶于苯、乙醚,不溶于石油醚。天然存在于炒麦芽、松针和菊苣等中。

本品可由发酵法制得曲酸后,再化学合成制取。

毒理学依据

① CoE:许可使用。

② GRAS:FEMA 2656;FDA 21 CFR 172.515,27 CFR 24.246。

③ JECFA:ADI 0~1mg/kg bw (1994)。

质量标准

质量标准 QB/T 2642—2012 (参考)

项 目		指 标
色状		白色结晶性粉末
香气		具有焦糖-奶油样香气
熔程/℃		160~164
灼烧残渣/%	≤	0.020
水分含量/%	≤	0.50
含量(GC)/%	≥	99.0

应用　食品用香料。GB 2760—2014 规定：可按生产需要适量用于配制各种食品香精。

主要用以配制草莓和各种水果型香精。用量（FEMA）：软饮料，181.60mg/kg；冷冻乳制品，286.70mg/kg；焙烤食品，319.90mg/kg；布丁类，243.90mg/kg；油脂，18.00mg/kg；肉制品，0.10mg/kg；硬糖，8.02mg/kg。

生产厂商

① 广州日化化工有限公司

② 郑州裕和食品添加剂有限公司

③ 西安小草植物科技有限责任公司

柠檬醛 citral

香叶醛　　　橙花醛

$C_{10}H_{16}O$, 152.23

别　名　3,7-二甲基-2,6-辛二烯醛

分类代码　GB S0174；FEMA 2303；JECFA 1225；NAS 2303；COE 109；CAS 5392-40-5

理化性质　柠檬醛主要有两种异构体，顺式体称为橙花醛，反式体称为香叶醛，市售商品为 2 个异构体的混合物，通称为柠檬醛。为黄色液体，具有柠檬香气和味道。几乎不溶于水，溶于乙醇等有机溶剂。沸点 228℃，闪点 101℃。天然品在山苍子油（含 80％左右）、柠檬草油（含 80％左右）、丁香罗勒油（含 65％左右）、酸柠檬叶油（含 35％左右）、柠檬油中均有存在。

本品可从天然精油中单离，这是中国生产柠檬醛的主要方法；或以甲基庚烯酮为原料合成制取。

毒理学依据

GRAS；FEMA 2303；FDA 182.60。

质量标准

质量标准　QB/T 2643—2004（参考）

项　目		指　标
色状		淡黄色液体
香气		强烈的柠檬样香气
相对密度 d_{25}^{25}		0.885～0.891
折射率 n_D^{20}		1.4860～1.4900
溶解度(25℃)		1mL 试样全溶于 7mL 70％(体积分数)乙醇中
酸值	≤	5.0
含醛量(以柠檬醛计)/％	≥	97.0
重金属(以铅计)/(mg/kg)	≤	10
砷含量/(mg/kg)	≤	3

应用　食品用香料。GB 2760—2014 规定：可按生产需要适量用于配制各种食品香精。

在柠檬、甜橙、苹果、草莓、葡萄等食用香精中也经常使用。最大参考用量（FEMA）：焙烤食品，177.50mg/kg；冷冻乳制品，33.55mg/kg；布丁类，209.70mg/kg；软饮料，27.72mg/kg；酒精

饮料，5.90mg/kg；口香糖，429.80mg/kg；软糖，181.10mg/kg；肉制品，2.25mg/kg；奶酪，0.20mg/kg。

生产厂商

① 广州日化化工有限公司

② 福建三明市梅列香料厂

③ 江西环球天然香料有限公司

乳酸乙酯 ethyl lactate

$$H_3C—\underset{\underset{OH}{|}}{\overset{\overset{H}{|}}{C}}—COO—C_2H_6$$

$$C_5H_{10}O_3，118.13$$

别名 2-羟基丙酸乙酯（ethyl 2-hydroxypropioate）

分类代码 GB S0498；FEMA 2440；JECFA 931；NAS 2440；COE 371；CAS 97-64-3

理化性质 无色液体，具有甜的、水果、烤香、老姆酒香气，甜的、水果、牛奶、奶油味道。几乎不溶于水，溶于乙醇等有机溶剂中。沸点 154℃，闪点 48℃。天然存在于苹果、葡萄、可可、菠萝、杏仁、覆盆子、鸡肉中。

由乳酸和乙醇在四氯化碳中加热 24h 制取。

毒理学依据

① GRAS：FEMA 2440。

② ADI：无须规定（FAO/WHO，1994）。

质量标准

质量标准 GB 8317—2006

项 目		指 标
色状		无色液体
香气		具有淡的醚样、白脱样香气
相对密度 d_{25}^{25}		1.029～1.037
折射率 n_D^{20}		1.4080～1.4220
酸值		≤5.0
含酯量（GC）	≥	97%
重金属（以铅计）	≤	10mg/kg
砷含量	≤	3mg/kg

应用 食品用香料。GB 2760—2014 规定：可按生产需要适量用于配制各种食品香精。

主要用于调配牛奶、奶油、苹果、菠萝、椰子、焦糖、葡萄、葡萄酒、老姆酒、白酒等食用香精。FEMA 最大参考用量：软饮料，961.50mg/kg；焙烤食品，613.30mg/kg；口香糖，1449.00mg/kg；冷冻乳制品，339.00mg/kg；布丁类，97.00mg/kg；硬糖，92.40mg/kg；肉制品，8.30mg/kg；乳制品，150.00mg/kg；软饮料，80.96mg/kg；软糖，161.70mg/kg。

生产厂商

① 上海依克塞汀香料有限公司

② 上海赛云化工科技有限公司

③ 河南金丹乳酸科技有限公司

香兰素 vanillin(4-hydroxy-3-methoxylbenzaldehyde)

$$C_8H_8O_3, \ 152.15$$

别名　香草醛、香兰醛、4-羟基-3-甲氧基苯甲醛、3-甲氧基-4-羟基苯甲醛

分类代码　GB S0172；FEMA 3107；JECFA 889；NAS 3107；CAS 121-33-5

理化性质　白色至微黄色针状结晶，具有甜的、奶油、特征的香草香气和味道。微溶于水，溶于乙醇等有机溶剂。由于香兰素即有醛基又有羟基，因此化学性质不太稳定。在空气中容易氧化为香兰酸，在碱性介质中容易变色。熔点 80～81℃，沸点 285℃（170℃，15mmHg），在常压蒸馏时，部分分解生成儿茶酚。天然品是香荚兰化学成分。在香茅油、丁香油、橡苔、马铃薯、安息香脂、秘鲁香脂、苏合香脂、吐鲁香脂、咖啡、葡萄、白兰地、威士忌中均有存在。

本品以丁香酚，或以黄樟油素，或愈创木酚为原料通过有机合成制取。

毒理学依据

① GRAS：FEMA 3107。

② ADI：0～10mg/kg（bw，FAO/WHO，1994）。

质量标准

质量标准 GB 1886.16—2015（2016-3-22 实施）

项　目		指　标
溶解度(25℃)		1g 试样全溶于 3mL 70％(体积分数) 或 2mL 95％(体积分数)乙醇中
香兰素含量/％	≥	99.5
熔点/℃		81.0～83.0
干燥后减量/％	≤	0.5
重金属(以 Pb 计)/(mg/kg)	≤	10.0
砷(As)/(mg/kg)	≤	3.0

应用　食品用香料。GB 2760—2014 规定：可按正常生产需要适量用于配制各种食品香精。

用于配制香荚兰豆香精，配制奶油、巧克力、太妃及许多类型的果香香精，冰淇淋、苏打等香精。以冰淇淋、巧克力和饼干生产中消耗量最大。本品可直接用于烟草香精中。在最终产品中的用量通常为 0.004％～0.5％，但在糖霜及糕点顶部涂布料中用量更高。

最大参考用量（FEMA）：焙烤食品，186.10mg/kg；冷冻乳制品，55.18mg/kg；布丁类，116.80mg/kg；软饮料，97.42mg/kg；酒精饮料，47.09mg/kg；口香糖，444.70mg/kg；软糖，407.90mg/kg；肉制品，2.72mg/kg；乳制品，314.40mg/kg；小吃食品，200.00mg/kg；油脂，100.00mg/kg。

生产厂商

① 广州日化化工有限公司

② 徐州锦绣生物科技有限公司

③ 山西中诺生物科技有限公司

（3）人造香料（化合物）

羟基香茅醛 hydroxycitronellal

$C_{10}H_{20}O_2, 172.27$

别名　7-羟基-3，7-二甲基辛醛（7-hydroxy-3，7-dimethyloctanal）

分类代码　GB S1173；FEMA 2583；JECFA 611；COE 100；CAS 107-75-5

理化性质　无色至淡黄色油状液体，有花卉，百合型气味。1∶1 溶于 50%乙醇；可溶于大多数不挥发油脂和丙二醇；不溶于甘油。稳定性：在空气中易氧化，对酸、碱不太稳定，储藏中有聚合倾向。闪点 121℃，沸点 241℃，116℃（0.67kPa），103℃（6.7kPa）。

本品可由香茅醛在双键上加水制得。

毒理学依据

GRAS；FEMA 2583；FDA 172.515。

质量标准

质量标准 GB 1886.117—2015（2016-3-22 实施）

项　目		指　标
溶解度（25℃）		1mL 试样全溶于 1mL 50%（体积分数）乙醇中
羟基香茅醛含量/%	≥	95.0
酸值（以 KOH 计）/(mg/g)	≤	5.0
折射率 n_D^{20}		1.4470～1.4500
相对密度 d_{25}^{25}		0.918～0.923

应用　食品用香料。GB 2760—2014 规定：可按生产需要适量用于配制各种食品香精。

最大参考用量（FEMA）：酒精饮料 3.00mg/kg；布丁类 4.50mg/kg；焙烤食品 7.55mg/kg；硬糖 8.50mg/kg；口香糖 4.70mg/kg；软饮料 8.00mg/kg；糖果、蜜饯 0.05mg/kg；调味品、调料 5.00mg/kg；冰淇淋 8.31mg/kg；软糖　20.00mg/kg；水果冰 0.0001mg/kg；甜辣酱 0.0007mg/kg。

生产厂商

① 广州日化化工有限公司

② 上海谱振生物科技有限公司

③ 东莞市润泽香料有限公司

兔耳草醛 cyclamen aldehyde

$C_{13}H_{18}O, 190.28$

别名　仙客来醛、2-甲基-3-（对异丙基）丙醛

分类代码　GB S1172；FEMA 2743；JECFA 1465；COE 133；CAS 103-95-7

理化性质　无色至淡黄色液体，呈强烈瓜类和花香气，有罗马甜瓜香味。溶于乙醇和大多数油脂中，不溶于甘油和水，不溶于丙二醇。在碱中稳定。沸点 270℃，闪点＞108℃。

本品可以枯茗基氯为原料合成；或以枯茗醛为原料合成；或由对异丙基苯甲醛与丙醛缩合后，经加氢、催化氧化、精馏而成。

毒理学依据

GRAS：FEMA 2743；FDA 172.515。

质量标准

质量标准　QB/T 1786—2011（参考）

项　目	指　标
香气	强烈花香
色状	无色至微黄色液体
相对密度 d_{25}^{25}	0.946～0.952
折射率 n_D^{20}	1.5030～1.5080
含量(GC)/% ≥	97.0(兔耳草醇含量应≤2%)
	1mL 试样全溶于 3mL80%(体积分数)乙醇
溶解度(20℃)	中
酸值 ≤	5.0

应用　食品用香料。GB 2760—2014 规定：可按生产需要适量用于配制各种食品香精。

最大参考用量（FEMA）：焙烤食品 12.34mg/kg；硬糖 7.03mg/kg；口香糖 4.97mg/kg；软饮料 1.61mg/kg；冰淇淋 13.47mg/kg；软糖 13.87mg/kg；布丁类 11.03mg/kg。

生产厂商

① 广州日化化工有限公司

② 福建三明市梅列香料厂

③ 上海谱振生物科技有限公司

杨梅醛 aldehyde C-16 pure(strawberry aldehyde)

$$C_{12}H_{14}O_3, 206.24$$

别名　草莓醛、3-甲基-3-苯基缩水甘油酸乙酯、十六醛

分类代码　GB S1170；FEMA 2444；JECFA 1577；COE 6002；CAS 77-83-8

理化性质　无色至淡黄色微黏稠液体，沸点 272～275℃，闪点高于 110℃。几乎不溶于水和甘油，溶于乙醇和大多数固定油，与大多数天然和合成香料互溶。具有甜果实、似草莓汁或草莓浆相似的香气。

本品可由苯乙酮同氯乙酸乙酯在乙醇钠的催化下经 Darzens 反应而得。

毒理学依据

① GRAS：FEMA 2444；FDA 182.60。

② ADI：0～0.5mg/kg（bw，FAO/WHO，1994）。

质量标准

质量标准 GB 1886.137—2015（2016-3-22 实施）

项　目		指　标
溶解度(25℃)		1mL 试样全溶于 4mL 70%(体积分数)乙醇中
十六醛含量(顺反异构体之和)/%	≥	98.0
酸值(以 KOH 计)/(mg/g)	≤	2.0
折射率 n_D^{20}		1.5040～1.5130
相对密度 d_{25}^{25}		1.086～1.096

应用　食品用香料。GB 2760—2014 规定：可按正常生产需要适量用于配制各种食品香精。

最大参考用量（FEMA）：酒精饮料 10.05mg/kg；布丁类 42.41mg/kg；焙烤食品 81.51mg/kg；硬糖 28.84mg/kg；口香糖 295.20mg/kg；软饮料 42.81mg/kg；调味品、调料 1792.00mg/kg；软糖 71.08mg/kg；冰淇淋 47.57mg/kg。

生产厂商

① 广州日化工有限公司

② 湖北远成赛创科技有限公司

③ 上海九麟实业有限公司

乙基麦芽酚 ethyl maltol

$C_7H_8O_3$，140.14

分类代码　GB S1162；FEMA 3487；JECFA 1481；COE 692；CAS 4940-11-8

理化性质　白色晶体粉末，具有甜的、焦糖、棉花糖香气，甜的、草莓、果酱味道，香势比麦芽酚强 4～6 倍。在室温下有较大的挥发性，宜密闭储存。1g 约溶于 55mL 水、10 mL 乙醇、17 mL 丙二醇、5 mL 氯仿。

本品可以糠醛为原料制备，或以曲酸和氯化苄为原料制备。

毒理学依据

① GRAS：FEMA 3487；FDA 172.515。

② ADI：0～2mg/kg（bw，FAO/WHO，1994）。

质量标准

质量标准 GB 12487—2010

项　目		指　标
色状		白色,粉末状、针状或粒状结晶
香气		具有水果样焦甜香气,无杂气
乙基麦芽酚(以干基计)/%	≥	99.5
熔点范围/℃		89.0～92.0
水分/%	≤	0.30
灼烧残渣/%	≤	0.10
重金属(以铅计)/(mg/kg)	≤	10
砷含量/(mg/kg)	≤	1

应用　食品用香料。GB 2760—2014 规定：可按正常生产需要适量用于配制各种食品

香精。

主要用于草莓、焦糖、红糖、果酱、棉花糖、菠萝蜜、烟、酒等食用香精中，起香味增效剂和甜味剂作用。由于其香势比麦芽酚强 4～6 倍，所以用量可以少一些。在最终加香食品中浓度约为 12.4～152mg/kg。

最大参考用量（FEMA）：酒精饮料 100.00mg/kg；模仿乳制品 0.0025mg/kg；焙烤食品 100.00mg/kg；果酱、果冻 100.00mg/kg；早餐谷物 100.00mg/kg；肉制品 19.65mg/kg；奶酪 14.00mg/kg；奶制品 50.00mg/kg；口香糖 59.00mg/kg；软饮料 1000.00mg/kg；蜜饯 45.00mg/kg；重组蔬菜 100.00mg/kg；冰淇淋 100.00mg/kg；调味品、佐料，1000.00mg/kg；水果冰 100.00mg/kg；零食小吃 30.00mg/kg；果汁 32.00mg/kg；软糖 130.00mg/kg；布丁类 220.00mg/kg；汤 类 1.00mg/kg；肉 汁 23.00mg/kg；甜 辣 酱 100.00mg/kg；硬 糖 27.93mg/kg。

生产厂商

① 北京天利海香料香精有限公司

② 广州日化化工有限公司

③ 山东华硕生物科技责任有限公司

乙基香兰素 ethyl vanillin

$C_9H_{10}O_3$，166.18

别　　名　3-乙氧基-4-羟基苯甲醛、乙基儿茶醛、波旁醛

分类代码　GB S1171；FEMA 2464；JECFA 893；COE 108；CAS 121-32-4

理化性质　白色至乳白色针状、片状或粉末状晶体。有强烈香兰素香气，明显甜香气及暖香、轻微花香和奶香，与香荚兰豆有些相似，香气持久性极好，即使溶解时也有一定的强度。沸点 285℃，闪点 146℃。香味比香兰素浓 2～2.5 倍，但二者各具风格。微溶于水，极易溶于乙醇，可溶于有机溶剂和油。本品应密封、避光，储存于阴凉、干燥处。

由邻乙氧基苯酚或黄樟脑油制得。

毒理学依据

① GRAS；FEMA 2464。

② ADI：0～5mg/kg（bw，FAO/WHO，1994）。

质量标准

质量标准　**QB/T 1791—2014**（参考）

项　　目	指　　标
香气	有强烈的香荚兰香气
色状	无色或微黄色结晶或结晶性粉末
含量(GC)/%　　　　　　　≥	99.0
溶解度(25℃)	1g 产品全溶于 2mL 95%(体积分数)乙醇中
熔点/℃	76.0～78.0

应用　食品用香料。GB 2760—2014 规定：作为人造香料用于配制各种食品香精。

　　最大参考用量（FEMA）：酒精饮料 10.04mg/kg；布丁类 39.93mg/kg；焙烤食品 92.97mg/kg；硬糖 30.26mg/kg；早餐谷物 330.00mg/kg；肉制品 3.90mg/kg；口香糖 37.46mg/kg；奶制品 1403.00mg/kg；调味品、调料 13.00mg/kg；软饮料 29.72mg/kg；蜜饯 270.40mg/kg；软糖 89.64mg/kg；油脂 0.15mg/kg；甜辣酱 172.50mg/kg；冰淇凌 26.61mg/kg。

生产厂商

① 广州日化化工有限公司

② 西安裕华生物科技有限公司

③ 河南圣贸精细化工有限公司

4.4.2　食品香精

　　食品香精是一种能够赋予食品香味，由各种食品香料、溶剂等组成的混合物。食品香精一般是调香师根据加香食品的性质和用途，将数种乃至数十种香料调配成香精以后加入各种加香食品中去。

　　（1）果香型香精

菠萝香精

配方 1

异戊酸乙酯	18.0	丁酸乙酯	18.0
庚酸烯丙酯	14.0	乙酸正丁酯	10.0
己酸烯丙酯	10.0	丙酸乙酯	8.0
环己烷丙酸烯丙酯	6.0	庚酸乙酯	6.0
香兰素	2.0	酸戊酯	2.0
冷榨橘子油	3.0	冷榨柠檬油	1.0
菠萝醚	1.0		

　　菠萝醚配方：烯丙醇 200.0 份，磷酸 4.6 份，硫酸 2.5 份，苯氧基乙酸 152.0 份，苯甲醇 60.0 份。

配方 2（软糖用）

香兰素	0.80	柠檬油	1.00
丁酸	1.00	壬酸乙酯	1.00
甜橙油	2.00	环己烷丙酸乙酯	1.20
乙酸戊酯	4.00	癸二酸二乙酯	10.00
丁酸香茅酯	10.00	乙酸乙酯	13.00
丁酸乙酯	20.00	丁酸戊酯	36.00

配方 3

丁酸乙酯	12.00	丁酸香叶酯	0.25
乙酸乙酯	1.00	香兰素	0.25
丁酸戊酯	3.00	凤梨醛	0.50
乙酸戊酯	3.00	橙叶油	0.75
甜橙油	1.00	植物油	78.25

配方 4

乙酸乙酯	1.79	丁酸乙酯	2.10
丙烯酸丙酯	0.68	己酸乙酯	2.09
环己基丙烯酸丙酯	0.15	玫瑰醛	0.15
柠檬油	10.20	柑橘油	10.30
乙基麦芽酚	0.020	蒸馏水	25.0
乙醇(95%)	46.0		

草莓香精

配方 1

庚酸乙酯	0.80	甜桦木油	0.80
γ-十一内酯	2.10	异丁酸肉桂酯	2.40
乙基香兰素	2.60	麦芽酚	3.00
异戊酸肉桂酯	3.20	二丙基酮	3.40
甲基戊基酮	5.00	双乙酰	6.00
戊酸乙酯	21.20	C_{16}-醛	23.15
乳酸乙酯	43.20	乙醇(95%)	100.00
甘油	783.15		

配方 2

茴香脑	0.75	冰醋酸	10.00
C_{16}-醛	30.25	乙酸苄酯	22.75
香兰素	11.25	肉桂酸甲酯	4.25
邻氨基苯甲酸甲酯	2.25	庚炔羧酸甲酯	2.25
水杨酸甲酯	0.25	β-紫罗兰酮	2.25
γ-十一内酯	2.25	双乙酰	2.25
麦芽酚	17.25	乙醇(95%)	362.05
丙二醇	530.00		

配方 3

壬酸乙酯	0.50	月桂酸乙酯	2.00
异丁酸桂酯	1.00	丁二酮	0.050
乙酸枯茗酯	1.00	桃醛	5.00
覆盆子酮	0.30	乙酸乙酯	0.20

续表

紫罗兰酮	1.00	乙基麦芽酚	0.040
香兰素	0.50	乙基香兰素	0.20
异丁酸乙酯	10.00	异戊酸乙酯	5.00
庚酸乙酯	1.00	草莓醛	1.00
草莓酸	0.30	乙醇(95%)	20.91
丙二醇	46.00		

覆盆子香精

配方 1

顺-3-己烯-1-醇	1.25	二甲基邻氨基苯甲酸酯	1.25
麦芽酚	1.25	二甲基硫醚	1.50
卡藜油	2.00	柠檬醛	12.00
琥珀酸二甲酯	13.50	γ-十一内酯	15.50
C_{12}-醛	0.01	庚炔羧酸甲酯	0.20
肉桂油	0.36	玫瑰油	0.39
依兰油	0.40	檀香油	0.60
胡椒醛	0.80	愈创树木油	0.80
香柠檬油	2.40	芹菜油	16.00
茴香脑	21.50	戊酸乙酯	21.50
C_{16}-醛	30.00	香兰素	40.00
乙酸乙酯	58.00	茉莉精油	180.00
β-紫罗兰酮	578.75		

配方 2 （糖果用）

覆盆子酮	5.000	麦芽酚	0.250
α-紫罗兰酮	0.050	β-紫罗兰酮	0.045
丁酸乙酯	1.500	乙酸异戊酯	0.400
乙酸异丁酯	2.000	甘油	适量

配方 3

香兰素	0.40	麦芽酚	0.80
对羟基苯乙酮	1.00	α-紫罗兰酮（10%）	0.40
丁酸乙酯	1.20	乙酸乙酯	3.00
二甲基硫醚	0.20	乙酸异丁酯	2.80
乙酸	2.00	乙醛	2.00
3-甲硫基-1-(2,6,6-三甲基-1,3-环己二烯)-1-丁酮	0.20		
丙二醇	186.00		

配方 4

月桂酸乙酯	0.60	异戊酸乙酯	0.200
杨梅醛	3.00	香兰素	0.010
麦芽酚	0.200	β-紫罗兰酮	0.060
乙酸乙酯	0.020	乙酰乙酸乙酯	0.040
双乙酰	0.020	胡椒醛	1.000
覆盆子酮	1.000	丁酸乙酯	1.000
桂酸桂酯	0.4000		
1-甲基-3-戊烯酸乙酯(顺：反＝3：2)	0.200		

哈密瓜香精

配方

原料	水质/%	油质/%
乙酸乙酯	3.00	4.50
乙酸丁酯	4.00	6.00
乙酸异戊酯	2.50	3.20
乙酸己酯	1.00	1.50
乙酸叶醇酯	0.50	0.50
己酸甲酯	0.40	0.50
己酸乙酯	0.40	0.80
异丁酸异丁酯	0.70	1.20
2-甲基丁酸乙酯	0.50	0.80
丙酸异丁酯	0.30	0.50
乙酸丙酯	0.50	1.20
叶醇	0.050	0.10
2,6-壬二烯醇	0.10	0.10
2,6-壬二烯醛	0.050	0.10
1%二甲硫醚	0.10	—
10%甜瓜醛	0.10	0.20
β-紫罗兰酮	0.15	0.20
乙醇	68.00	—
蒸馏水	17.65	—
植物油	—	78.6

黑醋栗香精

配方

原料	用量	原料	用量
乙酯戊酯	92.0	丁酸戊酯	48.00
乙酯苄酯	1.40	玉桂皮油	0.50
肉桂油	20.00	苯甲酸乙酯	32.00
丁酸乙酯	20.00	β-紫罗兰酮	1.20
乙酸异丁酯	40.00	柠檬油	22.30
苯基缩水甘油酸甲酯	1.600	丙酸甲酯	62.50
薄荷油	10.00	橙花油	11.00
甜橙油	32.00	香兰素	20.00
乙醇	525.50		

荔枝香精

配方 1

原料	用量	原料	用量
橙花醇	60.00	玫瑰醇	5.00
乙酸玫瑰酯	8.00	乙酸香叶酯	5.00
异丁酸香叶酯	3.00	异丁酸苯乙酯	2.00
异丁酸橙花酯	5.00	玫瑰醚	12.00
乙基麦芽酚	175.00	乙酸苄酯	40.00
芳樟醇	15.00	乙酸芳樟酯	5.00
乙酸二氢葛缕酯	12.00	薄荷脑	4.20

异丁酸桂酯	6.00	乙酰基吡嗪	0.50
乙酰基噻唑	0.50	香兰素	0.50
苯甲醇	634.00	柠檬油	15.00
柠檬醛	1.00	丁酸乙酯	5.00
二甲基硫醚	4.00		

配方 2

香叶油	0.40	苯甲醛	0.10
乙酸苄酯	0.80	乙酸异戊酯	2.00
顺式芳樟醇氧化物	3.00	二甲基二硫醚	0.40
苯乙醇	5.00	芳樟醇	0.10
乙基麦芽酚	10.00	柠檬油(冷压法)	8.00
α-松油醇	0.50	α-紫罗兰酮	1.00
辛炔羧酸甲酯	0.20	丙二醇	53.5
2,5-二甲基-4-羟基-3-(2H)呋喃酮(10%)	15.0		

配方 3

丁酸丁酯	1.00	丁酸乙酯	1.00
乙酸苄酯	1.00	苯甲醇	1.00
杏仁油	0.07	乙基麦芽酚	6.00
芳樟叶油	0.10	玫瑰醚	0.10
玫瑰醇	0.10	乙酸异戊酯	2.00
乙酸香叶酯	0.10	乙酸香茅酯	0.10
丁酸香叶酯	0.10	香叶油	1.00
苯乙醇	5.00	松油醇	0.50
甲基紫罗兰酮	1.00	柠檬油	8.00
辛炔羧酸甲酯	0.20	二丁基硫醚	0.40
乙醇	70.60		

芒果香精

配方

甲酸香茅酯	30	乙酸丁酯	40
丁酸戊酯	10	丁酸丁酯	60
乙酰乙酸乙酯	120	乙基香兰素	8
γ-壬内酯	30	γ-十一内酯	10
γ-癸内酯	20	β-紫罗兰酮	20
芳樟醇	20	橙叶油	5
2-甲基丁酸	10	麦芽酚	8
苯甲酸乙酯	5	溶剂	适量

柠檬香精

配方 1 (油质)

柠檬油	70.000	柠檬油萜	29.500
柠檬醛	0.150	辛醛	0.050
壬醛	0.050	癸醛	0.050
松油醇	0.150	芳樟醇	0.050

配方 2

甲基庚烯酮	0.050	松油醇	0.100
芳樟醇	0.100	γ-十一内酯	0.125
C_8-醛	0.125	乙酸香叶酯	0.175
柠檬醛	6.000	冷榨柠檬油	10.00
甜橙萜烯化合物	83.325		

配方 3

柠檬醛	0.50	无萜柑橘油	5.00
无萜柠檬油	1.00	月桂醛	0.020
乙酸乙酯	1.00	乙酸芳樟酯	0.010
黑香豆酊	0.070	去离子水	13.00
95%酒精	79.40		

苹果香精

配方 1

玫瑰油	0.070	甲酸苄酯	0.140
丁酸香叶酯	0.530	茴香油	0.530
丁酸	0.530	柠檬醛	0.885
乙酸苏合香酯	1.770	麦芽酚	0.885
C_{16}-醛	1.770	γ-十一内酯	1.770
乙基香兰素	1.770	香叶油	1.770
香茅醛	1.770	香叶醇	2.625
异丁酸苯乙酯	3.540	乙醛(50%)	3.540
乙酸二甲基苯甲酯	4.425	异戊酸肉桂酯	4.425
甘油	7.080	氢化松香酸甲酯	16.80
丁酸戊酯	21.25	戊酸戊酯	22.125

配方 2

乙酸乙酯	14.0	戊酸戊酯	26.00
乙酰乙酸乙酯	2.00	乙酸香叶酯	1.00
丁酸戊酯	23.60	己醇	4.00
芳樟醇	2.00	香兰素	1.30
乙酸戊酯	3.80	甲酸乙酯	14.00
戊醇	2.00	乙酸己酯	1.80
苹果浓缩回收油	32.0	丙二醇	4.90
香叶醇	1.90	95%乙醇	54.0

配方 3

乙酸戊酯	0.50	戊酸戊酯	7.0
香兰素	0.10	苯甲醛	0.10
乙酸乙酯	1.00	凤梨醛	0.050
甲酸香叶酯	0.050	丁酸戊酯	1.00
柠檬醛	0.100	丁香油	0.10
甘油	5.0	乙醇	65.0
蒸馏水	20.0		

葡萄香精

配方 1

γ-十一内酯	0.20	无萜酸橙油	0.20
α-紫罗兰酮	0.80	庚酸乙酯	1.00
十六醛	1.50	肉桂醇	3.00
老姆酒醚	3.00	甲基萘基酮	3.00
邻氨基苯甲酸乙酯	6.00	二甲基邻氨基苯甲酸酯	34.70
乙酸乙酯	46.60		

配方 2

乙酸乙酯	30.0	邻氨基苯甲酸甲酯	28.0
丙酸乙酯	40.96	乙酸乙酯	70.4
酒石酸	30.56	老姆醚	10.24
庚酸乙酯	2.56	戊酸戊酯	2.56
壬酸乙酯	1.28	乙酸玫瑰酯	1.28
2,3-庚二酮	0.16		

配方 3

桂皮油	15.00	庚酸乙酯	1.80
丁酸戊酯	8.00	香堇酮	6.00
桃醛	6.00	戊酸戊酯	90.00
安金雀花油	9.00	乙酸丙酯	30.00
欧独活酊	6.00	乙酸戊酯	15.00
乙酸乙酯	15.00	酒精(95%)	50.00
其他	80.20	蒸馏水	4716.00

说明：将各原料与乙醇、水混合溶解后，过滤，陈化得到水溶性葡萄香精。

山楂香精

配方

香叶醇	0.20	玫瑰醇	0.50
玫瑰花油	0.50	2-甲基丁酸	1.50
草莓酸	0.30	乙酸	0.20
鸢尾凝脂	0.80	丁香油	1.20
叶醇	0.10	芳樟醇氧化物	0.20
丁酸乙酯	2.50	2-甲基丁酸乙酯	4.00
柠檬油	1.00	山楂酊	70.0
95%乙醇	12.0	蒸馏水	3.00

生梨香精

配方 1

丁酸乙酯	5.00	庚酸乙酯	0.20
乙酸异戊酯	2.00	2-甲基丁酸乙酯	1.00
乙酸乙酯	3.00	丁香酚	0.10
甜橙油	1.00	橙叶油	0.50
香兰素	0.20	丙二醇	17.0
酒精(95%)	70.00		

配方 2

香兰素	0.200	己酸乙酯	0.050
癸酸乙酯	0.100	乙酸苄酯	0.050
辛酸乙酯	0.200	乙酸己酯	2.500
柠檬油(冷压)	0.500	丁酸乙酯	0.700
乙酸丁酯	2.000	乙酸乙酯	4.000
戊酸戊酯	6.500	乙酸戊酯	64.00
乙醇	18.5		
γ-十一内酯(95%乙醇中含量 10%)	0.200		
α-紫罗兰酮(95%乙醇中含量 0.1%)	0.500		

配方 3

1-丁醇	1.50	2-甲基丁醇	2.50
1-己醇	2.00	乙酸戊酯	0.500
乙酸异戊酯	0.250	丁酸乙酯	0.500
丁酸戊酯	1.000	乙酸庚酯	5.000
丁酸 2-甲基乙酯	0.250	己酸烯丙酯	0.250
乙酸香茅酯	2.000	己醛	0.250
2(E)-己烯醛	1.500	苯甲醛	0.010
香兰素	0.050	丁香酚	0.010
乙醇	31.930		

桃子香精

配方 1

戊酸戊酯	1.00	乙酸乙酯	0.825
柠檬烯	0.50	丁香油	0.025
丁酸戊酯	0.850	桃醛	0.750
乙酸戊酯	0.50	丁酸乙酯	0.350
苯甲醛	0.075	香兰素	0.050
庚酸乙酯	0.025	橙叶油	0.020
香柠檬油	0.010	桑椹醛	0.010
丁酸香叶酯	0.010	甘油	5.00
乙醇(95%)	80.0	蒸馏水	10.00

配方 2

γ-十一内酯	50.0	乙酸戊酯	15.0
甲酸戊酯	5.0	苯甲醛	1.0
肉桂酸苄酯	4.0	庚酸乙酯	5.0
丁酸乙酯	5.0	戊酸乙酯	5.0
香兰素	10.0		

配方 3

桃醛	2.25	苯甲醛	0.230
香兰素	0.15	丁香油	0.070
甜橙油萜	1.50	庚酸乙酯	0.070
橙叶油	0.060	丁酸香叶酯	0.030
丁酸戊酯	2.58	丁酸乙酯	1.050
乙酸乙酯	2.48	乙酸戊酯	1.500
戊酸戊酯	3.00	香柠檬油	0.030
甘油	10.00	蒸馏水	5.00
95％乙醇	70.00		

甜橙香精

配方 1

阿拉伯胶	51.870	甜橙油	92.000
红桔油	9.375	95％乙醇	100.000
蒸馏水	适量		

配方 2

戊酸乙酯	5.0	柠檬醛	2.0
乙酸乙酯	5.0	丁酸乙酯	1.0
醋酸戊酯	1.0	安息香酸乙酯	1.0
甲酸乙酯	1.0	甘油	10.0
橙皮油	10.0	冬青油	1.0
酒石酸	1.0		

配方 3

甜橙油	5.00	癸醛	0.10
柠檬醛	0.20	芳樟醇	0.10
乙酸芳樟酯	0.10	蒸馏水	14.50
酒精	80.00		

甜瓜香精

配方 1

乙酸戊酯	20	乙酸乙酯	10
香兰素	5	丁酸乙酯	4
甲酸苄酯	3	水杨酸苄酯	3
戊酸乙酯	3	辛炔羧酸甲酯	3
丁酸戊酯	2	乙酸苄酯	2
月桂酸乙酯	2	乙酸丙酯	1
苯甲醛	1	二甲基庚醛	0.50
苄 醇	34	紫罗兰酮	0.50
丁香油	2	苯甲酸乙酯	2
麦芽酚	2		

配方 2

苯甲酸苄酯	1.00	苯乙醛	0.20
甲酸乙酯	2.00	十六醛	0.20
桂酸甲酯	0.10	柠檬油	1.00
桂酸苄酯	0.10	香兰素	0.50
邻氨基苯甲酸甲酯	0.20	大茴香醛	0.10
壬酸乙酯	1.50	丁酸戊酯	3.00
戊酸戊酯	3.00	戊酸乙酯	4.00
丙二醇	53.10	水	30.0

西瓜香精

配方

原料	水质/%	油质/%
己醇	0.050	0.100
叶醇	0.050	0.100
2,6-壬二烯醇	0.200	0.500
苄醇	1.000	3.000
2,6-壬二烯醛	0.500	0.500
10%甜瓜醛	0.100	—
乙酸丁酯	2.000	4.000
己酸乙酯	0.200	1.000
乙基麦芽酚	0.100	0.200
柠檬醛	—	0.500
甲氧基茅醛	—	0.300
40%乙醛	0.050	—
乙醇	75.00	—
蒸馏水	20.75	—
植物油	—	88.80

香蕉香精

配方 1

胡椒醛	2.40	己酸乙酯	2.40
二氢香豆素	2.40	香兰素	2.40
丙酸苄酯	2.20	芳樟醇	4.00
戊酸戊酯	6.00	丁酸戊酯	12.00
乙醛	12.00	乙酸戊酯	53.48
调和紫罗兰油	0.720		

调和紫罗兰配方：C₁₂-醛 0.10 份、庚炔羧酸甲酯 12.50 份、肉桂油 22.50 份、保加利亚玫瑰油 24.90 份、依兰油 30.00 份、檀香油 40.00 份、胡椒醛 50.50 份、愈创木油 50.00 份、甜柠檬油 150.00 份、β-紫罗兰酮 620.00，混合熟化后即得到调和紫罗兰油。

配方 2

乙酸异戊酯	6.00	斯里兰卡桂叶油	0.10
乙酸异丁酯	1.40	甜橙油(冷磨法)	0.80
丁酸异戊酯	0.50	香兰素	0.30
丁酸乙酯	0.50	乙酸苄酯	0.20
丙酸苄酯	0.20	丙二醇	10.0
乙醇(95%)	80.00		

配方 3

1-丁醇	1.00	2-甲基丁醇	1.00
1-己醇	1.00	乙酸戊酯	10.00
乙酸异戊酯	30.00	丁酸乙酯	8.00
丁酸戊酯	6.00	乙酸庚酯	1.00
丁酸 2-甲基己酯	2.00	己酸烯丙酯	1.00
乙酸香茅酯	1.00	己醛	0.20
2E-己烯醛	2.00	苯甲醛	0.040
香兰素	6.00	丁香酚	0.40
乙醇	137.36		

杏子香精

配方

环己基己酸烯丙酯	1.00	苦杏仁油	57.50
乙酸戊酯	37.50	丁酸戊酯	37.50
甲酸戊酯	50.0	戊酸戊酯	75.0
肉桂酸丙酯	1.00	乙酸乙酯	72.50
丁酸乙酯	22.50	己酸乙酯	50.00
戊酸乙酯	25.00	老鹳草	2.50
玫瑰油	1.50	γ-十一内酯	1000.0
苯乙酸异戊酯	0.500	β-紫罗兰酮	47.50
香草醛	42.50	溶剂	2635.0

杨梅香精

配方 1

乙酸乙酯	10	丁酸乙酯	20
异戊酸乙酯	30	3-羟基-2-丁酮	10
异戊酸异戊酯	180	苯甲醛	40
苯乙酸乙酯	10	椰子醛	10
草莓醛	50	香豆素	15
洋茉莉醛	5	乙基香兰素	100
草莓香基	50	丙二醇	470

将上混合物以 15% 的比例溶于丙二醇即为杨梅香精。其中草莓香基的组成为（千分比）如下。

丁二酮	5	异戊酸乙酯	30
乳酸乙酯	300	庚酸乙酯	50
水杨酸甲酯	7	庚炔羟酸甲酯	7
异戊酸桂酯	6	麦芽酚	35
草莓醛	180	椰子醛	20
乙基香兰素	20	10% 鸢尾浸膏	30
丙二醇	310		

配方 2

乙酸乙酯	2.0	苯甲酸乙酯	0.20
丁酸乙酯	0.65	桂酸乙酯	0.20
水杨酸甲酯	0.10	邻氨基苯甲酸甲酯	0.050
紫罗兰酮	0.020	β-萘乙醚	0.025
桂醛	0.050	甘油	5.00
丁酸戊酯	0.625	乙酸戊酯	0.625
丁酸香叶酯	0.050	香叶油	0.030
甜橙油	0.10	香兰素	0.125
二十醛	0.050	酒精(95%)	65.0
蒸馏水	25.0		

椰子香精

配方 1

γ-壬内酯	10.00	γ-戊内酯	2.00
丁香油	0.30	苯甲醛	0.50
香兰素	2.00	色拉油	85.20

配方 2

γ-壬内酯	3.00	γ-己内酯	0.50
丁香油	0.30	苯甲醛	0.30
香兰素	1.00	乙基香兰素	0.50
甲基环戊烯醇酮	0.10	乙基麦芽酚	0.50
色拉油	3.80		

配方 3

γ-壬内酯	30.0	香兰素	4.00
乙基香兰素	4.0	丁香油	2.00
麦芽酚	0.50	乙基麦芽酚	0.50
甜橙油	2.0	乙酸乙酯	1.00
苯乙酸丁酯	2.0	丙二醇	54.00

配方 4

椰子醛	2.50	γ-己内酯	0.50
香兰素	1.00	丁香油	0.25
苯甲醛	0.25	植物油	95.5

樱桃香精

配方 1

丁香酚	0.175	肉桂醛	0.45
乙酸茴香酯	0.625	茴香醛	0.925
庚酸乙酯	1.25	乙酸苄酯	1.55
香兰素	2.50	γ-十一内酯	2.50
丁酸乙酯	3.725	丁酸戊酯	5.0
对甲基苯甲醛	12.5	苯甲醛	55.8
95%乙醇	13.0		

配方 2（软糖用）

苯甲酸苄酯	7.20	香草醛	7.20
乙酸戊酯	24.00	庚酸乙酯	20.80
肉桂精油	0.40	康酿克油	4.40
丁香油	5.60	苯甲醛	96.00
甲酸戊酯	106.20	乙酸乙酯	128.10

配方 3

乙酸乙酯	12.40	丁酸乙酯	3.60
丁酸戊酯	5.00	乙酸戊酯	1.80
庚酸乙酯	0.40	甲酸戊酯	2.80
苯甲醛	2.80	茴香醛	0.40
香兰素	0.81	胡椒醛	1.80
甜橙油	2.00	丁香油	1.00
酒精(95%)	120.0	蒸馏水	80.0

配方 4

乙酸乙酯	6.86	丁酸乙酯	2.00
丁酸戊酯	2.80	乙酸戊酯	1.00
甲酸戊酯	1.60	苯甲醛	1.60
香兰素	0.40	丁香油	0.40
庚酸乙酯	0.20	肉桂醛	0.20
柠檬烯	1.00	胡椒醛	1.00
茴香醛	0.20	安息香酸乙酯	0.40
乙酸苯乙酯	0.20	桑椹醛	0.10
苯乙醛	0.04	乙醇(95%)	80.0

（2）花香型香精

食用橙花香精

配方

乙酸松油酯	5.00	香橙醇	18.0
邻氨基苯甲酸甲酯	5.00	无萜橙叶油	27.25
乙酸芳樟酯	6.50	橙叶油	28.25
苦橙花油	10.00		

食用桂花香精

配方 1

桂花净油	0.50	壬醛	0.20
α-紫罗兰酮	1.00	苯乙醇	2.00
芳樟醇	0.20	色拉油	96.00
橙花醇	0.10		

配方 2

α-紫罗兰酮	0.500	β-紫罗兰酮	2.500
二氢-β-紫罗兰酮	4.500	γ-十一内酯	0.450
叶醇	0.050	氧化芳樟醇	0.620
芳樟醇	1.500	香兰素	0.150
乙酸苯乙酯	0.500	十六酸	0.020
乙酸芳樟酯	0.350	α-突厥酮	0.010
乙酸叶醇酯	0.050	桂花净油	0.25
香叶醇	0.800	乙醇	87.6
γ-癸内酯	0.150		

食用玫瑰香精

配方 1

香叶油	10.80	苯乙醇	75.60
香茅醇	5.40	乙酸苯乙酯	5.40
丁酸香叶酯	1.08	苯乙酸苯乙酯	0.54
甲基紫罗兰酮	0.54	杨梅醛	0.11
柠檬醛	0.21	苯乙醛	0.32

配方 2

香叶油	17.32	苯乙醇	38.50
香叶醇	23.10	乙酸香叶酯	1.94
柠檬醛	3.85	丁香酚	1.15
芳樟醇	1.93	橙花醇	11.55
苯甲醛	0.38	乙酸己酯	0.20
辛醛	0.08		

配方 3

香叶醇	39.65	苯乙醇	29.74
芳樟醇	12.36	玫瑰醇	12.40
香茅醇	4.95	壬醛	0.50
柠檬醛	0.40		

食用茉莉香精

配方 1

乙酸苄酯	51.8	苯乙醇	5.2
乙酸芳樟酯	20.7	α-戊基桂醛	5.2
丁酸苄酯	7.8	羟基香茅醛	1.5
丁酸苯乙酯	7.8		

配方 2

乙酸苄酯	17.0	苯甲醇	4.8
茉莉净油	13.2	丁酸苄酯	2.0
α-戊基桂醛	30.0	羟基香茅醛	3.0
苯乙醇	7.0	α-紫罗兰酮	3.0
水杨酸苄酯	8.0	橙花油	2.5
橙花醇	5.5	橙叶油	4.0

配方 3

乙酸苄酯	52.5	丁酸苄酯	4.7
茉莉净油	6.5	卡南伽油	1.8
α-戊基桂醛	5.6	苦橙油	0.7
吲哚	0.2	香柠檬油	3.8
芳樟醇	6.0	乙酸芳樟酯	4.7
苯甲醇	7.5	邻氨基苯甲酸甲酯	6.0

食用紫罗兰花香精

配方 1

α-紫罗兰酮	56.5	苯乙醇	29.0
香柠檬油	5.0	香兰素	4.0
鸢尾凝脂	3.0	依兰依兰油	1.5
愈创木油	1.0		

配方 2

甲基紫罗兰酮	17.0	紫罗兰酮	51.0
鸢尾浸膏	4.5	肉桂皮油	1.0
洋茉莉醛	6.5	香柠檬油	3.0
紫罗兰叶油	8.5	庚炔羧酸甲酯	1.0
大茴香醛	7.5		

配方 3

甲基紫罗兰酮	4.4	β-紫罗兰酮	43.0
鸢尾浸膏	29.0	肉桂皮油	0.3
洋茉莉醛	8.5	依兰依兰油	2.0
茉莉净油	0.3	十二醛	0.4
辛炔羧酸甲酯	0.5	愈创木油	8.0
香兰素	1.6	晚香玉净油	2.0

（3）酒用香型香精

豉香型白酒香精

配方

乙酸乙酯	14.0	β-苯乙醇	8.80
乳酸乙酯	160.0	己酸乙酯	1.50
丙醇	29.00	丙三醇	166.0
丁醇	1.60	仲丁醇	2.50
异丁醇	35.50	异戊醇	58.0
甲酸	1.40	乙酸	31.0
己酸	0.80	乳酸	7.0
乙醛	3.00		

凤香型白酒香精

配方 1

甲酸乙酯	0.51	乙酸乙酯	30.69
丁酸乙酯	1.02	己酸乙酯	6.39
乳酸乙酯	10.23	丙醇	4.60
丁醇	2.30	仲丁醇	0.51
异丁醇	5.63	异戊醇	15.35
己醇	0.51	甲酸	0.51
乙酸	9.21	丙酸	0.77
丁酸	1.79	戊酸	0.51
己酸	1.79	乳酸	0.51
乙醛	5.12	乙缩醛	2.05

配方 2

乙酸乙酯	120.0	丁酸乙酯	4.0
己酸乙酯	23.0	乳酸乙酯	42.5
丙醇	18.0	丁醇	9.5
仲丁醇	2.0	异丁醇	22.5
异戊醇	60.0	甲酸	1.6
乙酸	36.0	丙酸	3.6
丁酸	7.2	戊酸	1.9
己酸	7.2	乳酸	1.8
乙醛	20.0	丙醛	2.0
乙缩醛	80.0		

兼香型白酒香精

配方 1

乙酸乙酯	120.0	己酸乙酯	92.0
丁酸乙酯	26.0	乳酸乙酯	126.0
丙酸乙酯	4.5	丙醇	70.0
丁醇	11.8	异丁醇	16.0
仲丁醇	22.5	异戊醇	65.0
乙酸	59.0	丙酸	5.6
丁酸	11.0	异戊酸	2.0
己酸	31.0	乳酸	44.0
乙醛	58.0	乙缩醛	56.0
糠醛	15.0	2-甲基吡嗪(1%)	1.9
2,6-二甲基吡嗪(1%)	8.0	三甲基吡嗪(1%)	7.2
四甲基吡嗪(1%)	4.8	吡啶(1%)	1.0
噻唑(1%)	1.0		

配方 2

甲酸乙酯	10.0	乙酸乙酯	120.0
乙酸异戊酯	10.0	己酸乙酯	320.0
丁酸乙酯	20.0	戊酸乙酯	8.0
乳酸乙酯	140.0	丙醇	26.0
丙三醇	150.0	丁醇	17.8
异丁醇	12.0	仲丁醇	10.5
异戊醇	42.0	己醇	2.0
乙酸	40.0	丙酸	3.2
丁酸	15.5	戊酸	3.8
己酸	35.0	乳酸	45.0
乙醛	50.0	乙缩醛	110.0

酱香型白酒香精

配方 1

甲酸乙酯	2.00	乙酸乙酯	15.00
丁酸乙酯	2.50	戊酸乙酯	0.50
己酸乙酯	4.00	乳酸乙酯	14.00
乙酸异戊酯	0.30	丙醇	2.00
丁醇	1.00	仲丁醇	0.40
异丁醇	1.60	异戊醇	5.00
己醇	0.20	庚醇	1.00
辛醇	0.50	甲酸	0.60
乙酸	11.00	丙酸	0.50
丁酸	2.00	戊酸	0.40
己酸	2.00	乳酸	10.50
乙醛	5.00	乙缩醛	12.00
4-甲基愈创木酚	0.80	苯乙醇	0.50
丙三醇	4.70		

配方 2

甲酸乙酯	3.00	乙酸乙酯	44.80
乙酸异丁酯	0.40	乙酸异戊酯	17.10
丙二酸二乙酯	0.40	丁酸乙酯	2.20
丁二酸二乙酯	0.60	己酸乙酯	5.50
壬酸乙酯	4.50	癸酸乙酯	0.90
乳酸乙酯	25.90	月桂酸乙酯	0.20
肉豆蔻酸乙酯	0.80	丙醇	2.40
异戊醇	4.60	β-苯乙醇	0.90

配方 3

甲酸乙酯	1.84	乙酸乙酯	20.08
乙酸异戊酯	0.84	丁酸乙酯	2.68
戊酸乙酯	0.67	己酸乙酯	6.86
乳酸乙酯	19.75	乙醛	4.20
乙缩醛	9.24	乳酸	3.78
乙酸	3.36	丙酸	0.25
丁酸	1.34	戊酸	0.34
己酸	2.94	丙醇	2.18
丁醇	1.51	异丁醇	1.01
仲丁醇	0.84	异戊醇	3.53
己醇	0.17	甘油	12.59

米香型白酒香精

配方 1

乙酸乙酯	4.44	乳酸乙酯	22.22
丙醇	4.44	丁醇	10.00
异丁醇	10.00	异戊醇	21.10
乙酸	4.44	乳酸	21.80
乙醛	0.67	苯乙醇	0.89

配方 2

乙酸乙酯	35.50	壬酸乙酯	0.80
乳酸乙酯	87.10	肉豆蔻酸乙酯	1.30
棕榈酸乙酯	8.50	油酸乙酯	2.60
亚油酸乙酯	3.00	丙醇	0.50
丁醇	0.50	异丁醇	10.00
异戊醇	84.20	β-苯乙醇	3.20
异丁酸	0.60	戊酸	0.50
乳酸	59.40	乙醛	2.50
乙缩醛	1.40		

配方 3

乙酸乙酯	5.50	己酸乙酯	6.00
乳酸乙酯	12.00	异丁醇	5.00
异戊醇	18.00	己醇	0.20
β-苯乙醇	3.50	乙酸	3.00
丁酸	1.00	乳酸	15.00
乙醛	0.50	糠醛	0.10
乙缩醛	1.00	丙三醇	20.00

浓香型白酒香精

配方 1

壬酸乙酯	0.15	乳酸乙酯	14.66
油酸乙酯	0.29	棕榈酸乙酯	0.37
乙醛	3.67	乙缩醛	7.33
2,3-丁二酮	4.76	3-羟基-2-丁酮	4.03
乙酸乙酯	8.80	丁酸乙酯	2.05
戊酸乙酯	0.51	己酸乙酯	21.25
庚酸乙酯	0.59	辛酸乙酯	0.22
丁醇	0.59	异丁醇	0.88
仲丁醇	0.88	2,3-丁二醇	1.47
异戊醇	4.40	己醇	0.15
甲酸	0.29	乙酸	3.81
丙酸	0.15	丁酸	0.95
戊酸	0.22	异戊酸	0.15
己酸	3.08	乳酸	2.57
丙醇	2.93	丙三醇	8.8

配方 2

庚酸乙酯	0.70	辛酸乙酯	0.10
壬酸乙酯	0.10	癸酸乙酯	0.10
十二酸乙酯	0.040	十四酸乙酯	0.050
乙酸乙酯	8.00	丙酸乙酯	0.10
丁酸乙酯	2.90	己酸乙酯	30.00
乳酸乙酯	16.00	乙酸	0.400
丙酸	0.010	丁酸	0.120

续表

己酸	0.40	乳酸	0.200
异戊醇	0.55	己醇	0.030
己醛	0.050	乙缩醛	0.150
乙醇(95%)	22.00	丙三醇	10.00
蒸馏水	8.00		

清香型白酒香精

配方 1

乙酸乙酯	35.96	己酸乙酯	0.24
庚酸乙酯	0.35	乳酸乙酯	30.65
丙醇	1.18	仲丁醇	0.35
异丁醇	1.42	异戊醇	5.90
乙酸	11.20	丙酸	0.12
丁酸	0.12	乳酸	3.54
乙醛	1.18	乙缩醛	5.90
2,3-丁二酮	0.12	3-羟基-2-丁酮	1.18
β-苯乙醇	0.24	2,3-丁二醇	0.35

配方 2

乙酸乙酯	29.50	丙酸乙酯	0.20
己酸乙酯	0.50	乳酸乙酯	19.50
乙酸	4.00	丙酸	0.50
己酸	0.020	乳酸	1.50
丙醇	1.00	丁醇	0.06
异丁醇	0.120	异戊醇	0.50
己醇	0.010	2,3-丁二酮	0.010
2,3-丁二醇	0.120	山梨醇(70%)	2.00
乙醇(95%)	22.46	丙三醇	10.00
蒸馏水	8.00		

配方 3

乙酸乙酯	14.00	丁酸乙酯	0.50
丁二酸二乙酯	0.90	己酸乙酯	1.80
庚酸乙酯	0.50	壬酸乙酯	0.20
癸酸乙酯	0.10	乳酸乙酯	7.00
丙醇	1.00	丁醇	1.00
异丁醇	4.00	异戊醇	9.90
乙酸	10.00	丙酸	0.10
丁酸	0.10	己酸	0.20
乳酸	3.00	乙醛	1.80
糠醛	0.10	乙缩醛	5.80
丙三醇	20.00		

特香型白酒香精

配方

乙酸乙酯	135.0	己酸乙酯	32.0
庚酸乙酯	18.0	丁酸乙酯	9.5
乳酸乙酯	111.0	丙酸乙酯	9.0
戊酸乙酯	11.5	辛酸乙酯	4.0
油酸乙酯	1.80	亚油酸乙酯	3.0
棕榈酸乙酯	7.00	丙醇	150.0
丁醇	4.80	异丁醇	20.0
异戊醇	43.0	乙酸	80.0
丙酸	7.0	丁酸	7.0
戊酸	5.8	己酸	13.8
庚酸	5.5	辛酸	1.20
棕榈酸	2.5	乙醛	16.0
2-甲基丁醛	1.20	异戊醛	5.5
乙缩醛	24.0	糠醛	3.8
3-羟基-2-丁酮	5.30	2-甲基吡嗪(1%)	0.50
2,6-二甲基吡嗪(1%)	1.20	三甲基吡嗪(1%)	2.50
四甲基吡嗪(1%)	6.0	吡啶(1%)	1.20
噻唑(1%)	1.20	三甲基噻唑(1%)	0.50
二甲基二硫醚(1%)	0.20	二甲基三硫醚(1%)	0.20

药香型白酒香精

配方

丁酸乙酯	32.0	丁酸	100.0
乳酸乙酯	61.0	乙酸乙酯	161.8
乙酸异戊酯	3.60	戊酸乙酯	5.70
己酸乙酯	87.0	丙醇	126.6
丁醇	31.6	仲丁醇	67.6
异丁醇	41.0	异戊醇	90.0
己醇	17.0	甲酸	1.00
乙酸	80.0	丙酸	25.0
戊酸	16.8	己酸	66.8
庚酸	1.60	乳酸	39.0
乙醛	20.0	乙缩醛	49.0
糠醛	10.0		

芝麻香型白酒香精

配方

乙酸乙酯	160.00	乳酸乙酯	57.00
丁酸乙酯	18.00	β-苯乙醇	8.80
己酸乙酯	32.00	丙醇	17.00
丙三醇	166.00	丁醇	15.60
仲丁醇	8.80	异丁醇	19.00
异戊醇	33.00	甲酸	1.10
乙酸	46.00	丙酸	2.10
丁酸	7.00	己酸	7.80
乳酸	5.00	乙醛	20.00
乙缩醛	16.00	糠醛	5.00
2-甲基吡嗪(1%)	1.50	2,6-二甲基吡嗪(1%)	3.40
三甲基吡嗪(1%)	2.20	四甲基吡嗪(1%)	1.60
2-乙酰基吡嗪(1%)	0.20	噻唑(1%)	0.50
3-甲硫基丙醇(1%)	0.10		

（4）咸味（肉味）香精

肝肠调味香精

配方

芹菜籽油	0.60	肉桂油	0.40
大蒜油	0.50	芫荽油	1.20
肉豆蔻油	0.80	小豆蔻油	1.10
胡椒油树脂	3.80	洋葱油	2.20
烟熏液	0.30	生姜油	0.30
食用油	20.00		

鸡肉香精

配方 1

热反应鸡肉香精	99.690	1,2-己二硫醇	0.010
1,2-辛二硫醇	0.010	己醛	0.030
3-巯基-2-丁酮	0.010	反-2-反-4-壬二烯醛	0.010
反-2-反-4-癸二烯醛	0.010	肉豆蔻油	0.020
小茴香油	0.010	麦芽酚	0.200

配方 2

2,3,5-三甲基吡嗪	10.00	2-甲基吡嗪	5.00
2,3-二甲基吡嗪	10.00	2-甲氧基-3-甲基吡嗪	5.00
2-甲基-3-甲硫基吡嗪	5.00	3-巯基-2-丁酮	1.00
2-乙基吡嗪	5.00	四氢噻吩-3-酮	0.50
1,6-己二硫醇	1.00	二甲基三硫醚	0.50

续表

2-乙基呋喃	2.00	2-戊基呋喃	3.00
2-乙酰基呋喃	10.00	2-甲基-3-呋喃硫醇	1.00
顺-4-癸烯醛	1.00	反-2-反-4-壬二烯醛	5.00
反-2-反-4-癸二烯醛	1.00	2,6-十二碳二烯醛	0.50
2,5-二甲基-2,5-二羟基-1,4-二噻烷	0.50		
二-(2-甲基-3-呋喃基)二硫醚	1.00		
热反应鸡肉香精	100000.0		

配方 3

3-巯基-2-丁醇	1.0	反-2-反-4-壬二烯醛	1.0
甲基糠基二硫醚	1.0	反-2-反-4-癸二烯醛	1.0
二甲基二硫醚	1.0	2,5-二甲基吡嗪	10.0
1,6-己二硫醇	1.0	2,5-二甲基-3-呋喃硫醇	1.0
3-巯基-2-丁酮	1.0	反-2-反-4-庚二烯醛	1.0
二甲基三硫醚	2.0	3-甲硫基丙醇	1.0
2,3,5-三甲基吡嗪	2.0	2-甲基吡嗪	10.0
甲基 2-甲基-3-呋喃基二硫醚	1.0		
二(2-甲基-3-呋喃基)二硫醚	5.0		
4-羟基-2,5-二甲基-3(2H)-呋喃酮	30.0		
2,5-二甲基-2,5-二羟基-1,4-二噻烷	2.0		
热反应鸡肉香精	100000		

牛肉香精

配方 1

热反应牛肉香精	100000.0	2,6-二甲基吡嗪	2.0
2,3,5-三甲基吡嗪	2.0	噻唑	2.0
2-乙酰基噻唑	0.50	三甲基噻唑	3.0
2,4-二甲基噻唑	2.0	5-甲基糠醛	2.0
3-甲硫基丙醛	3.0	2,3-丁二硫醇	2.0
3-巯基-2-丁醇	2.0	3-巯基-2-戊酮	2.0
三硫代丙酮	2.0	2-甲基-3-呋喃硫醇	2.0
二(2-甲基-3-呋喃基)二硫醚	4.0	2-甲基-3-甲硫基呋喃	2.0
甲基 2-甲基-3-呋喃基二硫醚	4.0	糠硫醇	1.0
二糠基二硫醚	2.0	4-羟基-2,5-二甲基-3(2H)-呋喃酮	10.0
4-羟基-5-甲基-3(2H)-呋喃酮	5.0		

配方 2

热反应牛肉香精	100000.0	四氢噻吩-3-酮	0.50
4-甲基-5-羟乙基噻唑	50.0	2-甲基吡嗪	10.0
2-乙酰基吡嗪	10.0	2-异丙烯基吡嗪	5.0
2,5-二甲基吡嗪	10.0	2,3,5-三甲基吡嗪	10.0
2,5-二甲基-3-乙基吡嗪	10.0	2-乙酰基噻唑	5.0
3-甲硫基丙酸乙酯	5.0	3-巯基-2-丁醇	2.0
3-巯基-2-丁酮	1.0	2-乙基呋喃	5.0
2-甲基-3-呋喃硫醇	2.0	2-甲基-3-甲硫基呋喃	2.0
甲基 2-甲基-3-呋喃基二硫醚	2.0		

蒜肠调味香精

配方

大蒜油树脂	2.50	大蒜油	1.50
辣椒油树脂	2.00	芫荽油	1.80
肉豆蔻油	1.20	小豆蔻油	0.30
胡椒油树脂	3.10	生姜油	0.60
食用油	30.00		

虾香精

热反应虾香精配方

虾酶解物	180.00	甘氨酸	3.80
DL-丙氨酸	3.80	葡萄糖	16.00
水	33.00		

上述化合物在 118~120℃密闭反应 40min 即可。

虾香精配方 1

热反应虾香精	100000.0	1-辛烯-3-醇	10.00
苄醇	15.0	异戊醛	5.00
吡啶	0.50	四氢吡咯	1.00
三甲基吡嗪	10.0	1,5-辛二烯-3-醇	10.00
4,5-二甲基噻唑	4.50	2-乙酰基呋喃	10.00
2-甲基-3-巯基呋喃	2.50	2-甲基吡嗪	1.00

虾香精配方 2

热反应虾香精	100000.0	香菇素	0.60
二甲基硫醚	288.0	2-甲基-3-巯基呋喃	1.50
三甲胺	816.0	反-2-庚烯醛	0.40
2,3-二甲基吡嗪	28.5	甲基甲硫基吡嗪	0.90

蟹香精

热反应蟹香精配方

蟹酶解物	700	L-半胱氨酸盐酸盐	15
虾酶解物	350	D-木糖	11
洋葱汁	20	水	10

上述原料混合后,在116～118℃回流1h即可。

配方 1

热反应蟹香精	89.20	异戊酸(0.1%)	1.50
二甲基硫醚(10%)	0.90	3-甲硫基丙醇(1%)	1.50
乙基麦芽酚(1%)	0.60	反式-2-庚烯醛(0.005%)	1.50
癸酸(1%)	0.30	2-甲基-3-巯基呋喃(1%)	1.50
香菇精(0.01%)	0.90	甲基甲硫基吡嗪(0.01%)	0.30
5-甲基糠醛(1%)	0.90	3-甲硫基丙醛(1%)	0.30
2-羟基-3-甲基-2-环戊烯-1-酮	0.60		

配方 2

1,5-辛二烯-3-醇	10.00	2-乙酰基呋喃	10.00
2-甲基吡嗪	1.00	1-辛烯-3-醇	5.00
苄醇	15.00	异戊醛	5.00
吡啶	0.50	三甲基吡嗪	5.00
1,4-二噻烷	0.50	2,5-二羟基-1,4-二噻烷	0.50
2-甲基-3-巯基呋喃	1.50	热反应蟹香精	100000.00
2,5-二甲基-2,5-二羟基-1,4-二噻烷	0.50		

羊肉香精

配方

热反应羊肉香精	90000.0	羊油调控氧化产物	1000.0
3-巯基-2-丁醇	1.0	硫代苯酚	2.0
2-甲基-3-呋喃硫醇	1.5	2,4-庚二烯醛	2.5
2,4-癸二烯醛	2.0	3-甲硫基丙醇	3.0
2-甲基辛酸	10.0	2-乙基辛酸	5.0
4-甲基壬酸	15.0	3,6-二甲基-2-乙基吡嗪	15.0

鱼肉香精

鱼香香精配方

丁香油	8.0	众香子油	14.0
肉桂油	4.0	姜油树脂	1.0
辣椒油树脂	2.9	丙二醇	21.0
吐温-80	49.0		

鱼肉香精配方

苄醇	15.0	2,6-二甲氧基苯酚	10.0
2-甲基-3-呋喃硫醇	0.50	1,4-二噻烷	1.50
1,5-辛二烯-3-醇	50.0	异戊醛	5.0
2-甲基庚醇	5.0	2-辛酮	5.0
2-乙酰基呋喃	150.0	4-乙基愈创木酚	150.0
热反应鱼肉香精	100000.0		

猪肉香精

配方 1

热反应猪肉香精	9900	4-甲基-5-羟乙基噻唑	6
乙基麦芽酚	22	3-巯基-2-丁醇(1%)	25
2-甲基-3-巯基呋喃(1%)	9	甲基 2-甲基-3-呋喃基二硫醚(1%)	15
二糠基二硫醚(1%)	9	二丙基二硫醚(1%)	6
甲基烯丙基二硫醚(1%)	8		

配方 2

热反应猪肉香精	100000.0	四氢噻吩-3-酮	0.50
2-甲基四氢噻吩-3-酮	0.30	4-甲基-5-羟乙基噻唑	30.0
4-甲基-5-羟乙基噻唑乙酸酯	20.0	2-甲基吡嗪	5.0
2-甲基-3-丙烯基吡嗪	5.0	2,3-二甲基吡嗪	5.0
3-甲硫基丙醛	1.0	2-乙基呋喃	5.0
呋喃酮	5.0	3-巯基-2-丁酮	1.0
2-戊基呋喃	2.0	2-乙酰基呋喃	10.0
2-甲基-3-呋喃硫醇	1.50	2-甲基-3-甲硫基呋喃	1.0
双(2-甲基-3-呋喃基)二硫醚	0.50		

（5）其他香型食品香精

爆玉米花香精

配方

2-乙基己醇	4.0	异戊醛	0.40
苯甲醛	4.0	5-甲基糠醛	2.0
2-壬酮	2.0	γ-壬内酯	4.0
2-乙酰基噻唑	0.80	2-乙酰基吡啶	1.20
2-甲基吡嗪	4.00	2,5-二甲基吡嗪	8.00
2-乙酰基吡嗪	1.20	乙基香兰素	4.0
乙基麦芽酚	4.00	苄醇	60.0
色拉油	0.40		

可乐香精

配方 1

白柠檬油	49.50	柠檬油	19.70
甜橙油	19.70	肉桂油	0.50
肉豆蔻油	0.10	姜油	0.10
菊苣浸膏	6.00	芫荽籽油	0.10
卡南加油	0.20	香荚兰酊	3.00
咖啡碱	0.10	α-松油醇	1.00

配方 2

柠檬油	40.92	白柠檬油	12.41
甜橙油	21.71	肉桂油	9.30
肉豆蔻油	12.40	橙花油	0.010
姜油	0.87	乙酸龙脑酯	0.18
乙基香兰素	1.75	胡椒醛	0.45

配方 3

无萜柠檬油	45.0	无萜白柠檬油	15.0
无萜甜橙油	38.7	肉桂油	1.00
肉豆蔻油	0.30	可乐果提取物	适量

奶油香精

配方 1（鲜奶）

δ-十二内酯	1.00	乙基麦芽酚	0.50
丁二酮	0.10	δ-癸内酯	1.00
椰子醛	0.20	2-庚酮	0.020
桃醛	0.30	己酸甲酯	0.010
丁酸	0.10	1%乙基吡嗪	2.00
辛酸	0.010	乙酸戊酯	0.30
乙基麦芽酚	0.50	香兰素	0.70
植物油	93.26		

配方 2

桃醛	0.020	丁酸乙酯	0.10
丁酸	0.600	丁酸戊酯	0.080
洋茉莉醛	0.060	乙醇	9.90
香兰素	1.00	乙基香兰素	0.040
壬醛	0.20	甘油	8.00

　　该香精以甘油、乙醇为稀释剂，调和奶油香基，属于油溶型食用香精。生产时先将甘油和乙醇投入配料罐中，然后加入其他物料，混合均匀，过滤，陈化。

配方 3

香兰素	27.50	乙基香兰素	2.50
藜芦醛	5.00	二氢香豆素	5.00
丁酸	3.00	丁二酮	5.00
丁酰乳酸丁酯	12.50	丁酸乙酯	10.00
丁酸丁酯	9.50	丙二醇	920.00

牛奶香精

配方 1

丙酸	0.10	丁酸	0.20
癸酸	0.25	δ-十二内酯	3.00
丁酸乙酯	2.50	3-羟基-2-丁酮	0.10
乳酸乙酯	5.00	δ-壬烯-2-酮	2.00
丁酸丁酯	2.50	2-庚酮	0.50
香兰素	0.10	乙基香兰素	0.10
己酸	0.010	辛酸	0.06
色拉油	81.58		

配方 2

γ-十一内酯	1.00	丁二酮	1.50
香兰素	1.20	麦芽酚	0.90
丁酸乙酯	0.50	苯乙酸乙酯	1.00
丁酸	0.10	己酸	2.00
邻苯二甲酸二丁酯	70.00	酒精	20.00
其他	2.20		

配方 3 （鲜）

甲基壬酮	0.15	二甲基硫醚(10%)	0.50
1-辛烯-3-醇	0.05/0.35	椰子醛	1.50
δ-癸内酯	5.0	δ-十二内酯	3.50
丁酸	1.80	乙酸	1.00
丁二酮	0.65	香兰素	8.50
乙基麦芽酚	1.50	癸酸	3.50
丁酸乙酯	0.50	其他	5.00
丙二醇	至 100		

配方 4 （纯）

3-甲硫基丙醛	0.020	顺-6-壬烯醛(10%)	0.100
二甲基二硫醚(1%)	0.020	苯丙基噻唑(1%)	0.050
丁二酮	1.50	甲基乙酰基原醇	0.20
δ-癸内酯	5.00	桃醛	3.50
呋喃酮	0.50	乙基麦芽酚	2.50
甲硫醇(1%)	0.060	硫噻唑	1.80
乳酸乙酯	5.00	丁酰乳酸丁酯	1.50
其他	1.50	酒精	5.00
丙二醇	至 100		

巧克力香精

配方 1

异戊醇	0.92	苯乙醇	7.37
麦芽酚	4.61	乙醛	1.84
异丁醛	7.37	异戊醛	13.82
糠醛	0.46	苯甲醛	0.92
香兰素	13.82	丁二酮	0.46
苯乙酸	1.84	乙酸异丁酯	0.92
乙酸苯乙酯	0.46	γ-丁内酯	7.37
二甲基硫醚	0.92	丙二醇	36.90

配方 2

香兰素	1.0	乙基香兰素	1.0
麦芽酚	1.0	乙基麦芽酚	1.0
香荚兰豆浸膏	10.0	可可粉酊	30.0
三甲基吡嗪	1.0	苯乙酸	1.0
异丁醛	1.0	异戊醛	2.0
δ-癸内酯	5.0	色拉油	46.0

甜玉米香精

配方

二甲基一硫醚	0.95	2-乙酰基噻唑	1.15
噻唑醇	0.90	洋茉莉醛	0.55
异戊醇	0.80	麦芽酚	0.65
乙基麦芽酚	0.90	香兰素	5.10
乙醇	40.00	丙二醇	49.00

香草香精

配方 1

香兰素	8.00	乙基香兰素	3.00
乙基麦芽酚	0.40	洋茉莉醛	3.10
山楂花酮	0.50	δ-癸内酯	0.030
δ-十二内酯	0.060	丁酸	0.110
丁二酮	0.020	丙二醇	15.00
乙醇	50.00	水	20.00

配方 2

乙基香兰素	2.0	二氢香豆素	1.0
焦糖色素	1.0	香兰素	4.0
甘油	20.0	酒精(95%)	30.0
蒸馏水	42.0		

配方 3

香兰素	5.0	乙基香兰素	1.50
洋茉莉醛	0.30	丁香酚	0.050
焦糖	1.50	乙醇	54.0
蒸馏水	37.65		

第5章　营养强化类

膳食中的营养强化是以食品为载体，营养强化类物质进行增加和补充营养素。然而营养素的补充要有量的制约，营养强化剂在食品中添加使用要遵循食品营养强化剂使用标准要求以及针对具体食物的强化需要进行有的放矢。对于任何营养素而言，无论是长期缺乏还是摄入过量都会对人体的健康带来负面影响和安全隐患。因此需要科学地认识营养强化的基本概念以及营养强化剂的使用意义，正确理解和掌握强化剂的使用原则与相关的技术理论。营养强化剂中主要包括氨基酸类、维生素、营养元素、不饱和脂肪酸及其他类物种。

食品营养强化剂是指为了增加食品的营养成分（价值）而加入到食品中的天然或人工合成的营养素和其他营养成分。其中营养素是指食物中具有特定生理作用，能维持机体生长、发育、活动、繁殖以及正常代谢所需的物质，包括蛋白质、脂肪、碳水化合物、矿物质、维生素等。而其他营养成分则包括除营养素以外的具有营养和（或）生理功能的其他食物成分。营养强化内容注重补充营养成分及某些人体需要而体内不能合成的物质。营养强化剂的使用是针对一些食品（包括个别地域居民及习惯膳食结构）中营养成分的不完整或不充分的情况、或是针对食品在加工、储藏过程中造成部分营养元素的流失和破坏而做的补偿。在食品加工与生产中，并非所有食品都需强化处理。

5.1 氨基酸类

L-赖氨酸-L-天门冬氨酸盐 L-lysine-L-apatate

$$H_2N(H_2C)_4 \overset{\overset{H}{|}}{\underset{NH_2}{C}}—COOH \cdot HOOCH_2C \overset{\overset{H}{|}}{\underset{NH_2}{C}}—COOH$$

$$C_{10}H_2O_6N_3, 279.29$$

分类代码　CNS　16.000

理化性质　白色粉末，无臭或稍臭，有特异味，易溶于水，难溶于乙醇、乙醚。L-赖氨酸因易吸收空气中的碳酸气变成碳酸盐，具有潮解性。可将其与具有呈味的天门冬氨酸结合成盐，便于使用。

由游离的 L-赖氨酸中加入 L-天门冬氨酸，经过中和、浓缩、结晶而得。

毒理学依据　同 L-赖氨酸。

质量标准

质量标准（日本食品添加物公定书，第八版）（参考）

项　目		指　标
含量/%	≥	98.0～102.0
溶液颜色及澄清度		合格
pH(5%溶液)		5.0～7.0
比旋光度$[\alpha]_D^{20}$/(°)		+24～+26.5
干燥失重/%	≤	0.5
灼烧残渣/%	≤	0.30
氯化物（以 Cl 计）/%	≤	0.041
砷（以 As_2O_3 计）/（mg/kg）	≤	4
重金属（以 Pb 计）/（mg/kg）	≤	2.0

应用　营养强化剂

我国《食品营养强化剂使用标准》（GB 14880—2012）规定：L-赖氨酸-L-天门冬氨酸盐是营养强化剂 L-赖氨酸的化合物来源。可用于大米及其制品、小麦粉及其制品、杂粮粉及其制品、面包，使用量为 1～2g/kg（使用量以 L-赖氨酸计）。

氨基酸复合盐是两个氨基酸分子通过离子键结合而形成的一种新的结晶体，是 20 世纪 80 年代诞生的氨基酸家族新成员。L-赖氨酸与 L-天冬氨酸的复合盐没有不良气味，一方面发挥了赖氨酸提高谷物食品蛋白质效价的功能，另一方面又增加了天冬氨酸的生理功效。日本已将 L-赖氨酸-L-天冬氨酸盐作为营养补充剂。

L-赖氨酸-L-天门冬氨酸盐营养强化剂（主要作为 L-赖氨酸强化剂），因臭味比 L-赖氨酸小，故对风味影响小，亦可用作调味料，用于清凉饮料、面包及淀粉制品等中。

本品 1.910g 相当于 L-赖氨酸 1g。或本品 1.529g 相当于 L-盐酸赖氨酸 1g。

生产厂商

① 四川成都景田生化有限公司

② 上海盖欣食品有限公司

③ 宿州市佳瑞生物科技有限公司

④ 福建省麦丹生物集团有限公司

L-赖氨酸盐酸盐 L-lysine monohydrochloride

$$H_2N(H_2C)_4 \underset{NH_2}{\overset{H}{\mid}} COOH$$

$$C_6H_{14}N_2O_2 \cdot HCl, 182.65$$

别名　L-2,6-二氨基己酸盐酸盐 2,6-Diaminohexznoic acid hydrochloride

分类代码　CNS 16.000

理化性质　白色或几乎白色结晶性粉末，无臭或稍有特异臭，无异味。易溶于水，几乎不溶于乙醇和乙醚，20℃时的溶解度（g/mL）约为：0.4（水）、0.1（甘油）、0.001（丙二醇）。在约 260℃时熔化并分解。一般较稳定，但温度高时易结块。有时也稍着色，与维生素 C 或维生素 K₃ 共存时易着色。碱性时在还原糖存在下加热则分解。吸湿性强。

有蛋白质水解分离法，合成法及发酵法 3 种。现多采用发酵法制取。

毒理学依据

① LD_{50}：大鼠急性经口 10.75g/kg（bw）。

② GRAS：FDA-21CFR 172.320。

质量标准

质量标准 GB 10794—2009

项　目		指　标
含量（以干基计）/%	≥	98.5～101.5
比旋光度$[\alpha]_D^{20}$/（°）		＋20.3～21.5
干燥失重/%	≤	1.0
透光率/%	≥	95.0
pH		5.0～6.0
灰分/%	≤	0.2
铅（以 Pb 计）/（mg/kg）	≤	5
砷（以 As 计）/（mg/kg）	≤	1
重金属（以 Pb 计）/%	≤	0.001
铵盐/%	≤	0.02

应用　营养强化剂

GB 14880—2012 规定：L-赖氨酸盐酸盐是营养强化剂 L-赖氨酸的化合物来源。可用于大米及其制品、小麦粉及其制品、杂粮及其制品、面包，使用量为 1～2g/kg（使用量以 L-赖氨酸计）。

在一般情况下，特别是在酸性条件加热，赖氨酸较稳定，但在碱性条件及直接与还原糖存在下加热，可被破坏分解，应予注意。此外，小麦粉中的赖氨酸在制面包时可损失 9%～24%（取决于焙烤方式），若将面包再行烘烤，还可损失 5%～10%，故添加赖氨酸的面包在食用前不宜再切片烘烤。含淀粉类还原糖、维生素 C 较多的食品与本品共热时，易产生褐变．并使味感恶化。储存：应储存在干燥清洁避光的环境中，严禁与有毒物质混放，以免污染。保质期为两年。

1g L-赖氨酸相当于 1.25g L-赖氨酸盐酸盐。

生产厂商

① 福建省麦丹生物集团有限公司

② 河北冀州市华阳化工有限责任公司

③ 济南鑫越化工有限公司

④ 无锡必康生物工程有限公司

牛磺酸 taurine

$$H_2N-\overset{H_2}{C}-\overset{H_2}{C}-\overset{\overset{\displaystyle O}{\|}}{\underset{\|}{S}}-OH$$

$C_2H_7NSO_3$，125.15

别名　α-氨基乙磺酸

　分类代码　GB S0797；FEMA 3813

理化性质　白色结晶或结晶性粉末，无臭，味微酸，可溶于水，在乙醇、乙醚或丙酮中不溶。

以 α-氨基乙醇与硫酸酯化，经亚硫酸钠还原生成粗品牛磺酸后精制而成。

毒理学依据

① LD$_{50}$：小鼠急性经口大于 10g/kg（bw）。

② ADI：可接受（用作香味剂在当前摄取水平无安全问题。JECFA，2006）。

③ Ames 试验：无致突变作用。

质量标准

质量标准 GB 14759—2010

项 目		指 标
含量(C$_2$H$_7$NSO$_3$)/%	≥	98.5～101.5
溶液澄清度		通过试验
易碳化物		通过试验
氯化物/%	≤	0.02
硫酸盐/%	≤	0.02
灼烧残渣/%	≤	0.1
重金属(以 Pb 计)/(mg/kg)	≤	10
砷盐(以 As 计)/(mg/kg)	≤	2
干燥失重/%	≤	0.2
铵盐(以 NH$_4$ 计)/%	≤	0.02

应用 营养强化剂

GB 14880—2012 规定：可用于调制乳粉、豆粉、豆浆粉、果冻，使用量为 0.3～0.5g/kg；豆浆，0.06～0.1g/kg；含乳饮料，0.1～0.5g/kg；特殊用途饮料，0.1～0.5g/kg；风味饮料，0.4～0.6g/kg；固体饮料类，1.1～1.4g/kg。

牛磺酸对促进儿童，尤其对婴幼儿大脑、身高、视力等的生长、发育起重要作用。尽管在人体中它可由蛋氨酸或半胱氨酸代谢的中间产物磺基丙氨酸脱羧形成，但婴幼儿体内此种脱羧酶活性很低，其合成受限，而应予补充。特别是用牛乳喂养的婴幼儿，因牛乳中几乎不含牛磺酸，故必须进行适当的营养强化与补充。

目前在世界各地流行的功能性饮料亦主要以补充牛黄酸为主，例如奥地利的红牛以及日本的力保健、我国台湾地区的康贝特等。

生产厂商

① 江苏盐城智康生物化学有限公司

② 广东广州日康食用化工有限公司

③ 江苏常熟市长江精细化工厂

④ 北京嘉康源科技发展有限公司

⑤ 无锡必康生物工程有限公司

5.2 维生素类 vitamins

DL-α-乙酸生育酚 DL-α-tocopheryl acetate

C$_{31}$H$_{52}$O$_3$，472.75

别名 维生素 E、Vitamin E

分类代码 CNS 16.000

理化性质　本品为维生素 E 形式之一（维生素 E 衍生物），无色至黄色，或灰绿黄色清亮黏性油液，几乎无臭，在碱性条件下不稳定。不溶于水，可溶于乙醇，并可与丙酮、氯仿、乙醚和植物油混溶。

由 DL-α-生育酚与乙酸反应制成。

毒理学依据　参见 D-α-乙酸生育酚。

质量标准

质量标准 GB 14756—2010

项　目		指　标
含量/%		96.0～102.0
酸度/mL		通过试验
重金属（以 Pb 计）/(mg/kg)	≤	10
铅/(mg/kg)		—

应用　营养强化剂、抗氧化剂、护色剂

GB 14880—2012 规定：DL-α-乙酸生育酚是营养强化剂维生素 E 的化合物来源。可用于植物油、人造黄油及其类似制品，使用量为 100～180mg/kg；用于调制乳粉（儿童用乳粉和孕产妇用乳粉除外），使用量为 100～310mg/kg；调制乳，12～50mg/kg；即食谷物，包括辗轧燕麦（片），50～125mg/kg；调制乳粉（仅限儿童用乳粉），10～60mg/kg；调制乳粉（仅限孕产妇用乳粉），32～156mg/kg；果冻，10～70mg/kg；豆粉、豆浆粉，30～70mg/kg；豆浆，5～15mg/kg；固体饮料，76～180mg/kg；饮料类（14.01，14.06 涉及品种除外），10～40mg/kg；胶基糖果，1050～1450mg/kg。使用量以维生素 E 计。

本品是维生素 E 的一种形式，1mg 全消旋 α-乙酸生育酚=1.00 IU 维生素 E。

生产厂商

① 天津市信达创建实业技术有限公司

② 北京嘉康源科技发展有限公司

③ 嘉兴天和诚生物科技有限公司

④ 江苏盐城智康生物化学有限公司

DL-维生素 E DL-vitamin E

$C_{29}H_{50}O_2, 430.71$

别名　DL-α-生育酚、DL-α-Tocopherol

分类代码　CNS 04.016；INS 307（c）

理化性质　α-生育酚的外消旋体为淡黄色至黄褐色黏稠液体，基本无臭，无味。相对密度（d）=0.950，沸点 200～220℃/（13.33Pa），折射率（n）=1.5045。不溶于水，可溶于脂肪、油、香精油和乙醇。在没有空气氧化的条件下，对碱、热均稳定，对紫外光不稳定，色泽渐变深。在 100℃ 以下对酸无反应。在空气中易被氧化成醌式结构而呈现暗红色。铁盐及银盐均可使氧化反应加快，可用作氧化剂。

维生素 E 有 α-生育酚、β-生育酚、γ-生育酚、δ-生育酚和 α-三烯生育酚、β-三烯生育酚、

γ-三烯生育酚、δ-三烯生育酚之不同，均具有维生素 E 生理活性，其中以 α-生育酚活性最大。它与机体的抗氧化作用及抗衰老有关。

本品由三甲基对苯二酚与叶绿基溴化物在氮气中及在氯化锌存在下加热反应而制得。

毒理学依据

① LD$_{50}$：大鼠急性经口 5g/kg（bw）。

② ADI：0.15～2mg/（bw）（FAO/WHO，1994）。

③ GRAS：FDA-21CFR 182.3890，182.5890。

质量标准

质量标准

项　目		指　标		
		GB 29942—2013	JECFA(2006)	FCC(7)
维生素 E(DL-α-生育酚)含量/%		96～102.0	96～102	96.0～102.0
折射率 n_D^{20}		1.503～1.507	1.503～1.507	—
吸光度 $E_{1cm}^{1\%}$(292nm)		71～76	71～76	—
灼烧残渣/%	≤	0.1	—	—
酸度		通过试验	—	合格
铅(Pb)/(mg/kg)	≤	2	—	—
硫酸盐灰分/%		—	0.1	—
重金属(以 Pb 计)/(mg/kg)		—	2	2
澄清度		—	—	合格

应用　营养强化剂、抗氧化剂

GB 14880—2012 规定：DL-维生素 E 是营养强化剂维生素 E 的化合物来源。可用于植物油、人造黄油及其类似制品，使用量为 100～180mg/kg；用于调制乳粉（儿童用乳粉和孕产妇用乳粉除外），使用量为 100～310mg/kg；调制乳，12～50mg/kg；即食谷物，包括辗轧燕麦（片），50～125mg/kg；调制乳粉（仅限儿童用乳粉），10～60mg/kg；调制乳粉（仅限孕产妇用乳粉），32～156mg/kg；果冻，10～70mg/kg；豆粉、豆浆粉，30～70mg/kg；豆浆，5～15mg/kg；固体饮料，76～180mg/kg；饮料类（14.01，14.06 涉及品种除外），10～40mg/kg；胶基糖果，1050～1450mg/kg。使用量以维生素 E 计。

作为脂溶性抗氧化剂，维生素 E 的抗氧化作用比 BHA 和 BHT 等弱，但其安全性高。我国推荐维生素 E 的人日供给量为 10mg/kg（bw）。我国台湾省《食品添加剂使用范围及用量标准》（1986 年）规定：生育酚（维生素 E）使用限量为 0.5g/kg 以下；日本《食品卫生法规》（1985 年）规定：DL-α-生育酚不得用于抗氧化以外的目的。但含有 β-胡萝卜素、维生素 A 及其脂肪酸酯以及液体石蜡制剂，不在此限。

生产厂商

① 天津市信达创建实业技术有限公司

② 北京嘉康源科技发展有限公司

③ 嘉兴天和诚生物科技有限公司

④ 江苏盐城智康生物化学有限公司

D-α-乙酸生育酚 D-α-tocopheryl acetate

$$C_{31}H_{52}O_3, 472.75$$

别名 维生素 E Vitamin E、D-α-生育酚乙酸酯 D-α-tocopheryl acetate

分类代码 CNS 16.000

理化性质 无色或金黄色至黄色透明的黏稠液体，几乎无臭，遇光色渐变深，相对密度 0.95～0.964，折射率 1.4940～1.4985（20℃）。不溶于水，易溶于乙醇，并易与丙酮、氯仿、乙醚和植物油混溶。放置时可固化，在约 25℃时融化。1mg D-α-乙酸生育酚等于 1.36IU 维生素 E。

将食用植物油的乙酰化生育酚产品经真空蒸馏制得。

毒理学依据

GRAS：FDA-21CFR 182.5892，182.8892。其余参见 DL-α-生育酚。

质量标准

质量标准

项 目		指 标	
		GB 19191—2003	FCC(7)
含量/%		96.0～102.0	96.0～102.0
酸度/mL		0.5	合格
重金属(以 Pb 计)/(mg/kg)	≤	10	—
铅/(mg/kg)		—	2
旋光度$[\alpha]_D^{25}$	≥	+24°	+24°

应用 营养强化剂、抗氧化剂

GB 14880—2012 规定：D-α-乙酸生育酚是营养强化剂维生素 E 的化合物来源。可用于植物油、人造黄油及其类似制品，使用量为 100～180mg/kg；用于调制乳粉（儿童用乳粉和孕产妇用乳粉除外），使用量为 100～310mg/kg；调制乳，12～50mg/kg；即食谷物，包括辗轧燕麦（片），50～125mg/kg；调制乳粉（仅限儿童用乳粉），10～60mg/kg；调制乳粉（仅限孕产妇用乳粉），32～156mg/kg；果冻，10～70mg/kg；豆粉、豆浆粉，30～70mg/kg；豆浆，5～15mg/kg；固体饮料，76～180mg/kg；饮料类（14.01，14.06 涉及品种除外），10～40mg/kg；胶基糖果，1050～1450mg/kg。使用量以维生素 E 计。

D-α-乙酸生育酚是人类营养的必需成分。在食品工业中，主要用于油脂食品的抗氧剂和营养强化剂；在医药行业上，可作为生产成药的医药原料，对治疗牙周炎、厚皮病、脂肪肝、动脉硬化、高胆固醇血症等有好的效果；用于化妆品中，可延缓皮肤衰老，增加皮肤弹性、恢复青春活力；作为饲料添加剂，可改善动物的生殖机能，提高繁殖力。

生产厂商

① 天津市信达创建实业技术有限公司

② 北京嘉康源科技发展有限公司

③ 嘉兴天和诚生物科技有限公司

④ 江苏盐城智康生物化学有限公司

L-抗坏血酸棕榈酸酯 ascorbyl palmitate

L-型抗坏血酸棕榈酸酯具有突出的生物活性。

$C_{22}H_{38}O_7, 414.54$

别名　维生素 C 棕榈酸酯 palmitoyl L-ascorbic acid；Vitamine C palmitate

分类代码　CNS 04.011；INS 304

理化性质　白色或黄白色粉末，略有柑橘气味。难溶于水和植物油，易溶于乙醇（1g 制品溶于 4.5mL）。其稳定性比抗坏血酸好。熔点 107～117℃。

由 L-抗坏血酸与棕榈酸酯化，精制而成。

毒理学依据

① LD_{50}：小鼠急性经口大于 10g/kg（bw）。

② GRAS：FDA-21 CFR 182.3149。

③ ADI：0～1.25mg/kg（bw）（FAO/WHO，1994）。

质量标准

质量标准 GB 16314—1996

项　目		指　标
含量（以干基计）/%	≥	95.0
旋光度$[\alpha]_D^{25}$/(°)		+21～+24
灼烧残渣/%	≤	0.1
干燥失重/%	≤	2.0
熔点/℃		107～117
砷（以 As 计）/%	≤	0.0003
重金属（以 Pb 计）/%	≤	0.001

应用　营养强化剂、抗氧化剂

GB 14880—2012 规定：L-抗坏血酸棕榈酸酯是营养强化剂维生素 C 的化合物来源。可用于调制乳粉（儿童用乳粉和孕产妇用乳粉除外），使用量为 300～1000mg/kg；风味发酵乳，120～240mg/kg；即食谷物，包括辗轧燕麦（片），300～750mg/kg；调制乳粉（仅限儿童用乳粉），140～800mg/kg；调制乳粉（仅限孕产妇用乳粉），1000～1600mg/kg；果冻、含乳饮料，120～240mg/kg；豆粉、豆浆粉，400～700mg/kg；果泥，50～100mg/kg；固体饮料类，1000～2250mg/kg；果蔬汁（肉）饮料（包括发酵型产品等）、水基调味饮料类，250～500mg/kg；胶基糖果，630～13000mg/kg；除胶基糖果以外的其他糖果，1000～6000mg/kg；水果罐头，200～400mg/kg。使用量以维生素 C 计。

抗坏血酸棕榈酸酯为具有抗坏血酸效力的亲油性物质，比抗坏血酸稳定性高，既可有增补维生素 C 的营养强化作用，又具有抗氧化作用。作为营养强化剂同 L-抗坏血酸。

其他使用参考。FAO/WHO（1984）规定：用于配制婴儿食品，100mg/100mL（所有类型配制婴儿食品的即饮制品）；婴儿食品罐头、以谷物为基料的加工儿童食品，200mg/kg（单用或与抗坏血酸硬脂酸酯合用）。按 FAO/WHO（1987）：各种油脂的抗氧化，500mg/kg。USDA（9CFR§318.7，1994）：人造奶油 0.02%。

生产厂商

① 天津市信达创建实业技术有限公司

② 广东大地食用化工有限公司（总公司）

③ 西安瑞林生物科技有限公司

④ 郑州晨旭化工产品有限公司

L-肉碱 L-carnitine

$$C_{17}H_{15}NO_3, 161.20$$

别名　维生素 B_T、L-肉毒碱、左旋肉碱、3-羟基-4-三甲胺基丁酸内酯

分类代码　CNS 16.000

理化性质　为白色吸湿性结晶性粉末，极易溶于水（250g 溶于 100mL 水中），不溶于丙酮、乙酸乙酯，熔点 210～212℃（分解），旋光度 $[\alpha]$ 为 $-29.5°$～$-32.0°$（10% 水溶液）。左旋肉碱是微生物、动物及植物的基本成分之一。哺乳动物在骨骼肌肉、心脏肌肉及附睾丸中含有大量的左旋肉碱。

以环氧氯丙烷与季铵盐作用通过化学方法合成；此外，也可用微生物方法制取；从肉类食物和乳类食物中直接提取左旋肉碱；酶法转化法可得到较高光学纯度的左旋肉碱；利用微生物发酵法，通过筛选优良菌株，可生产左旋肉碱。

食物中左旋肉碱的含量　　　　　　单位：mg/kg

名称	含量	名称	含量	名称	含量
山羊肉	2100	牛奶	6～50	鱼肉	85～145
羔羊肉	780	山羊奶	15～20	大麦	10～38
牛肉	640	羊奶	130～320	大豆	0～10
猪肉	300	脱脂奶粉	120～150	油菜子	10
兔肉	210	乳清粉	300～500	鸡蛋	8
鸡肉	75	乳清粉（提取乳糖后）	800～1000	花生	1
酵母	24	小麦	3～12	花椰菜	1

毒理学依据

① LD_{50}：大、小鼠急性经口大于 10g/kg（bw）。

② ADI：20mg/kg，成人每日摄入量最大为 1200 毫克/人（FDA）。

质量标准

质量标准

项　目	指　标	
	GB 17787—1999	FCC(7)
含量(以干基计)/%	97.0～103.0	97.0～103.0
比旋光度[α]$_D^{20}$/(°)	−29～−32	−29～−32
pH 值（5%溶液）	5.5～9.5	5.5～9.5
水分/% ≤	4.0	4.0
残留丙酮/% ≤	0.1	—
重金属（以 Pb 计）/（mg/kg） ≤	10	—
铅/（mg/kg） ≤	—	1
砷（以 As 计）/（mg/kg） ≤	2	—
钠（以 Na 计）/% ≤	0.1	—
钾（以 K 计）/% ≤	—	0.2
氯化物（以 Cl 计）/% ≤	0.4	0.4
灰分/% ≤	0.5	0.5（灼烧残渣）
氰化物	不得检出	

应用　营养强化剂

GB 14880—2012 规定：可用于调制乳粉（儿童用乳粉除外），使用量为 300～400mg/kg；调制乳粉（仅限儿童用乳粉），50～150mg/kg；果蔬汁（肉）饮料（包括发酵型产品等）、含乳饮料，600～3000mg/kg；特殊用途饮料（仅限运动饮料），100～1000mg/kg；风味饮料，600～3000mg/kg；固体饮料类，6000～30000mg/kg。

L-肉碱具有生物活性，而 D-肉碱（右旋体）无生物活性，并可抑制 L-肉碱（左旋体）的生物活性。为此，美国 FDA 规定：右旋肉碱和消旋肉碱不属于 GRAS 物质，并予以取缔。L-肉碱是一种特定条件必需营养素，对婴儿利用脂肪获取能源非常重要。一些组织如心肌、骨骼肌等需要 L-肉碱以进行正常的代谢，并依赖从其他组织转运 L-肉碱来供应代谢的要求。此外，细胞需要 L-肉碱来有效的促进脂肪代谢以提供能量。L-肉碱参与许多代谢过程，包括：精子的成熟和活动；降低血浆胆固醇；提高人体的耐力；运动后快速恢复等。L-肉碱极易吸潮，而 L-肉碱-L-酒石酸吸湿性差，适用于配制固体制品、片剂、胶囊。应密闭保存，置于干燥处。

生产厂商

① 南京国海生物工程有限公司

② 开原亨泰精细化工厂

③ 郑州瑞普生物工程有限公司

④ 西安唐朝化工有限公司

L-肉碱-L-酒石酸 L-carnitine-L-tartrate

$C_{18}H_{36}N_2O_{12}$ 472.49

别名　维生素 Bt-L-酒石酸 levo-carnitine-levo-tartrate

分类代码　CNS 16.000

理化性质　为白色结晶性粉末，易溶于水（50g 溶于 100mL 水中），熔点 169～175℃，比旋光度$[\alpha]$为$-11°\pm1.0°$（10%水溶液）。

由 L-肉碱与 L-酒石酸反应制取。

毒理学依据

① LD_{50}：大小鼠急性经口大于 10g/kg。

② 致突变试验：微核试验、睾丸染色体畸变试验，均为阴性。

③ 大鼠 90d 喂养试验：最大无作用剂量为 20000mg/kg。

质量标准

质量标准 GB 25550—2010

项　目		指　标
L-肉碱（以干基计）（质量分数）/%		68.2 ± 1.0
L-酒石酸（以干基计）（质量分数）/%		31.8 ± 1.0
干燥减重（质量分数）/%	≤	0.5
灼烧残渣（质量分数）/%	≤	0.5
pH（100g/L 水溶液）		3.0～4.5
比旋光度$[\alpha]_D^{20}$/（°）		$-11°～-9.5°$
砷（As）/（mg/kg）	≤	1
重金属（以 Pb 计）/（mg/kg）	≤	10

应用　营养强化剂

GB 14880—2012 规定：L-肉碱-L-酒石酸是营养强化剂 L-肉碱的化合物来源。可用于调制乳粉（儿童用乳粉除外），使用量为 300～400mg/kg；调制乳粉（仅限儿童用乳粉），50～150mg/kg；果蔬汁（肉）饮料（包括发酵型产品等）、含乳饮料，600～3000mg/kg；特殊用途饮料（仅限运动饮料），100～1000mg/kg；风味饮料，600～3000mg/kg；固体饮料类，6000～30000mg/kg。使用量以 L-肉碱计。

L-肉碱-L-酒石酸是我国新批准使用的食品营养强化剂。主要用于强化以大豆为基础的婴儿食品，促进脂肪的吸收利用，药物、营养保健品、功能饮料、饲料添加剂等。D-型和 DL-型无营养价值。本品因不易潮解故常代替 L-肉碱予以应用，L-肉碱 L-酒石酸盐换算为 L-肉碱的系数为 0.68。

生产厂商

① 张家港市新宇化工厂

② 南京国海生物工程有限公司

③ 开原亨泰精细化工厂

④ 安徽中旭生物科技有限公司

β-胡萝卜素　β-carotene

$C_{40}H_{56}$,536.89

别名　维生素 A 原、食用橙色 5 号

分类代码　CNS 08.010；INS 160a

理化性质　深红色至暗红色有光泽斜方六面体或结晶性粉末，有轻微异臭和异味，不溶于水、丙二醇、甘油、酸和碱，溶于二硫化碳、苯、氯仿、乙烷及橄榄油等植物油，几乎不溶于甲醇或乙醇。稀溶液呈橙黄至黄色，浓度增大时呈橙色（因溶剂的极性可稍带红色）。本品对光、热、氧不稳定，不耐酸，弱碱性时较稳定，不受抗坏血酸等还原物质的影响，重金属尤其是铁离子可促使其褪色。

由维生素 A 乙酸酯为起始原料，经化学方法合成制得。

毒理学依据

① LD_{50}：（油溶液）狗急性经口大于 8g/kg（bw）。

② ADI：0～5mg/kg（bw）（FAO/WHO，1994）。

③ GRAS：FDA-21CFR 73.95，182.5245。

④ 代谢：人体摄入本品，有 30%～90% 由粪便排出。

质量标准

质量标准

项　目		指　标	
		GB 28310—2012	JECFA(2011)
总 β-胡萝卜素含量（以 $C_{40}H_{56}$ 计）/%	≥	96.0	96.0
吸光度比值			
A_{455}/A_{483}		1.14～1.19	1.14～1.19
A_{455}/A_{340}	≥	0.75	0.75
灼烧残渣/%	≤	0.2	—
乙醇/%			
乙酸乙酯/%	≤	0.8(单独或两者之间)	—
异丙醇/%	≤	0.1	—
乙酸异丁酯/%	≤	1.0	—
铅(Pb)/(mg/kg)	≤	2	2
总砷（以 As 计）/(mg/kg)	≤	3	—
硫酸盐灰分/%	≤	—	0.1
副色素（类胡萝卜素）/%	≤	—	3

注：商品化的 β-胡萝卜素产品应以符合本标准的 β-胡萝卜素为原料，可添加符合食品添加剂质量规格要求的明胶、抗氧化剂和（或）食用的植物油、糊精、淀粉制成的产品，其总 β-胡萝卜素含量和吸光度比值符合标识值。

应用　营养强化剂、着色剂

GB 14880—2012 规定：用于固体饮料类，使用量为 3～6mg/kg。

现广泛用作黄色色素代替油溶性焦油系色素，如用于原本就含有胡萝卜素的奶油、干酪、蛋黄酱等，并广泛应用于其他食用油脂、人造奶油、起酥油、糕点、面包等。用于油性食品时，常溶解于棉籽油之类的食用油或悬浊制剂（含量 30%）。经稀释后即便于使用，也可防止 β-胡萝卜素氧化。一般添加 α-生育酚、硬脂酰抗坏血酸酯、BHA 等的抗氧化剂。用作色素添加量较少，如用于人造奶油为 1.37mg/kg。在果汁中与维生素 C 合用，可提高稳定性。

生产厂商

① 天津市信达创建实业技术有限公司

② 北京嘉康源科技发展有限公司

③ 广东威士雅保健品有限公司

④ 嘉兴天和诚生物科技有限公司

泛酸钙 calcium pantothenate

$C_{18}H_{32}CaO_{10}$, 476.54

别名　右旋泛酸钙 D-Calcium pantothenate

分类代码　CNS 16.000

理化性质　为泛酸右旋异构体的钙盐，微有吸湿性，白色粉末，无臭，稍有苦味，在空气中稳定。熔点 170～172℃，超过 195℃时分解。1g 溶于 3mL 水中，溶于甘油，不溶于乙醇、氯仿、乙醚。pH 值在 5～7 间较稳定。对应的泛酸为水溶性 B 族维生素之一。

由异丁醛与甲醛缩合，与盐酸水解制得 DL-泛酸内酯，经分离取 D-泛酸内酯，在仲胺或叔胺存在下煮沸，与氧化钙作用制成 D-泛酸钙。

毒理学依据

① LD_{50}：小鼠急性经口 117mg/kg。

② GRAS：FDA-21CFR 182.5212。

质量标准

质量标准（参考）

项　目	指　标	
	中国药典(2010)	FCC(7)
含量(以干基计)/%	—	97.0～103.0
钙含量(以干基计)/%	8.20～8.60	8.2～8.6
氮含量(以干基计)/%	5.70～6.00	—
碱度	—	合格
生物碱	—	合格
干燥失重/% ≤	5.0	5.0
比旋光度$[\alpha]_D^{20}$/(°)	+25.0～+28.5	+25.0～+27.5$[\alpha]_D^{25}$
铅/（mg/kg） ≤	—	2
重金属（以 Pb 计）/（mg/kg） ≤	20	—
砷（以 As 计）/（mg/kg） ≤	—	—
溶液澄清度与颜色	合格	—

应用　营养强化剂

GB 14880—2012 规定：泛酸钙是营养强化剂泛酸的化合物来源。可用于调制乳粉（仅限儿童用乳粉），使用量为 6～60mg/kg；调制乳粉（仅限孕产妇用乳粉），20～80mg/kg；即食谷物，包括辗轧燕麦（片），30～50mg/kg；碳酸饮料、风味饮料、茶饮料类，1.1～2.2mg/kg；固体饮料类，22～80mg/kg；果冻，2～5mg/kg。使用量以泛酸计。

泛酸钙在添加食品后转化成相应的泛酸。泛酸为水溶性 B 族维生素之一，它进入生物体内，在细胞组织中合成辅酶 A。其重要功能是以乙酰辅酶 A 的形式参与代谢，在糖类、脂肪、蛋白质的代谢中的乙酰转移作用中十分重要。泛酸钙除具有泛酸的维生素作用外，尚有钙强化作用。我国居民膳食泛酸适宜摄入量为 5.0mg/d。本品含钙量，按干燥品计为 8.20%～

8.60％。本品应密封储存。

泛酸钙作为营养增补剂，用于食品加工。除特殊营养食品外，使用量须在 1％（以钙计）以下（日本）。奶粉强化时为 10mg/100g；烧酒、威士忌酒中添加 0.02％可增强风味；蜂蜜中添加 0.02％可防止冬季结晶。能缓冲咖啡因及糖精等的苦味。

生产厂商

① 天津市信达创建实业技术有限公司

② 北京恒业中远化工有限公司

③ 北京凤礼精求商贸有限责任公司

④ 西安唐朝化工有限公司

核黄素 riboflavin

$C_{17}H_{20}N_4O_6, 376.37$

别名　维生素 B_2 Vitamine B_2

分类代码　CNS 16.000；INS 101（i）

理化性质　黄至黄橙色结晶性粉末，微臭，味微苦，熔点约 280℃（有分解），饱和水溶液呈中性。干燥品性质稳定，不受漫射光影响，但在溶液中则易受光照破坏。本品是水溶性维生素，但在水中溶解度低（1g 溶于 3000～20000mL 水中），在乙醇中溶解度更低，不溶乙醚及氯仿。本品极易溶于稀碱液，亦易溶于 NaCl 溶液。在稀 NaOH 溶液中呈左旋，在稀 HCl 溶液中呈右旋。本品对热及酸比较稳定，在中性及酸性溶液中，即使短时间高压消毒亦不致破坏。在 120℃加热 6h，仅少量破坏。在碱性溶液中，易破坏。特别易受紫外线破坏，对还原剂也不稳定。

可用醋酸梭状芽孢杆菌、假丝酵母等菌种，用发酵法生产，也可由 3，4-二甲基苯胺与 D-核糖合成。

毒理学依据

① LD_{50}：大鼠腹腔注射 560mg/kg（bw）；大鼠皮下注射 5000mg/kg（bw）。

② ADI：0～0.5mg/kg（bw）（FAO/WHO，1994）。

质量标准

质量标准 GB 14752—2010

项　　目		指　　标
含量(以干基计)/%	≥	98.0～102.0
干燥失重/%	≤	1.5
灼烧残渣/%	≤	0.3
感光黄素(A)	≤	0.025
砷(以 As 计)/(mg/kg)	≤	2
重金属(以 Pb 计)/(mg/kg)	≤	10
比旋光度$[\alpha]_D^{20}/(°)$		−140～−120

应用　营养强化剂。

GB 14880—2012 规定：核黄素是营养强化剂维生素 B_2 的化合物来源。可用于大米及其制品、小麦粉及其制品、杂粮粉及其制品，使用量 3～5mg/kg；即食谷物，包括辗轧燕麦（片），7.5～17.5mg/kg；含乳饮料，1～2mg/kg；固体饮料类，9～22mg/kg；果冻，1～7.0mg/kg；西式糕点、饼干，3.3～7.0mg/kg；面包，3～5mg/kg；胶基糖果，16～33mg/kg；调制乳粉（仅限儿童用乳粉），8～14mg/kg；调制乳粉（仅限孕产妇用乳粉），4～22mg/kg；豆粉、豆浆粉，6～15mg/kg；豆浆，1～3mg/kg。使用量以维生素 B_2 计。

本品能促进机体生长发育，摄入后，经转化，参与机体内氧化还原反应，对糖、蛋白质、脂肪的代谢有重要意义。缺乏时，则发生口角炎、舌炎、唇炎、阴囊炎、结膜炎、脂溢性皮炎等。核黄素的需要量同硫胺素一样，取决于多种因素，如温度、食物成分等。低温与高温时需要量都较高。食物中硫胺素不足，则核黄素的需要量提高。对小儿的预防量约为 2mg/d。我国居民膳食核黄素的推荐摄入量为：成年男性 1～4mg/d，成年女性 1～2mg/d。

生产厂商

① 天津市信达创建实业技术有限公司

② 广东广州鸿雨科技有限公司

③ 济南圣和化工有限公司

④ 北京金路鸿生物技术有限公司

肌醇 inositol

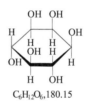

$C_6H_{12}O_6$,180.15

别名　环己六醇 1,2,3,5,4,6-cyclohexanehexol

分类代码　CNS 16.000

理化性质　白色细小结晶或白色结晶性粉末，无臭，有甜味，在空气中稳定，对光、热、酸、碱稳定。1g 本品溶于 6mL 水中，水溶液对石蕊呈中性。难溶于乙醇，不溶于乙醚和氯仿。由脱脂米糠或玉米浸提液转化制取。

毒理学依据

GRAS：FDA-21CFR 182.5370，184.1370。

质量标准

质量标准　FCC（7）（参考）

项　目		指　标
含量(干燥后)/%	≥	97.0
钙		合格
氯化物/%	≤	0.005
铅/(mg/kg)	≤	4
干燥失重/%	≤	0.5
熔点/℃		224～227
灼烧残渣/%	≤	0.1
硫酸盐/%	≤	0.006

应用　营养强化剂

GB 14880—2012 规定：用于调制乳粉（仅限儿童用乳粉），使用量为 210～250mg/kg；果蔬汁（肉）饮料（包括发酵型产品等），60～120mg/kg；风味饮料，60～120mg/kg。

本品是机体维生素之一，以磷脂酰肌醇（肌醇磷脂）的形式广泛分布于体内，并与磷脂的代谢有关。

生产厂商

① 山东诸城市兴贸公司

② 山东诸城市浩天药业有限公司

③ 西安瑞林生物科技有限公司

④ 武汉大华伟业医药化工有限公司

酒石酸氢胆碱 choline bitartrate

$$\left[\begin{array}{c} CH_3 \\ H_3C-N^+-CH_2CH_2OH \\ CH_3 \end{array} \right] \quad \begin{array}{c} ^-O \quad \overset{O}{\underset{}{C}} \quad \overset{H}{\underset{}{C}} - OH \\ HO \quad \overset{}{\underset{O}{C}} \quad \overset{}{\underset{H}{C}} - OH \end{array}$$

$C_9H_{19}NO_7, 253.25$

别名　重酒石酸胆碱（2-羟乙基）三甲铵酒石酸氢盐（2-hydroxyethyl）trimethy-1ammoniumbitartratel

分类代码　CNS 16.000；INS 1001（Ⅴ）

理化性质　白色、吸潮性结晶粉末，有酸味，无臭或有不愉快的三甲胺臭，易溶于水，微溶于乙醇，不溶于氯仿、乙醚及苯。

由高浓度的环氧乙烷水溶液为原料，通过化学方法合成。

毒理学依据

① GRAS：FDA-21CFR 182.5250，182.8250。

② ADI：无须规定（胆碱盐类，FAO/WHO，1994）。

质量标准

质量标准　FCC（7）（参考）

项　目		指　标
含量(以无水物计)/%	≥	98.0
比旋光度$[\alpha]_D^{25}$/(°)		17.5～18.5
水分/%	≤	0.5
灼烧残渣/%	≤	0.1
1，4-二噁烷		合格
铅/（mg/kg）	≤	2

应用　营养强化剂

GB 14880—2012 规定：酒石酸氢胆碱是营养强化剂胆碱的化合物来源。可用于调制乳粉（仅限儿童用乳粉），使用量为 800～1500mg/kg；调制乳粉（仅限孕产妇用乳粉），1600～3400mg/kg；果冻，50～100mg/kg。使用量以胆碱计。

胆碱是维生素之一。它以磷酸胆碱或作为乙酰胆碱的形式广泛分布体内，与磷酯的代谢、神经冲动的传递以及阻止异常量的脂肪在肝脏中积累（抗脂肪肝）有关。我国居民膳食胆碱适宜摄入量为：成人 450mg/d，可耐受最高摄入量为 3.5g/d。

酒石酸氢胆碱换算为胆碱系数为 8.411（胆碱换算为酒石酸氢胆碱的系数为 2.433）。

生产厂商

① 杭州东楼生物营养有限公司
② 天津海普瑞精细化工有限公司
③ 河北百味生物科技有限公司
④ 上海宛道实业有限公司

抗坏血酸 ascorbic acid

化学结构式 L-（＋）-抗坏血酸的生物活性最强。

L-(+)-抗坏血酸；　　D-(-)-异抗坏血酸；　　D-(-)-抗坏血酸；　　L-(+)-异抗坏血酸

$C_6H_8O_6$,176.14

别名　维生素 C、L-抗坏血酸 Vitamin C；L-ascorbic acid

分类代码　CNS 16.000；GB04.014；INS 302

理化性质　白色或微黄色结晶体或结晶性粉末，无臭、味酸。熔点 190～192℃，存在于新鲜的水果和蔬菜中。干燥纯品在空气中稳定，不纯制品和存在天然产物中时不稳定，极易被氧化，因此水果和蔬菜在过热或过多加工与烹调中易被破坏而损失。易溶于水（20g/100mL），稍溶于乙醇，不溶于油脂及乙醚、氯仿等有机溶剂。有还原性，易被氧化成脱氢抗坏血酸。pH3.5～4.5 时较稳定。抗坏血酸为水溶性维生素，可参与机体内复杂的代谢过程，其主要的作用是促进胶原蛋白等细胞间质的合成、有利抗体的形成，同时还具有解毒、降低血清胆固醇含量以及治疗多种疾病等作用。缺乏时，毛细血管脆性增加，渗透性变大、易出血、伤口不愈合、骨质变脆、造成坏血病。抗坏血酸可使三价铁还原成易于人体吸收的二价铁，对防治缺铁性贫血有一定的辅助作用。抗坏血酸有四种异构体，其中 L-（＋）-抗坏血酸作为营养强化剂生物活性最高，其他营养作用很小。

本品以葡萄糖为主要原料，通过化学方法制成。

毒理学依据

① LD_{50}：大鼠急性经口大于 5g/kg。

② ADI：0～15mg/kg（bw）（FAO/WHO，1994）。

③ GRAS：FDA-21CFR182.5013，182.3013，182.3401，182.8013。

质量标准

质量标准 GB 14754—2010

项　目		指　标
维生素 C（$C_6H_8O_6$）/%	≥	99.0
比旋光度$[\alpha]_D^{20}$/(°)		＋20.5～＋21.5
灼烧残渣/%	≤	0.1
砷(As)/(mg/kg)	≤	3.0
重金属(以 Pb 计)/(mg/kg)	≤	10.0
铅(Pb)/(mg/kg)	≤	2
铁(Fe)/(mg/kg)	≤	2
铜(Cu)/(mg/kg)	≤	5

应用　营养强化剂、抗氧化剂

GB 14880—2012 规定：可用于调制乳粉（儿童用乳粉和孕产妇用乳粉除外），使用量为 300～1000mg/kg；风味发酵乳，120～240mg/kg；即食谷物，包括辗轧燕麦（片），300～750mg/kg；调制乳粉（仅限儿童用乳粉），140～800mg/kg；调制乳粉（仅限孕产妇用乳粉），1000～1600mg/kg；果冻、含乳饮料，120～240mg/kg；豆粉、豆浆粉，400～700mg/kg；果泥，50～100mg/kg；固体饮料类，1000～2250mg/kg；果蔬汁（肉）饮料（包括发酵型产品等）、水基调味饮料类，250～500mg/kg；胶基糖果，630～13000mg/kg；除胶基糖果以外的其他糖果，1000～6000mg/kg；水果罐头，200～400mg/kg。

作为营养强化剂使用时，主要用于果汁、面包、饼干及强化乳粉、糖果等。在橘汁中添加（0.2～0.5g/kg），除起强化作用外，尚可提高制品风味，若在隔绝空气及避免混入铜离子的条件下，6 个月后的保存率在 90% 以上。也可添加于清凉饮料中。添加于水果罐头中时，除具强化作用外，还可防止制品氧化变色及风味变化等（用量为 0.3g/kg 左右）。储存时约分解 10%～20%。用于面包、饼干及巧克力、软糖，约 0.4～0.6g/kg；压缩干粮，约 0.2g/kg；强化乳粉，0.4～0.5g/kg。

由于抗坏血酸具有显著的酸性特点，故还可用作一些食用有机酸的代用品。在水果糖、果汁粉及果酱中加约 1g/kg，同时兼有强化及增味作用。在啤酒中添加 0.3g/kg，还可防止其风味降低。作为肉制品的护色助剂使用时，在原料肉腌制或斩拌时添加，用量为原料肉的 0.02%～0.05%；为稳定人造奶油中的维生素 A，通常同时使用抗坏血酸。

我国居民膳食维生素 C 推荐摄入量为成人 100mg/d。

生产厂商

① 广东大地食用化工有限公司（总公司）

② 天津市信达创建实业技术有限公司

③ 西安瑞林生物科技有限公司

④ 郑州晨旭化工产品有限公司

抗坏血酸磷酸酯镁 magnesium ascotbate phosphate magnesium salt

$C_6H_7O_9PMg, 280.2$

别名　维生素 C 磷酸镁盐

分类代码　CNS 16.101

理化性质　白色或微黄色粉末，无臭，无味，有吸湿性，溶于水，易溶于稀酸，不溶于乙醇、氯仿或乙醚等有机溶剂，在光、热和空气中较稳定。

由维生素 C 经磷酸化后进一步与氧化镁反应，精制而成。

毒理学依据

① LD_{50}：小鼠急性经口大于 21.5g/kg（bw）（雌、雄性）。

② 致突变试验：小鼠骨髓微核试验、小鼠精子畸形试验，未见致突变作用。

质量标准

质量标准　YY 0036—1991（参考）

项　目		指　标
含量(以干基计)/%	≥	95
磷酸盐(以 P 计)/%	≤	1.0
氯化物(以 Cl 计)/%	≤	0.50
重金属(以 Pb 计)/(mg/kg)	≤	20
砷(以 As 计)/(mg/kg)	≤	3
干燥失重/%		17～20
旋光度$[\alpha]_D^{20}/(°)$		+12.6～+16.6
pH		7.0～9.0

应用　营养强化剂

GB 14880—2012 规定：抗坏血酸磷酸酯镁是营养强化剂维生素 C 的化合物来源。使用范围及使用量同抗坏血酸，用量乘 9.03（抗坏血酸磷酸酯镁含抗坏血酸量 46.3%）。

抗坏血酸磷酸酯镁在高温加热时比抗坏血酸稳定，如本品经 200℃、15min 处理，存留率为 90%，生物效应基本不变。而普通抗坏血酸则完全丧失活性，故适于高温加工食品的营养强化。

在食品中的应用：抗坏血酸磷酸酯镁的主要构成成分是抗坏血酸、磷和镁，抗坏血酸为人体必需的维生素之一，磷和镁也是人体需要的元素，而且该品无嗅无味，添加到食品中不改变食品味道，用以强化食品，无论加工热处理还是储存后都显抗坏血酸活性，因而可用于强化幼儿食品、老年食品、方便食品、功能食品等各类食品，以提高人民健康水平。抗坏血酸磷酸酯镁还可用于动物饲料添加剂，可提高鱼类生产速度和抗病能力，尤其在高度密集养殖的情况下，可以提高成活率。

生产厂商

① 广东广州鸿雨科技有限公司
② 广东大地食用化工有限公司（总公司）
③ 陕西帕尼尔生物科技有限公司
④ 郑州瑞普生物工程有限公司

抗坏血酸钠 sodium ascorbate

$C_6H_7NaO_6$,198.11

别名　维生素 C 钠 sodium L-ascotbate；vitamin C sodium

分类代码　CNS 04.015；INS301

理化性质　白色至微黄白色结晶性粉末或颗粒，无臭，味稍咸。分解温度 218℃，干燥状态下较稳定，遇光则颜色加深，吸潮后及在水溶液中缓慢氧化分解。比抗坏血酸易溶于水（62g/100mL），10g/100mL 水溶液 pH 值约 7.5。

将抗坏血酸与碳酸氢钠反应后精制而成。

毒理学依据

① LD$_{50}$：大鼠急性经口大于或等于 5g/kg（bw）。

② GRAS：FDA-21CFR 182.3731。

③ ADI：0～15mg/kg（bw）（FAO/WHO，1994）。

质量标准

质量标准 GB 14751—2010

项 目		指 标
含量(以干基计)/%		98.5.0～101.5
干燥失重(水分)/%	≤	5.0
灼烧残渣/%	≤	0.1
溶液颜色		通过试验
硝酸盐		通过试验(20g/L 溶液)
硫酸盐(以 SO$_4$ 计)/%	≤	—
重金属(以 Pb 计)/(mg/kg)	≤	—
铅/(mg/kg)	≤	2
砷(以 As 计)/(mg/kg)	≤	2

应用 营养强化剂、抗氧化剂

1gL-抗坏血酸钠的生理作用相当于 0.9gL-抗坏血酸。本品比抗坏血酸易溶于水，且无酸味，使用方便。本品具还原性，有抗氧化剂及护色作用。使用范围及使用量同 L 抗坏血酸。用量乘 1.12。

生产厂商

① 天津市信达创建实业技术有限公司

② 广东大地食用化工有限公司（总公司）

③ 西安瑞林生物科技有限公司

④ 郑州晨旭化工产品有限公司

氯化胆碱 choline chloride

$$\left[H_3C - \overset{\overset{\displaystyle CH_3}{|}}{\underset{\underset{\displaystyle CH_3}{|}}{N^+}} - CH_2CH_2OH \right] Cl^-$$

C$_5$H$_{14}$NOCl，139.62

别名 2-羟乙基-三甲铵氯化物 2-hydroxyethyltrimethyl ammonium chloride

分类代码 CNS 16.000；INS 1001（ⅲ）

理化性质 无色或白色结晶或结晶性粉末，通常微带三甲胺臭，有吸湿性，易溶于水和乙醇，水溶液呈中性。

胆碱的甲醇溶液加入盐酸中和，精制而成。

毒理学依据

① LD$_{50}$：大鼠急性经口 6.64g/kg（bw）。

② GRAS：FDA-21CFR 182.5252。

③ ADI：无须规定（胆碱盐类，FAO/WHO，1994）。

质量标准

质量标准 FCC (7)（参考）

项　目		指　标
含量(以无水物计)/%	≥	98.0～100.5
水分/%	≤	0.5
灼烧残渣/%	≤	0.05
1,4-二噁烷/%		合格
铅/(mg/kg)	≤	2

应用　营养强化剂

GB 14880—2012 规定：氯化胆碱是营养强化剂胆碱的化合物来源。可用于调制乳粉（仅限儿童用乳粉），使用量为 800～1500mg/kg；调制乳粉（仅限孕产妇用乳粉），1600～3400mg/kg；果冻，50～100mg/kg 使用量以胆碱计。

本品为胆碱的衍生物，具有胆碱的生物活性。氯化胆碱换算为胆碱的系数为 0.745（胆碱换算为氯化碱胆的系数为 1.342）。氯化胆碱易吸潮，应密封、避光保存。

生产厂商

① 杭州东楼生物营养有限公司

② 天津海普瑞精细化工有限公司

③ 上海易蒙斯化工科技有限公司

④ 苏州华益达生物科技有限公司

羟钴胺素盐酸盐 hydroxycobalamin Chloride

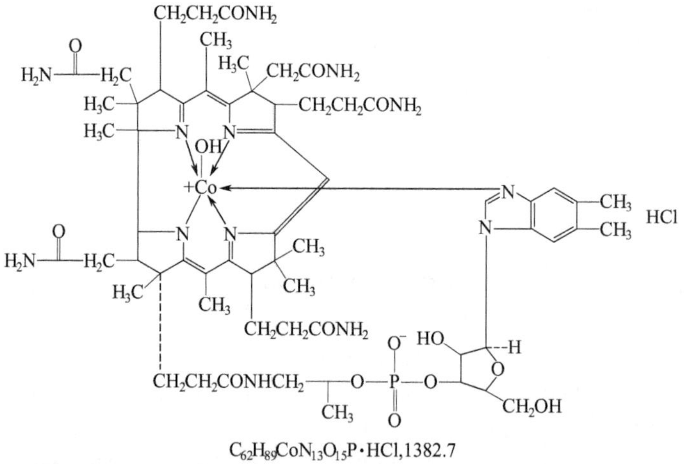

$C_{62}H_{89}CoN_{13}O_{15}P \cdot HCl, 1382.7$

别名　维生素 B_{12} Vitamin B_{12}

分类代码　CNS 16.000

理化性质　暗红色结晶性粉末，无臭，无味，有强吸湿性，溶于水，微溶于乙醇、苯，不溶于乙醚、丙酮、四氯化碳。

以羟钴铵为主要原料，通过化学方法制成。

羟钴胺素盐酸盐同样具有维生素 B_{12} 活性。其他参见氰钴胺素。

生产厂商

① 广东大地食用化工有限公司（总公司）

② 广州赢特保健食品有限公司
③ 武汉大华伟业医药化工有限公司
④ 西安瑞林生物科技有限公司

氰钴胺素 cyanocobalamin

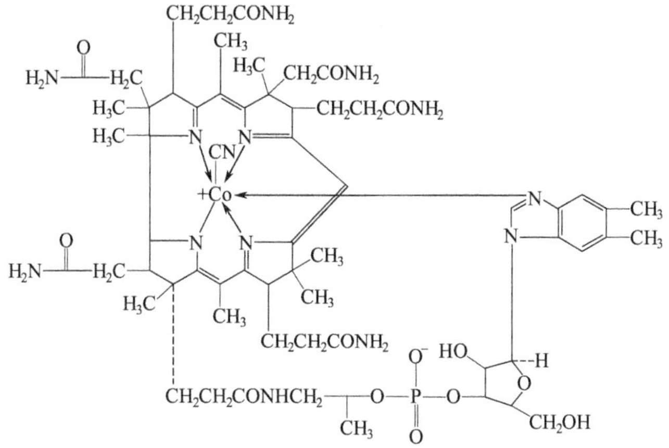

$$CH_2CH_2CONH_2$$

$$C_{63}H_{88}CoN_{14}O_{14}P, 1354.8$$

别名　维生素 B_{12} Vitamin B_{12}

分类代码　CNS 16.000

理化性质　深红色结晶或结晶性粉末，无臭，无味，吸湿性强。略溶于水或乙醇，不溶于丙酮、氯仿或乙醚。水溶液在 pH4.5～5.0 时最稳定，加入硫酸铵能增强其稳定性。

以生物发酵制备；从稀释的提取庆大霉素的发酵液或从稀释的提取链霉素后的发酵废液中提取制成。

毒理学依据

GRAS：FDA-21CFR 182.5945。

质量标准

质量标准（参考）

项　目		指　标	
		中国药典	FCC(7)
含量(以干基计)/%	≥	96.0	96.0～100.5
干燥失重/%	≤	12.0	12.0
假氰钴胺素		合格	合格
有关物质		合格	—
溶液的澄清度(0.02%)		澄清	—

应用　营养强化剂

GB 14880—2012 规定：氰钴胺素是营养强化剂维生素 B_{12} 的化合物来源。可用于调制乳粉（仅限儿童用乳粉），使用量 10～30μg/kg；调制乳粉（仅限孕产妇用乳粉），10～66μg/kg；即食谷物，包括辗轧燕麦（片），5～10μg/kg；其他焙烤食品，10～70μg/kg；饮料类（14.01，14.06 涉及品种除外），0.6～1.8μg/kg；固体饮料类，10～66μg/kg；果冻，2～6μg/kg。使用

量以维生素 B_{12} 计。

　　维生素 B_{12} 参与机体内一碳单位（单甲基）的代谢，与核酸、胆碱、蛋氨酸的合成以及糖代谢等有关。对骨髓造血功能（幼红细胞的成熟）、肝脏功能和神经系统髓鞘的完整性有一定作用。缺乏时可导致巨幼红细胞贫血和神经系统损害等症状。我国居民膳食维生素 B_{12} 的推荐摄入量为：成人 $2.4\mu g/d$。

　　维生素 B_{12} 溶液可在 $100℃$ 消毒 $30min$ 或 $120℃$ 消毒 $15min$。若消毒时间更长或温度更高，则会分解。遇氧化-还原性物质（如维生素 C）、重金属盐类及微生物，均能使之失效。故应在无菌条件下避光储存。维生素 B_{12} 无水物易吸潮，暴露在空气中可吸水约 12%，吸水后仍稳定。

生产厂商

① 广东大地食用化工有限公司（总公司）

② 广州赢特保健食品有限公司

③ 苏州华益达生物科技有限公司

④ 西安瑞林生物科技有限公司

生物素 biotin

$C_{10}H_{16}N_2O_3S, 244.31$

别名　维生素 H、辅酶 R、V_{BT}（Vitamin H；coenzyme R；d-biotin）

分类代码　CNS　16.000

理化性质　白色结晶性粉，对空气和热稳定，$25℃$ 时 1g 溶于 5000mL 水中、1300mL 乙醇中，易溶于热水、稀碱液，不溶于其他一般有机溶剂。天然物质存在于蛋黄、动物肝、肾脏、牛乳、酵母等食品中，是机体中 B 族维生素之一。

　　以 2-氨基-3-巯钠丙酸为原料，与一氯醋酸缩合，经酰化、酯化、水解、脱羧、缩合、氢化、水解、合环等处理反应过程制得。

毒理学依据

GRAS：FDA-21CFR 182.5159。

质量标准

质量标准　FCC（7）（参考）

项　目		指　标
含量/%		97.5～100.5
铅/（mg/kg）	≤	2
熔点/℃		229～232（分解）
旋光度$[\alpha]_D^{20}$/(°)		＋89～＋93

应用　营养强化剂

　　GB 14880—2012 规定：调制乳粉（仅限儿童用乳粉），使用量为 $38～76\mu g/kg$。

　　生物素是人体脂肪代谢及其他羧基化反应的重要辅酶，它在脂肪与糖代谢以及核酸与蛋白质合成方面有一定的作用。英国提出参照营养摄入量（RN）$10～200\mu g/$（d·人）；美国推荐成人容许摄入量为 30~100μg/（d·人）。我国居民膳食生物素的推荐摄入量为成人 30μg/d。

生产厂商

① 天津市信达创建实业技术有限公司

② 北京嘉康源科技发展有限公司

③ 郑州瑞普生物工程有限公司

④ 西安唐朝化工有限公司

维生素 A vitamin A

化学结构式通常由视黄醇或与食用脂肪酸（主要是乙酸和棕榈酸或它们的混合物）的视黄醇酯组成。视黄醇结构如下。

$C_{20}H_{30}O$，286.44

别名 视黄醇 retinol

分类代码 CNS 16.000

理化性质 淡黄色油溶液，冷冻后可固化，几乎无臭或微有弱鱼腥味，无酸败味，易溶于三氯甲烷、乙醚、无水乙醇、植物油中，不溶于甘油和水，遇空气、光线不稳定，固体物可在水中分散。

由鱼肝油、奶油、卵黄、奶乳等提取；纯品主要用化学合成法、由鱼肝油中分离、皂化、浓缩、精制。

毒理学依据

① GRAS：FDA-21CFR 182.5930。

② 毒性：本品毒性甚低，但一次大量摄入也有中毒的可能。若长期大量连续摄入，可在体内积蓄而引起过剩症（如皮肤干燥、肝肿大和关节胀痛等）。成人长期每天摄入 $5×10^5$ IU 以上，可出现中毒，但只要停止给予，症状可消失。一般强化条件下不至于产生问题。

质量标准

质量标准

项 目		指 标	
		GB 14750—2010	FCC(7)
含量(标示量的)/%	≥	97.0~103.0	95.0~100.5
酸值/(mg/kg)	≤	2.0(以 KOH 计)	—
过氧化值试验	≤	通过试验	—
铅/(mg/kg)	≤	2	2
三氯甲烷不溶物		—	—
吸光度(校正,观测,325nm)	≥	0.85	0.85
砷(以 As 计)/(mg/kg)	≤	2	—

应用 营养强化剂

GB 14880—2012 规定：可用于植物油、人造黄油及其类似制品，使用量为 4000~8000μg/kg；用于调制乳粉（儿童用乳粉和孕产妇用乳粉除外），使用量为 3000~9000μg/kg；调制乳、果冻，600~1000μg/kg；即食谷物，包括辗轧燕麦（片），2000~6000μg/kg；膨化食品，600

～1500μg/kg；冰淇淋类、雪糕类、大米、小麦粉，600～1200μg/kg；调制乳粉（仅限儿童用乳粉），1200～7000μg/kg；调制乳粉（仅限孕产妇用乳粉），2000～10000μg/kg；饼干、西式糕点，2330～4000μg/kg；豆粉、豆浆粉，3000～7000μg/kg；豆浆，600～1400μg/kg；含乳饮料，300～1000μg/kg；固体饮料类，4000～17000μg/kg。

维生素 A 使用量均以视黄醇计，1IU 维生素 A 活性等于 0.3μg 视黄醇。纯品维生素 A 很少作为食品添加剂使用，一般使用维生素 A 油，也有使用含维生素 A 和维生素 D 的鱼肝油。具体参照维生素 A 油项。许多植物性食品含有称之为维生素 A 原的色素物质，其中 β-胡萝卜素效能较高（1μg β-胡萝卜素等于 0.167μg 视黄醇）。它既有维生素 A 的功效，又可作为食用色素使用，是一种比较理想的食品添加剂。

生产厂商
① 广州市多维食品配料有限公司
② 北京嘉康源科技发展有限公司
③ 广东威士雅保健品有限公司
④ 嘉兴天和诚生物科技有限公司

维生素 A 油 vitamin A oil

化学结构式参见维生素 A

分类代码 CNS 16.000

理化性质 浅黄至微红橙色液体，或微黄色结晶与油的混合物（加热至 60℃ 应呈澄明溶液），几乎无臭或有特异的鱼腥臭，但无酸败油臭。不溶于水和甘油，微溶于乙醇，可与氯仿、乙醚、脂肪等任意混合。在空气中氧化，遇光易变质。

由鱼肝油提取。亦可将视黄醇与乙酸或棕榈酸所生成的维生素 A 的乙酸酯或棕榈酯加精制植物油制成。

毒理学依据 参见维生素 A。

质量标准

质量标准 日本食品添加物公定书（第八版）（参考）

项　目		指　标
含量(标示量的)/%	≥	90.0～120.0g(1g 维生素 A 脂肪酸酯含维生素 A 不低于 450mg)
酸值/(mg/kg)	≤	2.8
过氧化值试验	≤	—
铅/(mg/kg)	≤	—
三氯甲烷不溶物		合格
吸光度(校正、观测,325nm)	≥	合格
砷(以 As 计)/(mg/kg)	≤	—

应用 营养强化剂

GB 14880—2012 规定：可用于植物油、人造黄油及其类似制品，使用量为 4000～8000μg/kg；用于调制乳粉（儿童用乳粉和孕产妇用乳粉除外），使用量为 3000～9000μg/kg；调制乳、果冻，600～1000μg/kg；即食谷物，包括辗轧燕麦（片），2000～6000μg/kg；膨化食品，600～1500μg/kg；冰淇淋类、雪糕类、大米、小麦粉，600～1200μg/kg；调制乳粉（仅限儿童用乳粉），1200～7000μg/kg；调制乳粉（仅限孕产妇用乳粉），2000～10000μg/kg；饼干、西式糕点，2330～4000μg/kg；豆粉、豆浆粉，3000～7000μg/kg；豆浆，600～1400μg/kg；含乳饮料，300～1000μg/kg；固体饮料类，4000～17000μg/kg。

维生素 A 油一般用于强化乳制品、人造奶油、面包、饼干等食品。强化乳粉，每 100g 约添加 450～900μg 视黄醇。我国有时也用鱼肝油进行食品的强化。如在乐口福中，每 100g 约添加浓缩鱼肝油 0.01g（每克浓缩鱼肝油含维生素 A5×10⁴IU、维生素 D 5000IU）。

本品不溶于水，可用适当的表面活性剂使之分散后再使用。此外，也可向其中添加适当的防腐剂、抗氧化剂等以利于使用。本晶对光和氧不稳定，亦可被脂肪氧化酶分解，在添加时应予注意。实际使用量往往高于供给量标准。例如小儿预防量为 600～1200μg/d 视黄醇，在强化儿童食品时也可作适当考虑。

生产厂商

① 广州市多维食品配料有限公司
② 北京嘉康源科技发展有限公司
③ 苏州大德汇鑫生物科技有限公司
④ 嘉兴天和诚生物科技有限公司

维生素 D₂ vitamin D₂

$C_{28}H_{44}O$,396.66

别名 麦角钙化甾醇 ergocalciferol

分类代码 CNS 16.000

理化性质 无色针状结晶或白色结晶性粉末，无臭，无味，不溶于水，略溶于植物油，易溶于乙醇、乙醚、丙酮，极易溶于氯仿。熔点 115～119℃。在波长 265nm 处有一条显著的吸收谱。在空气中易氧化，对光不稳定，对热相当稳定，溶于植物油时亦相当稳定，但有无机盐存在时则迅速分解。

由啤酒酵母、香菇等分离的麦角固醇经紫外线照射转化制得。

毒理学依据

① LD₅₀：豚鼠急性经口 40mg/kg（bw），小鼠急性经口 1mg/kg（bw），大鼠、狗、猫急性经口 5mg/kg（bw）。

② GRAS：FDA-21CFR 182.5950，166.110，182.5953，184.1950。

质量标准

质量标准 GB 14755—2010

项 目	指 标
含量/%	98.0～103.0
麦角固醇(洋地黄皂苷试验)	≤0.2%
旋光度$[\alpha]_D^{20}$/(°)	+102.0～+107.0
吸光度$E_{1cm}^{1\%}$（265nm）	46～49
熔点/℃	
还原性物质/% ≤	0.002（四唑蓝显色试验）
砷（As）/（mg/kg）≤	2
重金属（以 Pb 计）/（mg/kg）≤	20

应用　营养强化剂

GB 14880—2012 规定：维生素 D_2 是营养强化剂维生素 D 的化合物来源。用于调制乳粉（儿童用乳粉和孕产妇用乳粉除外），使用量为 $63\sim125\mu g/kg$；调制乳，$10\sim40\mu g/kg$；即食谷物，包括辗轧燕麦（片），$12.5\sim37.5\mu g/kg$；冰淇淋类、雪糕类，$10\sim20\mu g/kg$；调制乳粉（仅限儿童用乳粉），$20\sim112\mu g/kg$；调制乳粉（仅限孕产妇用乳粉），$23\sim112\mu g/kg$；饼干，$16.7\sim33.3\mu g/kg$；豆粉、豆浆粉，$15\sim60\mu g/kg$；豆浆，$3\sim15\mu g/kg$；藕粉，$50\sim100\mu g/kg$；其他焙烤食品，$10\sim70\mu g/kg$。果蔬汁（肉）饮料（包括发酵型产品等），$2\sim10\mu g/kg$；含乳饮料，$10\sim40\mu g/kg$；风味饮料，$2\sim10\mu g/kg$；固体饮料类，$10\sim20\mu g/kg$；果冻，$10\sim40\mu g/kg$；膨化食品，$10\sim60\mu g/kg$。使用量以维生素 D 计。

维生素 D_2 促进小肠对钙、磷的吸收，保持血中钙、磷的正常比例，使钙变成磷酸钙等向骨骼和组织中沉积。本品摄入不足，则导致佝偻病、骨质软化病，特别是幼儿发育不良或畸形的原因。维生素 D_2 的活性以 D_3（胆钙化醇）为参考标准。$1\mu g$ 胆钙化醇等于 40IU 维生素 D_2。亦即 1IU 维生素 D_2 等于 $0.025\mu g$ 胆钙化醇。我国推荐维生素 D_2 的日供给量，成人与儿童为 $10\mu g$。在食品中通常与维生素 A 合用，即使用含有这两者的鱼肝油或其浓缩物。

生产厂商

① 天津市信达创建实业技术有限公司

② 北京嘉康源科技发展有限公司

③ 广东广州日康食用化工有限公司

④ 江苏盐城智康生物化学有限公司

维生素 D_3 vitamin D_3

$C_{27}H_{44}O,384.66$

别名　胆钙化甾醇　cholecalciferol

分类代码　CNS 16.000

理化性质　无色针状结晶或白色结晶性粉末，无臭，无味。不溶于水，略溶于植物油，极易溶于乙醇、氯仿或丙酮，熔点 $84\sim85℃$。对空气和日光不稳定，对热相当稳定。维生素 D_3 比维生素 D_2 稳定。

由胆甾醇乙酰化形成胆甾醇乙酸酯，添加 N-溴丁二酰亚胺，形成 7-溴体，脱溴化氢后生成 7-脱氢胆甾醇乙酸酯，经皂化得到 7-脱氢胆甾醇，再经紫外线照射而得。

毒理学依据

① LD_{50}：大鼠急性经口 42mg/kg（bw）。

② GRAS：FDA-21CFR 166.110，182.5953，184.1950。

质量标准

质量标准　FCC（7）（参考）

项　目	指　标
含量/%	$97.0\sim103.0$
吸光度 $E_{1cm}^{1\%}$（265nm）	—
熔点范围/℃	$84\sim89$
旋光度 $[\alpha]_D^{25}$/(°)	$+105\sim+112$
7-脱氢胆固醇	—

应用　营养强化剂

GB 14880—2012 规定：维生素 D$_3$ 是营养强化剂维生素 D 的化合物来源。用于调制乳粉（儿童用乳粉和孕产妇用乳粉除外），使用量为 63～125μg/kg；调制乳，10～40μg/kg；即食谷物，包括辗轧燕麦（片），12.5～37.5μg/kg；冰淇淋类、雪糕类，10～20μg/kg；调制乳粉（仅限儿童用乳粉），20～112μg/kg；调制乳粉（仅限孕产妇用乳粉），23～112μg/kg；饼干，16.7～33.3μg/kg；豆粉、豆浆粉，15～60μg/kg；豆浆，3～15μg/kg；藕粉，50～100μg/kg；其他焙烤食品；10～70μg/kg；果蔬汁（肉）饮料（包括发酵型产品等），2～10μg/kg；含乳饮料，10～40μg/kg；风味饮料，2～10μg/kg；固体饮料类，10～20μg/kg；果冻，10～40μg/kg；膨化食品，10～60μg/kg。使用量以维生素 D 计。

使用同维生素 D$_2$，但维生素 D$_3$ 的效力比维生素 D$_2$ 稍大。

生产厂商

① 天津市信达创建实业技术有限公司

② 北京嘉康源科技发展有限公司

③ 嘉兴天和诚生物科技有限公司

④ 江苏盐城智康生物化学有限公司

维生素 K vitamin K

C$_{31}$H$_{46}$O$_2$, 450.71

别名　植物甲萘醌、叶绿醌、维生素 K$_1$、phytonadione、phylloqwinone

分类代码　CNS 16.000

理化性质　黄色至橙色透明的黏稠液体，无臭或几乎无臭，遇光易分解。易溶于氯仿、乙醚或植物油，略溶于乙醇，不溶于水。折射率为约 0.967。常压下加热至 120℃分解。维生素 K 族有维生素 K$_1$、维生素 K$_2$、维生素 K$_3$ 及维生素 K$_4$。研究认为，维生素 K$_1$ 参与肝内凝血酶原的合成作用，较其他维生素 K 快而强，并较持久。天然品存在与苜蓿、番茄、菠菜等中。

以乙酰甲萘醌为原料，在氨水中水解，与植物醇、三氟化硼缩合，再经水解、氧化、提纯、精制而得。

质量标准

质量标准（参考）

项　目		指　标	
		中国药典(2010)	FCC(7)
含量/%		97.0～103.0	97.0～103.0
甲萘醌/%	≤	0.2	—
顺式异构体/%	≤	21.0	21.0
折射率		1.525～1.528	1.523～1.526
铅（mg/kg）	≤	—	2
甲萘醌		—	合格

应用　营养强化剂、抗氧化剂

　　GB 14880—2012 规定：调制乳粉（仅限儿童用乳粉），使用量为 $420\sim750\mu g/kg$；调制乳粉（仅限孕产妇用乳粉），$340\sim680\mu g/kg$。

　　维生素 K 属脂溶性维生素，它是肝内合成凝血酶原的必需物质。具有凝血作用，缺少本品，血液的凝固出现迟缓。由于新生婴儿其肠道在初生几天内是无菌的，未能取得细菌所合成的这种维生素，故新生儿血浆中的凝血酶原水平很低。维生素 K 对新生儿具有特殊营养意义。我国居民膳食维生素 K 推荐摄入量：成人 $120\mu g/d$。

　　维生素 K 在绿叶蔬菜中含量丰富，水果及各种谷物中含量较低，动物性食物中含量居中。可由肠道微生物合成，并可为机体所利用，但并非人体需要的主要来源。

生产厂商

① 武汉市合中化工制造有限公司
② 山东广通宝医药有限公司
③ 广东双骏生物科技有限公司
④ 江苏春之谷生物制品有限公司

硝酸硫胺素 thiamine nitrate

$$C_{12}H_{17}N_5O_4S, 327.36$$

别名　硫胺素硝酸盐、维生素 B_1 硝酸盐 thiamine mononirate，Vitamin B_1 mononitrate

分类代码　CNS 16.000

理化性质　白色至微黄白色结晶或结晶性粉末，无臭或稍有特异臭，熔点 $196\sim200℃$（分解），不吸湿。稍溶于水（其溶解度比盐酸硫胺素小，1g 约溶于 35mL 水中），难溶于乙醇和氯仿。在空气中稳定，在中性溶液中比酸性溶液（pH4.0）中稳定。比盐酸硫胺素稳定。

　　由硫胺素的溴氢酸盐、硝酸和硝酸钾反应后，精制而成。

毒理学依据

① LD_{50}：小鼠腹腔注射（387.3 ± 1.65）mg/kg（bw），兔静脉注射 113mg/kg（bw）。
② GRAS：FDA-21CFR 182.5878，184.1878。

质量标准

质量标准　FCC（7）（参考）

项　　目		指　　标
含量(以干基计)/%		98.0～102.0
pH 值(2%水溶液)		6.0～7.5
氯化物(以 Cl 计)/%	≤	0.06
重金属(以 Pb 计)/(mg/kg)	≤	—
铅/(mg/kg)	≤	2
干燥失重/%	≤	1.0
炽灼残渣/%	≤	0.2

应用　营养强化剂

　　GB 14880—2012 规定：硝酸硫胺素是营养强化剂维生素 B_1 的化合物来源。可用于大米及其制品、小麦粉及其制品、杂粮粉及其制品，使用量 3～5mg/kg；即食谷物，包括辗轧燕麦（片），7.5～17.5mg/kg；含乳饮料，1～2mg/kg；风味饮料，2～3mg/kg；固体饮料类，9～22mg/kg；果冻，1～7.0mg/kg；西式糕点、饼干，3～6mg/kg；面包，3～5mg/kg；胶基糖果，16～33mg/kg；调制乳粉（仅限儿童用乳粉），1.5～14mg/kg；调制乳粉（仅限孕产妇用乳粉），3～17mg/kg；豆粉、豆浆粉，6～15mg/kg；豆浆，1～3mg/kg。使用量以维生素 B_1 计。

由于比盐酸盐的水溶性小，而对碱较稳定，故用于食品强化时比盐酸盐稳定。可用于米、面、糕点、酱油等中；也用于医药。使用范围同盐酸硫胺素，用量乘 0.97。

生产厂商

① 天津市信达创建实业技术有限公司

② 广东广州鸿雨科技有限公司

③ 济南圣和化工有限公司

④ 北京金路鸿生物技术有限公司

烟酸 niacin

$C_6H_5NO_2$，123.11

别名　尼克酸 nicotinic acid、维生素 PP

分类代码　CNS 16.000；INS 375

理化性质　白色或浅黄色结晶，或结晶性粉末，无臭或微臭，味微酸。略溶于水（1g 约溶于 60mL 水中）。易溶于热水、热乙醇、苛性碱溶液和碳酸盐溶液中，几乎不溶于乙醚。熔点 234～238℃，有升华性，无吸湿性，对光、热、空气、酸、碱的稳定性均强。将溶液加热几乎不分解。

对-氨基酚和甘油为原料进行合成；米糠、鱼、肝脏、酵母等中含有，也可由牛的肝脏、心脏进行提取。

毒理学依据

① LD_{50}：大鼠急性经口 7000mg/kg（bw）。

② GBAS：FDA-21CFR 182.5530，184.1530。

质量标准

质量标准 GB 14757—2010

项　目		指　标
含量(以干基计)/%		99.5～101.0
干燥失重/%	≤	0.5
灼烧残渣/%	≤	0.1
重金属(以 Pb 计)/(mg/kg)	≤	20
熔点范围/℃		234～238
氟化物(以 Cl 计)/%	≤	0.02

应用　维生素强化剂

GB 14880—2012 规定：可用于调制乳粉（仅限儿童用乳粉），使用量为 23～47mg/kg；调制乳粉（仅限孕产妇用乳粉），42～100mg/kg；豆粉、豆浆粉，60～120mg/kg；豆浆，10～30mg/kg；大米及其制品、小麦粉及其制品、杂粮粉及其制品，使用量 40～50mg/kg；即食谷物，包括辗轧燕麦（片），75～218mg/kg；面包，40～50mg/kg；饼干，30～60mg/kg；饮料类（14.01，14.06涉及品种除外），3～18mg/kg；固体饮料类，110～330mg/kg。

具体使用时，用于强化乳粉，每100g乳粉用量约4～5mg；用于强化鸡蛋面条，为45～50mg/kg；强化面包、饼干，为30～50mg/kg。

本品是机体组织中重要的供氢体，参与氧化还原反应，有维持皮肤和神经健康，促进消化道功能和扩张血管的作用。缺乏时可发生口炎、舌炎、皮炎、记忆力减退、精神抑郁、肠炎和腹泻等症状。小儿预防量约为15mg/d。我国居民膳食烟酸的推荐摄入量为：成年男性14mgNE/d。成年女性13mgNE/d，〔注NE为烟酸当量单位，即食物中的烟酸（mg）与色氨酸（mg）除以60之和〕。可耐受最高摄入量均为35mgNE/d。

生产厂商

① 天津市信达创建实业技术有限公司

② 广东大地食用化工有限公司（总公司）

③ 郑州瑞普生物工程有限公司

④ 郑州超凡化工有限公司

烟酰胺 nicotinamide

$$C_6H_6N_2O，122.13$$

别名 尼克酰胺、维生素PP

分类代码 CNS 16.000；INS 375

理化性质 白色结晶性粉末，无臭或几乎无臭，味苦，相对密度1.400，熔点128～131℃，在波长260nm处有一条显著吸收光谱。本品1g约溶于1mL水或1.5mL乙醇或10mL甘油。对光、热及空气很稳定，在无机酸、碱溶液中遇强热，则水解为烟酸。

由烟酸与氨作用后，通过苯乙烯型强碱性离子交换树脂过滤，再经氨饱和滤液而制得。

毒理学依据

① LD_{50}：大鼠急性经口2.5～3.5g/kg（bw）。

② GRAS：FDA-21CFR 182.5535，184.1535。本品无烟酸的暂发性副作用，连续服用每日需要量的1000倍也无毒性反应。

质量标准

质量标准 FCC（7）（参考）

项　目		指　标
含量(干燥后)/%		98.5～101.0
干燥失重/%	≤	0.5
灼烧残渣/%	≤	0.1
易炭化物		合格
铅/(mg/kg)	≤	2
熔点/℃		128～131

应用 营养强化剂、护色剂

GB 14880—2012规定：烟酰胺是营养强化剂烟酸的化合物来源。可用于调制乳粉（仅限儿童用乳粉），使用量为23～47mg/kg；调制乳粉（仅限孕产妇用乳粉），42～100mg/kg；豆粉、豆浆粉，60～120mg/kg；豆浆，10～30mg/kg；大米及其制品、小麦粉及其制品、杂粮粉及其制品，使用量 40～50mg/kg；即食谷物，包括辗轧燕麦（片），75～218mg/kg；面包，40～50mg/kg；饼干，30～60mg/kg；饮料类（14.01，14.06 涉及品种除外），3～18mg/kg；固体饮料类，110～330mg/kg。使用量以烟酸计。

本品具有与烟酸同样的生理功效，尚可作核黄素的溶解助剂及护色助剂。在肉制品中作护色助剂使用时，用量为 0.01～0.022g/kg，肉色良好。

生产厂商

① 天津市信达创建实业技术有限公司

② 广东大地食用化工有限公司（总公司）

③ 郑州瑞普生物工程有限公司

④ 西安唐朝化工有限公司

盐酸吡哆醇 pyridoxine hydrochloride

R＝—CH_2OH（吡多辛）；—CHO（吡多醛）；—CH_2NH_2（吡多胺）

（吡多辛）$C_8H_{11}NO_3 \cdot HCl$，205.64

别名　维生素 B_6（Vitamin B_6）

分类代码　CNS 16.000

理化性质　无色或白色结晶，或白色结晶性粉末，无臭在空气中稳定，耐热性较好，但在阳光下缓慢分解。熔点约 206℃（有分解）。1g 约溶于 5mL 水、10mL 乙醇，不溶于乙醚和氯仿，其溶液对石蕊呈酸性，pH 值约为 3。

由丙氨酸经酯化、酰化、环合、水解、加成、芳构化等精制而成。

毒理学依据

① LD_{50}：大鼠急性经口 4g/kg（bw）。

② GRAS：FDA-21CFR　184.1676。

质量标准

质量标准

项　目		指　标	
		GB 14753—2010	FCC(7)
含量(以干基计)/%	≥	98.0～100.5	98.0～100.5
重金属(以 Pb 计)/(mg/kg)	≤	10	—
铅/(mg/kg)	≤	—	2
砷(As)/(mg/kg)	≤	2	—
干燥失重/%	≤	0.5	0.5
灼烧残渣/%	≤	0.1	0.1
pH(10% 水溶液)		2.4～3.0	—
氯化物(以干基计)/%		—	16.9～17.6

应用　营养强化剂

GB 14880—2012 规定：盐酸吡哆醇是营养强化剂维生素 B_6 的化合物来源。用于调制乳粉（儿童用乳粉和孕产妇用乳粉除外），使用量为 8～16mg/kg；调制乳粉（仅限儿童用乳粉），1～7mg/

kg；调制乳粉（仅限孕产妇用乳粉），4～22mg/kg；即食谷物，包括辗轧燕麦（片），10～25mg/kg；饼干，2～5mg/kg；其他焙烤食品，3～15mg/kg；饮料类（14.01，14.06 涉及品种除外），0.4～1.6mg/kg；固体饮料类，7～22mg/kg；果冻，1～7mg/kg。使用量以维生素 B_6 计。

盐酸吡哆醇是机体内很多酶如转氨酶、脱羧酶、消旋酶、脱氢酶、合成酶和羟化酶等的辅酶，且可帮助糖类和蛋白质的分解、利用。缺乏时有类似烟酸的缺乏症。我国居民膳食维生素 B_6 的适宜摄入量为：18～49 岁 1.2mg/d，50 岁以上 1.5mg/d。

生产厂商
① 天津市信达创建实业技术有限公司
② 广东大地食用化工有限公司（总公司）
③ 郑州瑞普生物工程有限公司
④ 西安唐朝化工有限公司

盐酸硫胺素 thiamine hydrochloride

$C_{12}H_{17}ClN_4OS \cdot HCl, 337.27$

别名　硫胺素盐酸盐、维生素 B_1、维生素 B_1 盐酸盐 Vitamin B_1 hydrochloride
分类代码　CNS 16.000
理化性质　白色至黄白色细小结晶，或结晶性粉末，略有米糠似的特异臭，味苦，易吸湿，干燥品在空气中迅速吸收约 4% 的水分。本品 1g 约可溶于 1mL 水或 100mL 乙醇中，可溶于甘油而不溶于乙醚和苯。熔点约 248℃（有分解）。在酸性条件下对热较稳定，pH 值为 3 时，即使高压蒸煮至 140℃、1h，破坏亦很少。但在中性及碱性溶液中易分解。若在 pH 值大于 7 的情况下煮沸，则大部分或全部破坏，甚至在室温下储存亦可逐渐破坏。氧化或还原作用均可使其失去活性。

由丙烯腈经过缩醛物、乙酰嘧啶、硝酸硫胺，再转化成盐酸硫胺。

毒理学依据
① LD_{50}：小白鼠急性经口 9000mg/kg（bw）。
② GRAS：FDA-21CFR 182.5875，184.1875。

质量标准

质量标准

项目		指标	
		GB 14751—2010	FCC(7)
含量(以干基计)/%		98.5～101.5	98.0～102.0
干燥失重(水分)/%	≤	5.0	5.0
灼烧残渣/%	≤	0.1	0.2
溶液颜色		通过试验	合格
硝酸盐		通过试验(20g/L 溶液)	合格
pH(1% 溶液)		2.7～3.4	2.7～3.4
硫酸盐(以 SO_4 计)/%	≤	—	—
重金属(以 Pb 计)/(mg/kg)	≤	—	—
铅/(mg/kg)	≤	2	2
砷(以 As 计)/(mg/kg)	≤	2	

应用　营养强化剂

GB 14880—2012 规定：盐酸硫胺素是营养强化剂维生素 B_1 的化合物来源。可用于大米及其制品、小麦粉及其制品、杂粮粉及其制品，使用量 3～5mg/kg；即食谷物，包括辗轧燕麦（片），7.5～17.5mg/kg；含乳饮料，1～2mg/kg；风味饮料，2～3mg/kg；固体饮料类，9～22mg/kg；果冻，1～7.0mg/kg；西式糕点、饼干，3～6mg/kg；面包，3～5mg/kg；胶基糖果，16～33mg/kg；调制乳粉（仅限儿童用乳粉），1.5～14mg/kg；调制乳粉（仅限孕产妇用乳粉），3～17mg/kg；豆粉、豆浆粉，6～15mg/kg；豆浆，1～3mg/kg。使用量以维生素 B_1 计。

盐酸硫胺素具有维生素 B_1 的生理活性，在机体内参与糖类的代谢，对维持机体正常的神经传导以及心脏、消化系统的正常活动具有重要作用。缺乏维生素 B_1，则易患脚气病或多发性神经炎，产生肌肉无力、感觉障碍、神经痛、心跳不规律，以及消化不良、食欲不振、便秘等症状。维生素 B_1 的需要量随膳食成分及总能量、代谢速度、工作性质等而异。糖类物质摄入量多，维生素 B_1 的需要量亦多。每克糖类食物约需 1μg 维生素 B_1。脂肪摄入量多，维生素 B_1 的需要量较少。小儿预防量为 5mg/d。我国居民膳食维生素 B_1 推荐摄入量为：成年男性 1.4mg/d，成年女性 1.3mg/d，可耐受最高摄入量约为 50mg/d。

可添加于白米、小麦粉、面包、面条、糕点、饮料等食品。因本品为水溶性且在碱性下易分解，在食品加工、烹调时损失大，并有异味发生，故应按食品形态优先采用硫胺素的其他衍生物。

生产厂商

① 广东大地食用化工有限公司（总公司）

② 广东广州鸿雨科技有限公司

③ 济南圣和化工有限公司

④ 北京金路鸿生物技术有限公司

叶酸 folic acid

$C_{19}H_{19}N_7O_6$，441.40

别名　蝶酰谷氨酸 pteroylglutamic acid、维生素 B_{11}、维生素 M

分类代码　CNS 16.000

理化性质　黄色或黄橙色结晶，或结晶性粉末，无臭、无味，加热至 250℃ 左右颜色逐渐变深，最后成为黑色胶状物。微溶于水（1mL 水约溶解 1.6mg），不溶于丙酮、乙醇、氯仿和乙醚等有机溶剂，但溶于苛性碱和碳酸盐溶液。本品 1g 在 10mL 水中形成的悬浮液，其 pH 值为 4.0～4.8。

由三氯丙酮与 2,4,5-三氨基-6-羟基嘧啶、对氨基苯甲酰谷氨酸在亚硫酸氢钠中缩合而成。

毒理学依据

① LD_{50}：大鼠静脉注射 500mg/kg（bw），小鼠腹腔注射 85mg/kg（bw）。

② GRAS：FDA-21CFR172.345。

质量标准

质量标准 GB 15570—2010

项　目		指　标
含量(以无水物计)/%		96.0～102.0(以干基计)
灼烧残渣/%	≤	0.2
水分/%	≤	8.5
游离氨/%	≤	—
重金属(以 Pb 计)/(mg/kg)	≤	10
砷(以 As 计)/(mg/kg)	≤	3

应用　营养强化剂

GB 14880—2012 规定：用于调制乳（仅限孕产妇用调制乳），使用量为 $400\sim1200\mu g/kg$；调制乳粉（儿童用乳粉和孕产妇用乳粉除外），$2000\sim5000\mu g/kg$；调制乳粉（仅限儿童用乳粉），$420\sim3000\mu g/kg$；调制乳粉（仅限孕产妇用乳粉），$2000\sim8200\mu g/kg$；大米（仅限免淘洗大米）、小麦粉，$1000\sim3000\mu g/kg$；即食谷物，包括辗轧燕麦（片），$1000\sim2500\mu g/kg$；饼干，$390\sim780\mu g/kg$；其他焙烤食品，$2000\sim7000\mu g/kg$；果蔬汁（肉）饮料（包括发酵型产品等），$157\sim313\mu g/kg$；固体饮料类，$600\sim6000\mu g/kg$；果冻，$50\sim100\mu g/kg$。

本品是机体内一碳单位的传递体，在嘌呤和嘧啶的合成并进一步合成 DNA、RNA 中起重要作用，与蛋白质合成密切相关。缺乏时可引起巨幼红细胞贫血等，并使生长不良。我国居民膳食叶酸的推荐摄入量为：成人 $400\mu g/d$。可耐受最高摄入量为 $1000\mu g/d$（指合成叶酸补充剂或强化剂的摄入量上限）。

生产厂商

① 天津市信达创建实业技术有限公司

② 北京恒业中远化工有限公司

③ 广东大地食用化工有限公司（总公司）

④ 西安瑞林生物科技有限公司

⑤ 武汉大华伟业医药化工有限公司

5.3　营养元素类

L-苏糖酸钙 calcium L-threonate

$$[CH_2OH(CHOH)_2COO^-]_2Ca^{2+}$$

$$C_8H_{14}O_{10}Ca, 310.29$$

分类代码　CNS 16.000

理化性质　白色颗粒，几乎无臭、无味，能溶于水，易溶于热水，不溶于醇、醚及氯仿。熔点高于 330℃（分解），耐酸、碱性好，热稳定性强，120℃加热 20min 或 200℃加热 10min，无变化。

由 L-抗坏血酸与碳酸钙、过氧化氢反应，浓缩，结晶制取。

毒理学依据

① LD_{50}：小鼠、大鼠急性经口均大于 5g/kg（bw）。

② 致突变试验：Ames 试验、微核试验、小鼠生殖细胞染色体分析，均未见致突变性。L-苏糖酸广泛存在于植物体内、人的胃酸及尿酸中，它是 L-抗坏血酸的一种降解产物。

质量标准

质量标准 GB 17779—2010

项　目		指　标
含量(以 $C_8H_{14}CaO_{10}$ 计)/%	≥	98.0
旋光度$[\alpha]_D^{20}$(1%水溶液)/ (°)		$+13.0\sim+16.0$
砷（以 As 计）/ (mg/kg)	≤	3
重金属（以 Pb 计）/ (mg/kg)	≤	—
pH（饱和溶液）		$6.0\sim8.0$
干燥减量/%	≤	1.5
铅（Pb）/ (mg/kg)	≤	2
氯化物（以 Cl 计）/%	≤	0.5

应用　营养强化剂

GB 14880—2012 规定：可用于调制乳，使用量为 250～1000mg/kg；调制乳粉（儿童用乳粉除外），3000～7200mg/kg；调制乳粉（仅限儿童用乳粉），3000～6000mg/kg；干酪和再制干酪，2500～10000mg/kg；冰淇淋类、雪糕类，2400～3000mg/kg；豆粉、豆浆粉，1600～8000mg/kg；大米及其制品、小麦粉及其制品、杂粮粉及其制品，1600～3200mg/kg；藕粉，2400～3200mg/kg；即食谷物，包括辗轧燕麦（片），2000～7000mg/kg；面包，1600～3200mg/kg；饼干、西式糕点，2670～5330mg/kg；其他焙烤食品，3000～15000mg/kg；肉灌肠类，850～1700mg/kg；肉松类，2500～5000mg/kg；肉干类，1700～2550mg/kg；脱水蛋制品，190～650mg/kg；醋，6000～8000mg/kg；饮料类（14.01，14.02 及 14.06 涉及品种除外），160～1350mg/kg；果蔬汁（肉）饮料（包括发酵型产品等），1000～1800mg/kg；固体饮料类，2500～10000mg/kg；果冻，390～800mg/kg。使用量以钙计。

生产厂商

① 北京巨能制药有限责任公司

② 兰溪市苏格生物技术有限公司

③ 北京金路鸿生物技术有限公司

④ 西安裕华生物科技有限公司

L-天门冬氨酸钙 L-calcium aspartate

$(C_4H_7N_2O_3)_2Ca, 302.299$

分类代码　CNS 16.204

理化性质　本品为白色粉末，无臭，具吸湿性，易溶于水，难溶于有机溶剂，水溶液呈中性。由 L-天门冬氨酸与钙盐以等摩尔反应制取。

毒理学依据

① LD_{50}：雌、雄小白鼠急性经口大于 10g/kg。

② Ames 试验：阴性（上海市卫生防疫站检验报告）。

③ 慢性毒性试验：分别以本品剂量 2g/ (kg·d)、1g/ (kg·d)，急性经口喂饲大白鼠 6 个月，其体重变化、饲料摄取量、血液、解剖、脏器重量及组织学等方面，各样品组与对照组之间无差异（日本）。

④ 致畸性试验：以本品喂养未生育的大、小白鼠［剂量 2g/ (kg·d) 及 1g/ (kg·d)］，自其妊娠第 7d 至 14d 止连续 8d 急性经口用，测定生存胎的体重；外形及骨骼，新生鼠的生长

状况及活动能力；处死后检查外形、内脏及骨骼，结果表明，胎鼠、新生鼠各样品组与对照组均无差异（日本）。

质量标准

质量标准 GB 29226—2012

项　目		指　标
钙含量(以 Ca 计)/%		12.2～13.8
L-天门冬氨酸/%	≥	79.0
比旋光度$[\alpha]_D^{20}$/(°)		+19°～+23°
水分/%	≤	6.0
pH 值(10%水溶液)		6.0～7.50
铅/(mg/kg)	≤	2.0
砷(以 As 计)/(mg/kg)	≤	1.0

应用　营养强化剂

GB 14880—2012 规定：可用于调制乳，使用量为 250～1000mg/kg；调制乳粉（儿童用乳粉除外），使用量为 3000～7200mg/kg；调制乳粉（仅限儿童用乳粉），3000～6000mg/kg；干酪和再制干酪，2500～10000mg/kg；冰淇淋类、雪糕类，2400～3000mg/kg；豆粉、豆浆粉，1600～8000mg/kg；大米及其制品、小麦粉及其制品、杂粮粉及其制品，1600～3200mg/kg；藕粉，2400～3200mg/kg；即食谷物，包括辗轧燕麦（片），2000～7000mg/kg；面包，1600～3200mg/kg；饼干、西式糕点，2670～5330mg/kg；其他培烤食品，3000～15000mg/kg；肉灌肠类，850～1700mg/kg；肉松类，2500～5000mg/kg；肉干类，1700～2550mg/kg；脱水蛋制品，190～650mg/kg；醋，6000～8000mg/kg；饮料类（14.01，14.02 及 14.06 涉及品种除外），160～1350mg/kg；果蔬汁（肉）饮料（包括发酵型产品等），1000～1800mg/kg；固体饮料类，2500～10000mg/kg；果冻，390～800mg/kg。使用量以钙计。

本品可形成螯合型氨基酸钙或呈分子结合，稳定地通过胃部以二肽蛋白钙进入小肠黏膜细胞，易被机体吸收，本品含钙量为 23.39%。

生产厂商

① 四川成都景田生化有限公司

② 上海盖欣食品有限公司

③ 无锡必康生物工程有限公司

④ 济南圣和化工有限公司

碘化钾 potassium iodide

KI，166.00

分类代码　CNS 16.000

理化性质　无色透明或白色立方晶体，或颗粒性粉末，相对密度 3.13，熔点 723℃，沸点 1420℃，在干燥空气中稳定，在潮湿空气中略有吸湿。本品 1g 约可溶于 25℃ 0.7mL 水、0.5mL 沸水、2mL 甘油以及 22mL 乙醇。5%溶液的 pH 值为 6～10。水溶液遇光变黄，并析出游离碘。

由碳酸钾与氢碘酸或碘化亚铁溶液作用制取。

毒理学依据

GRAS；FDA-21CFR172.375，184.1634。

质量标准

质量标准

项　目		指　标		
		GB 29203—2012	中国药典(2005)	FCC(7)
碘化钾(KI)含量(以干基计)/%		99.0～101.5	≥99.0	99.0～101.5
干燥减量/%	≤	1	1.0	1
碘酸盐/(mg/kg)	≤	4	合格	4
铅(Pb)/(mg/kg)	≤	4	—	4
硝酸盐、亚硝酸盐和氨		通过试验	—	合格
硫代硫酸盐和钡		通过试验	—	合格
pH(10g/L 溶液)		6～10	—	—
溶液的澄清度与颜色		—	合格	—
碱度		—	合格	—
氯化物(以 Cl 计)/%	≤	—	0.5	—
硫酸盐		—	合格	—
钡盐		—	合格	—
重金属(以 Pb 计)/(mg/kg)	≤	—	10	—

应用　营养强化剂

本品用于防治缺碘性甲状腺肿。主要在缺碘地区用于强化食用盐。其他参考碘酸钾。碘化钾中碘含量为 76.4%。

生产厂商

① 河南省所以化工有限公司

② 自贡鸿鹤制药有限责任公司

③ 青岛丰林苑海碘制品有限公司

④ 山东博苑医药化学有限公司

碘酸钾 potassium iodate

KIO_3，214.00

分类代码　CNS 16.000；INS 917

理化性质　为白色结晶性粉末，无臭，熔点 560℃，部分分解。相对密度 3.89。1g 溶于约 15mL 水中，不溶于乙醇，水溶液（1+20）的 pH 值为 5～8。

在酸性溶液中，加入氯酸钾，再缓缓加入碘，生成酸式碘酸钾，再加入氢氧化钾中和至 pH9～10，过滤、洗涤、干燥制取。

毒理学依据

① LD_{50}：小鼠急性经口 531mg/kg（bw）；小鼠腹腔注射 136mg/kg（bw）。

② GRAS：FDA-21CFR 184.1635。

③ ADI：建议不用于面粉处理，但碘酸钾和碘化钾可继续用作膳食碘的来源（JECFA，2006）。

质量标准

质量标准 GB 26402—2011

项　目		指　标
含量(以干基计)/%	≥	99.0
氯酸盐(以 ClO_3 计)/(mg/kg)		100
干燥失重/%	≤	0.5
硫酸盐(以 SO_4 计)/(mg/kg)	≤	50
pH(5%碘酸钾溶液)		5～8
碘化物(以 I 计)/(mg/kg)	≤	20
重金属/(mg/kg)	≤	4
砷(以 As 计)/(mg/kg)	≤	3
鉴别试验		通过试验

应用　营养强化剂

碘通过甲状腺素与机体的能量代谢、体格发育和脑发育等密切有关，缺碘可使机体产生一系列障碍，统称为碘缺乏症。我国居民膳食碘的推荐摄入量为成人 150mg/d，可耐受最高摄入量为成人 1000mg/d。

本品含碘量为 59.30%，除作为碘盐的强化剂外，还可用于水果催熟及面团品质改良。

生产厂商

① 浙江杭州常青化工有限公司

② 自贡鸿鹤制药有限责任公司

③ 青岛丰林苑海碘制品有限公司

④ 山东博苑医药化学有限公司

电解铁 electrolytic iron

分类代码　CNS 16.000

理化性质　为无定形、无光泽、灰黑色粉末，在干燥空气中稳定。

由元素铁通过电解制取。

毒理学依据

GRAS：FDA-21CFR 184.1375（1994）。

质量标准

质量标准　FCC（Ⅳ）1981（参考）

项　目		指　标
含量(以 Fe 计)/%	≥	97.0
酸不溶物/%	≤	0.2
砷(以 As 计)/%	≤	0.0003
铅/%	≤	0.001
汞/%	≤	0.0002
筛分试验		
通过 0.15mm 的量/%	≥	100
通过 0.045mm 的量/%	≥	95

应用　营养强化剂

GB 14880—2012 规定：可用于调制乳，使用量为 10～20mg/kg；用于调制乳粉（儿童用乳粉和孕产妇用乳粉除外），使用量为 60～200mg/kg；调制乳粉（仅限儿童用乳粉），25～

135mg/kg；调制乳粉（仅限孕产妇用乳粉），50～280mg/kg；豆粉、豆浆粉，46～80mg/kg；除胶基糖果以外的其他糖果，600～1200mg/kg；大米及其制品、小麦粉及其制品、杂粮粉及其制品，使用量14～26mg/kg；即食谷物，包括辗轧燕麦（片），35～80mg/kg；面包，14～26mg/kg；饼干，40～80mg/kg；西式糕点，40～60mg/kg；其他焙烤食品，50～200mg/kg；酱油，180～260mg/kg；饮料类（14.01及14.06涉及品种除外），10～20mg/kg；固体饮料类，95～220mg/kg；果冻，10～20mg/kg。使用量以铁计。

生产厂商

① 石家庄维平功能食品科技有限公司

② 北京博源粉末冶金公司

③ 湖北巨胜科技有限公司

④ 天津爱科特克商贸有限公司

富马酸亚铁 ferrous fumarate

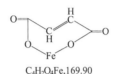

C$_4$H$_2$O$_4$Fe，169.90

别名　富血铁

分类代码　CNS 16.000

理化性质　橘红色或红棕色颗粒状粉末，相对密度2.435，无臭，几乎无味。微溶于水（0.14g/100mL，25℃）和乙醇（小于0.01g/100mL），溶于酸即释放出富马酸。本品理论铁含量为32.9%。

由富马酸钠与硫酸亚铁反应，经过分离、纯化制成。

毒理学依据

① LD$_{50}$：大鼠急性经口3850mg/kg（bw）；大鼠腹腔注射185mg/kg（bw）。

② GRAS：FDA-21CFR 172.350。

③ ADI：0～6mg/kg（bw）（富马酸铁，FAO/WHO，1994）。

质量标准

质量标准　中国药典（2010年版）（参考）

项　目		指　标
含量(以干物质计)/%	≥	93.0
干燥失重/%	≤	1.5
硫酸盐(以 SO$_4$ 计)/%	≤	0.2
高铁含量/%	≤	2
砷(以 As 计)/(mg/kg)	≤	4
铅/(mg/kg)	≤	50

应用　营养强化剂

GB 14880—2012规定：可用于调制乳，使用量为10～20mg/kg；用于调制乳粉（儿童用乳粉和孕产妇用乳粉除外），使用量为60～200mg/kg；调制乳粉（仅限儿童用乳粉），25～135mg/kg；调制乳粉（仅限孕产妇用乳粉），50～280mg/kg；豆粉、豆浆粉，46～80mg/kg；除胶基糖果以外的其他糖果，600～1200mg/kg；大米及其制品、小麦粉及其制品、杂粮粉及其制品，使用量 14～26mg/kg；即食谷物，包括辗轧燕麦（片），35～80mg/kg；面包，14～26mg/kg；饼干，40～80mg/kg；西式糕点，40～60mg/kg；其他焙烤食品，50～200mg/kg；酱油，180～260mg/kg；饮料类（14.01 及 14.06 涉及品种除外），10～20mg/kg；固体饮料类，95～220mg/kg；果冻，10～20mg/kg。使用量以铁计。

生产厂商

① 浙江杭州伟华香料化学有限公司

② 诸暨市化工研究所

③ 郑州瑞普生物工程有限公司

④ 济南圣和化工有限公司

甘氨酸钙 calcium glycine

$$[NH_2CH_2COO^-]_2Ca$$

$$C_4H_8O_4N_2Ca，188.19$$

分类代码　CNS 16.000

理化性质　为白色片状或粒状粉末，微溶于水，不溶于乙醇，味微甜。

氧化钙的饱和水溶液中加入等摩尔的甘氨酸反应而制取。

毒理学依据

① LD_{50}：雌性小鼠急性经口 12.6g/kg（bw），雄性小鼠急性经口 7.94g/kg（bw）。

② 致突变试验：Ames 试验、小鼠生殖细胞染色体畸变分析、微核试验，均未见致突变性。

质量标准

质量标准 GB 30605—2014

项　目		指　标
甘氨酸钙含量（以 $C_4H_8O_4N_2Ca \cdot H_2O$ 计）/%	≥	98.0
氮/%		13.0～14.5
pH(10g/L 水溶液)		10.0～12.0
干燥失重/%	≤	9.0
铅(Pb)/(mg/kg)	≤	2

应用　营养强化剂

GB 14880—2012 规定：可用于调制乳，使用量为 250～1000mg/kg；调制乳粉（儿童用乳粉除外），使用量为 3000～7200mg/kg；调制乳粉（仅限儿童用乳粉），3000～6000mg/kg；干酪和再制干酪，2500～10000mg/kg；冰淇淋类、雪糕类，2400～3000mg/kg；豆粉、豆浆粉，1600～8000mg/kg；大米及其制品、小麦粉及其制品、杂粮粉及其制品，1600～3200mg/kg；藕粉，2400～3200mg/kg；即食谷物，包括辗轧燕麦（片），2000～7000mg/kg；面包，1600～3200mg/kg；饼干、西式糕点，2670～5330mg/kg；其他焙烤食品，3000～15000mg/kg；肉灌肠类，850～1700mg/kg；肉松类，2500～5000mg/kg；肉干类，1700～2550mg/kg；脱水蛋制品，190～650mg/kg；醋，6000～8000mg/kg；饮料类（14.01，14.02 及 14.06 涉及品种除外），160～1350mg/kg；果蔬汁（肉）饮料（包括发酵型产品等），1000～1800mg/kg；固体饮料类，2500～10000mg/kg；果冻，390～800mg/kg。使用量以钙计。

甘氨酸钙微溶于水的中性螯合物含钙 21.3%，表观吸收率大于乳酸钙 6%。

生产厂商

① 河南宇山食品添加剂有限责任公司

② 河北新东华氨基酸有限公司

③ 深圳市光华伟业实业有限公司

④ 郑州瑞普生物工程有限公司

甘氨酸锌 zinc glycinate

$$\left[\begin{array}{c} COO^- \\ H-\!\!\!\!\!-\!\!\!\!\!-H \\ NH_2 \end{array}\right]_2 Zn^{+2}$$

$C_4H_8O_4N_2Zn$, 205.49

分类代码　CNS 16.000

理化性质　白色片状或粒状粉末，微溶于水，不溶于乙醇，熔点 290℃，稳定性好。本品锌含量为 30.6%。

由甘氨酸、氧化锌在碱性条件下反应，经纯化提取而制得。

毒理学依据

① LD_{50}：大鼠急性经口 1.71g/kg（bw）（1.05～2.78）（雌性），

大鼠急性经口 1.26g/kg（bw）（0.775～2.05）（雄性），

小鼠急性经口 2.00g/kg（bw）（1.37～2.9）（雌性），

小鼠急性经口 2.33g/kg（bw）（1.43～3.7）（雄性）。

② 致突变试验：Ames 试验、小鼠染色体畸变试验，均为阴性。

质量标准

质量标准　Q/JDH.05—2006（参考）

项　目		指　标
含量(以 $C_4H_8O_4N_2Zn$ 计)/%	≥	98.0
氮含量/%		12.0～13.1
氯化物(以 Cl 计)/%	≤	0.050
硫酸盐(以 SO_4 计)/%	≤	0.050
重金属(以 Pb 计)/%	≤	0.0020
铅/%	≤	0.0005
砷/%	≤	0.0003
干燥失重/%	≤	0.50

应用　营养强化剂

GB 14880—2012 规定：可用于调制乳，使用量为 5～10mg/kg；用于调制乳粉（儿童用乳粉和孕产妇用乳粉除外），使用量为 30～60mg/kg；调制乳粉（仅限儿童用乳粉），50～175mg/kg；调制乳粉（仅限孕产妇用乳粉），30～140mg/kg；豆粉、豆浆粉，29～55.5mg/kg；大米及其制品、小麦粉及其制品、杂粮粉及其制品，使用量 10～40mg/kg；即食谷物，包括辗轧燕麦（片），37.5～112.5mg/kg；面包，10～40mg/kg；西式糕点、饼干，45～80mg/kg；饮料类（14.01 及 14.06 涉及品种除外），3～20mg/kg；固体饮料类，60～180mg/kg；果冻，10～20mg/kg。使用量以锌计。

甘氨酸锌中含锌量 30.6%。

生产厂商

① 河北新东华氨基酸有限公司

② 江苏南通苏东化工厂

③ 无锡必康生物工程有限公司

④ 济南圣和化工有限公司

高硒酵母 selenoyeast

分类代码　CNS 16.000

理化性质　富硒酵母是在酵母培养基中添加硒化物后培养的富硒酵母，硒取代了酵母中所含硫氨基酸中的硫，形成硒代氨基酸，进一步组成蛋白质。本品呈淡黄色至浅黄棕色颗粒或粉末，具有酵母的特殊气味，无异臭。

以添加亚硒酸钠的糖蜜、淀粉水解糖为原料，经啤酒酵母发酵、离心、水洗、自溶、干燥制得。

毒理学依据

① LD_{50}：小鼠急性经口大于 10g/kg（bw）。

② Ames 试验：未见致突变性（上海食品卫生监督检验所提供）。

应用　营养强化剂

GB 14880—2012 规定：仅限用于 14.03.01 含乳饮料，使用量为 $50\sim200\mu g/kg$。使用量以硒计。

生产厂商

① 广东广州市凯闻食品原料有限公司

② 北京嘉康源科技发展有限公司

③ 济南圣和化工有限公司

④ 郑州天顺食品添加剂有限公司

海藻碘 seaweed iodine

别名　海藻碘晶 algae iodine

分类代码　CNS 16.000

理化性质　为黄褐色松散固态颗粒，无潮解，无板结。溶于水、乙醇。含有海藻多糖。由海带、马尾草、裙带菜等海藻经碱提取。

毒理学依据

① 最大耐受量：小鼠急性经口 2400mg/kg（bw）。3 个月大鼠急性经口试验，大鼠分别饲以海藻碘 3 和 15mg/（kg·d）连续 3 个月，与对照组相比，在一般症状、体重、血液学和生化检查、病理学检查（心、肝、脾、眩、肾、甲状腺和卵巢），均未见明显异常。

② ADI：碘 PMTDI，0.017mg/kg（bw）（FAO/WHO，1994）。

质量标准

质量标准　金士明海洋生物有限
责任公司提供（参考）

项　目		指　标
总碘/%		0.3～0.6
水分/%	≤	5.0
铅/%	≤	0.00005
汞/%	≤	0.00001
无机砷/%	≤	0.0002
细菌总数/（个/g）	≤	1000
大肠菌群/（个/100g）	≤	30
致病菌		不得检出

应用　营养强化剂

海藻碘含有有机酪氨酸碘，可以被人体直接吸收，是一种理想的天然补碘新产品。

生产厂商

① 黑龙江哈尔滨三乐源生物工程集团股份有限公司

② 杭州富马化工有限公司

③ 青岛丰林苑海碘制品有限公司

④ 山东博苑医药化学有限公司

琥珀酸亚铁 ferrous succinate

$C_4H_4O_4Fe$，171.92

$C_4H_4O_4Fe$，171.92

别名　丁二酸亚铁

分类代码　CNS 16.000

理化性质　棕黄至棕色无定形粉末，微有异味，不溶于水、乙醇（96％），溶于无机酸。用亚铁盐与琥珀酸酐作用制取。

毒理学依据

ADI：无须规定（琥珀酸铁 FAO/WHO，1994）。

质量标准

质量标准　英国药典（1993）（参考）

项　目		指　标
含量（亚铁）（以干物质计）/%		34.0～36.0
砷（以 As 计）/(mg/kg)	≤	2
高铁离子（以 Fe^{3+} 计）/%	≤	2.0
重金属（以 Pb 计）/(mg/kg)	≤	40
硫酸盐（以 SO_4 计）/%	≤	0.12
干燥失重/%	≤	1.0

应用　营养强化剂

GB 14880—2012 规定：可用于调制乳，使用量为 10～20mg/kg；用于调制乳粉（儿童用乳粉和孕产妇用乳粉除外），使用量为 60～200mg/kg；调制乳粉（仅限儿童用乳粉），25～135mg/kg；调制乳粉（仅限孕产妇用乳粉），50～280mg/kg；豆粉、豆浆粉，46～80mg/kg；除胶基糖果以外的其他糖果，600～1200mg/kg；大米及其制品、小麦粉及其制品、杂粮粉及其制品，使用量 14～26mg/kg；即食谷物，包括辗轧燕麦（片），35～80mg/kg；面包，14～26mg/kg；饼干，40～80mg/kg；西式糕点，40～60mg/kg；其他焙烤食品，50～200mg/kg；酱油，180～260mg/kg；饮料类（14.01 及 14.06 涉及品种除外），10～20mg/kg；固体饮料类，95～220mg/kg；果冻，10～20mg/kg。使用量以铁计。

琥珀酸亚铁为铁元素强化剂，其中铁含量为 32.49％。

生产厂商

① 安徽安庆和兴化工有限责任公司

② 石家庄维平功能食品科技有限公司

③ 济南圣和化工有限公司

④ 北京金路鸿生物技术有限公司

还原铁 reduced iron

分类代码 CNS 16.000

理化性质 用化学加工法得到的元素铁，灰黑色粉末，全部通过 0.15mm 筛孔。无光泽或少有光泽，在显微镜下放大 100 倍观察，为无定形粉末。在干燥空气中稳定。

由高纯度氧化铁或草酸铁经氢还原制取。

毒理学依据

GRAS：FDA-21CFR 182.5375。

质量标准

质量标准 FCC（7）（参考）

项 目		指 标
含量（以 Fe 计）/%	≥	97.0
酸不溶物/%	≤	0.5
砷（以 As 计）/(mg/kg)	≤	3
铅/(mg/kg)	≤	4
汞/(mg/kg)	≤	2
筛分试验/%	≥	100 目：100
		325 目：95

应用 营养强化剂

GB 14880—2012 规定：可用于调制乳，使用量为 10～20mg/kg；用于调制乳粉（儿童用乳粉和孕产妇用乳粉除外），使用量为 60～200mg/kg；调制乳粉（仅限儿童用乳粉），25～135mg/kg；调制乳粉（仅限孕产妇用乳粉），50～280mg/kg；豆粉、豆浆粉，46～80mg/kg；除胶基糖果以外的其他糖果，600～1200mg/kg；大米及其制品、小麦粉及其制品、杂粮粉及其制品，使用量 14～26mg/kg；即食谷物，包括辗轧燕麦（片），35～80mg/kg；面包，14～26mg/kg；饼干，40～80mg/kg；西式糕点，40～60mg/kg；其他焙烤食品，50～200mg/kg；酱油，180～260mg/kg；饮料类（14.01 及 14.06 涉及品种除外），10～20mg/kg；固体饮料类，95～220mg/kg；果冻，10～20mg/kg。（使用量以铁计）。

生产厂商

① 山西亚瑞粉末冶金科技有限公司

② 石家庄维平功能食品科技有限公司

③ 巩义市美奇冶金有限公司

④ 武汉万荣科技发展有限公司

活性钙 active calcium

别名 活性离子钙

分类代码 CNS 16.204

理化性质 白色粉末，无臭，有咸涩味。溶于酸性溶液，几乎不溶于水，呈强碱性，在空气中可吸收 CO_2 而生成碳酸钙。

将牡蛎壳清洗后经高温煅烧，精制而成。

毒理学依据

LD_{50}：小鼠急性经口（10.25 ± 1.58）g/kg（bw）。

质量标准

质量标准 GB 9990—2009

项　目		指　标
总钙(以 Ca 计)/%	≥	50.0
水分/%	≤	1.0
细度(100 目筛通过率)/%	≥	98.5
砷(以 As 计)/%	≤	0.0001
铅(以 Pb 计)/%	≤	0.0001
镉(以 Cd 计)/%	≤	0.0001
盐酸不溶物/%	≤	0.10
钡(以 Ba 计)/%	≤	0.03

应用　营养强化剂

GB 14880—2012 规定：可用于调制乳，使用量为 250～1000mg/kg；调制乳粉（儿童用乳粉除外），使用量为 3000～7200mg/kg；调制乳粉（仅限儿童用乳粉），3000～6000mg/kg；干酪和再制干酪，2500～10000mg/kg；冰淇淋类、雪糕类，2400～3000mg/kg；豆粉、豆浆粉，1600～8000mg/kg；大米及其制品、小麦粉及其制品、杂粮粉及其制品，1600～3200mg/kg；藕粉，2400～3200mg/kg；即食谷物，包括辗轧燕麦（片），2000～7000mg/kg；面包，1600～3200mg/kg；饼干、西式糕点，2670～5330mg/kg；其他焙烤食品，3000～15000mg/kg；肉灌肠类，850～1700mg/kg；肉松类，2500～5000mg/kg；肉干类，1700～2550mg/kg；脱水蛋制品，190～650mg/kg；醋，6000～8000mg/kg；饮料类（14.01，14.02 及 14.06 涉及品种除外），160～1350mg/kg；果蔬汁（肉）饮料（包括发酵型产品等），1000～1800mg/kg；固体饮料类，2500～10000mg/kg；果冻，390～800mg/kg。使用量以钙计。

本品在体内吸收好，利用率高，其强碱性可替代 $NaHCO_3$，用于谷类粉中，既可中和其酸性，又可增钙降钠。但应注意调整产品酸碱性以适宜于人体。

生产厂商

① 山东蓬莱市海洋生物化工有限公司

② 上海盖欣食品有限公司

③ 天津市燕东矿产品有限公司

④ 浙江天石纳米科技有限公司

焦磷酸铁 ferric pyrophosphate

$$Fe_4(P_2O_7)_3 \cdot nH_2O，745.22（无水物）$$

分类代码　CNS 16.000

理化性质　黄色至棕黄色粉末，无嗅无味。不溶于水，溶于无机酸。

由焦磷酸钠与氯化铁反应，生成沉淀经过洗涤、过滤、干燥、粉碎而得。

毒理学依据

GRAS：FDA-21CFR 182.5304。

质量标准

质量标准 （参考）

项　目		指　标	
		FCC(7)	日本食品添加物公定书（第八版）
含量(Fe)/%		24.0～26.0	≥95.0
灼烧失重/%	≤	20.0	20.0
砷(以 As 计)/%	≤	3mg/kg	0.0004(以 As_2O_3 计)
铅/%	≤	4mg/kg	0.0020(重金属)
汞/%	≤	3mg/kg	—
氯化物(以 Cl 计)/%	≤	—	3.55
硫酸盐(以 SO_4 计)/%	≤	—	0.12
溶液澄明度		—	合格

应用　营养强化剂

GB 14880—2012 规定：可用于调制乳，使用量为 10～20mg/kg；用于调制乳粉（儿童用乳粉和孕产妇用乳粉除外），使用量为 60～200mg/kg；调制乳粉（仅限儿童用乳粉），25～135mg/kg；调制乳粉（仅限孕产妇用乳粉），50～280mg/kg；豆粉、豆浆粉，46～80mg/kg；除胶基糖果以外的其他糖果，600～1200mg/kg；大米及其制品、小麦粉及其制品、杂粮粉及其制品，使用量 14～26mg/kg；即食谷物，包括辗轧燕麦（片），35～80mg/kg；面包，14～26mg/kg；饼干，40～80mg/kg；西式糕点，40～60mg/kg；其他焙烤食品，50～200mg/kg；酱油，180～260mg/kg；饮料类（14.01 及 14.06 涉及品种除外），10～20mg/kg；固体饮料类，95～220mg/kg；果冻，10～20mg/kg。使用量以铁计。

生产厂商

① 上海圣宇化工有限公司三部

② 徐州海成食品添加剂有限公司

③ 济南圣和化工有限公司

④ 北京金路鸿生物技术有限公司

磷酸氢钙 calcium hydrogen phosphate

$CaHPO_4 \cdot 2H_2O$，136.06（无水盐），172.09（二水盐）

别名　二代磷酸钙、磷酸二钙

分类代码　CNS　06.006；INS　341（ii）

理化性质　白色结晶性粉末，无臭，无味，在空气中稳定。几乎不溶于水，不溶于乙醇，易溶于稀盐酸、硝酸和乙酸。加热到75℃以上成为无水盐，强热则变成焦磷酸钙。通常生成的沉淀物在水中长时间放置时，生成二水物。二水物加热到100℃，使之从反应液中沉淀，则成无水物。二水物在水中的溶解度为：0.025%（25℃），0.075%（100℃）。本品理论含钙量为23.29%（二水物）～29.46%（无水物）。

由80%磷酸、纯碱与氯化钙反应制取。

毒理学依据

① GRAS：FDA-21CFR 181.29，182.1217，182.5212，182.8217。

② ADI：0～70mg/kg（bw）（以各种来源的总磷计，FAO/WHO，1994）。

质量标准

质量标准 GB 1889—2004

项　目		指　标
含量(以干基计)/%	≥	98.0
氯化物(以 Cl 计)/%	≤	0.014
硫酸盐(以 SO₄ 计)/%	≤	0.25
重金属(以 Pb 计)/%	≤	0.002
砷(以 As 计)/%	≤	0.0005
氟化物(以 F 计)/%	≤	0.005
干燥失重/%		—

应用　营养强化剂、稳定剂、膨松剂、酸度调节剂、水分保持剂

GB 14880—2012 规定：可用于调制乳，使用量为 250～1000mg/kg；调制乳粉（儿童用乳粉除外），3000～7200mg/kg；调制乳粉（仅限儿童用乳粉），3000～6000mg/kg；干酪和再制干酪，2500～10000mg/kg；冰淇淋类、雪糕类，2400～3000mg/kg；豆粉、豆浆粉，1600～8000mg/kg；大米及其制品、小麦粉及其制品、杂粮粉及其制品，1600～3200mg/kg；藕粉，2400～3200mg/kg；即食谷物，包括辗轧燕麦（片），2000～7000mg/kg；面包，1600～3200mg/kg；饼干、西式糕点，2670～5330mg/kg；其他焙烤食品，3000～15000mg/kg；肉灌肠类，850～1700mg/kg；肉松类，2500～5000mg/kg；肉干类，1700～2550mg/kg；脱水蛋制品，190～650mg/kg；醋，6000～8000mg/kg；饮料类（14.01，14.02 及 14.06 涉及品种除外），160～1350mg/kg；果蔬汁（肉）饮料（包括发酵型产品等），1000～1800mg/kg；固体饮料类，2500～10000mg/kg；果冻，390～800mg/kg。使用量以钙计。

本品作为营养强化剂时，按元素钙控制其强化量，磷酸氢钙的含钙量为 15.9%。磷也是机体重要组成成分，其吸收率比钙高，通常不易缺乏。

我国居民膳食磷的适宜摄入量为：成人 700mg/d。可耐受最高摄入量为成人 3500mg/d。高磷摄入时，因其与钙形成复合物并降低钙吸收，故应注意有适当的钙磷比，通常在 1∶1.5 较好。

生产厂商

① 江苏连云港泰达精细化工有限公司

② 广西柳州市聚瑞精细化工有限公司

③ 深圳市光华伟业实业有限公司

④ 郑州瑞普生物工程有限公司

硫酸镁 magnesium sulfate

$MgSO_4 \cdot nH_2O$（$n=7$ 或 3），246.48（七水物），174.41（三水物），120.36（无水物）

分类代码　CNS 16.000；INS 518

理化性质　七水物结晶为无色柱状或针状结晶，三水物干燥品为白色结晶性粉末。无臭，均有咸味和苦味。七水物在 48℃ 以下的潮湿空气中稳定，在温热、干燥的空气中易风化。易溶于水，缓慢溶于甘油，微溶于乙醇，水溶液呈中性。七水物中理论含镁量为 9.9%。

向碳酸镁（菱镁矿）中加入硫酸，除去二氧化碳后重结晶制得。

毒理学依据

① GRAS：FDA-21CFR 182.5443。

② LD$_{50}$：小鼠急性经口 5000mg/kg（bw）。

质量标准

质量标准

项　目		指　标		
		GB 29207—2012	JECFA(2007)	FCC(7)
含量(灼烧后)/%	≥	99.0	99.0～100.5	99.5
重金属(以 Pb 计)/(mg/kg)	≤	10	—	—
铅/(mg/kg)	≤	2	2	4
硒(Se)/(mg/kg)	≤	30	30	0.003
pH(50g/L 溶液)		5.5～7.5	5.5～7.5	—
氯化物(以 Cl 计)/%	≤	0.03	0.03	—
砷(As)/(mg/kg)	≤	3	3	—
铁(Fe)/(mg/kg)	≤	20	20	—
灼烧失重/%				
无水硫酸镁		2		
一水合硫酸镁		13.0～16.0	13.0～16.0	13.0～16.0
三水合硫酸镁		29.0～33.0	—	—
七水合硫酸镁		40.0～52.0	40.0～52.0	40.0～52.0
硫酸镁干燥品		22.0～32.0	22.0～32.0	22.0～28.0

应用　营养强化剂

GB 14880—2012 规定：可用于调制乳粉（儿童用乳粉和孕产妇用乳粉除外），使用量为300～1100mg/kg；调制乳粉（仅限儿童用乳粉），300～2800mg/kg；调制乳粉（仅限孕产妇用乳粉），300～2300mg/kg；饮料类（14.01 及 14.06 涉及品种除外），30～60mg/kg；固体饮料类，1300～2100mg/kg。使用量以镁计。

镁可激活体内多种酶，参与体内蛋白质合成、肌肉收缩和体温调节作用，以及抑制神经的兴奋性等。我国居民膳食镁适宜摄入量为成人 350mg/d，可耐受最高摄入量为 700mg/d。

生产厂商

① 北京精求化工有限责任公司
② 天津市凯益化工厂
③ 莱州市莱玉化工有限公司
④ 江苏紫东食品有限公司

硫酸锰 manganese sulfate

$$MnSO_4 \cdot H_2O, \quad 169.02$$

别名　水合硫酸锰

分类代码　CNS 16.000

理化性质　淡粉红色颗粒或粉末，无臭，易溶于水，不溶于乙醇。相对密度2.95，加热到200℃以上开始失去水分，约在280℃时失去大部分结晶水。本品锰含量为32.5%。

软锰矿与煤粉按一定比例化学方法直接合成；或将生产对苯二酚的废液（含硫酸锰和硫酸铵）经石灰乳中和除杂后，脱氨精制而成。

毒理学依据

① LD$_{50}$：小鼠腹腔注射 332mg/kg（bw）。

② GRAS：FDA-21CFR 182.5461。

质量标准

质量标准

项　目		指　标	
	GB 29208—2012		FCC(7)
含量（以 MnSO$_4$·H$_2$O 计）/%		98.0～102.0	98.0～102.0
砷(As)/(mg/kg)	≤	3	3
铅/(mg/kg)	≤	4	4
硒(Se)/(mg/kg)	≤	30	0.003/%
灼烧减量/%		10.0～13.0	10.0～13.0

应用　营养强化剂

GB 14880—2012 规定：可用于调制乳粉（儿童用乳粉和孕产妇用乳粉除外），使用量为 0.3～4.3mg/kg；调制乳粉（仅限儿童用乳粉），7～15mg/kg；调制乳粉（仅限孕产妇用乳粉），11～26mg/kg。使用量以锰计。

生产厂商

① 湖南省邵阳市湘之彩化工有限责任公司

② 诸暨市化工研究所

③ 上海易蒙斯化工科技有限公司

④ 郑州瑞普生物工程有限公司

硫酸铜 copper sulfate

CuSO$_4$·5H$_2$O，249.69

分类代码　CNS 16.000；INS 519

理化性质　蓝色结晶或颗粒及粉末，无味。相对密度 2.284。在干燥空气中缓慢风化，加热到 150℃以上则脱水成为无水盐，650℃分解成氧化铜。易溶于水（20℃，26.3g/100mL）呈酸性，不溶于无水乙醇。0.1mol/L 水溶液的 pH 值为 4.17（15℃）。

由氧化铜溶于稀硫酸，经过分离制得。

毒理学依据

① LD$_{50}$：大鼠急性经口 333mg/kg（bw）。

② ADI：不能提出（FAO/WHO，1994）。

质量标准

质量标准

项　目		指　标	
		GB 29210—2012	FCC(7)
含量(CuSO$_4$·5H$_2$O)/%		98.0～102.0	98.0～102.0
硫化氢不沉淀物/%	≤	0.3	0.3
铁(Fe)/%	≤	0.01	0.01
铅(Pb)/(mg/kg)	≤	4	4
砷(As)/(mg/kg)	≤	3	—

应用　营养强化剂

GB 14880—2012 规定：用于调制乳粉（儿童用乳粉和孕产妇用乳粉除外），使用量为 3～7.5mg/kg；调制乳粉（仅限儿童用乳粉），2～12mg/kg；调制乳粉（仅限孕产妇用乳粉），4～23mg/kg。使用量以铜计。

铜可维持正常造血功能，促进结缔组织的形成，并可维持中枢神经系统健康等，缺乏时可有缺铜性贫血并使生长迟缓等影响。硫酸铜含铜量：无水物，39.8%；五水物，25.5%。

生产厂商

① 福建厦门金达威维生素股份有限公司

② 诸暨市化工研究所

③ 济南圣和化工有限公司

④ 北京金路鸿生物技术有限公司

硫酸锌 zinc sulfate

$ZnSO_4 \cdot nH_2O$，161.45（无水物），287.56（七水物）

别名　皓矾、锌矾

分类代码　CNS 00.018

理化性质　本品含 1 分子或 7 分子水，为无色透明的棱柱体或小针状体，或是粒状结晶性粉末，无臭；相对密度 1.9661。一水物在温度 280℃以上失水，七水物在室温下、干燥空气中风化。其溶液对石蕊呈酸性。易溶于水，几乎不溶于乙醇。1g 七水物溶于约 0.6mL 水、2.5mL 甘油，不溶于乙醇，本品锌含量为 22.7%。

由锌或氧化锌与硫酸作用制得；或由内锌矿经焙烧后浸提，精制而得。

毒理学依据

① LD_{50}：大鼠急性经口 2949mg/kg（bw）。

② GRAS：FDA-21CFR l82.5997，182.8997。

质量标准

质量标准 GB 25579—2010

项　目		指　标
含量/%		
一水物($ZnSO_4 \cdot H_2O$)		99.0～100.5
七水物($ZnSO_4 \cdot 7H_2O$)		99.0～108.7
酸度试验		通过试验
碱金属和碱土金属/%	≤	0.5
砷（以 As 计）/(mg/kg)	≤	3
镉/(mg/kg)	≤	2
铅/(mg/kg)	≤	4
汞/(mg/kg)	≤	1
硒/(mg/kg)	≤	30

应用　营养强化剂

GB 14880—2012 规定：可用于调制乳，使用量为 5～10mg/kg；用于调制乳粉（儿童用乳粉和孕产妇用乳粉除外），使用量为 30～60mg/kg；调制乳粉（仅限儿童用乳粉），50～175mg/kg；调制乳粉（仅限孕产妇用乳粉），30～140mg/kg；豆粉、豆浆粉，29～55.5mg/kg；大米及其制品、小麦粉及其制品、杂粮粉及其制品，使用量 10～40mg/kg；即食谷物，包括辗轧燕麦（片），37.5～112.5mg/kg；面包，10～40mg/kg；西式糕点、饼干，45～80mg/kg；饮料类（14.01 及 14.06 涉及品种除外），3～20mg/kg；固体饮料类，60～180mg/kg；果冻，10～20mg/kg。使用量以锌计。

生产厂商

① 陕西西安市友联化工有限公司

② 诸暨市化工研究所

③ 郑州天顺食品添加剂有限公司

④ 西安裕华生物科技有限公司

硫酸亚铁 ferrous sulfate

$FeSO_4 \cdot 7H_2O$，151.91（无水物），278.02（七水物）

分类代码　CNS 16.000

理化性质　蓝绿色结晶或颗粒，无臭，有带咸味的收敛性味。相对密度 1.899（14.8℃），熔点 64℃，90℃时失去 6 分子结晶水，300℃时失去全部结晶水。在干燥空气中易风化，在潮湿空气中逐渐氧化，形成黄褐色碱性硫酸铁。无水物为白色粉末，相对密度 3.4，与水作用则变成蓝绿色。溶液（10g/100mL）pH3.7。1g 本品可溶于约 1.5mL25℃水中或 0.5mL 沸水中，不溶于乙醇。七水合物理论铁含量为 20.45%。

由铁与稀硫酸作用制得。

毒理学依据

① LD_{50}：大鼠急性经口（以 Fe 计）279～558mg/kg（bw）。

② GRAS：FDA-21CFR 182.5315，182.8315，184.1315。

质量标准

质量标准

项　目	指　标				
	GB 29211—2012		JECFA (2006)	FCC(7)	
	七水合硫酸亚铁	硫酸亚铁干燥品		七水合硫酸亚铁	硫酸亚铁干燥品
含量/%	99.5～104.5（以 $FeSO_4 \cdot 7H_2O$ 计）	86.0～89.0（以 $FeSO_4$ 计）	99.5～104.5（七水物）	99.5～104.5	86.0～89.0
铅(Pb)/(mg/kg)　≤	2	2	2	2	2
汞(Hg)/(mg/kg)　≤	1	1	1	1	1
砷(As)/(mg/kg)　≤	3	3	—	—	—
酸不溶物/%　≤		0.05	—	—	0.05

应用　营养强化剂

GB 14880—2012 规定：可用于调制乳，使用量为 10～20mg/kg；用于调制乳粉（儿童用乳粉和孕产妇用乳粉除外），使用量为 60～200mg/kg；调制乳粉（仅限儿童用乳粉），25～135mg/kg；调制乳粉（仅限孕产妇用乳粉），50～280mg/kg；豆粉、豆浆粉，46～80mg/kg；除胶基糖果以外的其他糖果，600～1200mg/kg；大米及其制品、小麦粉及其制品、杂粮粉及其制品，使用量 14～26mg/kg；即食谷物，包括辗轧燕麦（片），35～80mg/kg；面包，14～

26mg/kg；饼干，40～80mg/kg；西式糕点，40～60mg/kg；其他焙烤食品，50～200mg/kg；酱油，180～260mg/kg；饮料类（14.01及14.06涉及品种除外），10～20mg/kg；固体饮料类，95～220mg/kg；果冻，10～20mg/kg。使用量以铁计。

铁是人体必需的微量元素之一，主要以血红蛋白的形式参与氧的运输等重要生理功能。缺乏时可导致缺铁性贫血，并可引起智力发展受损、工作能力下降等不良后果。

我国居民膳食铁的适宜摄入量为：成人男性15mg/d，成人女性20mg/d。可耐受最高摄入量为50mg/d。

铁的吸收有血红素铁与非血红素铁之不同，吸收率前者可比后者高2～3倍。此外，非血红素铁的吸收还可受许多因素影响而有所不同，植酸、多酚类化合物、钙等可抑制铁的吸收，而有机酸、尤其是抗坏血酸等可促进其吸收。二价铁比三价铁易于吸收。

本品尚可作为蔬菜、水果的发色剂使用。如用于糖煮蚕豆，原料豆经选择、充分水洗、浸渍后，加热放置3～4h，按原料量加入0.02%～0.03%（干燥量）的本品溶液于原料中后，再加3%左右的碳酸氢钠，在夹层锅中煮沸，排水，加糖煮沸后，再以小火煮制，豆软后将碳酸氢钠充分除去。与钾明矾（0.1%）合用，也可用于茄子着色。

生产厂商

① 天津四环营养保健品厂

② 诸暨市化工研究所

③ 济南圣和化工有限公司

④ 北京金路鸿生物技术有限公司

二氯化高铁血红素 hemin

分类代码　CNS 16.000

理化性质　为血红素与羧甲基纤维素的复合物，深褐色粉末。

将血红蛋白用酶处理后进一步分离制取。

毒理学依据

LD_{50}：小鼠急性经口大于5g/kg（bw）（大连市卫生防疫站）。

质量标准

质量标准　大连医学院（参考）

项　目		指　标
铁(以 Fe^{3+} 计)/%	≥	0.6
铅(以 Pb 计)/%	≤	0.0001
砷(以 As 计)/%	≤	0.000005
汞/%	≤	0.000002
细菌总数/(个/g)	≤	100
大肠菌群/(个/g)	≤	30
致病菌(肠道)		不得检出

应用　营养强化剂

GB 14880—2012规定：可用于调制乳，使用量为10～20mg/kg；用于调制乳粉（儿童用乳粉和孕产妇用乳粉除外），使用量为60～200mg/kg；调制乳粉（仅限儿童用乳粉），25～135mg/kg；调制乳粉（仅限孕产妇用乳粉），50～280mg/kg；豆粉、豆浆粉，46～80mg/kg；除胶基糖果以外的其他糖果，600～1200mg/kg；大米及其制品、小麦粉及其制品、杂粮粉及其制品，使用量14～26mg/kg；即食谷物，包括辗轧燕麦（片），35～80mg/kg；面包，14～26mg/kg；饼干，40～80mg/kg；西式糕点，40～60mg/kg；其他焙烤食品，50～200mg/kg；

酱油，180~260mg/kg；饮料类（14.01 及 14.06 涉及品种除外），10~20mg/kg；固体饮料类，95~220mg/kg；果冻，10~20mg/kg。使用量以铁计。

血红素铁吸收利用率高，一般可达 20%~25%。血红素含铁量 9.06%，CMC-血红素含铁量 0.6%。

生产厂商

① 山东青岛捷盛化工物资有限公司

② 石家庄维平功能食品科技有限公司

③ 天津市生命科学应用研究所

④ 陕西森弗生物技术有限公司

氯化镁 magnesium chloride

$$MgCl_2 \cdot nH_2O，95.21（无水物），203.30（六水物）$$

分类代码　CNS 18.003，16.000；INS 511

理化性质　无色至白色结晶或粉末，无臭，味苦。极易溶于水（160g/100mL，20℃）和乙醇，水溶液呈中性（pH=7），相对密度 1.569。本品常温下为六水物，亦可有二水物。极易吸潮，含水量可随温度而变化。于 100℃失去 2 分子结晶水。无水氯化镁为无色六方晶系结晶，熔点 708℃，相对密度 2.177。

将由海水制盐时的副产物卤水经浓缩成光卤石（$KCl \cdot MgCl_2 \cdot 6H_2O$），冷却后除去氯化钾，再浓缩、过滤、冷却结晶而制得。

毒理学依据

① LD_{50}：大鼠急性经口大于 800mg/kg（bw）。

② GRAS：FDA-21CFR 182.5446，182.1426。

③ ADI：无须规定（FAO/WHO，1994）。

质量标准

质量标准

项　目		指　标	
		GB 25584—2010	FCC(7)
含量/%	≥	46.4(以 $MgCl_2$ 计) 99.0(以 $MgCl_2 \cdot 6HO_2$ 计)	99.0~105.0
钙/%	≤	0.10(以 Ca^{2+} 计)	
铅/(mg/kg)	≤	1(以 Pb^+ 计)	4
砷(以 As_2O_3 计)/(mg/kg)	≤	0.5(以 As^{3+} 计)	—
硫酸盐/%	≤	0.4(以 SO_4^{2-} 计)	0.03
铵盐/(mg/kg)	≤	50(以 NH_4^+ 计)	0.005%
水不溶物/%	≤	0.10	—
色度/黑曾	≤	30	—

应用　营养强化剂、稳定剂、凝固剂

GB 14880—2012 规定：可用于调制乳粉（儿童用乳粉和孕产妇用乳粉除外），使用量为 300~1100mg/kg；调制乳粉（仅限儿童用乳粉），300~2800mg/kg；调制乳粉（仅限孕产妇用乳粉），300~2300mg/kg；饮料类（14.01 及 14.06 涉及品种除外），30~60mg/kg；固体饮料类，1300~2100mg/kg。使用量以镁计。

作为稳定剂、凝固剂按 GB 2760—2014GB 2760—2014 规定，用于豆类制品，按生产需要适量使用。

生产厂商

① 北京精求化工有限责任公司

② 天津市凯益化工厂

③ 青海铁源镁业有限责任公司

④ 连云港益康佳化工有限公司

氯化锰 manganese chloride

$$MnCl_2 \cdot 4H_2O，197.91（四水物），125.84（无水物）$$

别名　二氯化锰

分类代码　CNS 16.000

理化性质　粉红色半透明不规则大晶体，106℃时失去一分子结晶水，200℃时失去全部结晶水而成无水物。有吸水性，易潮解，易溶于水，极易溶于热水，溶于乙醇，不溶于乙醚。氯化锰中锰元素含量为 27.8%。

将菱锰矿或软锰矿与盐酸反应后，经中和、除杂制得。

毒理学依据

① LD_{50}：小鼠急性经口 1715mg/kg（bw）。

② GRAS：FDA-21CFR 182.5446。

质量标准

质量标准　FCC（7）（参考）

项　　目		指　　标
含量($MnCl_2 \cdot 4H_2O$)/%		98.0～102.0
砷(以 As 计)/(mg/kg)	≤	3
铅/(mg/kg)	≤	4
不溶物/%	≤	0.005
铁/(mg/kg)	≤	5
pH(5%水溶液)		4.0～6.0
硫化物不被沉淀物质(灼烧后)/%	≤	0.2
硫酸盐(以 SO_4 计)/%	≤	0.005

应用　营养强化剂

GB 14880—2012 规定：可用于调制乳粉（儿童用乳粉和孕产妇用乳粉除外），使用量为 0.3～4.3mg/kg；调制乳粉（仅限儿童用乳粉），7～15mg/kg；调制乳粉（仅限孕产妇用乳粉），11～26mg/kg。使用量以锰计。

锰可激活大量的酶，也是许多金属酶不可缺少的部分，参与机体代谢活动。锰活化硫酸软骨素合成酶系统，可促进生长和正常的成骨作用，缺乏时引起生长迟缓，生殖机能受阻。我国居民膳食锰的暂定适宜摄入量为成人 3.5mg/d，可耐受最高摄入量为 10mg/d。

生产厂商

① 江苏淮安市蓝天化工有限公司

② 浙江杭州常青化工有限公司

③ 江苏紫东食品有限公司

④ 湖北新银河化工责任公司

氯化锌 zinc chloride

$$ZnCl_2，136.30$$

理化性质　白色、无臭、易潮解颗粒，熔融后成块状或柱状，溶于水（432g/100mL，25℃）、乙醇、甘油，水溶液呈酸性（pH 值约为 4）。

由氧化锌、锌屑与盐酸作用制取。

质量标准

质量标准　（参考）

项　目		指　标
含量/%		97.0～100.5
氯氧化物		合格
硫酸盐/%	≤	0.03
铵盐		合格
铅/(mg/kg)	≤	50
碱与碱土金属/%	≤	1.0
有机挥发性杂质		合格

应用　营养强化剂

GB 14880—2012 规定：可用于调制乳，使用量为 5～10mg/kg；用于调制乳粉（儿童用乳粉和孕产妇用乳粉除外），使用量为 30～60mg/kg；调制乳粉（仅限儿童用乳粉），50～175mg/kg；调制乳粉（仅限孕产妇用乳粉），30～140mg/kg；豆粉、豆浆粉，29～55.5mg/kg；大米及其制品、小麦粉及其制品、杂粮粉及其制品，使用量 10～40mg/kg；即食谷物，包括辗轧燕麦（片），37.5～112.5mg/kg；面包，10～40mg/kg；西式糕点、饼干，45～80mg/kg；饮料类（14.01 及 14.06 涉及品种除外），3～20mg/kg；固体饮料类，60～180mg/kg；果冻，10～20mg/kg。使用量以锌计。

氯化锌中含锌量 47.97%。

生产厂商

① 浙江嵊州市秋和添加剂厂

② 太原市青欣化工有限公司

③ 郑州天顺食品添加剂有限公司

④ 西安裕华生物科技有限公司

柠檬酸钙 calcium citrate

$$\left[\begin{array}{l} H_2C-COO \\ HO-C-COO \\ H_2C-COO \end{array}\right]_2 Ca_3 \cdot 4H_2O$$

$$Ca_3(C_6H_5O_7)_2 \cdot 4H_2O，570.50$$

分类代码　CNS 16.000；INS 333（iii）

理化性质　白色粉末，无臭，稍吸湿。极难溶于水（0.095g/100mL，25℃）。几乎不溶于乙醇（0.0089g/l00mL，25℃）。加热至 100℃逐渐失去结晶水，至 120℃则完全失去结晶水。

本品理论钙含量为 21.08%。

由柠檬酸与碳酸钙反应制得，或由柠檬酸钠与氯化钙反应制取。

毒理学依据

① GRAS：FDA-21CFR 182.1195，182.5195，182.6195，182.8195。

② ADI：无须规定（FAO/WHO，1994）。

质量标准

质量标准

项　目		指　标	
		GB 17203—1998	FCC(7)
含量(干燥后)/%		98.0～100.5	97.5～100.5
干燥失重/%		10.0～13.3	10.0～14.0
			(150℃,4h)
盐酸不溶物/%	≤	0.2	—
铅/(mg/kg)	≤	5	2
重金属(以 Pb 计)/(mg/kg)	≤	20	—
砷(以 As 计)/(mg/kg)	≤	3	—
氟化物(以 F 计)/(mg/kg)	≤	30	30
溶液澄清度		合格	—

应用　营养强化剂

GB 14880—2012 规定：可用于调制乳，使用量为 250～1000mg/kg；调制乳粉（儿童用乳粉除外），使用量为 3000～7200mg/kg；调制乳粉（仅限儿童用乳粉），3000～6000mg/kg；干酪和再制干酪，2500～10000mg/kg；冰淇淋类、雪糕类，2400～3000mg/kg；豆粉、豆浆粉，1600～8000mg/kg；大米及其制品、小麦粉及其制品、杂粮粉及其制品，1600～3200mg/kg；藕粉，2400～3200mg/kg；即食谷物，包括辗轧燕麦（片），2000～7000mg/kg；面包，1600～3200mg/kg；饼干、西式糕点，2670～5330mg/kg；其他焙烤食品，3000～15000mg/kg；肉灌肠类，850～1700mg/kg；肉松类，2500～5000mg/kg；肉干类，1700～2550mg/kg；脱水蛋制品，190～650mg/kg；醋，6000～8000mg/kg；饮料类（14.01，14.02 及 14.06 涉及品种除外），160～1350mg/kg；果蔬汁（肉）饮料（包括发酵型产品等），1000～1800mg/kg；固体饮料类，2500～10000mg/kg；果冻，390～800mg/kg。使用量以钙计。

生产厂商

① 山东蓬莱市海洋生物化工有限公司，0535-5971485（265600）

② 江苏连云港科德精细化工厂

③ 上海盖欣食品有限公司

④ 天津市燕东矿产品有限公司

⑤ 浙江天石纳米科技有限公司

柠檬酸苹果酸钙 calcium citrate malate

别名　枸橼酸苹果酸钙、果酸钙、CCM

分类代码　CNS 16.000；INS 263

理化性质　白色粉末，溶解度比柠檬酸钙、苹果酸钙大。

柠檬酸、苹果酸混合溶液中，加入钙盐（硫酸钙或氢氧化钙），经中和、沉淀、分离、过滤、干燥后制取。

毒理学依据

① LD_{50}：小鼠急性经口均大于 10g/kg（bw）。

② 致突变试验：Ames 试验、小鼠骨髓嗜多染红细胞微核试验、小鼠精子畸形试验，均为阴性（卫生部食品卫生监督检验所报告）。

质量标准

质量标准　（参考）

项　目		指　标
柠檬酸苹果酸钙含钙量（以 Ca 计，干基计）/%		20～26
澄清度		合格
pH 值		5～8
干燥失重/%	≤	10
盐酸不溶物/%	≤	0.2
氟化物（以 F 计）/（mg/kg）	≤	50
溶解性	≥	80
重金属（以 Pb 计）/（mg/kg）	≤	10
铅（Pb）/（mg/kg）	≤	2
总砷（As）/（mg/kg）	≤	2

应用　营养强化剂

GB 14880—2012 规定：可用于调制乳，使用量为 250～1000mg/kg；调制乳粉（儿童用乳粉除外），使用量为 3000～7200mg/kg；调制乳粉（仅限儿童用乳粉），3000～6000mg/kg；干酪和再制干酪，2500～10000mg/kg；冰淇淋类、雪糕类，2400～3000mg/kg；豆粉、豆浆粉，1600～8000mg/kg；大米及其制品、小麦粉及其制品、杂粮粉及其制品，1600～3200mg/kg；藕粉，2400～3200mg/kg；即食谷物，包括辗轧燕麦（片），2000～7000mg/kg；面包，1600～3200mg/kg；饼干、西式糕点，2670～5330mg/kg；其他焙烤食品，3000～15000mg/kg；肉灌肠类，850～1700mg/kg；肉松类，2500～5000mg/kg；肉干类，1700～2550mg/kg；脱水蛋制品，190～650mg/kg；醋，6000～8000mg/kg；饮料类（14.01，14.02 及 14.06 涉及品种除外），160～1350mg/kg；果蔬汁（肉）饮料（包括发酵型产品等），1000～1800mg/kg；固体饮料类，2500～10000mg/kg；果冻，390～800mg/kg。使用量以钙计。

本品含钙量 19%～26%。钙的生物利用率特别高，钙吸收量超过常用钙制剂碳酸钙和牛奶中的钙。且口感也较好。本品溶解度高，在溶液中不产生沉淀，使用方便。

生产厂商

① 山东蓬莱市海洋生物化工有限公司

② 上海盖欣食品有限公司

③ 无锡必康生物工程有限公司

④ 济南圣和化工有限公司

柠檬酸铁 ferric citrate

$FeC_6H_5O_7 \cdot 2.5H_2O$，244.95

分类代码　CNS 16.000

理化性质　根据组成成分的不同为红褐色粉末或透明薄片。在冷水中溶解缓慢，极易溶于热水，不溶于乙醇。水溶液呈酸性，可被光或热还原，逐渐变成柠檬酸亚铁。本品铁含量为 16.5%～18.5%。

将氢氧化铁加入柠檬酸溶液中溶解，在 60℃以下浓缩、干燥制得。

毒理学依据

① GRAS：FDA-21CFR　184.1298。

② ADI：无须规定（FAO/WHO，1994）。

质量标准

质量标准(日本食品添加物公定书，第八版)(参考)

项　目		指　标
含量(铁)/%		16.5~18.5
氨(铵盐)		合格
硫酸盐/%	≤	0.48
重金属(以 Pb 计)/(mg/kg)	≤	20
砷(以 As₂O₃ 计)/(mg/kg)	≤	4
溶液澄清度		合格

应用　营养强化剂

GB 14880—2012 规定：可用于调制乳，使用量为 10~20mg/kg；用于调制乳粉（儿童用乳粉和孕产妇用乳粉除外），使用量为 60~200mg/kg；调制乳粉（仅限儿童用乳粉），25~135mg/kg；调制乳粉（仅限孕产妇用乳粉），50~280mg/kg；豆粉、豆浆粉，46~80mg/kg；除胶基糖果以外的其他糖果，600~1200mg/kg；大米及其制品、小麦粉及其制品、杂粮粉及其制品，使用量 14~26mg/kg；即食谷物，包括辗轧燕麦（片），35~80mg/kg；面包，14~26mg/kg；饼干，40~80mg/kg；西式糕点，40~60mg/kg；其他焙烤食品，50~200mg/kg；酱油，180~260mg/kg；饮料类（14.01 及 14.06 涉及品种除外），10~20mg/kg；固体饮料类，95~220mg/kg；果冻，10~20mg/kg。使用量以铁计。

本品因呈褐色，故不宜用于不适着色的食品。

生产厂商

① 江苏南通市飞宇精细化学品厂

② 江苏连云港泰达精细化工有限公司

③ 郑州瑞普生物工程有限公司

④ 上海易蒙斯化工科技有限公司

柠檬酸铁铵 ferric ammonium citrate

$$Fe(NH_4)_2H(C_6H_5O_7)_2，488.16$$

分类代码　CNS 16.000；INS 381

理化性质　本品为结构和组成尚未测定的铁、氨和柠檬酸的复合盐。棕色或绿色的碎片、颗粒或粉末，无臭或稍有氨臭，味咸，微带铁味。极易溶于水（1g 本品可溶于 0.5mL 水），不溶于乙醇，溶液对石蕊呈酸性。在空气中易潮解，对光不稳定，在日光作用下，还原为亚铁，遇碱性溶液有沉淀析出。棕色品铁含量较高（16.5%~22.5%），绿色品铁含量较低（14.5%~16.0%）。5%溶液的 pH 值约5.0~8.0。

将氢氧化铁溶于柠檬酸中，加氨水中和浓缩制得。

毒理学依据

① LD₅₀：小鼠急性经口 1mg/kg（bw）。

② GRAS：FDA-21CFR 184.1296。

③ ADI：PMTDI 0.8mg/kg（bw）（铁的暂定日最大容许摄入量。JECFA，2006）。
质量标准

质量标准　（参考）

项　目		指　标	
		JECFA(2006)	FCC(7)
铁含量(棕色盐)/%		16.5～22.5	16.5～18.5
铁含量(绿色盐)/%		14.5～16.0	14.5～16.0
硫酸盐(以 SO₄ 计)/%	≤	0.3	0.3
草酸盐		合格	合格
柠檬酸铁		合格	合格
铅/(mg/kg)	≤	2	2
汞/(mg/kg)	≤	—	1

应用　营养强化剂

GB 14880—2012 规定：可用于调制乳，使用量为 10～20mg/kg；用于调制乳粉（儿童用乳粉和孕产妇用乳粉除外），使用量为 60～200mg/kg；调制乳粉（仅限儿童用乳粉），25～135mg/kg；调制乳粉（仅限孕产妇用乳粉），50～280mg/kg；豆粉、豆浆粉，46～80mg/kg；除胶基糖果以外的其他糖果，600～1200mg/kg；大米及其制品、小麦粉及其制品、杂粮粉及其制品，使用量14～26mg/kg；即食谷物，包括辗轧燕麦（片），35～80mg/kg；面包，14～26mg/kg；饼干，40～80mg/kg；西式糕点，40～60mg/kg；其他焙烤食品，50～200mg/kg；酱油，180～260mg/kg；饮料类（14.01 及 14.06 涉及品种除外），10～20mg/kg；固体饮料类，95～220mg/kg；果冻，10～20mg/kg。使用量以铁计。

作为铁强化剂，可用于强化饼干、调制乳粉等食品。本品尚可作食盐的抗结剂使用，用量为 25mg/kg 以下。由于柠檬酸铁铵成品带有棕色，不适用于不宜着色的食品，又因吸湿性强，也不适用于乳粉等干燥食品。

生产厂商

① 江苏南通市飞宇精细化学品厂

② 江苏连云港泰达精细化工有限公司

③ 济南圣和化工有限公司

④ 北京金路鸿生物技术有限公司

柠檬酸锌 zinc citrate

$$\left[\begin{array}{c} H_2C-COO^- \\ HO-\underset{|}{\overset{|}{C}}-COO^- \\ H_2C-COO^- \end{array} \right]_2 Zn_3^{2+}$$

C₁₂H₁₀O₁₄Zn₃,574.32(无水物), 610.37(二水物)

别名　枸橼酸锌、2-羟基-1,2,3-丙基三羧酸锌

分类代码　CNS 16.000

理化性质　本品二水物为白色无臭粉末，微溶于水，溶于热水，难溶于乙醇、丙酮等有机溶剂。

由碳酸锌与柠檬酸中和反应制取。

毒理学依据　锌为机体必需微量元素，柠檬酸为机体正常代谢物质（参见柠檬酸毒理学依据）。

质量标准

质量标准　中国药典（2005）（参考）

项　目		指　标
含量(以干基计)/%	≥	98.5
酸度		合格
碱度		合格
干燥失重/%	≤	6.5
砷盐		合格
铁盐		合格
铅/(mg/kg)	≤	10

应用　营养强化剂

GB 14880—2012 规定：可用于调制乳，使用量为 5～10mg/kg；用于调制乳粉（儿童用乳粉和孕产妇用乳粉除外），使用量为 30～60mg/kg；调制乳粉（仅限儿童用乳粉），50～175mg/kg；调制乳粉（仅限孕产妇用乳粉），30～140mg/kg；豆粉、豆浆粉，29～55.5mg/kg；大米及其制品、小麦粉及其制品、杂粮粉及其制品，使用量 10～40mg/kg；即食谷物，包括辗轧燕麦（片），37.5～112.5mg/kg；面包，10～40mg/kg；西式糕点、饼干，45～80mg/kg；饮料类（14.01 及 14.06 涉及品种除外），3～20mg/kg；固体饮料类，60～180mg/kg；果冻，10～20mg/kg。使用量以锌计。

无水柠檬酸锌中含锌量 34.15%。

生产厂商

① 江苏连云港泰达精细化工有限公司

② 江苏南通市飞宇精细化学品厂

③ 郑州天顺食品添加剂有限公司

④ 西安裕华生物科技有限公司

葡萄糖酸钙 calcium gluconate

$[CH_2OH(CHOH)_4COO^-]_2Ca^{2+}$

$C_{12}H_{22}O_{14}Ca$，448.39（一水物），430.38（无水物）

分类代码　CNS 16.000；INS 578

理化性质　白色结晶状颗粒或粉末，无臭，无味，在空气中稳定，在水中缓缓溶解。本品 1g 约溶于 30mL25℃水或 5mL 沸水，不溶于乙醇和其他有机溶剂。水溶液的 pH 值为 6～7。本品理论钙含量为 9.31%。

由葡萄糖酸与石灰或碳酸钙中和、浓缩制得。

毒理学依据

① LD_{50}：大鼠静脉注射 950mg/kg（bw）；小鼠腹腔注射 2200mg/kg（bw）。

② GRAS：FDA-21CFR 184.1199。

③ ADI：0～50mg/kg（bw）（FAO/WHO，1994）。

质量标准

质量标准 GB 15571—2010

项　目		指　标
含量(以 $C_{12}H_{22}O_{14}Ca \cdot H_2O$ 计)/%		99.0～102.0
		（以干基计）
砷盐(以 As 计)/(mg/kg)	≤	2
重金属(以 Pb 计)/(mg/kg)	≤	10
干燥失重/%	≤	2.0
蔗糖或还原糖/%		还原糖:≤1%
氯化物/%	≤	0.05
硫酸盐/%	≤	0.05
pH(5%水溶液)		6.0～8.0

应用　营养强化剂

GB 14880—2012 规定：可用于调制乳，使用量为 250～1000mg/kg；调制乳粉（儿童用乳粉除外），使用量为 3000～7200mg/kg；调制乳粉（仅限儿童用乳粉），3000～6000mg/kg；干酪和再制干酪，2500～10000mg/kg；冰淇淋类、雪糕类，2400～3000mg/kg；豆粉、豆浆粉，1600～8000mg/kg；大米及其制品、小麦粉及其制品、杂粮粉及其制品，1600～3200mg/kg；藕粉，2400～3200mg/kg；即食谷物，包括辗轧燕麦（片），2000～7000mg/kg；面包，1600～3200mg/kg；饼干、西式糕点，2670～5330mg/kg；其他焙烤食品，3000～15000mg/kg；肉灌肠类，850～1700mg/kg；肉松类，2500～5000mg/kg；肉干类，1700～2550mg/kg；脱水蛋制品，190～650mg/kg；醋，6000～8000mg/kg；饮料类（14.01，14.02 及 14.06 涉及品种除外），160～1350mg/kg；果蔬汁（肉）饮料（包括发酵型产品等），1000～1800mg/kg；固体饮料类，2500～10000mg/kg；果冻，390～800mg/kg。使用量以钙计。

本品用于果蔬制品同时还具有固化作用。用于丁、片和楔形番茄罐头，最大用量为 0.8g/kg（均以钙计）；整形或块形番茄罐头，0.45g/kg；青豌豆和草莓罐头、热带水果色拉，0.35g/kg；果酱和果冻，0.2g/kg；酸黄瓜，0.25g/kg（单独或与其他固化剂合用）。此外，本品添加于含油量高的糕点或油炸食品中，因其具有螯合金属离子的作用，故可防止油氧化变质及制品发色等。

生产厂商

① 江苏常州市卓云精细化工有限公司

② 河南郑州瑞普生物工程有限公司

③ 无锡必康生物工程有限公司

④ 济南圣和化工有限公司

葡萄糖酸钾 potassium gluconate

$C_6H_{12}O_7K$,252.26(一水物), 234.25(无水物)

分类代码　CNS 16.000；INS 577

理化性质　白色或微黄白色结晶性粉末或颗粒，无臭，微黄，在空气中易溶于水和甘油，微溶于醇，不溶于醚。本品钾含量为 16.69%。

葡萄糖经发酵后转化制得；或由葡萄糖化学方法直接合成制得；或黑曲霉菌将葡萄糖转化为葡萄糖酸内酯，再与氢氧化钾作用制得。

毒理学依据

① LD_{50}：大鼠急性经口大于 1038mg/kg（bw）。

② ADI：0～50mg/kg（bw）（包括游离酸，FAO/WHO，1994）。

质量标准

质量标准（参考）

项　目		指　标	
		JECFA(2006)	FCC(7)
含量(以干基计)/%	≥	97.0～103.0	98.0
还原物质/%	≤	1.0	1.0
干燥失重/%	≤	3(无水物)	3.0(无水物)
		6.0～7.5(一水物)	6.0～7.5(一水物)
铅/(mg/kg)	≤	2	2

应用　营养强化剂

GB 14880—2012 规定：可用于调制乳粉（仅限孕产妇用乳粉），7000～14100mg/kg。使用量以钾计。

生产厂商

① 辽宁辽阳市康佳精细化工厂

② 浙江天益食品添加剂有限公司

③ 蓬莱市海洋生物有限公司

④ 武汉宏信康精细化工有限公司

葡萄糖酸镁 magnesium gluconate

$$[CH_2OH(CHOH)_4COO^-]_2 Mg^{2+} \cdot 2H_2O$$

$C_{12}H_{22}O_{14}Mg \cdot 2H_2O$，450.63（二水物），414.60（无水物）

分类代码　CNS 16.000；INS 580

理化性质　白色至灰色粉末或颗粒，为无水物、二水物或两者的混合物，无臭，易溶于水，微溶于乙醇，不溶于乙醚。本品含镁量为 5.39%。

与葡萄糖酸钾基本相同，用镁盐代替钾盐制取。

毒理学依据

① LD_{50}：小鼠急性经口大于 10g/kg（bw）。

② ADI：0～50mg/kg（bw）（包括游离酸，FAO/WHO，1994）。

质量标准

质量标准　（参考）

项　目		指　标	
		JECFA(2006)	FCC(7)
含量(以干基计)/%		98.0～102.0	98.0～102.0
还原性物质(以 D-葡萄糖计)/%	≤	1.0	1.0
水分/%		3.0～12.0	3.0～12.0
氯化物(以 Cl 计)/%	≤	—	0.05
硫酸盐(以 SO4 计)/%	≤	—	0.05
铅/(mg/kg)	≤	2	2

应用　营养强化剂

GB 14880—2012 规定：可用于调制乳粉（儿童用乳粉和孕产妇用乳粉除外），使用量为 300～1100mg/kg；调制乳粉（仅限儿童用乳粉），300～2800mg/kg；调制乳粉（仅限孕产妇用乳粉），300～2300mg/kg；饮料类（14.01 及 14.06 涉及品种除外），30～60mg/kg；固体饮料类，1300～2100mg/kg。使用量以镁计。

生产厂商

① 辽宁辽阳市康佳精细化工厂

② 浙江天益食品添加剂有限公司

③ 郑州超凡化工有限公司

④ 郑州鸿祥化工有限公司

葡萄糖酸锰 manganese gluconate

$$[CH_2OH(CHOH)_4COO^-]_2Mn^{2+} \cdot 2H_2O$$

$C_{12}H_{22}O_{14}Mn \cdot 2H_2O$，481.27（二水物），445.24（无水物）

分类代码　CNS 16.000

理化性质　本品有无水物与二水物两种，用喷雾干燥所得为无水物，由结晶所得的为二水物。浅粉色粉末，易溶于热水，微溶于乙醇。

葡萄糖酸钙为原料经化学方法加入硫酸锰进行反应而得；或将葡萄糖通过黑曲霉菌转化为葡萄糖酸内酯，与硫酸锰反应制取。

毒理学依据

① LD$_{50}$：小鼠急性经口 9.26g/kg（bw）（6.36～13.5g/kg）（雄性）；

小鼠急性经口 7.94g/kg（bw）（5.2～10.8g/kg）（雌性）。

② GRAS：FDA-21CFR 182.5452，184.1452。

③ 骨髓微核试验：未见致突变性。

质量标准

质量标准　FCC（7）（参考）

项　目		指　标
含量(以无水物计)/%	≥	98.0～102.0
还原性物质/%	≤	1.0
水/%	≤	3.0～9.0(无水物)
		6.0～9.0(二水物)
砷(以 As 计)/(mg/kg)	≤	3
铅/(mg/kg)	≤	2

应用　营养强化剂

GB 14880—2012 规定：可用于调制乳粉（儿童用乳粉和孕产妇用乳粉除外），使用量为 0.3～4.3mg/kg；调制乳粉（仅限儿童用乳粉），7～15mg/kg；调制乳粉（仅限孕产妇用乳粉），11～26mg/kg。使用量以锰计。

葡萄糖酸锰中含锰量，无水物为 12.339%，含水物为 11.415%。

生产厂商

① 辽宁辽阳市康佳精细化工厂

② 郑州瑞普生物工程有限公司

③ 上海易蒙斯化工科技有限公司

④ 济南圣和化工有限公司

葡萄糖酸铜 copper gluconate

$$[CH_2OH(CHOH)_4COO^-]_2Cu^{2+}$$
$$C_{12}H_{22}O_{14}Cu, 453.84$$

分类代码　CNS 16.000

理化性质　淡蓝色粉末，易溶于水，难溶于乙醇。

葡萄糖酸钙经酸化、离心、过离子交换柱后，溶液中加入硫酸铜进行反应，结晶制得。

毒理学依据

① LD_{50}：小鼠急性经口 419mg/kg（bw）［318～552mg/kg（bw）］（哈尔滨医科大学报告）。雄性小鼠急性经口 135mg/kg（bw）（日本佐藤小林报告）。

② GRAS：FDA-21CFR 182.5260，184.1260。

③ 致突变试验：骨髓微核试验、Anles 试验，均未见致突变性。

质量标准

质量标准　FCC（7）（参考）

项　目		指　标
含量/%	≥	98.0～102.0
还原性物质/%	≤	1.0
铅(Pb)/(mg/kg)	≤	5

应用　营养强化剂

GB 14880—2012 规定：用于调制乳粉（儿童用乳粉和孕产妇用乳粉除外），使用量为 3～7.5mg/kg；调制乳粉（仅限儿童用乳粉），2～12mg/kg；调制乳粉（仅限孕产妇用乳粉），4～23mg/kg。使用量以铜计。

铜是人体必需的微量元素，它常与蛋白质结合并以酶的形式发挥功能作用。可维持正常造血功能，维护中枢神经健康等。我国居民膳食铜的推荐摄入量为：成人 2.0μg/d，成人可耐受最高摄入量为 8.0μg/d。葡萄糖酸铜中含铜量 11.68%。

生产厂商

① 辽宁辽阳市康佳精细化工厂

② 浙江天益食品添加剂有限公司

③ 郑州瑞普生物工程有限公司

④ 上海易蒙斯化工科技有限公司

葡萄糖酸锌 zinc gluconate

$$[CH_2OH(CHOH)_4COO^-]_2Zn_xH_2$$

$C_{12}H_{22}O_{14}Zn$，455.69（无水物），509.73（三水物）

分类代码　CNS 16.201

理化性质　无水物或三水合物，无臭，无味，白色或几乎白色的颗粒，或结晶性粉末，易溶于水，极微溶于乙醇。

将碱性碳酸锌或氧化锌与葡萄糖酸作用制得；或生物发酵制备。

毒理学依据

① LD_{50}：小鼠，急性经口（1.93±0.09）kg/kg（bw）（雌性）；（2.99±0.1）g/kg（bw）（雄性）。

② GRAS：FDA-21CFR 182.8988，182.5988。

③ 致突变试验：骨髓微核试验及小鼠睾丸染色体畸变试验均无致突变性。

质量标准

质量标准 GB 8820—2010

项　目		指　标
含量($C_{12}H_{22}O_{14}Zn$ 以干基计)/%		97.0～102.0
干燥减量/%	≤	11.6
还原物质(以 $C_6H_{12}O_6$ 计)/%	≤	1.0
pH(10.0g/L 溶液)		5.5～7.5
氯化物(以 Cl 计)/%	≤	0.05
硫酸盐(以 SO_4 计)/%	≤	0.05
砷(以 As 计)/(mg/kg)	≤	3
铅(Pb)/(mg/kg)	≤	3
镉(Cd)/(mg/kg)	≤	2

应用　营养强化剂

GB 14880—2012 规定：可用于调制乳，使用量为 5～10mg/kg；用于调制乳粉（儿童用乳粉和孕产妇用乳粉除外），使用量为 30～60mg/kg；调制乳粉（仅限儿童用乳粉），50～175mg/kg；调制乳粉（仅限孕产妇用乳粉），30～140mg/kg；豆粉、豆浆粉，29～55.5mg/kg；大米及其制品、小麦粉及其制品、杂粮粉及其制品，使用量 10～40mg/kg；即食谷物，包括辗轧燕麦（片），37.5～112.5mg/kg；面包，10～40mg/kg；西式糕点、饼干，45～80mg/kg；饮料类（14.01 及 14.06 涉及品种除外），3～20mg/kg；固体饮料类，60～180mg/kg；果冻，10～20mg/kg。使用量以锌计。

葡萄糖酸锌中含锌量 14%。

生产厂商

① 河南宇山食品添加剂有限责任公司

② 辽宁辽阳市康佳精细化工厂

③ 浙江天益食品添加剂有限公司

④ 无锡必康生物工程有限公司

⑤ 济南圣和化工有限公司

葡萄糖酸亚铁 ferrous gluconate

$$[CH_2OH(CHOH)_4COO^-]Fe^{2+} \cdot 2H_2O$$

$C_{12}H_{22}O_{14}Fe \cdot 2H_2O$，482.18（二水物），446.15（无水物）

分类代码　CNS 16.203；INS 579

理化性质　浅黄灰色或微带灰绿的黄色粉末或颗粒，稍有类似焦糖的气味。1g 约溶于 10mL 温水中，几乎不溶于乙醇。5%溶液对石蕊呈酸性。本品理论含铁量为 12%。

由还原铁中和葡萄糖酸而成。

毒理学依据

① LD$_{50}$：大鼠急性经口 2237mg/kg（bw）。

② GRAS：FDA-21CFR 182.5308；182.8308。

③ ADI：0~0.8mg/kg（bw）[（PMIDI，Fe），FAO/WHO，1994]。

质量标准

质量标准　（参考）

项　　目		指　　标	
		FCC(7)	JECFA(2006)
含量(以干基计)/%	≥	97.0~102.0	95.0
干燥失重/%	≤	6.5~10.0	6.5~10.0
		(105℃,16h)	
氯化物/%	≤	0.07	—
硫酸盐/%	≤	0.1	—
草酸		合格	—
还原糖		合格	合格
三价铁/%	≤	2.0	2
砷(以 As 计)/(mg/kg)	≤	—	—
铅/(mg/kg)	≤	2	2
汞/(mg/kg)	≤	3	—

应用　营养强化剂、护色剂

GB 14880—2012 规定：可用于调制乳，使用量为 10~20mg/kg；用于调制乳粉（儿童用乳粉和孕产妇用乳粉除外），使用量为 60~200mg/kg；调制乳粉（仅限儿童用乳粉），25~135mg/kg；调制乳粉（仅限孕产妇用乳粉），50~280mg/kg；豆粉、豆浆粉，46~80mg/kg；除胶基糖果以外的其他糖果，600~1200mg/kg；大米及其制品、小麦粉及其制品、杂粮粉及其制品，使用量 14~26mg/kg；即食谷物，包括辗轧燕麦（片），35~80mg/kg；面包，14~26mg/kg；饼干，40~80mg/kg；西式糕点，40~60mg/kg；其他焙烤食品，50~200mg/kg；酱油，180~260mg/kg；饮料类（14.01 及 14.06 涉及品种除外），10~20mg/kg；固体饮料类，95~220mg/kg；果冻，10~20mg/kg。（使用量以铁计）。作为护色剂可用于腌渍的蔬菜（仅限橄榄），最大使用量为 0.15g/kg。使用量以铁计。

本品除可作为铁强化剂外，尚可用于食用橄榄油，以稳定其颜色，最大用量按食品总铁计，用量为 0.15g/kg。本品是可溶性的、生物可利用的亚铁盐。该物被吸收后，其铁部分比葡萄糖部分有较大的潜在毒性威胁，1987 年 FAO/WHO 联合食品添加剂专家委员会将其 ADI 由无须规定改为 0~0.8mg/kg（bw）。由葡萄糖酸亚铁来源的铁应包含在所有其他铁源内，总铁源不应超过此 PMTDI。

生产厂商

① 河南宇山食品添加剂有限责任公司

② 江苏南通市飞宇精细化学品厂

③ 郑州瑞普生物工程有限公司

④ 济南圣和化工有限公司

乳酸钙 calcium lactate

$$[CH_2CHOHCOO^-]_2Ca^{2+} \cdot xH_2O$$

$C_6H_{10}O_6Ca \cdot xH_2O$，218.22（无水盐），308.30（五水盐）

分类代码　CNS 01.310；INS 327

理化性质　白色结晶性颗粒或粉末，几乎无臭，无味。可含 5 分子结晶水，在空气中微有风化性，加热到 120℃失去结晶水变成无水物。缓缓溶于冷水，成为澄明或微混浊的溶液。易溶于热水，几乎不溶于乙醇、乙醚或氯仿。五水物的理论含钙量为 13.00%。

在乳酸液或乳酸发酵液中加碳酸钙或氢氧化钙制得。

毒理学依据

① GRAS：FDA-21CFR 184.1207。

② ADI：无须规定（FAO/WHO，1994）。

质量标准

质量标准 GB 6226—2005

项　　目		指　　标
含量($C_6H_{10}O_6Ca$)(以干基计)/%	≥	98.0～101.0
干燥失重/%		22.0～27.0
		（五水物加热减量的质量分数）
		15.0～20.0
		（三水物加热减量的质量分数）
		5.0～8.0
		（一水物加热减量的质量分数）
		≤3.0
		（干燥型加热减量的质量分数）
水溶解试验		合格
游离酸(以乳酸计)/%		合格
游离碱试验		合格
挥发性脂肪酸		合格
砷(以 As 计)/%	≤	0.0002
重金属(以 Pb 计)/%	≤	0.0002
镁及碱金属/%	≤	1
铅(以 Pb 计)/%	≤	0.001
氟化物(以 F 计)/%	≤	0.0015
铁盐(以 Fe 计)/%	≤	0.005
氯化物(以 Cl 计)/%	≤	0.05
硫酸盐(以 SO$_4$ 计)/%	≤	0.075

应用 钙强化剂、稳定剂、酸度调节剂

GB 14880—2012 规定：可用于调制乳，使用量为 250～1000mg/kg；调制乳粉（儿童用乳粉除外），使用量为 3000～7200mg/kg；调制乳粉（仅限儿童用乳粉），3000～6000mg/kg；干酪和再制干酪，2500～10000mg/kg；冰淇淋类、雪糕类，2400～3000mg/kg；豆粉、豆浆粉，1600～8000mg/kg；大米及其制品、小麦粉及其制品、杂粮粉及其制品，1600～3200mg/kg；藕粉，2400～3200mg/kg；即食谷物，包括辗轧燕麦（片），2000～7000mg/kg；面包，1600～3200mg/kg；饼干、西式糕点，2670～5330mg/kg；其他焙烤食品，3000～15000mg/kg；肉灌肠类，850～1700mg/kg；肉松类，2500～5000mg/kg；肉干类，1700～2550mg/kg；脱水蛋制品，190～650mg/kg；醋，6000～8000mg/kg；饮料类（14.01，14.02 及 14.06 涉及品种除外），160～1350mg/kg；果蔬汁（肉）饮料（包括发酵型产品等），1000～1800mg/kg；固体饮料类，2500～10000mg/kg；果冻，390～800mg/kg。使用量以钙计。

作为稳定剂、酸度调节剂按 GB 2760—2014 规定，尚可用于糖果、加工水果，按生产需要适量使用；复合调味料（仅限油炸薯片调味料），最大使用量 10.0g/kg；蔬菜罐头（仅限酸黄瓜产品），1.5g/kg；固体饮料，21.6g/kg；膨化食品，1.0g/kg。

本品用于果蔬制品，同时还具有稳定、固化作用。用于丁、片和楔形番茄罐头，最大用量为 0.8g/kg（均以钙计）；整形或块型番茄罐头，0.45g/kg；青豌豆罐头、草莓罐头、热带水果色拉，0.35g/kg；酸黄瓜，0.25g/kg（单独或与其他固化剂合用）。此外，本品用于果酱和果冻，同时还具有 pH 值调整作用（维持 pH2.8～3.5），用量约 0.2g/kg。本品可用作一般食品的钙强化。由于人体对本品的吸收率最好，故很适宜作为幼儿及学龄儿童的营养强化剂。

生产厂商

① 河南宇山食品添加剂有限责任公司

② 山东蓬莱市海洋生物化工有限公司

③ 江苏盐城华德生物工程有限公司

④ 深圳市光华伟业实业有限公司

⑤ 郑州瑞普生物工程有限公司

乳酸锌 zinc lactate

$$[CH_3CHOHCOO^-]_2 Zn^{2+} \cdot x H_2O$$
$$C_6 H_{10} O_6 Zn \cdot 3H_2O, \ 297.97$$

分类代码 CNS 16.000

理化性质 为白色结晶性粉末，含 3 分子结晶水。1 份乳酸锌能溶于 60 份冷水或 6 份热水，本品锌含量为 22.2%。

由碳酸锌与乳酸作用制取，或由氧化锌与乳酸反应精制制成。

毒理学依据

LD$_{50}$：小鼠急性经口 977～1778mg/kg（bw）。

质量标准

质量标准　Q/LST001—2004（参考）

项　目		指　标
含量(以干基 $C_6H_{10}O_6Zn$ 计)/%	≥	98
干燥失重/%	≤	18.5
氯化物(以 Cl 计)/%	≤	0.005
硫酸盐(以 SO$_4$ 计)/%	≤	0.02
重金属(以 Pb 计)/%	≤	0.001
砷(以 As 计)/%	≤	0.0003

应用 营养强化剂

GB 14880—2012 规定：可用于调制乳，使用量为 5～10mg/kg；用于调制乳粉（儿童用乳粉和孕产妇用乳粉除外），使用量为 30～60mg/kg；调制乳粉（仅限儿童用乳粉），50～175mg/kg；调制乳粉（仅限孕产妇用乳粉），30～140mg/kg；豆粉、豆浆粉，29～55.5mg/kg；大米及其制品、小麦粉及其制品、杂粮粉及其制品，使用量 10～40mg/kg；即食谷物，包括辗轧燕麦（片），37.5～112.5mg/kg；面包，10～40mg/kg；西式糕点、饼干，45～80mg/kg；饮料类（14.01 及 14.06 涉及品种除外），3～20mg/kg；固体饮料类，60～180mg/kg；果冻，10～20mg/kg。使用量以锌计。

生产厂商

① 河北大地商贸有限公司

② 河南宇山食品添加剂有限责任公司

③ 无锡必康生物工程有限公司

④ 济南圣和化工有限公司

乳酸亚铁 ferrous lactate

$$[CH_3CHOHCOO^-]_2Fe^{2+} \cdot xH_2O$$

$$C_6H_{10}O_6Fe \cdot nH_2O，233.99 （无水物）$$

分类代码　CNS 16.202；INS 585

理化性质　淡绿色结晶，稍有特异臭，有稍带甜味的铁味。左旋对映体为二水物，外消旋混合物为三水物。在冷水中溶解度为 2.5%，在沸水中溶解度为 8.3%，水溶液为带绿色的澄明溶液，呈弱酸性。在空气中被氧化后，颜色逐渐变暗。几乎不溶于乙醇。水溶液（2g/100mL）的 pH 值为 5～6。三水物理论含铁量为 19.04%。

向乳酸溶液中加碳酸钙和硫酸亚铁等制成；或向乳酸溶液中加蔗糖及精制铁粉制得；也可由乳酸钙和氯化铁反应制得。

毒理学依据

① LD$_{50}$：小鼠急性经口 4875mg/kg（bw），大鼠急性经口 3730mg/kg（bw）。

② GRAS：FDA-21CFR 182.5311。

③ ADI：0～0.8mg/kg（bw）（暂定各种来源铁的 PMTDI，FAO/WHO，1994）。

质量标准

质量标准 GB 6781—2007（三水物）

项　目		指　标
含量/%	≥	18.9（以干基计）
砷（以 As 计）/(mg/kg)	≤	3
氯化物（以 Cl 计）/%	≤	0.1
铁（以 Fe^{2+} 计）/%	≤	0.6
铅/(mg/kg)	≤	1
硫酸盐（以 SO$_4$ 计）/%	≤	0.1
干燥失重/%	≤	20
pH		5.0～6.0

应用　营养强化剂

GB 14880—2012 规定：可用于调制乳，使用量为 10～20mg/kg；用于调制乳粉（儿童用乳粉和孕产妇用乳粉除外），使用量为 60～200mg/kg；调制乳粉（仅限儿童用乳粉），25～135mg/kg；调制乳粉（仅限孕产妇用乳粉），50～280mg/kg；豆粉、豆浆粉，46～80mg/kg；除胶基糖果以外的其他糖果，600～1200mg/kg；大米及其制品、小麦粉及其制品、杂粮粉及其制品，使用量14～26mg/kg；即食谷物，包括辗轧燕麦（片），35～80mg/kg；面包，14～26mg/kg；饼干，40～80mg/kg；西式糕点，40～60mg/kg；其他焙烤食品，50～200mg/kg；酱油，180～260mg/kg；饮料类（14.01及14.06涉及品种除外），10～20mg/kg；固体饮料类，95～220mg/kg；果冻，10～20mg/kg。使用量以铁计。

生产厂商

① 河南宇山食品添加剂有限责任公司

② 江苏南通市飞宇精细化学品厂

③ 济南圣和化工有限公司

④ 北京金路鸿生物技术有限公司

生物碳酸钙 biological calcium carbonate

分类代码　CNS 16.205

理化性质　白色微细粉末，无臭，无味，但易吸收空气中臭气，可溶于稀乙酸、稀盐酸、稀硝酸并产生二氧化碳，难溶于稀硫酸，几乎不溶于水和乙醇。在空气中稳定。

将牡蛎壳清洗后精制而成。

毒理学依据

LD_{50}：小鼠急性经口大于10g/kg（bw）。

质量标准

质量标准　QB 1413—1999（参考）

项　目		指　标
含量(碳酸钙,以干基计)/%	≥	97.6
干燥失重/%	≤	1.0
盐酸不溶物/%	≤	0.30
钡(Ba)/%	≤	0.03
砷(以 As 计)/(mg/kg)	≤	3
重金属(以 Pb 计)/(mg/kg)	≤	10
镉(以 Cd 计)/(mg/kg)	≤	0.2
细度/(目)	≥	180

应用　营养强化剂

GB 14880—2012规定：可用于调制乳，使用量为250～1000mg/kg；调制乳粉（儿童用乳粉除外），使用量为3000～7200mg/kg；调制乳粉（仅限儿童用乳粉），3000～6000mg/kg；干酪和再制干酪，2500～10000mg/kg；冰淇淋类、雪糕类，2400～3000mg/kg；豆粉、豆浆粉，1600～8000mg/kg；大米及其制品、小麦粉及其制品、杂粮粉及其制品，1600～3200mg/kg；藕粉，2400～3200mg/kg；即食谷物，包括辗轧燕麦（片），2000～7000mg/kg；面包，1600～3200mg/kg；饼干、西式糕点，2670～5330mg/kg；其他焙烤食品，3000～15000mg/kg；肉灌肠类，850～1700mg/kg；肉松类，2500～5000mg/kg；肉干类，1700～2550mg/kg；脱水蛋制品，190～650mg/kg；醋，6000～8000mg/kg；饮料类（14.01，14.02及14.06涉及品种除外），160～1350mg/kg；果蔬汁（肉）饮料（包括发酵型产品等），1000～1800mg/kg；固体饮料类，2500～10000mg/kg；果冻，390～800mg/kg。使用量以钙计。

生产厂商

① 山东蓬莱市海洋生物化工有限公司

② 上海盖欣食品有限公司

③ 天津市燕东矿产品有限公司

④ 浙江天石纳米科技有限公司

碳酸钙 calcium carbonate

$$CaCO_3，100.09$$

分类代码　CNS 13.006，16.000；INS 170（i）

理化性质、毒理学依据、质量标准（参见膨松剂中轻质碳酸钙）

应用　营养强化剂、面粉处理剂、膨松剂

GB 14880—2012 规定：可用于调制乳，使用量为 250～1000mg/kg；调制乳粉（儿童用乳粉除外），使用量为 3000～7200mg/kg；调制乳粉（仅限儿童用乳粉），3000～6000mg/kg；干酪和再制干酪，2500～10000mg/kg；冰淇淋类、雪糕类，2400～3000mg/kg；豆粉、豆浆粉，1600～8000mg/kg；大米及其制品、小麦粉及其制品、杂粮粉及其制品，1600～3200mg/kg；藕粉，2400～3200mg/kg；即食谷物，包括辗轧燕麦（片），2000～7000mg/kg；面包，1600～3200mg/kg；饼干、西式糕点，2670～5330mg/kg；其他焙烤食品，3000～15000mg/kg；肉灌肠类，850～1700mg/kg；肉松类，2500～5000mg/kg；肉干类，1700～2550mg/kg；脱水蛋制品，190～650mg/kg；醋，6000～8000mg/kg；饮料类（14.01，14.02 及 14.06 涉及品种除外），160～1350mg/kg；果蔬汁（肉）饮料（包括发酵型产品等），1000～1800mg/kg；固体饮料类，2500～10000mg/kg；果冻，390～800mg/kg。使用量以钙计。

碳酸钙的含钙量为 40%，作为钙营养强化剂使用时，按元素钙控制其强化量。碳酸钙依其粒径大小可有重质碳酸钙、轻质碳酸钙和胶体碳酸钙。颗粒越小，越易吸收。此外，维生素 D 可促进钙吸收；热能降低肠道 pH 值或增加钙溶解度的物质均可促进钙的吸收；某些氨基酸可与钙络合形成可溶性盐，亦有利于吸收。

钙是人体重要组成成分，缺乏时可引起生长迟缓、骨钙化不良甚至发生佝偻病等。我国居民膳食钙的推荐摄入量为：成人 800mg/d（50 岁以上为 1000mg/d）。可耐受最高摄入量为成人 2000mg/d。

在进行钙强化时应注意补充适当的维生素 D。特别是对婴幼儿，并要求钙磷比例适宜。2005 年 CAC 婴儿配方粉标准专家组会议建议钙、磷比例应不低于 1∶1，不高于 2∶1（质量比）。

生产厂商

① 山东蓬莱市海洋生物化工有限公司

② 上海盖欣食品有限公司

③ 天津市燕东矿产品有限公司

④ 浙江天石纳米科技有限公司

铁卟啉 iron porphyrin

$$C_{34}H_{36}O_4N_4Fe，620$$

别名 1，3，5，8-四甲基-2,4-二乙基-6，-二丙酸铁卟啉

分类代码 CNS 16.000

理化性质 为深咖啡色粉末或结晶，无味。

食用叶绿素经脱镁、脱植醇基，去异五环，芳构化制成游离卟啉，再经铁络合即成铁卟啉。

毒理学依据

① LD$_{50}$：小鼠急性经口大于 10g/kg（bw）。

② Ames 试验：阴性（上海市卫生防疫站检验报告）。

质量标准

质量标准 上海英勇实业公司企业标准（参考）

项　目		指　标
铁卟啉/%	≥	80.0
铁/%	≥	7.2
砷(以 As 计)/%	≤	0.00015
铅/%	≤	0.0002
水分/%	≤	5.0
灰分/%	≤	7.0

应用 营养强化剂

GB 14880—2012 规定：可用于调制乳，使用量为 10～20mg/kg；用于调制乳粉（儿童用乳粉和孕产妇用乳粉除外），使用量为 60～200mg/kg；调制乳粉（仅限儿童用乳粉），25～135mg/kg；调制乳粉（仅限孕产妇用乳粉），50～280mg/kg；豆粉、豆浆粉，46～80mg/kg；除胶基糖果以外的其他糖果，600～1200mg/kg；大米及其制品、小麦粉及其制品、杂粮粉及其制品，使用量 14～26mg/kg；即食谷物，包括辗轧燕麦（片），35～80mg/kg；面包，14～26mg/kg；饼干，40～80mg/kg；西式糕点，40～60mg/kg；其他焙烤食品，50～200mg/kg；酱油，180～260mg/kg；饮料类（14.01 及 14.06 涉及品种除外），10～20mg/kg；固体饮料类，95～220mg/kg；果冻，10～20mg/kg。使用量以铁计。

生产厂商

① 上海杰隆生物制品有限公司

② 石家庄维平功能食品科技有限公司

③ 湖北巨胜科技有限公司

④ 无锡山禾集团第一制药有限公司

硒蛋白 Se-containing protein

别名 烟草硒蛋白

分类代码 CNS 16.000

理化性质 由富硒烟草中提取的一种含硒蛋白质，含硒量 0.005%～0.01%。性状为浅黄色均匀粉末，具有本品固有的气味，无异味。

烟株，经匀浆，滤取汁液，再经酸化、纯化、干燥制取。

毒理学依据

① LD$_{50}$：小鼠急性经口大于 20g/kg（bw）（福建省食品卫生监督检验所）；小鼠急性经口大于 10g/kg（bw）（同济医科大学公共卫生学院）。

② 致突变试验：微核试验、Anles 试验、小鼠睾丸初级精母细胞染色体畸变试验，均呈阴性。

质量标准

质量标准　福建省企业标准

（Q/SMYC 001—1995）（参考）

项　目		指　标
水分/%	≤	10.0
蛋白质/%	≥	90.0
硒/%		0.005～0.01
砷(以 As 计)/%	≤	0.00005
铅/%	≤	0.0001
尼古丁/(μg/kg)	≤	20.0
菌落总数/(个/g)	≤	100
大肠菌群/(个/100g)	≤	30

应用　营养强化剂

GB 14880—2012 规定：可用于调制乳粉（儿童用乳粉除外），使用量为 $140\sim280\mu g/kg$；调制乳粉（仅限儿童用乳粉），$60\sim130\mu g/kg$；大米及其制品、小麦粉及其制品、杂粮粉及其制品、面包，使用量 $140\sim280\mu g/kg$；饼干，$30\sim110\mu g/kg$；含乳饮料，$50\sim200\mu g/kg$。使用量以硒计。

生产厂商

① 北京大学科技开发部

② 上海泰运科技有限公司

③ 郑州天顺食品添加剂有限公司

④ 济南圣和化工有限公司

硒化卡拉胶 kappa-selenocarrageenan

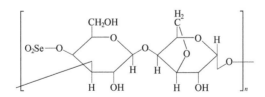

别名　kappa-硒化卡拉胶

分类代码　CNS 16.000

理化性质　微黄至土黄色粉末，有微臭，在水中形成均匀水溶胶。水溶胶呈酸性，在乙醇中几乎不溶。

取硒粉用浓硝酸溶解后，与卡拉胶溶液反应，精制而成。

毒理学依据

① LD_{50}：大鼠急性经口 0.575g/kg（bw）（雌性）；0.703g/kg（bw）（雄性）；小鼠急性经口 0.818g/kg（bw）（雌性）；0.934g/kg（bw）（雄性）。

② 蓄积毒性试验：无明显蓄积毒性作用。

③ 致突变试验：Ames 试验、骨髓微核试验及小鼠精子畸形试验，均未见致突变作用。

④ 亚慢性毒性试验：除高剂量（420mg/kg）组动物有体重增长受限，部分动物肝脏呈肝硬化变化外，其余各组的生化指标等检验均未见明显异常。其无作用量为 12.5mg/kg。按安全系数 100 计算，ADI 为 0.125mg/kg（bw）[相当于 Se，1.5μg/kg（bw）]。

质量标准

质量标准 GB 送审稿（1992）（参考）

项　目		指　标
硒含量/%		0.8～1.2
有机硒率/%	≥	90
干燥失重/%	≤	8
灼烧残渣/%		23～28
重金属（以 Pb 计）/%	≤	0.001
镉/%	≤	0.00005
汞/%	≤	0.00005
砷（以 As 计）/%	≤	0.0003

应用　营养强化剂

GB 14880—2012 规定：仅限用于 14.03.01 含乳饮料，使用量为 50～200μg/kg。（使用量以硒计）。

硒是人体必需微量元素，主要与机体的抗氧化和免疫作用有关。但应特别注意的是过量摄入可引起中毒。我国每日膳食中硒的推荐摄入量（RNI）和可耐受最高摄入量：儿童 1～3 岁，20μg/d；3～6 岁，40μg/d；7～12 岁的儿童和其他人均为 50μg/d。通常，有机硒化物的毒性比无机硒化物低，且有更好的生物可利用性和生理增益作用。

生产厂商

① 青岛鹏洋科技发展有限公司

② 河南省所以化工有限公司

③ 济南圣和化工有限公司

④ 郑州天顺食品添加剂有限公司

亚硒酸钠 sodium selenite

Na₂SeO₃，172.95（无水物），263.026（五水物）

Na_2SeO_3，172.95（无水物），263.026（五水物）

别名　亚硒酸二钠

分类代码　CNS 16.000

理化性质　白色结晶，在空气中稳定，易溶于水，不溶于乙醇。五水物易在空气中风化失去水分；加热至红热时分解。本品理论含硒量 45.7%。

单质硒用硝酸溶解，经反应生成亚硒酸和二氧化氮，除去二氧化氮，用氢氧化钠溶液中和，加热浓缩而制得。

毒理学依据

LD₅₀：大鼠急性经口 7mg/kg（bw）。

质量标准

质量标准　　（山东原料药质量标准）（参考）

项　目		指　标
亚硒酸钠（以干基计）/%	≥	98.0
溶液澄清度（1%溶液）		合格
硝酸盐/%	≤	0.01
氯化物（以 Cl 计）/%	≤	0.01
碳酸盐		合格
硒酸盐、硫酸盐		合格
重金属（以 Pb 计）/%	≤	0.002

应用　营养强化剂

GB 14880—2012 规定：可用于调制乳粉（儿童用乳粉除外），使用量为 $140\sim280\mu g/kg$；调制乳粉（仅限儿童用乳粉），$60\sim130\mu g/kg$；大米及其制品、小麦粉及其制品、杂粮粉及其制品、面包，使用量 $140\sim280\mu g/kg$；饼干，$30\sim110\mu g/kg$；含乳饮料，$50\sim200\mu g/kg$。使用量以硒计。

本品有一定毒性，但硒为人体营养所必需，需要量甚微，应严格按国家有关规定使用。硒是人体必需的微量元素。在人体的各组织中均存在。其主要生理功能是以谷胱甘肽过氧化物酶的形式发挥抗氧化作用，保护细胞膜的完整性。

生产厂商
① 湖南长沙亚光经贸有限公司
② 郑州世纪安华食品添加剂有限公司
③ 郑州德瑞生物科技有限公司
④ 湖北兴银河化工有限公司

氧化锌 zinc oxide

$$ZnO，81.39$$

别名　锌白、锌氧粉
分类代码　CNS　16.000
理化性质　白色无定形细粉，无臭，在空气中逐渐吸收 CO_2，熔点大于 1800℃，不溶于水、乙醇，溶于稀酸和强碱液。

以金属锌为原料，在坩埚中加热至 1000℃以上，用热空气氧化，冷却而制得。

毒理学依据
① LD_{50}：大鼠腹腔注射 240mg/kg（bw）。
② GRAS：FDA-21 CFR182.8891。

质量标准

质量标准　　（参考）

项　目		指　标	
		中国药典（2005）	FCC（7）
含量（ZnO，灼烧后）/%	≥	99.0	99.0
碱度		合格	合格
镉/%	≤	—	3
砷（以 As 计）/（mg/kg）	≤	2	—
铅/（mg/kg）	≤	合格	10
铁/（mg/kg）	≤	50	—
灼烧残渣/%	≤	1.0	1.0
碳酸盐与酸不溶物		合格	—
硫化不沉淀物/%	≤	—	0.5

应用 营养强化剂

GB 14880—2012 规定：可用于调制乳，使用量为 5～10mg/kg；用于调制乳粉（儿童用乳粉和孕产妇用乳粉除外），使用量为 30～60mg/kg；调制乳粉（仅限儿童用乳粉），50～175mg/kg；调制乳粉（仅限孕产妇用乳粉），30～140mg/kg；豆粉、豆浆粉，29～55.5mg/kg；大米及其制品、小麦粉及其制品、杂粮粉及其制品，使用量 10～40mg/kg；即食谷物，包括辗轧燕麦（片），37.5～112.5mg/kg；面包，10～40mg/kg；西式糕点、饼干，45～80mg/kg；饮料类（14.01 及 14.06 涉及品种除外），3～20mg/kg；固体饮料类，60～180mg/kg；果冻，10～20mg/kg。使用量以锌计。

本品含锌量 80.34%，使用时可溶于乙酸、有机酸、弱碱液。为微量元素锌的供应物。

生产厂商

① 河北寒鹰工贸有限公司元氏活性氧化锌厂

② 诸暨市化工研究所

③ 郑州天顺食品添加剂有限公司

④ 西安裕华生物科技有限公司

乙酸钙 calcium acetate

$$H_3C-\overset{\overset{\displaystyle O}{\|}}{C}-O-Ca-O-\overset{\overset{\displaystyle O}{\|}}{C}-CH_3$$

$C_4H_6O_4Ca \cdot H_2O$，176.18（一水物），158.17（无水物）

别名 醋酸钙

分类代码 CNS 16.000；INS 263

理化性质 白色细小疏松粉末，无臭，味微苦，易吸湿，加热至 160℃ 分解成碳酸钙和丙酮。易溶于水，微溶于乙醇。本品理论钙含量为 22.7%。

由乙酸与碳酸钙或氢氧化钙反应，精制而成；或由焦木酸（木乙酸）与氢氧化钙中和，精制而成。

毒理学依据

① LD_{50}：小鼠静脉注射 52mg/kg（bw）。

② GRAS：FDA-21CFR 181.29，182.6190，184.1185。

③ ADI：无须规定（FAO/WHO，1994）。

质量标准

质量标准

项 目		指 标	
		GB 15572—1995	JECFA（2006）
含量（以无水物）/%	≥	98.0～102.0	98（干燥后）
水分/%	≤	7	—
干燥失重（155℃恒重；一水物）/%	≤	—	11
水不溶物/%	≤	—	0.3
pH 值（10%水溶液）		6～8	6～9
甲酸及可氧化杂质		—	合格
醛类		—	合格
砷（以 As 计）/(mg/kg)	≤	2	—
铅/(mg/kg)	≤	—	2
重金属（以 Pb 计）/(mg/kg)	≤	25	—
氯化物/%	≤	0.050	—
氟化物/%	≤	0.005	—
硫酸盐/%	≤	0.1	—
钡盐		合格	—
镁盐与碱金属盐	≤	1.0	—

应用　营养强化剂。

GB 14880—2012 规定：可用于调制乳，使用量为 250～1000mg/kg；调制乳粉（儿童用乳粉除外），使用量为 3000～7200mg/kg；调制乳粉（仅限儿童用乳粉），3000～6000mg/kg；干酪和再制干酪，2500～10000mg/kg；冰淇淋类、雪糕类，2400～3000mg/kg；豆粉、豆浆粉，1600～8000mg/kg；大米及其制品、小麦粉及其制品、杂粮粉及其制品，1600～3200mg/kg；藕粉，2400～3200mg/kg；即食谷物，包括辗轧燕麦（片），2000～7000mg/kg；面包，1600～3200mg/kg；饼干、西式糕点，2670～5330mg/kg；其他焙烤食品，3000～15000mg/kg；肉灌肠类，850～1700mg/kg；肉松类，2500～5000mg/kg；肉干类，1700～2550mg/kg；脱水蛋制品，190～650mg/kg；醋，6000～8000mg/kg；饮料类（14.01，14.02 及 14.06 涉及品种除外），160～1350mg/kg；果蔬汁（肉）饮料（包括发酵型产品等），1000～1800mg/kg；固体饮料类，2500～10000mg/kg；果冻，390～800mg/kg。使用量以钙计。

生产厂商

① 山东蓬莱市海洋生物化工有限公司

② 北京精求化工有限责任公司

③ 上海祁邦实业有限公司

④ 郑州诚旺化工有限公司

乙酸锌 zinc acetate

$$C_4H_6O_4Zn \cdot 2H_2O, \ 219.51$$

别名　醋酸锌

分类代码　CNS　16.000

理化性质　有无水物与二水物之不同。二水物为白色结晶，色暗淡，有醋酸嗅，味涩，微有风化，熔点 237℃。溶于水和乙醇（1g 溶于 2.3mL 水、30mL 乙醇）。水溶液呈中性或微酸性（pH 值为 5～6）。无水乙酸锌中含锌量 35.04%。

由硝酸锌与醋酸酐作用制取。

毒理学依据

LD_{50}：大鼠急性经口 2.6g/kg。

质量标准

质量标准　（参考）

项　目		指　标
含量（以 $C_4H_6O_4Zn \cdot 2H_2O$ 计）/%		98.0～102.0
水不溶物/%	≤	0.005
砷（以 As 计）/(mg/kg)	≤	3
铅/(mg/kg)	≤	20
氯化物（以 Cl 计）/%	≤	0.005
硫酸盐（以 SO_4 计）/%	≤	0.010
碱与碱土金属/%	≤	0.20
有机挥发性杂质		合格

应用　营养强化剂

GB 14880—2012 规定：可用于调制乳，使用量为 5～10mg/kg；用于调制乳粉（儿童用乳粉和孕产妇用乳粉除外），使用量为 30～60mg/kg；调制乳粉（仅限儿童用乳粉），50～175mg/kg；调制乳粉（仅限孕产妇用乳粉），30～140mg/kg；豆粉、豆浆粉，29～55.5mg/kg；大米及其制品、小麦粉及其制品、杂粮粉及其制品，使用量 10～40mg/kg；即食谷物，包括辗轧燕麦（片），37.5～112.5mg/kg；面包，10～40mg/kg；西式糕点、饼干，45～80mg/kg；饮料类（14.01 及 14.06 涉及品种除外），3～20mg/kg；固体饮料类，60～180mg/kg；果冻，10～20mg/kg。使用量以锌计。

锌是必需微量元素，是机体许多金属酶的组成或酶的激活剂，对细胞分化、基因表达、维持生物膜结构和参与免疫功能等有重要作用。我国居民膳食锌的推荐摄入量为：成人男性 15.5mg/d，成人女性 11.5mg/d。可耐受最高摄入量为：成人男性 45mg/d。成人女性 37mg/d。

生产厂商
① 江苏昆山市花桥化工四厂
② 河北省石家庄亚风化工厂
③ 郑州天顺食品添加剂有限公司
④ 西安裕华生物科技有限公司

5.4 不饱和脂肪酸类

1,3-二油酸-2-棕榈酸甘油三酯 1,3-dioleoyl-2-palmitoyl-triglyceride

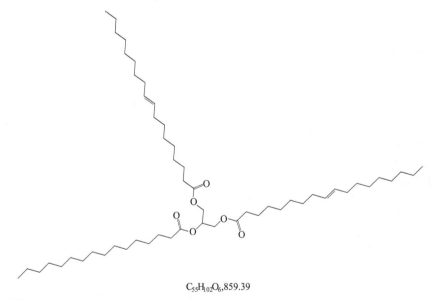

$C_{55}H_{102}O_6$,859.39

别名 OPO

分类代码 CNS 16.000

理化性质 无色液体，纯品无臭、无味。密度为 0.928g/cm³。

以三棕榈酸甘油酯（PPP）和油酸（OA）为底物，通过 1,3-特异性脂肪酶 RMIM 催化的酸解反应制得。

毒理学依据

LD$_{50}$：白鼠急性经口大于 20.0g/kg（bw）。

质量标准

质量标准 GB 送审稿（2012）（参考）

项　目		指　标
过氧化值/(meq/kg)	≤	2.0
酸价(以 KOH 计)/(mg/g)	≤	3.0
反式脂肪酸/%	<	1
2 位棕榈酸占所有棕榈酸含量/%	≥	52
1,3-二油酸-2-棕榈酸甘油三酯含量		
(以 C$_{52}$甘油三酯计)/%	≥	40
棕榈酸甘油三酯含量/%	<	10
二噁英/(μg/kg)	≤	0.75
总多环芳烃/(μg/kg)	≤	25
重质多环芳烃/(μg/kg)	≤	5
黄曲霉毒素 B$_1$/(μg/kg)	≤	2
黄曲霉毒素 B$_1$+B$_2$+G$_1$+G$_2$/(μg/kg)	≤	4
总砷(以 As 计)/(mg/kg)	≤	0.1
铅(以 Pb 计)/(mg/kg)	≤	0.1

应用　营养强化剂

GB 14880—2012 规定：调制乳粉（仅限儿童用乳粉，液体按稀释倍数折算），使用量为 24～96g/kg。

生产厂商

① 上海惠诚生物科技有限公司

② 上海柯维化学技术有限公司

③ 深圳市立腾远化学科技有限公司

④ 上海博滋曼生物科技有限公司

γ-亚麻油酸　γ-linolenic acid

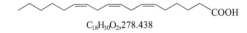

C$_{18}$H$_{30}$O$_2$,278.438

别名　顺式-6，9，12-十八碳三烯酸

分类代码　CNS　16.000

理化性质　为黄色油状液体。

以水解糖为原料，接种深黄被孢霉（Mortierella isabellina），经液体发酵后得干燥菌丝体，通过二氧化碳超临界萃取制得。

毒理学依据

① LD$_{50}$：小鼠、大鼠急性经口均大于 12.0g/kg（bw）（北京医科大学报告）；小鼠急性经口大于 20mg/kg（bw）（上海市卫生防疫站报告）。

② 喂养试验：大鼠蓄积系数大于 5（北京医科大学报告）。

③ Ames 试验：未见致突变性（上海市卫生防疫站报告）。

④ 致突变试验：Ames 试验、骨髓微核试验、小鼠精子畸形试验，均未见致突变性（卫生部食品卫生监督检验所报告）。

质量标准

质量标准　DB31/123—1993（参考）

项　目		指　标
含量（γ-亚麻酸）/％	≥	6.5
密度/（g/mL）		0.906～0.922
酸值（以 KOH 计）/（mg/g）		4.5
过氧化值/％	≤	0.35
砷（以 As 计）/％	≤	0.00005
铅/％	≤	0.0001

应用　营养强化剂。

GB 14880—2012 规定：可用于调制乳粉，使用量为 20～50g/kg；植物油，20～50g/kg；饮料类（14.01 及 14.06 涉及品种除外），20～50g/kg。

γ-亚麻酸是 n-6 系列多不饱和脂肪酸，在人体内可由食物中亚油酸转化而来，并可进一步转化成花生四烯酸等。是体内前列腺素的中间产物，为人体所必需，且存在于母乳中，一旦缺少将导致体内组织机能的严重紊乱，引起各种疾病如高血脂症、糖尿病、病毒感染、皮肤老化等。

生产厂商

① 河南许昌元化生物科技有限公司

② 成都凯华食品有限责任公司

③ 陕西森弗高科实业有限公司

④ 安庆市中创生物工程有限公司

二十二碳六烯酸 docosahexenoic acid (DHA)

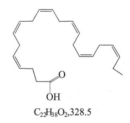

$C_{22}H_{38}O_2, 328.5$

别名　金枪鱼油、DHA

分类代码　CNS 16.000

理化性质　无色至淡黄色透明液体，纯品无臭、无味，熔点 $-44.5～44℃$。

由金枪鱼等海产鱼油浓缩、分离制取，或由甲藻纲等藻类制取。

毒理学依据

LD_{50}：白鼠急性经口大于 20.0g/kg（bw）。

应用　营养强化剂

GB 14880—2012 规定：可用于调制乳粉（仅限儿童用乳粉），使用量为小于等于 0.5％（占总脂肪酸质量的百分比）；调制乳粉（仅限孕产妇用乳粉），使用量为 300～1000mg/kg。

二十二碳六烯酸是 n-3 系列多不饱和脂肪酸，是人乳中主要的长链多不饱和脂肪酸，尽管其可由必需脂肪酸亚麻酸转化而来，但合成数量不足时也由食物供给，此外，乳汁中 DHA 含量的变异范围很大（海产品摄入量大的人群母乳中含量高），故对婴幼儿、尤其是婴儿配方乳粉喂养的婴幼儿很有强化的必要。

生产厂商

① 西安璟程生物科技有限公司

② 苏州厚金化工有限公司

③ 常州迪沙医药科技有限公司

④ 北京金路鸿生物技术有限公司

花生四烯酸 arachidonic acid

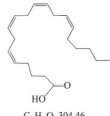

$C_{20}H_{33}O_2$,304.46

别名　二十碳四烯酸、AA

分类代码　CNS　16.000

理化性质　含量在 40％时为淡黄色液体，25％以下一般为白色颗粒状结晶。无氧条件下热稳定性好。溶于正己烷、乙醇等中，少量溶于 37℃水。

由高山被孢霉（Mortierella alpina）发酵培养所得菌丝体经抽提、精制而成。也可制成花生四烯酸单细胞油。

毒理学依据

LD_{50}：白鼠急性经口大于 20.0g/kg（bw）。

质量标准

质量标准 GB 26401—2011

项　目		指　标
含量（以 $C_{20}H_{33}O_2$ 甘油三酯计）/％	≥	38.0
不皂化物/％	≤	4.0
水分/％	≤	0.1
不溶性杂质/％	≤	0.2
溶剂残留/(mg/kg)	≤	1.0
酸价（以 KOH 计）/(mg/g)	≤	1.0
过氧化值/(meq/kg)	≤	5.0
反式脂肪酸/％	≤	1.0
黄曲霉毒素 B_1/(μg/kg)	≤	5.0
总砷（以 As 计）/(mg/kg)	≤	0.1
铅（以 Pb 计）/(mg/kg)	≤	0.1

应用　营养强化剂

GB 14880—2012 规定：可用于调制乳粉（仅限儿童用乳粉），使用量为小于等于 1％（占总脂肪酸质量的百分比）。

花生四烯酸是 n-6 系列多不饱和脂肪酸，尽管在人体内可由必需脂肪酸、亚油酸转化而来，并可进一步转化为一系列重要的生理活性物质，但在合成数量不足时必须由食物供给，尤其难以满足婴幼儿的生理需要。由于它是人乳中主要的长链多不饱和脂肪酸，对于婴幼儿配方乳粉来说更有强化的必要。

生产厂商

① 上海柯维化学技术有限公司

② 上海迈瑞尔化学技术有限公司

③ 百灵威科技有限公司

④ 武汉华美华科技（集团）有限公司上海分公司

5.5　其他

低聚果糖 fructo oligosaccharide

别名　蔗果低聚糖

分类代码　CNS 16.000

理化性质　白色粉末，无臭、无味，可溶于水。溶解黏度随含量增加而加大，随温度升高而降低。pH 值为中性时，低聚果糖在 120℃稳定；pH 值为 3，温度达 70℃以后，低聚糖极易分解，稳定性明显降低。

以菊芋粉为原料用菊糖内切酶水解作用，经精制可得低聚果糖。

质量标准

质量标准 GB/T 23528—2009

项　　目		液体（L）						固体（S）					
		50	55	70	75	90	95	50	55	70	75	90	95
水分/%	≤	—		—						5.0			
干物质（固形物）/%	≥	70		75						—			
pH 值							4.5～7.0						
低聚果糖总含量（占干物质）/%	≤	50.0	55.0	70.0	75.0	90.0	95.0	50.0	55.0	70.0	75.0	90.0	95.0
电导灰分/%	≤						0.4						
色度	≤			0.2						—			
透光率/%	≥			85						—			

应用　营养强化剂、着色剂

GB 14880—2012 规定：可用于调制乳粉（仅限儿童用乳粉和孕产妇用乳粉），使用量小于等于 64.5g/kg。

低聚果糖是一种天然活性物质。甜度为蔗糖的 0.3～0.6 倍。既保持了蔗糖的纯正甜味性质，又比蔗糖甜味清爽。是具有调节肠道菌群，增殖双歧杆菌，促进钙的吸收，调节血脂，免疫调节，抗龋齿等保健功能的新型甜味剂，被誉为继抗生素时代后最具潜力的新一代添加剂——促生物质；在法国被称为原生素（PPE），已在乳制品、乳酸菌饮料、固体饮料、糖果、饼干、面包、果冻、冷饮等多种食品中应用。

生产厂商

① 西安迪诺生物科技有限公司

② 上海金穗生物科技有限公司

③ 浙江盛通生物科技有限公司

④ 湖北远成赛创科技有限公司

酪蛋白钙肽 casein calcium peptide（casein and caseinate salts）

别名　CCP

分类代码　CNS　16.000

理化性质　白色或淡黄色粉末，具有独特的芳香味，溶于水呈透明状，水溶液加热120℃、30min 无沉淀。

由牛乳中酪蛋白的钙盐（酪蛋白钙）经酶处理制得。

毒理学依据

① LD_{50}：白鼠急性经口大于 15g/kg（bw）。

② 小鼠嗜多染红细胞微核试验未发现诱变作用。

质量标准

质量标准　FCC（7）（参考）

项　　目		指　标
含量(干基)/%	≥	90.0(酸性酪蛋白)
		86.0(皱胃酪蛋白)
		84.0(酪蛋白盐)
脂肪/%	≤	2.25
游离酸		检验合格
乳糖/%	≤	2.0
铅/(mg/kg)	≤	1
干燥失重/%	≤	12.0

应用　营养强化剂

GB 14880—2012 规定：可用于粮食和粮食制品，包括大米、面粉、杂粮、淀粉等（06.01 及 07.0 涉及品种除外），使用量为小于等于 1.6g/kg；饮料类（14.01 涉及品种除外），使用量为小于等于 1.6g/kg（固体饮料按冲调倍数增加使用量）。

本品可通过与钙络合，保持钙在小肠弱碱性环境中的溶解度并促进其吸收，故可作为钙的吸收促进剂，添加量为钙含量的 35%～50%。

生产厂商

① 特克斯县科瑞乳品开发有限公司

② 北京金路鸿生物技术有限公司

③ 上海宛道实业有限公司

④ 陕西森弗天然制品有限公司

酪蛋白磷酸肽 casein phosphopeptides

别名　酪蛋白磷肽、CPP

分类代码　CNS 16.000

理化性质　乳白色或淡黄色粉末，有轻微的芳香气味，易溶于水，水溶液呈中性，在酸性条件下不易沉淀，有良好的热稳定性。

酪蛋白用蛋白酶水解，经分离精制而得。

毒理学依据

① LD_{50}：白鼠急性经口大于 15g/kg（bw）。

② 致突变试验：Ames 试验、微核试验及小鼠精子畸变试验，均未发现致突变作用。

质量标准

质量标准 GB 31617—2014（2015-5-24 实施）

项　目		指　标
酪蛋白磷酸肽含量(以干基计)/%		符合声称
总氮(以干基计)/%	≥	10
干燥减量/%	≤	7.0
灰分/%	≤	20
铅(Pb)/(mg/kg)	≤	2

应用　营养强化剂

GB 14880—2012 规定：可用于粮食和粮食制品，包括大米、面粉、杂粮、淀粉等（06.01 及 07.0 涉及品种除外）、调制乳、风味发酵乳，使用量为小于等于 1.6g/kg；饮料类（14.01 涉及品种除外），使用量为小于等于 1.6g/kg（固体饮料按冲调倍数增加使用量）。

本品可在人体小肠弱碱性环境中与 Ca^{2+}、Fe^{2+} 等离子形成可溶络合物，防止产生不溶性沉淀，从而促进其吸收利用。商品 CPP 分为高纯度产品（含量 85% 以上）和低纯度产品（含量 12% 以上）。经动物试验，CPP 促进钙吸收最佳配比为 1：0.35（Ca：CPP）。

生产厂商

① 特克斯县科瑞乳品开发有限公司

② 上海蒙究实业有限公司

③ 天津食源生物科技有限公司

④ 厦门仁驰化工有限公司

乳铁蛋白 lactoferrin，LF

别名　乳铁传递蛋白

分类代码　CNS 16.000

理化性质　乳铁蛋白内含（铁结合部位），铁半饱和到饱和的乳铁蛋白成红色，在 475nm 处有特殊的吸收峰。乳铁蛋白是碱性蛋白，表面具有多个带正电碱性区域。牛乳中的乳铁蛋白的等电点为 pH 值为 8.0±0.2，人乳铁蛋白的 pH 值为 5.6～6.1。

由新鲜牛奶经提取、纯化制取乳铁蛋白。

毒理学依据

LD_{50}：白鼠急性经口大于 20.0g/kg（bw）。

质量标准

质量标准　内蒙古伊利实业集团股份有限公司（参考）

项　目		指　标
总蛋白质/%	≥	95.0
乳铁蛋白占总蛋白比例/%	≥	90
水分/%	≤	8.00
灰分/%	≤	5.00
铁饱和度/%		5～20
pH		4.5～6.8
颗粒度要求：		
40 目筛分通过率/%	≥	85
50 目筛分通过率/%	≥	50
溶解度		完全溶解，无肉眼溶物

应用 营养强化剂

GB 14880—2012 规定：可用于调制乳、风味发酵乳、含乳饮料，使用量为小于等于 1.0g/kg。

乳铁蛋白是一种具有多种生物学功能的蛋白质，它不仅参与铁的转运，而且具有抗微生物、抗氧化、抗癌、调节免疫系统等功能，被认为是一种新型的抗菌抗癌药物和极具开发潜力的食品和饲料添加剂。

生产厂商

①上海凝信生物科技有限公司

② 上海煜涛实业有限公司

③ 北京铭成基业科技有限公司

④ 厦门慧嘉生物科技有限公司

叶黄素 lutein(vegetable lutein)

$C_{40}H_{56}O_2$,568.85

别名 胡萝卜醇、植物黄体素、叶黄体、万寿菊色素、植物叶黄素

分类代码 CNS 08.146；INS 161b；CAS 127-40-2

理化性质 具金属光泽的结晶，不溶于水，溶于油性溶剂。密度：$1.004g/cm^3$。

以万寿菊（Tagetes erecta L）油树脂为原料，经皂化、提取精制而成。

毒理学依据

① LD_{50}：大、小鼠急性经口大于 10000mg/kg（bw）。

② 致突变试验：Ames 试验、微核试验及小鼠精子畸变试验结果均为阴性。

质量标准

质量标准 GB 26405—2011

项 目		指 标
总类胡萝卜素/%	≥	80.0
叶黄素/%	≥	70.0
玉米黄质/%	≥	9.0
干燥减量/%	≤	1.0
灰分/%	≤	1.0
正己烷/（mg/kg）	≤	50
总砷（以 As 计）/（mg/kg）	≤	3
铅(Pb)/（mg/kg）	≤	3

应用 营养强化剂、着色剂

GB 14880—2012 规定：可用于调制乳粉（仅限儿童用乳粉，液体按稀释倍数折算），使用量为 1620～2700μg/kg。

叶黄素是一种性能优异的抗氧化剂，可抵御氧自由基在人体内造成细胞与器官损伤，预防机体衰老引发的心血管硬化、冠心病等症状。最重要的是叶黄素是唯一可以存在眼睛水晶体的

类胡萝卜素成分，是视网膜黄斑的主要色素和抗氧化成分，许多眼科疾病都与叶黄素的缺乏有很大关系，叶黄素对于眼睛起着重要保护作用。

生产厂商

① 京衡瑞康科贸（北京）有限公司

② 广州市辉乐医药科技有限公司

③ 西安天一生物技术有限公司

④ 厦门思瑞达科技有限公司

第 6 章　辅助加工及其他类

辅助加工类添加剂不仅涉及到在食品原材料的制作、加工预处理过程中使用的食品工业用加工助剂，而且还包括直接用于成品或半成品食品中的，以及为帮助产品成型或利于改善包装条件所使用的各种辅助材料，如被膜剂、消泡剂、酶制剂等。许多其他类物种与食品工业用加工助剂在使用功能和特性方面有相似之处（如高锰酸钾、硫酸锌、月桂酸均作为加工辅助使用），故并在本章中一同介绍。

6.1　消泡剂 antifoaming agent

消泡剂是在食品加工过程中降低表面张力，消除泡沫的物质。消泡剂属一种分子量较大的表面活性剂，多为非离子型。其使用是针对某些食物的加工处理，或因某些蛋白质形成胶体溶液过程中产生大量的气泡和泡沫，并影响生产的延续或进行的缘故。泡沫不消除或不加以控制，会降低设备容积的利用，增加加工时间，也会影响最终产品的质量。一般消泡剂可分为水溶性消泡剂，如含羟基的物质（低级醇或甘油类）和非水溶性的消泡剂（高级醇酯类）。

高碳醇脂肪酸酯复合物 higher alcohol fatty acid ester complex

别名　DSA-5

分类代码　CNS 03.002

理化性质　白色或淡黄色黏稠液体，无腐蚀性，不易燃，不易爆，不挥发，性质稳定。1%水溶液 pH 值为 8～9，相对密度 0.78～0.88。室温下及加热时易流动，-25～-30℃时黏度增大，流动性差。

毒理学依据

① LD_{50}：大鼠急性经口大于 15g/kg（bw），大鼠急性经口 5～9g/kg（bw）（三乙醇胺）。

② 致突变试验：Ames 试验，大鼠骨髓染色体畸变试验，无致突变作用。

质量标准

质量标准　企业标准（参考）

项　目		指　标
酸值/(mg/kg)		27～31
皂化值/(mg/kg)		24～42
羟值/(mg/kg)		6～18
铅/%	≤	0.001
砷（以 As 计)/%	≤	0.0003
3,4-苯荓芘		不得检出
镍定性实验		阴性

应用 消泡剂

食品加工中的参考用量：用于酿造工艺，最大使用量为 1.0g/kg；豆制品工艺，1.6g/kg；制糖工艺及发酵工艺，3.0g/kg。本品实际使用量少，消泡效果好。在标准范围内使用，消泡率达 96%～98%。

生产厂商

① 湖北鑫润德化工有限公司

② 武汉能仁医药化工有限公司

③ 武汉大华伟业医药化工有限公司

④ 湖北兴银河化工有限公司

聚氧丙烯甘油醚 polyoxypropylene glycerol ether

$$
\begin{array}{l}
H_2C-O-\left[CH-CH_2O\right]_{m_1}-H \\
\qquad\qquad \overset{|}{CH_3} \\[2pt]
HC-O-\left[CH-CH_2O\right]_{m_2}-H \\
\qquad\qquad \overset{|}{CH_3} \\[2pt]
H_2C-O-\left[CH-CH_2O\right]_{m_3}-H \\
\qquad\qquad \overset{|}{CH_3}
\end{array}
$$

别名 GP 型消泡剂

分类代码 CNS 03.005

理化性质 无色或黄色非挥发性油状液体，溶于苯及其他芳烃溶剂，亦溶于乙醚、乙醇、丙酮、四氯化碳等溶剂，难溶于水，热稳定性好。以甘油为原料，在氢氧化钾催化剂作用下，与环氧丙烷开环聚合，再经脱色、压滤制得。

毒理学依据

① LD_{50}：小鼠急性经口大于 10g/kg（bw）。

② 蓄积毒性：K 值大于 5.3。

3 致突变试验：Ames 试验、小鼠骨髓细胞微核试验和小鼠精子畸变试验，均无致突变作用。

质量标准

质量标准 企业标准（沈阳石油化工厂）（参考）

项 目	指 标		
	优级品	一级品	合格品
羟值(以 KOH 计)/(mg/g)	43～54	45～56	45～60
酸值(以 KOH 计)/(mg/g)	0.2	0.5	0.6
铁(以 Fe^{3+} 计)/%	—	0.002	—
铅(以 Pb 计)/%	—	0.0004	—
砷(以 As 计)/%	—	0.0001	—

应用 消泡剂

GB 2760—2014 规定：加工助剂，使用范围发酵工艺。

食品加工中的参考用量：在味精生产时采用在基础料中一次加入，加入量为 0.02%～0.03%；对制糖业浓缩工序，在泵口处，预先加入，加入量为 0.03%～0.05%。本品不溶或难溶于发泡介质中，但有一定的亲水性，注入发泡液中，能迅速进入形成泡沫的物质当中，其分子能在泡沫表面伸展扩散，加入量勿过量，以免影响氧的传递。

生产厂商

① 大连广汇科技有限公司（原旅顺化工厂）

② 湖北兴银河化工有限公司

③ 南通市谦和化工有限公司

④ 上海金锦乐实业有限公司

聚氧丙烯氧化乙烯甘油醚 polyoxypropylene oxyethylene glycol ether

$$
\begin{array}{l}
H_2C-O-[C_3H_6]_{m_1}[C_2H_4O]_{n_1}H \\
HC-O-[C_3H_6]_{m_2}[C_2H_4O]_{n_2}H \\
H_2C-O-[C_3H_6]_{m_3}[C_2H_4O]_{n_3}H
\end{array}
$$

约3500

别名　GPE 消泡剂

分类代码　CNS 03.006

理化性质　无色或黄色非挥发性油状液体，溶于苯及其他芳烃溶剂，亦溶于乙醚、乙醇、丙酮、四氯化碳等溶剂。在冷水中溶解较热水中容易。以甘油为原料，在氢氧化钾催化下与环氧丙烷开环聚合，再与环氧乙烷聚合后经脱色、中和、压滤而成。

毒理学依据

① LD_{50}：小鼠急性经口 379.40mg/kg（bw）。

② 致突变试验：Ames 试验、小鼠骨髓细胞微核试验和小鼠精子畸变试验，均无致突变作用。

质量标准

质量标准　企业标准（沈阳石油化工厂）（参考）

项　目	指　标		
	优级品	一级品	合格品
羟值(以 KOH 计)/(mg/g)	48～54	45～56	45～60
酸值(以 KOH 计)/(mg/g)	0.2	0.5	0.6
浊点/℃	19～25	17～25	17～25
铁(以 Fe^{3+} 计)/%	—	0.002	—
铅(以 Pb 计)/%	—	0.0004	—
砷(以 As 计)/%	—	0.0001	—

应用　消泡剂

GB 2760—2014 规定：加工助剂，使用范围发酵工艺。

使用参考：生产味精时用量为 0.02%～0.03%。

生产厂商

① 上海慈太龙实业有限公司

② 江苏省海安石油化工厂

③ 东辰控股集团有限公司

④ 湖北鑫润德化工有限公司

聚氧乙烯聚氧丙烯胺醚 polyoxyethylene polyoxypropylene amine ether

$$\left[\begin{array}{c} CH_3 \\ | \\ CH-CH_2O \end{array}\right]_{m_1} \left[C_2H_4O\right]_{n_1} H$$

$$N\left[\begin{array}{c} CH_3 \\ | \\ CH-CH_2O \end{array}\right]_{m_2} \left[C_2H_4O\right]_{n_2} H$$

$$\left[\begin{array}{c} CH_3 \\ | \\ CH-CH_2O \end{array}\right]_{m_3} \left[C_2H_4O\right]_{n_3} H$$

3000～4200

别名　含氮聚醚、BAPE

分类代码　CNS　03.004

理化性质　无色或微黄色的非挥发性油状液体，溶于苯及其他芳香族溶剂，亦溶于乙醚、乙醇、丙酮、四氯化碳等溶剂。在冷水中溶解度比在热水中大。以三异丙醇胺为原料，在碱性下与环氧丙烷开环聚合，再与环氧乙烷加聚，后经脱色、中和、压滤而成。

毒理学依据

① LD_{50}：大鼠急性经口 17.1g/kg（bw）［10.5～27.8g/kg（bw）］（雌性），27.1g/kg（bw）［16.7～44.1g/kg（bw）］（雄性），小鼠急性经口 14.7g/kg（bw）［8.62～25.0g/kg（bw）］（雌性），12.6g/kg（bw）［7.76～20.5g/kg（bw）］（雄性）。

② 致突变试验：Ames 试验、小鼠骨髓细胞微核试验、小鼠睾丸染色体畸变试验，均无致突变作用。

质量标准

质量标准　企业标准（浙江大学化工厂）（参考）

项　　目		指　　标
相对密度 d_{20}^{20}		1.02～1.025
羟值（以 KOH 计）/(mg/g)		40～56
浊点/℃		11～18
酸值（以 KOH 计）/(mg/g)	≤	0.5

应用　消泡剂

GB 2760—2014 规定：加工助剂，使用范围发酵工艺。

在味精生产中应用有产酸高、生物素减少、转化率提高等优点，参考用量 0.03%～0.06%，种子罐用量 0.012%。

生产厂商

① 杭州一洲化工有限公司

② 河南高丝宝商贸有限公司

聚氧乙烯聚氧丙烯季戊四醇醚 polyoxyethylene polyoxypropylene pentaerythritol ether

$$C[CH_2O(C_3H_6O)_n \cdot (C_2H_4O)_m H]_4$$

n—氧化丙烯聚合度，10～20

m—氧化乙烯聚合度，0～5

3000～5000

别名　PPE

分类代码　CNS　03.003

理化性质　无色透明油状液体，难溶于水，能与低级脂肪醇、乙醚、丙酮、苯、甲苯、芳香族化合物等有机溶剂混溶，不溶于煤油等矿物油，与酸、碱不发生化学反应，热稳定性良好。以季戊四醇为原料，氢氧化钾为催化剂，与环氧丙烷开环聚合，再与环氧乙烷聚合后经脱色、中和、压滤而成。

毒理学依据

① LD_{50}：大鼠急性经口 10.8g/kg（bw）（雌性），14.7g/kg（bw）（雄性）。小鼠急性经口 12.6g/kg（bw）（雌性），17.1g/kg（bw）（雄性）。

② 致突变试验：Ames 试验及骨髓细胞微核试验，均无致突变作用。

③ 90d 喂养试验：无作用，剂量为 4000mg/kg（bw）。

质量标准

质量标准 GB 30609—2014

项　目		指　标
羟值（以 KOH 计）/（mg/g）	≤	45～56
酸值（以 KOH 计）/（mg/g）	≤	0.3
浊点（10g/L 1mol/L 盐酸溶液）/℃	≤	17～25
水分/%	≤	1.0
铅（Pb）/（mg/kg）	≤	2

应用　消泡剂

GB 2760—2014 规定：加工助剂，使用范围发酵工艺。

食品加工中的参考用量，在味精生产中，影响消泡效果因素有分子量、HLB 值、使用浓度及温度等。分子量在 3000 以上时，有良好的消泡效果，低于 3000，效果差。HLB 值在 3.5 以下，使用浓度为 40mg/L。使用温度在 18℃时，其消泡效果最好。可采用将 PPE 原液直接放入培养基中，经高温灭菌，接种运转。通常加入量为定容的 0.03% 以下。

生产厂商

① 湖北巨胜科技有限公司

② 江苏省海安石油化工厂

③ 武汉大华伟业医药化工有限公司

④ 武汉能仁医药化工有限公司

乳化硅油 emulsifying silicon oil

$$H_3C-\underset{\underset{CH_3}{|}}{\overset{\overset{CH_3}{|}}{Si}}-O-\left[\underset{\underset{CH_3}{|}}{\overset{\overset{CH_3}{|}}{Si}}-O\right]_n\underset{\underset{CH_3}{|}}{\overset{\overset{CH_3}{|}}{Si}}-CH_3$$

分类代码　CNS 03.001

理化性质　为白色黏稠液体，相对密度 0.98～1.02，几乎无臭，不溶于水（可分散于水中）、乙醇、甲醇，溶于芳香族碳氢化物、脂肪族碳氢化物和氯代碳氢化合物（如苯、四氯化碳等）。化学性质稳定，不挥发，不易燃烧，对金属无腐蚀性，久置于空气中也不易胶化。将硅油与气相二氧化硅辊辗成硅脂，配入聚乙烯醇、吐温 80 及去离子水等，乳化即得。

毒理学依据

① GRAS：FDA-21CFR 182.1711。

② 急性毒性试验：以乳化硅油灌喂小鼠（剂量为每千克体重 20mL），观察一周，无急性中毒症状。

质量标准

质量标准 GB 30612—2014

项　目		指　标
pH		6～8
稳定性（3000r/min,30min）		不分层
不挥发物/%	≥	20
铅（Pb）/（mg/kg）	≤	5
砷（以 As 计）/（mg/kg）	≤	2

应用　消泡剂

食品工业用加工助剂。

生产厂商

① 河南省所以化工有限公司

② 上海祁邦实业有限公司

③ 常州市宏业有机硅有限公司

④ 山东信捷环保技术有限公司

6.2　被膜剂 coating agent

　　膜剂为涂抹用于食品外表，起保质、保鲜、上光、防止水分蒸发等作用的物质。被膜剂一般在食品加工方面主要作为辅助材料使用，而不直接添加在食品中。被膜剂也可与防腐剂或抗氧剂结合使用，以起到防腐与抗氧化的作用。

巴西棕榈蜡 carnauba wax

别名　brazil wax

分类代码　CNS 14.008；INS 903

理化性质　本品为浅棕色至浅黄色硬质脆性蜡，具有树脂状断面。微有气味，相对密度 0.997，熔点 80～86℃，碘值 13.5；不溶于水，部分溶于乙醇，溶于氯仿和乙醚及 40℃ 以上的脂肪，溶于碱性溶液。

由巴西棕榈树的叶芽和叶中提取，得到纯蜡。

毒理学依据

① LD_{50}（小鼠，急性经口）15g/kg（广东省食品卫生监督检验所）。

② ADI 0～7mg/kg（bw）（FAO/WHO，1994）。

质量标准

质量标准 GB 1886.84—2015（2016-3-22 实施）

项　目		指　标
酸值（以 KOH 计）/（mg/g）		2～7
皂化值（以 KOH 计）/（mg/g）		78～95
酯值（以 KOH 计）/（mg/g）		71～93
灼烧残渣/%	≤	0.25
不皂化物/%		50～55
铅（Pb）/（mg/kg）	≤	2.0

应用　被膜剂、抗结剂。

GB 2760—2014 规定：用于可可制品、巧克力和巧克力制品（包括代可可脂巧克力及制品）以及糖果，最大用量 0.6g/kg；用于新鲜水果，最大用量 0.0004g/kg（以残留量计）。

用作脱模剂，可用于焙烤食品加工工艺。

生产厂商

① 苏州逾世纪生物科技有限公司

② 广东红狮进出口有限公司

③ 上海五谷国际贸易有限公司

④ 湖北巨胜科技有限公司

白油 white mineral oil

别名　白矿物油、液体石蜡 white mineral oil，liquid petrolatum

分类代码　CNS 14.003；INS 905a

理化性质　无色半透明油状液体，无或几乎无荧光，冷时无臭、无味，加热时略有石油样气味，不溶于水、乙醇，溶于挥发油，混溶于多数非挥发性油（不包括蓖麻油），对光、热、酸等稳定，但长时间接触光和热会慢慢氧化。本品允许含有食用级抗氧化剂。

原油通过化学方法合成。

毒理学依据

ADI：高黏度矿物油 0～20mg/kg（bw）（FAO/WHO，1995）。

中或低黏度矿物油，一类：0～1mg/kg（bw）（暂订）；二类、三类：0～0.01mg/kg（bw）（暂订）。

质量标准

质量标准 GB 4853—2008

项　目		低、中黏度				高黏度	试验方法
		1 号	2 号	3 号	4 号	5 号	
运动黏度（100℃）/(mm²/s)		2.0～3.0	3.0～7.0	7.0～8.5	8.5～11	≥11	GB/T 265
运动黏度（40℃）/(mm²/s)		报告	报告	报告	报告	报告	GB/T 265
初馏点	＞	200	200	200	200	350	SH/T 0558
5%（质量分数）蒸馏点碳数	≥	12	17	22	25	28	SH/T 0558
5%（质量分数）蒸馏点温度/℃	＞	224	287	356	391	422	SH/T 0558
平均相对分子质量	≥	250	300	400	480	500	SH/T 0730
颜色（赛氏号）	≥	+30	+30	+30	+30	+30	GB/T 3555
水溶性酸或碱		无	无	无	无	无	GB/T 259
机械杂质		无	无	无	无	无	GB/T 511
水分/%		无	无	无	无	无	GB/T 260
砷（以 As 计）/(mg/kg)	≤	1	1	1	1	1	GB/T 5009.76
铅/(mg/kg)	≤	1	1	1	1	1	GB/T 5009.75
重金属（以 Pb 计）/(mg/kg)	≤	10	10	10	10	10	GB/T 5009.74
易炭化物		合格	合格	合格	合格	合格	GB/T 11079
固态石蜡		合格	合格	合格	合格	合格	SH/T 0134
稠环芳烃，紫外吸光度（260～420nm)/cm	≤	0.1	0.1	0.1	0.1	0.1	GB/T 11081[3]

应用　被膜剂

GB 2760—2014 规定：可用于除胶基糖果以外的其他糖果、鲜蛋，最大使用量为 5.0g/kg。

在薯片的加工工艺、油脂加工工艺、糖果的加工工艺、胶原蛋白肠衣的加工工艺、膨化食品加工工艺、粮食加工工艺（用于防尘）中，作为消泡剂、脱模剂、被膜剂使用。

生产厂商

① 天津凯威永利联合化学有限责任公司

② 上海陆广生物科技有限公司

③ 北京金路鸿生物技术有限公司

④ 上海毅资贸易有限公司

蜂蜡 beeswax

别名 白蜡

分类代码 CNS 14.013；INS 901

理化性质 白色或黄白色固体，薄层时呈半透明状，有微弱的蜂蜜特征气味，无酸败。白蜂蜡相对密度约为 0.95。不溶于水，微溶于冷乙醇；沸腾的乙醇能溶解二十六烷酸以及部分蜂蜡素，蜂蜡能完全溶解于氯仿、醚以及不挥发性油和挥发性油；部分溶于冷的二硫化碳，如果温度超过 30℃ 就完全溶解。

毒理学依据

① LD_{50}：大鼠急性经口大于 5g/kg（bw）。

② CRAS：FDA-21 CFR 184.1973。

③ ADI：可接受 ［在预期膳食摄取量小于 650mg/（人·d）时无安全问题］ （JECFA，2005）。

质量标准

质量标准 **GB 1886.87—2015**（2016-3-22 实施）

项 目		指 标
过氧化值/%	≤	5.0
酸值(以 KOH 计)/(mg/g)		17～24
皂化值(以 KOH 计)/(mg/g)		87～104
熔程/℃		62～65
甘油和其他多元醇/%	≤	0.5
铅(Pb)/(mg/kg)	≤	2.0
巴西棕榈蜡		通过试验
纯白地蜡、石蜡及其他蜡		通过试验
脂肪、日本蜡、松脂和皂质		通过试验

应用 被膜剂

GB 2760—2014 规定，可用于糖果、糖果和巧克力制品包衣，按生产需要适量使用。

生产厂商

① 郑州鸿祥化工有限公司

② 郑州康源化工产品有限公司

③ 郑州诚旺化工产品有限责任公司

吗啉脂肪酸盐 morpholine fatty acid salt

别名 CFW 型果蜡

分类代码 CNS 14.004

理化性质 淡黄色至黄褐色油状或蜡状物质（视所连接脂肪基的碳链长度而异，高级脂肪酸为固体，低级脂肪酸为液体），微有氨臭，混溶于丙酮、苯和乙醇，可溶于水，在水中溶解量多时呈凝胶状。

以二乙醇胺为原料，通过化学方法制备。吗啉脂肪酸盐果蜡由吗啉脂肪酸盐加蜡和乳化剂制成。

毒理学依据

① LD_{50}（大鼠，急性经口）1600mg/kg（bw）（吗啉）。

② CRAS FDA-21 CFR 172.235

质量标准

质量标准 GB 12489—2010

项 目		指 标
固形物含量/%		12～20
黏度/Pa·s		0.018
灼烧残渣	≤	0.3
pH		8.8±0.3
砷（以 As 计）/(mg/kg)	≤	1
重金属（以 Pb 计）/(mg/kg)	≤	—
耐冷稳定性		通过试验

应用 被膜剂（本品仅供涂膜，不直接食用）

GB 2760—2014 规定：可用于经表面处理的鲜水果，按生产需要适量使用。

其他使用参考：本品可喷雾、可涂刷、浸渍，常用剂量为 1kg/t。主要用于柑橘类，由本品和蜡及水配制后使用。本品每升约可供中等大小的柑橘约 1500 只作涂膜处理，用于保鲜耐藏。

生产厂商

① 湖北鑫润德化工有限公司

② 上海璐璐实业有限公司

③ 常州市长润石油有限公司

④ 南京鸿瀚石油化工有限公司

石蜡 paraffin

别名 固体石蜡、矿蜡、微晶蜡 paraffin wax；microcrystalline wax

分类代码 CNS14.002；INS 905c

理化性质 无色或白色蜡状物，实际无臭、无味，有滑腻感，室温下质地很硬。熔点依制造方法而异，精制微晶石蜡（refined microcrystallinewax）为 48～93℃；可燃，不溶于水，易溶于芳香烃类，微溶于酮、醚和醇类。性质稳定，一般不与强酸、强碱、氧化剂、还原剂反应。紫外线照射下可逐渐变黄。

以天然石油含蜡馏分为原料，通过化学方法制得精制石蜡。

毒理学依据

① CRAS：FDA-21 CFR 172.615，175.105，175.250，178.3800。

② ADI：0～20mg/g（bw）（FAO/WHO，1995）（指高硫石蜡、高熔点石蜡的微晶蜡）。

撤消低熔点、中等熔点石蜡的 ADI（FAO/WHO）。

质量标准

质量标准 GB 7189—2010

项　目	食品石蜡 52号 54号 56号 58号 60号 62号 64号 66号	食品包装石蜡 52号 54号 56号 58号 60号 62号 64号 66号	试验方法
颜色/赛波特颜色号 ≤	+28	+26	GB/T 3555
光安定性/号 ≤	4	5	SH/T 0404
针入度(25℃)/(1/10mm) ≤	18 ｜ 16	20 ｜ 18	GB/T 4985
运动黏度(100℃)/(mm²/s)	报告	报告	GB/T 265
嗅味(号) ≤	0	1	SH/T 0414
水溶性酸或碱	无	无	SH/T 0407
机械杂质及水	无	无	目测①
易炭化物	通过	—	GB/T 7364
稠环芳烃			
紫外吸光度/cm 280～289nm ≤	0.15	0.15	
290～299nm ≤	0.12	0.12	GB/T 7363
300～359nm ≤	0.08	0.08	
360～400nm ≤	0.02	0.02	

① 将约 10g 蜡放入容积为 100～250mL 的锥形瓶内，加入 50mL 初馏点不低于 70℃ 的无水直馏汽油馏分，并在振荡下于 70℃ 水浴内加热，直到石蜡溶解为止，将该溶液在 70℃ 水浴内放置 15min 后，溶液中不应呈现眼睛可以看见的浑浊、沉淀或水。允许溶液有轻微乳光。

应用　加工助剂、脱模剂。

GB 2760—2014 规定：用于糖果、焙烤食品加工工艺中，可作为脱模剂使用。

生产厂商

① 河南雅辉化工产品有限公司

② 河南德鑫化工实业有限公司

③ 荆门维佳化工有限公司

④ 河北宇鹏橡塑软化剂研究中心

松香季戊四醇酯 pentaerythritol ester of rosin

分类代码　CNS 14.005

理化性质　硬质浅琥珀色树脂，溶于丙酮、苯，不溶于水及乙醇。

由浅色松香与季戊四醇酯化后，经蒸汽气提法精制而成。

毒理学依据

① 大鼠摄入含有 1% 本品的饲料，经 90d 喂养未见毒性作用。

② CRAS：FDA-21 CFR 172.615。

质量标准

质量标准

项　目	指　标	检验方法
酸值(以 KOH 计)/(mg/g)	6～16	GB/T 8146 酸值的测定
软化点/℃　　　　≥	100	GB/T 8146 软化点的测定(环球法)
铅(Pb)/(mg/kg)　　≤	1	GB 5009.12

应用　被膜剂、胶姆糖基础剂。

GB 2760—2014 规定:用于经表面处理的鲜水果、经表面处理的新鲜蔬菜,最大使用量为 0.09g/kg。

生产厂商

① 成都凯华食品有限责任公司

② 福建省南安市天马行精细化工有限公司

③ 河北赛亿生物科技有限公司

④ 湖北巨胜科技有限公司

硬脂酸 stearic acid

$$C_{18}H_{36}O_2, 284$$

别名　十八烷酸

分类代码　CNS　14.009；INS　570

理化性质　白色至微黄色,稍有光泽的结晶性硬质固体或粉末。有微弱的特殊香气和牛脂似的滋味。熔点 69.6℃,沸点 383℃。不溶于水,可溶于乙醇、乙醚、氯仿。

混合脂肪酸用低温分段分离法析出制得;或由油酸经氢化制得。

毒理学依据

① ADI:无须规定(硬脂酸的铵、钙、钾、钠盐。FAO/WHO,1994)。

② CRAS:FDA-21 CFR 172.615,184.1090。

质量标准

质量标准　FCC (7)　(参考)

项　目	指　标
酸值(以 KOH 计)/(mg/g)	196～211
铅/(mg/kg)　　　　　　≤	2
碘值　　　　　　　　　≤	7
不皂化物/%　　　　　　≤	1.5
皂化值/(mg/g)	197～212
灼烧残渣/%　　　　　　≤	0.1
冻点(凝固点)/℃　　　　≤	54.5～69
水分/%　　　　　　　　≤	0.2

应用　被膜剂、胶姆糖基础剂

GB 2760—2014 规定,可用于可可制品、巧克力和巧克力制品(包括代可可脂巧克力及制品)以及糖果,最大使用量 1.2g/kg。用作乳化剂,可在各类食品中按生产需要适量使用(附录 2 中食品除外)。

生产厂商

① 郑州万博化工产品有限公司

② 武汉楚丰源科技有限公司

③ 郑州锦德化工有限公司

紫胶 shellac(gumlac; shellac breached)

本品主要成分为油桐酸（约 40%）、紫胶酸（约 40%）、虫蜡酸（约 20%）以及少量的棕榈酸、肉豆蔻酸等。

油桐酸（$C_{16}H_{32}O_5$）：$HOCH_2 (CH_2)_6 CHOH CHOH (CH_2)_6 COOH$

紫胶酸（$C_{15}H_{20}O_6$）：

别名 虫胶

分类代码 CNS 14.001；INS 904

理化性质

① 紫胶。为暗褐色透明薄片或粉末，脆而坚，无味，稍有特殊气味，熔点 115～120℃，软化点 70～80℃，相对密度 1.02～1.12。溶于乙醇、乙醚，不溶于水，溶于碱性水溶液。

② 漂白紫胶。为白色无定形颗粒状树脂，微溶于醇，不溶于水，易溶于丙酮及乙醚。

③ 紫胶。以紫梗为原料，通过物理和化学的方法制备。

④ 漂白紫胶。将紫胶溶解在碳酸钠水溶液中，通过化学方法制备。

毒理学依据

① LD_{50}：鼠急性经口大于 15g/kg（bw）。

② CRAS：FDA-21 CFR 7301。

质量标准

质量标准 GB 1886.114—2015（2016-3-22 实施）

项 目		指 标		
		紫胶片	脱色紫胶片	漂白紫胶
颜色指数，号	≤	18	5	2
热乙醇不溶物/%	≤	1.0	0.5	1.0
冷乙醇可溶物/%	≥	—	—	92.0
热硬化时间/min	≥	3	2	—
氯含量/%	≤	—	—	2
铅(Pb)/(mg/kg)	≤	5.0	5.0	5.0
砷(As)/(mg/kg)	≤	1.0	1.0	1.0
干燥减量/%	≤	2.0	2.0	3.0
水溶物/%	≤	0.5	0.5	1.0
灼烧残渣/%	≤	0.4	0.3	1.0
蜡质/%	≤	5.5	5.5	5.5
软化点/℃	≥	72	72	—
酸值(以 KOH 计)/(mg/g)	≤			85
松香		不得检出	不得检出	不得检出

应用 被膜剂、胶姆糖基础剂

GB 2760—2014 规定：用于可可制品、巧克力和巧克力制品、包括代可可脂巧克力及制品、威化饼干，最大使用量为 0.2g/kg；用于胶基糖果、除胶基糖果以外的其他糖果，最大使用量为 3.0g/kg；用于经表面处理的鲜水果（仅限柑橘类），最大使用量为 0.5g/kg；用于经表面处理的鲜水果（仅限苹果），最大使用量为 0.4g/kg。

苹果和柑橘类上光被膜剂、胶姆糖胶基、焙炒咖啡和咖啡代用品的上光增色剂。

生产厂商

① 佛山市南海禾大食品添加剂有限公司

② 湖北科兰天然色素科技有限公司

③ 河南百盛化工产品有限公司

6.3 酶制剂 enzyme preparations

酶制剂是由动物或植物的可食或非可食部分直接提取，或由传统或通过基因修饰的微生物（包括但不限于细菌、放线菌、真菌菌种）发酵、提取制得，用于食品加工，具有特殊催化功能的生物制品。其中酶成分是一类具有特殊功能的蛋白物质。由于使用酶安全无毒，且具有对一些化学反应高效、专一而且比较温和的催化作用；同时在使用过程中的副产物较少，对环境的污染远低于传统化学生产工业，因此被广泛用在食品加工、制药工业中。酶制剂主要依靠从动植物体中分离或利用微生物发酵的方法获得。实际上，通过微生物发酵法生产酶制剂更优于从动、植物中直接制取的方法，并且成为生物技术产业使用酶制剂的主要来源。根据各种酶的性质和使用意义常将酶制剂分为六种类型。

① 氧化还原酶 oxidoreductases，反应模式：$AH_2 + B \rightarrow A + BH_2$。

② 转移酶 transferases，反应模式：$A-R + B \rightarrow A + B-R$。

③ 水解酶 hydrolases，反应模式：$A-B + H_2O \rightarrow AOH + BH$。

④ 裂解酶 lyases，反应模式：$A-B \rightarrow A + B$。

⑤ 异构酶 isomerases，反应模式：$A \rightarrow B$。

⑥ 合成酶 synthetase，反应模式：$A + B + ATP \rightarrow AB + ADP$。

酶活力是生物酶催化反应历程、提高反应速度的能力，是反映酶制剂质量的重要参数。酶活力的测定是通过测定酶促反应的初速度的变化，既对在单位时间内反应底物的消耗量或者在单位时间内产物生成量的测定来确定的。同类酶制剂其活力的大小或高低则是用活力单位（active unity）来表示。酶含量可以用每克酶制剂或每毫升酶制剂含有多少个活力单位来表示。1961 年，国际酶学专家委员会对酶活力单位做的规定是：在一定反应条件下（温度为 25℃，酸度、底物浓度等均采用最佳条件），1min 内能转化 1μmol 底物所需要的酶量，称为酶活力单位（u）。这虽然是统一的酶活力单位标准，但是在实际应用中，由于不同的应用领域对各种酶制剂种类与要求方面的差异，所以在使用上对相应酶活力单位及其确定和表示并不完全一致。

α-淀粉酶 α-amylase

系统名称 1，4-α-D-葡聚糖水解酶

别名 液化型淀粉酶、液化酶、α-1，4-糊精酶

分类代码 EC3.2.1.1

理化性质 米黄色、灰褐色粉末。能水解淀粉分子中的 α-1，4-葡萄糖苷键。能将淀粉切断成长短不一的短链糊精和少量的低分子糖类，从而使淀粉糊的黏度迅速下降，即起到降低稠度和"液化"的作用，所以此类淀粉酶又称液化酶。作用温度范围 $60\sim90℃$，最适宜作用温度为 $60\sim70℃$，作用 pH 值范围 $5.5\sim7.0$，最适 pH 值 6.0。Ca^{2+} 具有一定的激活、提高淀粉酶活力的能力，并且对其稳定性的提高也有一定效果。

由地衣芽孢杆菌、黑曲霉、解淀粉芽孢杆菌、枯草杆菌、米根霉、米曲霉、嗜热脂肪芽孢杆菌为出发菌株，经深层发酵后，过滤、浓缩精制而成；也可以直接从猪或牛的胰腺中提取精制。

毒理学依据

① LD_{50}：小鼠急性经口 7.375g/kg（bw）。

② 致突变作用：本品在体内无明显蓄积作用，无致突变作用。

③ ADI：可接受（来自米曲霉，JECFA，1987）；无须规定［来自枯草芽孢杆菌、嗜热脂肪芽孢杆菌（JECFA，1990）和地衣芽孢杆菌（JECFA，2003）］。

质量标准

质量标准

项　目		指　标			
		GB 8275—2009			
		液体剂型		固体剂型	
		中温 α-淀粉酶制剂	耐高温 α-淀粉酶制剂	中温 α-淀粉酶制剂	耐高温 α-淀粉酶制剂
酶活力/(u/g 或 u/mL)	≥	2000	2000	2000	2000
pH(25℃)		5.5～7.0	5.8～6.8	—	—
容量/(g/mL)		1.10～1.25	1.10～1.25	—	—
干燥失重/%	≤	—	—	8.0	8.0
耐热性存活率/%	≥	—	90	—	90

应用 酶制剂

GB 2760—2014 规定：来自米曲霉的 α-淀粉酶，可在焙烤、淀粉工业、酒精酿造和果汁工业中，按生产需要适量使用；来自嗜酸性普鲁士蓝杆菌的 α-淀粉酶，可在酿造、果酒生产中，按生产需要适量使用；来自淀粉液化杆菌的 α-淀粉酶，可在淀粉、酒精、焙烤制品、酿造生产中，按生产需要适量使用；来自地衣芽孢杆菌的 α-淀粉酶，可在酿造、酒精、淀粉生产中，按生产需要适量使用；来自枯草芽孢杆菌的 α-淀粉酶，可在淀粉、焙烤生产中，按生产需要适量使用。其他用于面包生产中的面团改良（如降低面团黏度、加速发酵进程、增加糖含量、缓和面包老化）；用于婴幼儿食品中谷类原料的预处理；用于果汁加工中淀粉的分解，以加快过滤速度；用于淀粉糖浆生产。

活力单位 1g 固体酶粉（或 1mL 液体酶），温度在 60℃、pH 值＝6.0 的条件下，1h 液化 1g 可溶性淀粉，为 1 个活力单位，以 u/g（或 u/mL）表示。耐高温淀粉酶活力单位——1g 固体酶粉（或 1mL 液体酶），温度在 70℃、pH 值＝6.0 的条件下，1min 液化 1mg 可溶性淀粉，为 1 个活力单位，以 u/g（或 u/mL）表示。

使用注意事项：在淀粉酶的最适温度和 pH 值条件下方可达到最佳使用效果，一般淀粉酶的最适温度为 58～60℃，最适 pH 值为 4.5。

生产厂商

① 河北邢台万达生物工程有限公司

② 苏州奥维科生物科技有限公司

③ 河南郑州奇华顿化工产品有限公司

④ 山东安克生物工程有限公司，销售部

α-乙酰乳酸脱羧酶 α-acetolactate decarboxylase

别名 （s）-α-羟基-2-甲基-3-氧-丁酸羧基裂解酶、ALDC

分类代码 CNS 11.000；EC4.1.1.5

理化性质 为棕色液体，相对密度约 1.2，最适温度 35℃，最适 pH 值 6.0。

由包含短芽孢杆菌（*Bacillus brevis*）基因密码的枯草芽孢杆菌（*Bacillus subtillis*）经深层发酵生产制得。

毒理学依据

① LD_{50}：小鼠急性经口大于 10g/kg（bw）。

② Ames 试验：微核试验，结果均呈阴性（卫生部食品卫生监督检验所报告）。

③ ADI：无须规定（JECFA，1998）。

质量标准

质量标准

项　目		指　标
		GB 20713—2006
酶活力	≥	1500
重金属(以 Pb 计)/(mg/kg)	≤	30
铅/(mg/kg)	≤	5
砷/(mg/kg)	≤	3
菌落总数/(个/g)	≤	$5×10^4$
大肠杆菌群/	≤	$3×10^4$
沙门氏菌(25g 样)		不得检出
致泄大肠埃希氏菌(25g 样)		不得检出

注：在 30℃、pH6.0 的条件下，1g 或 1mL 酶样品与底物 α-乙酰乳酸脱羧酶起反应，每分钟生成 1μmol 3-羟基-2-丁酮（乙偶姻），即为 1 个活力单位，以 ADU/g 表示。1ADU＝1000mADU。

应用 酶制剂。

双乙酰是啤酒发酵时，酵母合成氨基酸特别是缬氨酸、异亮氨酸的中间体 α-乙酰乳酸的氧化分解物。此反应非常缓慢，加入本品，可促使 α-乙酰乳酸直接快速生成乙偶姻，避免了丁二酮的生成，从而大大减少 α-乙酰乳酸形成双乙酰的数量及双乙酰的还原时间，加快啤酒的成熟，提高啤酒的风味质量。酶制剂应在加入酵母前加入。预先称好本品按 1:10 比例与冷麦芽汁混合，直至完全溶解均匀。

使用范围及使用量按 GB 2760—2014 规定：用于啤酒工艺，按生产需要适量使用。其他使用参考，每升麦芽汁用量为 20～45 单位（ADU）或 100L 麦芽汁用量为 1～2g。

（1）使用注意事项。α-乙酰乳酸脱羧酶作用温度一般为 4～70℃，作用 pH 值为 3.0～7.5；使用时最适温度为 30℃，最适 pH 值为 6。

（2）使用范围及使用量。实际使用参考如下。

① 主要用于啤酒酿造和酒精产品的发酵过程。在啤酒生产过程中加入 α-乙酰乳酸脱羧酶可以快速脱去啤酒发酵过程中生成的 α-乙酰乳酸，从而避免和减少影响啤酒口味的双乙酰的生

成，缩短啤酒的熟化期，节约成本。

② 按生产需要和实际应用实验，根据标示的酶活力单位和使用说明适量添加。

生产厂商

① 南宁中诺生物工程有限责任公司

② 湖北巨胜科技有限公司

③ 南宁邦尔克生物技术有限责任公司

④ 湖北鸿运隆生物科技有限公司

β-淀粉酶 β-amylase

分类代码　EC3.2.1.2

理化性质　为棕黄色粉末。产品常制成液体状，主要用于使液化淀粉转化为麦芽糖，β-淀粉酶是一种外切酶，可以从麦芽糊精或低聚糖的非还原端催化释放相连的麦芽糖单元。适宜反应条件：pH 值为 5.0~6.0，温度在 55℃以下。一般还原剂有激活作用，而随食品焙烤过程失去活性。

由黑曲霉、米曲霉、枯草芽孢杆菌发酵制备；或通过小麦、大麦、大豆、麦芽、山芋制取。

毒理学依据

① LD_{50}：7.375g/kg（大鼠，急性经口）。

② 致突变作用：本品在体内无明显蓄积作用，无致突变作用。

③ ADI：无限制性规定（FAO/WHO，1994）。

质量标准　参考 α-amylase

应用　酶制剂

本品常与 8 α-淀粉酶结合使用，用于生产饴糖。

活力单位　1g 固体酶粉（或 1mL 液体酶），温度在 42℃、pH 值=6.8 的条件下，1h 水解淀粉液，生成麦芽糖的质量（mg）为 1 个活力单位，以 u/g（或 u/mL）表示。

生产厂商

① 山东安克生物工程有限公司

② 山东隆大生物工程有限公司

③ 江苏锐阳生物科技有限公司

④ 河南华悦化工产品有限公司

β-葡聚糖酶 β-glucanase

分类代码　CNS 11.006；EC3.2.1.73

理化性质　产品为土黄色粉末或棕色液体。该酶为内切酶，作用于 β-葡聚糖的 1，3 和 1，4 糖苷键，可将高分子的黏性葡聚糖分解成低黏度的麦芽糖和异麦芽三糖与葡萄糖。最适 pH 值 5.5~7.0，温度为 55℃。

用地衣芽孢杆菌（*Bacillus licheniformis*）N4001、孤独腐质霉、哈次木霉、黑曲霉、枯草芽孢杆菌、李氏木霉、解淀粉芽孢杆菌、绿色木霉、埃默森篮状菌、Disporotrichum dimorphosporum 通过发酵法制得。

毒理学依据

① LD_{50}：大于 10g/kg（bw）。

② 小鼠骨髓微核试验：无致突变性。

应用　酶制剂

GB 2760—2014 规定：用于啤酒工艺，可按生产需要适量使用。实际使用参考：在啤酒生产糖化过程中，添加该酶对缩短麦汁的过滤时间有明显的效果。尤其是对用大麦作辅料或者当大麦、麦芽质量较差时，效果最佳。同时，糖化麦汁浓度，氨基酸的总量也有增加。将啤酒原料配比由麦芽：辅料＝7：3 改为 6：4，即用 10% 的辅料代替麦芽，使用该酶后获得较好效果，各项指标均达到或超过原配比。这样既节约了麦芽用量，降低了粮耗、能耗，又降低了原料成本。

生产厂商

① 山东安克生物工程有限公司，销售部

② 山东隆大生物工程有限公司

③ 河南郑州强盛食品添加剂有限公司

④ 河南郑州升达食品添加剂有限公司

蛋白酶 protase

分类代码　　CNS 11.000；INS 1101；EC3.4.23.14

分类名称　　酸性蛋白酶；中性蛋白酶；碱性蛋白酶

理化性质　　包括枯草芽孢杆菌生产的蛋白酶（nentrase）、地衣芽孢杆菌生产的蛋白酶（alcalase type FG）和米曲霉生产的蛋白酶（flavourzyme）三种蛋白酶，还可以由寄生内坐壳（栗疫菌）、地衣芽孢杆菌、黑曲霉、解淀粉芽孢杆菌、枯草芽孢杆菌、米黑根毛霉、米曲霉、乳克鲁维酵母、微小毛霉、蜂蜜曲霉、嗜热脂肪芽孢杆菌等产生。近乎白色至浅棕色粉末或液体。溶于水呈淡黄色，几乎不溶于乙醇、氯仿和乙醚。其作用是将蛋白质水解为低分子蛋白胨、朊、多肽及氨基酸。

蛋白酶（nentrase）是由淀粉液化芽孢杆菌（*Bacillus amyloliquefacien*）族生产的内蛋白酶制剂。蛋白酶（alcalase type FG）是由地衣型芽孢杆菌（*Bacillase licheniformis*）生产的内蛋白酶制剂。蛋白酶（flavourzyme）是由米曲霉（*Aspergillus oryzae*）生产的内蛋白酶和外蛋白酶混合制剂（内蛋白酶为切割多肽链内部的肽键；外蛋白酶则切割多肽链一端的肽键）。将上述淀粉液化芽孢杆菌、地衣型芽孢杆菌、米曲霉，分别接种在培养基中，用发酵法制备。

毒理学依据

① LD_{50}：Neutrase 小鼠急性经口大于 10g/kg（bw）。

②Neutrase：符合 Gras（FDA21CFR 184.1027）。

③Alcalase：符合 Gras（FDA21CFR l84.1027）。

④ 致突变试验：Ames 试验、小鼠骨髓微核试验、精于畸变试验，均为阴性（卫生部食品卫生检验所）。

⑤ ADI：Flavourzyme 无须规定（来自米曲霉，FAC/WHO，1994）。

质量标准

质量标准　　（参考）

项　目		指　标	
		固体剂型	液体剂型
酶活力/（u/g 或 u/mL）	≥	50000	
干燥失重/%	≤	8.0	—
细度（0.4mm39 目标准筛的通过率）/%	≥	8.0	—

注：（1）可按供需双方合同规定的酶活力规格执行；（2）不适用于颗粒产品。

应用　　酶制剂。

GB 2760—2014 规定：来自地衣芽孢杆菌的蛋白酶（alcalase）用于蛋白质水解、精炼、加工，调味品工业，乳制品，按生产需要适量使用；来自米曲霉的蛋白酶（flavourzyme）用于蛋白质水解、精炼、加工，调味品工业，乳制品，酿造工业，按生产需要适量使用；来自枯草芽孢杆菌的蛋白酶（neutrase）用于酿造工业，焙烤工业，蛋白质水解、精炼、加工，调味品工业，乳制品，按正常生产需要适量使用。

蛋白酶广泛用于动、植物的蛋白质加工工业，以改变蛋白质的水结合能力、乳化能力、发泡能力及其黏度，用于蛋白质水解、各种调味品的生产。

在生产鸡精时，原料用鸡肉首先用 neutrase，控制温度 50℃，pH6.5，加酶 1.56％（以蛋白质计），培养 2h。再用 flavourzyme 水解，温度 50℃，pH 值不需调整，加酶量 1.5％（以蛋白质计），水解 3h 灭酶后便可得到滋味纯正、无后苦味和异味的鸡精。

活力单位：在 40℃条件下，每 1min 水解干酪素产生 1μg 酪氨酸，为 1 个蛋白酶活力单位。

生产厂商

① 苏州维邦生物科技有限公司

② 苏柯汉（潍坊）生物工程有限公司

③ 郑州坤利食品添加剂有限公司

④ 北京卫诺恩生物技术有限公司

果胶酶 pectinase

别名　液化淀粉酶、液化淀粉、α-1，4-糊精酶

分类代码　CNS 11.005；EC4.2.2.10；EC3.2.1.15；EC3.1.1.11

理化性质　本品为果胶甲酯酶、果胶裂解酶、果胶解聚酶的复合物。浅黄色粉末，无结块，易溶于水。液体果胶酶制剂为棕褐色，允许微混或有少许凝聚物。可分别对果胶质起解脂作用，产生甲醇和果胶酸。水解作用产生半乳糖醛酸和低聚半乳糖醛酸。作用温度 10～60℃，最适温度为 45～50℃。作用 pH 值为 3.0～6.0，最适 pH 值为 3.5。Fe^{2+}、Cu^{2+}、Zn^{2+}、Sn^{2+} 离子对此酶有抑制作用。

以黑曲霉（*Aspergilus niger*）、米根霉（*Rhizopus oryzae*）为出发菌株发酵后，经过滤浓缩精制而成。

毒理学依据

① LD_{50}：21.5g/kg（小鼠，急性经口）。

② 致突变试验：小鼠骨髓细胞染色体畸变试验、小鼠骨髓微核试验，均无致突变作用。

③ ADI：无限制性规定（FAO/WHO，1994）。

质量标准

质量标准

项　目		指　标 QB 1502—1992	
		固体	液体
酶活力/(u/g 或 u/mL)		20000,30000 40000,50000	1000,2000 3000,4000
水分/%	≤	8.0	—
细度(0.4mm39 目标准筛的通过率)/%	≥	75	—
酶活力保存率/%			
室温			
5～10℃		一年≥80 一年≥90	三个月≥80 三个月≥90

续表

项　目		指　标 QB 1502—1992	
		固体	液体
重金属(以 Pb 计)/(mg/kg)	≤	40	
铅/(mg/kg)	≤	10	
砷/(mg/kg)	≤	3	
大肠杆菌群/(个/100g)	≤	3000	
沙门氏菌		不得检出	

注：1g 酶粉或 1mL 酶液在 50℃、pH3.5 条件下，1h 分解果胶产生 1mg 半乳糖醛酸为 1u。

应用　酶制剂

GB 2760—2014 规定：本品可用于果酒、果汁、糖水橘子罐头（去囊衣），可按生产需要适量使用。酶的用量视底物所含果胶的多少而定，通常用量，每吨葡萄汁 60～100g；苹果汁，100～200g。25℃条件下，4～8h 即可澄清，若 45℃条件下，则仅需 2～4h；用于莲子脱内衣、蒜脱内膜、橘子脱囊衣时，酶液 pH3.0，温度 50℃，搅拌 0.5～1h 即可。过滤后酶液可反复使用。多酚物质对该品有抑制作用，病原菌、腐败菌产生的某些代谢产物亦有抑制作用，使用时应当注意。

活力单位：温度在 50℃条件下，1h 内分解果胶产生 1mmol 游离的半乳糖醛酸所需要的酶量，为 1 个活力单位，以 u 表示。

（1）使用的注意事项。在果胶酶的最适温度和 pH 值条件下方可达到最佳使用效果。

（2）使用范围及使用量。实际使用参考。

① 水果汁液中含有果胶，用含有果胶的果汁制备的浓缩果汁黏稠，而且稳定性较差。果汁经果胶酶处理后，黏度迅速下降，可提高过滤速度和澄清度，澄清倍数在 4～21 倍。经果胶酶澄清处理后的果汁，无论是直接还是浓缩后用来制成的成品果汁，均具有较好的稳定性。

② 果胶能引起果酒失光、混浊和出现沉淀，在果酒制备过程中使用果胶酶，不仅使果酒易于压榨、澄清和过滤，而且使酒的收率和成品酒的稳定性均提高。

③ 含有纤维酶、半纤维酶的粗果胶酶制剂，在适宜条件下能够作用于果实皮层，使其细胞分离，结构破坏而脱落。果胶酶对橘子脱囊衣、莲子去皮、大蒜去内膜，效果均极佳，如酶法去莲子皮比双手剥功效提高 10 倍。

④ 按生产需要和实际应用实验，根据标示的酶活力单位和使用说明适量添加。

生产厂商

① 武汉万荣科技发展有限公司

② 河南加力安生物科技有限公司

③ 徐州百顺生物科技有限公司

④ 北京金路鸿生物技术有限公司

菊糖酶 glycogenase

别名　β-2,1-D-果聚糖酶、β-果糖苷酶、β-果聚糖水解酶、1-D 果聚糖水解酶

分类代码　EC3.2.1

理化性质　深棕色液体。

以黑曲霉经深层发酵所得，生产菌在已灭菌的培养基中生长，培养基能提供足够的碳源，

氮源的食品级或饲料级的原料配制而成，并且添加必需的微量元素和维生素。

毒理学依据

① LD_{50}：小鼠大于 10g/kg（bw），实际无毒级。

② 致突变实验：Ames 实验，微核实验和精子畸形实验，均未见致突变性。

③ 30d 喂养实验：对照无明显差异。

应用 酶制剂

此类酶制剂作为一种加工助剂应用于食品行业，如菊糖酶制取果糖，按生产工艺需要添加。

生产厂商

① 山东安克生物工程有限公司销售部

② 山东隆大生物工程有限公司

③ 江西百盈生物技术有限公司

④ 河北邢台万达生物工程有限公司

磷脂酶 A₂ phospholipase A₂

分类代码 EC 3.1.1.4

理化性质 淡黄色至深褐色液体。

从猪胰脏组织中提取纯化制得。

鉴别方法：产品显示磷酸酯酶 A_2 的活力。

毒理学依据

① LD_{50}：小鼠大于 10g/kg（bw），实际无毒级。

② 致突变实验：Ames 实验，微核实验和精子畸形实验，均未见致突变性。

③ GRAS：FDA-21CFR 184.1063。

应用 酶制剂。

按 GB 2760—2014 规定适用范围及使用量。

主要用于植物油精炼，卵磷脂修饰。按生产需要根据标示的酶活力单位和产品说明适量添加。

生产厂商

① 山东安克生物工程有限公司销售部

② 山东隆大生物工程有限公司

③ 江苏锐阳生物科技有限公司

④ 河南郑州奇华顿化工产品有限公司

木瓜蛋白酶 papain

别名 木瓜酶

分类代码 CNS 11.001；INS 1101ⅱ；EC3.4.22.2；EC3.4.22.6

理化性质 纯木瓜蛋白酶系由 212 个氨基酸组成的单链蛋白质，相对分子质量为 23406。制品可含有木瓜蛋白酶、木瓜凝乳蛋白酶和溶菌酶等不同的酶。产品为乳白色至微黄色粉末，具有木瓜特有的气味，稍具有吸湿性。水解蛋白质能力强，但几乎不能分解蛋白胨。木瓜蛋白酶为酸性蛋白酶，适宜 pH 值为 5.0，适宜反应温度 65℃。易溶于水、甘油，不溶于一般的有机溶剂，等电点为 8.75。

由天然的木瓜乳汁提取精制而成。

毒理学依据

① LD$_{50}$：小鼠急性经口 584mg/kg（bw）（雄性），小鼠急性经口 926mg/kg(bw)（雌性）。

② GRAS：FDA-21CFR 184，1585。

③ ADI：无须规定（FAC/WHO，1994）。

应用　酶制剂。

GB 2760—2014 规定：用于水解动、植物蛋白，饼干，肉、禽制品，可按生产需要适量使用。其他使用参考，用于啤酒澄清（水解啤酒中的蛋白质，避免冷藏时产生混浊），使用量 0.5～5mg/kg；肉类嫩化（水解肌肉蛋白中的胶原蛋白），使用量为宰前注射 0.5～5mg/kg；用于饼干、糕点松化，可代替亚硫酸盐，既有降筋效果，又提高了安全性，可使产品疏松，降低碎饼率。在动、植物蛋白食品加工方面，如用于蛋白质水解产物和高蛋白饮料，可提高产品质量和营养价值，提高产品消化吸收率；在酱油酿造中加入本品和其他酶，可提高产率和氨基酸含量；在制造啤酒麦芽汁时，加入本品和其他酶，可减少麦芽的用量，降低成本，使用量为 0.1%。本品可作凝乳酶的代用品和干酪的凝乳剂。

本品耐热性强，可在 50～60℃时使用，70～80℃时活力急剧下降，82～83℃失活。在 pH 值低于 4 且温度上升时，也会迅速不可逆地失活。Fe^{2+}、Cu^{2+} 及氧化剂对其活性影响很大。制品中水分大于 7% 时，活力降低很快。

活力单位：在 40℃条件下，使蛋白液在 280nm 波长处的吸光度，在 20min 内每改变 0.001 所需的酶量，为 1 个蛋白酶活力单位。

生产厂商

① 河南加力安生物科技有限公司

② 武汉万荣科技发展有限公司

③ 河南美之邦化工产品有限公司

④ 河北邢台万达生物工程有限公司

木聚糖酶 xylanase

别名　内 1，4-β-木聚糖酶 pentopan mono

分类代码　CNS 11.000；EC3.2.1.8

理化性质　为乳白色粉末。pentopan mono BG 为淡棕色、自由流动的聚集粉末，其颗粒大小平均约为 150μm，1% 颗粒小于 50μm。适宜反应条件：pH 值为 4.0～6.0，温度在 75℃以下。焙烤时失去活性。

由 fusarium venenatum、毕赤氏酵母、孤独腐质霉、黑曲霉、李氏木霉、绿色木霉、枯草芽孢杆菌、米曲霉等发酵、提纯制成。其中米曲霉菌种携带来源于疏毛嗜热放线菌（*Thermomyces Lanuginosus*）的编码木聚糖酶的基因。

毒理学依据

① LD$_{50}$：大于 10g/kg（小鼠，急性经口）。

② 致突变试验：Ames 试验、精子畸变试验、微核试验，均为阴性（卫生部食品卫生监督检验所报告）。

③ 13 周大白鼠饲养试验：剂量 10.0mL/(kg/d)[142000u/(kg/d)]没有显示不良反应，此剂量可作为无作用剂量水平[142000u/(kg/d)]。

质量标准

质量标准（参考）

项　　目		指　　标
酶活性		根据说明书
重金属(以 Pb 计)/%	≤	0.004
铅/%	≤	0.001
砷(以 As 计)/%	≤	0.0003
细菌总数/(个/克)	≤	$5×10^4$
真菌数/(个/克)	≤	100
大肠杆菌数/(个/克)	≤	30
肠道病原杆菌/(个/25 克)		阴性
沙门氏菌/(个/25 克)		阴性
抗生菌活性		阴性
繁殖性微生物		阴性
真菌毒性		阴性

应用　酶制剂。

本品是一种内木聚糖酶，能够水解阿拉伯木糖键中的木糖苷键，使阿拉伯木糖解聚成小分子的寡糖。本品无 α-淀粉酶活性，使用时可将 α-淀粉酶与木聚糖酶混合使用。

GB 2760—2014 规定：木聚糖酶（米曲霉）用于焙烤、淀粉工业方面按生产需要适量使用。其他使用参考，具体应用于焙烤工业时，每 100kg 面粉用木聚糖酶（Pentopan™ Mono）2～16g 或 400Fxu（Fxu 是木聚糖酶的单位），反应条件为 pH4.0～6.0，温度 75℃ 以下。用于面点焙烤，在焙烤过程中可提高蛋白质的延展性，使焙烤出的面包体积增大，结构更好，更松软可口。还可增加生面团的弹性，使之容易混合和操作。

活力单位：在 40℃、pH 值为 5.5 的条件下，每分钟从浓度为 10mg/mL 的木聚糖溶液中降解释放 1μmol 还原糖所需要的酶量为一个酶活力单位 U。

生产厂商

① 山东安克生物工程有限公司，销售部

② 苏柯汉（潍坊）生物工程有限公司

③ 河南郑州奇华顿化工产品有限公司

④ 河北邢台万达生物工程有限公司

葡糖淀粉酶 glucoamylase(amyloglucosidase)

别名　淀粉葡糖苷酶，糖化淀粉酶、糖化酶

分类代码　EC3.2.1.3

理化性质　黄褐色粉末或棕黄色液体，能从淀粉链的非还原性末端切开 α-1，4 和 α-1，6 键，从而使淀粉水解成葡萄糖。作用温度 55～60℃，最适温度 58～60℃，作用 pH4.0～5.0，最适 pH4.5。

以黑曲霉菌、米曲霉、米根霉、戴尔根霉和雪白根霉为出发菌株发酵后，经过滤，浓缩精制而成。

毒理学依据

① LD_{50}：11.7g/kg（小鼠，急性经口）。

② 致突变试验：本品在体内无明显蓄积作用，无致突变作用。

③ ADI：无限制性规定（FAO/WHO，1994）。

质量标准

质量标准

项　目		指　标 GB 8276—2006	
		固体	液体
酶活力/（u/g 或 u/mL）	≥	100×10^3	150×10^3
pH（25℃）		—	3.0～5.0
干燥失重/%	≤	8.0	—
细度（0.4mm 标准筛的通过率）/%	≥	80	—
容量/（g/mL）	≤	—	1.20
重金属（以 Pb 计）/（mg/kg）	≤	30	
铅/（mg/kg）	≤	5	
砷/（mg/kg）	≤	3	
菌落总数/（cfu/mL）（或 g）	≤	50×10^3	
大肠杆菌群/（MPN/100mL）（或 g）	≤	3×10^3	
沙门氏菌（25g 样）		不得检出	
致泄大肠埃希氏菌（25g 样）		不得检出	

注：1mL 酶液或 1g 酶粉在 40℃、pH4.6 的条件下，1h 水解可溶性淀粉产生 1mg 葡萄糖，即为一个酶活力单位。

应用　酶制剂。

本品耐酸性较好，在 25℃、pH3 时活力稳定；55～60℃时活力最高；60℃、30min 以上时活力降低显著；80℃以上活力全部消失。

GB 2760—2014 规定：来自黑曲霉的糖化酶可在淀粉生产、酿造、果汁加工中按生产需要适量使用。用于白酒、酒精生产，先将原料粉碎，打浆，用 α-淀粉酶液化、蒸煮，将醪液冷却至 60℃，加入用水调匀的糖化酶，用量 80～100u/g 原料，于 58～60℃糖化即可；味精生产中，双酶法制糖也常使用本品。

活力单位：1g 固体酶粉（或 1mL 液体酶），温度在 60℃、pH＝4.6 的条件下，1h 分解可溶性淀粉产生 1mg 葡萄糖，为 1 个活力单位，以 u/g（或 u/mL）表示。

（1）使用注意事项。在糖化酶的最适温度和 pH 值条件下方可达到最佳使用效果。

（2）使用范围及使用量。实际使用参考：可用于淀粉糖、发酵酒、蒸馏酒、酒精等发酵产品的生产。按生产需要和实际应用实验，根据标示的酶活力单位和使用说明酌量添加。

生产厂商

① 江苏锐阳生物科技有限公司

② 上海江莱生物科技有限公司

③ 山东苏柯汉生物工程股份有限公司

④ 河北邢台万达生物工程有限公司

葡糖氧化酶 glucose oxidase

分类代码　CNS 11.000；INS 1102；EC1.1.3.4

理化性质　类白色至浅棕色粉末，或为浅褐色至淡黄色液体。溶于水，水溶液呈淡黄色，几乎不溶于乙醇、氯仿和乙醚。最适 pH 值为 5.6，在 pH 值 3.5～6.5 的条件下具有很好的稳定性，pH 值大于 8.0 和小于 2.0 都会使酶迅速失活。

由糖液接种黑曲霉变种（*Aspergillus niger*，*var*）、米曲霉（*Aspergillus oryzae*）通过深层发酵法制备。

毒理学依据

① LD_{50}：小鼠急性急性经口大于 21.5g/kg（bw）。

② 致突变试验：Ames 试验、微核试验、小鼠睾丸初级精母细胞染色体畸变试验，均呈阴性。

③ ADI：无须规定（来自黑曲霉，FAO/WHO，1994）；ADI 延期决定（来自点青霉，FAO/WHO，1994）。

质量标准

质量标准　河南微生物研究所（1995）（参考）

项　目		指　标
酶活力[a]		50 ± 3u/mL
砷(以 As 计)/%	≤	0.00005
铅/%	≤	0.0001
重金属(以 Pb 计)/%	≤	0.0030
沙门氏菌(25g 中)		无

a. 在 30℃，pH5.6 的条件下，每分钟催化 1μmol 葡萄糖氧化生成葡萄糖酸的酶量。

应用　酶制剂

GB 2760—2014 规定：葡糖氧化酶作为氧化葡萄糖处理使用的酶制剂。

本品的作用是催化葡萄糖需氧脱氢，生成葡萄糖酸和过氧化氢。在低温下，其稳定性很好，如固体酶制剂在 −15℃下可保存 8 年，0℃时可保存 2 年以上，温度高于 40℃则不稳定，活力逐渐降低。酶的水溶液在 60℃保持 30min，其活力可降低 80% 以上。使用中可与过氧化氢酶结合使用，葡萄糖氧化酶使葡萄糖氧化成为葡萄糖酸与过氧化氢，再经过氧化氢酶得到活性氧，使面筋蛋白中硫氢键转化成为具有网状结构的双硫键，从而改善面筋的组织结构。一般用于蛋制品（蛋白片、蛋白粉、全蛋粉等）的除糖保鲜。汞离子和银离子是本品的抑制剂。甘露糖和果糖对酶有竞争性抑制作用。

生产厂商

① 河南郑州惠康化工产品有限公司
② 安徽中旭生物科技有限公司
③ 江西百盈生物技术有限公司
④ 河南郑州升达食品添加剂有限公司

葡糖异构酶 glucose isomerase(xylose isomerase)

别名　木糖异构酶

分类代码　EC 5.3.1.5

理化性质　米黄色至褐色颗粒，不溶于水、氯仿、乙醇和乙醚。白色至棕色或粉红色无定形粉末、颗粒（或液体），可溶于水，几乎不溶于醇、氯仿和乙醚，若固定化可溶于水。

以橄榄产色链霉菌（*Streptomyces oilvochromogenes*）变种、橄榄色链霉菌（*S. olivaceus*）、密苏里游动放线菌（*Actinoplanes missouriensis*）、凝结芽孢杆菌（*B. coagulans*）、锈棕色链霉菌（*S. rubiginosus*）、鼠灰链霉菌（*Streptomyces murinus*）和紫黑吸水链霉菌（*S. violaceoniger*）为出发菌株发酵后，经过滤、浓缩、载体固定化而成。

毒理学依据

① LD_{50}：小鼠急性急性经口大于 15/kg（bw）。

② GRAS：FDA-21CFR 184.1372。

③ ADI：可接受［来自橄榄产色链霉菌、密苏里游动放线菌、凝结芽孢杆菌、橄榄色链霉菌（JECFA，1985）］，无规定［来自锈棕色链霉菌（JECFA，1985）］；无须规定［来自紫黑吸水链霉菌（JECFA，1985）］。

质量标准

质量标准

项　目		指　标
		GB/T 23533—2009
酶活力[①]/(u/g)	≥	2000
生产能力/(t/kg)	≥	5
强度		合格
干燥失重/%	≤	8.0

① 可按供需双方合同规定的酶活力规格执行。

应用　酶制剂

主要用于果葡糖浆制造。可按生产需要和实际应用实验，根据标示的酶活力单位和使用说明酌量添加。果葡糖浆的生产一般应在 60℃ 下进行，如温度过高，除酶易受热而失活，糖分也可受热分解，产生有色物质。

生产厂商

① 郑州亿之源化工产品有限公司

② 山东隆大生物工程有限公司

③ 河南郑州强盛食品添加剂有限公司

④ 河南郑州升达食品添加剂有限公司

葡萄糖转糖苷酶 glucosidase

别名　*a*-葡萄糖转糖苷酶

分类代码　EC 3.1.20

理化性质　黄褐色至深褐色液体。溶于食品级稀释剂中，允许含有稳定剂或防腐剂。以黑曲霉为出发菌株发酵后，经热处理、浓缩、载体固定化而成。

毒理学依据

① LD_{50}：小鼠急性急性经口大于 20mL/kg（bw），属无毒物。

② 致突变实验：Ames 实验，小鼠骨髓嗜多染红细胞微核试验、小鼠精子畸形实验，均未见致突变性。

质量标准

质量标准（参考）

项　目		指　标
		QB 2525—2001
		液体
a-葡萄糖转糖苷酶酶活力 */(u/mL)	≥	300000
糖化酶活力/(u/mL)	≤	300
pH(25℃)		4.50～5.50
重金属/(mg/kg)	≤	30
铅/(mg/kg)	≤	5
砷/(mg/kg)	≤	3
菌落总数/(cfu/mL)(或 g)	≤	$1×10^4$
大肠杆菌群/[MPN/100mL(或 100g)]	≤	$3×10^3$
沙门氏菌(25g 样)		不得检出
致泄大肠埃希氏菌(25g 样)		不得检出

注：在 40℃、pH5.0 的条件下，1h 水解底物产生 1ug 葡萄糖所需的酶量定义为一个酶活力单位。

应用　酶制剂

可用于淀粉糖的生产。按生产需要和实际试验，根据标示的酶活力单位和使用量适量添加。

生产厂商

① 河北邢台万达生物工程有限公司

② 苏州奥维科生物科技有限公司

③ 河南郑州奇华顿化工产品有限公司

④ 山东安克生物工程有限公司销售部

乳糖酶 lactase(β -Galactosidase)

别名　$β$-半乳糖苷酶，$β$-D-半乳糖苷酶水解酶，糖酶

分类代码　EC 3.2.1.23

理化性质　白色至浅褐色粉末，无味，无气味，溶解时是一种浅棕色的液体。

以脆壁克鲁维酵母（$K. fragilis$）、黑曲霉、米曲霉、乳酸克鲁维酵母为出发菌株发酵后，经过滤、浓缩、载体固定化而成。

毒理学依据

① GRAS：FDA-21CFR 184.1585。

② ADI：无须规定（FDA-21CFR 184.585）。

应用　酶制剂

主要用于乳品工业，制造糖果和冰激凌及改善乳制品。可使低甜度和低溶解度的乳糖转变为较甜的，溶解度较大的单糖，使冰激凌、浓缩乳和淡炼乳中乳糖结晶析出的可能性减小的同时增加甜度；在发酵和焙烤工业中增加酵母对糖的利用率；缓解乳糖不耐受人群的乳糖不耐症。

生产厂商

① 庞博生物工程有限公司

② 上海跃腾生物技术有限公司

③ 河南郑州奇华顿化工产品有限公司

④ 山东安克生物工程有限公司销售部

纤维二糖酶 cellobiase

分类代码　EC 3.2.1.21

理化性质　浅黄色至褐色固体粉末或棕色液体。

以黑曲霉经深层发酵所得，生产菌在已灭菌的培养基中生长，培养基由能提供足够的碳

源、氮源的食品级或饲料级的原料配制而成，并且添加必需的微量元素和维生素。

毒理学依据

① LD_{50}：小鼠大于 10g/kg（bw），实际无毒级。

② 致突变实验：Ames 实验，微核实验和精子畸形实验，均未见致突变性。

③ 30d 喂养实验：对照无明显差异。

应用　酶制剂。

应用与食品工业，此类酶制剂作为一种加工助剂**应用**于果汁，酿造和其他相关的食品行业，用于生成葡萄糖，使用量按生产工艺需要添加。

生产厂商

① 河北邢台万达生物工程有限公司

② 苏州奥维科生物科技有限公司

③ 河南郑州奇华顿化工产品有限公司

④ 上海恒远生物科技有限公司

纤维素酶 cellulase

分类代码　EC3.2.1.4；EC3.2.1.74；EC3.2.1.91；EC3.2.1.6

理化性质　灰白色无定性粉末或液体。主要作用原理为使纤维素的多糖中 β-1, 4-葡萄糖水解为 β-糊精。作用的最适 pH 值为 4.5～5.5。对热比较稳定，即使在 100℃下保持 10min 仍可保持原活力的 20%，一般最适作用温度为 50～60℃。溶于水，微溶于乙醇、氯仿和乙醚。用黑曲霉、李氏木霉菌或绿色木霉进行培养，通过化学方法精制而成。

毒理学依据

由黑曲霉或李氏木霉菌 ADI 不做特殊规定；由青霉制得的纤维素酶，ADI 未做规定（FAO/WHO，1994）。

质量标准

质量标准

项　目		指　标	
		QB 2583—2003	
		固体	液体
FPA	≥	300	
酶活力/[U/g 或 U/mL]CMCA-DNS	≥	2000	
CNCA-VIS	≥	500	
pH(25℃)		4.0～7.0	
重金属(以 Pb 计)/(mg/kg)	≤	30	
铅/(mg/kg)	≤	5	
砷/(mg/kg)	≤	3	
菌落总数/[cfu/g(mL)]	≤	5×10^4	
大肠杆菌群/(MPN/100Gg)	≤	3×10^4	
沙门氏菌(25g 样)		不得检出	

注：滤纸酶活力 Filter paper activity，FPA：1g 固体酶（或 1mL 液体酶）在 49.9～50.1℃、指定 pH 值条件下（酸性纤维素 pH4.8、中性纤维素 pH6.0）1h 水解滤纸底物，产生相当于 1mg 葡萄糖的还原糖量为 1 酶活力单位，以 U/g 或 U/mL 表示。

羧甲基纤维素酶活力（Sodium carboxymethylcellulose activity，CMCA）。

还原糖法：1g 固体酶（或 1mL 液体酶）在 49.9～50.1℃、指定 pH 值条件下（酸性纤维素 pH 值为 4.8、中性纤维素 pH6.0）1h 水解羧甲基纤维素钠底物，产生相当于 1mg 葡萄糖的还原糖量为 1 酶活力单位，以 u/g 或 u/mL 表示。简写为 CMCA-DNS。

黏度法：1g 固体酶（或 1mL 液体酶）在 39.9～40.1℃、指定 pH 值条件下（酸性纤维素 pH 值为 6.0、中性纤维素 pH 值为 7.5）水解羧甲基纤维素钠底物，使底物黏度降低而得到相对于标准品的纤维素酶相对酶活力。简写为 CMCA-VIS。

应用 酶制剂。

主要用于谷类、豆类等植物性食品的软化、脱皮；控制咖啡提取物的黏度，最高允许用量为 100mg/kg；酿造原料的预处理；脱脂大豆粉和分离大豆蛋白制造中的抽提；淀粉、琼脂和海藻类食品的制造；消除果汁、葡萄酒、啤酒等中由纤维素类所引起的混浊；提高和改善绿茶、红茶等饮品的速溶性。

活力单位：在 40℃时，每分钟催化分解 1g 纤维素后产生相当于 $1\mu mol$ 葡萄糖的还原糖的酶量，称为 1 单位。

生产厂商

① 苏柯汉（潍坊）生物工程有限公司

② 河南加力安生物科技有限公司

③ 南宁东恒华道生物科技有限责任公司

④ 河南郑州优然食品化工有限公司

脂肪酶 lipase

别名 三甘油酯、甘油三丁酸酯酶

分类代码 EC 3.1.13；来源于动物的产品 INS 1104

理化性质 灰黄色粉末。分散于水，不溶于乙醇。

以黑曲霉、米曲霉、米黑根毛霉、雪白根霉、柱晶假丝酵母等为出发菌株发酵后，经过滤、浓缩、载体固定化而成。

毒理学依据

① LD_{50}：小鼠急性急性经口大于 20g/kg（bw），属无毒级别。

② ADI：不限定[来自动物（JECFA，1971）]；无 ADI 值[来自供体为尖孢镰刀菌的米曲霉（JECFA，2005）]。

③ 致突变试验：Ames 试验、微核试验、精子畸形试验，均未发现致突变作用。

质量标准

质量标准

项　目	指　标	
	GB/T 23535—2009	
	固体剂型	液体剂型
酶活力/(u/mL) ≥	5000	
干燥失重/%	8.0	—

生产厂商

① 苏州奥维科生物科技有限公司

② 四川禾本生物工程有限公司

③ 河南郑州奇华顿化工产品有限公司

④ 山东安克生物工程有限公司销售部

植酸酶 phytase

分类代码 EC3.1.3.8

理化性质 褐色液体或淡黄色粉末。

以黑曲霉经发酵培养，精致提取获得。

活力单位 在 pH 值 5.5 和 37℃ 的标准条件下，每分钟从每升 0.0051mol 植酸磷中释放出 $1\mu mol$ 无机磷酸盐所需要的酶量，为 1 活力单位（1FIU）

适用 国际组织及其他国家允许使用量。

① 日本：含植酸的谷物的食品的加工。

② FCC：大豆蛋白加工生产，植物种植算的分解。

质量标准

质量标准

项　目		指　标	
		参　考	
		固体剂型	液体剂型
酶活力/(u/mL)	≥	2000	
生产能力/(t/kg)	≥	5	
强度		合格	
干燥失重/%		8.0	

应用 酶制剂

植酸酶可应用于以谷物为原料的食品加工，如酱油、酒醋调味品、面包啤酒、大豆蛋白肽等。

生产厂商

① 武汉万荣科技发展有限公司

② 河南加力安生物科技有限公司

③ 河南郑州奇华顿化工产品有限公司

④ 山东安克生物工程有限公司销售部

6.4 食品工业用加工助剂 food processing aids

食品工业用加工助剂是指有助于食品加工能顺利进行的各种物质，与食品本身无关。如助滤、澄清、吸附、脱模、脱色、脱皮、提取溶剂等。食品用加工助剂不同于其他添加剂在食品中直接添加应用，仅作为一类特殊的食品添加剂使用，目的是使食品加工得以顺利进行；另外加工助剂对最终加工产品没有任何作用和影响，故在成品制作之前应全部除去（如有残留应符合残留限量要求），通常也无须列入产品成分表中；在选择加工助剂具体物种时，应符合食品级规格要求。本节中仅选择国标 GB 2760—2014 中部分加工助剂物种，其他助剂物种可参考本手册附录一。

丙二醇 propylene glycol

$$\begin{array}{ccc} OH & OH \\ | & | \\ H_2C - C - CH_3 \\ | \\ H \end{array}$$

$C_3H_8O_2$，76.10

别名 1，2-二羟基丙烷、α-丙二醇、丙二醇

分类代码 CNS 22.001

理化性质 产品为无色透明、无臭的黏稠液体，有极微量的辛辣味。沸点 188.2℃，闪点 104℃，相对密度 1.038。具有可燃性。能与水、醇类及多数有机溶剂任意混溶。有强吸湿性，对光、热稳定。

由 1，2-环氧丙烷经水合反应制得。

毒理学依据

① 大鼠急性经口 LD_{50} 为 21.0～33.5mg/kg。

② AID：0～125mg/kg。

质量标准

质量标准（参考）

项 目		指 标
含量($C_3H_8O_2$)/%	≥	99.5
相对密度		1.035～1.037
水分/%	≤	0.2
氯化物/%	≤	0.007
硫酸盐/%	≤	0.006
炽灼残渣/%	≤	0.007
重金属/%	≤	0.0005

应用 食品工业用加工助剂（提取溶剂、冷却剂）

GB 2760—2014 规定，可在啤酒加工工艺、提取工艺中，作为冷却剂、提取溶剂使用；可作为食品用合成香料使用。

丙二醇可作为乳化型调味品及色素、香精等稀释溶剂；也可作为制备糖脂、变性淀粉、改性油脂的反应介质。对难溶的色素或防腐剂等添加剂可用少量丙二醇充分溶解后再添加到食品中，或用作食品加工管道等设备的润滑剂。

生产厂商

① 郑州仁恒化工产品有限公司

② 上海敏晨化工有限公司

③ 临沂市兰山区绿森化工有限公司

④ 河南诚旺化工有限公司

巴西棕榈蜡 carnauba wax(详见第 6 章 6.2 被膜剂)

白油 white mineral oil(详见第 6 章 6.2 被膜剂)

棒黏土 attapulgite clay

$$Mg_5Si_8O_{20} (OH)_2 (H_2O)_4 \cdot 4H_2O$$

棒石黏土主要氧化物含量（%）如下：

SiO$_2$ 55.6~60.5;	Al$_2$O$_3$ 9.80~10.01;	Fe$_2$O$_3$ 4.88~5.21
Na$_2$O 0.05~0.11;	CaO 0.42~1.95;	K$_2$O 1.55~2.43
MgO 10.0~11.35;	MnO 0.01;	TiO$_2$ 0.32~0.67

其他 10.55~11.80

别名 凹土、凹凸棒石黏土

分类代码 CNS 00.010

理化性质 灰白、微黄或浅绿色晶状粉末，有油脂光，无臭，无味。密度较小，一般为 1.6g/cm^3 左右。摩化硬度三级。潮湿时显黏性，有可塑性，干燥后收缩，不产生龟裂。吸水性强，一般可达 150% 以上，化学性质十分稳定。

以凹土矿为原料，通过化学方法制备。

毒理学依据

① LD$_{50}$：大鼠急性经口大于 24000mg/kg（bw）；小鼠急性经口小于 24700mg/kg（bw）。

② 蓄积毒性实验：未见蓄积作用；致突变试验 Ames 试验、骨髓微核试验均未发现致突变作用。亚慢性毒性试验分别以 0、15、30、60、120g/kg（bw）饲料喂养大鼠 90d，进行体重、血常规、生化学、脏器重量、组织病理学检查，试验组与对照组之间均无显著性差异，推算无作用剂量为 9909.91mg/kg（bw）；ADI 值为 99.1mg/kg（bw）。

质量标准

质量标准 GB 29225—2012

项 目		指 标
脱色率/%	≥	70
总砷（以 As 计）/(mg/kg)	≤	3
重金属（以 Pb 计）/(mg/kg)	≤	40
游离酸（以 H$_2$SO$_4$ 计）/%	≤	0.20
水分/%	≤	10.0
细度（通过 75μm 筛网）/%	≥	85
堆积密度/(g/cm^3)		0.5~1.0

应用 食品工业用加工助剂（脱色剂）

GB 2760—2014 规定：用作脱色剂，可用于油脂加工工艺。

生产厂商

① 南京亚东奥土矿业有限公司

② 明光市国星凹凸棒石黏土厂

③ 江苏淮安盱眙县中材凹凸棒石黏土有限公司

二氧化硅 silicon dioxide(详见第 3 章 3.4 抗结剂)

二氧化碳 carbon dioxide(详见第 1 章 1.1 防腐剂)

蜂蜡 beeswax(详见第 6 章 6.2 被膜剂)

高碳醇脂肪酸酯复合物 higher alcohol fatty acid ester complex(详见第 6 章 6.1 消泡剂)

固化单宁 immobilized tannin

分类代码　CNS 00.006；INS 181

理化性质　不溶于水、酒精，对蛋白质、金属离子有极强的亲和力。

以五倍子为原料，通过化学方法合成。

毒理学依据

ADI：无须规定（FAO/WHO，1994）。

质量标准

质量标准　（单宁酸）FCC（7）（参考）

项　　目		指　　标
含量/%	≥	96(干基)
胶质或糊精		合格
铅/(mg/kg)	≤	2
干燥失重/%	≤	7.0
灼烧残留/%	≤	1.0
树脂状物质		合格

应用　食品工业用加工助剂（澄清剂）

GB 2760—2014 规定：作为澄清剂，可用于配制酒的加工工艺和发酵工艺。

生产厂商

① 武汉楚丰源科技有限公司

② 湖北鸿运隆生物科技有限公司

硅藻土 diatomaceous earth

SiO_2（主体成分），60.08

分类代码　CNS 22.027；CAS No 61790-53-2

理化性质　硅藻土由无定形的 SiO_2 组成，并含有少量 Fe_2O_3、CaO、MgO、Al_2O_3 及有机杂质。硅藻土通常呈浅黄色或浅灰色，质软，多孔而轻。硅藻土具有很强的吸附能力，有良好的过滤性和化学稳定性。原土的孔体积为 0.4～0.9mL/g，精制品的孔体积为 1.0～1.4mL/g，比表面积达 20～70m²/g。因此，适宜吸附或截留溶液中的悬浮微粒，通过硅藻土过滤能得到清亮的滤液。

普通的硅藻土助滤剂是将硅藻土矿经磨碎、干燥后得到微细的粉状产品，硅藻土的精制品还要经过焙烧。

质量标准

质量标准 GB 14936—2012

项　目	指　标			
	干燥品	酸洗品	焙烧品	助熔焙烧品
砷（As）/（mg/kg）　≤	5			
铅（Pb）/（mg/kg）　≤	4			
干燥减量/%　≤	10.0		3.0	
灼烧减量（以干基计）/%　≤	7.0	—	0.5	
非硅物质（以干基计）/%　≤	25.0			
pH（100g/L 溶液）	5.0~10.0			8.0~11.0

应用　食品工业用加工助剂。

GB 2760—2014 规定，可在各类食品加工过程中使用（附录 2 中食品除外），残留量不需限定。

硅藻土常作为工业生产中对液体进行澄清处理的助滤剂，如用于味精、酱油、醋等调味品；用于啤酒、白酒、黄酒、果酒、葡萄酒、果汁等饮料；用于豆油、花生油、麻油、棕油、米糠油等液态油脂；在制糖业中，用于各种糖浆、蜂蜜等制品的过滤处理。

生产厂商

① 武汉德合昌食品添加剂有限公司

② 湖北鑫润德化工有限公司

③ 宁波海曙鼎创化工有限公司

④ 济南历下美旺化工经营部

过氧化氢 hydrogen peroxide

$$H_2O_2, \; 34.02$$

别名　双氧水

分类代码　CNS 17.020

理化性质　无色透明液体。无臭或带有刺激性臭味。纯品呈浆状，不稳定，易分解。相对密度为 1.4649。熔点 $-89℃$，沸点 $152℃$。可与水任意混溶，不溶于石油醚。具有爆炸性。氧化性极强，光、热、有机物均可促使其分解并产生氧。商品一般为 30% 的溶液。

本品以蒽醌、氢气为原料，通过化学方法合成。

毒理学依据

LD_{50}：大鼠皮下注射 700mg/kg（bw）。

质量标准

质量标准 GB 22216—2008

项目	指标		
	30%	35%	50%
含量/%　≥	30.0	35.0	50.0
稳定度/%　≥	98.0		
不挥发物/%　≤	0.0060		0.0080
酸度（以 H_2SO_4 计）/%　≤	0.020		

续表

项目		指标		
		30%	35%	50%
磷酸盐(以 PO₄ 计)/%	≤	0.0050		0.0070
重金属(以 Pb 计)/%	≤	0.00040		
砷(以 As 计)/%	≤	0.00010		
铁(以 Fe 计)/%	≤	0.000050		
锡(以 Sn 计)/%	≤	0.00010		
总有机碳(TOC)/%	≤	0.0080		0.010

应用 杀菌消毒剂。

GB 2760—2014 规定,过氧化氢可作为食品工业用加工助剂使用。

中国台湾省与日本规定允许在面粉制品与鱼糜制品的加工中,使用过氧化氢漂白或杀菌。本品有强腐蚀性,皮肤接触可产生水肿。本品具有致癌性,在食品成品中不得有残留。

生产厂商

① 郑州德诚生物科技有限公司

② 郑州晨阳化工有限公司

③ 济南德旺化工有限公司

④ 郑州双辰商贸有限公司

活性炭 activated carbon

分类代码 CNS 22.033

理化性质 活性炭呈黑色多孔性无味物质,粒形呈圆柱形、粗颗粒或细粉末粒子,颗粒直径一般为 1~6mm,长度约为直径的 0.7~4 倍,或具有 6~120 目粒度的不规则颗粒。无臭、无味,不溶于水或有机溶剂。对有机高分子等表面活性物质有很强的吸附力,其吸附作用的最适宜 pH 值为 4.0~4.8,最佳温度为 60~70℃。

通常由能炭化和活化的有机质原料,包括木屑、泥炭、褐煤、木炭纤维残渣、兽骨、果壳、石油焦炭等,在活化气体如水蒸气、二氧化碳中,加或不加无机盐后,在高温下被炭化或活化。也可用化学活性剂,如磷酸或氯化锌在高温下炭化后,再水洗除去化学活性剂制得。

毒理学依据

① ADI:无须规定 (JECFA, 1987)。

② GRAS:FDA-21CFR 240.361,240.236,240.401。

质量标准

糖液脱色用活性炭质量指标 GB/T 13803.3—1999

项 目		指 标		
		优级品	一级品	二级品
A 法焦糖脱色率/%	≥	100	90	80
B 法焦糖脱色率/%	≥	100	90	80
水分/%	≤	10	10	10
pH 值		3.5~5.0	3.5~5.0	3.5~5.0
灰分/%	≤	3.0	4.0	5.0
酸溶物含量/%	≤	1.00	1.50	2.00
铁含量/%	≤	0.05	0.10	0.15
氧化物含量/%	≤	0.20	0.25	0.30

注:① A 法焦糖脱色率与 B 法焦糖脱色率任取其一项为脱色率指标;

② 水分以 10% 为核算指标;

③ 磷酸法生产的活性炭灰分可在 7%~9%(不论何级)。

应用　食品工业用加工助剂

GB 2760—2014 规定，可在各类食品加工过程中使用（附录 2 中食品除外），残留量不需限定。

活性炭在食品生产中常用作脱色剂、脱臭剂、除味剂和净化剂。广泛用于蔗糖、葡萄糖、饴糖、油脂、果汁和葡萄酒等饮料的脱色净化，以及胶体物质的去除和水质处理等。

根据 FDA 规定，其参考用量如下：葡萄酒 0.9%，雪梨酒 0.25%，葡萄汁 0.4%。

生产厂商

① 武汉万荣科技发展有限公司

② 上海陆广生物科技有限公司

③ 溧阳市康宏活性炭厂

④ 无锡志康环保设备有限公司

己烷 hexane

$CH_3(CH_2)_4CH_3$, 86.17

别名　正己烷

分类代码　CNS 22.036

理化性质　己烷为无色透明易挥发液体。相对密度（20℃/4℃）0.659，凝固点−951.3℃，沸点 68.70℃，闪点−22℃，燃点 260℃，折射率 1.37506，黏度（25℃）0.307mPas。易溶于乙醚、丙酮、氯仿、可溶于乙醇（50/100g 乙醇）。难溶于水，15.5℃下，100g 水溶解 0.0138g 己烷。易燃，蒸气能与空气形成爆炸性混合物，爆炸极限 1.2%～6.9%。低毒，接触皮肤和眼睛会引起炎症。吸入蒸气可刺激上呼吸道黏膜。吸入高浓度时可麻醉神经，引起中毒，严重时会造成麻痹，甚至瘫痪。空气中最高允许浓度为 0.05%。

由石油经裂解、精馏而得。

毒理学依据

LD_{50}：28710mg/kg（大鼠，急性经口）。

质量标准

质量标准 GB 1886.52—2015（2016-3-22 实施）

项　目		指　标
馏程(初馏点至干点)/℃		61～76
苯/%	≤	0.06
蒸发残渣/(mg/L)	≤	10
硫(S)/(mg/kg)	≤	5.0
铅(Pb)/(mg/kg)	≤	1.0
多环芳烃		通过试验
pH		通过试验

应用　食品工业用加工助剂（提取溶剂）

GB 2760—2014 规定，作为提取溶剂，可用于提取工艺、大豆蛋白加工工艺中。

生产厂商

① 南京汇景石油化工有限公司

② 辽阳裕丰化工有限公司

③ 扬州金石化扬子化工有限公司

④ 江阴市五洋化工有限公司

聚氧丙烯甘油醚 polyoxypropylene glycerol ether(详见第 6 章 6.1 消泡剂)

聚氧丙烯氧化乙烯甘油醚 polyoxypropylene oxyethylene glycol ether(详见第 6 章 6.1 消泡剂)

聚氧乙烯聚氧丙烯胺醚 polyoxyethylene polyoxy propylene amine ether (详见第 6 章 6.1 消泡剂)

聚氧乙烯聚氧丙烯季戊四醇醚 polyoxyethylene polyo xypropylene pentaerythritol ether(详见第 6 章 6.1 消泡剂)

聚氧乙烯山梨醇酐单硬脂酸酯 polyoxyethylene sorbitan monostearate(详见第 3 章 3.1 乳化剂)

聚氧乙烯山梨醇酐单油酸酯 polyoxyethylen sorbitan monooleate(详见第 3 章 3.1 乳化剂)

聚氧乙烯山梨醇酐单月桂酸酯 polyoxyethylene sorbitan monolaurate(详见第 3 章 3.1 乳化剂)

聚氧乙烯山梨醇酐单棕榈酸酯 polyoxyethylene sorbitan monop-almitate(详见第 3 章 3.1 乳化剂)

卡拉胶 carrageenan(详见第 3 章 3.1 乳化剂)

抗坏血酸(又名维生素 C)ascorbic acid(Vitamin C)(详见第 2 章 2.4 面粉处理剂)

磷酸 phosphoric acid(详见第 4 章 4.3 酸度调节剂)

磷脂 lecithin(详见第 1 章 1.2 抗氧化剂)

硫黄 sulphur(详见第 2 章 2.3 漂白剂)

硫酸钙 calcium sulfate(详见第 3 章 3.3 稳定剂和凝固剂)

硫酸镁 magnesium sulfate(详见第 5 章 5.1.3 营养强化剂)

硫酸锌 zinc sulfate(详见第 6 章 6.5 其他)

硫酸亚铁 ferrous sulfate(详见第 6 章 6.5 其他)

氯化钙 calcium chloride(详见第 3 章 3.3 稳定剂和凝固剂)

氯化钾 potassium chloride(详见第 6 章 6.5 其他)

柠檬酸 citric acid(详见第 4 章 4.3 酸度调节剂)

苹果酸 malic acid(详见第 4 章 4.3 酸度调节剂)

轻质碳酸钙 calcium bicarbonate(详见第 3 章 3.5 膨松剂)

氢氧化钙 calcium hydroxide(详见第 4 章 4.3 酸度调节剂)

氢氧化钠 sodium hydroxide

$$NaOH, 39.997$$

别名 苛性钠

分类代码 CNS 01.201；INS 524

理化性质 白色片状或棒状固体，易潮解。在空气中极易吸收二氧化碳和水。易溶于水或乙醇，呈强碱性。并有极强的腐蚀性。

本品以碳酸钠、石灰乳为原料，通过化学方法合成而得。

毒理学依据

① LD_{50}：0.5g/kg（兔，急性经口）。

② GRAS：FDA-21CFR 171.310，184.1763。

③ ADI：无限制性规定（FAO/WHO，1994）。

同系添加物 氢氧化钙 $Ca(OH)_2$；氧化钙 CaO

质量标准

质量标准 GB 5175—2008

项　目		指　标	
		固体	液体
氢氧化钠(以 NaOH 计)/%		98.0～100.5	9.80～103.5(按氢氧化钠的标示值折算)
碳酸盐(以 Na₂CO₃ 计)/%	≤	2.0	2.0(按氢氧化钠的标示值折算)
汞(Hg)/%	≤	0.00001	0.00001
重金属(以 Pb 计)/%	≤	0.0005	0.0005
砷(As)/%	≤	0.0003	0.0003
不溶物及有机杂质		通过试验	通过试验

应用　食品工业用加工助剂

GB 2760—2014 规定，可在各类食品加工过程中使用（附录 2 中食品除外），残留量不需限定。

氢氧化钠用于食品加工和处理中的中和、去皮、去毒物、去污、脱皮、脱色、脱臭、管道清洗等方面。一般中和浓度为 0.1%～1%；果品脱皮为 2%～5%；管道清洗为 2%～10%。

生产厂商

① 青岛天新食品添加剂有限公司

② 济南源飞伟业化工有限公司

③ 济南英出化工科技有限公司

④ 宁波天银化工有限公司

乳酸 lactic acid(详见第 4 章 4.3 酸度调节剂)

石蜡 paraffin

别名　固体石蜡、矿蜡、微晶蜡 paraffin wax；microcrystalline wax

分类代码　CNS14.002；INS 905c

理化性质　无色或白色蜡状物，实际无臭、无味，有滑腻感，室温下质地很硬。熔点依制造方法而异，精制微晶石蜡（refined microcrystalline wax）为 48～93℃；可燃；不溶于水，易溶于芳香烃类，微溶于酮、醚和醇类。性质稳定，一般不与强酸、强碱、氧化剂、还原剂反应。紫外线照射下可逐渐变黄。

以天然石油含蜡馏分为原料，通过化学方法制得精制石蜡。

毒理学依据

① CRAS：FDA-21 CFR 172.615，175.105，175.250，178.3800。

② ADI：0～20mg/g（bw）（FAO/WHO，1995，指高硫石蜡、高熔点石蜡的微晶蜡）。撤消低熔点、中等熔点石蜡的 ADI（FAO/WHO）。

质量标准

质量标准 GB 7189—2010

项　目		指　标		试验方法
		食品石蜡 52号 54号 56号 58号 60号 62号 64号 66号	食品包装石蜡 52号 54号 56号 58号 60号 62号 64号 66号	
颜色/赛波特颜色号	≤	+28	+26	GB/T 3555
光安定性/号	≤	4	5	SH/T 0404
针入度(25℃)/(1/10mm)	≤	18　　　16	20　　　18	GB/T 4985
运动黏度(100℃)/(mm²/s)		报告	报告	GB/T 265
嗅味(号)	≤	0	1	SH/T 0414
水溶性酸或碱		无	无	SH/T 0407
机械杂质及水		无	无	目测ᵃ
易炭化物		通过	—	GB/T 7364
稠环芳烃				
紫外吸光度/cm				
280～289nm	≤	0.15	0.15	
290～299nm	≤	0.12	0.12	GB/T 7363
300～359nm	≤	0.08	0.08	
360～400nm	≤	0.02	0.02	

a. 将约 10g 蜡放入容积为 100～250mL 的锥形瓶内,加入 50mL 初馏点不低于 70℃的无水直馏汽油馏分,并在振荡下于 70℃水浴内加热,直到石蜡溶解为止,将该溶液在 70℃水浴内放置 15min 后,溶液中不应呈现眼睛可以看见的浑浊、沉淀或水。允许溶液有轻微乳光。　　**应用**　食品工业用加工助剂(脱模剂)

GB 2760—2014 规定:用于糖果、焙烤食品加工工艺中,可作为脱模剂使用。

生产厂商
① 河南雅辉化工产品有限公司
② 河南德鑫化工实业有限公司
③ 临沂利源化工有限公司

碳酸钾 potassium carbonate(详见第 4 章 4.3 酸度调节剂)

碳酸钠 sodium carbonate(详见第 4 章 4.3 酸度调节剂)

碳酸氢钾 potassium hydrogen carbonate(详见第 4 章 4.3 酸度调节剂)

微晶纤维素 microcrystalline cellulose(详见第 3 章 3.4 抗结剂)

五碳双缩醛 glutaraldehyde

$$C_5H_8O_2,\ 100.12$$

别名 戊二醛 glutaral

分类代码 CNS 17.025

理化性质 浅黄色的透明液体,pH 值为 3~4,味苦,有特殊刺激气味,挥发性低。18℃时相对密度为 0.9945,沸点 184~189℃。可与水、乙醇、乙醚以任何比例混合,溶液呈弱酸性,大于 4℃时不稳定,pH 值大于 9 时,则迅速聚合。

本品以 1,2-乙氧基-3,4-二氢-吡喃、盐酸或丙烯醛、乙烯基乙醚为原料,通过化学方法合成制得。

毒理学依据

① LD_{50}:大鼠急性经口 134mg/kg(bw)。

② GRAS:FDA-21CFR 173.357。

质量标准

质量标准　(FCC,Ⅳ)(参考)

项目	指标
含量(以指示量计)/%	100.0~105.0
pH	3.1~4.5
重金属(以 Pb 计)/% ≤	0.0010

应用 防腐杀菌剂

GB 2760—2014 规定,五碳双缩醛可作为食品工业用加工助剂使用。

五碳双缩醛可作为广谱防腐剂、杀菌剂。其溶液在 pH 值为 3 时最稳定,应在酸性介质中储存。pH 值为 7.5~8.5 时的溶液杀菌力最强,可杀死各类细菌繁殖体、真菌、病毒及芽孢菌。2%的碱性水溶液在 20℃时,作用 2min 可杀灭金黄色葡萄球菌、大肠杆菌、肺炎双球菌、绿脓杆菌等繁殖体;作用 15~30min 可杀灭脊椎灰质炎病毒、肠道细胞病变病毒、甲型肝炎病毒;作用 3h 可杀灭灰芽孢。

生产厂商

① 湖北兴银河化工有限公司

② 武汉岚月化工有限公司

辛,癸酸甘油酯 octyl and decyl glycerate(详见第 3 章 3.1 乳化剂)

辛烯基琥珀酸淀粉钠 starch sodium octenyl succinate(sodium starch octenyl succinate)(详见第 3 章 3.1 乳化剂)

盐酸 hydrochloric acid

HCl,36.46

别名 氢氯酸

分类代码 CNS 01.108;INS 507

理化性质 氯化氢的水溶液。无色或略有黄色。有腐蚀性并有强烈刺激性气味。商品浓盐酸含氯化氢为 37%,密度 1.19。

本品以氯气及氢气为原料,通过化学方法合成。

毒理学依据

① LD_{50}:0.9g/kg(bw)(兔,急性经口)。

② GRAS：FDA-21CFR 182.1057。

③ ADI：无须规定（FAO/WHO，1994）。

质量标准

质量标准 GB 1897—2008

项　目		指　标
总酸度(以 HCl 计)/%	≥	31.0
硫酸盐(以 SO$_4^{2-}$计)/%	≤	0.007
游离氯(以 Cl 计)/%	≤	0.003
还原物(以 SO$_3$ 计)/%	≤	0.007
砷(As)/%	≤	0.0001
重金属(以 Pb 计)/%	≤	0.0005
不挥发物/%	≤	0.05
铁(以 Fe 计)/%	≤	0.0005

应用　食品工业用加工助剂（酸度调节剂）。

GB 2760—2014 规定，用于蛋黄酱、沙拉酱，按生产需要适量使用；可在各类食品加工过程中使用（附录 2 中食品除外），残留量不需限定。

本品可按生产需要适量用于各类食品。用 20% 的浓盐酸水解大豆蛋白以及水解淀粉制作淀粉糖浆。本品作为加工助剂在使用后用碳酸钠溶液（5g/100mL）中和处理。

生产厂商

① 济南源飞伟业化工有限公司

② 郑州万博化工产品有限公司

③ 秦皇岛兴林商贸有限公司

④ 济南鑫龙海工贸有限公司

乙酸钠 sodium acetate(详见第 4 章 4.3 酸度调节剂)

月桂酸 lauric acid

CH$_3$(CH$_2$)$_{10}$COOH

C$_{12}$H$_{24}$O$_2$，200.32

别名　十二烷酸、十二酸、dodecanoic Acid

分类代码　CNS 00.011；FEMA 2614

理化性质　白色或浅黄色结晶固体或粉末，有光泽和特殊气味，相对密度 0.8679，熔点 44℃。几乎不溶于水，溶于乙醇、氯仿及乙醚。

由椰子油及其他植物性脂肪经水解、分离精制而制得。

毒理学依据

① LD$_{50}$：大鼠急性经口 12g/kg（bw）。

② GRAS：FDA-21CFR 172.860。

质量标准

质量标准 GB 1886.81—2015 （2016-3-22 实施）

项　　目		指　标
酸值(以 KOH 计)/(mg/g)		252～287
碘值/(g/100g)	≤	3.0
灼烧残渣/%	≤	0.1
皂化值(以 KOH 计)/(mg/g)		253～287
凝固点/℃		26～44
不皂化物/%	≤	0.3
水分/%	≤	0.2
铅(Pb)/(mg/kg)	≤	0.1

应用　食品用香料、食品工业用加工助剂（脱皮剂）

GB 2760—2014 规定：作为脱皮剂，可用于果蔬脱皮。

根据 FEMA 规定，月桂酸用做香料，最大参考用量如下：软饮料，0.0015%；冷饮，0.0016%；糖果，0.00024%；焙烤食品，0.0039%；布丁类，0.0025%；油脂，0.0315%。

生产厂商

① 武汉楚丰源科技有限公司

② 上海颖心实验室设备有限公司

③ 寿光市鲁科化工有限责任公司

蔗糖脂肪酸酯 sucrose esters of fatty acid(详见第 3 章 3.1 乳化剂)

6.5　其他类 others

食品添加剂分类中的其他类是指按功能分类不能涵盖功能的一类食品添加剂物种。或在功能与性质方面不能归属于前面列出的类别，如助滤剂、消毒剂、苦味物质等物种。对此在国家有关食品添加剂的分类标准中统归为一类，即其他类。此类添加剂从性质、作用或者使用意义方面有别于已列出的食品添加剂。

半乳甘露聚糖 galactomannan

分类代码　CNS 00.014

理化性质　类似白色粉末，无臭、无味，耐酸、耐盐，热稳定性好。可溶于水，水溶液透明，呈中性并有很低的黏度。

将瓜尔豆胶经酶解、精制、干燥制成。

毒理学依据

LD_{50}：大于或等于 5g/kg（bw）。最大无副作用量：大于或等于 2500mg/kg。

质量标准

质量标准　日本太阳株式会社（参考）

项　目		指　标
纤维含量/%	≥	75.0
粗蛋白质/%	≤	1.0
灰分/%	≤	2.0
干燥失重/%	≤	7.0
砷（以 As_2O_3 计）/%	≤	0.0003
重金属（以 Pb 计）/%	≤	0.002
pH		6.0～7.0
菌落数/（个/g）	≤	3000
大肠菌群		阴性

应用　其他

GB 2760—2014 规定：可在各类食品中按生产需要适量使用（附录五中食品除外）。

本品有很低的热量（0.84 kJ/kg），具有多种生理功能，可促进小肠内双歧杆菌增殖，预防便秘、结肠癌、心血管病和降血糖。

生产厂商

① 武汉万荣科技发展有限公司

② 西安大丰收生物科技有限公司

③ 广州市涛升化工有限公司

④ 郑州市伟丰生物科技有限公司

棒黏土 attapulgite clay(详见第 6 章 6.4 食品工业用加工助剂)

冰结构蛋白 ice structuring protein

别名　抗冻蛋白、热滞蛋白

分类代码　CNS 00.020

理化性质　能阻止冰结晶形成、控制其生长，改变冰冻或自然生长过程中冰核与冰晶体的生长规律、生长速度、冰晶体形状和大小，并能抑制重结晶的天然蛋白质。存在于动物（如昆虫和鱼类）、植物（如胡萝卜、冬麦草、桃树等）、细菌以及真菌中，可以在低温下保护生物机体免受冷冻的损伤。

应用　其他

GB 2760—2014 规定：可用于冷冻饮品（03.04 食用冰除外），按生产需要适量使用。

生产厂商

① 郑州奇华顿化工产品有限公司

② 苏州鑫发生物科技有限公司

③ 广州千益精细化工有限公司

④ 河南集美化工产品有限公司

高锰酸钾 potassium permanganate

$KMnO_4$，158.03

别名　过锰酸钾

分类代码　CNS 00.001

理化性质　深紫色颗粒状或针状结晶，有金属光泽，味甜而涩，有收敛性。熔点240℃（分解），并释放出氧，溶于水（20℃时，6.51g/100mL），相对密度2.703。遇乙醇即分解，在酸、碱和有机溶剂中均有分解，进行氧化反应，在空气中稳定。无臭，不透光，由折射光产生蓝色金属光泽。有强氧化作用。

① 以软锰矿与氢氧化钾为原料，通过化学方法制得。

② 氢氧化钾、二氧化锰与氯酸钾反应，然后通入氯气或二氧化碳或臭氧制得。

毒理学依据

致死量：狗0.4g/kg（bw），兔0.6g/kg（bw）。本品具有强氧化性，浓溶液对皮肤、黏膜有腐蚀作用。稀溶液作为消毒防腐药，0.01%～0.02%溶液用于创面、腔道冲洗及洗胃。

质量标准

质量标准 GB 1886.13—2015（2016-3-22 实施）

项　目		指　标
高锰酸钾($KMnO_4$)含量/%		99.0～100.5
氯化物(以 Cl 计)/%	≤	0.01
硫酸盐(以 SO_4 计)/%	≤	0.05
水不溶物/%	≤	0.20
砷(As)/(mg/kg)	≤	2.0

应用　其他

GB 2760—2014 规定：可用于食用淀粉中，最大使用量为0.5g/kg。

本品为强氧化剂，在使用时，先将本品完全溶于水后再用。本品在食品加工中除作消毒用外，不应在成品中残存。实际使用参考如下：本品可作为制造酒精、维生素C、苯甲酸等产品的氧化剂，以及饮料用二氧化碳的精制剂。

生产厂商

① 郑州鸿祥化工有限公司

② 郑州文翔化工产品有限公司

③ 郑州超凡化工食品有限公司

④ 广州市波埔化工有限公司

固化单宁 immobilized tannin(详见第6章6.4食品工业用加工助剂)

咖啡因 caffeine(1,3,7-trimethylxanthine)

$C_8H_{10}N_4O_2$,194.19(无水物),212.21(一水物)

别名　茶碱

分类代码　CNS 00.007

理化性质　白色粉末或无色至白色针状结晶，无臭，味苦，有无水物和一水物之不同。熔点 235～238℃，178℃升华，相对密度 1.23，1%溶液的 pH 值为 6.9。含水物易风化，80℃时失去结晶水。本品 1g 可溶于 46mL 水、66mL 乙醇、50mL 丙酮、5.5mL 氯仿、530mL 乙醚、100mL 苯，也溶于吡咯、乙酸乙酯，微溶于石油醚。有提神、醒脑等刺激中枢神经系统的作用；易上瘾。

① 以茶叶、咖啡等天然物为原料，用升华法或有机溶剂抽提制取。

② 尿素法：以氯乙酸为原料，通过化学方法制成。

③ 二甲脲法：以氰乙酸为原料，与醋酐缩合，通过化学方法制成。

毒理学依据　1987 年 FDA 通过对大量人群调查，认为找不到可说明在饮料中所含咖啡因对人体有害的证据，并规定可乐中的咖啡因加入量不大于 200mg/L。咖啡因属于 GRAS 物质。有资料证明，正常情况下饮用含咖啡因饮料，不会引起上瘾、致畸、致癌作用。

质量标准

质量标准 GB 14758—2010

项　目		指　标
含量/%（干基）		98.5～101.0
铅/（mg/kg）	≤	—
熔程/℃		235～237.5
其他生物碱		无沉淀产生
易炭化物		通过试验
灼烧残留/%	≤	0.1
砷/（mg/kg）	≤	2
重金属（以 Pb 计）/（mg/kg）	≤	10
水分/%	≤	—
干燥减量/%	≤	0.5（无水）；8.5（含水）
色谱纯度/%		单个杂质≤0.1；兑杂质≤0.1
澄清度试验（20g/L 溶液）		通过试验

应用　其他

GB 2760—2014 规定：用于可乐型碳酸饮料，最大使用量 0.15g/kg。

本品主要供可乐型饮料及含咖啡饮料之用。

生产厂商

① 安徽红星药业有限责任公司

② 上海亿欣生物科技有限公司

③ 河南兴源化工产品有限公司

④ 郑州亚安农业科技有限公司

硫酸镁 magnesium sulfate

无水硫酸镁：$MgSO_4$，120.37

一水合硫酸镁：$MgSO_4 \cdot H_2O$，138.38

三水合硫酸镁：$MgSO_4 \cdot 3H_2O$，174.41

七水合硫酸镁：$MgSO_4 \cdot 7H_2O$，246.47

硫酸镁干燥品：$MgSO_4 \cdot nH_2O$（n 是水合作用的平均值，在 2～3 之间）

分类代码 CNS 00.021；INS 518

理化性质 无色或白色晶体或粉末。

毒理学依据

① LD_{50}：小鼠急性经口 5000mg/kg（bw）；

② GRAS FDA-21CFR 182.5443。

质量标准

质量标准 GB 29207—2012

项 目		指 标
硫酸镁($MgSO_4$)含量(灼烧后)/%	≥	99.0
重金属(以 Pb 计)/(mg/kg)	≤	10
铅(Pb)/(mg/kg)	≤	2
硒(Se)/(mg/kg)	≤	30
pH(50g/L 溶液)		5.5～7.5
氯化物(以 Cl 计)/%	≤	0.03
砷(As)/(mg/kg)	≤	3
铁(Fe)/(mg/kg)	≤	20
灼烧减量/%		
无水硫酸镁	≤	2
一水合硫酸镁		13.0～16.0
三水合硫酸镁		29.0～33.0
七水合硫酸镁		40.0～52.0
硫酸镁干燥品		22.0～32.0

应用 其他

GB 2760—2014 规定：可用于其他类饮用水中（自然来源饮用水除外），最大使用量为 0.05g/kg。

生产厂商

① 湖北复兴人和医药有限公司

② 自贡永康精化有限责任公司

③ 广州市耶尚贸易有限公司

④ 连云港冠苏实业有限公司

硫酸锌 zinc sulfate

一水硫酸锌：$ZnSO_4 \cdot H_2O$，179.49

七水硫酸锌：$ZnSO_4 \cdot 7H_2O$ 287.58

分类代码 CNS 00.018

理化性质 白色或无色。七水硫酸锌为结晶或颗粒，一水硫酸锌为流动性粉末或者粗粉。

毒理学依据

① LD_{50}：小鼠急性经口 1.18g/kg（bw）；大鼠急性经口 2494mg/kg（bw）。

② GRAS：FDA-21CFR 182.8997。

质量标准

质量标准 GB 25579—2010

项 目		一水硫酸锌指标	七水硫酸锌指标
硫酸锌(以 $ZnSO_4 \cdot H_2O$ 计)/%		99.0～100.5	—
硫酸锌(以 $ZnSO_4 \cdot 7H_2O$ 计)/%		—	99.0～108.7
酸度		通过试验	通过试验
碱金属和碱土金属盐/%	≤	0.50	0.50
镉(Cd)/(mg/kg)	≤	2	2
铅(Pb)/(mg/kg)	≤	4	4
汞(Hg)/(mg/kg)	≤	1	1
硒(Se)/(mg/kg)	≤	30	30
砷(As)/(mg/kg)	≤	3	3

应用 其他

GB 2760—2014 规定：可用于其他类饮用水中（自然来源饮用水除外），最大使用量为 0.006g/L（以 Zn 计 2.4mg/L）。

生产厂商

① 湖南奥驰生物科技有限公司

② 新乡市启源食品添加剂有限公司

③ 湖南天泰食品有限公司

④ 连云港冠苏实业有限公司

硫酸亚铁 ferrous sulfate

七水合硫酸亚铁：$FeSO_4 \cdot 7H_2O$，278.01

硫酸亚铁干燥品：$FeSO_4 \cdot nH_2O$

分类代码 CNS 00.022

理化性质 七水合硫酸亚铁呈灰色或蓝绿色粒状晶体；硫酸亚铁干燥品呈灰白色或淡绿色粉末。

毒理学依据

① LD_{50}：大鼠急性经口（以 Fe 计）279～558mg/kg（bw）。

② GRAS：FDA-21CFR 182.5315 184.1315。

质量标准

质量标准 GB 29211—2012

项 目		七水合硫酸亚铁指标	硫酸亚铁干燥品指标
硫酸亚铁含量/%		99.5～104.5	86.0～89.0
铅(Pb)/(mg/kg)	≤	2	2
汞(Hg)/(mg/kg)	≤	1	1
砷(As)/(mg/kg)	≤	3	3
酸不溶物,/%	≤	—	0.05

应用 其他

GB 2760—2014 规定：可用在发酵豆制品（仅限臭豆腐）中，最大使用量为 0.15g/L（以 $FeSO_4$ 计）。

生产厂商

① 连云港科云进出口有限公司

② 江苏紫东食品有限公司
③ 寿光市鲁科化工有限责任公司
④ 连云港迪康食品添加剂厂

氯化钾 potassium chloride

$$KCl，74.55$$

分类代码　CNS 00.008；INS 508

理化性质　无色细长棱形或立方晶体或白色颗粒状粉末，无臭，有咸味，在空气中稳定，水溶液呈中性。1g 氯化钾溶于 2.8mL 水（25℃）、2mL 沸水，微溶于乙醇（g/250mL），不溶于乙醚和丙酮。熔点 773℃，相对密度 1.987。对热、光和空气均稳定，但有吸湿性，易结块。

由含钾矿岩经溶解、精制、结晶制成；或由盐水湖的水经重结晶制得；或由海水析出氯化钠后的母液，经浓缩、结晶、精制制得。

毒理学依据

① LD_{50}：小鼠腹腔注射 552mg/kg（bw）。

② GRAS：FDA-21CFR 184.1622。

③ ADI：无须规定（FAO/WHO，1994）。

质量标准

质量标准 GB 25585—2010

项　目		指　标
氯化钾(干基计)/%	≥	99.0
干燥减量/%	≤	1.0
酸碱度		通过试验
碘和溴		通过试验
钠(Na)/%	≤	0.5
重金属(以 Pb 计)/(mg/kg)	≤	5
砷(As)/(mg/kg)	≤	2

应用　其他

GB 2760—2014 规定：可在各类食品中按生产需要适量使用（附录 2 中食品除外）。

氯化钾实际使用参考如下：本品 20% 与食品盐 78% 的混合盐（即低钠盐），其风味、咸度与食盐相同，可用于各种食品中，或配制运动员饮料。在食品加工中，也用于卡拉胶，以提高胶凝度。

生产厂商

① 连云港科德化工有限公司
② 郑州启源食品添加剂有限公司
③ 上海敬余实业有限公司
④ 连云港迪康食品添加剂厂

羟基硬脂精 oxystearin(详见第 1 章 1.2 抗氧化剂)

异构化乳糖液 isomerized lactose syrup

主要成分为乳酮糖，还有乳糖、半乳糖、果糖等

别名　乳果糖、乳酮糖、乳士糖、半乳糖基果糖苷

分类代码　CNS　00.003

理化性质　淡黄色透明液体，有甜味，甜度为蔗糖的 $60\%\sim70\%$，黏度在 25℃时大于 $0.3Pa\cdot s$，与麦芽糖和蔗糖 70％溶液的相似。储存或加热后色泽加深。

乳糖加水溶解后，加氢氧化钠溶液异构化制得。

毒理学依据

① 急性毒性试验：大鼠按 1d 20mL/kg 剂量，灌胃 2 次，总剂量 47.4g/kg（bw），一周后状况良好，无死亡；小鼠按 1d0.6mL/25g（bw）剂量灌胃 3 次，总剂量 84.96g/kg，一周后状况良好，无死亡。

② 致突变试验：Ames 试验、骨髓微核试验及小鼠睾丸染色体畸变试验，均无致突变性。

③ 亚急性和慢性毒理试验均无异常。

质量标准

质量标准 GB 8816—1988

项　目		指　标	
		一级品	二级品
相对密度 d_{20}^{20}	$\geqslant$	1.35	1.25
折射率 n_{D}^{20}	$\geqslant$	1.47	1.42
乳酮糖含量/%	$\geqslant$	44	30
乳糖含量/%	$\leqslant$	9	13
半乳糖含量/%	$\leqslant$	14	9
果糖含量/%	$\leqslant$	4	1.5
砷/%	$\leqslant$	0.00005	0.00005
铅/%	$\leqslant$	0.0001	0.0001
细菌总数/(个/mL)	$\leqslant$	—	1000
大肠菌群/(个/mL)		—	不得检出
致病菌		—	不得检出

应用　其他

GB 2760—2014 规定：用于饼干，最大使用量 2.0g/kg；用于乳粉（包括加糖乳粉）和奶油粉及其调制产品、婴幼儿配方食品，最大使用量 15.0g/kg；用于饮料类（14.01 包装饮用水除外），最大使用量 1.5g/kg（固体饮料按冲调倍数增加使用量）。

本品能促进人体，特别是婴儿肠内对机体有益作用的双歧杆菌群的生长。据报道，本品可在体内增殖双歧杆菌 27 倍，在体外增殖 103.6 倍。双歧菌群有抑制致病菌的生理作用，其次在肠内不断产酸阻止其他有害菌的增殖，还能刺激肠道适当的蠕动，提高钙和铁的吸收，合成 B 族维生素，防止肠内产生腐败产物，抑制腐败发酵作用，是间接的营养增补剂。

生产厂商

① 郑州仁诚化工产品有限公司

② 河南金源生物科技有限公司

③ 苏州多加多食品添加剂有限公司

④ 北京金路鸿生物技术有限公司

月桂酸 lauric acid(详见第6章6.4食品工业用加工助剂)

附　　录

1. 可在各类食品中按生产需要适量使用的添加剂

№	添加剂名称	功能	№	添加剂名称	功能
1	5′-呈味核苷酸二钠（呈味核苷酸二钠）	增味剂	31	卡拉胶	增稠剂
2	5′-肌苷酸二钠	增味剂	32	抗坏血酸（维生素C）	抗氧化剂
3	5′-鸟苷酸二钠	增味剂	33	抗坏血酸钠	抗氧化剂
4	D-异抗坏血酸及其钠盐	抗氧化剂	34	抗坏血酸钙	抗氧化剂
5	DL-苹果酸钠	酸度调节剂	35	酪蛋白酸钠（酪朊酸钠）	乳化剂
6	L-苹果酸	酸度调节剂	36	磷酸酯双淀粉	增稠剂
7	DL-苹果酸	酸度调节剂	37	磷脂	抗氧化剂、乳化剂
8	α-环状糊精	稳定剂、增稠剂	38	氯化钾	其他
9	γ-环状糊精	稳定剂、增稠剂	39	罗汉果甜苷	甜味剂
10	阿拉伯胶	增稠剂	40	酶解大豆磷脂	乳化剂
11	半乳甘露聚糖	其他	41	明胶	增稠剂
12	冰乙酸（冰醋酸）	酸度调节剂	42	木糖醇	甜味剂
13	冰乙酸（低压羰基化法）	酸度调节剂	43	柠檬酸	酸度调节剂
14	赤藓糖醇	甜味剂	44	柠檬酸钾	酸度调节剂
15、	醋酸酯淀粉	增稠剂	45	柠檬酸钠	酸度调节剂、稳定剂
16、	单，双甘油脂肪酸酯（油酸、亚油酸、亚麻酸、棕榈酸、山嵛酸、硬脂酸、月桂酸）	乳化剂	46	柠檬酸一钠	酸度调节剂
17	改性大豆磷脂	乳化剂	47	柠檬酸脂肪酸甘油酯	乳化剂
18	柑橘黄	着色剂	48	葡萄糖酸-δ-内酯	稳定和凝固剂
19	甘油（丙三醇）	水分保持剂、乳化剂	49	葡萄糖酸钠	酸度调节剂
20	高粱红	着色剂	50	羟丙基淀粉	增稠剂、膨松剂、乳化剂、稳定剂
21	谷氨酸钠	增味剂	51	羟丙基二淀粉磷酸酯	增稠剂
22	瓜尔胶	增稠剂	52	羟丙基甲基纤维素（HPMC）	增稠剂
23	果胶	增稠剂	53	琼脂	增稠剂
24	海藻酸钾（褐藻酸钾）	增稠剂	54	乳酸	酸度调节剂
25	海藻酸钠（褐藻酸钠）	增稠剂	55	乳酸钾	水分保持剂
26	槐豆胶（刺槐豆胶）	增稠剂	56	乳酸钠	水分保持剂、酸度调节剂、抗氧化剂、膨松剂、增稠剂、稳定剂
27	黄原胶（汉生胶）	增稠剂	57	乳酸脂肪酸甘油酯	乳化剂

续表

№ 添加剂名称	功能	№ 添加剂名称	功能
28 甲基纤维素	增稠剂	58 乳糖醇（4-β-D 吡喃半乳糖-D-山梨醇）	甜味剂
29 结冷胶	增稠剂	59 酸处理淀粉	增稠剂
30 聚丙烯酸钠	增稠剂	60 羧甲基纤维素钠	增稠剂
61 碳酸钙（包括轻质和重质碳酸钙）	膨松剂、面粉处理剂	69 微晶纤维素	抗结剂、增稠剂、稳定剂
62 碳酸钾	酸度调节剂	70 辛烯基琥珀酸淀粉钠	乳化剂
63 碳酸钠	酸度调节剂	71 氧化淀粉	增稠剂
64 碳酸氢铵	膨松剂	72 氧化羟丙基淀粉	增稠剂
65 碳酸氢钾	酸度调节剂	73 乙酰化单、双甘油脂肪酸酯	乳化剂
66 碳酸氢钠	膨松剂、酸度调节剂、稳定剂	74 乙酰化二淀粉磷酸酯	增稠剂
67 天然胡萝卜素	着色剂	75 乙酰化双淀粉己二酸酯	增稠剂
68 甜菜红	着色剂		

2. 按生产需要适量使用的添加剂所例外的食品类

食品分类号	食品名称
01.01.01	巴氏杀菌乳
01.01.02	灭菌乳
01.02.01	发酵乳
01.03.01	乳粉和奶油粉
01.05.01	稀奶油
02.01	基本不含水的脂肪和油
02.02.01.01	黄油和浓缩黄油
04.01.01	新鲜水果
04.02.01	新鲜蔬菜
04.02.02.01	冷冻蔬菜
04.02.02.06	发酵蔬菜制品
04.03.01	新鲜食用菌和藻类
04.03.02.01	冷冻食用菌和藻类
06.01	原粮
06.02	大米及其制品
06.03.01	小麦粉
06.03.02.01	生湿面制品（面条、饺子皮、馄饨皮、烧卖皮）
06.03.02.02	生干面制品
06.04.01	杂粮粉
08.01	生、鲜肉
09.01	鲜水产
09.03	预制水产品（半成品）
10.01	鲜蛋
10.03.01	脱水蛋制品（如蛋白粉、蛋黄粉、蛋白片）
10.03.03	蛋液与液态蛋
11.01.01	白糖及白糖制品（如白砂糖、绵白糖、冰糖、方糖等）
11.01.02	其他糖和糖浆[如红糖、赤砂糖、冰片糖、原糖、果糖（蔗糖来源）、糖蜜、部分转化糖、槭树糖浆等]

续表

食品分类号	食品名称
11.03.01	蜂蜜
12.01	盐及代盐制品
12.09	香辛料类
13.01	婴幼儿配方食品
13.02	婴幼儿辅助食品
14.01.01	饮用天然矿泉水
14.01.02	饮用纯净水
14.01.03	其他饮用水
14.02.01	果蔬汁(浆)
14.02.02	浓缩果蔬汁(浆)
15.03.01	葡萄酒
16.02.01	茶叶、咖啡

3. 食品添加剂新品种管理办法

（2010 年 3 月 15 日发布并施行）

第一条 为加强食品添加剂新品种管理，根据《食品安全法》和《食品安全法实施条例》有关规定，制定本办法。

第二条 食品添加剂新品种是指：

（一）未列入食品安全国家标准的食品添加剂品种；

（二）未列入卫生部公告允许使用的食品添加剂品种；

（三）扩大使用范围或者用量的食品添加剂品种。

第三条 食品添加剂应当在技术上确有必要且经过风险评估证明安全可靠。

第四条 使用食品添加剂应当符合下列要求：

（一）不应当掩盖食品腐败变质；

（二）不应当掩盖食品本身或者加工过程中的质量缺陷；

（三）不以掺杂、掺假、伪造为目的而使用食品添加剂；

（四）不应当降低食品本身的营养价值；

（五）在达到预期的效果下尽可能降低在食品中的用量；

（六）食品工业用加工助剂应当在制成最后成品之前去除，有规定允许残留量的除外。

第五条 卫生部负责食品添加剂新品种的审查许可工作，组织制定食品添加剂新品种技术评价和审查规范。

第六条 申请食品添加剂新品种生产、经营、使用或者进口的单位或者个人（以下简称申请人），应当提出食品添加剂新品种许可申请，并提交以下材料：

（一）添加剂的通用名称、功能分类，用量和使用范围；

（二）证明技术上确有必要和使用效果的资料或者文件；

（三）食品添加剂的质量规格要求、生产工艺和检验方法，食品中该添加剂的检验方法或者相关情况说明；

（四）安全性评估材料，包括生产原料或者来源、化学结构和物理特性、生产工艺、毒理学安全性评价资料或者检验报告、质量规格检验报告；

（五）标签、说明书和食品添加剂产品样品；

（六）其他国家（地区）、国际组织允许生产和使用等有助于安全性评估的资料。

申请食品添加剂品种扩大使用范围或者用量的，可以免于提交前款第四项材料，但是技术评审中要求补充提供的除外。

第七条　申请首次进口食品添加剂新品种的，除提交第六条规定的材料外，还应当提交以下材料：

（一）出口国（地区）相关部门或者机构出具的允许该添加剂在本国（地区）生产或者销售的证明材料；

（二）生产企业所在国（地区）有关机构或者组织出具的对生产企业审查或者认证的证明材料。

第八条　申请人应当如实提交有关材料，反映真实情况，并对申请材料内容的真实性负责，承担法律后果。

第九条　申请人应当在其提交的本办法第六条第一款第一项、第二项、第三项材料中注明不涉及商业秘密，可以向社会公开的内容。

食品添加剂新品种技术上确有必要和使用效果等情况，应当向社会公开征求意见，同时征求质量监督、工商行政管理、食品药品监督管理、工业和信息化、商务等有关部门和相关行业组织的意见。

对有重大意见分歧，或者涉及重大利益关系的，可以举行听证会听取意见。

反映的有关意见作为技术评审的参考依据。

第十条　卫生部应当在受理后 60 日内组织医学、农业、食品、营养、工艺等方面的专家对食品添加剂新品种技术上确有必要性和安全性评估资料进行技术审查，并作出技术评审结论。对技术评审中需要补充有关资料的，应当及时通知申请人，申请人应当按照要求及时补充有关材料。

必要时，可以组织专家对食品添加剂新品种研制及生产现场进行核实、评价。

需要对相关资料和检验结果进行验证检验的，应当将检验项目、检验批次、检验方法等要求告知申请人。安全性验证检验应当在取得资质认定的检验机构进行。对尚无食品安全国家检验方法标准的，应当首先对检验方法进行验证。

第十一条　食品添加剂新品种行政许可的具体程序按照《行政许可法》和《卫生行政许可管理办法》等有关规定执行。

第十二条　根据技术评审结论，卫生部决定对在技术上确有必要性和符合食品安全要求的食品添加剂新品种准予许可并列入允许使用的食品添加剂名单予以公布。

对缺乏技术上必要性和不符合食品安全要求的，不予许可并书面说明理由。

对发现可能添加到食品中的非食用化学物质或者其他危害人体健康的物质，按照《食品安全法实施条例》第四十九条执行。

第十三条　卫生部根据技术上必要性和食品安全风险评估结果，将公告允许使用的食品添加剂的品种、使用范围、用量按照食品安全国家标准的程序，制定、公布为食品安全国家标准。

第十四条　有下列情形之一的，卫生部应当及时组织对食品添加剂进行重新评估：

（一）科学研究结果或者有证据表明食品添加剂安全性可能存在问题的；

（二）不再具备技术上必要性的。

对重新审查认为不符合食品安全要求的，卫生部可以公告撤销已批准的食品添加剂品种或者修订其使用范围和用量。

第十五条　本办法自公布之日起施行。卫生部 2002 年 3 月 28 日发布的《食品添加剂卫生管理办法》同时废止。

4. 食品添加剂标识通则

1 范围

本标准适用于食品添加剂的标识。食品营养强化剂的标识参照本标准使用。本标准不适用于为食品添加剂在储藏运输过程中提供保护的储运包装标签的标识。

2 术语和定义

2.1 标签

食品添加剂包装上的文字、图形、符号等一切说明。

2.2 说明书

销售食品添加剂产品时所提供的除标签以外的说明材料。

2.3 生产日期（制造日期）

食品添加剂成为最终产品的日期，即将食品添加剂装入（灌入）包装物或容器中，形成最终销售单元的日期。

2.4 保质期

食品添加剂在标识指明的贮存条件下，保持品质的期限。

2.5 规格

同一包装内含有多件食品添加剂时，对净含量和内含件数关系的表述。

3 食品添加剂标识基本要求

3.1 应符合国家法律、法规的规定，并符合相应产品标准的规定。

3.2 应清晰、醒目、持久，易于辨认和识读。

3.3 应真实、准确，不应以虚假、夸大、使食品添加剂使用者误解或欺骗性的文字、图形等方式介绍食品添加剂，也不应利用字号大小或色差误导食品添加剂使用者。

3.4 不应采用违反 GB 2760 中食品添加剂使用原则的语言文字介绍食品添加剂；不应以直接或间接暗示性的语言、图形、符号，误导食品添加剂的使用。

3.5 不应以直接或间接暗示性的语言、图形、符号，导致食品添加剂使用者将购买的食品添加剂或食品添加剂的某一功能与另一产品混淆，不含贬低其他产品（包括其他食品和食品添加剂）的内容。

3.6 不应标注或者暗示具有预防、治疗疾病作用的内容。

3.7 食品添加剂标识的文字要求应符合 GB 7718—2011《食品安全国家标准 预包装食品标签通则》中 3.8～3.9 的规定。

3.8 多重包装的食品添加剂标签的标示形式应符合 GB 7718—2011 中 3.10～3.11 的规定。

3.9 如果食品添加剂标签内容涵盖了本标准规定应标示的所有内容，可以不随附说明书。

4 提供给生产经营者的食品添加剂标识内容及要求

4.1 名称

4.1.1 应在食品添加剂标签的醒目位置，清晰地标示"食品添加剂"字样。

4.1.2 单一品种食品添加剂应按 GB 2760、食品添加剂的产品质量规格标准和国家主管部门批准使用的食品添加剂中规定的名称标示食品添加剂的中文名称。若 GB 2760、食品添加剂的产品质量规格标准和国家主管部门批准使用的食品添加剂中已规定了某食品添加剂的一个或几个名称时，应选用其中的一个。

4.1.3 复配食品添加剂的名称应符合 GB 26687—2011 中第 3 章命名原则的规定。

4.1.4 食品用香料需列出 GB 2760 和国家主管部门批准使用的食品添加剂中规定的中文

名称，可以使用"天然"或"合成"定性说明。

4.1.5　食品用香精应使用与所标示产品的香气、香味、生产工艺等相适应的名称和型号，且不应造成误解或混淆，应明确标示"食品用香精"字样。

4.1.6　除了标示上述名称外，可以选择标示"中文名称对应的英文名称或英文缩写"、"音译名称"、"商标名称"、"INS 号"、"CNS 号"、GB 2760 中的香料"编码""FEMA 编号"等。

食品用香精还可在食品用香精名称前或名称后附加相应的词或短语，如水溶性香精、油溶性香精、拌和型粉末香精、微胶囊粉末香精、乳化香精、浆（膏）状香精和咸味香精等，但应在所示名称的同一展示版面标示 4.1.2～4.1.5 规定的名称，且字号不能大于 4.1.2～4.1.5 规定的名称的字样。

4.2　成分或配料表

4.2.1　除食品用香精以外的食品添加剂成分或配料表的标示要求

4.2.1.1　按 GB 2760、食品添加剂的产品质量规格标准和国家主管部门批准使用的食品添加剂中规定的名称列出各单一品种食品添加剂名称。配料表应该根据每种食品添加剂含量递减顺序排列。

4.2.1.2　如果单一品种或复配食品添加剂中含有辅料，辅料应列在各单一品种食品添加剂之后，并按辅料含量递减顺序排列。

4.2.2　食品用香精的成分或配料表的标示要求

4.2.2.1　食品用香精中的食品用香料应以"食品用香料"字样标示，不必标示具体名称。

4.2.2.2　在食品用香精制造或加工过程中加入的食品用香精辅料用"食品用香精辅料"字样标示。

4.2.2.3　在食品用香精中加入的甜味剂、着色剂、咖啡因等食品添加剂应按 GB 2760、食品添加剂的产品质量规格标准和国家主管部门批准使用的食品添加剂中的规定标示具体名称。

4.3　使用范围、用量和使用方法

应在 GB 2760 及国家主管部门批准使用的食品添加剂的范围内选择标示食品添加剂使用范围和用量，并标示使用方法。

4.4　日期标示

4.4.1　应清晰标示食品添加剂的生产日期和保质期。如日期标示采用"见包装物某部位"的形式，应标示所在包装物的具体部位。日期标示不得另外加贴、补印或篡改。

4.4.2　当同一包装内含有多个标示了生产日期及保质期的单件食品添加剂时，外包装上标示的保质期应按最早到期的单件食品添加剂的保质期计算。外包装上标示的生产日期可为最早生产的单件食品添加剂的生产日期，或外包装形成销售单元的日期；也可在外包装上分别标示各单件装食品添加剂的生产日期和保质期。

4.4.3　可按年、月、日的顺序标示日期，如果不按此顺序标示，应注明日期标示顺序。

4.5　贮存条件

应标示食品添加剂的贮存条件。

4.6　净含量和规格

4.6.1　净含量的标示应由净含量、数字和法定计量单位组成。

4.6.2　应依据法定计量单位，按以下方式标示包装物（容器）中食品添加剂的净含量和规格：

a) 液态食品添加剂，用体积升（L 或 l）、毫升（mL 或 ml），或用质量克（g）、千克（kg）；

b) 固态食品添加剂，除片剂形式以外，用质量克（g）、千克（kg）；

c）半固态或黏性食品添加剂，用体积升（L 或 l）、毫升（mL 或 ml），或用质量克（g）、千克（kg）；

d）片剂形式的食品添加剂，用质量克（g）、千克（kg）和包装中的总片数。

4.6.3　同一包装内含有多个单件食品添加剂时，大包装在标示净含量的同时还应标示规格。规格的标示应由单件食品添加剂净含量和件数组成，或只标示件数，可不标示"规格"二字。单件食品添加剂的规格即指净含量。

4.7　制造者或经销者的名称和地址

4.7.1　应当标注生产者的名称、地址和联系方式。生产者名称和地址应当是依法登记注册、能够承担产品安全质量责任的生产者的名称、地址。有下列情形之一的，应按下列要求予以标示：

a）依法独立承担法律责任的集团公司、集团公司的子公司，应标示各自的名称和地址；

b）不能依法独立承担法律责任的集团公司的分公司或集团公司的生产基地，可标示集团公司和分公司（生产基地）的名称、地址；或仅标示集团公司的名称、地址及产地，产地应当按照行政区划标注到地市级地域；

c）受其他单位委托加工食品添加剂的，可标示委托单位和受委托单位的名称和地址；或仅标示委托单位的名称和地址及产地，产地应当按照行政区划标注到地市级地域。

4.7.2　依法承担法律责任的生产者或经销者的联系方式可标示以下至少一项内容：电话、传真、网络联系方式等，或与地址一并标示的邮政地址。

4.7.3　进口食品添加剂应标示原产国国名或地区区名，以及在中国依法登记注册的代理商、进口商或经销者的名称、地址和联系方式，可不标示生产者的名称、地址和联系方式。

4.8　产品标准代号

国内生产并在国内销售的食品添加剂（不包括进口食品添加剂）应标示产品所执行的标准代号和顺序号。

4.9　生产许可证编号

国内生产并在国内销售的属于实施生产许可证管理范围之内的食品添加剂（不包括进口食品添加剂）应标示有效的食品添加剂生产许可证编号，标示形式按照相关规定执行。

4.10　警示标识

有特殊使用要求的食品添加剂应有警示标识。

4.11　辐照食品添加剂

4.11.1　经电离辐射线或电离能量处理过的食品添加剂，应在食品添加剂名称附近标明"辐照"。

4.11.2　经电离辐射线或电离能量处理过的任何配料，应在配料表中标明。

4.12　标签和说明书

4.12.1　标签应按 4.1、4.4、4.5、4.6、4.7、4.9 的要求至少标示"食品添加剂"字样、食品添加剂名称、规格、净含量、生产日期、保质期、贮存条件、生产者的名称和地址以及生产许可证编号。第 4 章中 4.2、4.3、4.8、4.10、4.11 应按本标准要求在标签或说明书中注明。

4.12.2　若有说明书，应在食品添加剂交货时提供说明书。

5　提供给消费者直接使用的食品添加剂标识内容及要求

5.1　标签应按照 4.1～4.11 的要求标识，并注明"零售"字样。

5.2　复配食品添加剂还应在配料表中标明各单一食品添加剂品种及含量。

5.3　含有辅料的单一品种食品添加剂，还应标明除辅料以外的食品添加剂品种的含量。

参考文献

[1] 孙平等编. 食品添加剂应用手册. 北京：化学工业出版社，2011.

[2] 孙平编. 食品添加剂使用手册. 北京：化学工业出版社，2004.

[3] 中国食品添加剂生产应用工业协会. 食品添加剂手册. 北京：中国轻工业出版社，1996.

[4] 中国食品添加剂和配料协会. 食品添加剂手册. 第三版. 北京：中国轻工业出版社，2012.

[5] 凌关庭等. 食品添加剂手册. 北京：化学工业出版社，2013.

[6] 国际食品法典委员会（CAC），食品添加剂通用法典标准，2014 修订版.

[7] 孙平. 食品添加剂. 北京：中国轻工业出版社，2009.

[8] Branen, A. Larry, Marcel Dekker, Food Additives, II. Inc. New York 2002.

[9] 天津轻工业学院食品工业教学研究室. 食品添加剂. 修订版. 北京：中国轻工业出版社，1996.

[10] 食品安全国家标准 食品添加剂使用标准 GB 2760—2014.

[11] 食品安全国家标准 食品添加剂标识通则 GB 29924—2013.

[12] 食品安全国家标准 食品营养强化剂使用标准 GB 14880—2012.

[13] 食品安全国家标准 食品用香料通则 GB 29938—2013.

[14] 食品安全国家标准 食品用香精 GB 30616—2014.

[15] 食品安全国家标准 食品添加剂胶基及其配料 GB 29987—2014.

[16] 食品安全国家标准 复配食品添加剂通则 GB 26687—2011.

[17] 食品安全国家标准 食品安全性毒理学评价程序 GB 15193.1—2014.

[18] 食品安全国家标准 食品毒理学实验室操作规范 GB 15193.2—2014.

[19] 食品安全国家标准 急性毒性试验 GB 15193.3—2014.

[20] 食品安全国家标准 细菌回复突变试验 GB 15193.4—2014.

[21] 食品安全国家标准 哺乳动物红细胞微核试验 GB 15193.5—2014.

[22] 食品安全国家标准 哺乳动物骨髓细胞染色体畸变试验 GB 15193.6—2014.

[23] 食品安全国家标准 小鼠精原细胞或精母细胞染色体畸变试验 GB 15193.8—2014.

[24] 食品安全国家标准 啮齿类动物显性致死试验 GB 15193.9—2014.

[25] 食品安全国家标准 体外哺乳类细胞 DNA 损伤修复（非程序性 DNA 合成）试验 GB 15193.10—2014.

[26] 食品安全国家标准 果蝇伴性隐性致死试验 GB 15193.11—2015.

[27] 食品安全国家标准 体外哺乳类细胞 HGPRT 基因突变试验 GB 15193.12—2014.

[28] 食品安全国家标准 90 天经口毒性试验 GB 15193.13—2015.

[29] 食品安全国家标准 致畸试验 GB 15193.14—2015.

[30] 食品安全国家标准 生殖毒性试验 GB 15193.15—2015.

[31] 食品安全国家标准 毒物动力学试验 GB 15193.16—2014.

[32] 食品安全国家标准 慢性毒性和致癌合并试验 GB 15193.17—2015.

[33] 食品安全国家标准 健康指导值 GB 15193.18—2015.

[34] 食品安全国家标准 致突变物、致畸物和致癌物的处理方法 GB15193.19—2015.

[35] 食品安全国家标准 体外哺乳类细胞 TK 基因突变试验 GB 15193.20—2014.

[36] 食品安全国家标准 受试物试验前处理方法 GB 15193.21—2014.

[37] 中国食品添加剂，双月，中国食品添加剂生产应用工业协会，北京.

[38] 食品科学，月刊，北京食品研究所，北京.

[39] 淀粉与淀粉糖，季刊，中国淀粉工业协会，石家庄.

[40] Food Science and Technique Abstracts，IFIS Publishing.

[41] Chemical Abstracts，American Chemical Society.

[42] Food Additives and Contaminants，Taylor & Francis Group Ltd，London.

［43］ Journal of food science，the Institute of Food Technologists.

［44］ http：//www. who. int/zh 世界卫生组织（中文网）.

［45］ http：//www. codexalimentarius. net 法典委员会（CAC）.

［46］ http：//www. codexalimentarius. net/gsfaonline/index. html 食品添加剂通用标准.

［47］ http：//ec. europa. eu 欧盟委员会（英文网）.

［48］ http：//www. fda. gov 美国食品药品监督管理局.

［49］ http：//www. usda. gov 美国农业部.

［50］ http：//www. moh. gov. cn 中华人民共和国国家卫生和计划生育委员会.

［51］ http：//www. sda. gov. cn 国家食品药品监督管理局.

［52］ http：//www. aqsiq. gov. cn 国家质检总局.

［53］ http：//www. cfaa. cn 中国食品添加剂和配料协会.

［54］ http：//ep. espacenet. com 欧洲专利局（英文网）.

［55］ http：//www. sipo. gov. cn/sipo2008/zljs 国家专利局.

［56］ http：//down. foodmate. net 食品伙伴网.

［57］ http：//tjj. eat4. com/gb _ index. php 食品添加剂数据集成系统.

中文索引

英文索引